电子设备中的电气互联技术

潘开林　周德俭　吴兆华　王波　黄伟　编著

電子工業出版社
Publishing House of Electronics Industry
北京 · BEIJING

内 容 简 介

本书介绍电子设备中的电气互联技术，或者称为广义的电子封装工程概论。全书分为 8 章，内容包括：电气互联技术的基本概念、技术体系、现状与发展等概述，封装互联基础、器件级封装互联技术、电气互联基板技术、PCB 组装互联技术、SMT 组装系统、整机互联技术、电气互联新技术等。

本书既可作为高等院校电子封装技术、微电子科学与工程等涉及电子制造工程类专业或电子信息类专业封装互联方向本科生和研究生的教材，也可供从事电子制造的工程技术人员自学和参考。

图书在版编目（CIP）数据

电子设备中的电气互联技术 / 潘开林等编著. 北京 : 电子工业出版社, 2024. 11. -- (现代电子机械工程丛书). -- ISBN 978-7-121-49076-7

Ⅰ. TN05

中国国家版本馆 CIP 数据核字第 2024Y1N615 号

责任编辑：陈韦凯　　文字编辑：底　波
印　　刷：三河市兴达印务有限公司
装　　订：三河市兴达印务有限公司
出版发行：电子工业出版社
　　　　　北京市海淀区万寿路 173 信箱　邮编：100036
开　　本：787×1 092　1/16　印张：22.5　字数：576 千字
版　　次：2024 年 11 月第 1 版
印　　次：2024 年 11 月第 1 次印刷
定　　价：98.00 元

凡所购买电子工业出版社图书有缺损问题，请向购买书店调换。若书店售缺，请与本社发行部联系，联系及邮购电话：（010）88254888，88258888。

质量投诉请发邮件至 zlts@phei.com.cn，盗版侵权举报请发邮件至 dbqq@phei.com.cn。

本书咨询联系方式：chenwk@phei.com.cn，（010）88254441。

现代电子机械工程丛书

编委会

丛书序

Preface

电子机械工程的主要任务是进行面向电性能的高精度、高性能机电装备机械结构的分析、设计与制造技术的研究。

高精度、高性能机电装备主要包括两大类：一类是以机械性能为主、电性能服务于机械性能的机械装备，如大型数控机床、加工中心等加工装备，以及兵器、化工、船舶、农业、能源、挖掘与掘进等行业的重大装备，主要是运用现代电子信息技术来改造、武装、提升传统装备的机械性能；另一类则是以电性能为主、机械性能服务于电性能的电子装备，如雷达、计算机、天线、射电望远镜等，其机械结构主要用于保障特定电磁性能的实现，被广泛应用于陆、海、空、天等各个关键领域，发挥着不可替代的作用。

从广义上讲，这两类装备都属于机电结合的复杂装备，是机电一体化技术重点应用的典型代表。机电一体化（Mechatronics）的概念，最早出现于 20 世纪 70 年代，其英文是将 Mechanical 与 Electronics 两个词组合而成，体现了机械与电技术不断融合的内涵演进和发展趋势。这里的电技术包括电子、电磁和电气。

伴随着机电一体化技术的发展，相继出现了如机-电-液一体化、流-固-气一体化、生物-电磁一体化等概念，虽然说法不同，但实质上基本还是机电一体化，目的都是研究不同物理系统或物理场之间的相互关系，从而提高系统或设备的整体性能。

高性能机电装备的机电一体化设计从出现至今，经历了机电分离、机电综合、机电耦合等三个不同的发展阶段。在高精度与高性能电子装备的发展上，这三个阶段的特征体现得尤为突出。

机电分离（Independent between Mechanical and Electronic Technologies，IMET）是指电子装备的机械结构设计与电磁设计分别、独立进行，但彼此间的信息可实现在（离）线传递、共享，即机械结构、电磁性能的设计仍在各自领域独立进行，但在边界或域内可实现信息的共享与有效传递，如反射面天线的机械结构与电磁、有源相控阵天线的机械结构-电磁-热等。

需要指出的是，这种信息共享在设计层面仍是机电分离的，故传统机电分离设计固有的诸多问题依然存在，最明显的有两个：一是电磁设计人员提出的对机械结构设计与制造精度的要求往往太高，时常超出机械的制造加工能力，而机械结构设计人员只能千方百计地满足其要求，带有一定的盲目性；二是工程实际中，又时常出现奇怪的现象，即机械结构技术人员费了九牛二虎之力设计、制造出的满足机械制造精度要求的产品，电性能却不满足；相反，机械制造精度未达到要求的产品，电性能却能满足。因此，在实际工程中，只好采用备份的办法，最后由电调来决定选用哪一个。这两个长期存在的问题导致电子装备研制的性能低、周期长、成本高、结构笨重，这已成为制约电子装备性能提升并影响未来装备研制的瓶颈。

随着电子装备工作频段的不断提高，机电之间的互相影响越发明显，机电分离设计遇到的问题越来越多，矛盾也越发突出。于是，机电综合（Syntheses between Mechanical and Electronic Technologies，SMET）的概念出现了。机电综合是机电一体化的较高层次，它比机电分离前进了一大步，主要表现在两个方面：一是建立了同时考虑机械结构、电磁、热等性能的综合设计的数学模型，可在设计阶段有效消除某些缺陷与不足；二是建立了一体化的有限元分析模型，如在高密度机箱机柜分析中，可共享相同空间几何的电磁、结构、温度的数值分析模型。

自 21 世纪初以来，电子装备呈现出高频段、高增益、高功率、大带宽、高密度、小型化、快响应、高指向精度的发展趋势，机电之间呈现出强耦合的特征。于是，机电一体化迈入了机电耦合（Coupling between Mechanical and Electronic Technologies，CMET）的新阶段。

机电耦合是比机电综合更进一步的理性机电一体化，其特点主要包括两点：一是分析中不仅可实现机械、电磁、热的自动数值分析与仿真，而且可保证不同学科间信息传递的完备性、准确性与可靠性；二是从数学上导出了基于物理量耦合的多物理系统间的耦合理论模型，探明了非线性机械结构因素对电性能的影响机理。其设计是基于该耦合理论模型和影响机理的机电耦合设计。可见，机电耦合与机电综合相比具有不同的特点，并且有了质的飞跃。

从机电分离、机电综合到机电耦合，机电一体化技术发生了鲜明的代际演进，为高端装备设计与制造提供了理论与关键技术支撑，而复杂装备制造的未来发展，将不断趋于多物理场、多介质、多尺度、多元素的深度融合，机械、电气、电子、电磁、光学、热学等将融于一体，巨系统、极端化、精密化将成为新的趋势，以机电耦合为突破口的设计与制造技术也将迎来更大的挑战。

随着新一代电子技术、信息技术、材料、工艺等学科的快速发展，未来高性能电子装备的发展将呈现两个极端特征：一是极端频率，如对潜通信等应用的极低频段，天基微波辐射天线等应用的毫米波、亚毫米波乃至太赫兹频段；二是极端环境，如南北极、深空与临近空间、深海等。这些都对机电耦合理论与技术提出了前所未有的挑战，亟待开展如下研究。

第一，电子装备涉及的电磁场、结构位移场、温度场的场耦合理论模型（Electro-Mechanical Coupling，EMC）的建立。因为它们之间存在相互影响、相互制约的关系，需在已有基础上，进一步探明它们之间的影响与耦合机理，廓清多场、多域、多尺度、多介质的耦合机制，以及多工况、多因素的影响机理，并将其表示为定量的数学关系式。

第二，电子装备存在的非线性机械结构因素（结构参数、制造精度）与材料参数，对电子装备电磁性能影响明显，亟待进一步探索这些非线性因素对电性能的影响规律，进而发现它们对电性能的影响机理（Influence Mechanism，IM）。

第三，机电耦合设计方法。需综合分析耦合理论模型与影响机理的特点，进而提出电子装备机电耦合设计的理论与方法，这其中将伴随机械、电子、热学各自分析模型以及它们之间的数值分析网格间的滑移等难点的处理。

第四，耦合度的数学表征与度量。从理论上讲，任何耦合都是可度量的。为深入探索多物理系统间的耦合，有必要建立一种通用的度量耦合度的数学表征方法，进而导出可定量计算耦合度的数学表达式。

第五，应用中的深度融合。机电耦合技术不仅存在于几乎所有的机电装备中，而且在高端装备制造转型升级中扮演着十分重要的角色，是迭代发展的共性关键技术，在装备制造业的发展中有诸多重大行业应用，进而贯穿于我国工业化和信息化的整个历史进程中。随着新科技革命与产业变革的到来，尤其是以数字化、网络化、智能化为标志的智能制造的出现，工业化和信息化的深度融合势在必行，而该融合在理论与技术层面上则体现为机电耦合理论的应用，由此可见其意义深远、前景广阔。

本丛书是在上一次编写的基础上进行进一步的修改、完善、补充而成的，是从事电子机械工程领域专家们集体智慧的结晶，是长期工作成果的总结和展示。专家们既要完成繁重的科研任务，又要于百忙中抽时间保质保量地完成书稿，工作十分辛苦。在此，我代表丛书编委会，向各分册作者与审稿专家深表谢意！

丛书的出版，得到了电子机械工程分会、中国电子科技集团公司第十四研究所等单位领导的大力支持，得到了电子工业出版社及参与编辑们的积极推动，得到了丛书编委会各位同志的热情帮助，借此机会，一并表示衷心感谢！

中国工程院院士
中国电子学会电子机械工程分会主任委员　段宝岩

2024 年 4 月

前言

Foreword

电子产品制造中的电气互联技术是指在电、磁、光、静电、温度、湿度、振动、速度、辐射等已知和未知因素构成的环境中，任何两点（或多点）之间的电气互联制造技术以及相关设计技术。它是传统电气互连技术概念的新描述。在微型化、集成化和多功能等需求的推动下，现代电气互联技术具有比传统的电气互连技术更丰富的内涵，已经成为电子产品先进制造的核心技术。

电气互联技术具有涉及学科广、知识面宽、综合性强、技术发展快等特点，是一门多学科综合性工程技术。目前，在传统的封装互联基础、器件级封装互联技术、电气互联基板技术、PCB 组装互联技术、整机互联技术等传统技术基础上，SiP 技术、2.5D/3D 封装互联技术、Chiplet 封装互联技术、光电封装互联技术、微系统级封装互联技术、绿色互联技术、智能互联技术等高速发展，并已经逐步发展成为电气互联技术的主体技术。

本书力图通过对电气互联技术概念和主要技术的描述和介绍，较为系统、全面地反映现代电气互联技术的知识内涵和体系结构，从而便于从事电子制造工程类专业或相关专业方向的读者学习。同时，也希望现代电气互联技术在快速发展的同时，其定义、内涵、技术体系等知识内容的解读也能与时俱进，以利该门综合性工程技术的学科专业归类、科学研究和建设。

本书分为 8 章，内容包括：电气互联技术的基本概念、技术体系、现状与发展等概述，封装互联基础、器件级封装互联技术、互联基板技术、PCB 组装互联技术、SMT 组装系统、整机互联技术、电气互联新技术等。本书在周德俭教授、吴兆华教授等编著的《电气互联技术》的基础上进行了全面的更新迭代，其中第 3 章主要由王波完成，第 7 章主要由黄伟完成，其余主要由潘开林、周德俭、吴兆华完成，全书由潘开林统稿。特别感谢中国电子科技集团第十四研究所、海能达公司分享了电子智造的经典案例。李站、杨溢青、隋晓明、傅如意等研究生参与了搜集资料、协助绘制插图等工作。本书参考和引用了部分文献的相关内容，因文献量较大，仅列出了主要参考文献。

电气互联技术涉及知识面广，技术内容新且非常丰富，要在一册书籍中予以系统和全面的介绍是困难的；同时，由于作者的水平有限，书中也一定存在不少谬误，不足之处请同行专家和读者谅解。

编著者

2024.7

目录

Contents

Chapter 1

第 1 章

概述

本章重点描述电气互联技术的基本概念、组成、作用、技术体系及分体系、核心关键术语、现状与发展动态，并对全书的体系架构进行说明。

1.1 电气互联技术的基本概念

1.1.1 由“电气互连”到“电气互联”的概念演进

1. 传统的电气互连技术定义

在电子产品制造中，任何两个分立接点之间的电气连通称为互连，紧邻两点（或多点）间的电气连通称为连接。一般将电气互连和电气连接统称为“电气互连”。在电子产品的芯片级、元器件/微系统级、电路模块/组件/子系统级组装中，任何一级组装都离不开互连与连接。

将数量众多的电子元器件、金属或非金属零部件、紧固件及各种规格的导线，按设计文件规定的技术要求，装配连接成整件或整机的过程（或技术）称为电子设备装联技术。电子设备装联技术是电气互连技术概念的拓宽，可以认为是广义的电气互连技术。

2. 电气互连技术定义的不足

电气互连的传统定义描述了“点与点”或“件与件”之间的电气连接和连通的概念，强调了连接的机械性能和电气互通，而忽视了对机械和电气连通之外的电气性能与物理性能的保障描述，而后者恰是新一代电子产品互连设计制造中更需强调、更为重要的内容。

如果电气互连的概念是对“点与点”和“件与件”之间的电气连接进行了“有形”的描述，那么它对组装延迟、热设计、电磁兼容设计、无线通信、光电互连等“无形”

的电气性能和物理性能保障内容以及对振动等系统动态特性设计内容均未能系统地予以概括。

为此，电气互连技术概念或定义在面对新一代电子产品设计制造技术的发展时已显不足。

3. 电气互联技术概念的产生

针对电气互连技术传统概念或定义的不足，为了适应新一代电子产品设计制造技术的发展，特别是适应以表面组装技术（Surface Mount Technology，SMT）为代表的电子产品先进组装技术的快速发展需要，国内相关电子先进制造技术专业组和专家经过若干年的酝酿与各种形式的研讨，于“九五”期间正式提出了“电气互联技术”一词及其相关概念，并很快被国防科学技术工业委员会、中国人民解放军总装备部和中国电子科技集团等相关部门与专家认可，将其作为电子产品先进制造技术的标志性技术，列为国防工业先进制造技术的主干技术之一。

4. 电气互联技术的定义

电气“互联”技术是传统电气“互连”技术的延伸与扩展，它是指在电、磁、光、静电、温度、湿度、振动、速度、辐射等已知和未知因素构成的环境中，任何两点（或多点）之间的电气连接制造技术以及相关设计技术。

电气互联技术既包含电气互连的“有形”连接概念，又包含为保障电气性能和物理性能，以及与电气连接具有“联系”的“无形”连接的概念，同时将相关现代设计方法也包括在内。这一新定义全面、科学，更能适应新一代组装技术和新一代互联技术发展及研究的需要。

1.1.2 电气互联技术的组成与作用

1. 电气互联技术的组成

电气互联技术的基本组成如图 1-1 所示。它由机械工程科学、电子技术与信息科学等基础科学和互联材料、元器件、互联设计、互联工艺与互联设备等基本技术支撑，主要内容包含元器件/微系统级互联技术、印制电路板（Printed Circuit Board，PCB）电路模块/组件/子系统级互联技术、整机/系统级互联技术三大部分。电气互联技术是一门以电子机械工程学科的专业技术为主要基础的综合性工程技术。

2. 电气互联技术的作用

电气互联技术的作用是保障点与点、线（缆）与线（缆）、元器件/接插件与基板、组件与组件、组件与整机（系统）、整机（系统）与整机（系统）等电气互联点、件、系统之间的电气可靠连接和“联通”，其技术应用遍及电子产品（设备）制造的各个层面，如图 1-2 所示。

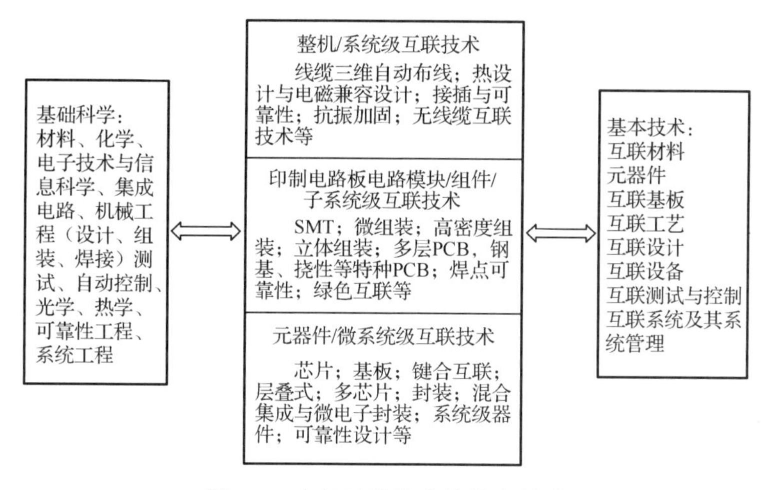

图 1-1　电气互联技术的基本组成

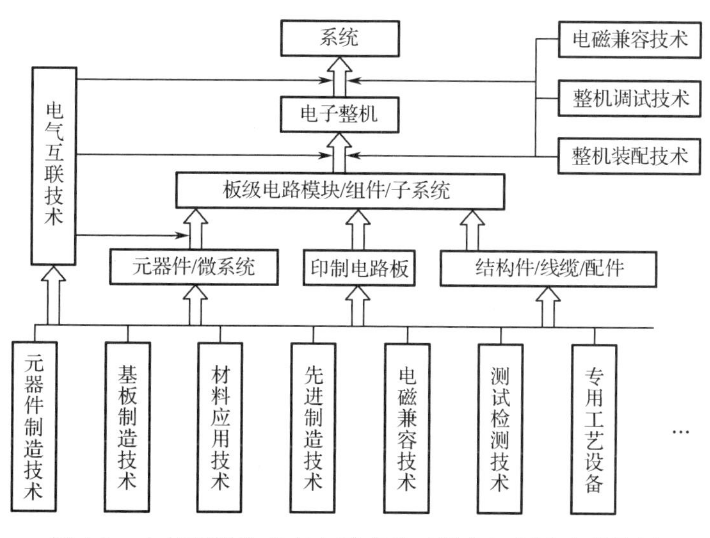

图 1-2　电气互联技术在电子产品（设备）制造中的作用

随着电子技术、信息技术的快速发展和向传统设备的快速渗透，以及现代产品的高速电气化进程，电气互联技术在现代产品中的作用越来越重要，电子技术在系统中所占的比重越来越大，相应地，电气互联点、线、件也越来越多，电气互联技术的重要性随之不断提高。可以说，电气互联技术已经发展成现代电子设备设计和制造的基础技术，是电子设备可靠运行的主要保障技术，是电子先进制造技术的重要组成部分，是支持电子信息产业发展的关键技术。

1.1.3　电气互联技术中的若干技术概念

在电气互联技术体系中，涉及很多相似或相近的概念，为便于理解与阅读，本节对有关概念做逐一说明。

1. 电气互联技术与电子封装工程

从某种意义上讲，本书所说的电气互联技术与当前广义的电子封装工程概念基本一致。在当前的电子封装工程概念中，将电子封装分为 0 级、1 级、2 级、3 级共 4 个级别，如图 1-3 所示。0 级封装是指从晶圆上单一的晶体管制造及其互联（Interconnect）形成裸芯片的过程，工艺技术主要是半导体工艺技术，输出物是裸芯片（Die），这是中文体系常常所说的“互联”；1 级封装是指用封装外壳将裸芯片（含多芯片）封装成元器件的器件级封装技术，也就是将裸芯片封装成标准的可直接使用的元器件，这是中文体系常常所说的电子元器件或集成电路（Integrated Circuit，IC）“封装”，主要运用的技术包括引线键合（Wire Bonding，WB）、载带自动键合（Tape Automated Bonding，TAB）、倒装芯片键合（Flip Chip Bonding，FCB）三大共性基础互联技术和包封、密封等共性支撑技术；2 级封装是指将 1 级封装形成的元器件组装到 PCB 上形成组件的过程，这是中文体系常常所说的“组装”或“电子组装”，主要运用的技术是 SMT；3 级封装是指将 2 级封装形成的板卡插装到母板上的整机或系统级封装（System in Package，SiP）技术，这是中文体系常常所说的“装联”或“整机装联”。因此，本书对应的章节名称为器件级封装互联技术、PCB（板级）组装互联技术、整机互联技术等，将器件级封装所用的基板（Substrate）和板级组装所用的 PCB 统称为互联基板。

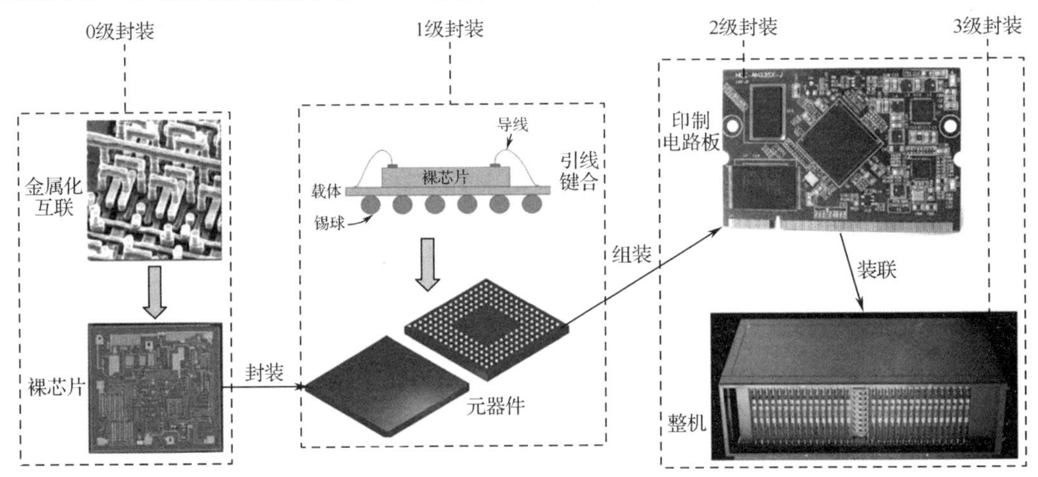

图 1-3 电子封装工程的层级示意图

2. 电气互联技术与 SMT

SMT 是电气互联技术体系中的主要技术和主要组成部分。SMT 作为新一代组装技术，已逐步代替传统的通孔插装技术（Through Hole Technology，THT），成为现代电子产品的 PCB 电路模块/组件/子系统级电气互联的主要技术手段。SMT 技术不断更新，应用范围不断扩大，目前在元器件和微系统级互联中的应用也越来越多。随着电子设备进一步微型化以及器件级系统不断增加，SMT 在电气互联中的作用和重要性仍在不断提升。

3. 微组装与高密度组装技术

微组装是为了适应电子产品微型化、轻量化与高可靠性需求，实现电子产品的多功能高度集成。采用微互联、微组装设计、混合集成技术发展起来的新型电子组装与封装技术，也是电子组装技术向微米和微米尺度方向的延伸。微组装通常是指将 1 级封装（器件级封装）所用的引线键合、倒装焊等技术直接应用到板级与系统级组装和封装的技术，是实现电子整机模块化、智能化、复合化的高度整合集成的根本途径。高密度组装是针对整体组件的集成度而言的，通常以单位面积的焊点数来权衡，单位面积的焊点数越多，组装密度越高，必然会采用更小的引脚或焊点间距。高密度组装是一个相对的概念，随着技术的不断发展而不断提升。所以，微组装是针对组装的特征尺寸而言的，而高密度组装是针对组装的集成度而言的，彼此密切关联。

4. 微连接与微互联

微连接一般是指对微型对象的焊接方法，但它是一种传统焊接技术之外的焊接方法。它是指由于连接对象尺寸的微小精细而产生的尺寸效应，使得在传统焊接技术中可以忽略的因素（如溶解量、扩散层厚度、表面张力、应变量等），将对材料的焊接性能、焊接质量产生不可忽视的影响，所以必须考虑接合部位尺寸效应的精细焊接方法。微连接技术在工艺、材料、设备等方面与传统焊接技术有着显著不同，采用的方法和形式更多。微连接这一名称具有针对各类微型对象进行连接的广义性。

微互联一般是指利用微线、微带、微凸点等工艺的互联技术，应用于芯片和元器件封装的芯片互联中，其技术具有特指性。

微互联技术已发展到将互联凸点电极制作在载带引线上并通过自动焊接完成与芯片连接的凸点载带自动键合，以及采用光硬化绝缘树脂并利用其硬化收缩应力完成芯片电极与基板电极连接的微凸点连接等为代表的微凸点连接技术阶段。

5. 多芯片组件与 2.5D 封装

1）多芯片组件

多芯片组件（Multi-Chip Module，MCM）是指多个 IC 芯片电连接于共用电路基板上，并利用该基板实现芯片间互联的组件。这些元器件通常通过引线键合、载带自动键合或倒装芯片（Flip Chip，FC）的方式未密封地组装在多层互联基板上，经过塑料模塑后，再用与安装方形扁平封装（Quad Flat Package，QFP）或球栅阵列（Ball Grid Array，BGA）封装元器件同样的方法将它们安装在 PCB 上。MCM 是一种典型的高级混合集成组件，需要具备以下几个条件：①基板具有多层导体层；②封装效率>20%；③封装外壳的 I/O 引线数量>100；④有多个专用集成电路（Application Specific Integrated Circuit，ASIC）或超大规模集成电路（Very Large Scale Integration Circuit，VLSIC）等。

MCM 可以分为 MCM-Z、MCM-L、MCM-C 和 MCM-D 四大类。其中，Z、L、C 和 D 分别代表零（Zero）、层压板（Laminate）、陶瓷（Ceramic）和沉积（Deposited）。在

四类 MCM 中，MCM-Z 中的组件不使用基板，而是芯片到芯片、芯片到封装的直接互联；MCM-L 中的组件基板采用细导线 PCB 技术，在塑料层压介电板上涂覆 Cu 导线；MCM-C 中的组件基板为共烧陶瓷，并采用厚膜（丝网印刷）技术制作导体图样；MCM-D 是指通过在介电材料（有机或无机材料）上进行薄膜沉积金属来完成互联，陶瓷、玻璃、硅（Si）或金属等都可用作基板，有时也把具有 Si 基板的 MCM-D 称为 MCM-Si。此外，后三类 MCM 还派生出 MCM-D/L、MCM-D/C、MCM-D/Si 等封装结构。

MCM 的特点主要有高速度（高频）、高密度、高可靠性及低成本等。MCM 产品将多个裸芯片高密度地安装在一起，缩短了传输路径，使得信号延迟大幅度减小，从而提高了工作频率，易于实现组件高速化。MCM 电路图形可实现 100～20μm 的导体线宽/间距、150～50μm 的埋孔直径、300～200μm 的通孔直径、250～150μm 的焊盘直径以及 100～30μm 的层间厚度，提高了安装效率（总面积/组件基板面积）。例如，SMT 的安装效率为 5%～15%，板上芯片（Chip on Board，COB）约为 30%，而 MCM-L 为 30%～40%，MCM-C 为 30%～50%，MCM-D 可达 70%以上。相比之下，MCM 具有更小的整机/组件封装尺寸和更轻的质量，通常体积可减小 1/4，质量减轻 1/3，且通过缩短元器件和芯片间的互联尺寸提高产品可靠性。此外，MCM 技术比一般的 SMT 等技术成本低 25%～50%，其中 MCM-L 在降低成本方面最有前景。尽管使用 MCM 具有诸多优势，但它仍然存在不足，其中最主要的问题是 MCM 产品中的元器件如何保持各自的成品率。

2）2.5D 封装

业界为了更好地体现电子封装技术的演变历程，常将系统级封装（SiP）区分为 2.1D、2.2D、2.5D、3D 封装等。关于 2.5D 封装，实际上并无严格的学术定义，一般指的是芯片之间通过转接板（或称为中介层）、硅桥、高密度重布线层（ReDistribution Layer，RDL）、硅通孔（Through Silicon Via，TSV）等互联手段实现的 SiP 封装。判断是否为 2.5D 封装的核心是根据是否使用了“中介层”，而不是 TSV 技术。换言之，在一个封装结构中局部采用了 TSV 进行垂直互联，但是整体集成时采用了前述“中介层”，依然认为是 2.5D 封装。如果没有前述“中介层”，运用 TSV 垂直互联直接实现系统集成则称为 3D 封装。目前比较常见的 2.5D 封装有台积电开发的 CoWoS 技术、Intel 公司开发的 EMIB 技术以及日月光半导体公司开发的 FOCoS 技术等。

6．立体组装与混合组装

立体组装是指通过母板、垂直互联等技术将多个电路模块进行立体组合的组装互联工艺技术。基于此，通常将多芯片层叠组装称为“芯片立体组装”，或者将多个电路模块立体组合件再次进行立体组合称为“整机立体组装”。

混合组装一般用于表示插装与贴装元器件共存的电路产品的组装工艺技术，实际含义是“插、贴混合组装”。近些年，裸芯片与有外封装的元器件在同一基板和封装体中共存的组装工艺技术快速发展，这种“芯片器件混合组装”技术也常简称混合组装。混合组装也可以指有铅与无铅的混合组装，如采用有铅焊料组装无铅元器件和采用无铅焊料组装传统锡铅（Sn-Pb）元器件，均属于混合组装工艺。

7. 片上系统、封装体上封装与系统级封装

片上系统（System on Chip，SoC）是指将完整的电子系统或子系统集成在单个芯片内部。该芯片内部可以集成微控制器、数字信号处理器、存储器、射频发射器等嵌入式硬件以及必要的嵌入式软件来完成特定的功能。

封装体上封装（Packaging on Packaging，PoP）也称为叠层封装，是采用两个或两个以上的 BGA 堆叠而成的一种封装方式。PoP 结构通常采用 BGA 焊球结构，将高密度的数字或混合信号逻辑器件集成在 PoP 的底部，满足了逻辑器件多引脚的需要。

系统级封装（SiP）是指将多种功能芯片（包括处理器、存储器等功能芯片）集成在一个封装体内，从而实现一个基本完整的功能。

8. 3D 封装与 TSV

3D 封装是在垂直方向上叠放两个或两个以上芯片的封装技术，它起源于快闪存储器（NOR/NAND）及同步动态随机存储器（SDRAM）中的 PoP 技术。由于 3D 封装中的芯片堆叠保持在垂直方向上，因此对于实现垂直方向上芯片互联的方式显得尤为重要。典型的芯片垂直互联方式有 WB、PoP 和 TSV 3 种。

TSV 是一项高密度封装技术，正逐渐取代目前工艺比较成熟的 WB 技术。TSV 互联技术是实现垂直堆叠芯片之间信号连接的核心技术之一，它可以实现芯片连接的高效性和低功耗。据统计，TSV 可以将 Si、Ge 芯片的功耗降低 40%左右，同时 TSV 的高频特性出色，可以减小传输延迟、降低噪声。

9. 芯粒封装技术与面板级封装

1）芯粒封装技术

芯粒封装（Chiplet）的概念最早出现在 2014 年海思（HiSilicon）与台湾积体电路制造股份有限公司（简称台积电）的晶圆级封装（Wafer Level Package，WLP）产品上，是指预先制造好、具有特定功能、可组合集成的晶片。芯粒封装既指代一种 IP 核，也指代一种设计模式，为了将 IP 核重用而将其芯片化并单独封装起来。Chiplet 在 2020 年的美国国防部高级研究计划局的公共异构集成和 IP 重用战略项目中真正得到推广。与传统的单芯片方案相比，芯粒封装的设计良率更高、成本更低。

芯粒封装技术是一种利用先进封装方法将不同工艺/功能的芯片进行异质集成的技术。这种技术设计的核心思想是先分后合，即先将单芯片中的功能块拆分出来，再通过先进封装模块将其集成为大的单芯片。“分”可解决怎么把大规模芯片拆分好的问题，其中架构设计是“分”的关键（需要考虑访问频率、缓存一致性等）；“合”是指将不同功能的部分合成在一颗芯片上，其中先进封装是合的关键（需要考虑功耗、散热、成本等）。目前，主流的芯粒封装方式有通过硅通孔进行堆叠并采用硅桥完成芯片的大面积拼接或采用中介层来完成芯片的连接。其中，中介层可以分为有源中介层和无源中介层，这些封装方式按照结构又可以分为 2D 封装、2.5D 封装以及 3D 封装等。

采用芯粒封装技术通常有以下 4 个优势：①芯片可分解成特定模块，使单个芯片变得更小，并且可以选择合适的工艺以提高工艺良率，摆脱制造工艺的限制，降低成本；②芯片可以被视为固定模块，并且可以在不同产品中进行复用，具有较高的灵活性；③可以集成多核，能够满足高效能运算处理器的需求；④相较于更先进的半导体工艺制程，芯粒封装的综合成本更低、收益更高。

2）面板级封装

面板级封装（Panel Level Package，PLP）是将晶片切割分离成多个裸片，并在同一工艺流程中进行封装。与传统的晶圆级封装相比，面板级封装采用 PCB、玻璃基板等方形载板，可以增加封装面积，具有生产效率高、生产成本低、适合大规模生产的优势。

1.2 电气互联技术的技术体系

1.2.1 电气互联技术的总体系构架

1. 电气互联技术体系层次关系

从传统的概念划分，电气互联技术体系层次可以分为元器件级、印制电路板级和整机/系统级 3 个层次，如图 1-4 所示。每个层次有其自成体系的技术内容，图 1-4 表示出了各自的部分标志性技术。微系统级和组件（子系统）级互联是较新发展的内容，微系统级互联所采用的技术往往跨越传统元器件级和印制电路板级技术体系（如图中虚线框所示），如既采用 SMT 又进行外封装等；组件（子系统）级互联所采用的技术往往跨越印制电路板级和整机/系统级技术体系，如既采用 SMT 又进行电路模块互联等。因此，作为技术的应用，各层次之间具有交叉性。

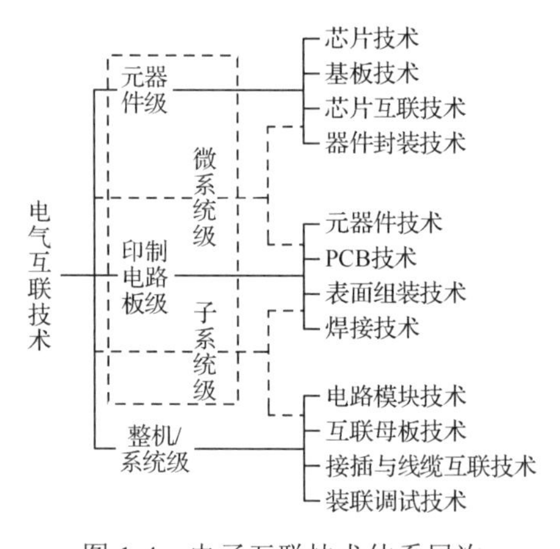

图 1-4 电子互联技术体系层次

为了既能够清楚地展示技术体系，又能够避免这种交叉性，后文的电气互联技术体系构架不以产品结构层次划分，而主要以技术归类。

2. 电气互联技术体系构架

电气互联技术体系的基本构架如图 1-5 所示。它由互联材料、元器件、互联基板、互联工艺、互联设计、互联设备、互联测试、互联系统等技术分体系组成，每一技术分体系又都有其丰富的技术内容，可以分解成各类子技术体系。例如，互联材料可以分解为互联、封装、组装、焊接、装联等类材料应用技术，而且各类材料应用技术可以继续细分出下一级子技术体系，图 1-5 仅给出了二级子技术体系及其主要技术内容。

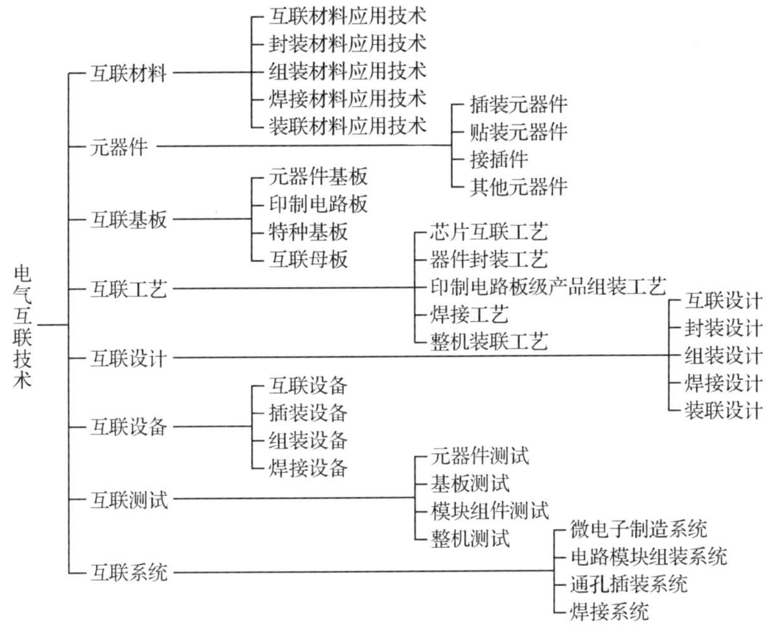

电气互联技术
互联材料
互联材料应用技术
封装材料应用技术
组装材料应用技术
焊接材料应用技术
装联材料应用技术
元器件
插装元器件
贴装元器件
接插件
其他元器件
互联基板
元器件基板
印制电路板
特种基板
互联母板
互联工艺
芯片互联工艺
器件封装工艺
印制电路板级产品组装工艺
焊接工艺
整机装联工艺
互联设计
互联设计
封装设计
组装设计
焊接设计
装联设计
互联设备
互联设备
插装设备
组装设备
焊接设备
互联测试
元器件测试
基板测试
模块组件测试
整机测试
互联系统
微电子制造系统
电路模块组装系统
通孔插装系统
焊接系统

图 1-5　电气互联技术体系的基本构架

1.2.2　电气互联技术的分体系

这里以互联工艺技术为例表示子技术体系的分解。互联工艺技术可以分为芯片互联工艺、器件封装工艺、印制电路板级产品组装工艺、焊接工艺、整机装联工艺等，如图 1-6 所示。

互联工艺技术
芯片互联工艺
引线键合
载带自动键合
倒装焊法
凸点载带自动键合
微凸点连接
器件封装工艺
金属封装工艺
陶瓷封装工艺
金属陶瓷封装工艺
塑料封装工艺
合成材料封装工艺
印制电路板级产品组装工艺
插装
表面组装
微组装
混合组装
叠层组装
圆片级叠装
芯片级叠装
封装级叠装
多芯片组装
高密度组装
立体组装
微系统组装
焊接工艺
工具焊接
波峰焊接
再流焊接
激光焊接
整机装联工艺
箱柜装联工艺
线缆布线工艺
母板互联工艺
接插连接工艺
装联加固工艺
装联调试工艺

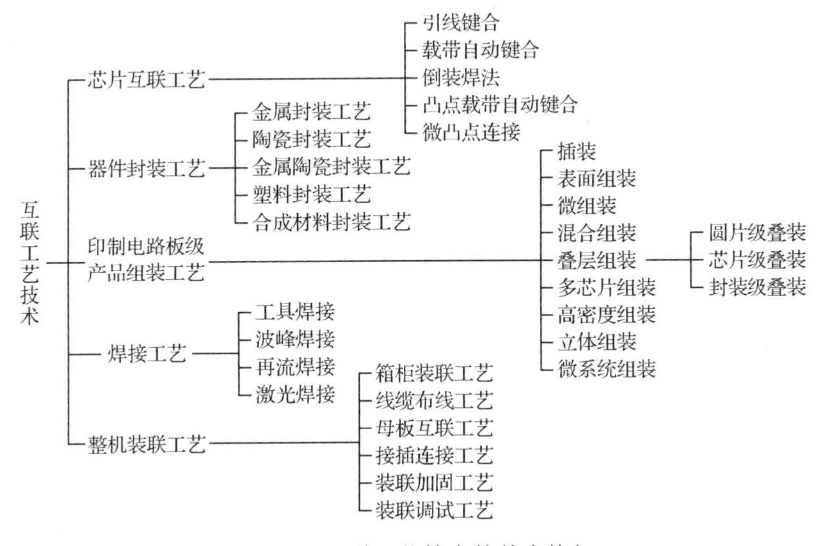

图 1-6　互联工艺技术的基本构架

这些子技术体系由多项技术或由下一层次的子技术体系组成。例如，印制电路板级产品组装工艺子技术体系由插装、表面组装、微组装、混合组装、叠层组装、多芯片组装、高密度组装、立体组装、微系统组装等组装工艺技术组成，而其中的叠层组装是由圆片级叠装、芯片级叠装、封装级叠装等叠层组装技术形成的子技术体系。

1.3 电气互联技术的现状与发展

1.3.1 元器件技术

元器件技术的发展和变化，直接促使电气互联技术的变革。表面贴装元件（Surface Mounted Component，SMC）和表面贴装器件（Surface Mounted Devices，SMD）的产生与发展使 20 世纪后期的电子产品发生了质的（性能提高）和量的（微型、轻量）突变，也使以 SMT 为代表的新一代组装技术得到了突飞猛进的发展。

1. 片式元器件

片式元器件主要有以厚/薄膜工艺制造的片式电阻器和以多层厚膜共烧工艺制造的片式电容器，它们是开发最早和应用最广泛的片式元器件。随着对电子产品小型化、高性能、高可靠性、安全性和电磁兼容的需求，片式元器件进一步向小型化、多层化、大容量化、耐高压、集成化和高性能化方向发展。在铝电解电容和钽电解电容片式化后，高 Q（品质因数）值、耐高温、低失真的高性能多层陶瓷电容器、介质厚度为 10μm 和层数高达 100 层之多的电容器已商品化，出现了片式多层压敏和热敏电阻、片式多层电感器、片式多层扼流线圈、片式多层变压器等各种片式多层复合元器件，规格尺寸经历了从 6432→5025→4832→3225→3216→2012→1608→1005→0603→0402→03015→008004 的发展。国巨股份有限公司在 2011 年研发出 03015 贴片元器件并得到了应用，其贴片面积比 0402 贴片元器件减少了 44%。在 2014 年，村田公司推出了 008004 多层陶瓷电容，这是目前已知尺寸最小的片式元器件。然而，片式元器件尺寸的继续减小会导致生产困难，同时增加了贴装工艺的难度。因此，现在的片式元器件也朝着片式组合元器件方向发展，如片式电阻网络、片式电容网络、片式电阻-电容（RC）滤波器、片式晶体振荡器等。此外，集成化也是片式元器件的一个新发展趋势，它能减少组装焊点数目和提高组装密度。集成化的元器件可使硅效率（芯片面积/基板面积）达到 80%以上，并能有效地提高电路性能。由于不在印制电路板上安装大量的分立元器件，因此可极大地减少焊点失效引起的可靠性问题。

2. 电子元器件的发展

电子元器件的发展历程可以追溯到 20 世纪初。1904 年，英国物理学家弗莱明发明了世界上第一个电子二极管；1906 年，美国发明家德福雷斯特在二极管内巧妙地添加了一种栅栏式的金属网，形成电子管的第三个极，从而发明了第一个真空三极管；1947 年，美国物理学家肖克利、巴丁和布拉顿 3 人合作发明了晶体管。晶体管的发明替代了电子管，推动了电子元器件的发展，使得电子元器件变得更小、更轻，同时提高了电子元器件的可靠性和灵活性。随着科技的发展，电子元器件不断持续改进，从简单的电子管到复杂的晶体管、集成电路和微处理器，发展迅速。而电子元器件的发展离不开电子封装技术的发展。电子封装是衔接芯片与系统的重要界面，同时是电子元器件电路的重要组成部分。对电子产品而言，封装技术是非常关键的一环，封装工艺技术的进步推动着一代电子元器件、电路的发展，牵动着整机系统的小型化和整体性能水平的升级换代。下面将从封装工艺的角度对电子元器件的发展进行论述。

20 世纪 50 年代，随着晶体管的发明与应用，晶体管外形（Transistor Outline，TO）封装开始得到发展，材质从塑料发展至金属。早期的晶体管大多采用同轴封装，后来被借鉴应用到光通信中，称为 TO 封装，这是最早的电子封装技术之一。常用的 TO 封装系列有 TO-92、TO-252、TO-126 等，如图 1-7 所示。由于 TO 封装具有易制造和低成本的优势，因此其霸占了主流的光器件市场应用。

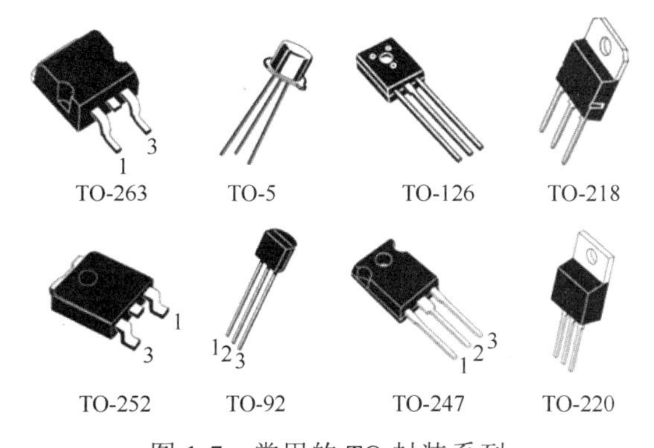

图 1-7 常用的 TO 封装系列

20 世纪 60 年代，集成电路的发明使电子元器件的发展进入了新阶段，这些集成电路可以容纳更多的电子元器件，并且比晶体管更小、更轻。1964 年，快捷半导体公司的 Bryant Buck Rogers 发明了第一个双列直插式封装（Dual In-line Package，DIP）元器件，其外形为长方形，有 14 个引脚，相较于更早期的圆形元器件，长方形元器件可以提高印制电路板中元器件的密度。一种标志性的 DIP 元器件——Intel 8008 如图 1-8 所示，这是最早的现代微处理器之一。DIP 是早期集成电路采用的封装技术，具有成本低廉的优势，其引脚数一般不超过 100 个，适合小型且不需要接太多输入/输出（I/O）口的芯片。但由于 DIP 大多采用塑料，散热效果较差，无法满足现行高速芯片的要求，因此目前这种封装元器件市场逐渐萎缩。同时期，飞利浦公司研制出可表面组装的纽扣状微型元器件供手表工业使用，这种元器件已发展成现在表面组装用的小外形集成电路（Small Outline Integrated Circuit，SOIC）。它的引线分布在元器件两侧，呈鸥翼形，引线的中心距为 1.27mm（50mil），引脚数多达 28 个以上。SOIC 是在小外形封装（Small Outline

图 1-8 Intel 8008 微处理器

Package，SOP）的基础上发展而来的。除此之外，SOP 还派生出 J 形引脚小外形封装（Small Outline J-Leaded Package，SOJ）、薄小外形封装、甚小外形封装（Very thin Small Outline Package，VSOP）、缩小型小外形封装、薄的缩小型小外形封装以及小外形晶体管封装等，它们在集成电路中都起到了举足轻重的作用。

20 世纪 70 年代初期，日本开始使用 QFP 封装的集成电路来制造计算器。QFP 的引脚分布在元器件的四边，呈鸥翼形，引脚的中心距仅为 1mm（39.4mil）、0.8mm（31.5mil）、0.56mm（22mil）或更小，而引脚数可达几百个。由于 QFP、SOIC 都采用塑料外壳且不是全气密性元器件，很难满足军事要求。因此，美国研制出无引脚陶瓷芯片载体（Leadless Ceramic Chip Carrier，LCCC）气密性元器件，它以分布在元器件四边的金属化焊盘代替引脚。LCCC 无引脚地组装在电路中，引进的寄生参数小，噪声和延迟特性有明显改善。然而，LCCC 直接组装在基板表面，没有引脚来帮助吸收应力，因此，在使用过程中易造成焊点开裂。此外，由于使用陶瓷金属化封装，因此 LCCC 元器件的价格要比其他类型的器件价格高，这也一定程度地限制了它的应用。

20 世纪 80 年代，从通孔插装型封装元器件向表面贴装型封装元器件的转变，从平面两边引脚型封装元器件向平面四边引脚型封装元器件发展。一些适应表面贴装技术的封装形式，如带引脚的塑料芯片载体（Plastic Leaded Chip Carrier，PLCC）、塑料方形扁平封装（Plastic Quad Flat Package，PQFP）、塑料小外形封装以及无引脚方形扁平封装等应运而生。20 世纪 80 年代后期开发了 MCM 技术，它能够将多个裸芯片直接组装在同一基板以及同一壳体内。与一般 SMT 元器件相比，MCM 元器件面积减小至原来的 14%～25%，质量减轻至原来的 25%以下。但是，MCM 元器件要求使用经过测试并确认完全符合规格需求的芯片（Known Good Die，KGD），而 KGD 通常难以获得，这将导致 MCM 元器件成品率低。

20 世纪 90 年代进入了 VLSIC 时代，特征尺寸缩小到 0.18～0.25μm，这就要求集成电路封装向更高密度和更高速度的方向发展。因此，封装的引脚从平面四边引脚型向平面 BGA 型封装方向发展，引脚技术从金属引脚向微型焊球方向发展，其典型产品为 BGA 元器件和平面栅格阵列（Land Grid Array，LGA）元器件。其中，BGA 元器件按封装基板不同可分为塑料球栅阵列（Plastic Ball Grid Array，PBGA）封装元器件、陶瓷球栅阵列（Ceramic Ball Grid Array，CBGA）封装元器件、载带球栅阵列（Tape Ball Grid Array，TBGA）封装元器件、带散热器球栅阵列封装元器件以及倒装芯片球栅阵列（FCBGA）封装元器件等。随着高密度集成电路的发展，在 BGA 的基础上又发展了芯片级封装（Chip Scale Package，CSP）技术。CSP 元器件以其芯片面积与封装面积接近相等（日本电子工业协会对 CSP 的定义是芯片面积与封装尺寸面积之比大于 80%，美国 JEDEC 给 CSP 的定义是芯片封装面积小于或等于芯片面积 120%），可进行与常规封装 IC 相同的处理和试验，也可进行老化筛选，具备制造成本低等特点。1994 年，日本各制造公司已有各种各样的 CSP 方案提出，1996 年开始有小批量产品出现。

为了最终接近集成电路本征传输速率，满足更高密度、更高功能和更高可靠性的电路组装的要求，从 20 世纪 90 年代后期以来，裸芯片及其倒装芯片技术得到快速发展，其应用面已涉及微处理器、高速内存和硬盘驱动器、电话机和传呼机等。同时，由于电子产品对高性能的要求和小型化的发展趋势，大量使用裸芯片技术，以及与其他技术集合形成集成度和封装密度更高的系统级元器件或模块是一个必然的趋势。

21 世纪后，电子元器件发展趋势是表面组装化、微型化、多芯片集成和系统元器件化，以及向扁平、窄小、细间距和多引脚、引脚阵列化方向进一步发展。元器件封装形式将在 BGA、CSP、MCM 等形式基础上向 WLP、多芯片组装（MCP）、PoP、SiP、2.5D 封装、3D 封装等先进封装的方向发展。电子元器件及封装技术的发展历程与趋势如图 1-9 所示。

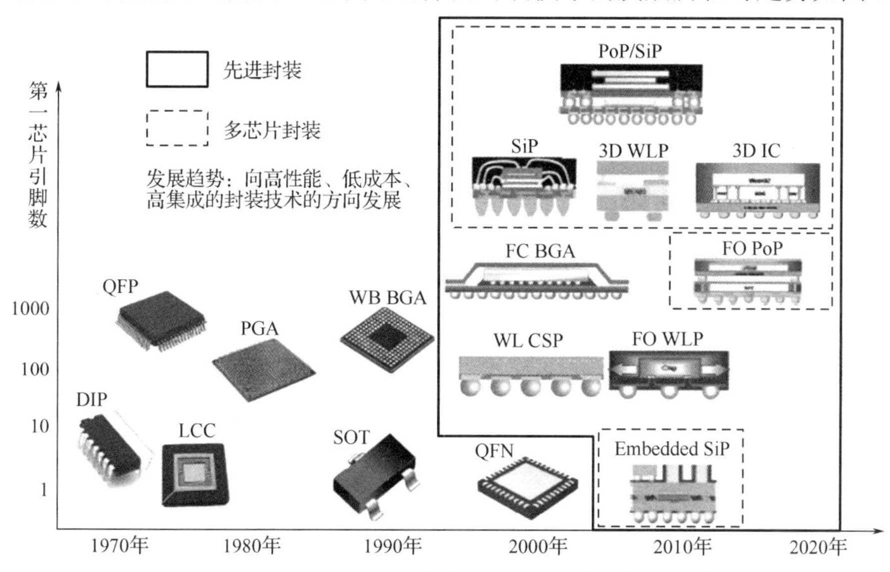

图 1-9 电子元器件及封装技术的发展历程与趋势

2000 年前后，WLP 元器件问世，其具有较小的寄生电容和电感、较低的制造成本以及较好的散热性能等优势。WLP 具有两种形式：扇入型 WLP（Fan-In Wafer Level Package，FIWLP）和扇出型 WLP（Fan-Out Wafer Level Package，FOWLP）。得益于 WLP 的使用，摩托罗拉（Motorola）推出了 Razr 手机且成为当时最薄的手机，苹果（Apple）公司推出的 iPhone 14 也采用了 WLP 技术。2016 年，台积电在 FOWLP 的基础上，开发了集成式扇出型封装（Integrated Fan-Out Package，InFO）元器件，其可以理解为多个芯片的 FOWLP 工艺集成。2017 年，三星（SAMSUNG）推出了扇出型面板级封装元器件，其借鉴了 FOWLP 的思路和技术，采用更大的面板，从而量产出数倍于 300mm 硅晶圆芯片的产品。2018 年，Intel 公司推出了 EMIB 元器件。相比于传统的 SoC 芯片（CPU、GPU、内存控制器以及 I/O 控制器等）只能使用一种工艺制造，采用 EMIB 技术可以将 CPU、I/O、GPU、FPGA（现场可编程门阵列）等封装到一起，能够把 10nm、14nm、22nm 等多种不同工艺芯片封装制成单一芯片。

上述的先进封装元器件均是基于 2D 封装工艺制造的。2012 年，台积电开发了 2.5D 封装技术并推出了 CoWoS 封装元器件，其通过把芯片封装到硅转接板（中介层）上，并使用硅转接板上的高密度布线进行互联，再安装到封装基板上，如图 1-10 所示。同年，美光联合三星、微软等推出了基于 3D 封装的 HMC（混合内存立方体）元器件，其使用了堆叠的 DRAM（动态随机存储器）芯片以实现更大的内存，应用于高端服务器市场。此外，Wide-IO（Wide Input Output）、高宽带内存（High-Bandwidth Memory，HBM）以及面对面异构集成芯片堆叠（Face to Face Chip Stack for Heterogeneous Integration，Foveros）等3D封装元器件也陆续研发出来。由于3D封装缩短了芯片之间的信号距离，元器件的数据传输速率和能效都能得到大幅提升。近年来，元器件逐渐朝着基于3D封装技术的方向发展，如2020年台积电推出的集成片上系统（System-on-Integrated-Chips，SoIC）元器件、三星推出的扩展立方体（eXtended Cube，X-Cube）元器件以及2022年Graphcore公司基于SoIC技术开发的全球首颗3D封装芯片“Bow IPU”等。

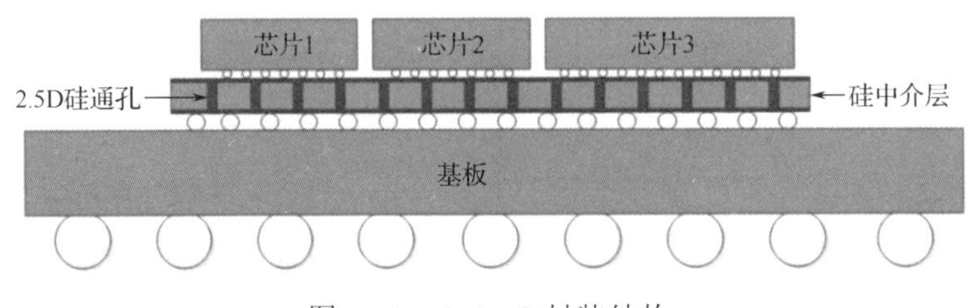

图1-10　CoWoS封装结构

1.3.2　互联基板技术

互联基板技术即互联基板制造技术。互联基板作为电子信息时代最基础、最活跃的电子部件，是半导体芯片封装的载体、搭载电子元器件的支撑以及构成电子电路的基盘。小到芯片、电子元器件，大到电路系统、电子设备整机，从消费类到投资类电子产品、从民用到军用电子设备，互联基板均发挥着重要的功能和作用，是电子产业中不可缺少的组成部分。

互联基板按结构可分为封装基板、PCB以及特种基板等几大类。在封装基板的制造技术中，有厚/薄膜基板技术、共烧陶瓷基板技术以及内埋芯片基板技术。PCB在原有单面板、双面板以及多层板的基础上，又出现积层多层板，它是实现高密度布线的有效方式。积层多层板基板也被称为高密度互联（High Density Interconnection，HDI）基板。基于此，PCB互联基板技术包括单面PCB基板技术、双面PCB基板技术、多层PCB基板技术以及HDI技术。特种基板技术包括绝缘金属基板技术、金属芯基板技术、挠性和刚-挠结合特种基板技术、异形基板技术以及微波特种基板技术等。互联基板技术正向着高密度、高板厚/孔径比以及多层基板、金属基板、挠性基板、内埋基板等高性能和特殊用途基板的趋势发展。

1. 元器件封装基板技术

元器件封装基板技术主要有陶瓷基板、低温共烧陶瓷（Low Temperature Co-fire Ceramic，LTCC）基板、内埋芯片基板以及厚（薄）膜多层基板等技术。目前，应用于陶瓷基板的内埋元器件技术已经相当成熟，它利用LTCC基板将需内埋元器件一起在基板内成型，适合应用在高频通信电路设计及射频模块等产品上；但由于制作过程中产生的高温以及陶瓷基板成本过高，普遍应用还受到限制。树脂基板内埋元器件技术也在快速发展中，因其具有低成本优势，将会大量取代以陶瓷为基板的内埋基板和元器件外露的基板。传统基板有导电、绝缘、支撑三大功能，当它实现了内埋元器件和 IC 芯片等电子组件之后，其功能便出现了转变，“基板”的概念也发生了变化。这种内埋组件的基板可以看作是元器件、组件和配线一体化的“功能板”，或者认为是“集成系统板”。内埋基板所要实现的技术，是 SMT 发展的“延长线”上所无法寻找到的技术。从它的材料开发到设计和制造方法，都要符合新的产品形式要求。为此，围绕它的工艺、设备、检查、修复等新技术的开发和基础设施的建立，都将成为本技术领域中非常重要的课题。

2. PCB 技术的发展

PCB 技术在受到手机小型化、多功能化的驱动下，朝着更细的线路、更小的孔、更高的互联密度方向发展。其代表性的技术为 HDI 技术，目前有 40%以上的手机板采用了全积层的 HDI 技术，如图 1-11 所示。此外，PCB 技术与产品技术（如埋铜/嵌铜、埋置元器件等）进行进一步融合（见图 1-12 和图 1-13），广泛地应用于通信产品中。这类 PCB 也可归类于特殊类别的 PCB。

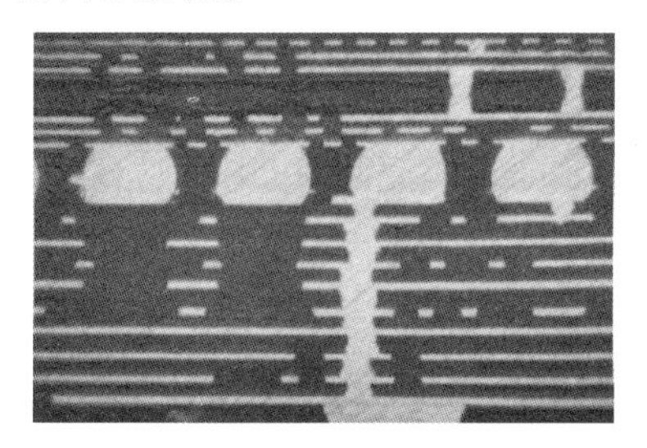
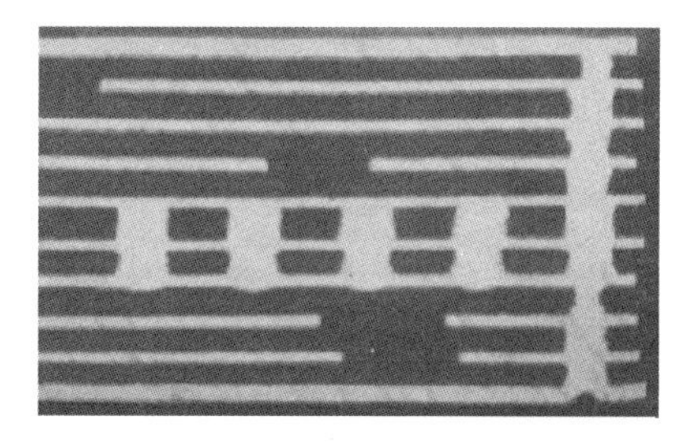

图 1-11　全积层 HDI PCB

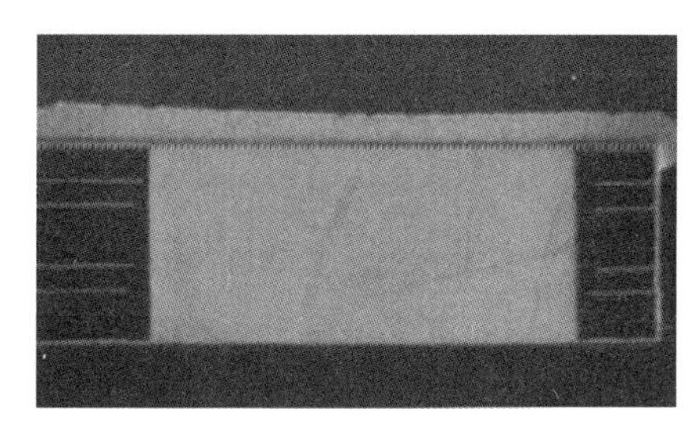

图 1-12　埋铜/嵌铜 PCB

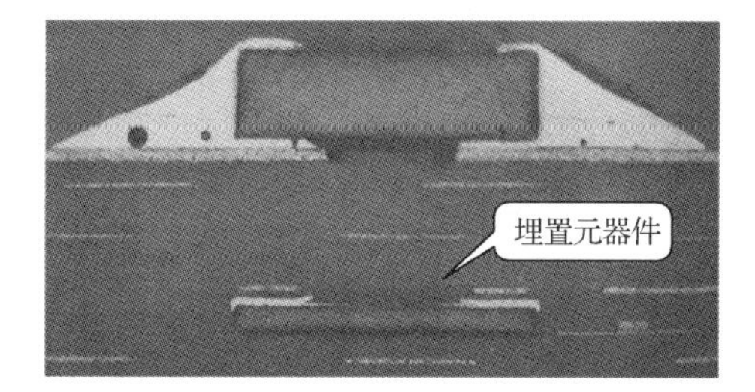

图 1-13　埋置元器件 PCB

目前高水准的多层 PCB 布线图形设计技术，其导体线宽和间距已达到 50μm 和 25μm 的微细化水平，在集成电路的引脚之间，可以通过 5 条以上印制导线。以 BGA、CSP 为典型代表的塑料封装基板得到了迅速发展。一些采用不含溴（Br）、锑（Sb）的绿色阻燃的新型基板迅速兴起和走向市场。十几层基板的生产和应用已较普遍，也有三四十层的应用实例，日本日立公司已能生产 60 层以上的陶瓷 PCB，但常用的还是几层的基板，挠性、刚-挠结合、柔性、金属基等类型基板的应用也还较少。

高密度布线还要求缩小通孔的孔径，传统的钻孔加工技术已不能适应，为此，化学加工法和激光技术得以应用。传统布线图形采用的光刻法精度有限，现已使用激光直接成像技术，它无须制作图形底片和制版，可以通过计算机辅助设计（Computer Aided Design，CAD）或计算机辅助制造（Computer Aided Manufacturing，CAM）系统直接绘制出超精密布线图形，这缩短了设计和生产周期。为适应 BGA 和 CSP 等新型封装的实用化，已采用焊料预涂覆工艺新技术，可以在窄间距焊盘上形成高度任意、尺寸一致的焊点。

1.3.3 板级组装互联技术

电子元器件如同电路设备的细胞，板级组装技术是电子设备制造的基础。不同类型的电子元器件的出现必然导致板级组装技术的变革。

1. 高密度板级组装互联技术

与集成电路兴起同时出现的通孔插装技术（THT），随着大规模集成电路（Large Scale Integration，LSI）的蓬勃发展，被第一代 SMT 所代替。以 QFP 为代表的周边引脚型封装成为当时的主流封装技术。20 世纪 90 年代后，随着 QFP 的细间距化，板级组装技术面临新的挑战，特别是间距在 0.4mm 以下的板级组装良率难以突破。为了解决高密度板级组装的工艺问题，最理想的解决方案是 20 世纪 90 年代前期美国提出的 BGA 封装技术以及进一步微型化的 CSP 封装技术，它们成为 20 世纪 90 年代末人们关注的焦点。例如，组装实用化困难的 400 针以上的 QFP 由焊球间距为 1.0～1.5mm 的 PBGA 和 TBGA 所代替，成为这类元器件组装的主流。由于 IC 封装一直落后于 IC 芯片本身固有的能力，为了减小裸芯片和封装芯片之间的性能差距，促进了新的设计和新的封装技术的发展。在新的封装设计中，CSP 包含两个或两个以上的芯片，相互堆积，通过线焊或倒装焊接技术实现芯片间的高密度互联，进一步减小了元器件质量和所占空间。而 FCBGA 在芯片和封装基板的连接上采用了倒装焊接技术，在超级计算机、工作站中得到应用。为了满足半导体器件多针化和高性能化的要求，提出了第三代 SMT，即直接芯片板级组装，其代表的封装技术有晶圆级封装（WLP）和倒装芯片（FC）。这些技术将进一步提高板级组装的密度。

2. 焊料的无铅化

先进制造的绿色化是大势所趋，板级组装技术也向着绿色化发展，特别是焊料的无铅化。

目前运用最广的无铅焊料是 Sn-Ag-Cu（简称 SAC）合金，其具有与 Sn-Pb 焊料差异巨大的物理特性。例如，熔点，SAC 的熔点基本在 217～221℃范围内，比传统的共晶 Sn-Pb 焊料的熔点高 30℃；润湿性，SAC 在 Cu 表面的润湿角为 35°左右，比 Sn-Pb（18°）高出近一倍，即润湿能力弱；凝固特性复杂，Sn-Pb 焊料为共晶或准共晶焊料，凝固特性简单，SAC 存在 Cu、Sn、Ag 等多元化合物的先后析出过程，并且凝固组织与过冷度等关系密切，凝固特性复杂。这些物理特性给组装工艺带来了一系列的影响。

无铅化引起的变化如下。

（1）工艺窗口变窄。再流焊工艺中的峰值温度、液相线以上时间等关键变量需严格控制，以减少对元器件和板材的热冲击。焊料温度的提高使得焊接温度的工艺窗口减小，由有铅工艺的 50℃减小到 15℃，如图 1-14 所示，同时返修将变得更加困难。除此之外，温度的提高对于焊料的设计，以及元器件的湿度、温度的敏感程度均有一定的影响。

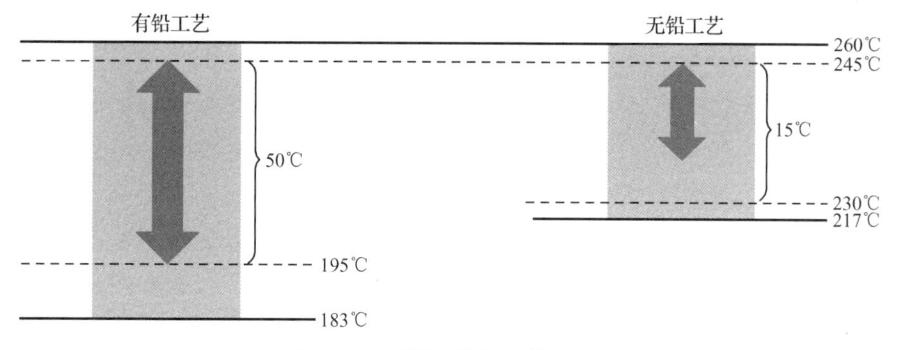

图 1-14　焊接温度工艺窗口

（2）材料的兼容性问题。焊盘与元器件电极（包括引脚和焊端的形式）的表面处理多元化，出现了兼容性的问题。在有铅工艺时代，PCB 焊盘的表面处理绝大部分是 63Sn-37Pb，而在无铅工艺条件下，仅 PCB 使用的表面处理就有化学镍/浸金（Electroless Nickel/Immersion Gold，ENIG）、有机可焊性保护涂层（Organic Solderability Preservative，OSP）、浸银（Im-Ag）工艺和化学沉锡工艺等，元器件电极使用的镀层种类更多。这就有一个兼容性的问题，包括工艺的兼容性（如 BGA 焊球熔化与不熔化）、镀层的兼容性（如使用 Sn-Bi 合金焊料时，元器件电极表面镀层中不能使用含铅的成分）。

此外，无铅化还带来焊剂、设备、元器件等相应的耐高温问题，各类无铅工艺缺陷以及有铅与无铅的混合组装工艺、检测、返修、清洗工艺、潜在的锡须等可靠性问题。

3. 低温组装

为了延续甚至超越摩尔定律，板级电路的组装密度不断提高，这也导致其功率以及服役温度不断提高，传统的电子组装技术已很难满足电子元器件“低温组装，高温服役”这一要求。采用低温电子组装技术能够解决电子元器件在组装过程中因温度过高而引起的可靠性问题，同时能满足其在高温环境下稳定服役。

在电子产品的制造过程中，芯片的集成与封装一直以来都是行业的焦点，由于芯片与封装体存在热膨胀系数（Coefficient of Thermal Expansion，CTE）差异，在组装温度很高的情况下产生的热应力会降低其可靠性，甚至导致电路失效。近年来，低温组装逐渐成为行业主流，其相关研究已在中国、美国、日本及欧洲等诸多大学和研究机构中广泛开展。降低组装温度的方法主要包括以下 3 种。

（1）采用超声辅助、激光瞬时加热或局部加热等特殊的低温组装方法。

（2）选用低熔点的焊料、纳米焊料或混合焊料等低温焊接材料。

（3）表面活化处理、表面纳米化（图形+结构）或表面无氧保护等母材表面处理技术。

1）低温组装方法

用于低温组装的方法主要包含超声互联技术、飞秒激光技术以及局部加热技术等。

超声互联技术具有连接时间短、温度低、压力小、接头导电性能好和机械性能好以及对环境友好等优点，广泛应用于电子封装领域。其原理是：当超声波作用于液体（或熔体）焊料时，液体内局部出现拉应力而形成负压，压强的降低使原来溶于液体的气体过饱和而从液体中逸出，形成小气泡，这些小气泡在超声波作用下产生振动，当声压达到一定值时，气泡将迅速膨胀，然后突然闭合，在气泡闭合时产生的冲击波可形成瞬时的高温高压，使得某些在常温常压条件下不能够发生的化学反应得以进行，或者使一些本来熔点较高的焊料局部熔化并形成结合，这种作用称为超声的“空化效应”；当超声波作用于固体焊料时，在超声振荡下，焊料与母材发生激烈碰撞，若焊料是固体颗粒，则将加速破除氧化膜，超声的高能量和焊料颗粒的高活性引发并加速界面反应。超声互联技术主要是运用上述超声波在液体或熔体中产生的空化效应和在固体中对固体焊料颗粒以及母材表面氧化膜的破除作用，所以在连接过程所需额外施加的温度较低，从而实现低温组装。超声互联技术主要应用于与 Al 和 Cu 等金属材料基板以及陶瓷材料之间的连接。

飞秒激光应用于低温组装主要有以下两个机制。

（1）用于制备连接母材表面的微纳结构，即利用飞秒激光超短的脉冲持续时间和极高的辐照强度，通过调整激光功率、扫描速度和扫描间隔等加工参数，可以对材料表面进行处理或改性，进而方便地在材料表面制备出微纳结构。例如，当中间焊料使用烧结纳米 Ag 浆时，通过制备 Cu 微锥阵列微纳结构（见图 1-15），在较低的连接温度和外加压力下纳米 Ag 浆便可以烧结成型，并与 Cu 微锥阵列形成良好的结合。

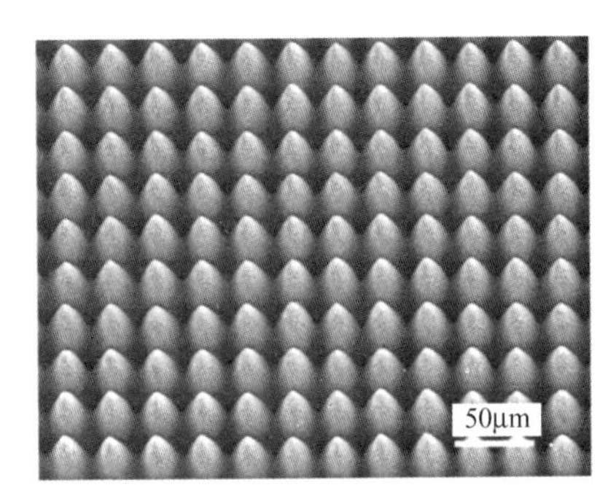

图 1-15　飞秒激光辐射后的 Cu 界面的扫描电子显微镜（SEM）图

（2）利用激光产生的巨大热量，达到瞬时加热的目的。由于激光瞬时加热具有功率密度高、加热迅速和热影响区小等特点，在总热量较低的情况下能完成连接。

局部加热技术是指在封装过程中使热量仅集中在键合区的微小局部，虽然有部分热量会从加热键合区传导出来，但由于加热时间短、热容量有限，衬底仍然保持低温，因此能有效避免高温对温度敏感部件的不利影响，降低键合热应力，从而提高封装质量和成品率。此外，局部加热也能降低整体加热组装过程中母材间的杂质扩散，提高元器件性能。局部加热技术通常采用电磁局部感应或激光加热的方式实现连接，有效避免高温对温度敏感的芯片或电路造成损坏。

此外，搅拌摩擦钎焊以及脉冲电流键合（又称为火花等离子烧结）也可作为电子元器件的低温板级组装工艺。

2）低温焊接材料

用于板级组装互联的低温焊接材料可以分为 3 类：本身具备低熔点的焊料，如 Sn-Bi 和 Sn-In 焊料等；纳米材料，如 Ag、Cu 纳米尺度的焊料等；混合焊料，即包含纳米和微米尺寸颗粒的焊料。

与 Sn-Pb（熔点为 183℃）和 Sn-3.0Ag-0.5Cu（熔点为 217℃）焊料相比，Sn-Bi 和 Sn-In 焊料共晶成分的熔点分别为 138℃与 118℃，是低温电子封装技术的理想焊料。然而，Sn-Bi 合金太脆，Sn-In 合金太软，均具有一定局限性。为了改善它们的力学性能，通常会在焊料合金中添加一些如 Cr、Cu、Ag 等的微量元素以及纳米材料。

纳米材料是指三维空间尺度至少有一维处于纳米量级（1～100nm）的材料，它是由尺寸介于原子、分子和宏观体系之间的纳米粒子所组成的新一代材料。纳米材料具有许多特性，如体积效应、表面效应、量子尺寸效应等。由于这些效应，纳米材料有着与普通材料不同的物理或化学性质。例如，当 Ag 颗粒尺寸达到纳米级别后，其熔点会显著降低至 100℃左右，故可用低温烧结纳米 Ag 颗粒作为电子组装中材料的黏结层。除了纳米 Ag，还有纳米 Cu 以及金属膜、有机盐等包裹的纳米颗粒。运用纳米材料的结构和物化特性，可以在较低的温度下达到金属熔点或实现原子扩散和再结晶形成连接，使器件的封装温度和性能得到大幅改进。但该类技术过分依赖纳米材料的制备，纳米材料的性质在很大程度上决定了连接的可靠性。

纳米颗粒和微米颗粒混合可以同时弥补两种不同粒径焊料的不足，如纳米颗粒可以使烧结接头更为致密，提高接头连接性能，而微米颗粒可以减轻烧结时颗粒的团聚和裂纹的形成，如纳米 Ag 颗粒与微米 Ag 颗粒混合、纳米 Cu 颗粒与微米 Cu 颗粒混合等。此外，还可以在瞬时液相键合（TLPB）中通过在被连接母材中间加入低熔点的中间层，使中间层与部分母材表面反应，或者在中间层中加入其他金属颗粒以及其他中间层形成混合焊料，在加热过程中，中间层与母材部分熔化，通过重新凝固或扩散作用生成高熔点的金属间化合物（Intermetallic Compound，IMC）或固溶体而形成连接，从而降低焊接温度。

3）*母材表面处理*

对母材表面处理也是实现低温组装的一种途径。常用的母材表面处理有：表面活化处理；表面纳米化。母材表面活化键合技术是通过氩（Ar）原子或离子高速轰击材料表面，使材料表面具有高活性以及材料表面的有机物及杂质在真空环境下分解；然后通过施加一定压力，使两个已被活化的表面在真空环境中紧密接触，依靠化学键的作用，使表面能量降低，实现原子尺度上的牢固结合，在低温条件下就能达到良好键合强度的真空低温键合方法。该方法可以应用于陶瓷材料与陶瓷材料、金属材料与金属材料、陶瓷材料与金属材料的低温键合，如图 1-16 所示。母材表面活化键合技术要求极高的真空系统，因此生产成本较高。母材表面纳米化是指在母材表面溅射纳米连接层或形成纳米尺寸结构，利用纳米材料特殊的物化性质，同样能达到降低组装温度、提高连接可靠性的目的。

4．电子封装/组装技术的融合

除了上述 3 点，如今元器件级互联也正朝着与板级组装互联相互融合的趋势发展。近年来，在封装行业中，MCM 技术和 SiP 技术发展迅速，特别是芯片堆叠（3D 封装）技术的兴起使半导体技术发展出现新的增长点，3D IC 成为目前延续摩尔定律的关键。无论是 MCM、SiP，还是 3D IC，其技术范畴已经超出传统封装技术，开始向组装技术渗透与延续。在器件级封装和板级组装方面，对于 MCM 和 SiP，均有经典的封装技术用于微组装或高密度组装，也有组装技术直接运用于 MCM 或 SiP 中，或者将两者混合

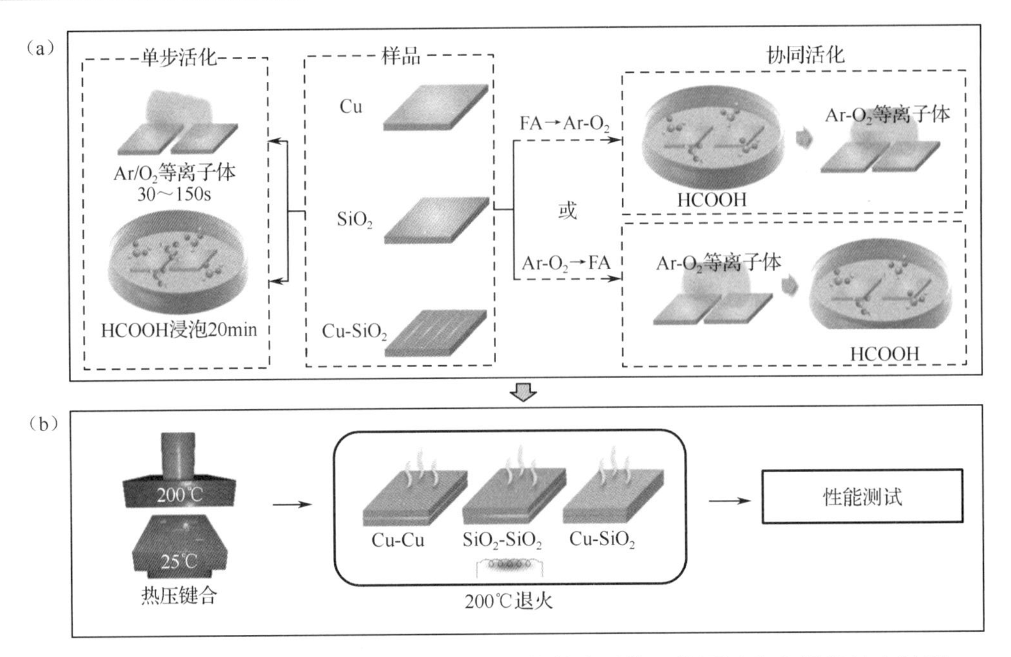

图 1-16　Cu-Cu、SiO_2-SiO_2、Cu-SiO_2 接头的单步活化、协同活化和低温键合过程

集成使用形成系统级产品或模块或结构功能一体化产品。一方面采用硅通孔和多层 PCB 实现多芯片之间互联；另一方面采用 SMT 技术把不容易集成的无源元器件组装到封装基板上，在一个封装模块内集成不同工艺和材料的半导体芯片以及无源元器件，形成一个功能强大的功能模块或系统级电路模块。现在有些产品的制造既可以先封装后组装，也可以直接组装。例如，SiP 产品，既可以由半导体封装厂完成系统封装（如 BGA、CSP 等），然后通过 SMT 将 SiP 元器件装配到印制电路板上，也可以在 SMT 车间进行芯片和其他元器件的 2D 或 3D 装配，将 SiP 系统嵌入到终端产品中。这种技术的集成浓缩和交汇将是未来微小型化、多功能化产品制造的发展趋势。传统的观念认为封装技术属于半导体制造，其尺寸精度和技术难度高于组装技术，属于高技术范畴，而组装技术则属于工艺范畴。但是在电子产品微小型化和多功能化市场需求的强力推动下，特别是近年兴起的多芯片、模块化的 3D 封装/组装技术，其实质上是封装技术和组装技术的综合应用，从而使“封装”和“组装”的界限日益模糊，二者正在向着交汇的方向发展。这种技术的融合，在封装领域称为模块化多芯片 3D 封装，而在组装领域称为微组装，其实二者是殊途同归，如图 1-17 所示。

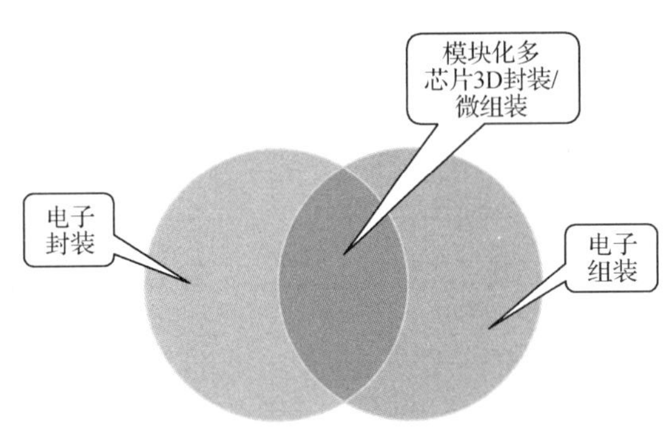

图 1-17　封装技术与组装技术的融合示意图

1）1.5 级封装——板上芯片

板上芯片（COB）是一种典型的介于封装和组装之间的制造技术，它是将裸芯片直

接安装到 PCB 上，而不是先“封装”后组装到 PCB 上。COB 的制造工艺与传统裸芯片封装相似，只是封装基板换成了常规 PCB，通过打线、载带或倒装芯片的方式使裸芯片直接连接到电路中。为了保护裸芯片不受环境影响，防止芯片和连接线损坏，需要用胶把芯片和键合引线包封起来。COB 工艺也称为“邦定”（Bonding），用 COB 工艺提供的集成电路或电路模块也称为“软包封”或“软封装”电路。由于传统封装成本较高，一般占集成电路总成本的 40%，甚至更高，采用 COB 技术省去了封装成本，可显著降低产品制造成本，在大批量生产时尤为突出。此外，COB 连接技术是封装技术中比较成熟的技术，相应的工艺、设备都可使用，不存在技术难题。由于 COB 技术兼有封装技术与组装技术要素，介于 1 级封装和 2 级封装之间，因此又称为 1.5 级封装。

2）封装/组装技术交融——微组装

微组装的概念产生于 20 世纪 80 年代，当时是作为 SMT 之后一个新的技术分支提出的，一直没有明确的界定。微组装有两个英文缩写：MPT（Micro Packaging Technology）和 MAT（Micro Assembling Technology）。现在中文一般把“Packaging”译为“封装”、“Assembling”译为“组装”，由此也可看出封装与组装并没有严格的界限。有关微组装技术目前有以下 3 种说法。

（1）微组装是组装技术的一个类型。这种说法把组装技术按照工艺精度分为几种类型，即根据集成电路引线间距尺寸或元器件相互距离以及基板单位面积上焊点数目进行分类（见图 1-18）。

电子组装
- 常规组装　间距>0.5mm
- 精细组装　间距0.5～0.3mm
- 微组装　间距<0.3mm
- 高密度组装　焊点数>30点/cm^2

图 1-18　电子组装技术的分类

在上述分类中，“微组装”和“高密度组装”是从不同角度区分的，二者在有些情况下可能相互覆盖。实际上，当 0603、0402（公制）片式元器件应用之后，元器件间距已经小于 0.3mm，但人们并没有认为已进入了微组装技术领域。

（2）微组装技术实质上就是高密度组装技术。随着多芯片组件、倒装芯片和多层陶瓷基板技术的发展，在高密度多层互联电路板上，运用组装工艺和封装工艺把微小型电子元器件组装成高密度、高速度、高可靠性立体结构的电子产品，这种高密度组装技术就是微组装技术。这种说法对于“高密度组装”的概念超出了前面“基板单位面积上焊点数目”的定义，有了“立体组装”的新概念。显然，这是将组装和封装融合在一起的说法。

（3）微组装技术是 SMT 发展的高级阶段。这种说法认为微组装技术是 SMT 发展到微尺寸组装的高级阶段，指最小组装元素的尺寸在数微米到 100μm 之间，以板上芯片、芯片堆叠、倒装芯片、多层高密度基板等为基础技术，不采用常规 SMT 工艺完成组装的高密度组装技术。其包括板上芯片、多芯片组件、系统级封装、3D 封装/组装等 1 级、2 级封装混合的技术集成，可以理解为除半导体裸芯片制造工艺之外的微电子产品制造技术或是 SMT 之后的新一代组装技术。

若以一个统一术语涵盖当前众多封装/组装新概念、新技术，如高密度封装、高密度组装、三维封装、三维组装、三维叠加互联、多芯片组件、低温共烧陶瓷、3D IC、叠层封装等，则第三种说法最为恰当。对现代高新技术而言，技术的交叉和融合是大势所趋。

传统的划分行业概念逐渐模糊，产业链上下游技术联系密不可分，因而在解决组装技术问题和考虑组装技术发展时，思路不能仅仅局限于传统“行业”技术范围，而要以综合化、系统化的思路去研究和拓展技术思维，在技术的交叉和融合中创新发展。

1.3.4 互联设计技术

先进封装技术、SMT、封装与组装的融合等互联技术的快速发展，在促进电子产品向微型化和高性能化发展的同时，带来了从电路设计、焊点设计到焊接工艺设计、热设计与动态特性设计等一系列可靠性设计方面的新问题，特别是高度集成化与微型化条件下的热-电（磁）-力高度耦合问题。主要内容有：电路性能可靠性设计；电路布局布线及其抗干扰设计；互联焊点可靠性设计；组装质量可靠性设计；热可靠性设计；电磁兼容设计；振动、冲击、热应力等环境下的动态特性设计等。为了解决这些问题，必须采用计算机多物理场耦合仿真技术、基于数字孪生的综合优化设计技术等先进的技术手段与方法。

1. 电路及其电路模块的 CAD 与优化技术

美国 EESOF、COMPACT 和 HP 等公司的电路 CAD 软件已广泛流行，其不仅具有模拟功能强、应用频率范围宽、功能更新快等特点，而且有完备的分级软件体系，分别有适用于系统及分系统设计、电路设计、单元器件特性设计等不同设计需求的 CAD 软件。电路 CAD 软件不仅取代了电路设计和制造工艺中的许多试验调试环节，而且已成为先进的薄膜集成电路、单片微波集成电路（Monolithic Microwave Integrated Circuit，MMIC）和微系统组件等难以在试验板上进行调试的电路设计的唯一方法。电路 CAD 软件的发展趋势是 CAD、计算机辅助参数性能测试（CAT）和计算机辅助工程（CAE）有机结合的自动设计系统，并已向着智能化和设计专家系统方向发展。这些高层次系统将是电路设计、制造、调试、维护的综合体。

电路模块可靠性设计的重要性已被人们普遍接受，国内外在电路模块的电路设计过程中采用计算机辅助手段、专用设计工具、计算机模拟、动态仿真分析和验证等技术，面向制造、测试、维护的可靠性综合设计方向发展。

图 1-19 所示为日本某公司提出的一种电路可靠性设计软件系统的组成示意图。利用它可以进行面向制造、测试和维护的综合性可靠性设计。近些年，国内投入电路及其电路模块的 CAD 与优化技术方面研究工作的单位和部门越来越多，但总体水平还不高，尚无自主研发的微波电路设计实用软件和电路模块级的电路可靠性多学科综合设计实用软件面世。实际应用的设计软件基本为引进的非综合性设计软件以及利用通用商品化软件进行如热分析等单学科的可靠性设计。

2. 表面贴装组件焊点可靠性设计技术

采用 SMT 形成的 PCB 级表面贴装组件（Surface Mount Assembly，SMA）中的焊点既承担电气连接又承担机械连接，其可靠性是产品的生命。SMA 焊点微小、密集、组装与返修技术难度大、成本高，使它的可靠性在设计阶段显得尤为重要。由此，在运用传统方法进行焊点可靠性设计的同时出现了应用 SMA 焊点虚拟成型技术等新技术、新方法进行焊点可靠性的设计。

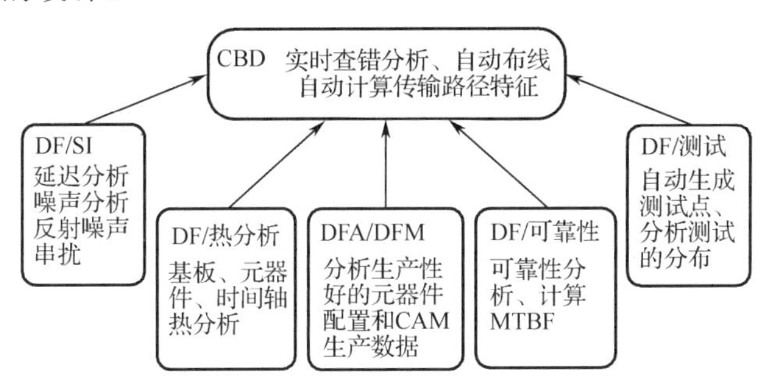

图 1-19 电路可靠性设计软件系统的组成示意图

SMA 焊点的成型预测、寿命分析和相关参数优化设计的虚拟成型技术原理如图 1-20 所示。该方面的研究工作国内外基本同步，目前尚处于各种单项技术的离散研究和应用阶段，如焊点形态建模、应力应变分析等，还未见形成工程化系统软件的公开报道。其研究难点是各种型号 SMC/SMD 合理形态库建立、各种单项技术模型的转换和集成以及分析评价专家系统设计等。

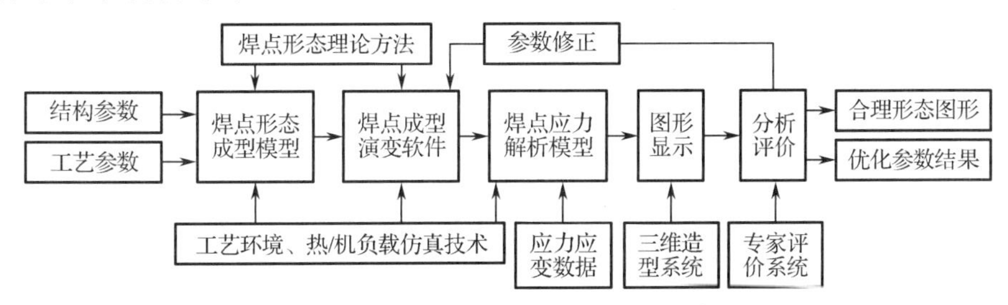

图 1-20 SMA 焊点的虚拟成型技术原理

3. 互联工艺仿真技术

互联过程中的关键工艺仿真设计是保障产品互联质量的一种重要方法，该技术方向的研究近些年也很活跃，这里以 SMA 的焊接工艺为例。组装密度的增加和元器件尺寸及其引脚间距的减小，使 SMA 的焊接工艺难度增大，焊接温度曲线参数的设置范围变窄，并且极易引发焊接质量问题。焊接工艺的正确设计，尤其是焊接温度曲线的准确设置，已成为保障 SMA 组装质量的关键内容之一。在焊接温度曲线的设置过程中，采用传统的试验测试、分析方法不仅费用昂贵，而且很难保证参数设置的正确性与最优化。利用计算机仿真再流焊工艺过程进行再流焊温度曲线参数设计，不仅能够提高设计的科学性，而且可以减少传统试验方法所用的时间和费用。

图 1-21 所示为再流焊工艺仿真与预测系统框图。该系统利用计算机仿真技术显示再流焊工艺过程中 SMA 上的温度分布状态，从而进行焊接温度曲线的预测和温度曲线参数优化设计。针对 SMA 再流焊工艺仿真与温度曲线设计技术的研究，国内外均已进行多年，但由于 SMA 品种繁多、焊接过程影响因素复杂，要形成具有普遍意义的工程化

再流焊工艺仿真系统难度很大，因此至今尚无成熟的商品化产品面市。

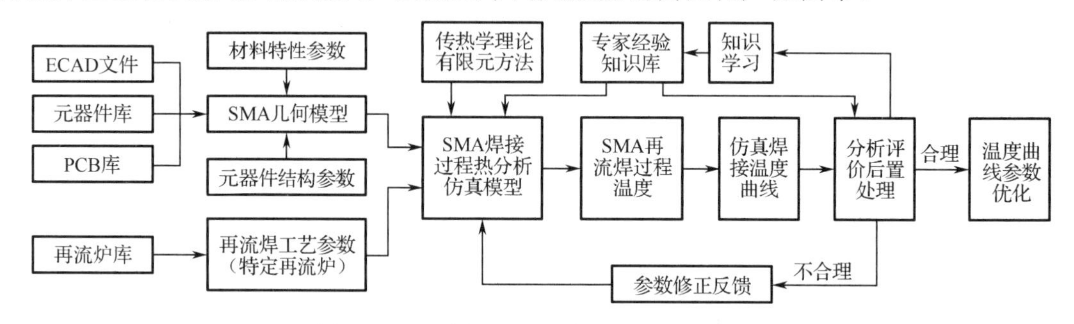

图 1-21　再流焊工艺仿真与预测系统框图

4．表面贴装组件的动态特性分析技术

SMA 的动态特性包含温度、应力应变、电磁兼容等机械性能和物理性能的动态变化。随着 SMA 的微型化，这些动态特性对产品组装质量、性能的影响越来越大。因此，在设计三维高密度 SMA 产品时，科学的设计和优化变得至关重要。

图 1-22 所示为三维立体组件在不同频率下的振型动态显示图。利用软件工具对 SMA 的各种动态特性进行分析，是目前普遍采用的设计分析方法。这种分析方法能解决电路模块设计中的不少问题。但是，由于电路模块产品的机-电耦合特性以及电、磁、光、热综合因素的影响特性，因此通用软件工具往往无法解决所有问题，尤其是针对多因素的综合设计，通用软件工具更是难以胜任。为此，该技术领域的研究趋势是电路模块单因素动态特性分析设计专用软件和多因素综合分析设计系统。目前，国内外在该方面处于在研阶段，尚无商品化专用分析设计软件面世。

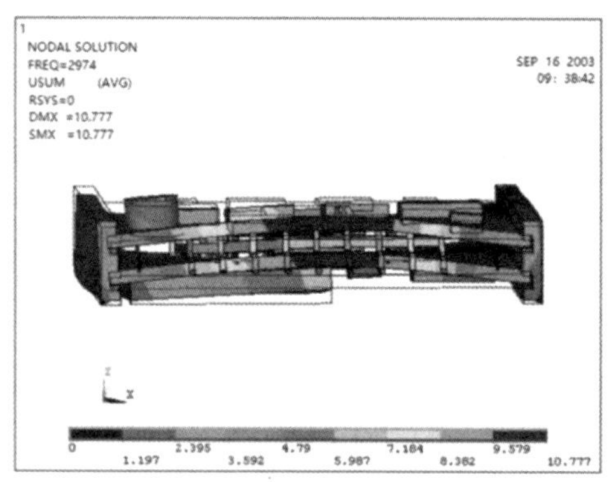

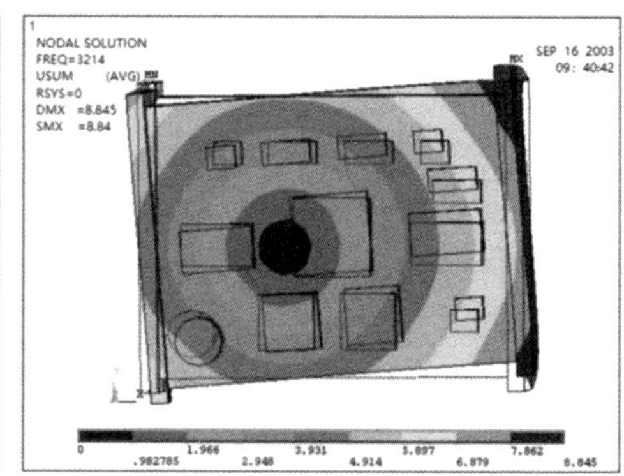

图 1-22　三维立体组件在不同频率下的振型动态显示图

1.3.5　互联设备和系统技术

1．互联设备的高速化与高精度化

互联设备包含器件级封装设备、PCB 组装设备、焊接设备、测试设备等。随着电气

互联技术的快速发展，各类互联设备的功能、性能也在快速进步中，尤其是用于表面组装的 SMT 设备，其技术和性能的发展速度更为快速，具有典型性。以贴片机为例，其进步主要体现在：自动化程度快速提高、贴片速度和精度等主要性能指标不断提高、备料与检测等功能不断加强以及能贴装的元器件品种和类型不断增加等方面。贴片机经历了手动、半自动、全自动等阶段。目前，能同时适用于 SOIC、PLCC、QFP、BGA 等封装形式元器件的全自动组装已经成为贴片机的基本性能要求。此外，许多贴片设备已经具备异形组件、表面贴装连接器、倒装芯片和直接芯片的贴装功能，适用于各种 PCB 尺寸的设备也相继涌现。对于一些尺寸比较特别的 PCB，同样可以找到合适的贴装设备。例如，MIMOT 的 Advantage Ⅲ贴片机可以应用于 1200mm×800mm 的大尺寸 PCB；而 Multitroniks 的 Flexplacer16 型贴片机可以应用于 19mm×19mm 的超小尺寸 PCB。

当今的表面组装设备基本都是光、机、电一体化的典型高科技产品。例如，全自动贴片机由交（直）流伺服系统、交（直）流或直线电机、滚动丝杠与直线滚动导轨组成多轴驱动系统，负责驱动印制电路板和贴装头的高速运动；由气、液控制系统驱动和控制贴装头的拾、放等动作；由光学自动检测系统对元器件进行自动检测和剔除工作；由计算机控制系统进行全自动过程控制和人机界面交互。

表面组装设备的发展还体现在设备的模块化、智能化上。例如，智能化解决了贴片过程中相互制约的诸如贴片速度、精度、灵活性等几个因素，并使贴片机成为可以满足所有组装工艺需求的生产设备。智能化所涉及的技术范围甚至包括贴片机的自动供料器，而模块化则可使贴装头等部位能够自由拆卸与组合，以适应不同的贴片环境和贴片要求等。

2. 互联系统的模块化与智能化

互联系统较典型的有器件级封装互联的封装系统和典型的板级 SMT 组装系统。这里以 SMT 组装系统为例，与一般计算机集成制造系统的研究和发展相同，SMT 组装系统集成技术朝着集成形式的多样化与实用化、设计制造一体化、制造网络化以及将产品数据管理（PDM）、制造资源计划（MRPII）、企业资源计划（ERP）等技术与方法应用于 SMT 计算机集成组装系统中的方向发展。

图 1-23 所示为能够顺应组装产品和组装工艺变化需求的可柔性组合的 SMT 组装系统的组成示意图。它由 A、B、C、D、E 5 个部分组成，能够适应双面混合组装要求和单、双面表面组装要求。其中 A 和 B 两部分均为单面 SMT 生产线，二者串接可形成双面 SMT 生产线；C 部分为插装元器件成型机和插装机（也可用人工插装流水线代替）；D 部分为波峰焊机及清洗机；E 部分有返修站、返修工具、半自动贴装机等设备。各部分的不同组合，可以形成 5 种不同的工艺流程以适应不同的组装要求。

这 5 种不同的工艺流程分别为：A、B 部分独立完成线的单面 SMT 生产；C 部分独立完成插装生产；A、B 部分组合的双面 SMT 生产；A 或 B 与 C 部分组合的单面混装 SMT 生产；A、B、C 部分组合的双面混装 SMT 生产。另外，A 和 B 部分的组成设备可以不同，由此可形成能适应批量要求、精度要求不同的单面 SMT 生产的不同流程。

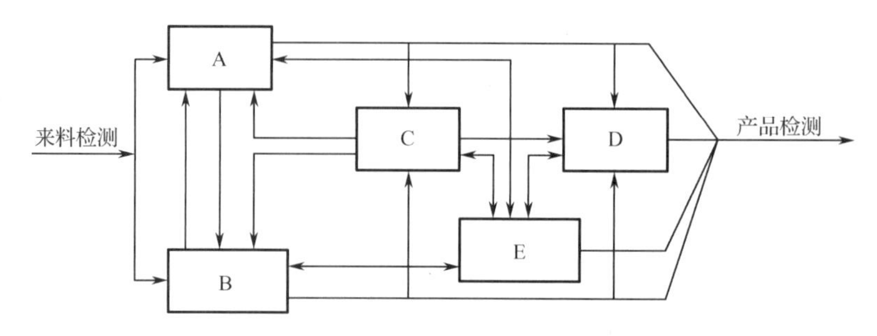

图 1-23　可柔性组合的 SMT 组装系统的组成示意图

图 1-24 所示为包含基板制造、芯片组装的内在 SMA 设计制造一体化系统。该系统采用了面向制造、测试和可靠性的设计技术以及并行设计的思想，将与 SMA 组装质量相关的设计、制造、测试、质量测控等环节集于一体，是具有更大意义的 SMT 产品集成制造系统。在该技术方面，日本等国家已有应用系统，我国尚处于探索研究阶段。

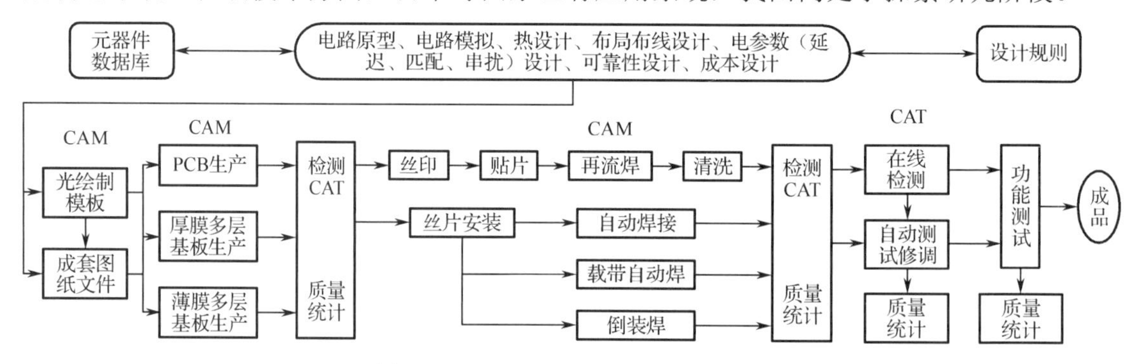

图 1-24　SMA 设计制造一体化系统

SMA 虚拟组装技术是利用计算机仿真技术，对 SMA 组装生产过程进行模拟仿真；以焊点形态理论方法和 SMA 焊点虚拟成型技术为基础对 SMA 焊点质量进行分析与评价；以 SMA 焊点质量为优化目标，面向 PCB 级电路模块制造过程中工艺参数优化的虚拟制造技术，其原理如图 1-25 所示。

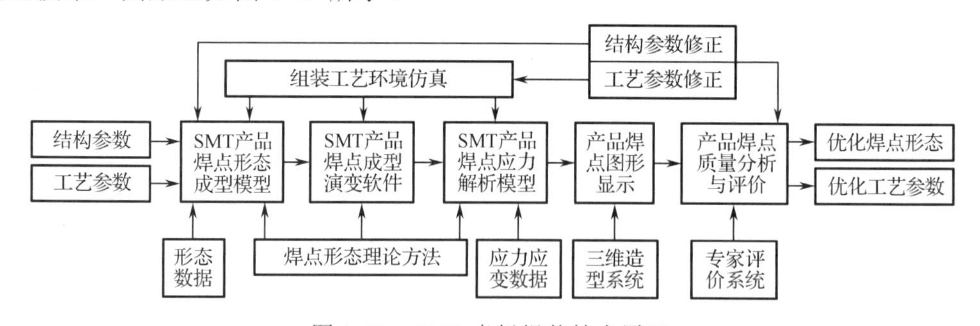

图 1-25　SMA 虚拟组装技术原理

以系统工程和计算机集成技术为基础，再利用网络技术沟通异地信息，还可以实现异地设计、集中制造的网络化 SMT 产品制造系统或体系的建立，如图 1-26 所示。该类系统或体系的建立，对 SMT 和 SMT 生产系统资源的充分利用，以及 SMT 在多品种小批量电子产品中的应用和低成本制造，具有较大的现实意义和技术、经济价值。SMT 组装系统的集成形式除上述设计制造一体化 SMT 产品集成制造系统、异地设计和集中制造的网络化 SMT 产品制造系统之外，应用 PDM、MRP、ERP 的集成技术也在发展中。目前，国内已经有基于 PDM、ERP 等系统集成技术在 SMT 生产系统中的具体应用。这些研究和发展是 SMT 生产系统控制技术与集成技术向高层次发展的一个标志，它将与动态制造联盟、网络化制造、全球制造等先进制造技术理念相融，在 SMT 生产系统控制和集成技术的发展与进步中起到主导作用。

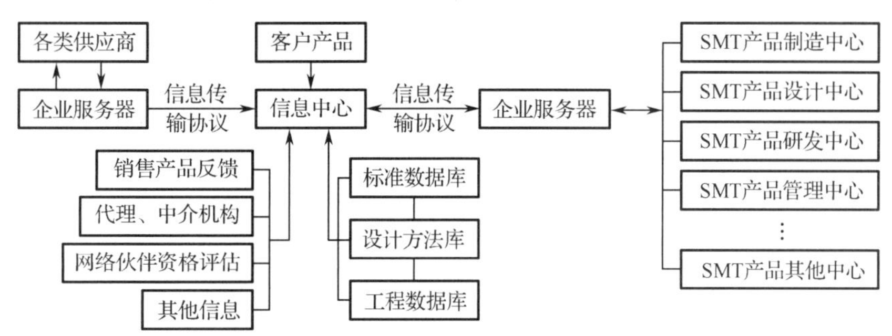

图 1-26　网络化 SMT 产品制造系统框架

1.3.6　电气互联技术的发展特点

1．驱动力强劲，技术发展快

由于数字化、网络化、智能化带来的强大需求，驱动电子互联技术的飞速发展，因此电气互联技术已进入先进封装、高密度组装、立体组装、系统级封装、系统级芯片元器件混合组装技术发展阶段。发达国家的 SMT 应用普及率已超过 90%，0.3mm 引脚间距元器件组装不良率已达 10ppm 以内，单机贴片速度已达 10 万片/时以上，高密度组装已达 100 点/cm^2 以上的实际应用水平。多芯片组装技术已发展到多芯片层叠组装技术阶段和对尚未划分成芯片的圆片进行层叠组装阶段。电路互联密度大幅度提高，线宽和间隔分别小至 10μm 和 20μm 以下，组装延迟降低至几纳秒，各类新型元器件、组件或模块不断涌现。

在集成电路系统构成上，目前有 3 种方式构成系统大规模集成电路：①将整个系统的功能完全集成在单一芯片上的片上系统（SoC）；②将整个系统的功能完全集成在一块基板上的板上系统（SoB）；③将整个系统的功能完全集成在一个半导体封装中的系统级封装（SiP）。它们的问世使圆片级、芯片级、组件级、系统级的技术界限开始逐渐模糊、混沌。原来一些仅仅用于圆片级的技术，已经开始应用于封装和组件（基板）级组装之中，SMT 也在 MCM 类的组件或系统中得以应用。

另外，电气互联技术中的大部分设计内容已经可以借助 CAD 或电子设计自动化（EDA）工具实现，许多设计内容可以通过计算机仿真手段进行分析和验证。互联质量的检测已大量采用以光学、X 射线、激光、超声等为代表的非接触式测试技术。

2. 综合性越来越强，技术难度加大

高密度组装、立体组装和三维高密度组装使元器件与微系统的功率密度高达 $100W/cm^2$ 以上，高功率密度引起的热设计问题突出。高密度组装与互联对抗干扰、屏蔽隔离、电子兼容性设计提出了新要求。微组件或微系统的动态特性设计重要性和难度增加。微焊接互联点的机械和电气连接可靠性设计的重要性增加，难度增加。微组装、芯片级封装和倒装芯片等新型元器件组装、微系统互联等高精度组装、无铅焊接、光电互联等新工艺，以及元器件的微型化和密集化使互联工艺技术难度增加，互联质量的检测、保障难度增加。

3. 多级互联边界模糊，融合趋势明显

随着电气互联新技术的不断涌现和发展，微型化和集成化带来新的趋势，即传统的前道工艺和后道工艺、封装与组装之间相对清晰的边界越来越模糊，融合发展的趋势越来越明显。

在前道半导体工艺与器件级封装互联工艺方面，由于先进封装互联，如 RDL 等需要采用前道的半导体制造工艺技术，使得封装公司有向前道布局的强大动力，而上游前道半导体制造公司考虑到既然后道的先进封装需要上游相对成熟的工艺技术，便自然会想到向下延伸，如图 1-27 所示。

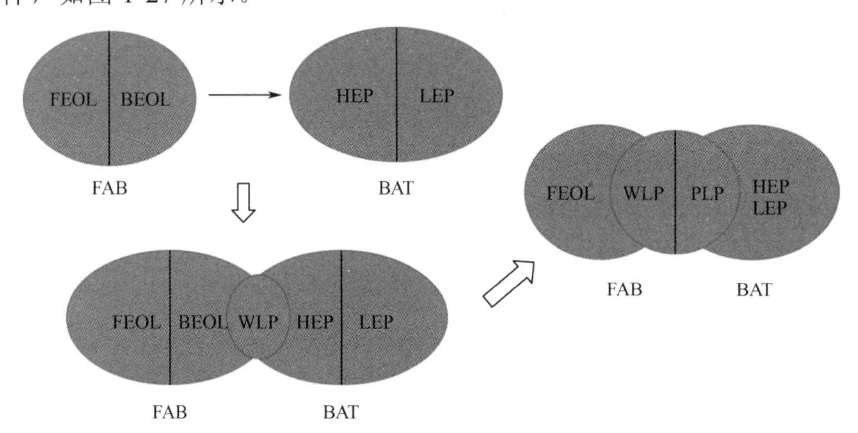

FAB—晶圆制造厂商；BAT—半导体封装及测试厂商；FEOL—前道工序；BEOL—后道工序；
HEP—高端封装；LEP—低端封装；WLP—晶圆级封装；PLP—面板级封装

图 1-27 半导体产业链融合发展趋势

4. 技术内涵不断发展和丰富

主要体现在：以 SMT 为基础，微组装、高密度组装、立体组装等为代表的新一代组装技术已成为现代电气互联技术的主要技术，其应用面越来越广；以新一代封装、组装技术为标志的现代电气互联技术，内容越来越丰富，已逐步形成完整的技术体系，成为电子先进制造的重要技术，占电子产品整体制造时间与成本的比重越来越大，特别是在集成电路制造工艺越来越接近物理极限的情况下，电气互联技术越来越成为超越摩尔的

重要技术路径。电气互联技术已发展成为一门新兴的综合性工程学科。

21 世纪的电气互联技术仍在快速发展中。例如，随着电子产品向高性能、高功能、轻薄短小方向的进一步发展要求，特别需要采用元器件复合化、三维封装的形式。但是，分别制作基板和电子元器件后再利用 SMT 将其组装在一起的传统组装方式，在实现更高性能、更加小型和薄型化等方面，因受到组装间距极限等因素制约，显得有些无能为力。在这种背景下，出现了将无源元器件及 IC 等全部埋置在基板内部的三维封装形式。这种封装形式在大幅提高封装密度的同时，可使连接元器件间的引线大大缩短，从而有效抑制由布线分布参数产生的电感（L）、电容（C）、电阻（R）延迟及噪声、发热等，并能充分发挥 IC 芯片的性能。这意味着电子组装技术正从 SMT 向后 SMT（Post-SMT）转变。与之相应，SMT 的典型互联技术也面临着新的挑战，电气互联技术的内涵还将进一步丰富。

1.4 全书体系架构

第 1 章为概述，重点介绍电气互联技术的由来、概念、技术体系、现状与发展动态。从第 2 章开始，原则上按照互联技术的层级即封装互联基础、器件级封装互联、互联基板、板级封装互联、系统级封装互联等逐一展开。

第 2 章为封装互联基础，重点阐述封装互联的三大核心基础技术，即引线键合（WB）技术、载带自动键合（TAB）技术和倒装芯片键合（FCB）技术，以及封装所需的包封与密封等支撑技术。

第 3 章为器件级封装互联技术，重点阐述经典的封装技术（QFP 和 BGA 封装技术）和先进封装技术（WLP 技术、2.5D 和 3D 封装技术、SiP 技术等）。

第 4 章为电气互联基板技术，重点阐述基板、PCB 和特种基板制造技术。

第 5 章为 PCB 组装互联技术，重点阐述 PCB 组装技术、SMT 组装方式与组装工艺流程、表面组装工艺材料和工艺技术。

第 6 章为 SMT 组装系统，重点阐述 SMT 组装系统的组成与分类、SMT 组装系统设备、智能组装系统。

第 7 章为整机互联技术，重点阐述整机组装结构设计、整机线缆布线设计、整机互联电磁兼容控制与三维自动布线技术等。

第 8 章为电气互联新技术，重点概述光电、射频与微波、微系统与微机电系统（Micro-Electro-Mechanical System，MEMS）、3D 增材制造等互联新工艺和新技术。

Chapter 2

第2章 封装互联基础

本章在简要介绍器件级封装技术的基本内涵、工艺、类型及特点的基础上，重点阐述引线键合（WB）、载带自动键合（TAB）和倒装芯片键合（FCB）三大核心的互联基础技术以及完成封装所需的包封、密封及成型处理等共性支撑技术。

2.1 概述

自摩尔定律开始，封装被定义为用于器件的互联、供电、散热和防护。尽管随着技术的不断进步，封装的形式、集成度等发生了急剧的变化，但核心的互联基础技术及共性支撑技术尚未发生根本性的改变。

2.1.1 器件封装的作用与类型

1. 封装的主要作用

电子元器件级封装互联技术是将集成电路芯片黏结固定、与外引脚互联，并予以外壳密封保护的电子制造技术，是电气互联技术体系中的主要技术之一。电子元器件的封装互联技术直接影响元器件的 PCB 组装技术，与板级组装技术相互促进、共同发展。封装技术的主要作用有以下几个方面。

（1）为元器件芯片等提供机械支撑。

（2）为元器件芯片等提供环境保护。

（3）为元器件芯片与外引脚建立互联。

（4）为元器件芯片产生的热量提供耗散途径。

（5）构成下一级组装所需要的外形和引脚结构形式。

2. 封装的主要类型

按照不同的分类标准，电子元器件的封装类型繁多。按封装材料区分，可分为金属封装、陶瓷封装和塑料封装 3 种；按引脚类型区分，可以分为短引脚（无引脚）型、I 型、J 型、L 型（鸥翼型）、针型、球型等各种引脚类型的封装；按一个封装器体内容纳的芯片数区分，可以分为单芯片封装、多芯片封装；按封装的工艺特性区分，可以分为板级封装、芯片叠层封装、三维立体封装、芯片器件混合封装等；按器件使用的环境及可靠性要求级别区分，可以分为商用级、工业级及军标级封装。

图 2-1 所示为部分不同引脚类型器件的封装结构和外形。器件的基本封装形式是将芯片黏结固定在基板上后，利用金线将其与外引脚或焊球互联，然后模压密封材料成型。其中图 2-1（f）所示的封装结构中，还体现出了其使用塑料基板和芯片下衬底的细节。

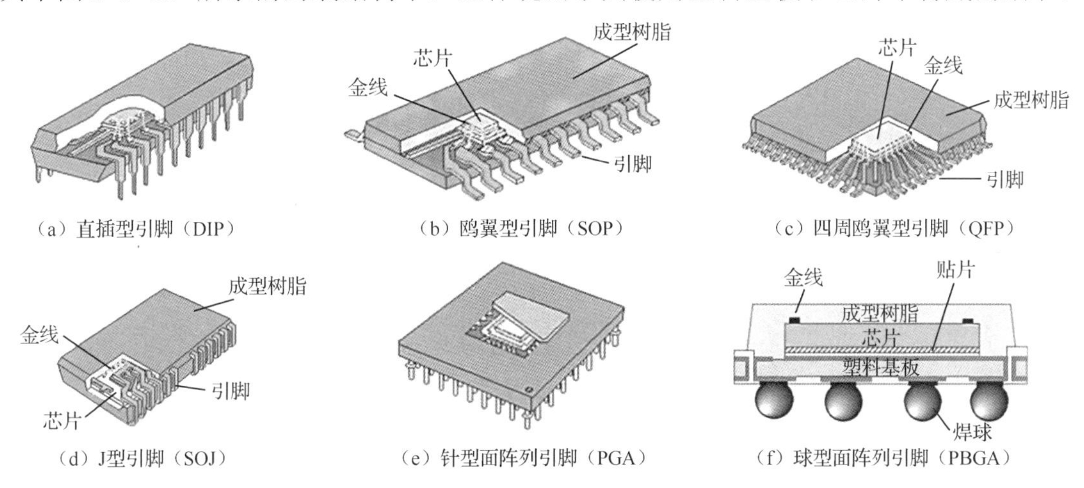

图 2-1　不同引脚类型元器件的封装结构和外形

2.1.2　封装的基本工艺

1. 基本工艺流程

元器件封装形式与引脚类型各异，封装工艺也有差异，但就其基本工艺流程抽象归纳而言是相同或接近的，如图 2-2 所示。图中虚线部分给出了塑料封装工艺流程与高可靠性封装工艺流程的差异，其主要差别是密封方法不同。

2. 基本工艺及其作用

1）圆片减薄

圆片减薄是在晶圆圆片背面，通过研磨或磨削等方法将硅等基体减薄的过程。其作用主要是降低圆片厚度和封装高度，提高散热性能；去掉背面的表面氧化物并增加粗糙度，保证芯片焊接时有良好的黏结性；消除圆片背面的扩散层，防止寄生结的存在；改善背面金属化时的欧姆接触，减小串联电阻等。同时，当将圆片减薄到一定程度后还有利于提高芯片的抗折性能。

2）背面金属化

背面金属化是为了满足欧姆接触、散热、互联可焊性、连接可靠性等需求，通过金属溅射、蒸发等工艺，在圆片的背面制作多层金属层的过程。其作用或作为导电电极[如大功率三极管、肖特基二极管、垂直型双扩散金属氧化物半导体（VDMOS）、金属氧化物半导体场效应晶体管（MOSFET）等元器件]，或者为提高导热性能和增强热均匀性，或者为避免使用含有机物的材料焊接芯片。

3）划片/切割

划片/切割是指利用薄的金刚砂轮刀片、激光等工具，将圆片上的芯片切割成单个芯片的过程。其目的是将互联的芯片分离为独立的芯片。

4）装片

装片是指将芯片安装到外壳内或基板上的过程。其作用是将芯片与支撑物连接，两者之间可以用胶、焊料、玻璃膏进行黏结，也可以是无黏结剂的共晶焊连接。在该工艺过程中，需要对压焊点、钝化层、金属引线、通孔、黏结层孔隙等做全面的检查。

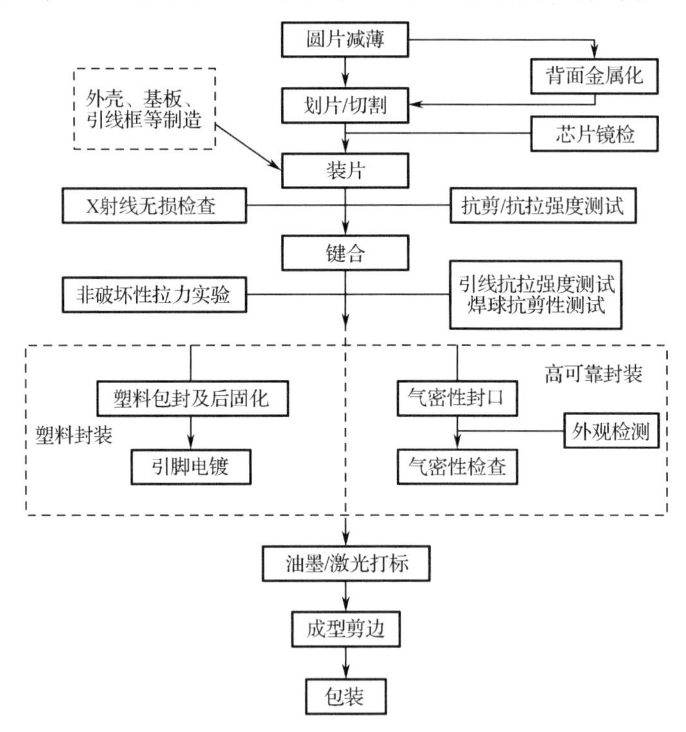

图 2-2　电子元器件封装的基本工艺流程

5）键合

键合是指利用某种导电金属丝（如 Au 丝、Cu 丝、Si-Al 丝等）、金属带或焊料等，将芯片焊盘与封装体（如外壳、基板）连接起来的过程。其作用是实现芯片与封装体引出端（引脚）之间的电气连接，是器件级互联的关键工艺。在该工艺流程中，需要进行引线抗拉强度、焊球抗剪性等测试。

6）密封

密封是指将封装体的封装界面进行封口的封装过程，可分为气密性封口和非气密性封口两种类型。气密性封口是指通过某种方式（如储能焊、平行缝焊、激光焊、加热熔封、冷挤压等），将封装体的封装界面完全密封起来的过程。其作用是保障高可靠性要求元器件可以在恶劣环境中使用而不进水汽。塑料封装为非气密性封口，它有使用环境条件限制。采用有机胶等材料粘封的封口虽然能通过气密性检查（测试参数合格），但其与塑料封装一样属于非气密性封口，离子、水汽等可以通过界面、有机分子间的间隙进行扩散渗透。气密性封口一般采用空封工艺，封装过程中需要控制腔体内的气氛（如水汽含量要低于 5000ppm；在使用易氧化的焊接材料时，要控制氧气含量低于 200ppm）、内部自由粒子等。

7）气密性检查

气密性检查是指通过检测仪器检测元器件密封后的内腔是否与外界隔绝的过程。检漏分为粗检漏和细检漏。粗检漏的泄漏范围为 10^{-1}～10^{-4}kPa·m^3/s，细检漏的泄漏范围为 10^{-5}～10^{-12}kPa·m^3/s。

8）打标

打标是指在元器件表面打上用于识别种类、型号、批次或编号等标志的过程，可以用油墨移印或丝印的方法打标，也可用激光蚀刻、喷码打印等方法打标。

9）成型剪边

成型剪边是指对 DIP、SOP、QFP 等在封装过程中有保护引脚连筋的元器件去除连筋，以及将引脚弯曲成便于安装形状的过程。对于高密度、多引脚、细引脚间距的 QFP 等元器件，也常在将其组装到 PCB 上之前才进行成型剪边。

10）包装

包装是将电子元器件安放在特定容器中，从而使电子元器件传输、运输、测试老化，以及储存等更为方便和安全，使其不受各种机械冲击而损毁，防止污染、氧化、腐蚀以及静电损伤等。

2.2 互联基础工艺技术

互联基础工艺技术主要包括引线键合、载带自动键合和倒装芯片键合 3 种技术。

2.2.1 键合的类型及其比较

1．键合的基本类型

根据互联方式和工艺的不同，键合技术有 3 种基本类型：引线键合（WB）方式（图 2-3）、载带自动键合（TAB）方式（图 2-4）、倒装芯片键合（FCB）方式（图 2-5）。

根据互联材料的不同，键合技术还可分为金属引线（Au 丝/带、Al 丝、Cu 丝以及其他特殊金属丝）键合、凸点（各种焊料凸点、柱、球等）键合等键合互联方式。

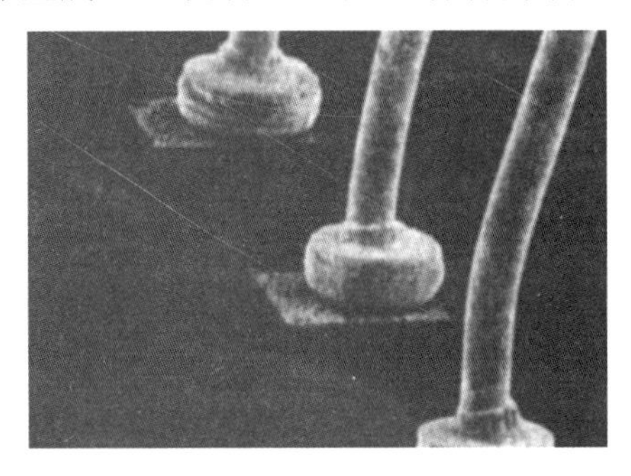

图 2-3 引线键合方式

图 2-4 载带自动键合方式

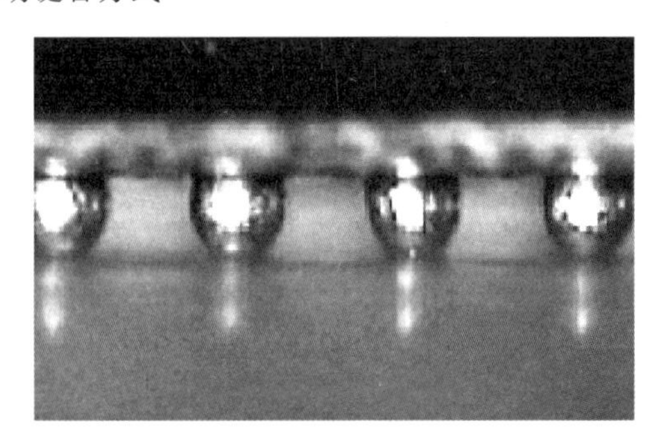

图 2-5 倒装芯片键合方式

2．基本键合类型的比较

在元器件的制造过程中，选择采用哪种键合互联技术，需要综合考虑电路性能要求、圆片工艺的加工能力、电路芯片焊盘结构形状；键合工艺要求（如焊盘尺寸、焊盘间距、芯片焊盘与相应基板/外壳引出线布局的匹配、键合引线长度、键合引线交叉及分层，芯片所能承受的机械应力以及芯片上的铝层结构与厚度、铝层与芯片衬底的黏附强度）、封装材料易获得性、可制造性、成本等因素。

引线键合、载带自动键合、倒装芯片键合 3 种基本键合互联技术主要性能与特点的对比如表 2-1 所示。

表 2-1　引线键合、载带自动键合、倒装芯片键合 3 种基本键合互联技术主要性能与特点的对比

对比项目	互联方式		
	引线键合	载带自动键合	倒装芯片键合
焊盘分布区域	芯片四周	芯片四周	芯片整个表面
引线电阻 R/mΩ	～100	～20	<3
引线电容 C/pF	～25	～10	<1
引线电感 L/nH	～3	～2	～0.2
焊点强度/g	5～10	30～50	30～50
焊盘引出时的焊点数量	2	1	1
对元器件冲击性	较大	小	小
焊点质量检查方法	显微镜检查	显微镜检查	X 射线检查
最小电极直径/μm	～45	～20	～5
最小电极节距/μm	～50	<50	～10
封装密度（单位面积 I/O 数）	低	中	高
可靠性	一般	好	非常好

2.2.2　引线键合技术

1. 引线键合的方法与特点

引线键合是金属丝引线通过加热、加压等方式，将芯片焊区与焊盘等元器件外连线相连的固相焊接过程（见图 2-6），通常也称为丝焊技术。其金属丝引线一般采用直径几十到几百微米的 Au 丝、Al 丝或 Si-Al 丝。

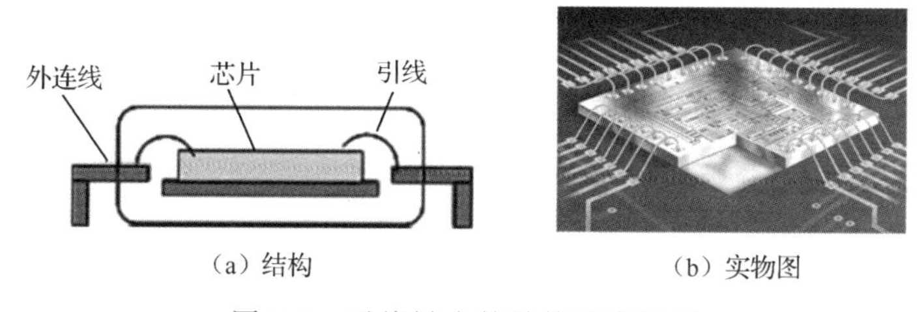

（a）结构　　（b）实物图

图 2-6　引线键合的结构和实物图

引线键合是键合互联技术中最为成熟和应用面最广的技术之一，是中、低端元器件

互联的主要方式，广泛应用于 I/O 数为 600 以下的各种封装类型的元器件键合互联中。引线键合在 BGA 类元器件封装中的应用如图 2-7 所示。

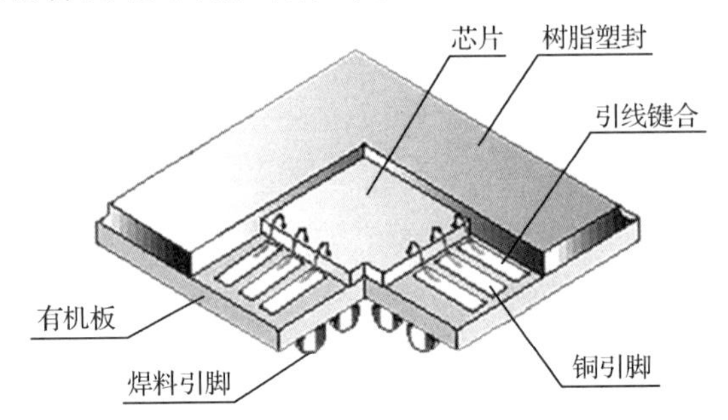

图 2-7　引线键合在 BGA 类元器件封装中的应用

引线键合一般采用自动化专用设备进行，键合工艺参数可精密控制，并具有引线机械性能重复性高、键合速度快（两个焊接和一个导线循环过程在 100ms 以下）等特点。引线键合中的每根互联线都可以单独完成键合，是一种单点、单元化工艺，利用自动化设备进行键合时，通过编程调整就可以在同一设备上完成不同元器件的键合工艺，灵活性很高。目前，引线键合的各种辅助工具和配套材料制造等技术已经非常成熟，形成了较完善的技术体系，而且在生产成本上占有非常大的优势。

但是，引线键合与载带自动键合、倒装芯片键合技术相比较，其引线互联的阻抗、感抗、容抗相对较大（见表 2-1）。另外，引线键合设备要求芯片焊盘布局需分布在芯片的 4 个周边，两个焊盘中心距至少为 35μm（目前键合设备制造精度的极限），这导致采用引线键合工艺元器件的封装密度受限。

2．引线键合的基本方式

引线键合有球形键合、楔形键合两种基本方式。

1）球形键合

球形键合方式的工艺步骤为：先在引线一端形成焊球并完成焊球连接；再进行配线；最后完成另一端的连接。一般球径是丝线直径的 2～3 倍，细引线间距时是丝线直径的 1.5 倍，大引线间距时是丝线直径的 3～4 倍。键合头尺寸一般不大于焊盘尺寸的 3/4，为丝线直径的 2.5～5 倍。丝线弧度高度一般为 150μm，弧度长度一般小于 100 倍丝线直径。

在球形键合时，将引线垂直插入键合设备毛细管劈刀的工具中，引线在电火花作用下受热变成液态，由于表面张力的作用而形成球状；在光学定位和精密控制下，劈刀下降使球接触晶片的键合区，对球加压，使球和焊盘金属形成冶金结合完成焊接过程；然后劈刀提起，沿着预定的轨道移动，称为弧形走线，到达第二个键合点（焊盘）；利用压力和超声能量形成月牙式焊点，劈刀垂直运动截断金属丝的尾部，从而完成两次焊接和一个弧线循环。

图 2-8 所示为球形键合的焊球和键合头局部示意图。图 2-9 所示为引线键合的基本工艺过程。

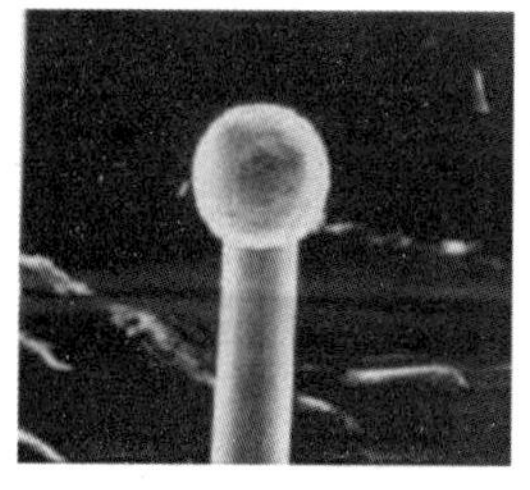

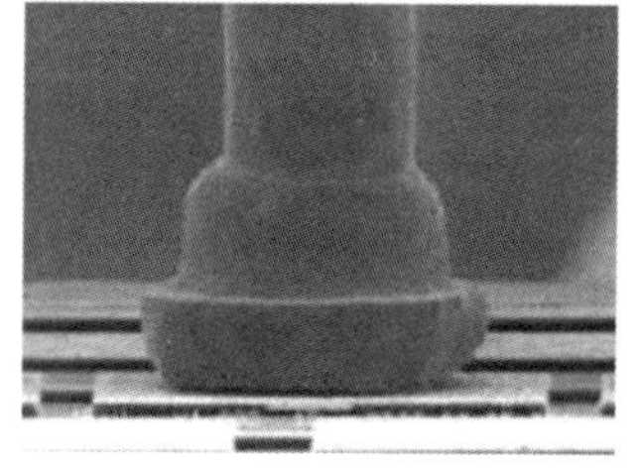

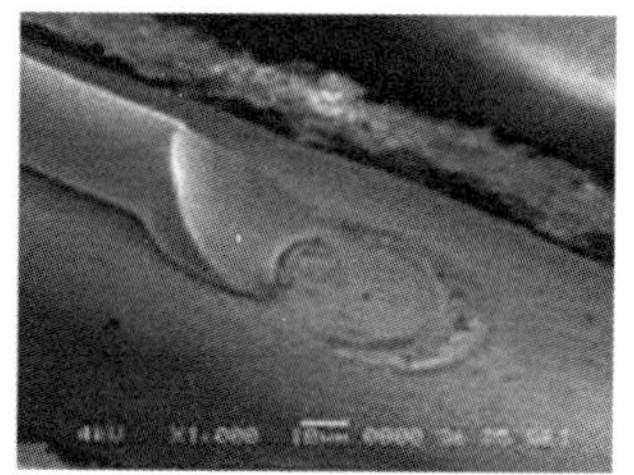

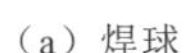

（a）焊球　（b）第一键合点　（c）第二键合点

图 2-8　球形键合的焊球和键合头局部示意图

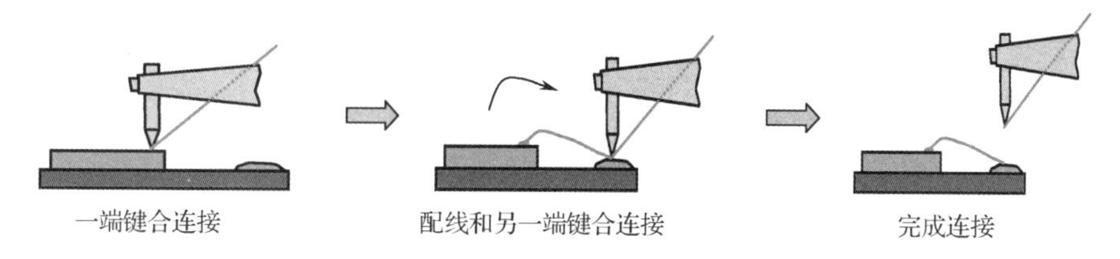

图 2-9　引线键合的基本工艺过程

2）楔形键合

楔形键合方式的工艺步骤为：先完成引线一端的楔入连接；再进行配线；最后完成另一端的楔入连接。楔形键合方式具有键合速度快、间距小、键合区引线变形小以及高可靠性等特点。但在采用楔形键合方式时，焊盘长轴必须在丝线走向，间距应适合键合间距要求，焊盘尺寸应支持长键合点和尾端。楔形键合头如图 2-10 所示。

楔形键合的穿线是通过楔形劈刀背面的一个小孔来实现的，它使金属丝与芯片键合区平面呈 30°～60°角，当楔形劈刀下降到焊盘键合区时，劈刀将金属丝按在其表面，采用超声焊或热声焊完成键合。

3. 引线键合工艺

引线键合有超声楔焊键合、热压焊键合和热超声球焊键合 3 种基本工艺技术。

1）超声楔焊键合

超声楔焊键合利用超声波（频率为 60～120kHz）发生器使键合设备的劈刀发生水平弹性振动，同时施加向下的压力，使劈刀带动引线在焊区金属表面迅速摩擦而发生塑性变形，同时去除金属表面氧化层，使引线与键合区紧密接触而完成焊接。超声楔焊键合工艺的两端键合点一般都是楔形的，如图 2-11 所示。

图 2-10　楔形键合头

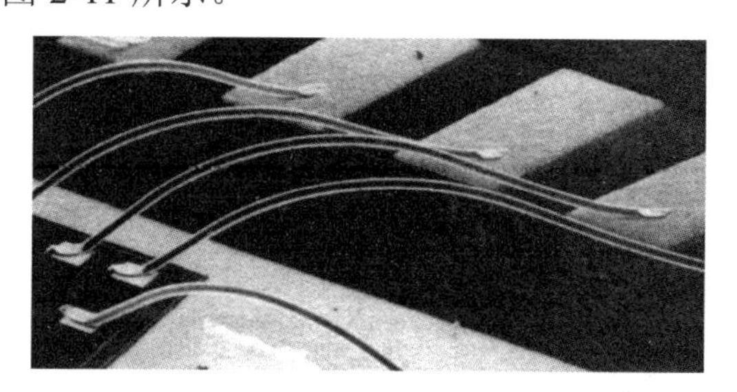

图 2-11　超声楔焊键合

2）热压焊键合

热压焊键合采用加压、加热使引线与键合区压焊在一起，并使其发生塑性变形，同时破坏金属表面氧化层，使压焊接触面的原子间达到原子引力范围，从而产生原子间吸引力实现键合。热压焊的焊头加热温度一般为150℃左右，芯片加热温度一般为200℃以上。焊头的形状常用的有楔形、针形和锥形。键合点一般一端为球形，一端为楔形。热压焊键合有金属引线变形大、易受损、焊点键合拉力小等缺陷，因此目前已经较少采用。

3）热超声球焊键合

热超声球焊键合是引线键合中最常用的工艺技术之一，具有键合点牢固、压点面积大、无方向性要求、操作方便灵活等特点。热超声球焊键合在采用超声波的同时，外加热量激活材料能级，促进两种键合金属的有效连接以及IMC的扩散和生长。热超声球焊键合过程中键合引线无须磨蚀表面氧化层，加热温度也远低于热压焊键合（一般为100℃）。

4．键合工艺比较

超声楔焊键合、热压焊键合和热超声球焊键合3种键合工艺技术之间的差异如表2-2所示。

表2-2　超声楔焊键合、热压焊键合和热超声球焊键合3种键合工艺技术之间的差异

对比项	键合		
	超声楔焊键合	热压焊键合	热超声球焊键合
引线材料	Si-Al丝、纯Al丝、Au丝或Au带等	Au丝、Cu丝	Au丝、Cu丝
键合方向性	有方向性	无方向性	无方向性
键合施加方式	施较小压力，超声摩擦，Au丝或Au带可加热	高温、大压力	加辅助高温下的超声摩擦
键合效率	低	高	高
键合时加热差异	Al线室温下可以完成键合；Au丝或Au带楔焊键合时可加热到120℃，甚至250℃	加热温度为300℃以上	加热温度为120～250℃
键合界面不良生成物	低温下几乎不生成，加热温度不高也难生成不良IMC	加热温度高，控制不当会生成不良IMC	加热温度不高，较难生成不良IMC
可靠性	高	低	高
目前应用情况	大电流、高温元器件键合引线主要用纯Al丝，高可靠性、长寿命、电流不大的主要用Si-Al丝，高频元器件主要使用Au带	仅应用于某些特殊的敏感元器件	应用面广，通用元器件的规模化大生产

5．引线键合材料

引线键合常采用的金属丝引线有Au丝、Al丝、Si-Al丝、Cu丝等。

1）Au丝

Au丝广泛用于热压焊键合和热超声球焊键合，应用时丝线表面要光滑和清洁，以保

证强度和防止丝线堵塞。纯 Au 具有很好的抗拉强度和延展率，但高纯 Au 太软，一般需加入 5～10ppm 的 Be 或 30～100ppm 的 Cu，掺 Be 的引线强度一般要比掺 Cu 的高 10%～20%。

2）Al 丝和 Si-Al 丝

Al 丝一般应用于超声楔焊键合。因为纯 Al 太软而难拉成丝，一般加入 1%Si 或 1%Mg 以提高强度（二者强度相当）。室温下 1%的 Si 超过了在铝中的溶解度，导致 Si 的偏析，偏析的尺寸和数量取决于冷却速度，冷却太慢会导致更多的 Si 颗粒集结，而 Si 颗粒尺寸影响丝线的塑性，应用中需予以控制。掺 1%Mg 的 Al 丝强度和掺 1%Si 的 Al 丝强度基本相当，但因为 Mg 在 Al 中的均衡溶解度为 2%，所以不会有第二相析出，其抗疲劳强度更好。

3）Cu 丝

Cu 丝具有资源充足、成本低、在塑封中抗波动（在垂直长度方向平面内晃动）能力强等特点，最近人们已经开始注意 Cu 丝在引线键合中的应用。但 Cu 丝相对 Au 丝、Al 丝而言，键合性较差、易氧化，需在保护气氛下键合；硬度较大，容易导致金属焊区出现弹坑（指焊盘金属化下面的半导体玻璃或其他层的破坏现象）或将金属焊区破坏等问题。

6．其他

引线键合是一项涉及元器件电性能、机械性能可靠性的重要工艺技术，而且它与元器件设计制造的其他工艺技术关系密切、相互影响，除了要正确选择键合工艺和相关材料，保证电导率、键合强度等重要指标达到要求，还需要注意一些相关工艺技术问题。例如，在设计电路芯片焊盘时，除了要考虑电路性能、圆片工艺的加工能力等因素，还需要考虑引线键合工艺的要求，如焊盘尺寸、焊盘间距、芯片焊盘与相应基板/外壳引出线布局的匹配、键合引线长度、键合引线交叉及分层、所能承受的机械应力以及芯片上的铝层结构与厚度、铝层与芯片衬底的黏附强度等，为能够选择合理的键合工艺和材料进行良好的引线键合奠定基础。又如，不同的焊区金属和丝线形成的键合点，其结合面会形成 Au-Au 系、Au-Al 系、Au-Cu 系、Au-Ag 系、Al-Ag 系、Al-Ni 系、Cu-Al 系等不同的金属冶金系，从而具有不同的可靠性行为。引线键合的相关设计和材料在选用时，必须充分考虑这些问题。

2.2.3 载带自动键合技术

1．载带自动键合的方法与特点

载带自动键合是一种用胶片状的柔性载带（黏结有腐蚀作用的引线框架图形或在图形键合区上制作金属凸点），通过键合机同时完成芯片与载带、载带与外围电路布线导体连接的键合互联技术。载带自动键合的基本结构如图 2-12 所示。

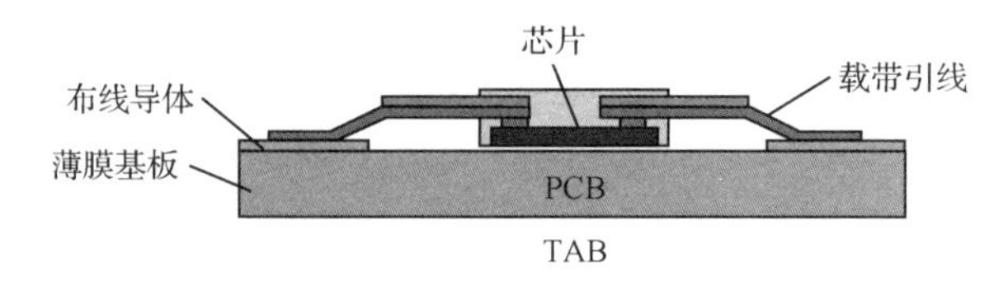

图 2-12　载带自动键合的基本结构

载带自动键合的载带一般采用 Cu 箔引线，载带图形键合区上的金属凸点常用电镀 Au 的 Cu 凸点，芯片上常用 Au 凸点。载带自动键合工艺可使用标准化的卷轴长带（可达 100m），可以同时实现芯片与引线框的多个焊点的键合，键合速度快，生产效率高，容易实现工业化规模生产。同时，载带自动键合技术的 I/O 密度略高于引线键合技术，能使元器件封装厚度更薄（载带自动键合结构的封装一般不到 1mm）、引线更短、电极间距更小（在 50μm 以内）、外形尺寸更小、产品质量更轻，从而实现微型封装；载带自动键合技术的引线电阻、电容和电感也比引线键合技术的低，这使得采用载带自动键合技术互联的 LSI、VLSI 具有更优良的高速、高频电性能；因采用 Cu 箔引线的载带，其导热和导电性能好、机械强度高、键合拉力较强。由于载带自动键合技术具有上述明显优点，因此近些年发展很快，目前该技术主要用于液晶显示器、计算机、手表、智能卡、照相机等产品的 IC 封装中。日本对该项工艺技术的设备开发、应用等均处于领先地位，美国、韩国、欧盟次之，我国应用还较少。

柔性载带制作、芯片凸点制作，以及载带与芯片凸点的焊接是载带自动键合技术的关键，在这方面载带自动键合技术要比引线键合技术复杂得多，设备投资较大，而且不同的芯片压焊点位置变化需要制作不同的载带，通用性差、成本较高。另外，载带自动键合技术也要求芯片焊盘分布在芯片四周，这导致封装密度的提高受到限制。

2. 载带自动键合的基本工艺步骤

载带自动键合的基本工艺步骤为：首先在高聚物载带上做好元器件引脚的导体图形（载带制作）；再将芯片按其键合焊区对应位置放在上面；最后通过热电极一次性将所有引线进行键合。裸芯片放在载带上并和载带导体图形对位互联，如图 2-13 所示。

图 2-13　裸芯片和载带导体图形对位互联

图 2-14 所示为包含芯片凸点制作、测试、包封工艺在内的，采用载带自动键合技术制作元器件的基本工艺流程。

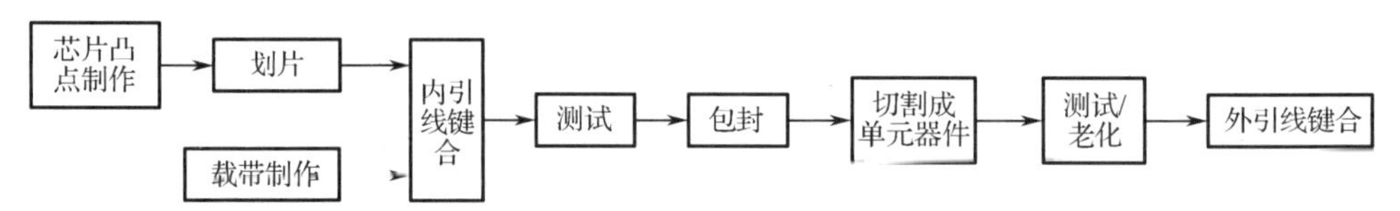

图 2-14　采用载带自动键合技术制作元器件的基本工艺流程

3．载带的类型和规格

载带的主要类型有 Cu 箔单层带、Cu-聚酰亚胺（PI）双层带、Cu-黏结剂-PI 三层带、Cu-PI-Cu 双金属带 4 种。常用的为双层带和三层带。

单层带是基带上敷的一层 Cu 箔导体（见图 2-15），电极图形布在 Cu 箔上，制作工艺简单、成本低，但键合后不能检测。双层带将 Cu 箔导体黏附在聚合物带薄膜上（见图 2-16），底膜料要求高，不用黏结剂，高温稳定性较好，成本较低，可弯曲，可制作高精度图形。三层带有附着层（见图 2-17），性能提高，底膜材料要求降低，可卷绕，可制作高精度图形，制作工艺较复杂，成本较高。双金属带可改善信号特性，一般用于高频元器件，制作成本高。

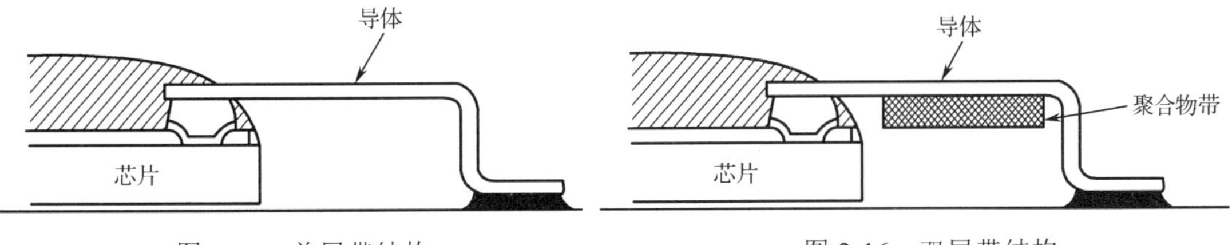

图 2-15　单层带结构　　　　图 2-16　双层带结构

载带的宽度规格有 8mm、16mm、35mm、70mm 等，其中 35mm 宽的载带应用最为普遍。无论何种规格的载带，其边缘一般都设计有用于传送的齿轮孔，而且制作成长带。包含多个芯片键合位相连的成品薄膜载带实物图如图 2-18 所示。

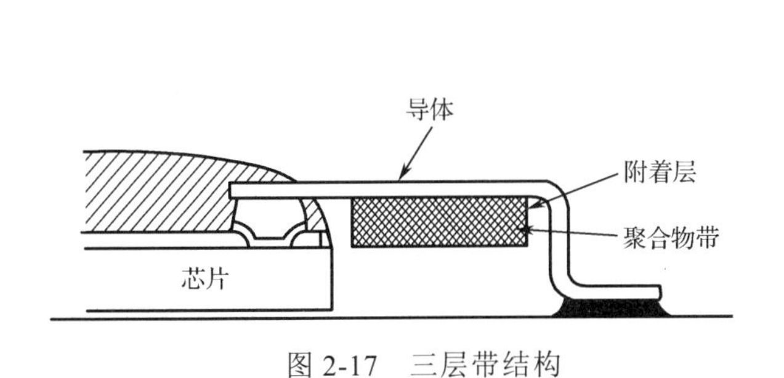

图 2-17　三层带结构

图 2-18　载带实物图

4．载带制作工艺

1）单层带制作工艺

单层带制作工艺流程如图 2-19 所示。它采用光刻法制作图形，需要制作光刻版，并进行双面光刻。腐蚀去胶后的 Cu 箔引线一般均需进行电镀，电镀后应进行退火处理，以消除电镀中产生的应力和避免产生 Sn 须生长。

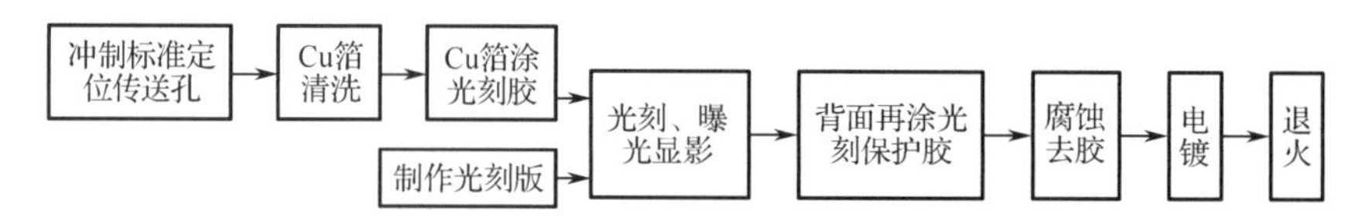

图 2-19　单层带制作基本工艺流程

2）双层带制作工艺

双层带制作工艺流程如图 2-20 所示。金属层一般均采用 Cu 箔（也有的采用 Al 箔），并采用光刻法制作图形。聚合物层一般先采用液态聚酰胺（PA）通过局部亚胺化和光刻蚀刻形成 PI 框架，然后在高温（约 3500℃）下进行全部 PI 亚胺化，形成 PI 支撑架。

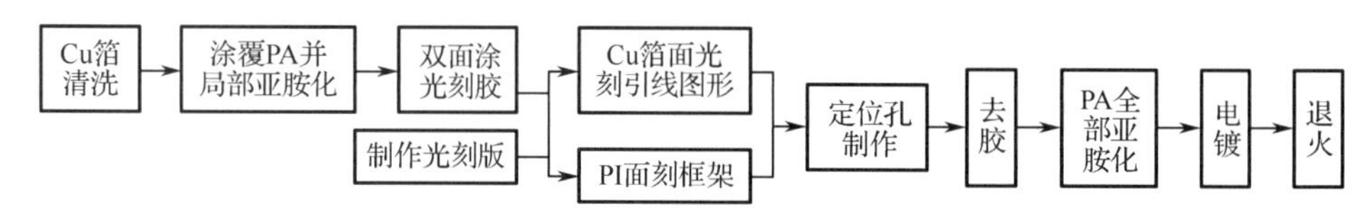

图 2-20　双层带制作基本工艺流程

3）三层带制作工艺

三层带制作工艺流程如图 2-21 所示。其中最后的引线图形制作工艺与图 2-19 所示的单层带制作工艺流程相同。三层带的金属层一般均采用 Cu 箔，典型厚度为 18μm；聚合物层一般采用 PI，典型厚度为 70μm；黏结剂一般采用黏结力强、绝缘性能和机械强度好的环氧类黏结剂，典型厚度为 20μm。三层带制作工艺比较复杂，需要制作可同时冲制 PI 定位孔和 PI 框架的高精度硬质合金模具，需要高温高压设备涂覆 Cu 箔。成型后的三层带 Cu 箔被压实在 PI 的上面，中间是一层黏结剂。

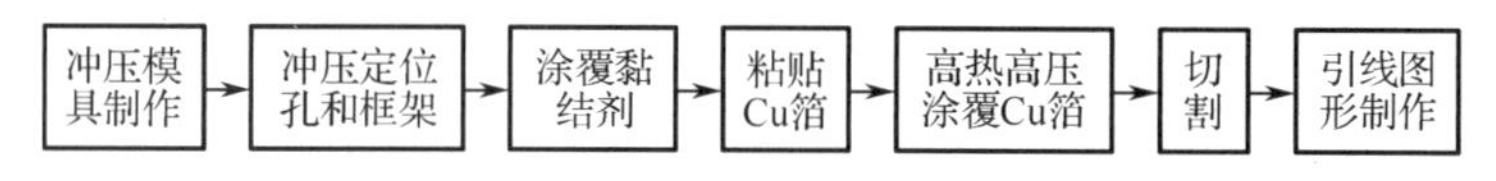

图 2-21　三层带制作基本工艺流程

4）双金属带制作工艺

双金属带制作典型工艺流程如图 2-22 所示，可以先冲压出 PI 膜引线图形的支撑架，其次在上面双面粘贴 Cu 箔；再次应用光刻法制作引线图形；最后采用局部电镀法形成双金属层通孔互联。此外，也可以在冲压出 PI 膜引线图形的支撑架后，采用沉积 Cu 再电镀加厚的方法形成双面 Cu 箔（图中虚线框所示）。

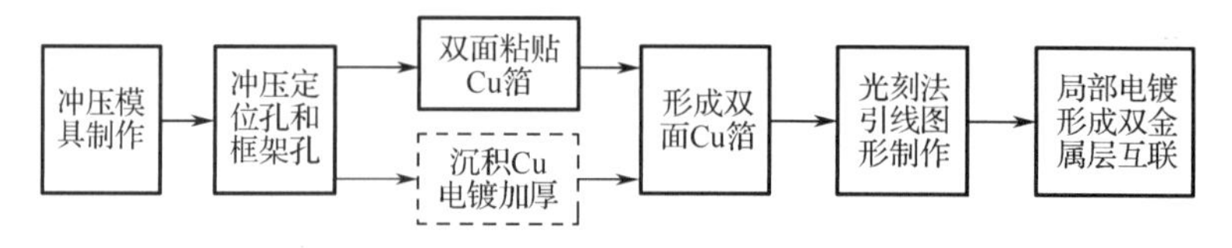

图 2-22　双金属带制作典型工艺流程

5．芯片和载带凸点制作

1）芯片凸点制作

芯片凸点与载带键合互联结构示意图如图 2-23 所示。芯片凸点一般采用 Au 凸点，直接在圆片上制作，其典型制作工艺为：首先在圆片表面沉积一层合金系，其作用是导电、形成扩散障碍物防止 Au 扩散到 Al 和 Si 中，以及便于与 Au 更好地结合，常用 Ti/Ni/W 体系（大约是每种金属沉积 1000Å）；然后沉积一层约 25μm 厚的光阻材料作为电镀掩模，再在每个键合区的开口处用影印和电镀等方法形成大约 25μm 厚的蘑菇状高纯度 Au 层；最后剥掉光阻层和蚀刻金属屏障体系形成凸点。芯片凸点制作工序及其结构示意图如图 2-24 所示。

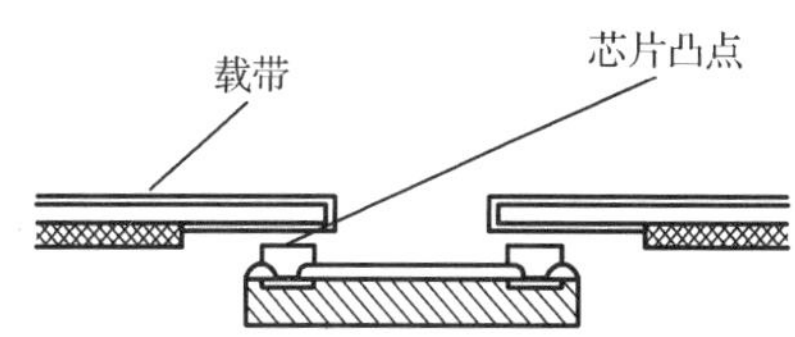

图 2-23 芯片凸点与载带键合互联结构示意图

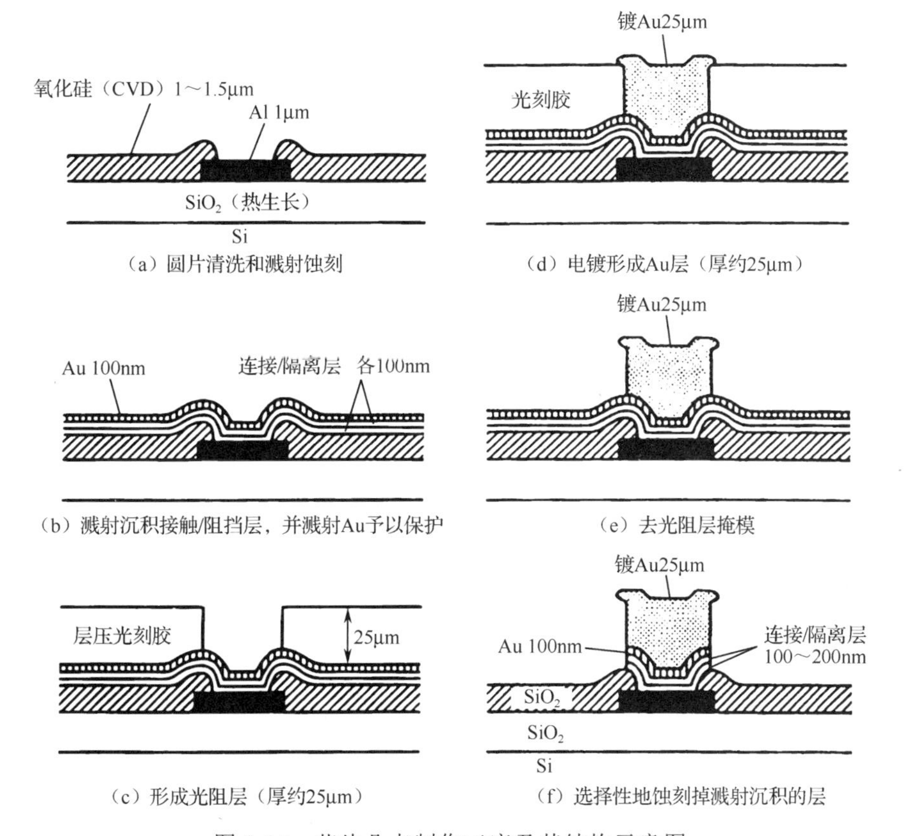

图 2-24 芯片凸点制作工序及其结构示意图

2）载带凸点制作

载带凸点与芯片键合互联的结构如图 2-25 所示。该方式将凸点改在载带自动键合的 Cu 箔引线图形指端制作，而不是在芯片的焊区（见图 2-26），省去了芯片凸点的制作工艺。

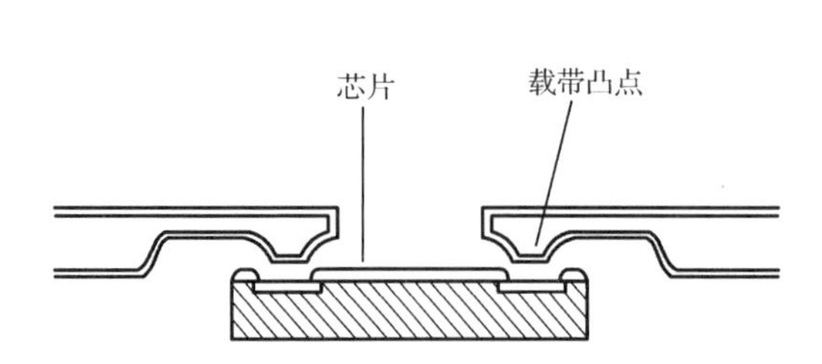

图 2-25　载带凸点与芯片键合互联的结构

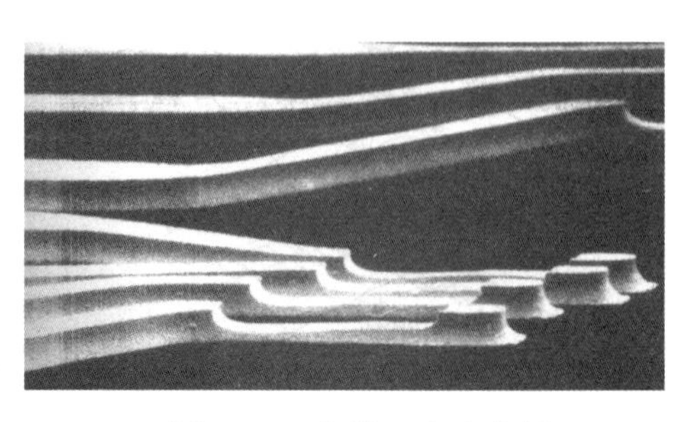

图 2-26　载带凸点实物图

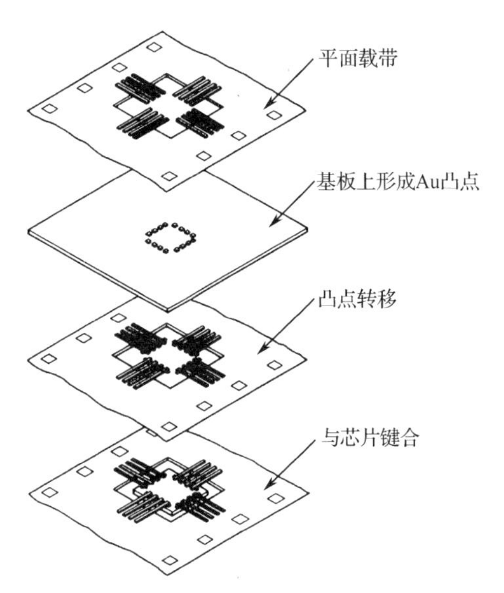

图 2-27　转移凸点法制作载带凸点的工艺

转移凸点法制作载带凸点的工艺如图 2-27 所示。其基本工艺流程为：首先在玻璃基板上用选择掩模和导体层上镀 Au 的方法制作凸点；然后加压加热把凸点转移到载带的引线图形指端上。当键合互联时，带有引线图形指端凸点的载带直接与芯片的金属焊区进行内引线键合。

6．内、外引线键合

1）内引线键合

内引线键合是指将半导体芯片与载带自动键合载带互联的工艺技术。通常采用热压焊的方法进行内引线键合。热压焊的焊接工具是由硬质或钻石制成的热电极。当芯片凸点是 Au，而载带 Cu 箔引线也镀这类金属时，则一般用多点群压焊的方法进行内引线键合。键合过程在 300～400℃的温度下进行，大约需要 1s。

图 2-28 所示为内引线键合工艺原理。其具体工艺流程如下。

（1）对位：将具有附着层、经过测试和划片的硅大圆片置于内引线压焊机的承片台上，按设计的焊接程序将性能好的芯片置于卷绕在两个链齿轮上的载带引线图形下面，使载带引线图形与芯片凸点精密对位。

（2）焊接：热压工具下压和加热，使载带与芯片凸点键合，并保持设定时间。

（3）完成：抬起热压工具，焊机将压焊到载带上的芯片通过链齿轮步进卷绕到卷轴上，同时下一个载带引线图形也步进到焊接对应位置，进行下一循环。

2）外引线键合

外引线键合是指将载带与芯片基板互联的工艺技术。通常采用将载带引线终端压入基板焊盘上的焊膏或再流焊料金属中，以热电极焊接的方法进行键合，如图 2-29 所示。热电极是一个电热框架式电烙铁工具，焊接时将载带 Cu 引线压入再流焊料金属中并给电烙铁头提供能持续几秒钟的脉冲电压，以提供热量进行焊接，一个完整的周期需要 10～20s。这一过程通常也称为脉冲焊接或热阻焊接。

热电极外引线键合的基本工艺流程为：①用专用剪切工具将已完成内引线键合、附有短 Cu 引线的芯片从载带上切除；②用专用弯曲工具将 Cu 引线弯曲，使得外层的终端在芯片的下面；③将芯片放在焊盘上涂覆有焊膏或再流焊料金属的电路基板上并正确对位；④用热电极焊接法进行引线键合，完成加热、加压、保持、冷却、卸压全过程。

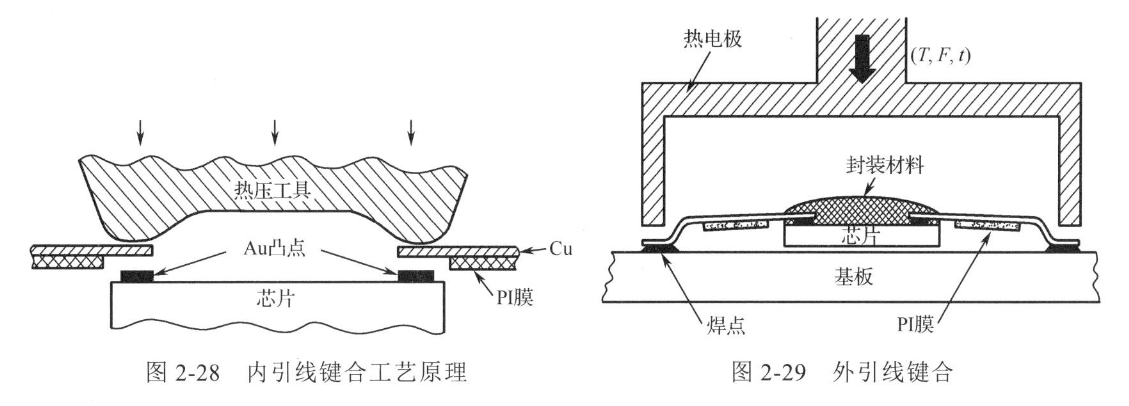

图 2-28　内引线键合工艺原理　　图 2-29　外引线键合

2.2.4　倒装芯片键合技术

1. 倒装芯片键合的方法与特点

倒装芯片键合也称倒装焊键合或倒装键合，它将芯片倒扣在封装基板上，通过芯片上的凸点直接与基板电极焊盘互联（见图 2-30）。该工艺技术将芯片与基板的黏结、芯片压点与基板压点的内、外引线键合互联等工序合为一个工序完成。由于芯片通过凸点直接连接到基板和载体上，倒装芯片键合也可称为芯片直接贴装。

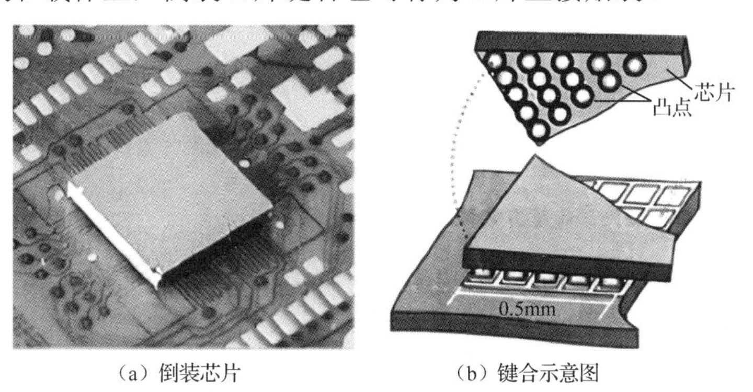

（a）倒装芯片　（b）键合示意图

图 2-30　倒装芯片键合示意图

在典型的倒装芯片键合封装中，芯片通过 76.2～125μm（3～5mil）厚的焊料凸点连接到基板和载体上，并在底部填充材料用来保护焊料凸点（见图 2-31），凸点材料采用 Au、Cu、Al、Pb-Sn、Ag-Sn 等。IBM 公司于 1960 年研制开发出在芯片上制作凸点的倒装芯片键合焊接工艺技术至今，其应用面越来越广，目前全世界每年的倒装芯片键合消耗量超过 60 万片，且以约 50%的速度增长。

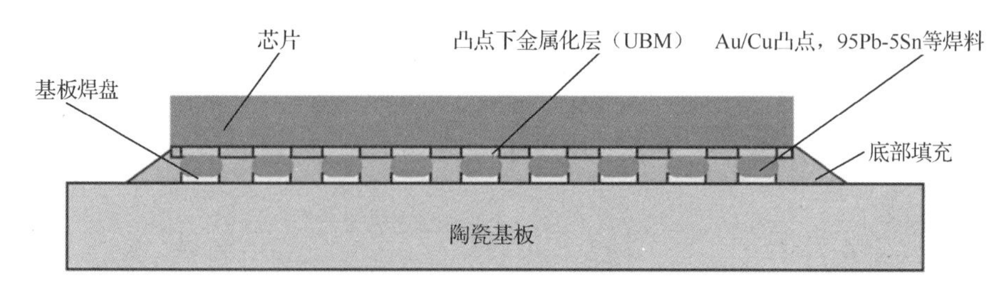

图 2-31　倒装芯片键合的基本结构

倒装芯片键合与传统的引线键合、载带自动键合相比，具有很多优点，如凸点与基板互联的短结构使信号传输互联线电阻、电容、电感更小，从而使其电性能更优、封装的电性能明显改善、信号延迟减小，能为高频元器件提供更完整的信号、更好的散热通道；采用阵列布置方法，I/O 分布在芯片的整个表面，相对于焊盘周边型分布的引线键合、载带自动键合技术而言，具有更多的 I/O 数，并可借助于二次布线克服引线键合焊盘中心距极限的问题，从而满足芯片 I/O 数大幅度增长的需要，一般的倒装芯片键合焊盘可达数百个；同时其封装密度更高，相同的芯片具有更小的封装体积尺寸；倒装焊焊点和环氧填充结构牢固，具有更高的可靠性；批量的凸点生产还降低了成本；等等。

经验证明，对于 I/O 数为 600 以下的产品，采用引线键合技术一般可以满足产品的电性能、外形尺寸、可靠性和成本等要求；当键合焊盘周边排列达到引线键合或载带自动键合设备的极限，则其可靠性也就达到了下限，这时采用倒装焊技术可大幅度提升产品的性能、可靠性。

倒装芯片键合不足之处有：芯片很难测试，必须使用 X 射线检测设备检测不可见的焊点；凸点芯片适应性有限；操作夹持裸晶片较困难，组装工艺要求高，维修很困难；与 SMT 工艺相容性较差等。

2. 倒装芯片键合工艺

倒装芯片键合的典型工艺流程为：利用半导体制作前道工艺的光刻及蒸发、电镀或丝网印刷的方式在芯片表面预先放置焊球形成凸点，然后翻转芯片使阵列排布的金属凸点一面朝下，借助于焊料等，将其与基板焊盘键合互联。为阻隔凸点金属（多为 Sn-Pb 合金）与芯片金属间的扩散，需要在形成凸点前在芯片表面制作凸点下金属化层（Under Bump Metallization，UBM）进行隔离。为增强芯片与基板的互联可靠性，部分产品还在芯片与基板及其凸点之间填充非导电材料。

为此，倒装芯片键合工艺有 UBM 的制作、金属凸点的制作、芯片倒装焊、底部填充与模塑等几个关键工序。

1）UBM 的制作

为达到芯片凸点金属与芯片布线及钝化层的良好黏结，以及防止 IMC 的形成，一般需要在凸点金属下制备附着层（Cr、Ti、Ni、TiN）、扩散阻挡层（W、Mo、Ni）、焊接润湿层（Au、Cu、Pb-Sn）、氧化阻挡层（Au）等多层金属化结构。制作 UBM 的材料主要有 Cr、Ni、V、Ti/W、Cu 和 Au 等，通常采用的 UBM 结构有 Cr-Cu/Cu/Au、A1/Ni/Cu

等。其中，附着层及扩散阻挡层的典型厚度为 0.15～0.2μm，焊接润湿层的典型厚度为 1～5μm，氧化阻挡层的典型厚度为 0.05～0.1μm。

制作 UBM 常用的方法有溅射、蒸发、电镀和化学镀等。其中，溅射工艺制作的 UBM 质量优于蒸发工艺制作的 UBM；蒸发工艺制作的 UBM 质量优于电镀工艺制作的 UBM；电镀工艺制作的 UBM 质量优于化学镀工艺制作的 UBM。但溅射工艺的设备成本较高，而且生产效率也不及电镀和化学镀工艺。

2）金属凸点的类型

根据金属凸点制作材料来分，倒装芯片键合凸点大致可分为可控塌陷芯片互联（Controlled Collapse Chip Connection，C4）凸点（Pb-Sn 焊料凸点）、Au 凸点、Cu 凸点、In 凸点、Ni/Au 凸点、Au/Sn 凸点及聚合物凸点等类型。其中应用广泛的是 C4 凸点、Au 凸点、Cu 凸点、聚合物凸点。C4 凸点应用面最广，Au 凸点以其高稳定性和高可靠性而在要求高性能芯片上被普遍采用。同一类型金属凸点，产品的成型方式也不一定相同，如图 2-32 所示。

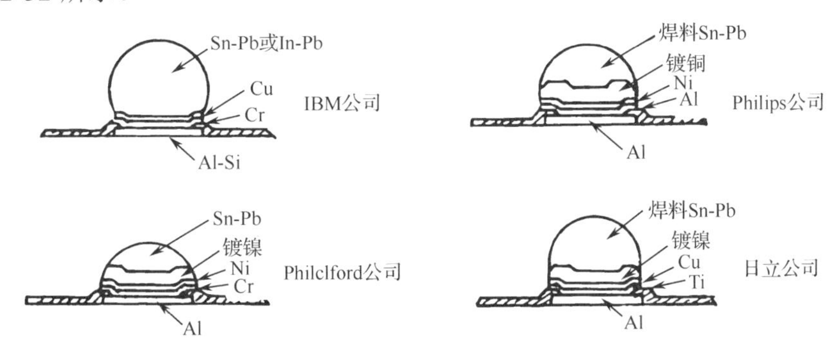

图 2-32　金属凸点的几种成型方式

金属凸点的形状有多种，常用的金属凸点形状有球形、圆柱形、蘑菇形、方块形、钉头形等，如图 2-33 所示。

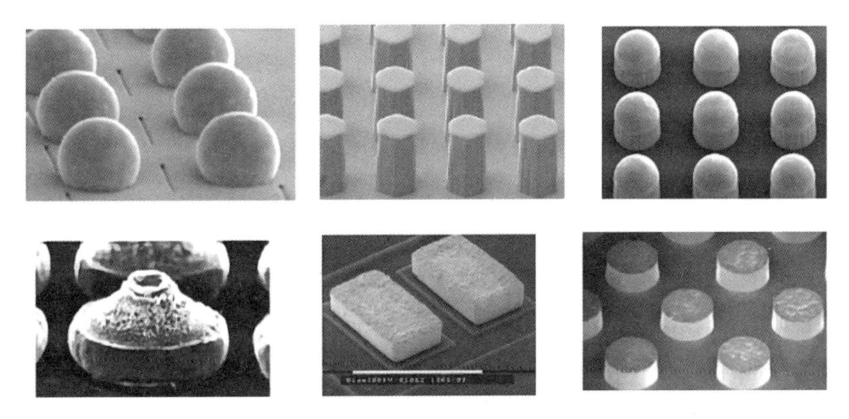

图 2-33　常用的金属凸点形状

3）金属凸点的制作方法

常用的金属凸点制作方法主要有：蒸镀凸点制作法、电镀凸点制作法、焊膏印刷凸点制作法、钉头焊料凸点制作法、C4 连接新工艺（C4NP）技术、激光植球、Cu 柱凸点技术等。

目前应用较多的是电镀凸点制作法和焊膏印刷凸点制作法，这两种方法均可用于批量生产。电镀凸点制作法可以根据具体的产品，选择不同材料或结构的凸点来满足产品的应用需求，具有比较高的可靠性；焊膏印刷凸点制作法只适用于 Pb-Sn 类低温焊膏及引出端数相对较少、使用环境不是特别恶劣的产品。

4）芯片倒装焊

芯片倒装焊的方法有焊料焊接、热压焊接、热声焊接、导电胶连接等。

焊料焊接首先将焊料沉积在基板焊盘上，然后进行再流焊。对于细间距连接，焊料可通过电镀、焊料溅射或固体焊料等沉积方法；很黏的焊剂可通过直接涂覆到基板上或用芯片凸点浸入的方法来保证黏结；对于大间距（>0.4mm）连接，可用基板印刷焊膏沉积方法。芯片凸点放置于沉积了焊膏或焊剂的基板焊盘上后，再流焊一般采用将整个基板浸入再流焊炉的方式进行。再流焊后一般还要进行焊剂残留物清洗，底部填充前测试等工序。

热压焊接是连接凸点芯片与层压基板的一种替代技术，通过施加一定时间的温度和压力形成焊点。各向异性导电胶和各向同性导电胶键合，以及晶圆级底部填充键合均可采用载带自动键合技术。采用热压焊接工艺要求芯片凸点为 Au 凸点之类的金属凸点，同时基板上要有一个可与凸点连接的金属表面，如 Au 或 Al。当热压焊接时，时间和温度的联合作用为载带自动键合中凸点与焊盘键合提供了必要的能量，促进了各向异性导电胶中的化学反应并形成机械互锁，促进了各向同性导电胶热塑性和热固性反应，实现了晶圆级焊点互联以及下填料的流动和固化。对于 Au 凸点，一般连接温度在 300℃左右，这样才能使材料充分软化，同时促进连接过程中的扩散作用。热压连接最合适的凸点材料是 Au，凸点可以通过传统的电解镀金方法生成，或者采用钉头凸点方法。后者可以采用现成的引线键合设备和常用的凸点形成工艺制作。对于直径为 80mm 的凸点，热压压力可以达到 1N。由于压力较大，温度也较高，这种工艺仅适用于刚性基底，如 Al_2O_3 或 Si。另外，基板必须保证较高的平整度，热压头也要有较高的平行对准精度。为了避免半导体材料受到不必要的损害，施加压力时应有一定的梯度。

热声焊接是将超声能量通过一个可伸缩的探头从芯片的背部施加到连接区，从而产生焊接热量。超声波的引入使连接材料迅速软化，易于实现塑性变形。热声焊接的优点是可以降低连接温度，缩短加工处理的时间，扩大连接材料的选择范围；缺点是可能在硅片上形成小的凹坑，这主要是由于超声振动过强造成的。另外，该工艺需要综合考虑压力、温度、超声振动、平整性等，其系统设计较复杂。

导电胶连接是取代 Sn-Pb 焊料焊接的可行方法，它既保持了封装结构的轻薄，成本也没有显著增加，并有工艺简单、固化温度低、连接后无须清洗等优点。导电胶有各向异性和各向同性两类。各向异性导电胶是在膏状或薄膜状的热塑性环氧树脂中加入了一定含量的金属颗粒或金属涂覆的高分子颗粒；金属颗粒或高分子颗粒外的金属涂层一般为 Au 或 Ni；在连接前，导电胶在各个方向上都是绝缘的，但是连接后它在垂直方向上导电。各向同性导电胶是一种膏状的高分子树脂（通常为环氧树脂），加入了一定含量的导电颗粒（通常为 Ag），因此在各个方向上都可以导电。采用导电胶连接最适宜的凸点材料为 Au。各向同性导电胶本身也可以作为凸点材料。

5）底部填充与模塑

（1）底部填充。

底部填充工艺包括 3 个阶段：预处理、布胶和固化。

预处理时，对层压基板进行烘烤排出湿气，以减少制程中和固化后的湿气残留。通常需在氮气氛围中进行烘烤，以免金属表面特别是 Cu 金属表面发生氧化。

布胶时，要求根据芯片尺寸对填充料的注射尺寸进行控制，可采用多种布胶方式，包括点形、线形以及 L 形布胶（见图 2-34）。其中，L 形布胶可同时提高产量和减少空洞。当点形布胶时，先将填充料点涂在芯片一侧，一段时间之后填充料发生毛细流动，然后在同一位置以相同的方式再次点涂填充料，重复该过程直至填充料从芯片底部四周溢出，最后再布胶形成倒角。当线形布胶时，沿着芯片长边涂覆填充料。同样，待填充料从芯片底部四周溢出后，才能布胶形成倒角。当 L 形布胶时，沿着芯片的一条长边和相邻短边连续涂覆填充料，直到填充料从芯片底部溢出，然后布胶形成倒角。完成芯片底部填充之后，需进行填充料倒角处理，通过改变倒角高度和形状对芯片边、角及高应力区提供适当的保护。在一般情况下，倒角布胶需避开初始布胶区域。

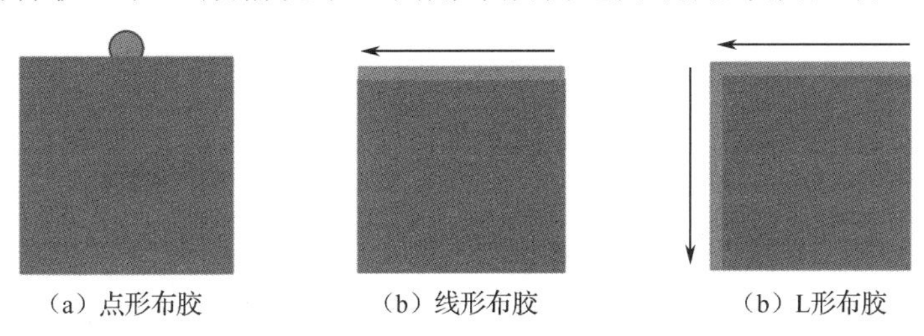

图 2-34　常见的 3 种布胶形式

最后一步是填充料固化，通过建立固化曲线，使填充料在适当的时间和温度条件下充分进行聚合反应。固化温度的选取应使固化后的组件在室温下的翘曲最小。通过监测填充料固化过程中和室温下稳定后的芯片翘曲情况发现，固化过程中芯片翘曲最为严重，尤其对于无铅焊料更是如此。

完成上述 3 个工艺步骤之后，通常需对固化后的填充料进行检查。目检标准一般要求芯片四周必须具有连续的填充料倒角，倒角高度应至少达到芯片高度的一半，芯片角点处的倒角高度可以低一些，但不能暴露芯片角点的最低部分，倒角应从芯片边缘延伸至层压基板表面。芯片底部和其他位置的空洞情况通常采用超声波扫描显微镜进行无损检测。

（2）模塑。

模塑工艺包括两种通用技术：布胶筑坝及填充工艺、注塑工艺。

布胶筑坝及填充工艺采用与底部填充工艺相同的步骤：预处理、布胶和固化。预处理要求将层压基板在氮气氛围中进行烘烤以除去残留湿气，然后进行筑坝和填充，先将高黏度筑坝材料涂覆在模塑区域周围，再将低黏度填充料注入坝内，直至达到所要求的高度，最后对层压基板、筑坝以及填充料进行偏置加热，模塑材料一般同时固化。

注塑工艺需采用特殊工具生成所需的模塑区域形状和尺寸。首先将模塑材料注入模具中填充模具空腔，然后在可控的时间、温度和压力下使模塑材料固化，以减小芯片翘曲。与底部填充工艺一样，注塑时需小心谨慎，以免出现空洞等缺陷。

3．金属凸点制作典型工艺

1）蒸镀凸点典型工艺

（1）硅片溅射清洗：在沉积金属前去除氧化物或照相掩模，同时使得硅片钝化层以及焊盘表面具有一定粗糙度，以提高对 UBM 的结合力。

（2）金属掩模：为利于 UBM 以及凸点金属的沉积，常用带图样的钼金属掩模来覆盖硅片。金属掩模组件一般由背板、弹簧、金属模板以及夹子等构成，硅片被夹在背板与金属模板之间。

（3）UBM 蒸镀：按顺序在硅片上蒸镀 Cr 层、Cr-Cu 层、Cu 层以及 Au 层。

（4）焊料蒸镀：在 UBM 表面蒸镀一层 97Pb-3Sn 或 95Pb-5Sn，厚度为 100～125mm，使其形成一个圆锥台形状。

（5）凸点成球：采用 C4 工艺，使凸点回流成球状。

2）电镀凸点典型工艺

（1）硅片清洗：方法和目的与蒸镀凸点典型工艺中的硅片溅射清洗相同。

（2）UBM 沉积：在硅片上进行 UBM 沉积，典型的 UBM 材料层为 Ti/W-Cu-Au。当高 Sn 基合金与 Cu 结合时，Sn 会很快消耗 Cu 而破坏结构的完整性，于是往往在 UBM 的结构中以 Ti/W 作为结合层，其上再制作一层较厚的 Cu 润湿层，以形成微球或图钉帽结构。一般凸点总体高度为 85～100mm 时，微球高度为 10～25mm。

（3）焊料的电镀：再次施加掩模，以电镀凸点；当凸点形成之后，剥离掩模。暴露在外的 UBM 在后续工序中被蚀刻。

（4）凸点成球：使凸点回流成球状。

3）焊膏印刷凸点典型工艺

Delco 电子（DE）、倒装芯片技术（FCT）、朗讯等公司广泛使用将焊膏印刷成凸点的方法，以下是 DE/FCT 的基本工艺。

（1）硅片清洗：方法和目的与蒸镀凸点典型工艺中的硅片溅射清洗相同。

（2）UBM 沉积：溅射 Al、Ni、Cu 3 层。

（3）图形蚀刻成型：在 UBM 上施用一定图样的掩模，蚀刻掉掩模以外的 UBM，然后去除掩模，露出未被蚀刻掉 UBM。

（4）焊膏印刷以及回流成球状。

4）钉头焊料凸点典型工艺

在钉头焊料凸点典型工艺中，一般均使用 Au 丝线或 Pb 基丝线，采用标准的导线键合的方法来形成凸点。其基本工艺步骤（见图 2-35）为：①送线，加热；②成球；③键合；

④脱离，截断。其过程与导线键合基本相同，唯一的差别就是：球在键合头形成之后就键合到焊盘上，其丝线马上从球顶端截断。这种方法要求 UBM 与使用的金属丝线相容。

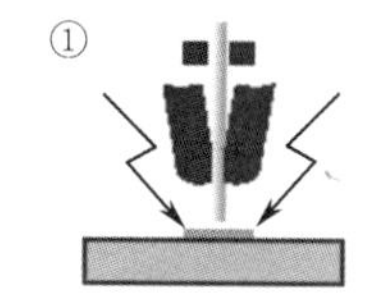

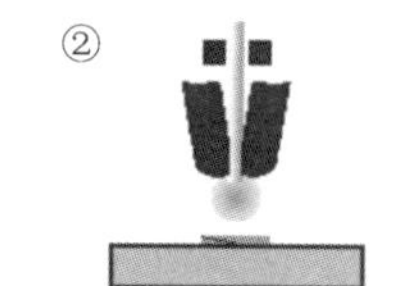

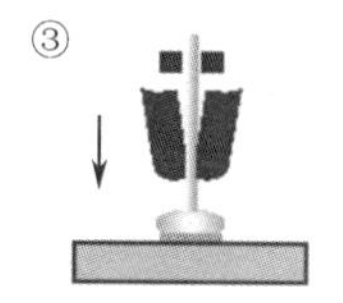

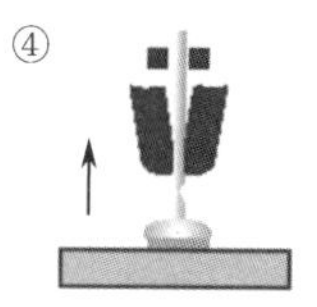

图 2-35　钉头焊料凸点基本工艺步骤

当形成这种钉头凸点后［见图 2-36（a）］，通过回流或整形方法形成一个圆滑的形状［见图 2-36（b）］，以获得一致的凸点高度。通常，这种凸点与导电胶或焊料配合使用以进行组装互联。

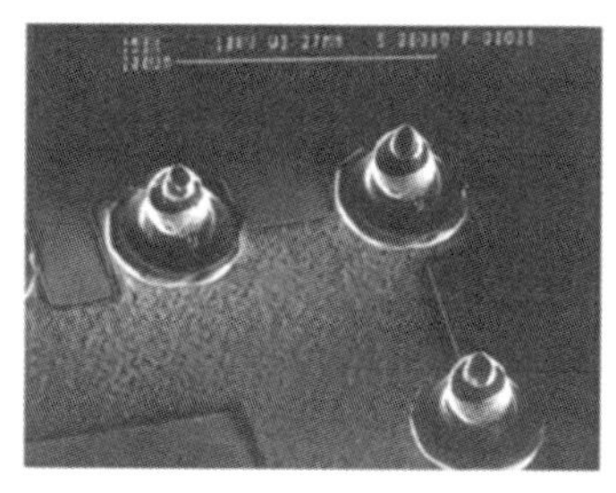

（a）未整形钉头凸点

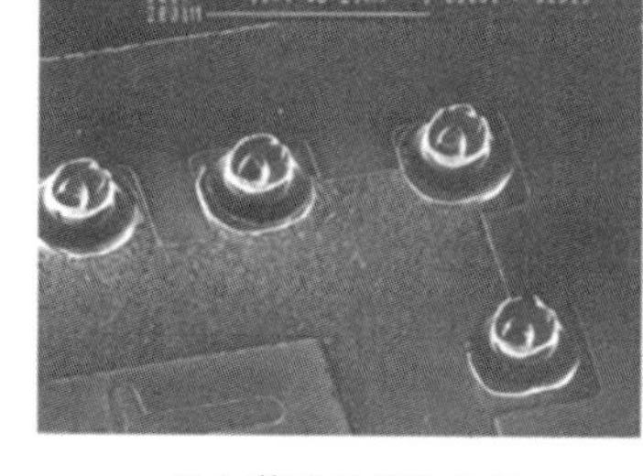

（b）整形后钉头凸点

图 2-36　整形前后的 Au 钉头凸点

5）C4NP 工艺

C4NP 是一种由 IBM 公司开发、SUSS MicroTec 公司推向商品化的 C4 新连接工艺。此工艺首先是制作玻璃模具，在玻璃板上蚀刻出与晶圆上 UBM 焊盘相对应的微小空腔。当模具扫描到空腔时，利用填充头将焊料填入这些空腔。填充头包含一个熔融焊料存储器，焊料通过一个开口注入模具空腔中，空腔深度和直径决定了随后转移到晶圆上的焊锡凸点体积。接着，填充后的模具会被自动检查，将模具置于晶圆下方，并使空腔与晶圆上的 UBM 焊盘对准。然后将模具和晶圆在焊料熔点以上加热，并在甲酸蒸气中活化 UBM 焊盘和焊料表面，使两者相互接触。最后焊料形成焊球从模具转移至晶圆的 UBM 焊盘上，并实现润湿和固化，随后将晶圆与模具分离，清洗模具以重复利用。C4NP 工艺流程如图 2-37 所示。

6）激光植球技术

激光植球技术是利用激光束局部加热代替再流焊批量加热 PCB 基板，实现焊球和焊盘结合的目的。通过分球机构将焊球送至喷嘴，利用气体的压力和激光束的辐射加热焊球，使焊球吸收能量后熔化喷射到焊盘上形成连接，如图 2-38 所示。加热过程中通常使用氮气作为辅助气体，因为氮气不仅可以加速焊球熔化，还可以喷射冲击焊盘的氧化膜使其破碎形成喷射连接，从而防止熔化的焊球再次氧化。目前微纳尺度的激光植球技术可以实现植球间距最小为 300μm，焊点形成时间只需 0.05～0.3s。

激光植球技术可以实现焊球直径为 40～760μm 的可靠性连接，但是激光植球技术在焊点制备的过程中也会出现焊球润湿不良、焊球凹陷、局部烧蚀等缺陷，造成焊点可靠性差。当焊球直径小于 40μm 时，激光植球技术受激光能量、焊接时间以及喷嘴的尺寸和结构等影响，使得激光植球的焊球质量差，且焊接成功率低。因此，激光植球技术的焊接质量不仅受加工工艺的影响，还受植球设备的影响，需要进一步地优化激光参数和改进激光植球设备。

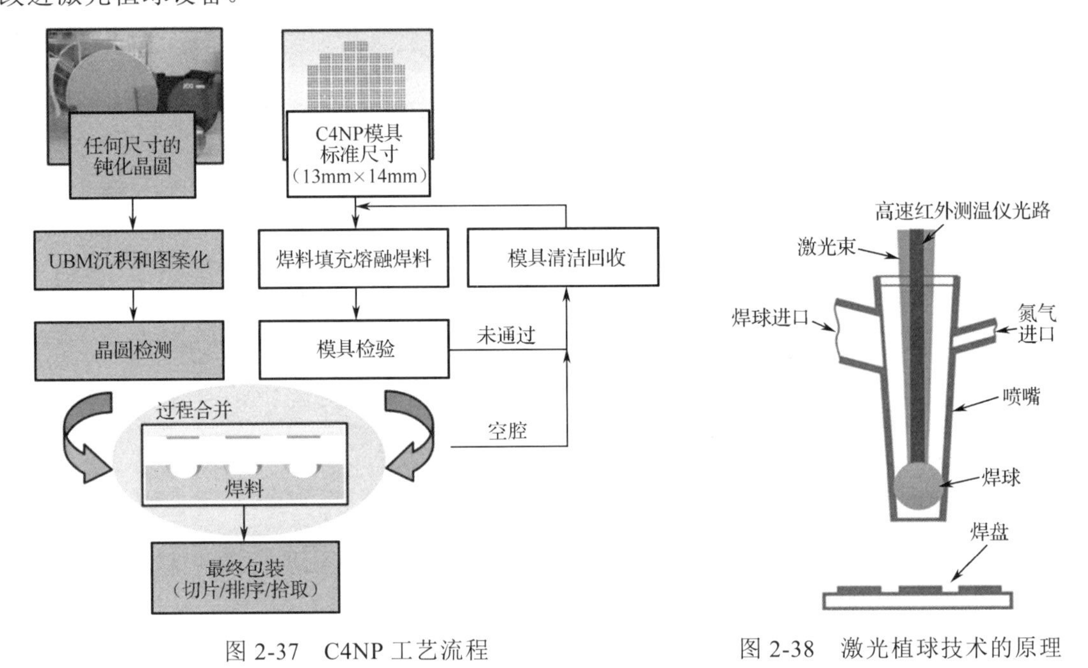

图 2-37　C4NP 工艺流程

图 2-38　激光植球技术的原理

7）Cu 柱凸点技术

Cu 的电导率和热导率要比 Pb-Sn 焊料高出 10 倍左右。在类似于功率元器件的应用中，当有大电流通过时，Cu 柱凸点互联使用率更高。因此，对于细节距凸点，其尺寸减小导致电阻增大，Cu 柱互联尤其重要。Cu 柱的抗电迁移特性更优，因此对于无铅替代品，特别是小凸点尺寸、大电流的应用，Cu 柱是颇具前景的候选对象。对于大直流电流密度的产品，如高密度互联与高功耗产品，电迁移对其影响巨大。随着电子产品结构尺寸的减小，电迁移的影响越发重要。Cu 柱可视为较厚的 UBM 结构，能够减缓凸点与芯片焊盘界面的电流集聚效应。

Cu 柱凸点以及 Cu 布线层通过在硫酸盐电镀槽中沉积制得，电镀槽中含有有机抑制剂和促进剂用以获得光亮且细粒度的 Cu 晶体，该方法专门为半导体产业而开发，但主要用于大马士革工艺。Cu 柱不需要进行回流，因此可在不减小凸点高度的情况下制作具有高深宽比结构的细节距凸点。当与基板互联时，需在 Cu 柱或基板焊盘上涂覆一层焊锡。Cu 柱凸点利用电镀法制得，其典型工艺流程如图 2-39 所示。

随着 3D 集成技术的发展，未来 Cu 沉积将引起更多的关注。在这些技术中，TSV 技术将是重要一步，TSV 一般也由 Cu 柱填充，如图 2-40 所示。利用深反应离子蚀刻方法对 Si 进行蚀刻是众所周知的工艺，常见于 MEMS 产业（博世工艺）。其主要工艺流程包括 Si 的钝化、Si 通孔中沉积 Cu 种子层以及 Cu 填充工艺。

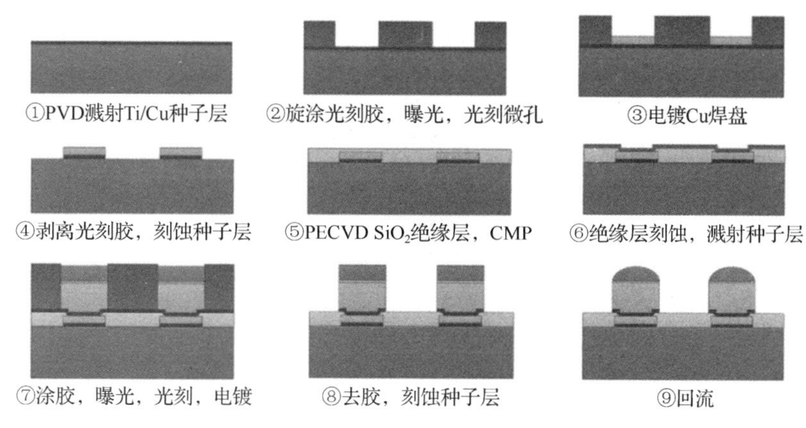

图 2-39　电镀法制备 Cu 柱凸点的典型工艺流程

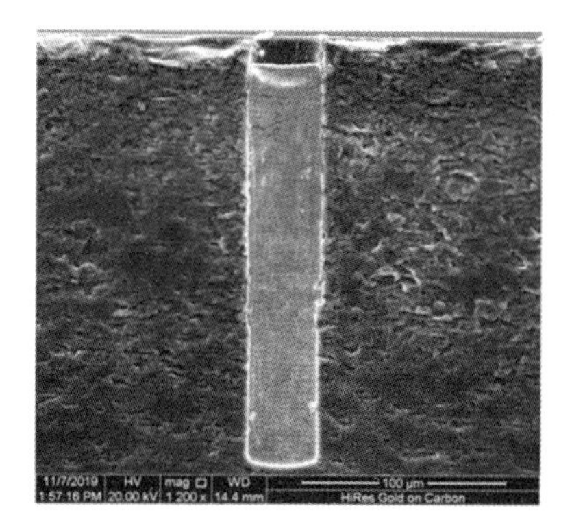

图 2-40　TSV 中的 Cu 柱截面形貌

8）其他凸点技术

除上述凸点技术外，还有许多新兴的凸点技术。例如，Bea 等人论证了一种无须任何特殊设备和掩模工具的凸点制造方法——SBM（Solder Bump Maker）；Oppermann 等人成功地通过电镀 Ag-Au 合金并结合 Ag 蚀刻的方法，在硅晶圆上制得了纳米多孔 Au 凸点；Park 等人论证了一种倾斜导电凸点的制作工艺；Corsat 等人采用压印技术制得了金字塔状的 In 和 Au-Sn 凸点；Soga 等人利用碳纳米管凸点代替焊锡凸点实现倒装芯片互联。

2.3 包封、密封与成品处理工艺技术

2.3.1 包封技术

1．包封类型

为实现对 IC 元器件进行化学保护和物理支撑的作用，通常需要对其进行包封处理，即非气密性封装。由于其封装成本较低，在汽车、3C 电子等领域应用非常广泛。包封可以分为模塑封、顶部包封、灌封和底部填充等。

2．传递模塑封

模塑封工艺可分为传递模塑封（又称为转移模塑封）、注射模塑封、反应注射模塑封和压缩模塑封。其中，使用最广泛、技术最为成熟的是传递模塑封，其封装过程如图 2-41 所示。通过加热加压的方式使热固性塑封料熔化，并通过流道传递到型腔内，保压固化

后形成对元器件的封装。传递模塑封可以采用一模多腔的结构，因此可以大大提高生产效率，适合大批量的元器件封装。

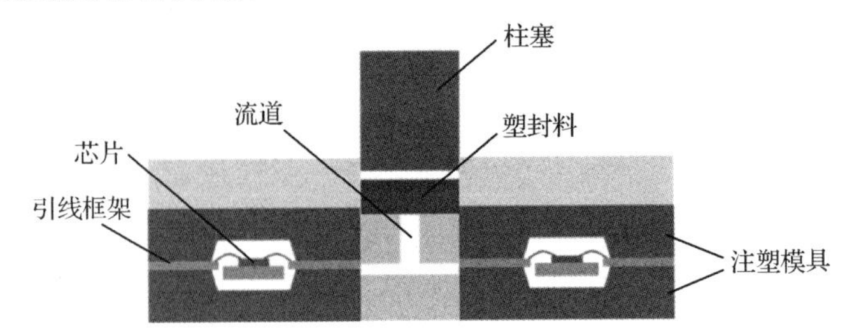

图 2-41　传递模塑封的封装过程

图 2-42 所示为传递模塑封的工艺流程。在传递模塑封的工艺流程中，需要先将冷冻储存的塑封料取出，室温下进行 24h 的醒料处理，减少塑封料中吸附的水分，并使其内外温度均匀，预热后软硬度适宜。

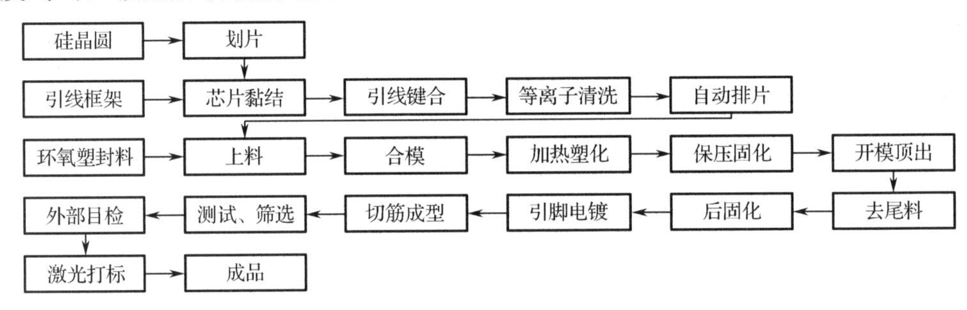

图 2-42　传递模塑封的工艺流程

此外，在注塑工序前，需要进行等离子清洗，目的是清除前道工序对框架或芯片产生的沾污和氧化，降低塑封元器件在封装后，出现内部气孔或界面分层的不良现象。由于在该封装工艺过程中，塑封料的固化是由外向内进行的，短时间无法使其完全固化，因此在开模顶出后，需要进行后固化处理，通常的处理方式是在恒温 175℃的烘箱中放置 6h 以上。

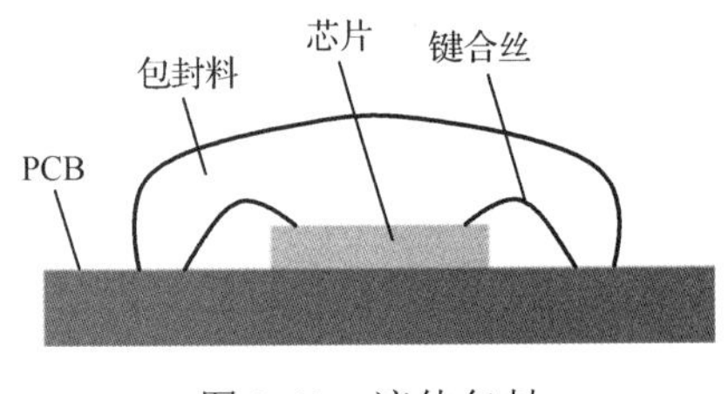

图 2-43　液体包封

3. 液体包封

液体包封是先以液体的形式分配封装材料，然后固化形成固态的封装形态，如图 2-43 所示。相比于传递模塑封，液体包封的材料利用率更高，且封装压力小，不容易产生与封装料流动性相关的问题，如金线偏移。液体包封可分为顶部填充、底部填充和灌封。

2.3.2　密封技术

1. 密封概述

密封是指使用金属、陶瓷或玻璃做结构材料，将需要保护的元器件密封在一个受控的环境中，即气密性封装。与非气密性封装相比，气密性封装的元器件所能适应的使用环境更广，因此常用于工作环境恶劣、可靠性要求高的军事、航空和航天领域。

2. 气密性封帽

气密性封帽是气密性封装工艺流程的最后一道封装工序，也是关键工序。气密性封帽也为气密性封盖或封口，其主要作用是完成元器件壳体密封，保证环境气氛与元器件内腔气氛的扩散及渗透限制在规定的限额内。低温合金焊料封帽前后的外形变化如图 2-44 所示。

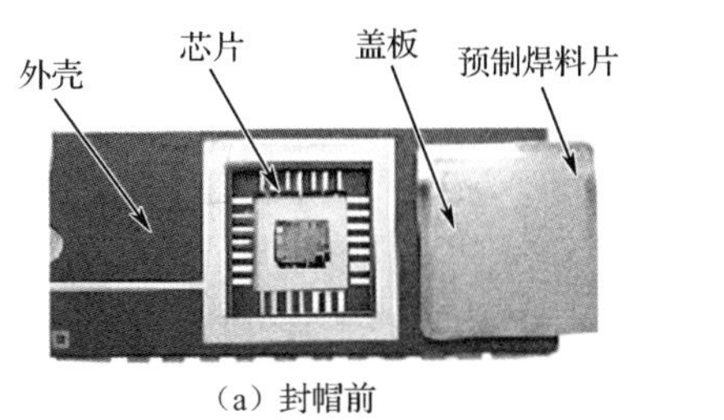

（a）封帽前

（b）封帽后

图 2-44　低温合金焊料封帽前后的外形变化

对绝大多数电子元器件而言，密封主要是为了防止潮气渗透和氧气扩散，也有部分密封是为了保持真空或高压状态。潮气是引起元器件失效的主要原因，常导致金属-氧化物半导体（MOS）元器件中的电荷泄漏、金属化的腐蚀（原电池效应）、电解导电（水汽含量大于 1.5%时）等失效现象的产生。表 2-3 所示为在环境温度 100℃条件下测试得到的元器件失效与水汽的浓度关系。在一般情况下，采用气密性封帽技术可使元器件内部水汽浓度小于 5000ppm，则可避免上述失效现象的发生。氧气是含锡等抗氧化性弱的焊料引起元器件焊接强度下降，导致失效的主要原因之一，为此防止氧气扩散也是必需的。

表 2-3　元器件失效与水汽浓度的关系

失效模式	水汽浓度（1ppm=1×10^{-6}）	
	失效范围	无失效的上限值
Ni-Cr 消失	5000～10000	500
Al 消失	50000～250000	1000
Au 迁移	15000～150000	1000
MOS 反向	5000～20000	200

气密性封帽有低温合金焊料熔封、平行缝焊、低温玻璃熔封，以及储能焊等工艺。其中储能焊适用于低密度封装的功率元器件等的封口，使用越来越少；激光焊接、超声封口等新的密封工艺一般只少量应用于一些特殊结构的密封元器件。这里仅介绍前 3 种常用的气密性封帽工艺。

1）低温合金焊料熔封工艺

采用低温合金焊料熔封工艺的气密性封帽的特点是工艺温度低，它在考虑气密可靠性（如耐腐蚀性、较高的机械强度等）、封帽工艺性、器件额定承受高温能力达到要求的前提下，选择尽量低的工艺温度。常用的低温合金焊料有 80Au-20Sn 共晶焊料和 SAC 焊料等。80Au-20Sn 共晶焊料的熔点为 280℃，封帽峰值温度为 320℃左右，峰值温度保持时间为 1～2min。80Au-20Sn 共晶焊料对镀金表面具有适宜的浸润性和接触角，封接后不易产生焊料“爬盖”（封帽后有焊料出现在盖板上）现象，常温下储存不易氧化，焊接强度高，封口的气密性及气密性成品率高，已被广泛用作镀金等密封口的封接焊料。

低温合金焊料熔封工艺所采用合金焊料必须是低氧化物含量的，预先被制作成所需厚度、所需形状的焊料环/框/片，再用点焊设备将预成型的焊料环/框/片点焊在盖板/帽的封接面，最后进行封帽。封帽时通过整体或局部加热的方法，对焊料加热使之熔化并使盖板/帽与外壳密封口融合密闭。整体加热方法一般将带焊料片的盖板或帽与外壳用弹簧夹等夹住，使用烘箱、红外加热炉等对其进行整体加热，完成焊料熔合和封帽。局部加热方法一般采用电阻局部加热完成焊料熔合和封帽。相对而言，整体加热方法工艺和设备要求高，局部加热方法工艺和设备要求较简，但整体加热方法的封口外观比局部加热方法的封口外观要好、封口质量更容易保证。

整体加热方法的低温合金焊料熔封的典型工艺流程如图 2-45 所示，主要由焊料环/框/片预制、焊料片与盖帽点焊固定、封帽前元器件内部目检和预烘、盖帽与外壳装夹固定、装架、熔封、焊缝外观检查和 X 射线密封界面无损检查等环节组成。为保证元器件的可靠性，封帽工艺过程中必须严格控制元器件内部的气氛，如水汽含量、氧气含量等；真空封帽工艺还需控制真空度；封帽前的预烘、装架过程，以及熔封过程也都必须在受控的环境气氛中进行。

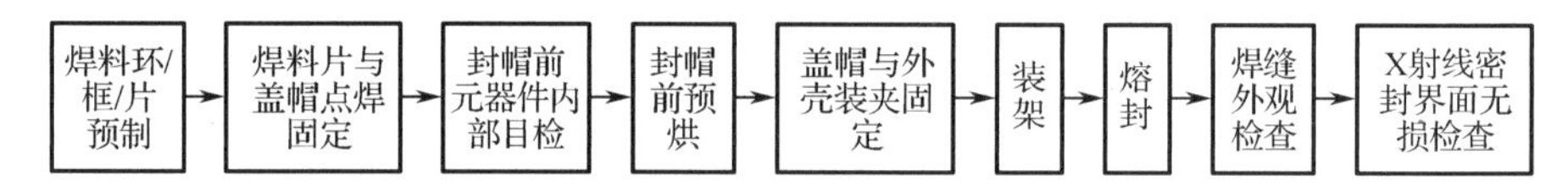

图 2-45 低温合金焊料熔封的典型工艺流程

低温合金焊料熔封工艺的常见问题有焊料飞溅、焊料“爬盖”、焊缝断点、焊缝空洞、芯片腔体内有焊料颗粒、内部水汽含量超标、内部氧气含量超标等。其缺陷产生的影响因素常是多方面的，镀层及其表面质量、装片工艺、封帽的环境气氛和封帽温度-时间工艺曲线、封口结构以及外形尺寸等均能影响或引起缺陷的产生，分析、解决所产生的问题一定要综合考虑。在常见的缺陷中，焊料飞溅、焊料“爬盖”、焊缝断点等缺陷通过外观检查可以发现；焊缝空洞、芯片腔体内大的不牢固的焊料颗粒等缺陷可以用 X 射线无损检查出；芯片腔体内小的自由焊料颗粒一般只能通过粒子碰撞噪声检测试验来判别；内部水汽含量和氧气含量一般只能借助质谱仪进行破坏性抽样检测。

2）平行缝焊工艺

平行缝焊工艺利用脉冲大电流通过焊接处高的接触电阻所产生的热量熔解接触面金属，将盖板与焊环相接触的小区域熔接起来，当平行、重叠的焊点连接起来时即形成密封，从而达到元器件盖帽熔封的目的。平行缝焊属于电阻熔焊，工作时对元器件局部加热，不需要整体加热，对某些受高温参数容易漂移甚至损坏的元器件而言，有明显好处，

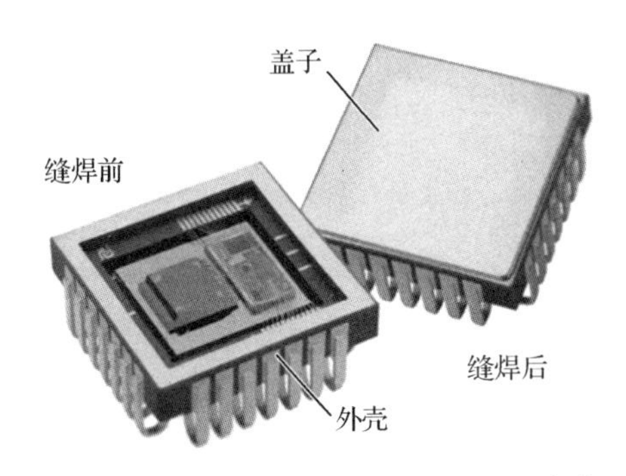

图 2-46　平行缝焊封帽前后的外形变化

而且具有封口不需要焊料，焊缝强度高，气密性封帽成品率较高等特点，因此被广泛使用。某型号元器件平行缝焊封帽前后的外形变化如图 2-46 所示。

平行缝焊的典型工艺流程如图 2-47 所示，主要由内部目检、封帽前预烘、点焊固定盖板、缝焊、外观检查等环节组成。其局部熔接的温度一般在 1000～1500℃，根据焊接处镀层表面结构和材料成分选择确定。例如，镀 Ni-P 等材料的焊接熔点要低于镀 Ni，镀 Au-Sn 等材料的焊接熔点要低于镀 Au。镀 Ni-P 层、Au-Sn 层等可降低缝焊的熔点，起到良好的熔焊介质作用。

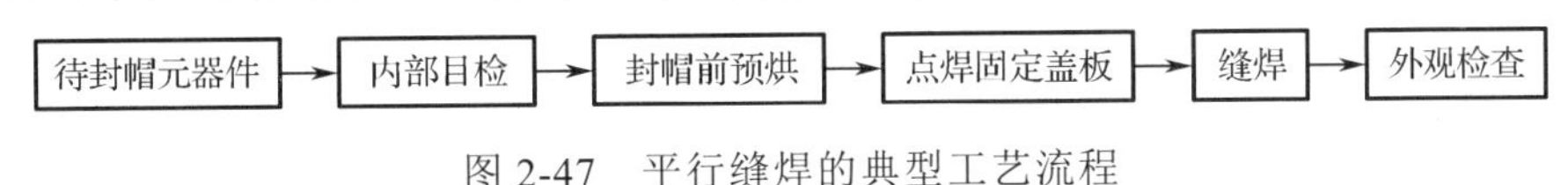

图 2-47　平行缝焊的典型工艺流程

平行缝焊封帽过程中需要特别加强封帽环境气氛的控制，以使密封腔体内的水汽浓度、氧气含量达到工艺规定的要求。一般工艺要求在 100℃时烘 24h，水汽浓度小于 5000ppm，氧气浓度低于 200ppm。平行缝焊封帽的缺点是在缝焊过程中会使焊缝处镀层及其材料受到破坏，焊缝处的抗盐雾耐腐蚀能力变弱，所以有较高的耐腐蚀要求的器件应尽可能不采用平行缝焊封帽。

3）低温玻璃熔封工艺

低温玻璃熔封工艺类似于低温合金焊料封口，其典型工艺流程如图 2-48 所示。低温玻璃熔封的封装结构比较简单，封装体通常由上、下两片带腔的陶瓷片和用于电连接的金属引线框共三部分组成，预先将低温玻璃涂于带腔的陶瓷片等密封界面上，再在高温下将玻璃熔融从而实现密封。玻璃熔封批量生产通常采用充氮链式炉，熔封过程中可以依靠元器件自重将封口密封；当封装数量比较少时，也常用金属或石墨模夹具等对组件进行固定后，再加热熔封。

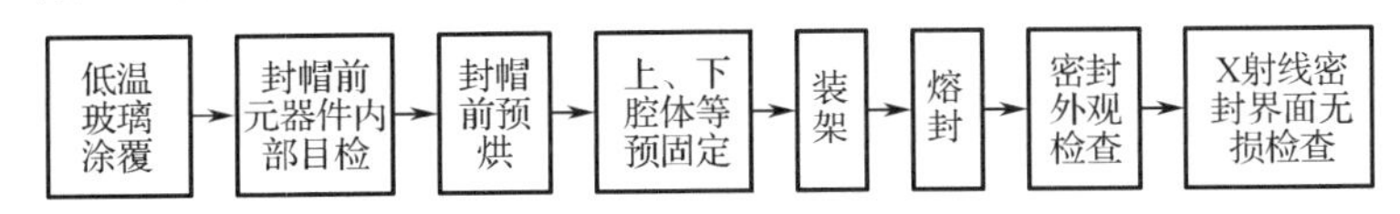

图 2-48　低温玻璃熔封的典型工艺流程

低温玻璃的气密性、抗机械冲击等性能相对于陶瓷要弱，为保证有足够的机械强度，玻璃熔封材料的温度要求一般不得低于 385℃。玻璃熔封不可在低气压下进行，否则容易引起玻璃中的气泡长大，从而降低封口强度和封口的气密性。低温玻璃具有多孔性，容易吸水，为减少电路密封腔内部水汽含量值，应避免玻璃涂覆组装后长时间保存，一般均应在熔封前将金属引线框与陶瓷片进行组装。若组装并存放了一段时间后熔封，则需要在高温下经较长时间烘烤后再进行熔封。

低温玻璃密封的元器件在电镀过程中若未控制好电镀前处理工艺，则可能会产生以下典型现象：电镀前进行去氧化层等处理时出现玻璃封口发白甚至有粉末状的物质大量产生；在做盐雾、高低温循环等试验中出现玻璃封口有“变白”等现象。这些现象的发生并不是低温玻璃熔封工艺存在问题，而是低温硅酸盐玻璃在酸碱液和水作用下发生了玻璃水解现象。为此，在电镀前等过程中需要注意控制好处理工艺，以减少水解发生。

3. 气密性检测

元器件封口后必须进行气密性检测，这种检测一般都采用非破坏性的检测方法。一般以漏气速率的大小来表示元器件密封性能的好坏，漏率越小，气密性越好。常用的检测指标有标准漏率、测量漏率 R_1、等效标准漏率 L 等。

标准漏率是指在 25℃、高压为一个标准大气压（101.33kPa）和低压低于 0.13kPa 的情况下，每秒钟通过一条或多条泄漏通道的干燥空气量，单位为 $\mathrm{Pa \cdot cm^3/s}$。测量漏率 R_1 是指在规定条件下，采用规定的试验媒质测得的给定封装的漏率，其单位为 $\mathrm{Pa \cdot cm^3/s}$；如采用 He 作为试验媒质，其测量读数就是氦的测量漏率。为了便于与用其他测试方法得到的漏率进行比较，测量漏率必须转换成等效标准漏率。等效标准漏率 L 是指除放射线同位素细检漏之外，同一种封装在规定条件下测量得到的测量漏率 R_1，若测试的规定条件是标准条件，其测得的漏气速率即是 R_1 的等效标准漏率，单位为 $\mathrm{Pa \cdot cm^3/s}$。

一般将 $L \geqslant 1.0 \times 10^{-1} \mathrm{Pa \cdot m^3/s}$ 的称为“粗漏”，$L < 1.0 \times 10^{-1} \mathrm{Pa \cdot m^3/s}$ 的称为“细漏”，适用于“粗漏”和“细漏”的检测方法分别称为粗检漏、细检漏。检漏的顺序一般是先细检漏再粗检漏，以减少粗检漏可能引起的微漏孔被堵住而造成误判。若顺序相反，则需在对元器件进行细检漏前做漏孔恢复处理。

常用的气密性检测方法有示踪气体氦（He）细检漏、放射线同位素细检漏、碳氟化合物粗检漏、染料浸透粗检漏、增重粗检漏、光学粗/细检漏等。每一种检漏方法均有其检漏的范围，细检漏和粗检漏需要组合使用，其中使用最广泛的是示踪气体氦（He）细检漏与碳氟化合物粗检漏的组合。因为放射线同位素细检漏安全性不易控制、染料浸透粗检漏（一般用于粗漏部位分析定位）和增重粗检漏适应性较弱、光学粗/细检漏需要较多的投入和较多数据积累等，所以导致这几种方法使用的广泛性受到了一定的限制。

利用质谱仪充压方法进行示踪气体氦（He）细检漏的基本工作原理如图 2-49 所示。待测元器件若漏气则有气体被压入，压入的气体经质谱仪离化室离子化，再由分析器分出氦离子，收集器收集氦离子并经放大器放大处理或数据转换处理，最后通过数表显示或终端设备输出。示踪气体氦（He）细检漏工艺流程如图 2-50 所示。

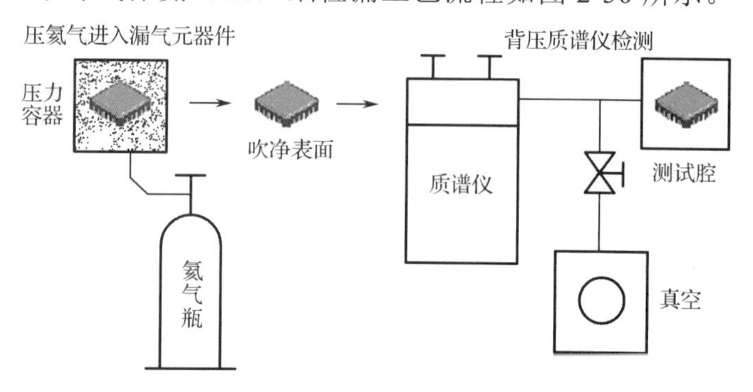

图 2-49　示踪气体氦（He）细检漏的基本工作原理

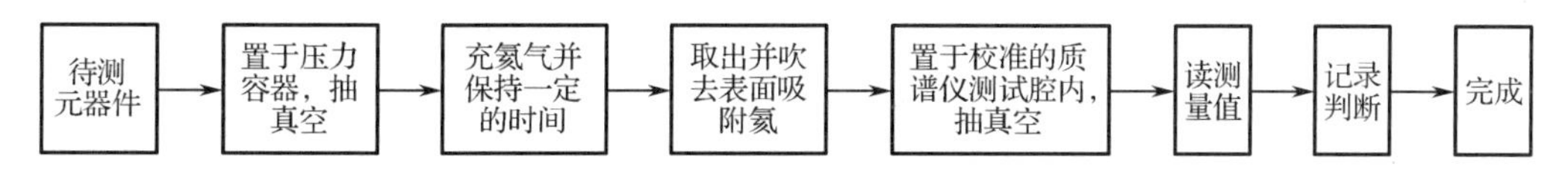

图 2-50　示踪气体氦（He）细检漏工艺流程

细检漏读数合格的元器件，若漏孔大则也有可能在质谱仪打开前抽真空时就已将元器件内部的氦气全部从漏孔抽出，所以细检漏合格的元器件不一定不漏气，还必须进行粗检漏。

碳氟化合物粗检漏工艺流程如图 2-51 所示。浸泡在低沸点氟油（如约 65℃沸点的氟利昂 F113）中的元器件若有漏孔，则在高压空气或氮气等挤压下，氟油会进入元器件内部；经过一段时间后取出元器件并将之浸入到 125℃高温氟油（如 165～185℃沸点的 FC43）中，元器件受热后内部的低沸点氟油就会沸腾变成气体，且随着压力的升高而由元器件的漏孔溢出形成气泡。这种方法的最小可检漏率约为 10^{-6}Pa·m^3/s。需要注意的是，元器件表面沾污、涂覆层起皮等也容易产生“气泡”，对这种假漏现象要防止误判。另外，由于 F113 会对大气臭氧层造成破坏，未来的检漏技术发展趋势是采用激光干涉光学粗/细检漏等新方法。

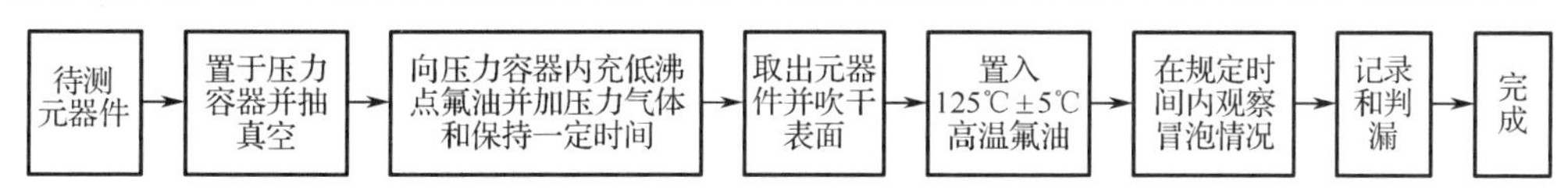

图 2-51　碳氟化合物粗检漏工艺流程

2.3.3　打标与成型剪边

1．打标

打标的作用是将元器件的型号、生产周期、商标、质量等级等相关属性标识在元器件上，便于在元器件的运输、保存、使用中对这些信息进行辨别，并使其具有可追溯性。打标工艺有油墨印章移印、油墨丝网印刷、激光打标、墨汁喷码、蚀刻等，常用的是油墨印章移印、油墨丝网印刷、激光打标。

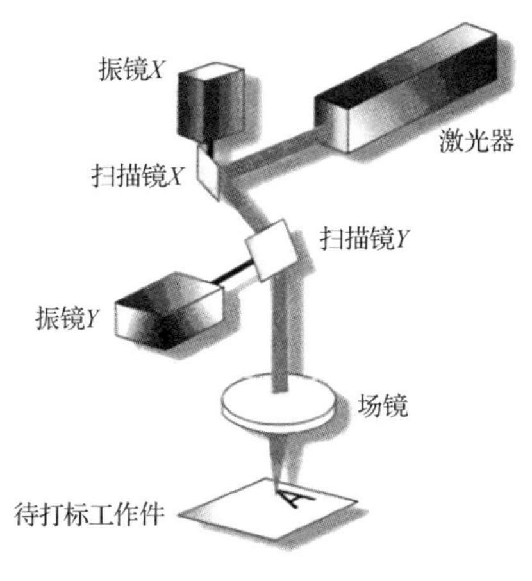

图 2-52　振镜扫描式激光打印的工作原理

其中，采用激光打标不需要油墨和油墨固化，打印质量高，但它是通过烧毁熔融元器件表面形成标识的，使用场合有一定限制。激光打标按工作方式可分为掩模式、阵列式和扫描式打标等。扫描式打标又分为机械扫描和振镜扫描，较普遍采用的是振镜扫描。振镜扫描式激光打标系统主要由激光器、*XY* 偏转镜（振镜）、场镜（聚焦透镜）、控制计算机等部分组成，其基本工作原理是将激光器发出的激光束入射到 *XY* 偏转镜（振镜）上，用计算机控制两个振镜的反射角度，使它们沿 *X*、*Y* 轴扫描，从而实现激光束偏转，使高能量的激光聚焦点通过场镜在被打印材料上按要求的轨迹运动，从而熔融元器件表面材料形成永久的打印标记，如图 2-52 所示。

油墨印章移印类似盖图章，方法最简单，但打标效率低，质量较难控制。油墨丝网印刷类似书报印刷，适合批量操作，打标效率高。表 2-4 所示为激光打标与油墨打标工艺特点的比较。

表 2-4　激光打标与油墨打标工艺特点的比较

比较项目	激光打标	油墨打标
后处理	不需要热固化等处理，工艺流程短	需要热固化，工艺流程及周期长
标志精细度	可用 CAD 软件编辑，能打精细、层次性的图标	标志图形较粗，图标无层次感
对比度	图形为蚀刻型，对比度差	可通过选择油墨来提高图标的对比度，色彩丰富
保持性	标识永久 若在金属面打标，则易导致金属耐腐蚀性差	有一定牢固度 长期在高温、低温、湿热等环境下容易导致标志剥落
工艺性	非接触式加工，对物件形状适应性强	接触式加工，较适用于平面打印

2. 成型剪边

成型剪边是去除元器件加工过程中为上、下料传递方便或起保护作用而设计的工艺边、保护性结构，同时是为了使元器件引出脚的尺寸、形状等符合规定，适应组装要求。

需要成型剪边的有陶瓷双列直插封装（CDIP）、陶瓷小外形封装（CSOP）、陶瓷方形扁平封装（CQFP）等型号元器件，带引脚的陶瓷芯片载体 CLCC、CBGA 等型号元器件一般不需要成型剪边。

常说的剪边即为剪去工艺连筋（边），将 CDIP、CQFP、CSOP 等封装形式的元器件引脚弯曲成“翼形”等工艺称为成型。剪边和成型可以用剪边刀具或剪边-成型模具来完成。几种元器件成型剪边前后对比如图 2-53 所示。

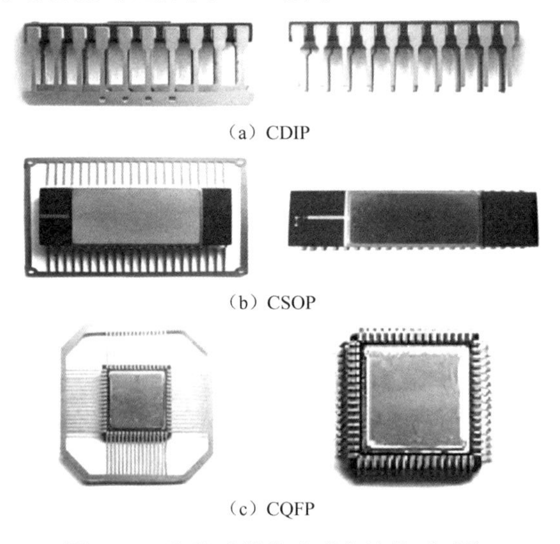

（a）CDIP

（b）CSOP

（c）CQFP

图 2-53　几种元器件成型剪边前后对比

成型剪边工艺过程中常遇到的问题有：钎焊引脚脱落、瓷体缺损，以及引脚表面镀层刮掉、压伤、留有毛刺、弯曲处有疲劳微裂纹、不整齐、共面性差、沾污等。钎焊引脚脱落、瓷体缺损一般是由外壳外形尺寸偏差太大被模具挤压而引起的；引脚表面镀层刮掉、压伤、留有毛刺则可能主要是模具的配合间隙过紧或引脚过厚（如引脚焊料爬行到表面增厚等）以及成型机压力过大导致的；共面性差则一般是由成型模具脱模过快或模具剪切刀口变钝等引起的；有时剪切后的细小金属边吸在模具上也可能使引脚歪斜、压伤甚至断裂，外来物、手汗渍等容易在元器件表面形成沾污；引线弯曲处有疲劳微裂纹则与外壳引线材料加工性、模具配合间隙、成型速度等相关。要控制好成型剪边的质量，需仔细操作成型工艺，并分析产生缺陷的原因和及时排除。

2.3.4　包装

包装主要是为了使元器件在封装后的筛选考核、运输，以及存储、组装到整机板等过程中不被静电击穿、损伤表面、沾污、引脚挤压变形，以及方便使用等。包装的主要形式有编带包装、棒式包装、托盘包装等。

1. 编带包装

编带包装的特点是应用广泛、适应性强、贴装效率高，并已经标准化（见图 2-54）。除 QFP、PLCC、LCCC 等大型元器件之外，其余元器件均可采用这种包装方式。编带包装所用的编带主要有纸编带、塑料编带和黏结式编带 3 种，带宽尺寸主要有 8mm、12mm、16mm、24mm、32mm、44mm。

1）纸编带

纸编带由基带、纸带和盖带组成（见图 2-55 和图 2-56），是使用较多的一种编带。带上的小圆孔是进给定位孔。矩形孔是片式元器件的定位孔，也是承料腔，其尺寸由元器件外形尺寸而定。纸编带的成本低，适合高速贴装机使用。大多数片式电阻、片式瓷介电容包装都用这种编带。

图 2-54　编带包装外形

图 2-55　8mm 纸编带

纸编带的包装过程是在专用设备上自动完成的，其过程为：基带传送→冲裁（冲切承料和进给的定位孔）→底带经加温后与基带黏合→片式元器件进位（元器件被专用吸嘴高速地吸取后编入基带内）→盖带黏合（对盖带加温后，覆盖在基带上）→卷绕（经带盘卷绕后完成编带包装）。

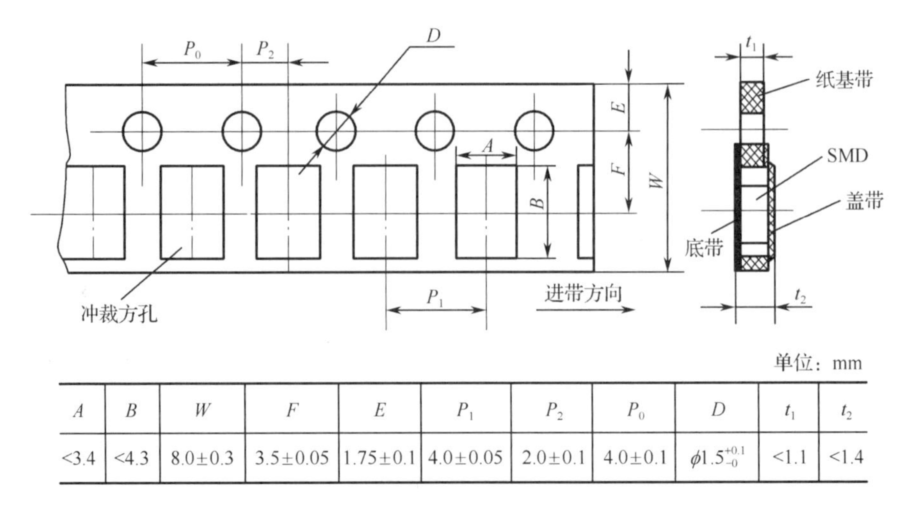

单位：mm

A	B	W	F	E	P_1	P_2	P_0	D	t_1	t_2
<3.4	<4.3	8.0±0.3	3.5±0.05	1.75±0.1	4.0±0.05	2.0±0.1	4.0±0.1	$\phi1.5^{+0.1}_{-0}$	<1.1	<1.4

图 2-56　8mm 纸编带尺寸

2）塑料编带

塑料编带因载带上带有元器件定位的料盒也被称为“凸形”塑料编带（见图 2-57 和图 2-58）。它除了带宽范围比纸编带大，包装的元器件也从矩形扩大到圆柱形、异形及各种表面组装元器件，如铝电解电容、滤波器、SOP 电路等。

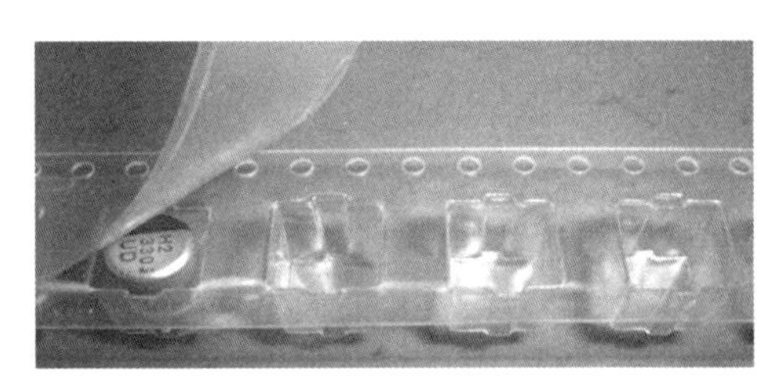

图 2-57　塑料编带外形

塑料编带由附有料盒的载带和薄膜盖组成。载带和料盒是一次模塑成型的，其尺寸精度高，编带方式比纸编带简便。在包装时，由专用供料装置，将元器件依次排列后逐一编入载带内，然后贴上盖带卷绕在带盘上。为防止静电使元器件受损或影响贴装，通常事先在塑料载带的基材内添加某些有机填料。

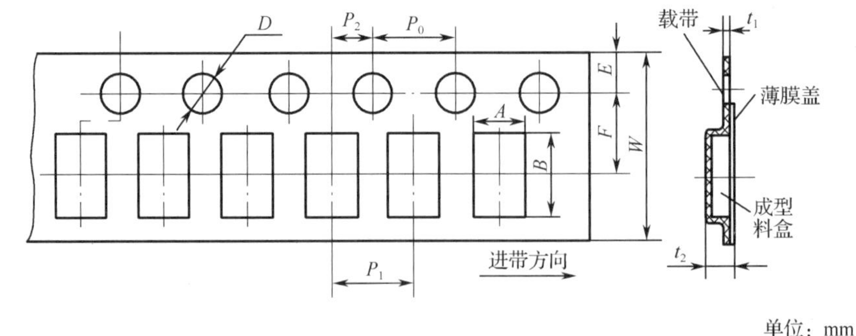

单位：mm

分类	A	B	W	F	E	P_1	P_2	P_0	D	t_1	t_2
8mm	<3.4	<4.3	8.0±0.3	3.5±0.05	1.75±0.1	4.0±0.1	2.0±0.05	4.0±0.1	$\phi1.5^{+0.1}_{-0}$	<0.6	<2.5
12mm	<3.4	<8.3	12±0.3	5.5±0.05	1.75±0.1	4.0±0.1	2.0±0.05	4.0±0.1	$\phi1.5^{+0.1}_{-0}$	<0.6	<6.5

图 2-58　塑料编带尺寸

3）黏结式编带

黏结式编带主要用来包装SOIC、片式电阻网络、延迟线、片式振子等外形尺寸较大的片式元器件，由塑料或纸质基带和黏结带组成，如图2-59所示。其包装方式是在基带中心部预制通孔（长圆形孔），编带时将黏结带贴在元器件定位的基带反面，利用通孔中露出的黏结带部分固定被包装元器件。图 2-59（b）中的虚线表示元器件包装状态，图2-59（a）中用虚线表示的*A*、*B*尺寸则是被包装元器件的尺寸范围。基带两边的小圆孔，与上述编带一样，是传动编带时的进给定位孔。黏结式编带元器件的供料过程为：当编带进到料口时，由黏结带后面的针形销把元器件顶出，使元器件在与黏结带脱离的同时被贴装机的真空吸嘴吸住，然后贴放在印制电路板上。

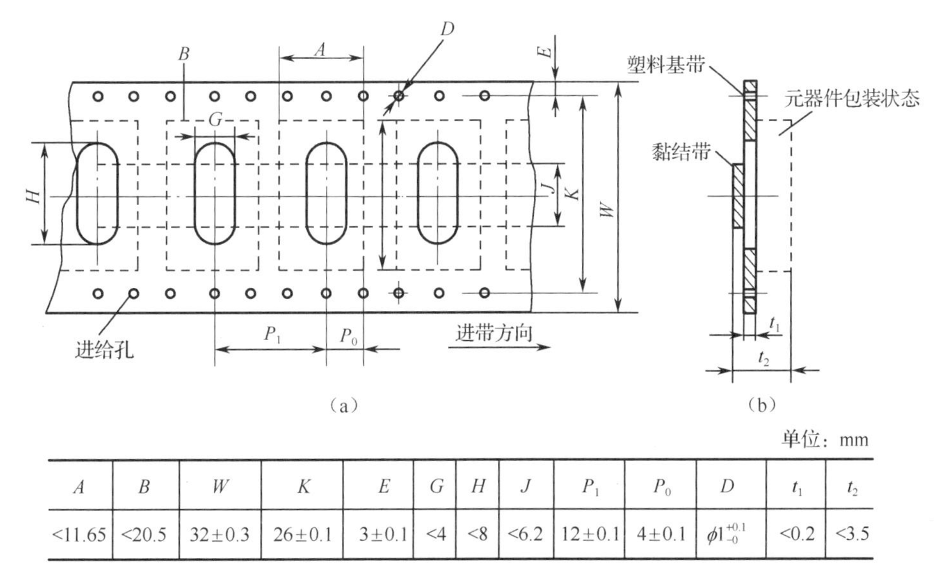

单位：mm

A	*B*	*W*	*K*	*E*	*G*	*H*	*J*	P_1	P_0	*D*	t_1	t_2
<11.65	<20.5	32±0.3	26±0.1	3±0.1	<4	<8	<6.2	12±0.1	4±0.1	$\phi1^{+0.1}_{-0}$	<0.2	<3.5

图2-59　黏结式编带尺寸

编带盘主要有纸质带盘和塑料带盘两种，如图2-60所示。纸质带盘结构简单、成本低，常用来包装（卷绕）圆柱形的元器件。它由纸板冲成两盘片，和塑料轴心黏结成带盘。塑料带盘的使用场合与纸质带盘基本相同。带盘的尺寸除前述常用的 ϕ178mm、ϕ330mm之外，还可使用ϕ250mm、ϕ360mm等尺寸。带盘尺寸如图2-61所示。

（a）纸质带盘

（b）塑料带盘

图2-60　纸质带盘和塑料带盘外形

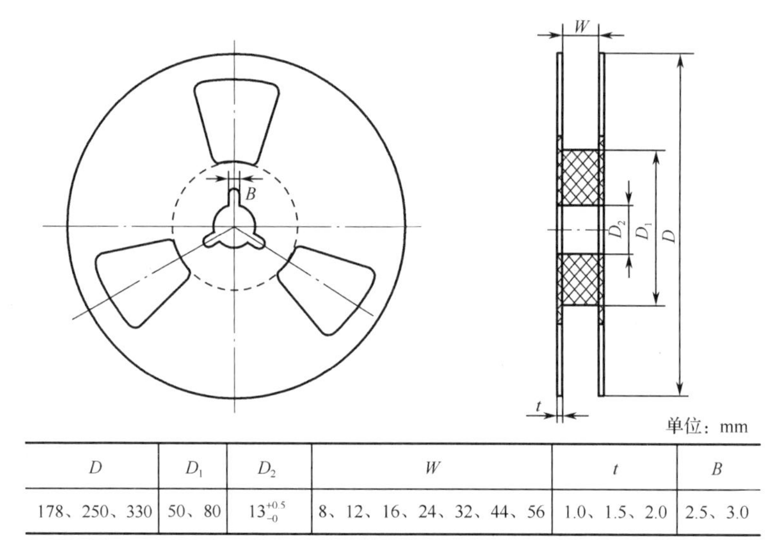

D	D_1	D_2	W	t	B
178、250、330	50、80	$13^{+0.5}_{-0}$	8、12、16、24、32、44、56	1.0、1.5、2.0	2.5、3.0

图 2-61　带盘尺寸

2. 棒式包装

棒式包装也称条料，主要用来包装矩形片式电阻、电容，以及某些异形和小型元器件，主要用于 SMT 元器件品种很多且批量小的场合。

包装时将元器件按同一方向重叠排列后依次装入塑料棒内(一般为100～200只/棒)，棒两端用止动栓插入贴装机的供料器上，将贴装盒罩移开，然后按贴装程序，每压一次棒就给基板提供一只片式元器件。

棒式包装的包装材料成本高，且包装的元器件数受限。另外，若每棒的贴装压力不均衡，则元器件易在细狭的棒内卡住。但对表面组装集成电路而言，采用棒式包装的成本比托盘包装式要低，不过贴装速度不及编带方式。

棒式包装的有关尺寸如图 2-62 所示，其外形如图 2-63 所示。包装棒的端面型腔为矩形的则包装矩形元器件，型腔为异形的则只用来包装微调电容等异形元器件。

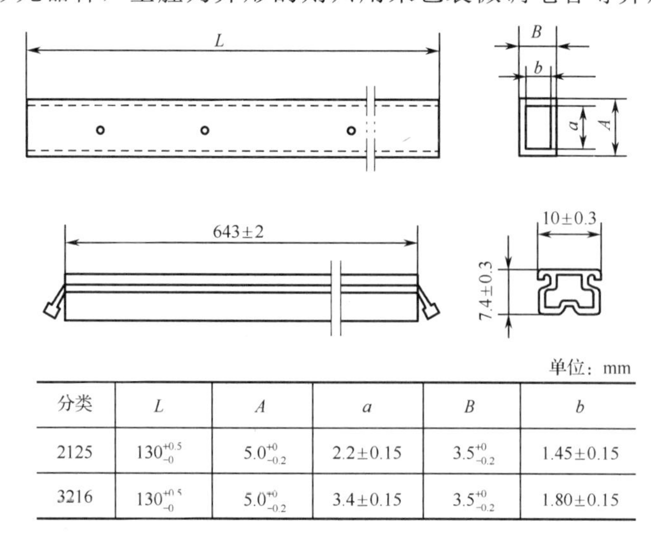

分类	L	A	a	B	b
2125	$130^{+0.5}_{-0}$	$5.0^{+0}_{-0.2}$	2.2±0.15	$3.5^{+0}_{-0.2}$	1.45±0.15
3216	$130^{+0.5}_{-0}$	$5.0^{+0}_{-0.2}$	3.4±0.15	$3.5^{+0}_{-0.2}$	1.80±0.15

图 2-62　棒式包装的有关尺寸

3．托盘包装

托盘包装是用矩形隔板使托盘按规定的空腔等分（见图 2-64），再将元器件逐一装入盘内，一般为 50 只/盘，装好后盖上保护层薄膜。托盘有单层，也有 3 层、10 层、12 层、24 层自动进料的托盘送料器。这种包装方法在刚应用时，主要用来包装外形偏大的中、高、多层陶瓷电容，后来也用于包装引线数较多的 SOP 等元器件。

图 2-63　棒式包装外形

图 2-64　托盘包装外形

托盘包装的托盘有硬盘和软盘两种。硬盘常用来包装多引线、细间距的 QFP 元器件，这样封装体引出线不易变形。软盘则用来包装普通的异形片式元器件。托盘包装尺寸示例如图 2-65 所示。

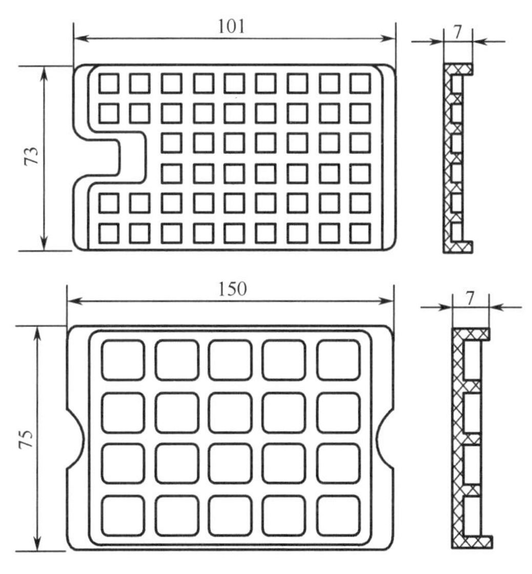

图 2-65　托盘包装尺寸示例

4．散装

散装是将片式元器件自由地封入成型的塑料盒或袋内，贴装时把料盒插入料架上，利用送料器或送料管使元器件逐一送入贴装机的料口。这种包装方式成本低、体积小，但适用范围小，多为圆柱形电阻采用。在实际应用中，各企业采用的散装料盒不一定相同，但散装料盒的型腔与元器件、外形尺寸与供料架要匹配。

5. 包装形式的选择

SMT 元器件的包装形式选择也是组装工艺中一项关键内容，它直接影响组装生产的效率，必须结合贴片机送料器的类型和数目，以及其他相关工艺的要求，进行最优化设计。

SMT 元器件已有的包装类型如表 2-5 所示。

表 2-5　SMT 元器件已有的包装类型

分类	组件尺寸/mm			编带包装/mm				黏结式编带（32mm）	棒式包装	托盘包装	散装
	长	宽	厚	纸编带	塑料编带	带宽	间距		0		
矩形电阻器	1.6	0.8	0.8	0		8	2.4		0		
	2.0	1.2 5	0.7 1.0	0	0	8	2.4		0		0
	3.2	1.6	0.7 1.0	0	0	8	4		0		0
矩形电容器	4.5	3.2	2.0		0	12	8		0		
	5.7	5.0	2.0		0	12	8				
微调电容器	4.5 4.5	4.0 3.2	3.0 1.6		0 0	12	8		0		
微调电位器	4.5	3.8	1.5 1.9		0	12	8		0		
电解电容器	4.5 5.6	3.8 5.0	2.0		0 0	12 16	8				
圆柱形 阻容件	ϕ1.0×2.0 ϕ1.4×3.5				0	8 8	2 4				0 0
电感器	3.2	2.5	1.6 2.0		0	8	4				
	4.5	3.2	2.5		0	12	8				
滤波器	4.5 7.0 7.0 6.8	1.6 4.5 4.8 4.5	1.0 2.1 2.4 1.5		0 0 0 0	12 12 12 12	4 8 8 8				
	ϕ1.6×6.8				0	14	4				
电阻网络	5.1 11	2.2 7.7	1 2.2		0 0	24 44	8 12	0			
晶体管	2.9	2.5	1.1		0	12	8				
SOPIC					0	16 24 44	8 12	0	0	0	
QFPIC					0	24 44	12 6			0	

注：“0”表示已有成品供应或已有应用。

Chapter 3

第3章 器件级封装互联技术

跟随摩尔定律的发展轨迹，集成电路封装的形式与功能也经历了相应的技术演变。本章按照其演变历程重点阐述集成电路器件级经典封装技术（包括 QFP 和 BGA）和当前主流的先进封装技术（包括晶圆级封装技术、2.5D 和 3D 封装技术等）。

3.1 经典封装技术概述

本书所述经典封装技术主要指引线框架封装技术和球栅阵列封装技术。

3.1.1 引线框架封装技术

常见的引线框架封装技术包括 DIP、SOP、QFP 等技术。

1．双列直插式封装

双列直插式封装（DIP）可以说是最早的封装结构形式，外形为长方形，在其两侧有平行分布的引脚，可直接插入 PCB，以实现电气连接和机械固定的作用。常见的引脚数有 6、8、14、16 个，甚至 64 个。由于引脚的直径较粗、节距较大，电路板上的通孔直径、节距和布线宽度都受到一定的影响。因此，这种封装形式难以保证很高的集成度。标准的引线之间的距离为 2.54mm（100mil），两排导线之间的距离为 7.5～15mm（295～600mil）。

DIP 结构具有以下特点：①适合 PCB 的穿孔安装；②比 TO 封装更易于对 PCB 布线；③操作方便；④体积较大。

DIP 结构形式有：多层陶瓷 DIP、单层陶瓷 DIP 和引线框架式 DIP（含玻璃陶瓷封装式、塑料包封结构式和陶瓷低熔玻璃封装式）。

在塑料 DIP 中，硅片通过合金化、焊接或黏结的方法连接到金属引线框架上，由于引线框架的热膨胀系数较小，所以与晶片的热失配较低。Cu 引线框架的散热性较高，它与晶片之间通过 Au 丝或 Al 丝键合焊的方式连接。

陶瓷 DIP 也有较多的类型，且都有一个容纳晶片的空腔。陶瓷 DIP 是最简单的一种陶瓷封装形式，它有两个陶瓷外壳，两者之间有玻璃封套。更高级的 3 层陶瓷封装采用多层陶瓷技术，各层之间有金属化层。通常，此类封装有一个金属盖，在抽出元器件内的空气并注入惰性气体后，再将金属盖焊接到陶瓷上。

衡量一个芯片封装技术先进与否的重要指标是封装效率，即芯片面积与封装面积之比，这个比值越接近 1 越好。以采用 40 个 I/O 引脚塑料 DIP 的 CPU 为例，其芯片面积：封装面积=3×3：（15.24×50）≈1：85，离 1 相差很远。不难看出，这种封装尺寸远大于芯片尺寸，说明封装效率很低，占用很多有效安装面积。Intel 公司早期制造的 CPU（如 8086、80286）都采用了 DIP。

2. 小外形封装

图 3-1　SOP 的外观

8～28 个 I/O 引脚的小外形封装（SOP）是常用的 SMD 封装形式，如图 3-1 所示。它与较小的 DIP 元器件很相似，引脚之间的距离为 1.25mm（49mil），并且被弯成翼形。继 SOP 之后，又出现了 40～56 个引脚的 VSOP，两者的引脚间距分别为 0.2mm 和 0.75mm。但实际上 VSOP 并未得到广泛运用。

J 形引线 SOP 与翼形 SOP 相似，不同的是前者的引脚被弯成 J 形，然后伸入封装体下面，这种封装多用于存储器电路。

3. 方形扁平式封装

方形扁平式封装（QFP）是由 SOP 发展而来的，其外形呈扁平状，翼形引脚一端由封装的 4 个侧面引出，另一端沿着四边布置在同一平面上，如图 3-2（a）所示。由 QFP 派生出的封装还有 PLCC［见图 3-2（b）］、载带封装（TCP）以及 PQFP 等封装形式。

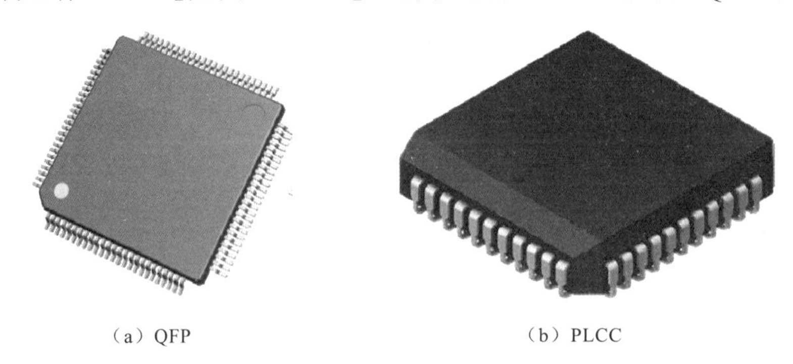

（a）QFP　　（b）PLCC

图 3-2　QFP 和 PLCC 的外观

QFP 在电路板上不是靠引脚插入到印制电路板的通孔中，而是采用表面贴装技术进行组装，是目前常用的一种 SMD 形式。但是，由于 QFP 的引脚端子为四边布置，且伸出封装体之外，若引线的节距过窄、引脚过细，则端子会变得非常柔软，在组装过程中容易变形。当端子数超过 100 个且节距小到 0.3mm 时，对组装精度要求甚高。采用 J 形引脚端子的 PLCC 等可以部分缓解一些矛盾，但不能从根本上解决 QFP 的上述问题。扁平封装有多种尺寸和引脚间距，多达 300 个输出端的塑料和陶瓷扁平封装已经出现。

QFP 的封装尺寸相比于 DIP 的封装尺寸更小。以 0.5mm 焊区中心距，208 个 I/O 引脚的 QFP 的 CPU 为例，外形尺寸为 28mm×28mm，芯片尺寸为 10mm×10mm，则芯片面积：封装面积=（10×10）：（28×28）≈1：7.8。

QFP 的特点是：适合用 SMT 表面安装技术在 PCB 上安装布线；封装外形尺寸小，寄生参数小，适合高频应用；操作方便；可靠性高。Intel 公司的 CPU（如 Intel 80386）就是采用塑料四边引出扁平封装 PQFP 的。

3.1.2　球栅阵列封装技术

随着集成技术的进步、设备的改进和深亚微米技术的使用，单晶硅芯片集成度不断提高，对集成电路封装要求更加严格，I/O 引脚数急剧增加，功耗也随之增大。因此，为满足需求，出现了球栅阵列（BGA）封装。

BGA 一出现便成为 CPU 等 VLSI 芯片实现高密度、高性能、多功能及多 I/O 引脚数封装的最佳选择。其特点有：I/O 引脚数虽然增多，但引脚间距远大于 QFP，从而提高了组装成品率；BGA 内部采用倒装芯片，从而极大地改善了电热性能；BGA 的厚度比 QFP 减少 1/2 以上，质量减轻 3/4 以上；寄生参数减小，信号传输延迟小，使用频率大大提高；组装可用共面焊接，可靠性高。

BGA 可分为 PBGA、CBGA、陶瓷柱栅阵列（Ceramic Column Grid Array，CCGA）和 TBGA 4 种主要形式。

BGA 仍与针栅阵列（Pin Grid Array，PGA）、QFP 一样，占用基板面积过大。Intel 公司对这种集成度高（单芯片里达 300 万只以上的晶体管）、功耗大的 CPU 芯片（如 Pentium Ⅱ）采用 CBGA 封装，并在外壳上安装微型排风扇散热，从而使芯片电路能够稳定工作。

1．塑料球栅阵列封装

塑料球栅阵列（PBGA）封装又称整体模塑阵列载体，是常用的 BGA 封装形式，其结构如图 3-3 所示。PBGA 载体即基板，所采用的材料是印制电路板上所用的材料，如 FR-4。管芯通过引线键合技术连接到基板的顶部表面上，再进行整体塑模处理。采用阵列形式的低共熔点合金（63Sn-37Pb）焊料被放置在基板的底部位置上。这种阵列可以采用全部配置形式，也可以采用局部配置形式，焊球的尺寸大约为 1mm，节距范围为 1.27～2.54mm。

组件可以通过使用标准的表面组装工艺进行装配，低共熔点合金焊料可以通过模板印刷到基板的焊盘上面，组件上的焊球被安置在焊膏上后进入再流焊阶段。由于基板上面的焊料和封装体上面的焊球都是低共熔点焊料，基于再流焊工艺连接元器件时，所有这些焊料均发生熔融现象。在表面张力的作用下，元器件和电路板之间的焊接点重新凝固形成焊点，呈现出腰鼓状。

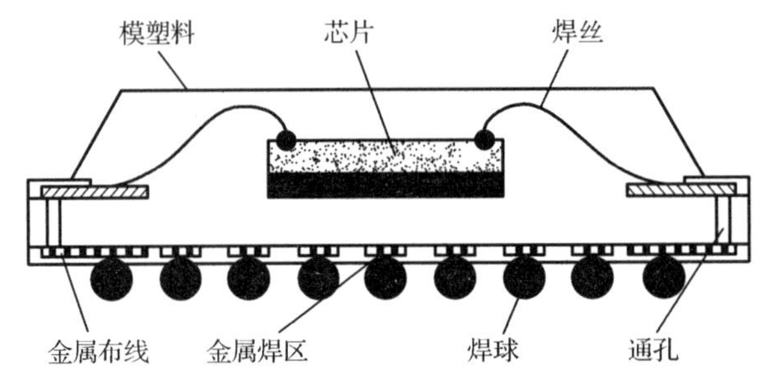

图 3-3　PBGA 封装的结构

PBGA 封装元器件所具有的主要优点如下。

（1）可以利用现有的装配技术与廉价的材料，确保整个封装元器件具有较低廉的价格。

（2）相比 QFP 元器件，很少会产生机械损伤现象。

（3）装配到印制电路板上可以具有非常高的质量。

PBGA 技术所面临的挑战是保持封装器件所有焊球的共面度，同时将潮湿气体的吸收降到最低，防止“爆玉米花”现象的产生，解决涉及较大管芯尺寸的可靠性问题。

2. 陶瓷球栅阵列封装

陶瓷球栅阵列（CBGA）封装的结构如图 3-4 所示。CBGA 封装是将管芯连接到陶瓷多层载体的顶部表面所组成的。在连接好之后，管芯经过气密性处理以提高其可靠性和物理保护。在陶瓷载体的底部表面上，安置 10Sn-90Pb 焊球，底部阵列可采用全部填满或局部填满形式，焊球尺寸为 1mm、节距为 1.27mm。

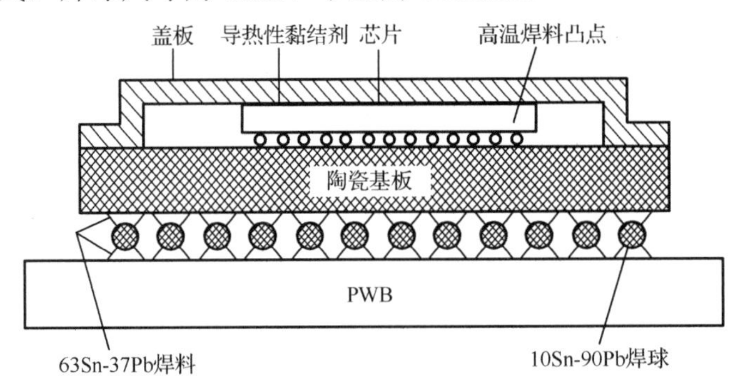

图 3-4　CBGA 封装的结构

CBGA 封装元器件使用标准的表面贴装组装和再流焊工艺进行装配。CBGA 中的再流焊工艺不同于 PBGA 中的再流焊工艺。PBGA 中的低共熔点合金焊料（63Sn-37Pb）约在 183℃时发生熔化，CBGA 焊球（10Sn-90Pb）熔点温度约在 300℃，而一般标准的表面组装再流焊峰值温度为 220℃左右，仅能够熔化焊膏，焊球在再流焊过程中不发生熔融。为能够形成良好的焊接点，相比 PBGA 封装元器件，CBGA 封装元器件在模板印刷期间必须有更多的焊膏施加到电路板上面。在再流焊期间，焊料填充在焊球的周围，焊球所起到的作用像一个刚性的支座。在两个不同的Sn-Pb焊料结构之间形成互联，在焊膏和焊球之间的界面实际上不复存在，形成的扩散区域具有10Sn-90Pb与63Sn-37Pb的光滑梯度。

相比PBGA封装元器件，CBGA封装元器件不存在电路板和陶瓷封装之间热膨胀系数不匹配的问题，因而呈现更好的热疲劳可靠性。CBGA封装元器件能够在高达32mm^{2}的区域内接受业界标准的热循环测试的考核。当焊球节距为1.27mm时，I/O引脚数限定值为625个。当陶瓷封装尺寸大于23mm^{2}时，应该考虑其他可以替换的方式。CBGA封装元器件具有如下优点。

（1）拥有优异的热性能和电性能。

（2）相比QFP元器件，很少会受到机械损坏的影响。

（3）当装配到具有大量（250个以上）I/O引脚应用的印制电路板上时，具有非常高的封装效率。

另外，CBGA封装可以利用管芯连接到倒装芯片上，与引线键合技术相比可形成更高密度的互联配置。通过高密度的管芯互联配置，管芯尺寸被缩小，可在每个晶圆上拥有更多的管芯并降低成本。

3．陶瓷柱栅阵列封装

陶瓷柱栅阵列（CCGA）封装在CBGA封装的基础上，进一步扩大了封装尺寸、增加了I/O引脚数，是目前为数不多的能够批量生产的I/O引脚数超过1000个的一种封装类型。CCGA由基板、芯片、导热性黏结剂和焊柱等组成，如图3-5所示。

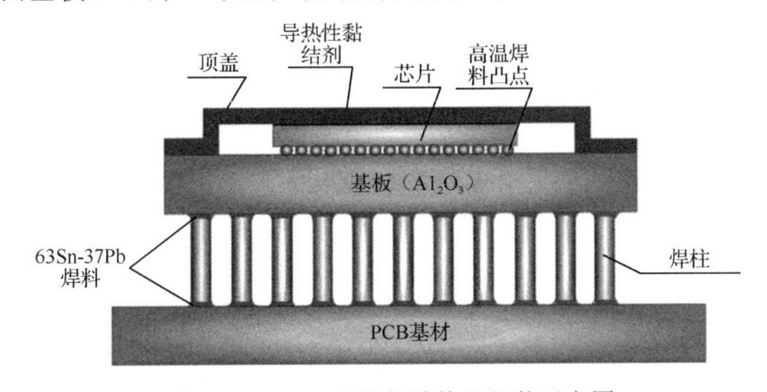

图3-5 CCGA封装的结构及组装示意图

基板的主要材料是多层氧化铝（Al_2O_3）陶瓷，这种材料适应高温和化学处理，因此在器件封装和板级装配时都没有工艺限制。信号层、电源层和地层分别设置在单独的层上，经过打孔和丝印形成高温印制线与连接孔，叠加后在高温下烧结成型。该基板的层数一般为7～40层，厚度为1.40～5.75mm。氧化铝陶瓷的热膨胀系数为6.5×10^{-6}℃，硅芯片的热膨胀系数为3.0×10^{-6}～4.1×10^{-6}℃，两者较为接近。因此，芯片可以采用倒装的形式安装在基板上，这种形式缩短了信号通路，降低了寄生效应，使信号速度和品质均得到提高。更重要的是，芯片正下方可以连接焊柱，实现了全阵列和引脚数量的提高，提升了电性能。

环氧填充胶主要用于芯片底部填充，以进一步提高芯片连接的可靠性，导热脂主要用于将芯片耗散热量传递到金属顶盖上。

焊柱直径约为0.5mm，高度为1.27mm或2.2mm。根据材料不同，焊柱有两种形式，如图3-6所示。图3-6（a）中的焊柱材料是10Sn-90Pb（IBM公司专利），图3-6（b）中的焊柱材料是20Sn-80Pb，并在焊柱外螺旋包裹了一层Cu箔（Six-Sigma公司专利）。

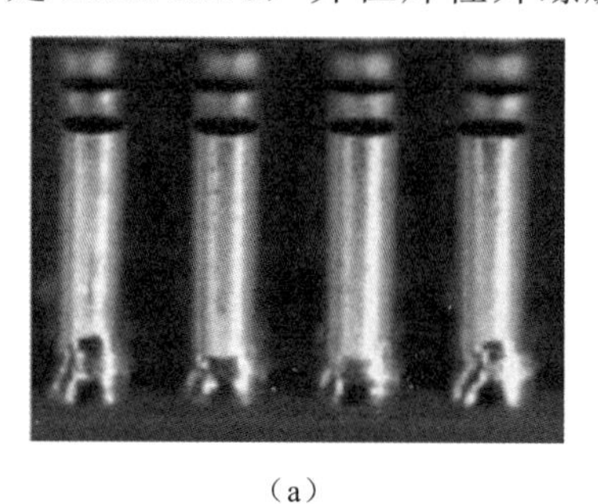

（a）

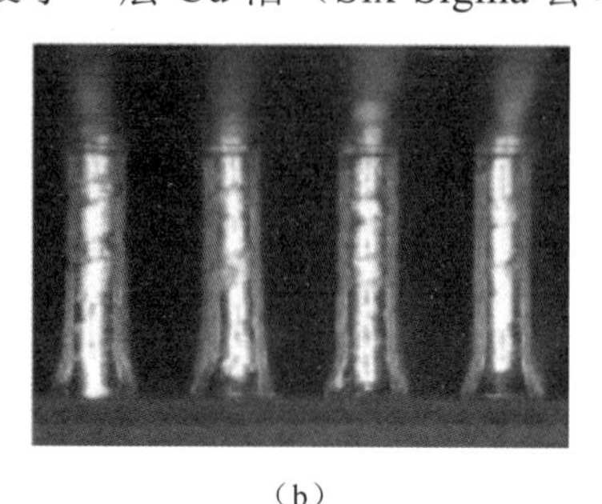

（b）

图3-6　焊柱的两种形式

焊柱与基板有3种连接方式，分别为铸型柱、焊线柱和焊柱，均由IBM公司设计开发，如图3-7所示。焊线柱于1991年研发成功，它采用63Sn-37Pb共晶焊料将10Sn-90Pb高温焊柱焊接在基板上，10Sn-90Pb高温焊柱（固态275℃，液态302℃）在PCB上装配后基本保持原来的高度。在元器件生产的工艺流程中，焊线柱通常置于最后的工序，这有利于降低焊线柱在其他制作过程中可能造成的损伤，也适用于封装的自动化生产。但是在元器件返修时，焊线柱两端的共晶焊料会熔融，绝大部分焊线柱会留在PCB上，给返修造成困难，如图3-8所示。

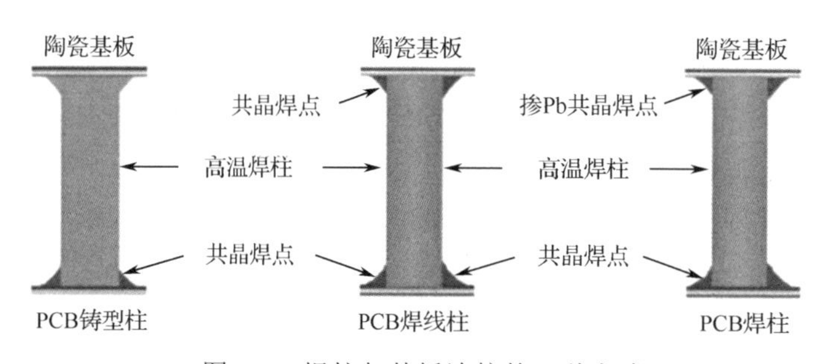

图3-7　焊柱与基板连接的3种方式

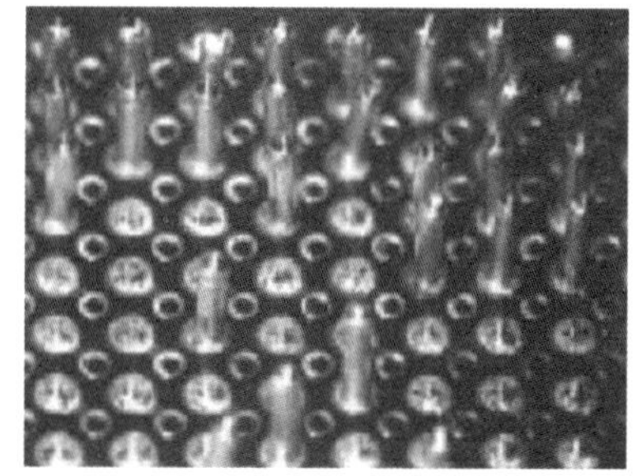

图3-8　焊线柱返修时PCB上的形貌

为了解决这一问题，IBM于1993年研发了铸型柱，它采用与焊柱相同的高温焊料将焊柱连接在基板上，这种结构使得元器件返修后焊柱仍能保留在基板上。但在高温情况下，基板必须在焊接芯片的同时，与铸型柱进行焊接，然后进行环氧胶填充和顶盖安装。这不利于自动化生产，且在芯片最终测试阶段当遇问题需要返修时，铸型柱较难清除。

焊柱包含了上述两种连接方式的优点，它采用焊线柱的结构和工艺流程，只是使用掺杂少量Pd元素的共晶焊料替代原来的共晶焊料。这种焊料在183℃时发生熔化，但形成Pd-Sn IMC后，熔点会变为280℃。因此，元器件生产时相当于使用标准共晶焊料，板级装配返修时相当于使用高温焊料，问题巧妙地得到了解决。

CCGA有两种封装标准：MO-158和MO-159。常用的CCGA外形尺寸、阵列和I/O引脚数量如表3-1所示。CCGA封装运输的理想状态是焊柱处于悬空状态，1.27mm间距元器件封装盒一般采用阵列孔设计，1mm间距元器件则采用敞开结构，避免阵列孔的误差引起干涉的问题。因此，1mm间距元器件的角部要各去掉6个焊柱并将阵列数减少1列，这些地方可成为封装盒设计的一部分。

表3-1　常用的CCGA外形尺寸、阵列尺寸和I/O引脚数量

外形尺寸/mm	1.27mm间距		1mm间距	
	阵列/个	I/O引脚数量/个	阵列/个	I/O数量/个
32.5×32.5	25×25	625	31×31	961
32.5×42.5	25×33	825	31×41	1271
42.5×42.5	33×33	1089		

4．载带球栅阵列封装

载带球栅阵列（TBGA）封装是载带自动键合的延伸，利用载带自动键合实现芯片的连接，其结构如图3-9所示。

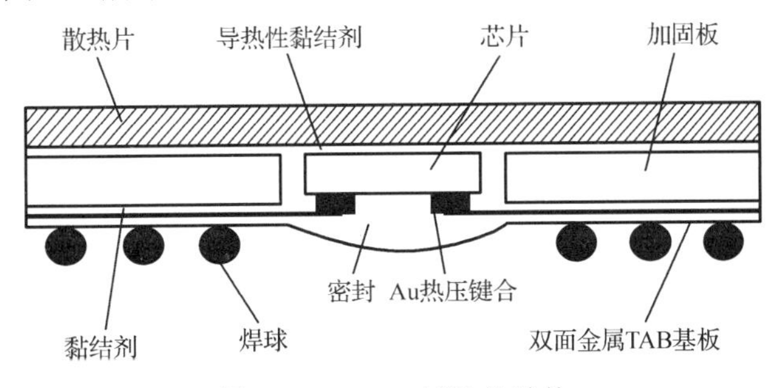

图3-9　TBGA封装的结构

TBGA是由连接至Cu/PI柔性电路或具有两层由管芯连接至BGA的Cu线组成的。引线键合、再流焊或热压/热声波内部引线连接等方法可以用来连接管芯与Cu线。键合互联后，对于管芯采用密封处理以提供有效的保护，焊球通过类似于引线键合的微焊工艺处理被逐一连接到Cu线的另一端。

焊球采用10Sn-90Pb制造，直径为0.9mm，一般用1.27mm节距的阵列配置形式。因为没有焊球可以连接到安置着管芯的组件中心位置，所以这种阵列配置总是采用局部配置的形式。装配好焊球和管芯之后，在载带的顶部表面上安装一个镀锡的Cu加固板，通过它提供刚性效果，并确保组件的可平面化。TBGA元器件也可以通过CBGA组件的标准表面贴装工艺来进行装配。

TBGA封装具有如下优点。

（1）比绝大多数（特别是具有大量I/O引脚）的BGA封装轻并且小。

（2）比QFP元器件和绝大多数其他BGA封装的电性能好。

（3）装配到印制电路板上，具有较高的封装效率。

相比经典的QFP技术，BGA封装具有以下特点。

（1）在工艺适应性方面：相比窄节距 QFP，BGA 焊点失效率降低两个数量级，无须对工艺做较大的改动；BGA 适合 MCM 封装，有利于实现 MCM 封装的高密度和高性能封装。

（2）在工艺良品率方面：BGA 焊点的中心距一般为 0.5～1.27mm，可以利用现有的 SMT 工艺设备安装，而 QFP 的引脚中心距如果小到 0.3mm，引脚间距只有 0.15mm，那么需要非常精密的安装设备以及完全不同的焊接工艺，实现起来极为困难；明显改善共面问题，极大地减少了共面损伤；BGA 引脚牢固，而 QFP 存在引脚变形问题。

（3）在封装效率方面：提高了元器件引脚端数和本体尺寸的比率，如边长为 31mm 的 BGA，间距为 1.5mm 时有 400 个引脚，间距为 1mm 时有 900 个引脚；相比之下，边长为 32mm，引脚间距为 0.5mm 的 QFP，只有 208 个引脚。

（4）在电性能方面：BGA 引脚短，信号路径短，减少了引线电感和电容，增强了节点性能。

（5）在热性能方面：球形触点阵列有助于散热。

3.2 芯片级封装与晶圆级封装

3.2.1 芯片级封装技术

1. 芯片级封装技术概述

20 世纪 90 年代，随着半导体工业的飞速发展，芯片的功能越来越强，外引脚数不断增加，封装体积也不断增大。在这种背景下，日本富士通公司提出了一种超薄型封装形式，它主要由 IC 裸芯片和布线垫片组成，称为芯片级封装（CSP），其结构如图 3-10 所示。

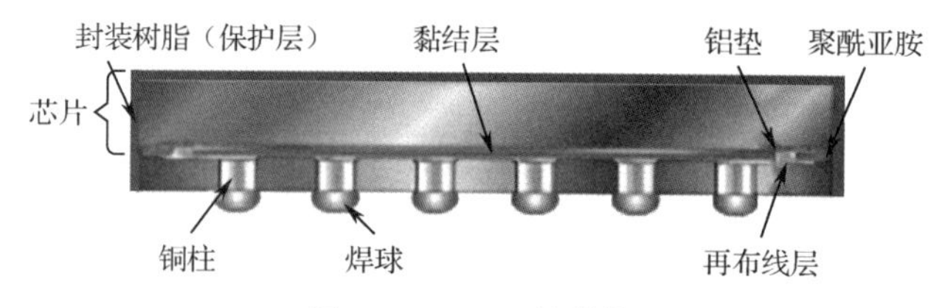

图 3-10　CSP 的结构

根据 J-STD-012 标准的定义，CSP 是指封装尺寸不超过裸芯片尺寸 1.2 倍的一种先进的封装形式。实际上，CSP 是在原有芯片封装技术尤其是 BGA 小型化过程中形成的（曾也被称为 μBGA，即微型 BGA，现在仅将它划为 CSP 的一种形式），因此它具有 BGA 封装技术的许多优点。

2. 芯片级封装的基本结构及分类

CSP 的结构主要有 4 部分：芯片、黏结层、焊球（或凸点、焊柱）和保护层。黏结层是通过载带自动键合、引线键合、倒装芯片等方法来实现芯片与焊球（或凸点、焊柱）之间的内部连接的，是 CSP 的关键组成部分。目前全球有 50 多家 IC 厂商生产各种结构的 CSP 产品。根据目前各厂商的开发情况，可将 CSP 分为下列 5 种主要类别。

1）柔性基板封装

柔性基板封装是由日本的 NEC 公司利用载带自动键合技术研制开发出来的一种窄间距的 BGA 封装（简称 FPBGA）。这类封装的基本结构如图 3-11 所示，主要由芯片、载带薄膜（柔性体）、黏结层、焊球（或凸点）等构成，其中载带薄膜是由聚酰亚胺和 Cu 箔组成的，采用共晶焊料（63Sn-37Pb）作为外部互联电极材料。

图 3-11　FPBGA 的基本结构

2）刚性基板封装

刚性基板封装是由日本 TOSHIBA（东芝）公司开发的，实际上就是一种陶瓷基板薄型封装，其基本结构如图 3-12 所示。它主要由 LSI 芯片、基板、Au 凸点和热固性树脂构成。通过倒装焊、树脂填充和打印 3 个步骤完成。它的封装效率（芯片面积与封装面积之比）可达到 75%，是相同尺寸的 TQFP 的 2.5 倍。

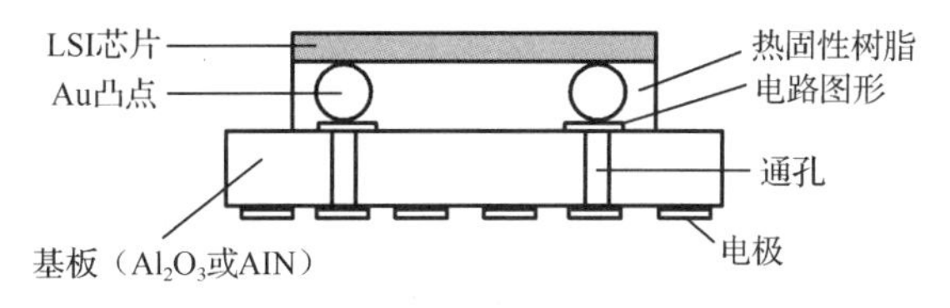

图 3-12　陶瓷基板薄型封装的基本结构

3）引线框架式芯片级封装

引线框架式 CSP 是由日本 Fujitsu（富士通）公司开发的，其基本结构如图 3-13 所示。它分为 Tape-LOC 和 MF-LOC 两种类型，将芯片安装在引线框架上，引线框架作为外引脚，因此不需要制作焊料凸点，可实现芯片与外部的互联。

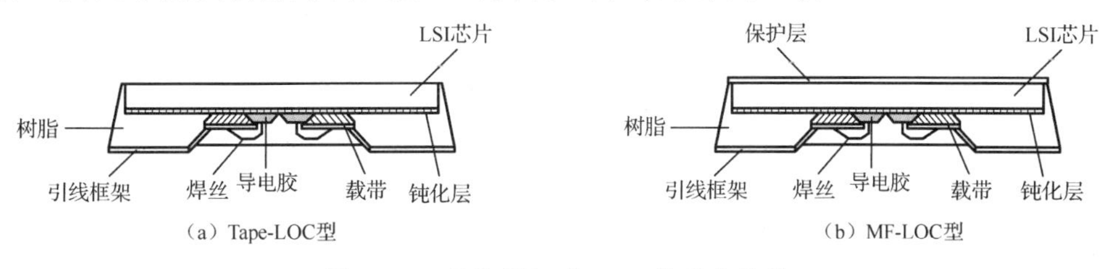

图 3-13　引线框架式 CSP 的基本结构

由图 3-13 可知，这两种类型的引线框架式 CSP 都是将 LSI 芯片安装在引线框架上，该芯片面朝下，芯片下面的引线框架仍然作为外引脚暴露在封装结构的外面。因此，不需要制作工艺复杂的焊料凸点即可实现芯片与外部的互联，并且其内部布线很短，仅为 0.1mm 左右。

4）微小模塑型芯片级封装

微小模塑型 CSP 是由日本三菱电机公司研制出来的一种新型封装形式。其基本结构如图 3-14 所示。它主要由芯片、树脂和凸点等构成。芯片上的焊区通过在芯片上的金属布线与凸点实现互联，整个芯片浇铸在树脂上，只留下外部触点。这种结构可实现很高的引脚数，有利于提高芯片的电气性能、减少封装尺寸、提高可靠性，完全可以满足存储器、高频元器件和逻辑元器件的高 I/O 数的需求。同时由于它无引脚框架和焊丝等，体积特别小，提高了封装效率。其凸点断面图形如图 3-15 所示。

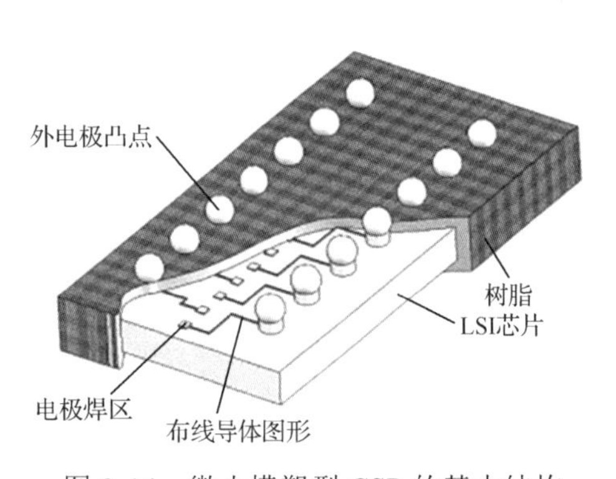

图 3-14 微小模塑型 CSP 的基本结构

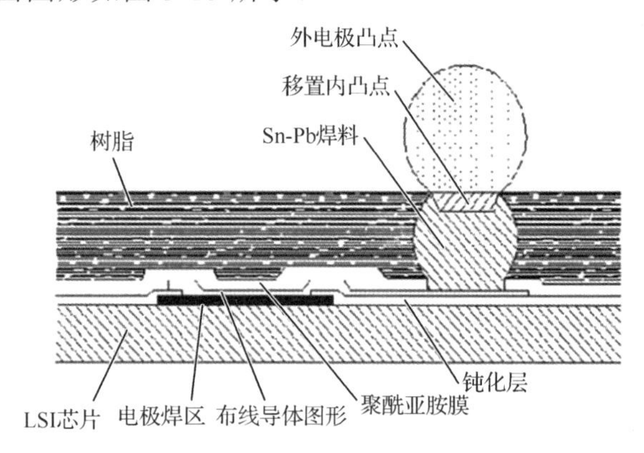

图 3-15 微小模塑型 CSP 凸点断面图形

5）圆片级 CSP

圆片级 CSP 是由 Chip Scale 公司开发的，其局部结构如图 3-16 所示。在晶片电路的表面覆盖了一层苯并环丁烯（BCB）树脂薄膜可以减缓凸点的机械应力，并为裸片表层提供电气隔离。圆片级 CSP 是在圆片前道工序完成后，直接对圆片使用半导体工艺进行后续整体晶圆封装，利用划片槽构造周边互联，再切割分离成单个元器件。圆片级 CSP 主要涉及两项关键技术，即再分布技术和凸焊点制作技术。它有以下特点：相当于裸片大小的小型组件（在最后工序切割分片）；加工成本低（以圆片为单位的加工成本）；加工精度高（由于圆片的平坦性、精度的稳定性）。

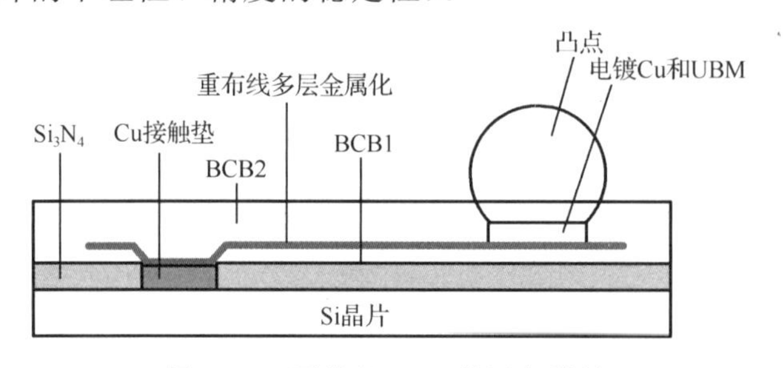

图 3-16 圆片级 CSP 的局部结构

与其他各类 CSP 相比，圆片级 CSP 只是在 IC 工艺线上增加了重布线和凸点制作两部分，并使用了两层 BCB 和 PI 作为介质与保护层，所使用的工艺仍是传统的金属沉积、光刻、蚀刻技术，最后也无须模塑或底部填充其他材料。圆片级 CSP 从晶圆片至元器件，整个工艺流程一起完成，并可以利用现有的标准 SMT 设备，生产计划和生产的组织可以做到最优化；硅加工工艺和封装测试可以在硅片生产线上进行而不必把晶圆送到其他封测厂去进行封装测试；测试可以在切割 CSP 产品之前一次完成，节省了测试的开支。总之，圆片级 CSP 成为未来 CSP 的主流已是大势所趋。

3.2.2　晶圆级封装技术

1．晶圆级封装概述

在前述 BGA 和 CSP 技术基础之上，为了降低成本，进一步提升封装效率等，晶圆级封装（WLP）技术呼之欲出。

1998 年，彼得·埃伦斯和哈利·霍拉克提出使用 RDL 技术实现电气互联。由 FIWLP（见图 3-17）制成的封装也被称为晶圆级芯片尺寸封装（Wafer Level Chip Scale Packaging，WLCSP）。2001 年，Amkor 公司再次领导 OSAT 大规模量产 WLP 芯片封装，开启了晶圆级封装的时代。

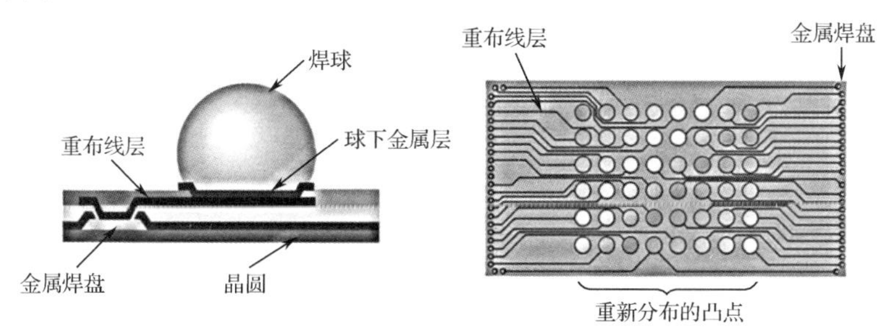

图 3-17　FIWLP 封装结构

WLP 的定义为在晶圆级对组件进行完整封装。其工艺必须提供完整的封装解决方案，在制造或组装期间，无须在模具级别进行额外处理。

WLCSP 相对于 PBGA 封装（其比较见图 3-18），具有如下优势。

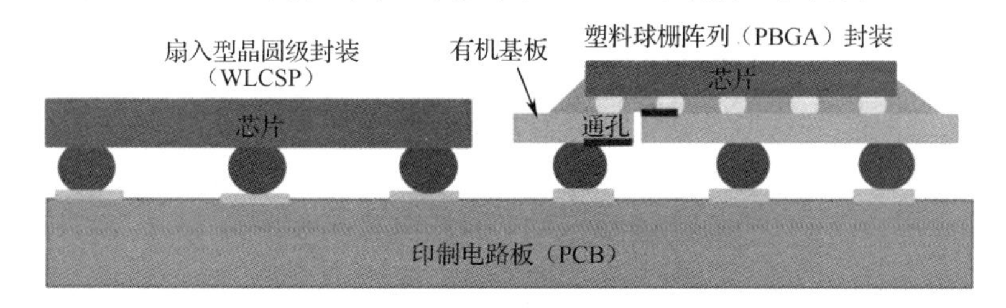

图 3-18　WLCSP 与 PBGA 的比较

（1）在封装效率方面：因为 WLP 采用芯片尺寸封装方式，没有引线、键合和塑胶工艺，封装无须向芯片外扩展，使得 WLP 的封装尺寸几乎等于芯片尺寸，所以可以有效降低封装成本、拥有更小的封装尺寸和更简单的封装结构。

（2）在封装轻量化方面：WLP 消除了基板，故可以使得封装整体的质量更轻、组装步骤更少。

（3）在电性能方面：与传统封装产品相比，WLP 一般有较短的连接线路，在高效能要求（如高频）下，会拥有更好的电气性能。

（4）在封装高密度性能方面：WLP 可运用数组式连接，芯片和电路板之间的连接不限制于芯片四周，提高单位面积的连接密度，所以可实现更高密度的连接。

（5）在生产周期方面：WLP 从芯片制造、封装到成品的整个过程中，中间环节大大减少，生产效率高，生产周期缩短很多。

（6）在经济性方面：WLP 是在硅片层面上完成封装测试的，以批量化的生产方式达到成本最小化的目标。WLP 的成本取决于每个硅片上合格芯片的数量，芯片设计尺寸减小和硅片尺寸增大的发展趋势使得单个元器件封装的成本相应减少。WLP 可充分利用晶圆制造设备，生产设施费用低。

FIWLP 专利是迄今为止在半导体封装领域影响最大的第三项专利。

2001 年，英飞凌公司（Infineon）的哈利·赫德勒等人提出了使用 RDL 将电路从晶圆上芯片的金属焊盘扇出，并将焊球焊接到 PCB 上的金属焊盘，而无须底部填充，并且一些 RDL 具有超出芯片边缘的部分（Fan-Out）。当时，将这种封装方式称为嵌入式晶圆级球栅阵列（embedded Wafer Level Ball Grid Array，eWLB）封装，也就是现在的扇出型晶圆级封装（FOWLP）。

2. 扇入型封装与扇出型封装技术

先进封装按照技术特点主要分为扇入型（Fan-in）封装和扇出型（Fan-out）封装两种（其对比见图 3-19）。扇入型晶圆级封装（FIWLP）面临着来自扇出型晶圆级封装（FOWLP）的激烈竞争。

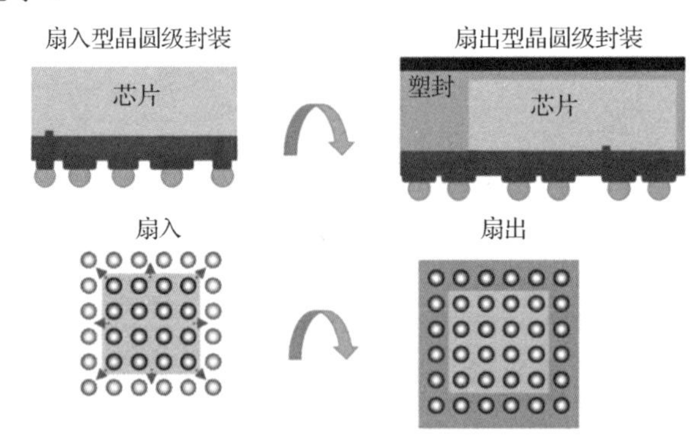

图 3-19　扇入型封装与扇出型封装对比

1）扇入型晶圆级封装

扇入型晶圆级封装（FIWLP）的概念最早是受倒装芯片技术的启发，由中国台湾日月光半导体公司提出，是一种经过改进和提高的 CSP，该结构的芯片面积尺寸和最终的封装体面积尺寸为标准的 1∶1，并具有真正裸片尺寸的显著特点，充分体现了 BGA、

CSP 的技术优势。大多数 WLCSP 的独特功能是使用金属（通常为 Cu）RDL 将晶圆芯片上的细间距外围阵列焊盘重新分布到具有焊点高度更高的、更大间距区域的阵列焊盘。

WLP 的优势在于它是一种适用于更小型集成电路的芯片级封装技术，由于在晶圆级采用并行封装和测试技术，在提高产量的同时显著减少芯片面积，因此可以大大降低每个 I/O 的成本。WLP 技术可以减小芯片尺寸、布线长度、焊球间距等，因此可以提高集成电路的集成度、处理器的速度等，降低了功耗，提高了可靠性，顺应了电子产品日益轻薄短小、低成本的发展需求。

大多数晶圆级芯片尺寸封装的独特之处是使用一种金属（通常是 Cu），并利用 RDL 技术将晶圆芯片上的细间距外围阵列焊盘重新分配到更大间距区域的焊盘上，如图 3-20 所示。扇入型晶圆级封装已广泛应用于移动、便携式和消费电子产品中。特别地，它用于低引脚数（≤200）封装、小尺寸（≤6mm×6mm）模具，低成本、低端、低外形、高容量应用，如半导体 IC、射频滤波、DC/DC 转换器、发光二极管（Light-Emitting Diode，LED）、蓝牙+调频（FM）+Wi-Fi 组合、全球定位系统（GPS）等；也用于各种电子产品，如智能手机、平板电脑以及可穿戴设备。对于物联网，在 CMOS 图像传感器和 MEMS 传感器中也用到了 WLP 技术。

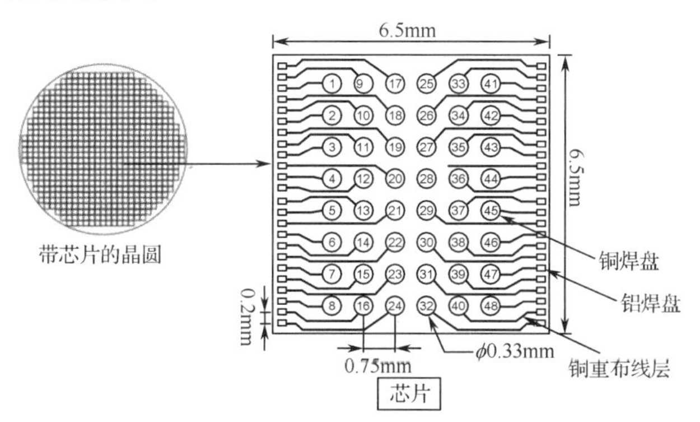

图 3-20　晶圆级芯片尺寸封装

在传统封装概念中，将成品晶圆切割成单个芯片之后再进行连接和塑封。相比于传统的以引线键合技术为基础的封装，WLP 的流程恰好相反，如图 3-21 所示，这种封装技术直接以晶圆为加工对象，同时对晶圆上的众多芯片进行电气互联、封装及测试，最后将晶圆切成单个芯片，保护层可以黏结在晶圆的顶部或底部。

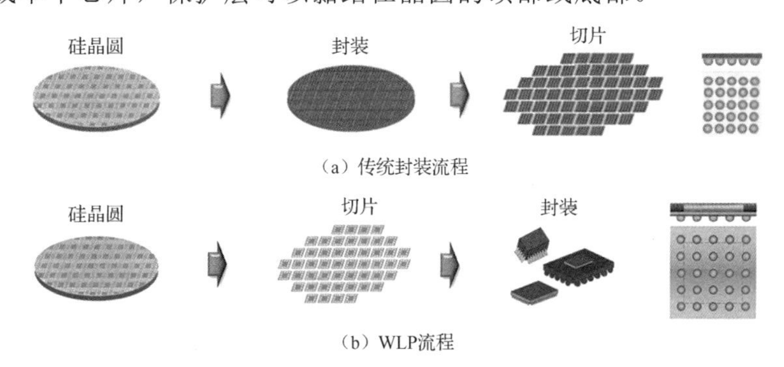

图 3-21　传统封装与 WLP

扇入型封装工艺是以较低的晶圆生产制造及测试成本，提供了最小封装尺寸的解决方案。它最大的特点是有效地缩减封装体积，符合可便携式产品轻薄短小的特性需求，主要应用于 I/O 引脚数相对不多的工艺（见图 3-22）。扇入型封装工艺步骤说明如下。

（1）先将芯片切割分离，再将合格的芯片排列放置在带有临时键合胶的临时载板上。

（2）对芯片一侧进行塑封，以保护芯片不受机械或化学损伤。

（3）将芯片和临时键合胶与临时载板通过紫外光分离。

（4）在芯片表面做 RDL 与植焊球。

切割好的芯片可以直接贴装到基板或 PCB 上，其中主要工艺为 RDL，包括溅射、光刻、电镀等工序。WLP 的 RDL 如图 3-23 所示。一般来说，WLP 是一种无基板封装，这种封装利用由布线层或重新布线层构成的薄膜代替基板，该薄膜在封装中提供电气连接。此外，该封装结构的 RDL 与电路板是通过封装体底部的焊球进行连接的。

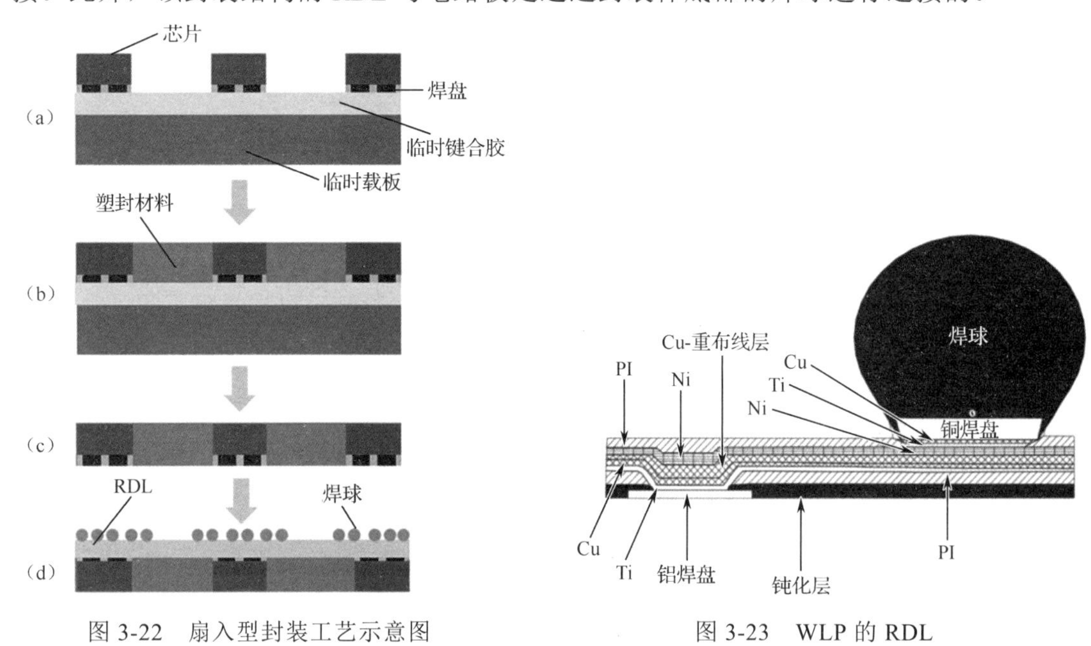

图 3-22　扇入型封装工艺示意图

图 3-23　WLP 的 RDL

2）扇出型晶圆级封装

随着消费终端对电子产品性能要求的不断提高，以及光刻机和芯片制造技术的持续推进，28nm 及以下节点工艺技术逐渐成为主流，这使得相同面积的芯片会有更多的 I/O 引脚，传统 FIWLP 已经不能满足在其芯片面积内的多层再布线和凸点阵列排布，因此出现了扇出型晶圆级封装（FOWLP）。FOWLP 突破了 I/O 引脚数目的限制，通过晶圆重构增加单个封装体面积，之后应用 WLP 的先进制造工艺完成多层再布线和凸点制备，切割分离后得到能够与外部电性能互联的封装体。

FOWLP 技术的优势在于能够利用高密度布线制造工艺形成功率损耗更低、功能更强的芯片封装结构，使 SiP 和 3D 芯片封装更愿意采用 FOWLP 工艺。第一代 FOWLP 技术是由德国英飞凌公司开发的 eWLB 封装，其工艺流程如图 3-24 所示。

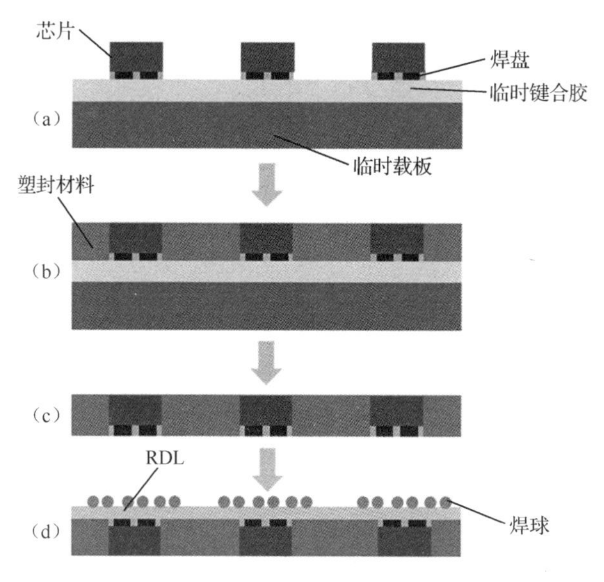

图 3-24　eWLB 封装的工艺流程

随后出现了台积电的 InFO 技术。2016 年，苹果（Apple）公司的 A10 处理器采用这种扇出型晶圆级封装进行量产（见图 3-25），从封装结构中可以看出，晶圆键合、倒装芯片组装、底部填充分配和固化，以及封装基板已被移除，并被 EMC（环氧塑封料）和 RDL 取代。如今，Apple 公司几乎所有的订单都使用台积电生产的 InFO 芯片组装。这意味着 FOWLP 不仅用于封装基带、射频开关/收发器、电源管理集成电路（PMIC）、音频编解码器、微控制单元（MCU）、射频雷达、连接性 IC 等，还用于封装天线（AiP）和大型（>120mm²）SoC 元器件。

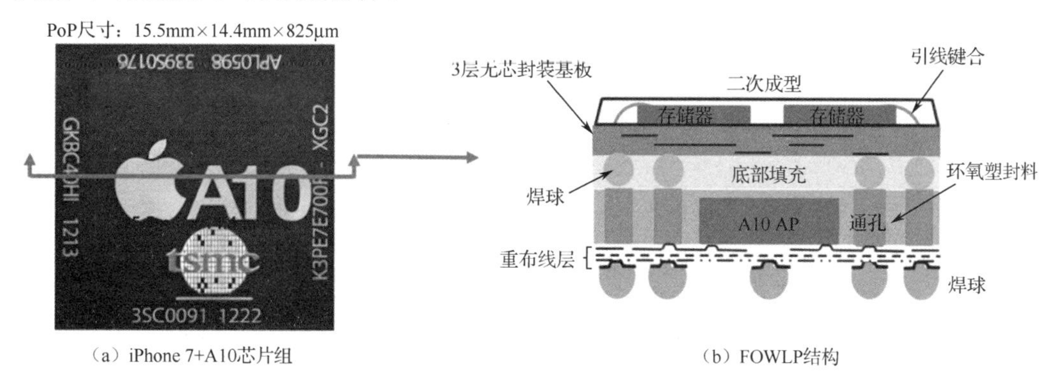

（a）iPhone 7+A10芯片组　　（b）FOWLP结构

图 3-25　iPhone 7+A10 芯片组及其 FOWLP 结构

FOWLP 工艺主要分为 Chip-First 和 Chip-Last 两种工艺，主要区别在于是先放置芯片还是先做 RDL。

（1）Chip-First 工艺：先放置芯片，根据放置芯片朝向不同，可分为芯片面朝下（Die Face-Down）和芯片面朝上（Die Face-Up）两种工艺。Chip-First Die Face-Down（先芯片面朝下）工艺适用于低端、小芯片尺寸和大（10～15μm）RDL 线宽与间距应用。Chip-First Die Face-up（先芯片面朝上）工艺适用于中高端、中等芯片尺寸和中等（2～5μm）RDL 线宽与间距以及中高密度/高性能应用。

（2）Chip-Last（又称 RDL-first）工艺：先做 RDL，只有对应的 Die Face-Down 工艺相配合。Chip-Last 工艺是最昂贵和最复杂的方法，适用于非常高密度、非常高性能、非常大的芯片尺寸和非常小的（≤2μm）RDL 线宽与间距应用。下面分别对其进行阐述。

3. 先芯片面朝上的扇出型晶圆级封装工艺

先芯片面朝上是让芯片的线路面朝上，采用 RDL 工艺的方式构建凸块，让 I/O 接触点连接，最后切割单元芯片（见图 3-26）。台积电的 InFO 技术使用的就是这种工艺。

其工艺步骤如下。

（1）溅射 UBM 和电镀接触层。

（2）聚合物在顶部，芯片附着薄膜在晶圆底部，并将晶圆切片。

（3）在临时玻璃晶圆载体的顶部旋涂一层光热转换涂层（LTHC）。

（4）将合格的芯片正面朝上排列放置在 LTHC 载体上。

（5）压缩模塑重构晶圆和模后固化。

（6）反磨环氧塑封料（EMC）以露出 Cu 接触板。

（7）在接触焊盘上构建 RDL 并安装焊球。

（8）用激光去除载波，然后将晶圆切成单独的封装。

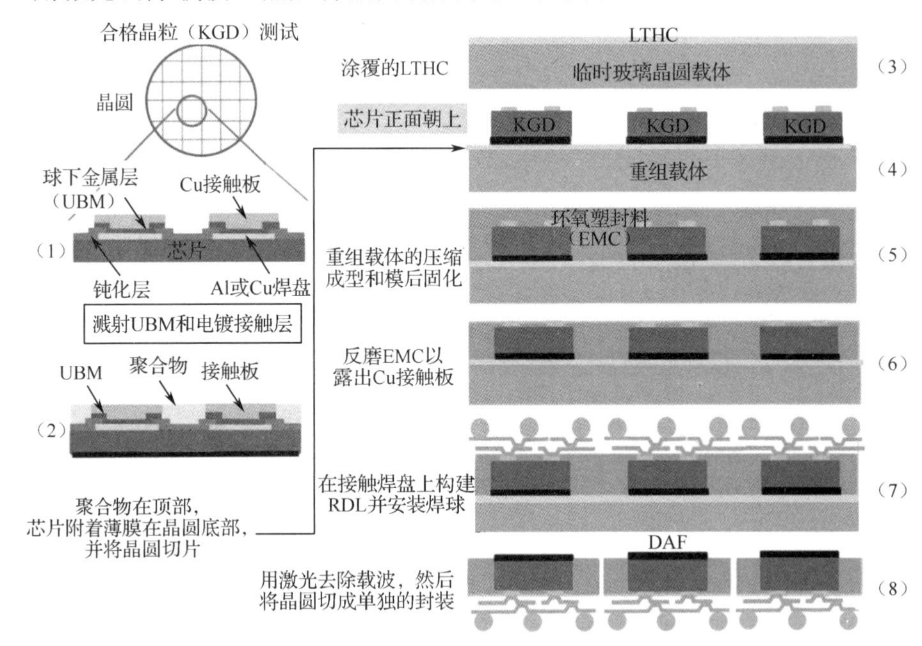

图 3-26　先芯片面朝上工艺流程

4. 先芯片面朝下的扇出型晶圆级封装工艺

先芯片面朝下是让芯片的线路面朝下，面朝上和面朝下的区别主要在于芯片带有焊盘一侧的放置方向不同（见图 3-27）。

其工艺步骤如下。

（1）在临时晶圆/面板载体的顶部涂一层双面热释放胶。

（2）将合格的芯片正面朝下排列放置在涂有双面热释放胶的临时载体上。
（3）压缩模塑重构晶圆和模后固化。
（4）移除涂有双面热释放胶的临时载体。
（5）在接触焊盘上构建 RDL 并安装焊球。
（6）取出载体，将重组的晶圆切割分离。

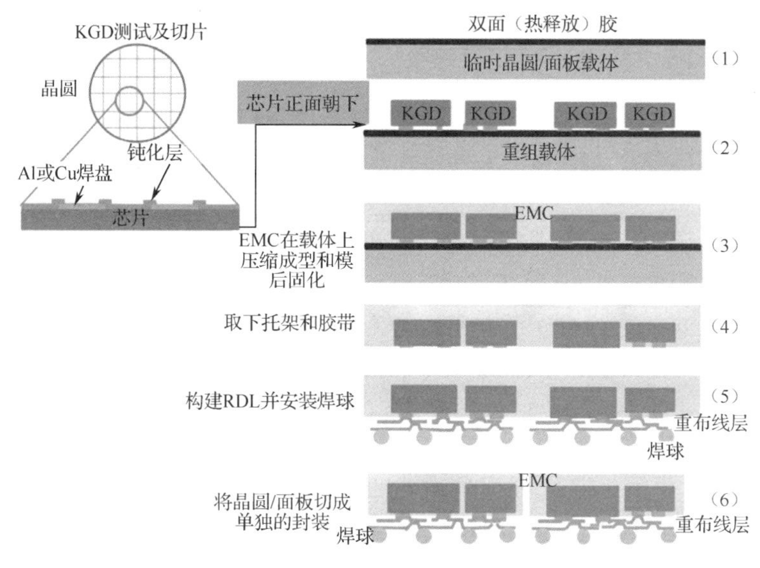

图 3-27　先芯片面朝下工艺流程

5. 后芯片面朝下的扇出型晶圆级封装工艺

后芯片面朝下是在临时胶带表面先进行 RDL 工艺，然后通过面朝下的方式将芯片与 RDL 互联，在注塑机中进行塑封、植焊球后完成切割分离（见图 3-28）。其与先芯片的主要区别在于 RDL 的先后顺序。

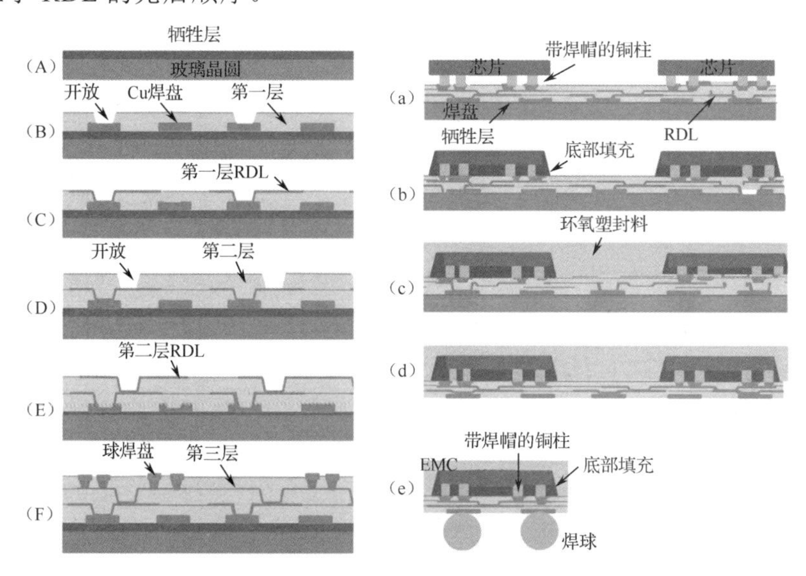

图 3-28　后芯片面朝下工艺流程（A～F 为重布线流程，a～e 为封装流程）

其工艺步骤如下。

（1）首先在临时载板上进行 RDL。

（2）将芯片以面朝下的方式，通过 RDL 与 Cu 接触点互联。

（3）将芯片用塑封材料塑封并固化。

（4）在芯片表面植焊球，封装完成。

3.2.3 重布线技术

作为 FOWLP 中必不可少的一个环节，RDL 是在晶圆表面沉积金属层和绝缘层形成相应的金属布线图案，采用高分子薄膜材料和 Al/Cu 金属化布线对芯片的 I/O 焊盘重新布局成面阵分布形式，将其延伸到更为宽松的区域植焊球。

在 FOWLP 中主要有 3 种 RDL 工艺，分别为有机重布线（感光高分子聚合物+电镀 Cu+蚀刻）、无机重布线（等离子体增强化学气相沉积+大马士革 Cu+化学机械抛光）、混合重布线（先无机，后有机，是前两种的结合，只用于后芯片的工艺中）。市场上第一种工艺应用更为广泛。接下来详细说明前两种 RDL 工艺。

1. 有机重布线

有机重布线工艺流程如图 3-29 所示。首先，在整个晶圆表面涂覆一层感光绝缘的聚酰亚胺（PI）材料，使用光刻机对感光绝缘层进行曝光显影；其次，感光绝缘层在 200℃的环境下烘烤 1 小时后形成大约 5μm 厚的绝缘层，在 175℃的环境下通过 PVD 设备在整个晶圆表面溅射 Ti/Cu 作为阻挡层与导电种子层；再次，通过涂覆光刻胶曝光显影，在暴露出来的 Ti/Cu 种子层上电镀 Cu，用于增加 Cu 层厚度，确保芯片线路的导电性；最后，剥离光刻胶并蚀刻 Ti/Cu 种子层，此时第一层的 RDL 制作完成。重复上述步骤即可形成多层的 RDL 线路。该工艺在 FOWLP 中应用较为广泛。

2. 无机重布线

无机重布线工艺流程如图 3-30 所示。首先，使用等离子体增强化学气相沉积法在晶圆表面沉积一层薄的 SiO_2（或 Si_3N_4）层；其次，在 SiO_2 表面旋涂一层光刻胶，使用光刻机对感光绝缘层进行曝光显影，并使用反应离子蚀刻方法除去一定厚度的 SiO_2 形成一个开口，重复操作，除去开口处一定厚度的 SiO_2，去除光刻胶；最后，在表面溅镀 Ti/Cu 种子层，并在整个晶圆上使用电镀工艺镀上一层 Cu，采用化学机械抛光去除多余的电镀 Cu 和 Ti/Cu 种子层，得到第一层的 RDL 线路，此方法称为 Cu 双大马士革法。重复上述步骤便可形成更多层的 RDL 线路。

随着晶体管特征尺寸缩小到 10nm 以下，栅氧化层厚度只有十几个甚至几个原子，这已经接近物理极限了，由于量子隧道效应导致的漏电将会非常严重，基于摩尔定律的芯片研发和制造成本也将呈几何级增加。然而，扇出型晶圆级封装从系统集成方式上进行创新，以功能应用和产品需求作为驱动，有效提高产品传输、功耗、尺寸和可靠性等方面的性能，因此被认为是延续和超越摩尔定律的重要技术手段之一。

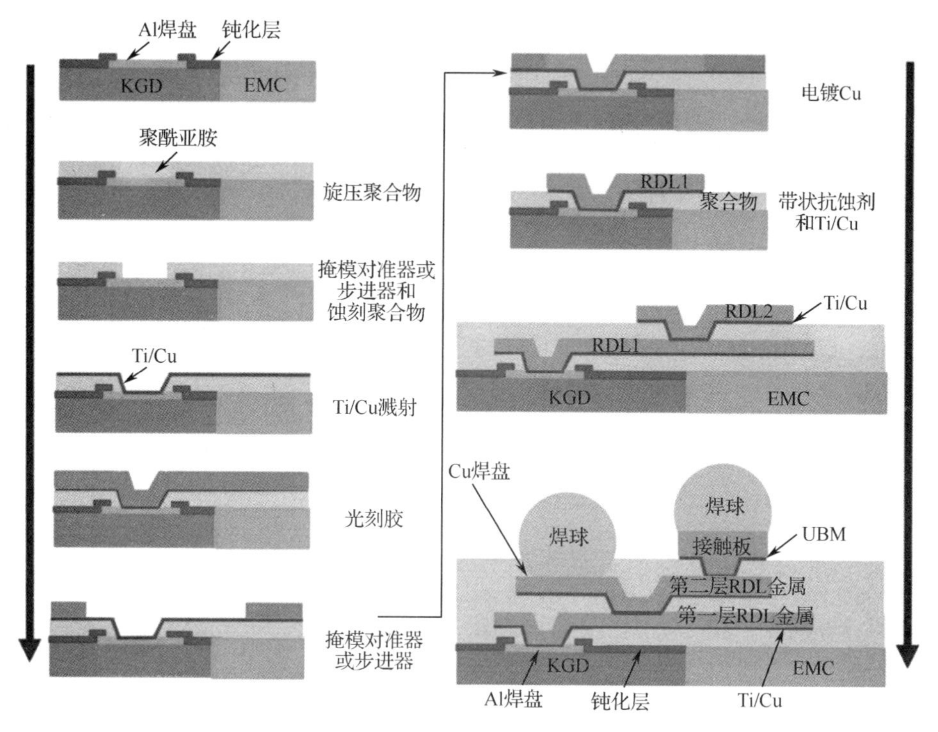

图 3-29　有机重布线工艺流程

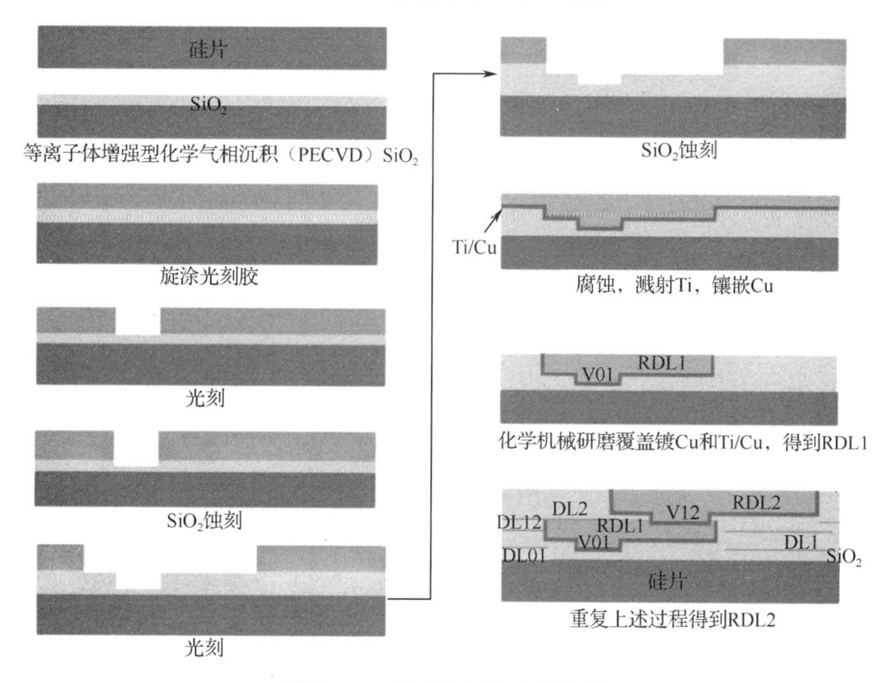

图 3-30　无机重布线工艺流程

FOWLP 已经成功应用于众多不同功能芯片的封装，如基带处理器、射频收发器、电源管理芯片、汽车安全系统、毫米波雷达模组、5G 芯片、生物/医疗器件和应用处理器等。扇出型晶圆级封装不仅可以针对单一功能芯片进行高密度再布线封装，还可以完成异构/异质芯片的系统集成。通过 FOWLP 方式灵活地将不同功能的芯片集成在一起，大大提高了产品性能，也满足了终端产品小型化、智能化和高度集成化的发展要求。

3.3 2.5D 和 3D 封装技术

在逐步进入后摩尔时代的进程中，晶体管的大小和数量不断逼近物理极限，想要延续摩尔定律，单纯依赖更先进的纳米制程已显然不合时宜。因此许多晶圆代工厂的发展重心开始向封装方向转移，同时伴随着异构整合概念的提出，异构整合就是将两种或多种不同制程、不同性质的芯片整合在一起。2.5D 和 3D 封装、Chiplet 等现今热门的封装技术便是基于异构整合的思维而提出的。

3.3.1 2.5D 封装技术

1. 基本概念

由第 1 章内容可知，2.5D 封装技术并没有统一的学术标准，业界通常是指多芯片在无源 TSV 中介层的支撑下，通过堆叠在封装基板上的方式来实现三维集成的封装技术。如今 2.5D 封装主要是由台积电等晶圆代工厂进行晶圆芯片批量制造的技术。2.5D 封装的早期应用之一是 Leti 给出的 SoC 模型，如图 3-31 所示。各种专用 IC 和存储器、电源管理 IC（PMIC）和 MEMS 等芯片模块位于带有 TSV 的硅晶片与 RDL 上。切割后单个单元成为一个子系统，这些子系统可以独立运行，也可以在封装基板上相互连接并协同工作。

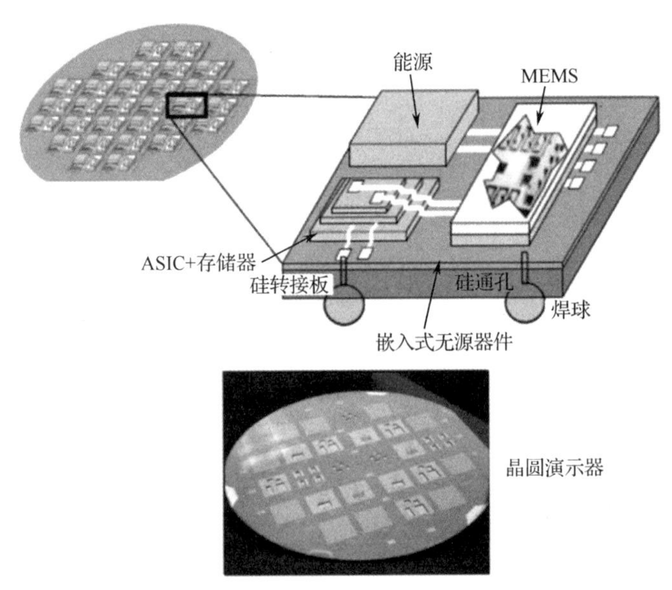

图 3-31 Leti 给出的 SoC 模型（2.5D IC 集成的由来）

通常无源 TSV 中介层可以支持非常大的 SoC 集成。图 3-32 显示了一种 2.5D 封装的结构图，其 IC 模块是由两个堆栈相互组装在一起并载有 3 种不同类型的芯片。模块尺寸为 12mm×12mm，厚度为 1.3mm。顶部双 TSV 中介层尺寸为 12mm×12mm×0.2mm，具有 168 个外围填充过孔。底部载体由尺寸为 5mm×5mm 的倒装芯片组装而成。顶部双载体由一个 5mm×5mm 逻辑芯片和两个堆叠 3mm×6mm 的存储芯片组装而成。载体 1 使用直径为 250μm 的 SAC305 焊球焊接在 FR-4 PCB 上。载体 2 采用二次成型技术来保护引线键合芯片，并通过 TSV 完成芯片与载体的电信号互联。

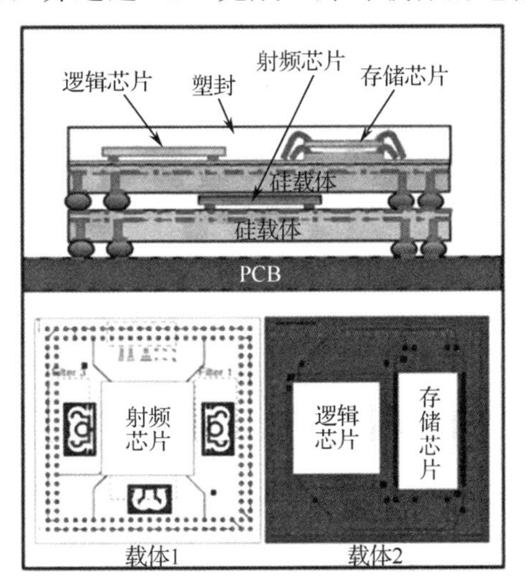

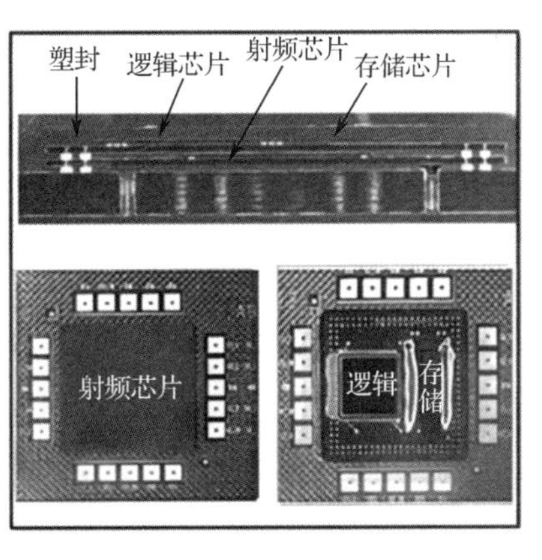

图 3-32 具有 3 种不同芯片的双堆叠 TSV 中介层

2. 典型的 2.5D 封装技术

1）赛灵思/台积电 2.5D 封装技术

目前最为出名的 2.5D 封装技术是台积电的 CoWoS 技术。CoWoS 技术是将半导体芯片（处理器、记忆体等芯片）均匀放置在硅中介层上，将芯片通过 CoW（Chip on Wafer）的封装制程连接至硅晶圆，再把 CoW 芯片与基板连接整合成 CoWoS 封装；利用这种封装模式，使得多颗芯片可以封装到一起，通过 TSV 技术进行互联，达到了芯片封装体积小、性能高、功耗低的效果。CoWoS 技术适用于高性能和高密度场景应用，如高性能计算（High Performance Computing，HPC）。

为了获得更好的元器件制造良品率，台积电利用其 28nm 工艺技术将一个非常大的 SoC 切成 4 个小的 FPGA 芯片。FPGA 芯片之间的横向互联主要通过 TSV 中介层连接，如图 3-33 和图 3-34 所示。RDL 的金属层和介电层的最小厚度约为 1μm，每个 FPGA 芯片都有超过 50000 个微凸点（TSV 中介层上有超过 200000 个微凸点），且微凸点间距为 45μm。因此无源 TSV/RDL 中介层适用于间距极细、极高密度的 I/O、高性能半导体 IC 应用。

2013 年 10 月 20 日，赛灵思（XILINX）和台积电联合宣布推出采用 28nm 工艺技术的 VIRTEX-7 HT 系列产品，并声称此产品是业界首款 2.5D IC 集成系统。赛灵思 VIRTEX-7 HT FPGA 具有多达 16 个 28.05Gbps 和 72 个 13.1Gbps 的收发器。如今赛灵思和台积电的产品性能已经远远超出了上述范围。新的产品是由一个 31.5mm×41.7mm×100μm

的 TSV 中介层组成的，并使用台积电的 CoWoS XLTM 65nm BEOL 技术制造，载有 3 个 FPGA 芯片和 2 个 HBM 存储器，封装基板尺寸为 55mm×55mm×1.9mm，结构如图 3-35 所示。

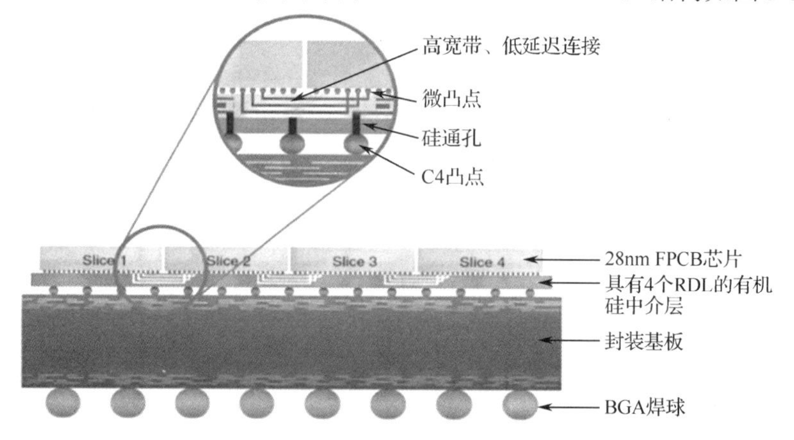

图 3-33　赛灵思的 FPGA 芯片

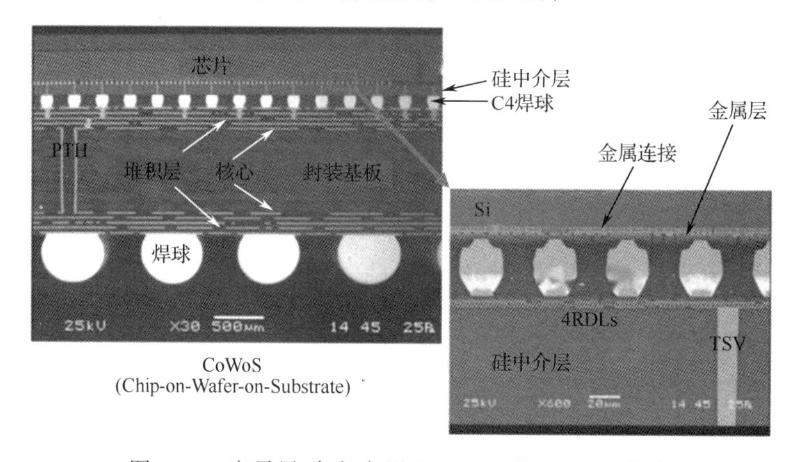

图 3-34　赛灵思/台积电用于 FPGA 的 CoWoS 技术

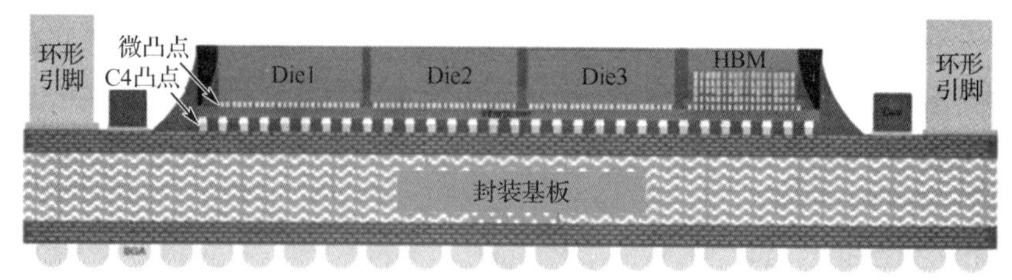

图 3-35　VIRTEX 产品结构

2）英伟达/台积电的 2.5D 封装技术

图 3-36 和图 3-37 分别显示了英伟达（NVIDIA）的 Pascal 100 GPU 的封装结构和电子显微图像。该 GPU 于 2016 年下半年发布。GPU 的封装技术是基于台积电的 16nm 工艺技术，并且载有由三星制造的 4 个 HBM2（16GB）存储器。每个 HBM2 存储器都是由 4 个带有“Cu 柱+焊帽凸块”的 DRAM 和带有垂直互联的 TSV 基本逻辑芯片组成的。每个 DRAM 芯片都包含有 1000 多个 TSV 通孔。GPU 和 HBM2 位于 TSV 中介层顶部，该中介层基于台积电的 64nm 工艺技术制造。TSV 中介层连接到具有 Cu-C4 凸点的有机封装基板上完成电互联。

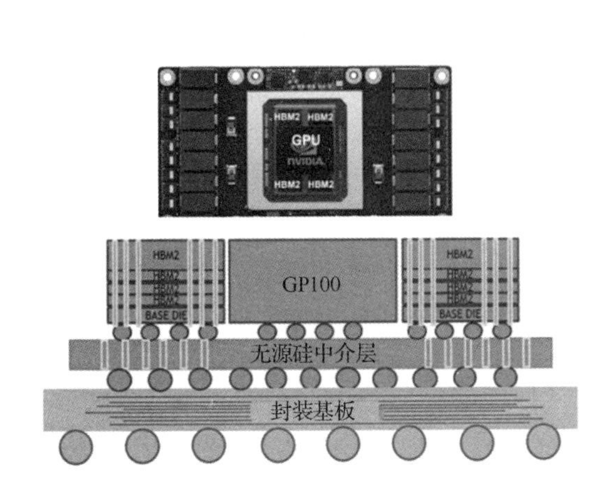

图 3-36　Pascal 100 GPU 的封装结构

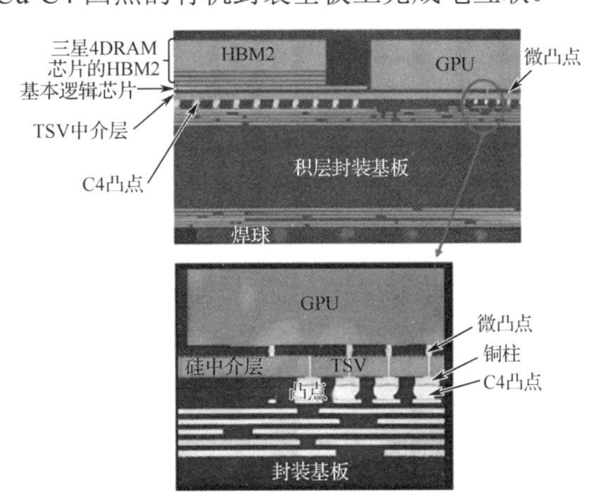

图 3-37　Pascal 100 GPU 的电子显微图像

3．2.5D 封装技术的发展

台积电的 2.5D 封装技术 CoWoS 的发展路线如图 3-38 所示。可以看出，第一个版本（1.0×最大掩模板尺寸为 33mm×26mm=858mm^2）是针对赛灵思 2013 年的产品。多年来，CoWoS 技术的研发重点是不断增加的硅中介层尺寸。2021 年台积电将中介层尺寸扩大到第一个版本的 3 倍，在 2023 年扩大到 4 倍，以支持系统封装中的处理器和 HBM 存储器的堆栈。当 TSV 中介层的尺寸增大时，可靠性便成了一个大的挑战。芯片和中介层之间的微凸点以及中介层和封装基板之间的 C4 凸点的可靠性可以通过底部填充来改善。但由于封装基板的尺寸增大，封装基板和 PCB 之间的焊点可靠性也会降低，因此也需要在 PCB 底部加入填充材料。

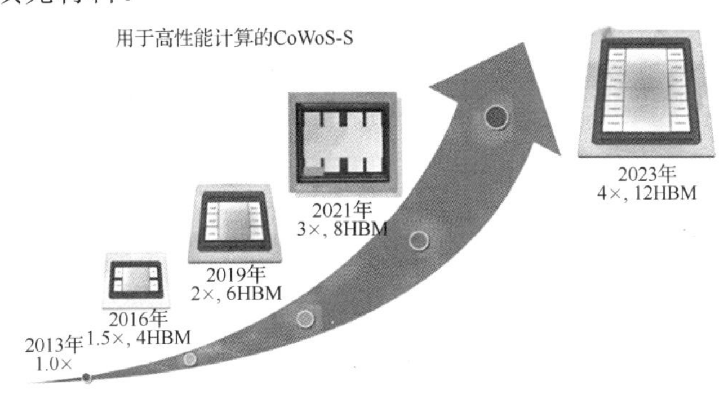

图 3-38　台积电的 2.5D 封装技术 CoWoS 的发展路线

3.3.2 3D 封装技术

1. 3D 封装技术介绍

3D 封装技术是指在不改变封装体尺寸的前提下，在垂直方向上叠放两个及以上芯片的封装技术。由于 3D 封装是在垂直方向上的芯片堆叠，因此芯片之间的垂直互联方式尤为重要。典型的芯片垂直互联包括引线键合（WB）互联、封装体上封装（PoP）互联和硅通孔（TSV）互联 3 种技术。

1）引线键合互联技术

图 3-39 显示了利用引线键合互联技术实现芯片之间互联的典型结构。引线键合互联现在已经是比较成熟的工艺了，但也存在一定的局限性。首先，使用引线键合完成芯片间的互联，随着芯片层数的增多，必须有足够的面积空间用以实现键合，芯片面积寸土寸金，引线键合不适用于多层芯片间的互联。其次，互联线的增加也会引起芯片间传输信号的延迟与损耗，对芯片性能有一定的影响。

2）封装体上封装互联技术

封装体上封装（PoP）又称叠层封装，其结构是将高密度的数字或混合信号逻辑元器件集成在 PoP 的底部，以满足逻辑芯片元器件多引脚的特点。图 3-40 显示了某一应用芯片组（应用处理器+内存）的典型 PoP 封装结构。在底部封装中，应用处理器是底部带有填充物的积层封装基板上的焊料凸点的倒装芯片，顶部封装用于放置存储器。相对于引线键合互联，PoP 互联在引线长度和传输信号损耗上均有所下降，但由于难以实现小型化制备，因此它并不是现代电子设备 3D 封装互联的最佳选择。

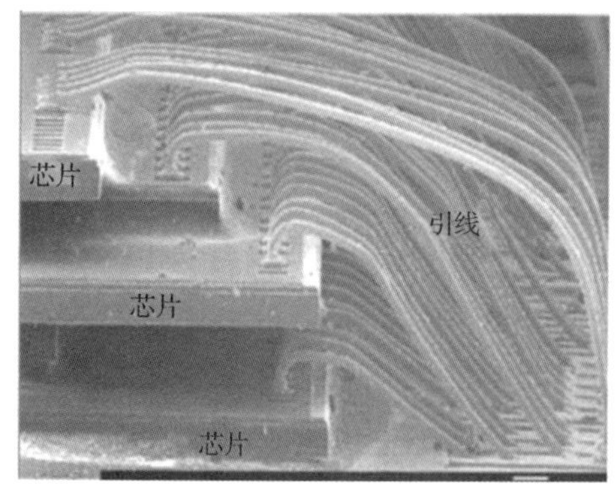

图 3-39 利用引线键合互联技术实现芯片互联

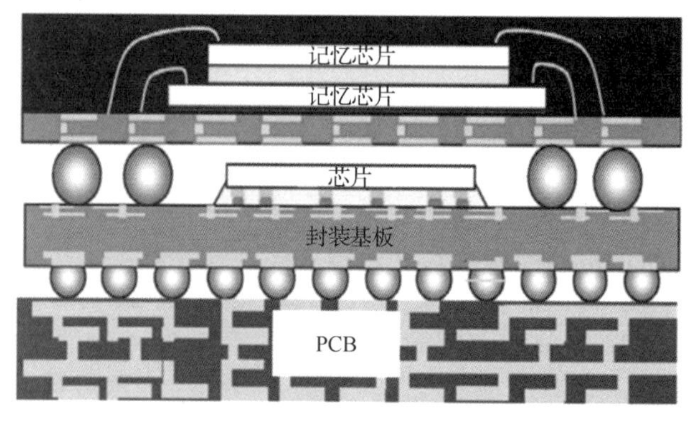

图 3-40 曲型 PoP 封装结构

3）硅通孔互联技术

随着 5G 通信、智能手机、物联网、汽车电子、高性能计算机等新兴技术的不断涌现，对于芯片的响应速度、通信带宽都有了更高的要求，因此催生了硅通孔（TSV）互联技术，其被认为是实现垂直互联的终极技术，并迅速成为研究热点。TSV 互联技术通过垂直互联减小互联长度，降低信号延迟以及电容/电感的影响，实现芯片间的低功耗、高速通信，增加宽带和实现元器件集成的小型化。3 种常见的 TSV 互联技术的基本结构如图 3-41 所示。

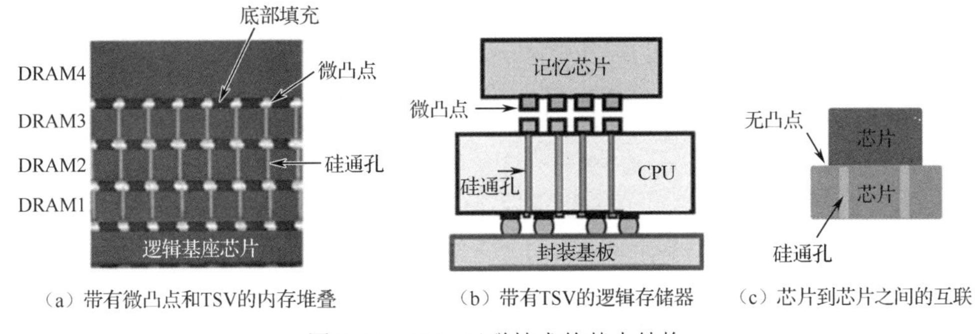

（a）带有微凸点和TSV的内存堆叠　（b）带有TSV的逻辑存储器　（c）芯片到芯片之间的互联

图 3-41　TSV 互联技术的基本结构

2. 3D 封装技术案例

1）AMD 和 UCSB 公司联合推出的 GPU 系统

AMD 和 UCSB 公司联合设计了一款高性能的系统架构，如图 3-42 所示。该系统包括一个 CPU 芯片和几个 GPU 芯片，以及有源 TSV 中介层（具有 CMOS 元器件的 TSV 中介层）。此架构尺寸比较大，由硅片上裸露的互联 IC 制造而来。大的 GPU 裸片与 4 个 HBM 内存堆栈通过微凸点和 TSV 互联技术集成到硅中介层上，以确保芯片之间的通信互联速度更快、用时更短。

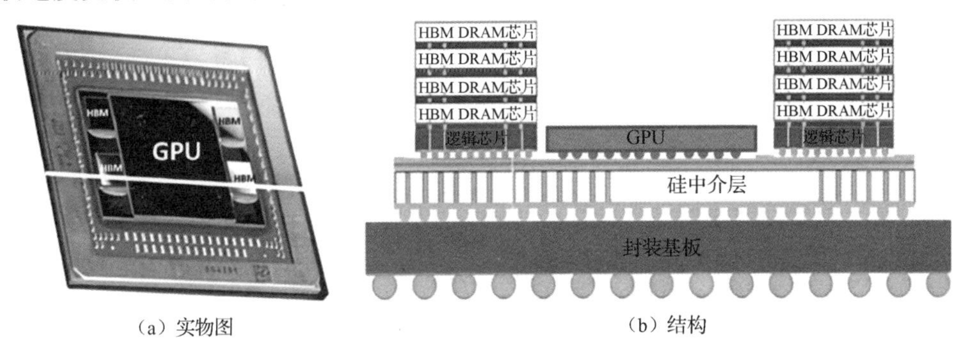

（a）实物图　（b）结构

图 3-42　AMD 和 UCSB 公司联合推出的产品的实物图和结构

2）三星公司 X-Cube 3D 封装技术

在 2020 年 IEEE Hot Chips 32 Symposium（HCS）期间，三星公司推出了自己的 3D 封装技术——X-Cube，意为“拓展的立方体”，其封装结构如图 3-43 所示。从图 3-43 中可以看出，顶部芯片（高带宽存储器）位于具有 TSV 的逻辑层之上（或称为有源 TSV 中介层），两个芯片之间采用 C2 微凸点进行互联。三星公司将 SRAM 层堆叠在逻辑层之上，通过 TSV 实现垂直互联，其制程是该公司的 7nm EUV 光刻工艺技术。将 SRAM 与逻辑部分分离，这样更易于扩展 SRAM 的容量。另外，3D 封装缩短了芯片之间的信号距离，能够提升数据传输速率并提高能效，实现了 X-Cube 速度和效率的显著飞跃，以满足下一代高性能应用的需求。

图 3-43 芯片到有源 TSV 中介层（三星 X-Cube）

3）英特尔 FOVEROS 技术

2020 年 7 月，英特尔推出了采用 FOVEROS 技术的“Lakefield”处理器，其封装结构如图 3-44 所示。FOVEROS 技术采用面对面堆叠，通过 TSV 互联技术在有源转接板上集成不同类型的元器件。转接板作为不同芯片［包括低功率元器件，如输入/输出（I/O）］之间的连接桥梁，完成高性能逻辑信号传输。此结构最下层是封装基板，上面安放一个底层芯片起到中介层的作用。中介层之上就可以放置各种不同的芯片模块，如 CPU、GPU、内存、基带等。而在中介层有大量 TSV，负责联通上下的焊料凸点，让上层芯片模块与系统的其他部分完成通信。

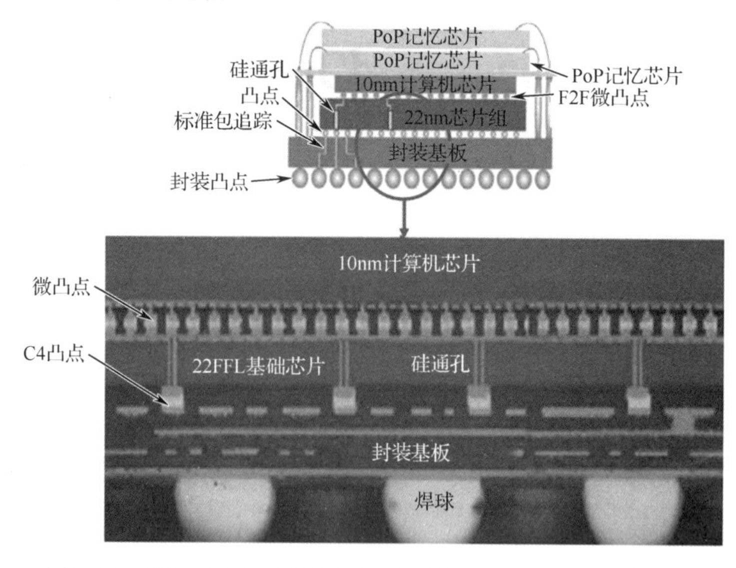

图 3-44 芯片到有源 TSV 中介层（英特尔 FOVEROS 技术）

4）索尼 ISX014 堆叠相机传感器

索尼 ISX014 堆叠相机传感器结构如图 3-45 所示。可以看出，背照式 CMOS 图像传感器（BI-CIS）芯片位于处理器芯片的顶部，这些芯片之间的互联通过沿着 BI-CIS 芯片边缘进行 TSV 互联。芯片通过面对面的热压键合，信号从处理器芯片的边缘进行引线键合，以此完成系统中各模块的电气互联。

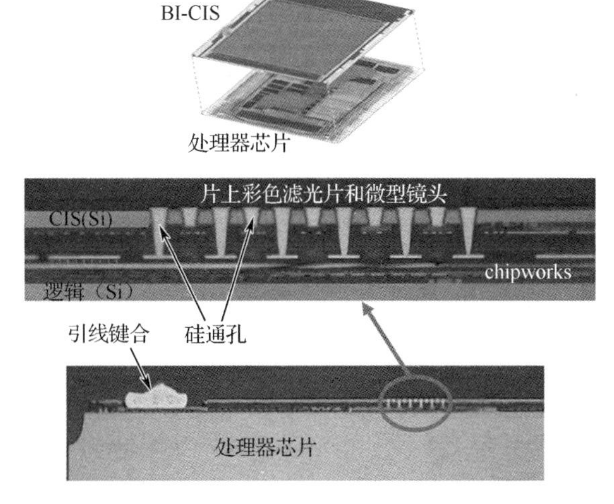

图 3-45　索尼 ISX014 堆叠相机传感器结构

3.3.3　3D 封装关键技术

近年来，台积电已经成为封装技术创新的引领者。从台积电的 CoWoS 技术到 InFO 技术，再到 SoIC，实际上就是 2.5D 封装、3D 封装到真正三维集成电路封装的过程，同时代表了电子产品封装技术的需求和发展趋势。在先进封装技术领域，寻求低成本、高性能的封装技术，展开差异化竞争，已经成为各大晶圆代工厂以及半导体公司的主要追求目标。3D 封装涉及多项关键工艺技术，包括 TSV 制备工艺、临时键合与解键合等。

1．硅通孔技术

1）硅通孔技术的发展历程

TSV 技术是一项高密度封装技术，正在逐渐取代引线键合技术，被认为是继引线键合、载带自动键合和倒装芯片之后的第四代封装技术。TSV 技术通过 Cu、W、多晶硅等导电物质的填充，实现硅通孔的垂直电气互联。TSV 互联是实现垂直堆叠芯片之间信号连接的核心技术之一。国际半导体技术发展图报告中把 TSV 定义为：连接硅圆片两面并与硅衬底和其他通孔绝缘的电互联结构。

威廉·肖克利（William Shockley）在 1958 年申请了一项专利——*Semiconductive Wafer and Method of Making the Same*，这是历史上第一个在晶圆上蚀刻通孔的专利，如图 3-46 所示。此项专利的初衷只是为了实现晶体管在高频率领域中的应用，但是在这项专利中，肖克利提出了可以在通孔中填充导电金属以完成互联这一概念。

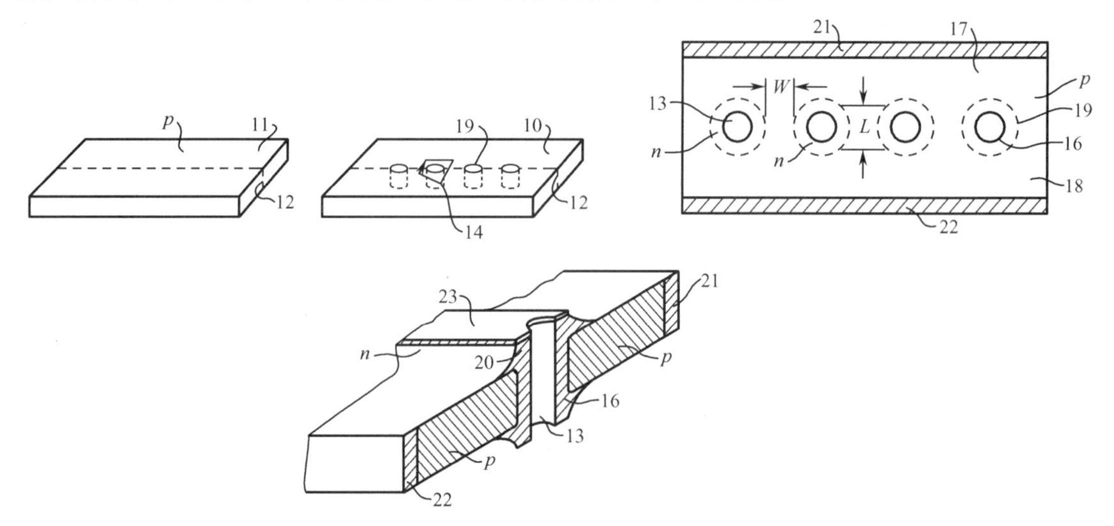

图 3-46　肖克利的在晶圆上蚀刻通孔专利示意图

1964 年，IBM 申请了一项专利——*Methods of Making Thru-Connections in Semiconductor Wafers*，提出了在通孔中通过掺杂降低电阻的方式来实现硅片的垂直互联，即用低阻硅作导电材料。但是这项专利还只是停留在硅片自身上下表面，并没有用于多芯片的堆叠。5 年后，IBM 公司在另一项专利——*Hourglass-Shaped Conductive Connection through Semiconductor Structures* 中首次提出了基于垂直互联的多层芯片的堆叠，如图 3-47 所示。之后，多家公司受到 IBM 提出的芯片堆叠概念的影响，半导体微加工技术的多项突破为现代 TSV 技术的诞生打下了坚实基础。

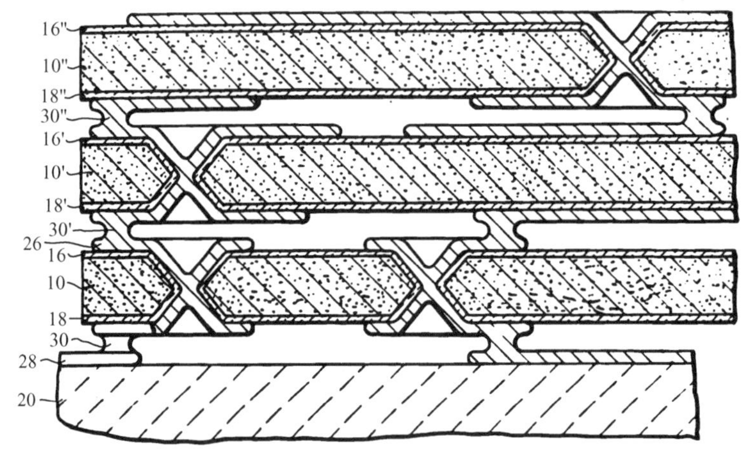

图 3-47　IBM 公司第一个多层芯片堆叠专利结构图

2）硅通孔的结构及制造流程

TSV 的结构如图 3-48 所示，在 Si 衬底上有加工完成的通孔。对通孔而言，由内到外依次为电镀 Cu 柱、阻挡层和绝缘层。绝缘层的作用是将 Si 板和填充的导电材料进行隔离绝缘，材料通常选用 SiO_2。由于 Cu 原子在 TSV 制造工艺流程中可能会穿透 SiO_2

绝缘层，导致封装元器件产品性能的下降甚至失效，因此一般会用化学稳定性较高的金属材料在电镀 Cu 和绝缘层之间加工阻挡层。由于 TSV 结构的尺寸较大，通孔内的填充材料最初的选择是使用热膨胀系数比较低的钨，但是钨的电导率比较低，后来被电导率较高的 Cu 取代，Cu 成为工业界通孔填充材料的首选金属材料，因此用于信号导通的电镀金属材料是 Cu。

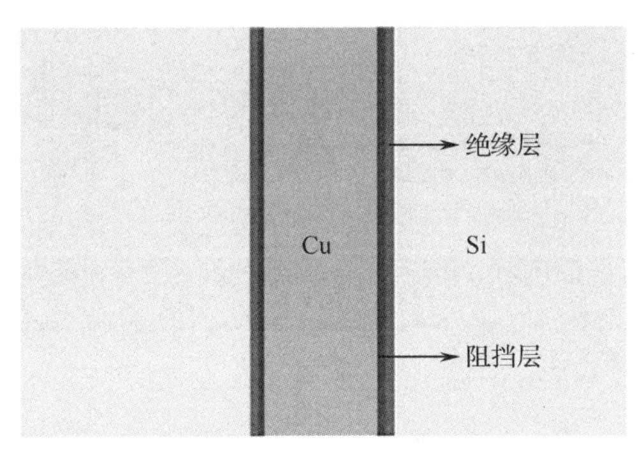

图 3-48 TSV 的结构

TSV 制造的工艺流程如下。

（1）先使用光刻胶对待蚀刻区域进行标记，然后使用深反应离子蚀刻法在硅晶圆的一面蚀刻出盲孔。

（2）依次使用化学沉积的方法沉积 SiO_2 绝缘层、使用物理气相沉积的方法沉积 Ti 作为阻挡层、Cu 作为种子层。

（3）选择一种电镀方法在盲孔中填充电镀 Cu。

（4）使用化学机械抛光法将硅晶圆表面上多余的 Cu 去除。

（5）在硅晶圆上有盲孔的一面制作电路层（RDL）。

（6）使用可溶胶把硅晶圆上有电路层（RDL）的一面黏结在载体晶圆上。

（7）使用化学机械抛光和背面磨削法将盲孔中电镀 Cu 柱的另一端暴露出来。

（8）在暴露出电镀 Cu 后的硅晶圆的背面开始制作电路层和微凸点下的 Cu 垫（UBM）。

（9）在硅晶圆背面开始制作微凸点。

（10）将制作了微凸点的晶圆从载体晶圆上取下，然后清除晶圆正面的可溶胶。

3）硅通孔制造工艺选择

基于 TSV 工艺模块在整个芯片制造流程中的相对位置，主流的 TSV 制作技术可分为先通孔、中间通孔和后通孔 3 种路线。在中间通孔技术路线中，TSV 工艺模块被置于前道工艺和后道工艺之间，也就是在前道工艺将晶体管制造完成后形成 TSV 再进行后道工艺，即金属互联层的制造。而在后通孔技术路线中，前道工艺和后道工艺都完成后再完成 TSV 工艺模块。此外，在先通孔和中间通孔工艺中，通孔制造完成之后，从顶部蚀刻硅晶片并从底部减薄。相比在后通孔工艺中，硅晶片在制造通孔前被减薄，然后从晶片底部蚀刻通孔，保持了通孔制作和后道工序之间的正确对准性。先通孔、中间通孔、后通孔工艺路线如图 3-49 所示。

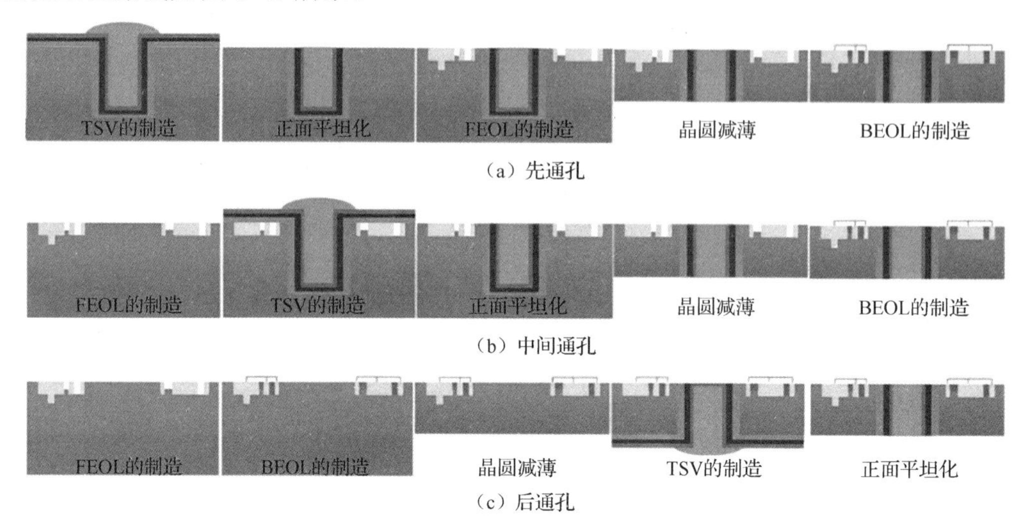

图 3-49　先通孔、中间通孔、后通孔工艺路线

影响通孔制造顺序的另一个重要方面是前道工序和后道工序期间的热预算。前道工序加工过程涉及硅晶圆的氧化和蚀刻，通常在高温（>400℃）环境下进行；沉积电介质、金属互联等的后道工序通常在相对较低的温度（<400℃）环境下进行，但是电介质沉积温度有时会达 425～450℃，因此选择制造通孔的先后顺序很重要，必须根据具体情况进行优化。

2. 临时键合与解键合技术

硅通孔的制作在 3D 封装的工艺流程中会对晶圆进行减薄处理，减薄后的晶圆厚度达到 100μm 以下。超薄晶圆的机械强度会随晶圆厚度的减小而降低，容易发生翘曲，易造成元器件性能降低、产品均一性变差等情况。为了解决超薄晶圆的拾放问题，业界通常采用临时键合与解键合技术。

晶圆键合技术是指通过化学和物理作用将两块已经镜面抛光的同质或异质晶片紧密地结合起来，晶片结合后，表面的原子受到外力作用而形成共价键从而结合成一体，并使结合界面达到特定的键合强度。晶圆键合技术经常与其他工艺结合使用，既可对微小结构提供支撑和保护，又可实现机械结构和电路结构之间的电学连接。

晶圆键合分为直接键合和中间过渡层键合。直接键合又分为硅直接键合和阳极键合；中间过渡层键合又分为共晶键合、焊料键合和黏结剂键合。晶圆键合技术主要应用于 MEMS 和大功率 LED 等行业。晶圆键合需保证键合的两块晶圆之间的键合力牢固、可靠，不能分离。临时键合技术是为了降低超薄晶圆在处理中的风险，在减薄之前将其键合到载片表面，为其提供机械支撑（不提供电学连接）的工艺技术。在完成机械支撑之后，还需进行解键合工艺。临时键合和解键合工艺流程如图 3-50 所示。

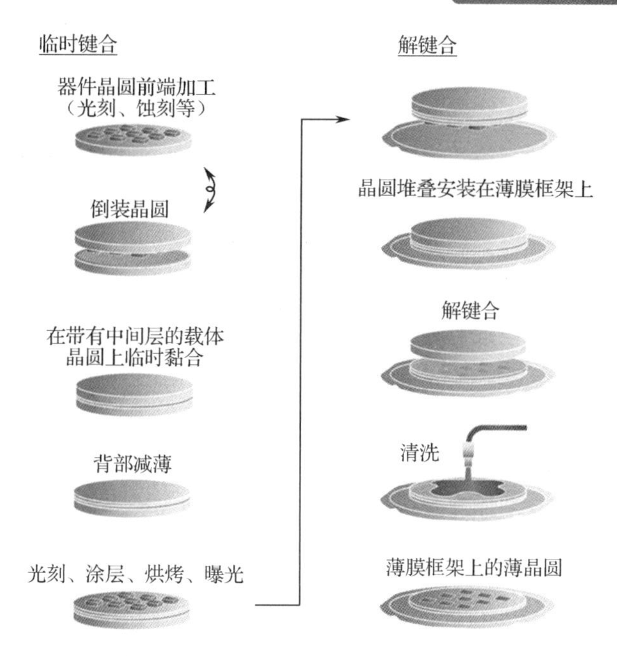

图 3-50　临时键合和解键合工艺流程

解键合是实现晶圆与载片分离的工艺。实现的方式主要有机械解键合法、热滑移解键合法、化学解键合法和激光解键合法。机械解键合法是指通过拉力作用分离载片和元器件晶圆，碎片率比较高。热滑移解键合法是指通过高温软化黏结剂，之后将元器件晶圆与载片分离，但是黏结剂易在设备平台残留，影响后续工艺流程。化学解键合法是指通过溶剂溶解黏结剂，成本较低，但效率很低，不适合量产。激光解键合法是指通过激光透过玻璃对黏结剂层进行照射，产生热量使黏结剂分解或产生能量使化学键断键，是比较理想的解键合的方法。激光解键合法示意图如图 3-51 所示。

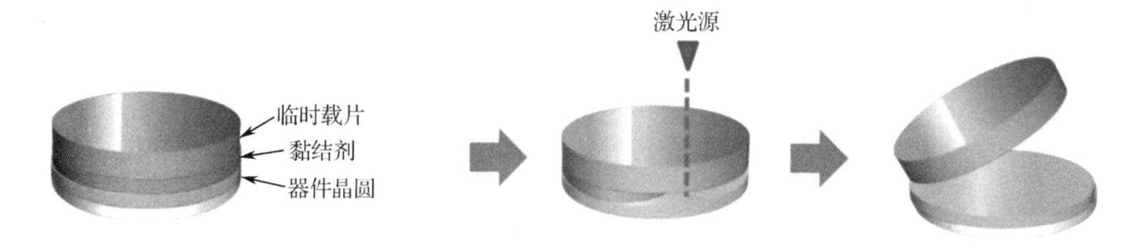

图 3-51　激光解键合法示意图

激光解键合工作台是解键合设备的核心部分。其结构和实物图如图 3-52 所示。固体激光器产生 365nm 的激光经过可调扩束器、聚焦镜等光学系统形成微米级尺寸的光斑照射到真空吸附在承片台的晶圆上（载片面向上），电荷耦合元件（Charge Coupled Device，CCD）图像系统实现光斑图像精确对准，X、Y、Z 轴方向的运动机构实现精确对准定位和激光扫描。

晶圆装载到 FOUP（FOUP 是指 Front-Opening Unified Pod，即前开腔体）中，并由中央机械手臂对晶圆逐片检测，后续处理还需要对键合质量进行冷却检测步骤，具体工艺流程如图 3-53 所示。

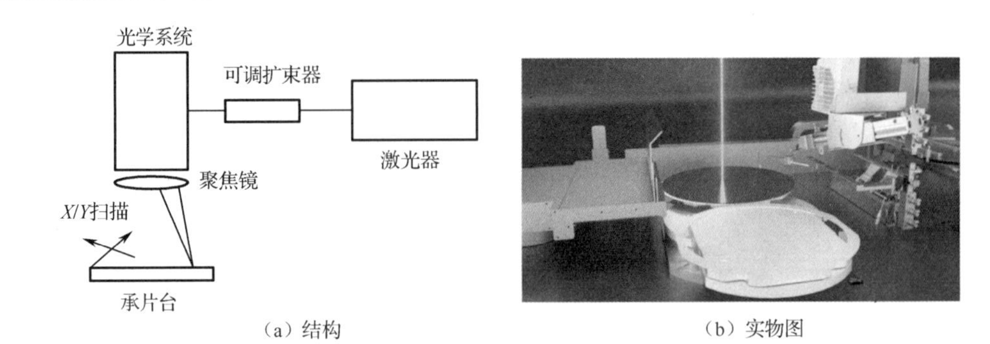

（a）结构　　（b）实物图

图 3-52　激光解键合工作台的结构和实物图

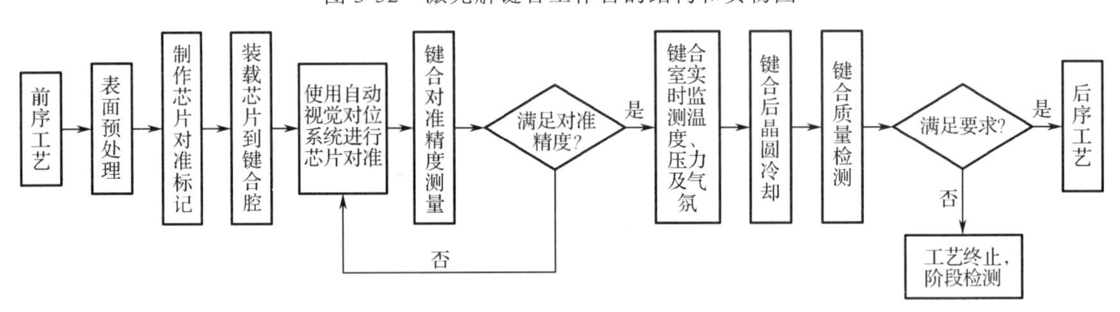

图 3-53　晶圆键合具体工艺流程

Chapter 4

第4章 电气互联基板技术

在电子设备的器件级封装、板级组装与系统装联等多级互联中，往往运用基板来保护、固定、支撑芯片、元器件与电路模块。不同的应用场合对基板的性能要求各异，使用的基板自然不一样，因此衍生出了不同的基板材料及制造技术，包括封装基板、PCB基板和特种基板等。本章首先介绍互联基板的作用、类型、材料和特点，然后详细说明上述3类互联基板的制造技术。

4.1 概述

4.1.1 互联基板的作用、特点与类型

1．互联基板的作用与特点

互联基板由绝缘基材和附着于绝缘基材表面或内层中用于连接芯片、元器件（包括屏蔽元器件）的导电图形和电路构成。互联基板的作用如下。

（1）实现各芯片或元器件之间的信号互联、电源与馈电互联、地线互联等。

（2）为芯片或元器件提供机械固定与支撑。

（3）促进芯片或元器件散热等。

互联基板对元器件和电路的电性能、热性能、力学强度和可靠性都起着重要作用，相关研究涉及材料、设计、制造工艺及设备、测试等。

互联基板的电路图形设计要求较高，其主要特点是：高密度、小路径、多层数、高板厚/孔径比、优良的运输特性、高平整光洁度和尺寸稳定性等。

2．互联基板的类型

互联基板按用途可以分为用于芯片互联的基板和用于电路模块元器件组装的基板两

大类。前者常称为基板，后者常称为 PCB 或 PWB（印制电路板）。按照基板的材料类型可以分为无机材料基板和有机材料基板两大类，无机材料基板主要指陶瓷电路基板，有机材料基板中最常用的是环氧玻璃纤维基板。按基板结构和特性可以分为刚性、挠性、柔性基板以及单层、多层和具有金属基夹层之类的特种基板、内埋基板等。按基板制造工艺可分为：采用加成法和印刷工艺制作互联电路的基板，主要包括单层厚膜陶瓷电路基板、高温共烧陶瓷（High Temperature Co-fired Ceramics，HTCC）多层基板、LTCC 多层基板等；采用减成法和印刷工艺制作互联电路的基板，主要包括低成本的单面、双面刚性 PCB 和低密度挠性基板等；采用减成法和图形转移工艺制作互联电路的基板，主要包括挠性电路基板、PCB、薄膜电路基板等。

一般的刚性基板材料采用的是覆铜板（Copper Clad Laminate，CCL），它用增强材料，浸以树脂黏结剂，通过烘干、裁剪、叠合成坯料，然后覆上 Cu 箔，并用钢板作为模具，在热压机中经高温高压加工成型制成。一般的多层板所使用的半固化片为 CCL 制作过程中的半成品（多为玻璃布浸以树脂，经干燥加工而成）。

CCL 的分类方法有多种，根据板的增强材料不同可分为纸基、玻璃纤维布基、复合基［复合环氧材料（CEM）系列］、积层多层板基和特殊材料基（陶瓷、金属芯基等）五大类。常见的纸基单、双面印制电路板根据采用的树脂黏结剂不同，可分为酚醛树脂（XPc、XxxPC、FR-1、FR-2 等）、环氧树脂（FE-3）、聚酯树脂等类型。常见的玻璃纤维布基 CCL 为环氧树脂（FR-4、FR-5），是目前广泛使用的玻璃纤维布基类型。另外，还有其他特殊性树脂（以玻璃纤维布、聚基酰胺纤维、无纺布等为增加材料）、双马来酰亚胺改性三嗪树脂（BT）、聚酰亚胺树脂（PI）、二亚苯基醚树脂（PPO）、马来酸酐亚胺-苯乙烯树脂（MS）、聚氰酸酯树脂、聚烯烃树脂等。

按 CCL 的阻燃性能分类，可分为阻燃型（UL94-VO、UL94-V1 级）和非阻燃型（UL94-HB 级）两类。近年来，随着对环保问题越来越重视，在阻燃型 CCL 中又分出一种新型不含溴类物的 CCL，可称为“绿色型阻燃 CCL”。随着电子产品技术的高速发展，对 CCL 提出了更高的性能要求，根据 CCL 的性能不同可分为一般性能 CCL、低介电常数 CCL、高耐热性的 CCL（一般在 150℃以上）、低热膨胀系数的 CCL（一般用于封装基板）等类型。

4.1.2 互联基板材料与性能

常用的无机和有机基板材料的性能如表 4-1 所示。其中，玻璃化转变温度（T_g）和热膨胀系数（CTE）是重要的参数。一般而言，T_g 必须大于电路工作温度和生产工业中的最高温度，CTE 则应尽量一致。

1. 陶瓷基板

从广义上讲，非金属以及无机固体材料均可称为陶瓷。基于陶瓷材料制备的电路基板具有低延展性、低韧性、高熔点以及优良的绝缘性、耐高温性等特点。此外，陶瓷基板还具有较高的气密性，可隔离水汽、氧气和灰尘等，为电子元器件及电路提供稳定的工作环境。部分陶瓷基板还具有抗辐射的能力，在航空航天及核工业领域中具有广阔的应用前景。目前应用于电子互联基板中的陶瓷材料主要有氧化铝（Al_2O_3）、氧化铍（BeO）、氮化铝（AlN）、氮化硅（Si_3N_4）以及碳化硅（SiC）等。

表 4-1 常用的无机和有机基板材料的性能

基板材料	性能								
	玻璃化转变温度/℃	x、y 轴的 CTE/（10^{-6}/℃）	z 轴的 CTE/（10^{-6}/℃）	热导率/［W/(m·K)］25℃下	抗挠强度/kpsi 25℃下	相对介电常数	体积电阻率/（Ω·m）	表面电阻/Ω	吸潮性/质量百分比
环氧玻璃纤维	125	13～18	48	0.16	45～50	4.8	10^{12}	10^{13}	0.1
聚酰亚胺玻璃纤维	250	12～16	57.9	0.35	97	4.4	10^{13}	10^{12}	0.32
环氧 aramid（芳香族聚酰胺）纤维	125	6～8	～50	0.12	40	4.1	10^{12}	10^{13}	0.85
聚酰亚胺 aramid（芳香族聚酰胺）纤维	250	3～7	～60	0.15	50	3.6	10^{12}	10^{12}	1.5
聚酰亚胺石英	250	6～8	50	0.3	95	4.0	10^{13}	10^{12}	0.4
环氧石墨	125	7	～48	0.16			10^{12}	10^{13}	0.1
聚酰亚胺石墨	250	6.5	～50	1.5		6.0	10^{14}	10^{12}	0.35
玻璃/聚砜	185	30			14	3.5	10^{15}	10^{13}	0.029
聚四氟乙烯玻璃纤维	75	55				2.2	10^{14}	10^{14}	000
环氧石英	125	6.5	48	～0.16		3.4	10^{12}	10^{13}	0.10
氧化铝陶瓷		6.5	6.5	2.1	44	8	10^{14}	10^{14}	000
氧化铍陶瓷		8.4	8.4	14.1	50	6.9	10^{15}	10^{15}	000
瓷釉覆盖钢板		10	13.3	0.001		6.3～6.6	10^{11}	10^{13}	000
聚酰亚胺 CIC 芯板	250	6.5		0.35/57*			10^{12}	10^{12}	0.35

1）氧化铝陶瓷基板

氧化铝（Al_2O_3）陶瓷基板材料的 Al_2O_3 含量一般为 96%，在对基板强度要求较高的情况下，可采用 99%的纯 Al_2O_3。Al_2O_3 陶瓷呈白色（见图 4-1），其力学性能、电性能以及热性能等在很大程度上依赖于 Al_2O_3 的质量分数。一般而言，Al_2O_3 陶瓷各方面的性能会随着 Al_2O_3 质量分数的增加而得到提升，如表 4-2 所示。但高纯 Al_2O_3 加工困难，成品率低，因此价格高。Al_2O_3 陶瓷基板的主要制备方法有轧膜法、流延法以及凝胶注膜法等。在陶瓷基板的成型过程中，需要使用烧结工艺，Al_2O_3 质量分数越高，基板在成型过程中需要的烧结温度越高，如 95%Al_2O_3 陶瓷基板的烧结温度为 1650～1700℃，99%Al_2O_3 陶瓷基板的烧结温度则高达 1800℃。在烧结过程中添加烧结助剂可以有效地降低烧结温度，常用的添加剂有生成液相型烧结助剂（SiO、CaO、SrO 和 BaO 等碱金属氧化物）、生成固溶体型烧结助剂（TiO_2、MnO_2、Fe_2O_3 和 Cr_2O_3 等）以及稀土烧结助剂（Y_2O_3、La_2O_3、Sm_2O_3 和 Nd_2O_3 等稀土氧化物等）。根据 Al_2O_3 的质量分数及烧结助剂含量不同，可将 Al_2O_3 陶瓷分为 75 瓷、85 瓷、96 瓷、99 瓷等不同牌号。

（a）Al_2O_3 陶瓷粉末

（b）Al_2O_3 陶瓷基板

图 4-1　Al_2O_3 陶瓷

表 4-2　室温下不同 Al_2O_3 质量分数陶瓷的性能对比

Al_2O_3 质量分数/%	相对介电常数	CTE/（10^{-6}/℃）	抗弯强度/MPa	最大工作温度/℃	热导率/［W/(m·K)］
85.00	8.2～8.5	5.3～6.5	298	1400	7.5～13.0
90.00	8.8～10.0	6.2～6.8	339	1500	12.0～13.0
96.00	9.0～9.5	6.6～6.7	360	1700	21.0～25.0
99.50	9.5～9.8	6.9～7.1	381	1750	29.0～35.0
99.99	9.9～10.3	7.0～7.2	394	1900	37.0～45.0

Al_2O_3 陶瓷基板通常应用于汽车电子、半导体照明以及电气设备等领域，其原料来源丰富、价格低廉，且具有高绝缘性、耐热冲击、抗化学腐蚀及高力学强度等特点，在各类陶瓷基板中占据主导地位，其不足之处在于 CTE 较大且热导率较低。

2）氧化铍陶瓷基板

氧化铍（BeO）陶瓷具有良好的电绝缘性能和优异的热导性能，可用于高功率密度的电路基板。其室温下的热导率为 310W/(m·K)，是同一纯度的 Al_2O_3 陶瓷的 10 倍左右。此外，BeO 陶瓷还具有较低的介电常数、介电损耗以及较好的力学性能，综合性能优于 Al_2O_3 陶瓷。基于 BeO 陶瓷制备的互联基板可应用于航空航天、电力电子、光电技术以及核工业领域；在大功率元器件及对散热要求高的电路中，BeO 陶瓷更是成为首选，如涂覆金属涂层的 BeO 基板用于飞机驱动装置控制系统、福特和通用等汽车公司在汽车点火装置中使用喷涂金属的 BeO 衬片等。BeO 陶瓷粉末和基板如图 4-2 所示。

限制 BeO 陶瓷基板使用的因素之一是 BeO 陶瓷粉末含剧毒，若被人体吸入，则可造成肺功能损伤甚至中毒而危及生命。但在高性能需求的应用中（如航空航天和卫星通信等），仍然在使用 BeO 陶瓷基板，这是由于 BeO 陶瓷的高热导率和低损耗特性是其他陶瓷材料无法比拟的。此外，高纯度的 BeO 陶瓷烧结温度高达 1900℃，因此需要通过使用 MgO、CaO、Al_2O_3、SrO、TiO_2、Fe_2O_3、Tb_4O_7 以及稀土氧化物等烧结助剂来降低 BeO 的烧结温度。例如，添加 1%质量分数的 Fe_2O_3 能够将烧结温度降低至 1500℃左右；添加 0.5%质量分数的 MgO 可以提高烧结速率；添加 Tb_4O_7 以及稀土氧化物可进一步提高 BeO 陶瓷的热导率及致密度。

（a）BeO 陶瓷粉末

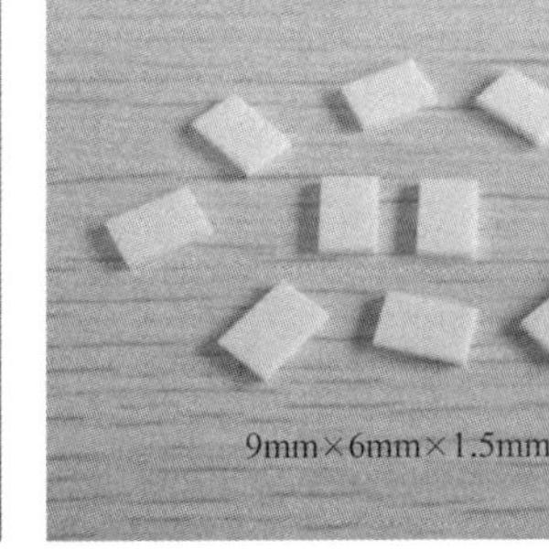

（b）BeO 陶瓷基板

图 4-2　BeO 陶瓷粉末和基板

3）氮化铝陶瓷基板

氮化铝（AlN）陶瓷基板具有优良的热性能、电性能和力学性能。AlN 陶瓷粉体呈灰白色，如图 4-3 所示。在室温下，AlN 的理论热导率为 320W/(m·K)、商用 AlN 的热导率一般为 180～260W/(m·K)、热压烧制 AlN 的热导率为 150W/(m·K)。AlN 的热膨胀系数为（3.8～4.4）$\times 10^{-6}$/℃，能够良好匹配 Si、SiC 以及 GaAs（砷化镓）等半导体芯片材料；弹性模量为 310GPa，抗弯强度为 300～340MPa，介电常数为 8～10。

（a）AlN 陶瓷粉末

（b）AlN 陶瓷基板

图 4-3　AlN 陶瓷粉末和基板

AlN 属于共价键晶体，熔点高而难以烧结。因此，AlN 陶瓷同样需要使用烧结助剂来降低烧结温度。常用的烧结助剂有 Y_2O_3、CaO、Li_2O、BaO、MgO、SrO、La_2O_3、HfO_2 以及 CeO_2 等。例如，通过三元体系 Y_2O_3-CaO-Li_2O 烧结助剂，在 1600℃下烧结 6h 得到高热导率［172W/(m·K)］和高强度（450MPa）的 AlN 陶瓷试样。

AlN 陶瓷的热导率为 Al_2O_3 陶瓷的 5～6 倍，热膨胀系数却只有其 50%。此外，AlN 陶瓷还具有介电常数低、耐腐蚀性能好以及绝缘强度高等特点，其综合性能优于 Al_2O_3 陶瓷。因此，AlN 陶瓷基板在大功率电力电子等领域中逐渐替代 Al_2O_3 陶瓷基板。目前，限制 AlN 陶瓷基板应用的因素是生产成本较高。

4）氮化硅陶瓷基板

氮化硅（Si_3N_4）具有 3 种（α 相、β 相和 γ 相，其中 α 相与 β 相是最常见的形态）

晶体结构且均为六方结构，其粉体呈灰白色。Si_3N_4基板会因烧结助剂以及制备工艺不同而呈现不同颜色，如图 4-4 所示。Si_3N_4陶瓷基板的弹性模量为 320GPa、抗弯强度为 920MPa、热膨胀系数为 3.2×10^{-6}/℃、介电常数为 9.4，具有硬度大、强度高、热膨胀系数小、耐腐蚀性好等特点。其中，优异的力学性能是 Si_3N_4 陶瓷最明显的优势。然而，Si_3N_4陶瓷的导热能力并不理想，若通过改进工艺、添加烧结助剂或采用更纯的原料则可在一定程度上提高 Si_3N_4 陶瓷的热导率，但同时会降低其强度。例如，以高纯硅粉为原料，采用反应烧结并通过长时间的热处理工艺（60h）制备的 Si_3N_4 陶瓷的热导率高达 177W/(m·K)，但其抗弯强度仅为 460MPa。

（a）Si_3N_4陶瓷粉末　　（b）Si_3N_4陶瓷基板

图 4-4　Si_3N_4陶瓷粉末和基板

Si_3N_4陶瓷的热膨胀系数是所有陶瓷材料中最小的，在功率元器件封装基板中具有很大的应用潜力，如电动汽车和新能源设备中使用的半导体功率模组等。限制 Si_3N_4 陶瓷基板应用的主要因素是制备工艺复杂、生产成本高、热导率低。

5）碳化硅及氮化硼陶瓷基板

碳化硅（SiC）陶瓷具有高热导率［单晶 SiC 室温热导率可达 490W/(m·K)］、高强度、高硬度、耐高温、耐腐蚀、与 Si 相近的热膨胀系数等。SiC 陶瓷基板适用于高功率的电子设备及高温等极端条件，但 SiC 陶瓷的相对介电常数较高（40），因此不适合高频应用。氮化硼（BN）陶瓷具有较好的综合性能，但作为基板材料没有突出的优点且价格昂贵，与半导体材料的热膨胀系数也不匹配，目前仍处于研究阶段。SiC 和 BN 陶瓷基板如图 4-5 所示。

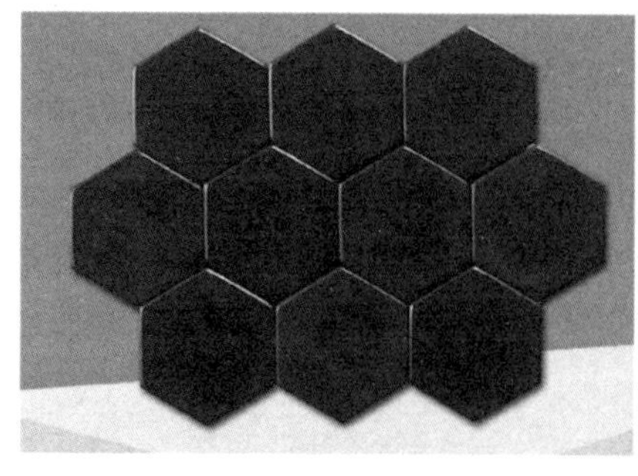

（a）SiC 陶瓷基板　　（b）BN 陶瓷基板

图 4-5　SiC 和 BN 陶瓷基板

陶瓷基板主要用于厚、薄膜混合集成电路和 MCM 电路中，它具有有机材料基板无法比拟的优点（表 4-3 是常用的陶瓷基板材料性能对比）。例如，陶瓷基板与 LCCC 外壳的热膨胀系数相匹配，组装 LCCC 元器件时能够获得良好的可靠性；陶瓷基板在加热条件下不会释放出大量吸附性气体而降低真空度，因此适用于真空蒸发工艺。此外，陶瓷基板还具有耐高温、表面光洁度好、化学稳定性高等特点，是厚、薄膜混合集成电路和 MCM 电路的优选电路基板。陶瓷基板也存在不足，如价格高，一般的电子产品难以承受；介电常数偏高，不适合用作高速电路基板；难以加工成大而平的基板且无法制作成多块组合在一起的邮票板结构来适应自动化生产的需求等。

表 4-3　常用的陶瓷基板材料性能对比

性能	基板材料							
	Al_2O_3		BeO	AlN		Si_3N_4	SiC	BN
纯度/%	96.0	99.5	99.6	>99.6	>99.8	96.0	—	99.5
密度/（$g \cdot cm^{-3}$）	3.75	3.90	2.90	3.25		3.18	3.20	2.25
热导率/［W/(m·K)］	20	30	250	140	260	10～40	270	20～60
CTE/（10^{-6}/℃）	7.2	7.4	7.5	4.4		3.2	3.7	0.7～7.5
电阻率/（Ω·m）	$>10^{15}$		$>10^{14}$	$>10^{14}$		$>10^{14}$	$>10^{14}$	$>10^{13}$
相对介电常数	9.3	9.7	6.7	8.9		9.4	40	4.0
介电损耗	3	1	4	3～10		—	50	2～6
击穿电压/（$kV \cdot mm^{-1}$）	10		10	15		100	0.07	300～400
硬度/GPa	25		12	12		20	25	2
抗弯强度/MPa	300～350		200	300～400		980	450	40～80
弹性模量/GPa	370		350	310		320	450	98
毒性	无毒		有毒	无毒		无毒	无毒	无毒

2．玻璃纤维电路基板

1）环氧玻璃纤维层板

环氧玻璃纤维层板是由环氧树脂和玻璃纤维组成的，它结合了玻璃纤维强度高和环氧树脂韧性好的优点，故具有良好的强度和延展性。环氧玻璃纤维层板有单面、双面和多层之分。

环氧玻璃纤维电路层板在制作时，首先将环氧树脂渗透到玻璃纤维布中，形成预浸料；其次在预浸料中添加固化剂、稳定剂、防燃剂、黏结剂等以提高层板的性能；再次将预浸料层叠在一起，经过层压和热固化使预浸料中的环氧树脂固化形成坚硬的层板结构；最后在层板的一面或两面粘压覆盖 Cu 箔，形成覆 Cu 层，使其成为具有导电性的环氧玻璃纤维层板，可作为 PCB 的原材料。

目前常用的环氧玻璃纤维层板类型如下。

（1）G-10 和 G-11 层板。这两种层板不含有阻燃剂，可以用钻床钻孔，但不允许用冲床冲孔。G-10层板的性能和FR-4层板相似，G-11层板能够耐高温。

（2）FR-2、FR-3、FR-4、FR-5和FR-6层板。它们都含有阻燃剂，因而被命名为“FR”（Flame Retardant）。FR-2层板的性能类似于XXXPC（纸基酚醛树脂）层板，只能用冲床冲孔，不允许用钻床钻孔；FR-3层板是纸基环氧树脂层板，可在室温下冲孔；FR-4层板是环氧玻璃纤维层板，被广泛应用于工业中，它和G-10层板的性能相似，具有良好的电性能、加工特性和性价比，可制作多层板；FR-5层板的性能和FR-4层板相似，但能在更高的温度下保持良好的强度和电性能；FR-6层板是聚酯树脂玻璃纤维层板。

在上述层板中，比较常用的为G-10和FR-4层板，它们适用于多层PCB，价格相对便宜，并可采用钻床钻孔工艺，容易实现自动化生产。

2）非环氧树脂层板

（1）聚酰亚胺树脂玻璃纤维层板：可作为刚性或柔性电路基板材料，在高温下的强度和稳定性都优于FR-4层板，常用于高可靠性需求的军用产品中。

（2）GX和GT层板：聚四氟乙烯玻璃纤维层板，介电性能可控，可用于介电常数要求严格的产品中。其中，GX层板的介电性能优于GT层板，更适用于高频电路中。

（3）XXXP和XXXPC层板：纸基酚醛树脂层板，只能冲孔不能钻孔，且仅用于单面和双面PCB，不能作为多层PCB的原材料。这类层板的价格便宜，在民用电子产品中被广泛应用。

每种层板都具有各自的最高连续工作温度，如果工作温度超过该温度值，则层板的电性能、力学性能将发生严重恶化，甚至会影响组装件的功能。表4-4列出了常用层板的最高连续工作温度。从表4-4中可以看出，聚酰亚胺的最高连续工作温度最高，它属于高温层板类。

表4-4　常用层板的最高连续工作温度

层板类型	最高连续工作温度/℃	层板类型	最高连续工作温度/℃
XXXP	125	FR-4	130
XXXPC	125	FR-5	170*
G-10	130	FR-6	105
G-11	170*	聚酰亚胺	260
FR-2	105	GT	220
FR-3	105	GX	220

*170℃以上电性能下降，180℃时力学性能下降。

3. 组合结构的电路基板

1）瓷釉覆盖的钢基板

瓷釉覆盖的钢基板克服了陶瓷基板外形尺寸受限以及介电常数高的缺点，但该基板的热膨胀系数仍然较高，与LCCC的热膨胀系数不匹配，因此不适合作为LCCC的组装基板。后来开发出的瓷釉覆盖Cu-殷钢电路基板，它的热膨胀系数可以调整至与LCCC

相匹配，且介电常数低，可作为高速电路基板。

2）金属板支撑的薄电路基板

金属板支撑的薄电路基板采用一般印制电路板（PCB）的制造工艺，把双面覆 Cu 的极薄 PCB 粘贴在金属支撑板的一面或两面上。两个面上的 PCB 可以分别制作两个独立的电路，支撑板可用于接地和散热，实际上相当于多层 PCB 的作用，如图 4-6 所示。薄 PCB 可使用环氧玻璃纤维双面 CCL、聚酰亚胺玻璃纤维双面 CCL 或其他有机基板，厚度约为 0.13mm；由于它被粘贴在支撑板上，增强的机械支撑作用可以保持尺寸的稳定性，因此采用常规 PCB 工艺就能得到细小直径互联通孔的高密度布线图形。

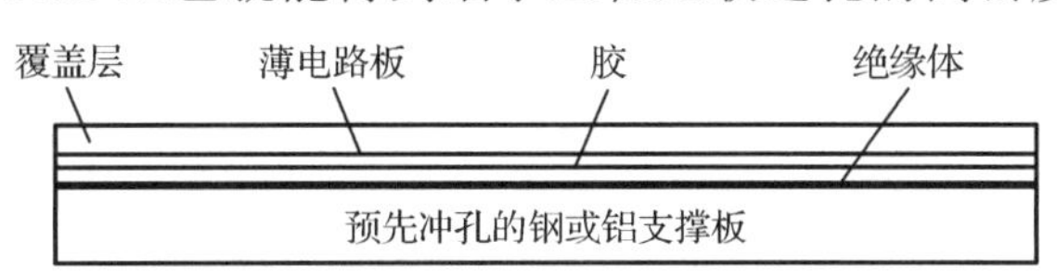

图 4-6 金属板支撑的薄电路基板

3）柔性层基板

柔性层基板结构如图 4-7 所示。它是由多片未加固（不加玻璃纤维或其他纤维）的树脂片层压制而成的树脂层，可以吸收焊点的部分应力，提高焊点的可靠性。树脂片的厚度约为 0.05mm，柔性层越厚，焊点应力越小。

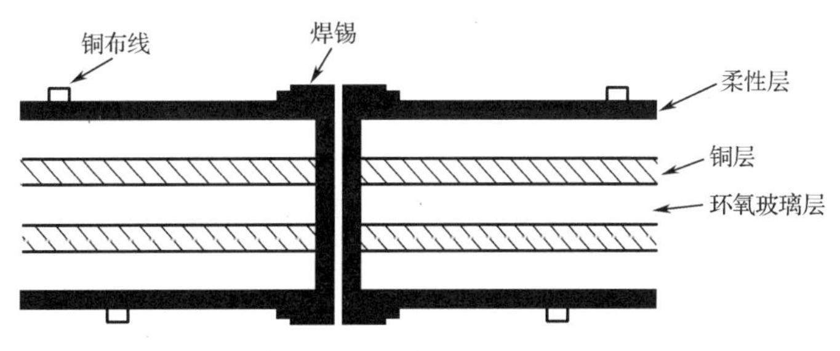

图 4-7 柔性层基板结构

4）约束芯板结构的电路基板

约束芯板结构的电路基板主要用于高可靠性的军事产品中，用于全密封 LCCC 元器件组装基板。约束芯板根据芯片材料可以分为金属和非金属两种类型。

（1）金属的约束芯板结构。

金属的约束芯板通常使用的是铜/殷钢/铜约束芯板，它是由铜、殷钢、铜 3 层金属组成的层叠结构，如图 4-8 所示。殷钢是一种铁镍合金，它的热膨胀系数接近零，而铜的热膨胀系数远高于殷钢，因此改变铜箔和殷钢箔间的相对厚度比就可以改变约束芯板的热膨胀系数。此外，由于约束芯板和有机基板黏合在一起，整个电路基板的热膨胀系数依赖于约束芯板。

当采用 8%铜-84%殷钢-8%铜约束芯板的电路基板组装 LCCC 时，因基板与 LCCC 的热膨胀系数较匹配，所以组装焊点可靠性较好。在铜-殷钢-铜约束芯板的电路基板上组装 20～84 个引出端的 LCCC，经过 1500 次-50～+125℃范围的温度循环试验，未发现有焊点失效现象。铜-殷钢-铜约束芯板既可以作为电路的接地和电源板、散热器，还能起到防干扰的作用；它的不足之处在于金属芯板和环氧玻璃纤维之间容易出现分层现象，且电路基板的通孔容易开裂等。

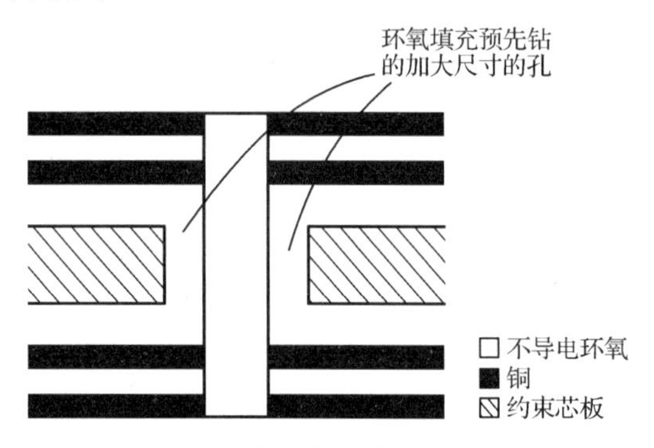

图 4-8　金属的约束芯板结构

（2）非金属的约束芯板结构。

石墨是一种很好的约束芯板材料，其热导性好、质量轻、与陶瓷芯片载体的热膨胀系数匹配，可作为电路的接地板和电源板以及散热板，在航天产品中得到广泛应用。但石墨约束芯板的电路基板容易产生裂痕，造成环氧板和石墨板间的分层，从而引起电路基板的热膨胀系数漂移。因此，石墨约束芯板逐渐被铜-殷钢-铜约束芯板所取代。

非金属的约束芯板也可采用绝缘材料来制作，如石英纤维或 aramid（芳香族聚酰胺）纤维等材料。采用绝缘约束芯板代替导电约束芯板，可免去在芯板钻孔后用树脂填充通孔的工艺。

5）分立结构的电路基板

分立结构的电路基板是指在电路基板上使用分立元器件（如晶体管、二极管、电阻器等）来构建电路，其中，绝缘铜导线和电路基板表面元器件的连接由铜通孔完成，如图 4-9 所示。该电路基板的结构为：在支撑板的表面黏合绝缘层，绝缘层的上方通过数控设备按网格精确地排放绝缘铜导线，并用柔性树脂把绝缘铜导线包好以吸收局部的应力和提供良好的防震性能。分立结构的电路基板可以实现高密度表面组装，能够为组装电路提供良好的高速性能。

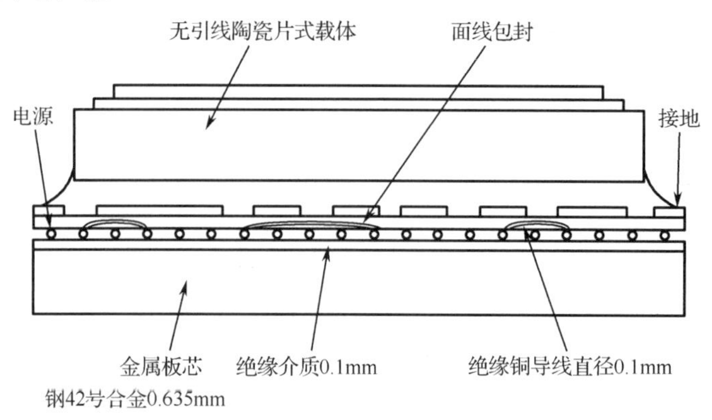

图 4-9　分立结构的电路基板

4. 多层印制电路板基板

多层印制电路板（MCM-L）基板既是高密度、细导线和细间距的，又是有埋、盲孔的薄型或超薄型多层印制电路板。它的制造工艺是传统多层印制电路板生产工艺的改进，典型技术参数为：导体宽度和间距一般为0.05～0.1mm，导体厚度多为10μm或18μm；层数多为4～8层；孔的类型有金属化孔、埋孔和盲孔，孔径一般为0.1～0.3mm；绝缘层厚度一般为0.05～0.1mm；板厚为0.4mm（4层板）、0.6mm（6层板）等。

MCM-L是以有机材料为基础的覆铜箔层压板作为基材的，为了满足芯片高速传输，基材需要具备低介电常数、低损耗、低热膨胀系数、高耐热性和高尺寸稳定性等特点。因此，低价的高T_g环氧玻璃布成为MCM-L基材的首选材料，它的加工性能与传统的FR-4相同。

除了有埋、盲孔的高密度薄型多层印制电路板，金属芯多层印制电路板、挠性多层印制电路板也可以用来制作MCM-L基板。MCM-L基板可以通过厚膜混合电路的基板制造方法在有机材料上进行制造，也可以利用“表面层合电路”（Surface Laminar Circuit，SLC）技术进行生产。图4-10所示为具有多层SLC的典型产品PCMCIA卡。

图4-10　PCMCIA卡（在单面板上有多层SLC）

5. 内埋芯片基板

内埋芯片基板是将传统外露在基板上的元器件或IC芯片等组件在制作过程中埋入到基板内，通过这种方式可以大大缩短布线距离、减少基板体积、焊点数量以及提高电路性能和功能、电路设计自由度、组装密度、可靠性并降低金属原材和制造成本，使产品微型化、轻量化、高性能化。内埋芯片基板的优势在高频、高速电路应用中更加明显。

组件内埋可分为主动组件（主要指有源元器件）内埋化和被动组件（主要指无源元器件）内埋化。主动组件内埋化是指在基板制程中埋入裸晶或晶圆级CSP等IC芯片或元器件，此方式可以使IC封装程序简化并降低基板厚度。被动组件内埋化是指在基板制程中埋入电容、电阻及电感等元器件。

根据基板的材料不同，内埋芯片基板可分为内埋陶瓷基板和内埋树脂基板两大类。考虑 IC 芯片耐热性等问题，有源元器件内埋一般以树脂基板为主。相比于陶瓷基板，树脂基板不存在因高温烧结导致的收缩问题，并且在元器件集成之前可以对其修调，适用于大型基板，在降低价格方面有很大潜力，因此具有更好的应用前景。目前，用于高频模块和 BGA/CSP 等元器件的内埋树脂基板已实用化。

美国 OMEGA 公司开发的电阻内埋技术为最早的被动组件内埋技术，后来在 1980 年美国 Zycon 公司开发出电容内埋技术。关于内埋材料的研究，Sanmina、Vantico、DuPont、3M、Gould Electronic、Oak-Mitsui 等公司开发出了内埋电容相关材料；Asahi Chemical、MIE、Electra Polymers、Omega Technologies、Gould Electronic、Shipley、DuPont、MacDermid、Mitsui 等公司开发出了内埋电阻相关材料。此外，SAMSUNG、Fujitsu、Dupont 及 Clover Electronics 等公司也相继投入对内埋被动组件的电容、电阻及电感的研发。

芯片或组件内埋缩短了互联布线的长度，可以促进电子产品高速高频性能的提升和噪声的降低。对通信类产品，通过内埋组件可以扩增功能、缩小体积，在应用上具有很大的吸引力。但被动组件内埋当前尚存在一些待解决的问题：除了线路设计弹性不足，电阻材料的电阻值较小、误差变异性（Tolerance）太大以及电容材料密度不足、材料加工性不佳等问题。只有解决这些技术问题，才可以真正提升内埋被动组件的效能及稳定性。而主动组件内埋有待进一步改善的是热设计问题、体积问题、IC 芯片测试和修复问题等。

6. 封装基板

封装基板为芯片与常规 PCB（多为主板、母板、背板）的不同线路之间提供电气连接，同时为芯片提供保护、支撑、散热通道以及达到符合标准安装尺寸的功能。封装基板通常由多层 PCB 构成，具有特定的布线和焊盘结构以满足芯片的信号传输与电源供应需求，可实现多引脚化、高密度化、缩小封装产品面积、改善电性能及散热性等。常用的封装基板包括 FCBGA 封装基板、BGA 封装基板、LGA 封装基板、CSP 封装基板、倒装芯片封装基板、SiP 封装基板等。根据 Prismark 对封装基板市场形势的预测，2011—2026 年，FCBGA、BGA、LGA 封装基板在封装基板市场的占比最多，均在 45%以上，在 2026 年将达到 57%。2026 年封装基板市场规模将达到 214 亿美元，其中，FCBGA 封装基板的市场规模将达到 121 亿美元，占整个封装基板市场的一半以上，且该封装基板的年复合增长率在封装基板市场最高（11.5%）。

FCBGA 封装基板是指应用于倒装芯片（FC）球栅阵列（BGA）封装的高密度 IC 封装基板，具有高算力、高速度、高宽带、低延迟、低功耗、多功能和系统集成等特点。它最初被 IBM 公司作为板级封装基板应用于笔记本电脑，能够在较小的空间内承载大量电子元器件。近年来，FCBGA 封装基板作为 AI（人工智能）、5G、大数据、高性能计算、智能汽车和数据中心等新兴需求应用的 CPU、GPU、FPGA 等高端数字芯片的重要载体，业界对它的需求量快速增长。由于 FCBGA 封装基板层数多、面积大、线路密度高、线宽线距以及通孔、盲孔孔径小，其加工难度较大，高端的 FCBGA 封装基板量产市场主要集中在中国台湾、日本和韩国等国家和地区。中国大陆仅深南、越亚、华进等少部分企业具备小批量量产线宽/线距为15μm、盲孔直径≤40μm的FCBGA封装基板的能力。中国科学院微电子研究所建立了国内唯一的先进基板研发线，在FCBGA封装基板制造方面已实现精细线路与埋入式功能基板成套技术，形成支撑AI、HPC系统封装集成应用的大尺寸基板（70mm×70mm以上）、大尺寸芯片（25mm×25mm以上）、大功率（1000W以上）以及大功率密度（1.5W/mm^2）的基板样品。

4.2 封装基板制造技术

4.2.1 陶瓷基板电路制造技术

在陶瓷基板上制造厚、薄膜混合电路的技术是微电子制造技术的重要组成部分。它采用微制造技术把各种电路元器件用不同方法制作在一块基片上，构成一个完整的、具有一定功能的微型电路，即集成电路。

厚膜混合集成电路简称厚膜混合电路或厚膜电路，它采用丝网漏印、高温烧结成膜技术在陶瓷、玻璃的绝缘基片上制造各种无源元器件和互联线，并组装有源半导体器件以及有特殊要求的无源元器件后组成集成电路。薄膜混合集成电路简称薄膜混合电路或薄膜电路，它采用真空蒸发溅射及光刻等技术，在陶瓷、玻璃等绝缘基片上制作各种无源元器件和互联线，并组装上有源半导体器件以及有特殊要求的无源元器件后组成集成电路。

厚膜电路的膜厚度一般为几微米至几十微米；薄膜电路的膜厚度一般在1μm以下。厚膜电路与薄膜电路的根本区别在于工艺和材料的不同，这是它们具有不同技术特性的真正原因。厚膜技术是一种非真空成膜技术，而薄膜技术是一种真空成膜技术。厚膜电路常用在高精度、大电流、大功率、耐高温混合集成电路以及较低频段的微波集成电路；薄膜电路常用在高精度、高稳定性、低噪声电路以及微波集成电路和抗辐射电路。

1. 厚膜电路制造技术

1）厚膜材料与厚膜元器件

厚膜材料是指制造厚膜元器件或厚膜电路通常所需要的材料，即基片、导体材料、电阻材料、介质材料、包封材料。厚膜元器件是指利用厚膜工艺制造的电子元器件，目前主要有无源元器件R（电阻）、L（电感）、C（电容），有源元器件的制造技术尚在开发完善中。

（1）厚膜电路基板。

厚膜电路所用的基板主要包括陶瓷基片、复合基片和有机材料基片，其中陶瓷基片应用最广。在陶瓷基片中，除使用最多的Al_2O_3陶瓷基片外，还有BeO、AlN、SiC、人造金刚石等陶瓷基片。

（2）厚膜导体。

厚膜导体是厚膜电子元器件及厚膜电路的一个重要组成部分，主要用作电路的内部互联线、外贴元器件及外引的焊区、电阻器及电容器的电极、厚膜电感器、低阻值电阻器、厚膜微带线及包封等。衡量厚膜导体质量的最基本的指标有方阻、可焊性、附着强度、抗焊料侵蚀性等。

根据材料的化学性质，厚膜导体可以分为贵金属导体（Au、Ag、Pd、Pt等）和贱金属导体（如Cu、W、Ni、Mo等）；按照制造方法不同，则可分为高温烧结导体（5000℃以上）和低温固化导体（100～3000℃）。前者有Ag-Pd、Au-Pd、Cu、Mo、W导体等，这类导体主要由粉末状的金属单体或几种金属混合物和少量（5%以下）的玻璃组成，经高温烧结后成为导体；后者有聚合物Ag、Au、Cu导体等，这类导体主要由金属粉末和聚合物组成，经低温固化后成为导体。

通常可采用厚膜技术，利用导体在绝缘基板上印制方形螺旋形电感或圆形螺旋形电感。由于这种电感所占面积大、品质因数小、电感量小，因此厚膜电感器的应用仍受到限制。

（3）厚膜电阻。

厚膜电阻是厚膜电路中发展最早、工艺最成熟、应用也最广泛的厚膜元器件之一。厚膜电阻是经过电阻浆料经印刷和烧结等工序制成的。烧成后的电阻器主要由导电相和黏结相组成，黏结相通常为玻璃，它将导电相的颗粒黏结在基板上，使厚膜电阻具有所需要的力学性能和电性能。厚膜电阻浆料的方阻范围很宽（1Ω～10MΩ），几乎可以用来制造所有阻值的电阻器。

厚膜电阻的设计主要包括选择电阻材料以及确定电阻器的尺寸和形状等内容。其中，电阻材料的种类主要根据电阻器性能的要求、工艺条件和成本进行选择；电阻器的尺寸和形状主要由阻值、功耗、微调和工艺等因素决定。厚膜电阻的形状最常用的是矩形和帽形（或凸字形），当阻值很高或电压很高时可以使用弯曲的形状。

（4）厚膜介质。

在厚膜电路中，厚膜介质材料主要用作电容器介质、多层布线和交叉布线介质、电路的保护层和包封介质。其中，多层布线和交叉布线介质要求材料的介电常数小，以减小分布电容的影响；电容器介质需要的介电常数大，以得到较高的电容密度，此外，还要求介质的绝缘强度高、损耗小、绝缘电阻大、结构均匀致密、表面光滑平整、热膨胀系数与基板和厚膜导体及厚膜电阻相匹配等。

厚膜介质用陶瓷粉料、玻璃和有机载体等组成的浆料印刷在基板上，经烧结后制成。在烧结过程中，有机载体被烧掉，而玻璃浆、陶瓷等材料则黏结在基板上，形成介质膜。

2）厚膜电路制造

用厚膜技术可以制造出很复杂的电路基板，其工艺流程如图4-11所示。

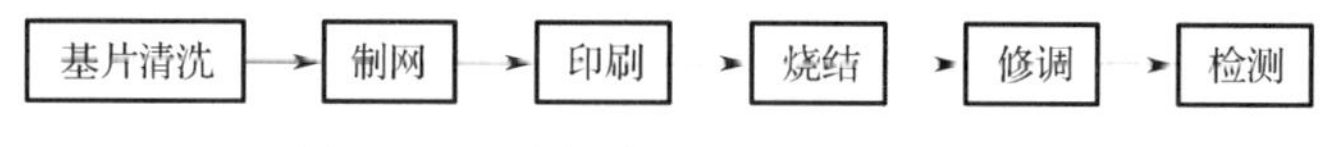

图4-11　厚膜技术的制造工艺流程

（1）基片清洗。

基片上的粉尘和污物会影响厚膜与基片间的附着性能，甚至造成厚膜元器件的失效，故印刷前要对基片进行清洗。清洗方式通常为超声波清洗。

（2）制网。

厚膜是通过丝网印刷来成膜的，丝网图形的质量将直接影响厚膜元器件的性能。制网的主要工序为：绷网→贴膜→曝光→显影→检测→封网。

（3）印刷。

丝网印刷的原理类似于普通的蜡纸誊印法，有接触印刷和非接触印刷两大类，一般采用简单的非接触印刷。印刷是厚膜技术中最基本的、也是保证厚膜重现性的重要成膜技术之一。它对厚膜元器件的膜层厚度、膜的均匀性、印刷图形的精度和分辨率以及元器件性能的重现性等都有很大的影响。影响印刷质量的工艺参数来自浆料、设备、基片等各个方面。

（4）烧结。

烧结也是最重要的成膜技术之一，其作用是使浆料中的固体成分烧结成一体，形成具有所要求性能的、高强度、高致密性的膜，并牢固地附着在基片上。烧结工艺过程分为干燥和烧结两部分。

印制膜的干燥：在烧结前，应使印好的湿膜进行干燥。操作时，先将湿膜在室温下水平放置一段时间，使膜表面流平。对湿膜的干燥，要求既充分又均匀，特别要防止表面层先干燥硬化，而内层溶剂被封闭挥发不出去，也要避免因过分干燥而导致膜层收缩、发皱甚至从基片上脱落，最好采用红外线干燥设备。

印制膜的烧结：影响膜层特性的烧结工艺参数主要有峰值温度、保温时间以及升、降温速率和烧结气氛，应根据具体的浆料特性选择相应的烧结曲线。

（5）修调与检测。

厚膜元器件参数的修调是指对厚膜电阻的阻值调整，通常采用的修调方法有喷砂调阻和激光调阻两种。喷砂调阻的优点是：不产生热效应、成本低；缺点是：有粉尘、精度低、电阻噪声增大，稳定性降低。激光调阻的优点是：精度高、清洁度高，适用于调节面积极小的电阻，电阻噪声、稳定性影响小，切割处能自动熔化封闭，受外界影响小，调阻对周围其他元器件影响小；缺点是：费用高，激光对人眼有损伤。基板检测包括厚膜元器件的电性能检测和外形检测，检测时应选用相应的设备进行。

（6）工艺流程。

厚膜电路中的单层厚膜电路无源网络与多层厚膜电路工艺流程如图 4-12 所示。单层厚膜电路是指不带厚膜电阻的单层布线，而无源网络是指包括厚膜电阻的电阻网络、厚膜电容。随着电子设备对小型化、轻量化的要求，布线密度正在不断提高，一般的二维布线已不能满足使用要求，于是就出现了三维布线，这样制作的基板常称为多层基板。

随着半导体 IC 元器件制造技术的进步，现在也普遍采用生坯技术来制作多层布线基板。它能克服传统的多层厚膜基板的层数限制，提供高密度的布线基板，其工艺流程如图 4-13 所示。

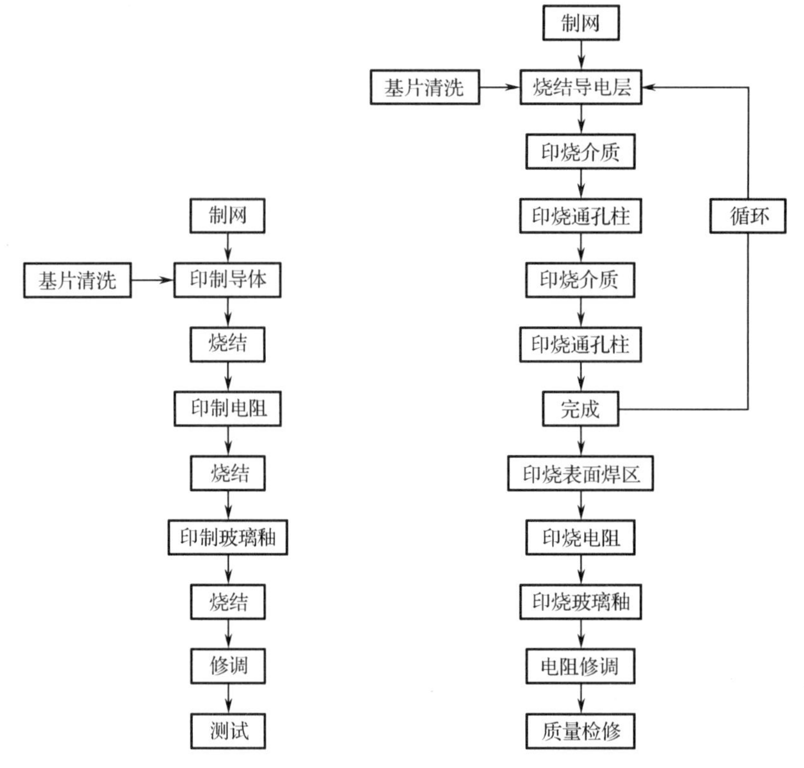

（a）单层厚膜电路、无源网络工艺流程　　（b）多层厚膜电路工艺流程

图 4-12　单层厚膜电路、无源网络与多层厚膜电路工艺流程

图 4-13　生胚技术制作多层布线基板的工艺流程

2．薄膜电路制造技术

1）薄膜电路材料

薄膜电路所用的材料主要包括基板材料和导体材料。基板起着承载薄膜电路的作用，导体则起着互联线、外贴元器件焊盘的作用。基板材料以玻璃陶瓷、蓝宝石和 99%以上的氧化铝最为常用。适用于薄膜电路的导体材料有 Cu、Au、Al 等。为提高导体材料与基板之间的附着力，常采用过渡层（也称为打底）材料，如 Cr、Ni、Ti 等。在实际制作中，过渡层厚度一般为 50～60nm，导体层厚度一般为 100～200nm。

2）薄膜电路制造

薄膜电路制作的工艺流程如图 4-14 所示。

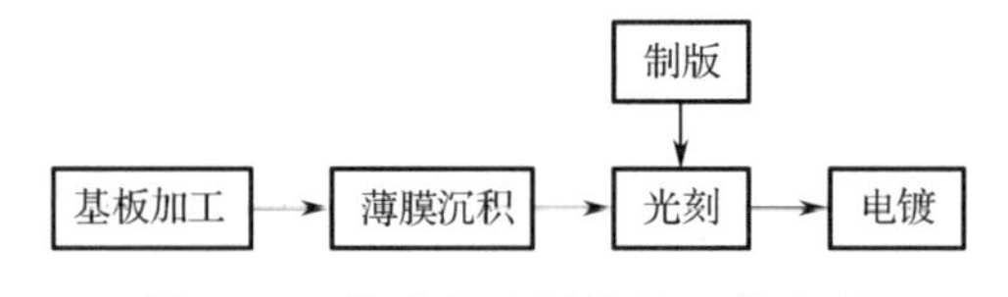

图 4-14　薄膜电路制作的工艺流程

（1）基板加工。

基板加工就是将选用的基板材料加工成符合使用要求的图形，包括切割、打孔等。常用的加工设备有内/外圆切片机、金刚石钻孔机、超声波打孔机等。用微机控制的激光打孔机不仅定位、加工精度高，而且可以方便地切割任意形状的基板，在薄膜混合集成电路的生产中占据着重要地位。

（2）制版。

制版即曝光掩模的制作。常用的掩模分为由超微粒干板制成的乳胶掩模和镀在玻璃基片上的由无机薄膜（Cr、Mo、Fe_2O_3）制成的硬质掩模。乳胶掩模的特点是价廉，但分辨率低、使用寿命短，在集成度不高、批量小的场合中广泛使用。硬质掩模与乳胶掩模相比，其耐久性更好、图形质量更稳定且适用于大批量生产。掩模制作工艺一般包括平面设计、原图制备、照相版粗缩（或精缩）、翻版等工序。制作时，首先对定型的电路原理图进行平面化设计，按平面设计图案进行制备（也称为刻红膜），然后经曝光、显影、定影、冲洗等工序缩小到所需的实际尺寸的照相版，最后可视生产需要将其翻制成铬版或 Fe_2O_3 版。掩模检查大致可分为 3 种：外观缺陷检查、规格尺寸检查及黑白对比度检查。为了提高制版精度，可结合使用电子束或激光束曝光装置。

（3）薄膜沉积。

薄膜沉积一般是通过真空蒸发镀膜完成的。真空蒸发镀膜是指把清洗干净的基片放于高真空室内通过加热使成膜材料汽化（或升华）而沉积到基片表面上，从而形成一层薄膜的工艺过程。薄膜蒸发工艺一般包括基片清洗、烘干、装夹、抽气、烘烤、蒸发、检验等工序。清洗是为了去污，常用超声清洗法；抽气是为了使真空室内达到和维持蒸气所需要的真空度（$\leqslant 1.33\times10^{-3}$Pa）；烘烤不仅是为了蒸发前进一步去除水分，还可以提高蒸发膜层的附着强度；蒸发可用电阻加热法、电子束加热法或激光束加热法，蒸发层厚度可用石英晶体振荡法或电阻测量法来在线监控；检验一般是检查膜层外观及与基片之间的附着强度。薄膜制备技术除真空蒸发外，还可使用溅射技术、化学沉积技术、离子镀技术、分子束外延技术等。

（4）光刻。

光刻是一种复印图形和化学腐蚀相结合的表面加工技术，即用照相复印的方法将光刻掩模上的图形精确地印制在涂有光致抗蚀剂（光刻胶）的薄膜上，然后用光刻胶的选择保护作用对薄膜进行化学腐蚀，从而刻出相应的图形来。光刻工艺主要包括涂胶、前烘、曝光、显影、坚膜、腐蚀、去胶等工序。光刻检验主要是检查有无毛刺、钻蚀、钻孔、线条尺寸等。传统采用接触式曝光难以复印高精度的图形，限制了集成电路集成度的提高，因此人们开发了一些新方法，如投影曝光、电子束曝光和 X 射线曝光等，以此不断提高光刻质量。

（5）电镀。

电镀是一种用电解化学溶液的方法进行镀膜的过程，它主要是对光刻后的薄膜图形进行加厚。

薄膜电路中常用电镀 Cu、Ni、Au 层作为主体层，以满足电性能和耐焊性的要求。在 Cu 与 Au 之间，常用 Ni 层作为隔离层以防止 Cu 与 Au 之间的互扩散，提高膜的耐侵蚀、耐焊性；表层的 Au 镀层主要起到抗腐蚀作用并提高可焊性。电镀法要求电路中所有金属图形都能进行可靠的电连接，因此需要压焊金属丝连线或薄膜短接线。采用化学沉积金属薄膜的方法可以实现孔的电连接。对电镀质量的评定，主要是检验镀层是否光滑、平整，以及附着强度、有无针孔麻点等。

随着薄膜电路向 MCM 发展，交叉布线、多层布线的密度越来越高，因此对薄膜电路的基板制造技术提出了更高的要求。传统的紫外曝光光刻技术已经不能满足要求，而以亚微米技术为代表的微细加工技术则成为人们关注的热点。

亚微米技术是指采用波长更短的 X 射线、电子束或离子束曝光来取代紫外光曝光进行光刻，以制作线宽及间距小于 1μm 的加工技术。目前该技术已用于半导体大规模集成电路的生产中，其最细线条已达到 0.2μm 以下。随着薄膜电路布线密度的提高，亚微米技术将成为新一代 MCM 重要的加工技术。微电子加工技术的发展总是随着集成电路集成度的提高而发展的，目前微细加工技术正向着纳米技术方向迈进。

4.2.2 低温共烧陶瓷基板工艺技术

低温共烧陶瓷（LTCC）基板是陶瓷封装基板的一个分支，它与 HTCC 基板（Al_2O_3、BeO、AlN 等）的区别是陶瓷粉体配料和金属化材料不同，在烧结上更容易控制，烧结温度更低。它有优良的电学、力学、热学及工艺特性，能满足低频、数字、射频和微波元器件的多芯片组装或单芯片封装的技术要求。LTCC 基板的发展极为迅速，技术也日益成熟完善，已在各类电子产品中获得大量应用，开始形成产业雏形。

1．低温共烧陶瓷基板工艺与特性

LTCC 基板的制备需先采用低温（800～900℃）烧结瓷料与有机黏结剂/增塑剂按一定比例混合，通过流延生成生瓷带或生坯片，在生瓷带上冲孔或激光打孔、金属化布线及通孔金属化；然后进行叠片、热压、切片、排胶；最后通过约 900℃低温烧结制成多层布线基板，其制备工艺流程如图 4-15 所示。

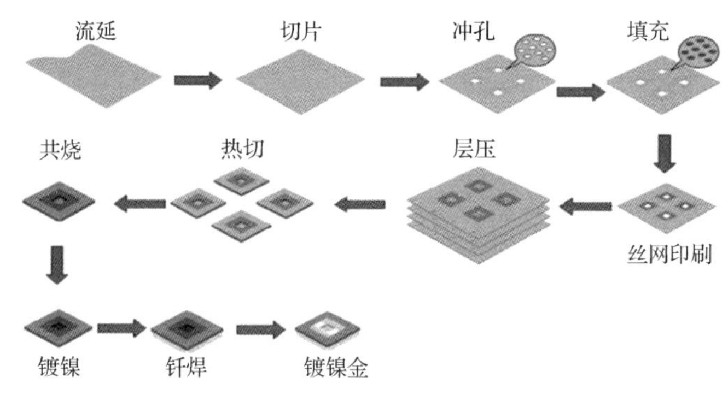

图 4-15 LTCC 基板的制备工艺流程

（1）流延：流延成型是指将粉料与分散剂、黏结剂、增塑剂、润滑剂等按照一定的比例球磨混合，形成均匀稳定悬浮的浆料并浇注在移动的载带上，通过基带与刮刀的相

对运动形成素胚，在表面张力的作用下，形成一定强度、厚度均匀致密的生瓷带，再进行烘干备用。薄膜生坯的致密性、叠压性、强度以及厚度的均匀性是评价其性能是否优良的标准。

（2）冲孔：通常采用激光打孔、钻孔和冲孔等方法进行生瓷片打孔。激光打孔速度快、精确度好，但设备昂贵；钻孔法打孔速度慢、精度较差且钻头容易折断；冲孔法打孔速度较快、精度高，是常用的方法。

（3）填孔：层间生瓷片的互联孔根据部位功能的需要填充浆料，浆料经烘干烧结后能实现电气导通的目的。基板通孔的填充方法通常为丝网印刷法，但在通孔直径较小时，丝网印刷难以进行，需要采用微孔填充机进行填充。

（4）丝网印刷：共烧导电体的印刷可采用传统的厚膜丝网印刷，印刷技术成本低，操作简单易行且分辨率高。

（5）层压：将丝网印刷后的生瓷片进行烘干，然后按预先设计的层数和顺序叠压到一起，形成一个完整的多层基板坯体。

使用 LTCC 基板的多芯片模块的显著特征是可以与导体（Cu、Ag 等）布线和内置（埋）电阻器、电容器、电感器、滤波器、变压器（低温共烧铁氧体）等无源元器件共同烧成，并且可以在顶层键合 IC、LSI 及超大规模 LSI 等有源元器件的芯片。

封装对基板材料的要求：高电阻率（$>10^{14}\Omega\cdot cm$）；确保信号线间的绝缘性能；低介电常数、高信号传输速率、介电损耗小，信号在交变电场中的损耗低；烧结温度低，与低熔点的 Ag、Cu 等高电导率金属共烧形成电路布线图；与 Si 或 GaAs 相匹配的热膨胀系数，保证与 Si、GaAs 芯片封装的兼容性；较高的热导率，防止多层基板过热；较好的物理、化学及综合力学性能。经过 10 余年的研发，目前产品化的 LTCC 已能达到良好的应用要求，几种市售 LTCC 基板生瓷带的材料性能如表 4-5 所示。

表 4-5 几种市售 LTCC 基板生瓷带的材料性能

厂　家	DuPont	Ferro	Heraeus	ESI	RAGAN	SHOEI
流延带型号	951	A6M	CT2000	4111-70C	ZST HIK	
相对介电常数	7.8	5.7	9.1	4.3～4.7	7	7.4
热导率/[W/(m·K)]	3	2	—	2.5～3.0	5	2.6
CTE/（10^{-6}/℃）	5.8	7	5.6	6.4	7	7.7
损耗角正切率	<0.2%	<0.1%	<0.2%	0.4%	—	—
收缩率（*xy* 平面）	13.1%	15.4%	11.6%	—	—	—
击穿电压/（$V\cdot 0.025mm^{-1}$）	>800	>750	—	>1500	>1200	>4000
抗折强度/MPa	320	170	310	—	—	—
密度/（$g\cdot cm^{-1}$）	3.1	2.5	3.05	2.3	3.1	3.14

LTCC 产品的主要特性如下。

（1）数十层电路基片重叠互联，内置无源元器件，可提高组装密度、生产效率与可靠性。与同样功能的 SMT 组装电路构成的整机相比，使用 LTCC 模块的整机质量减轻

80%～90%，体积减小 70%～80%，单位面积内的焊点减少 95%以上，接口减少 75%，整机可靠性提高 5 倍以上。

（2）可制作精细线条和线距离，线宽/间距可达到 50μm，较适合高速、高频组件、精细间距及高密度封装的倒装芯片；介电常数（ε_r）较小（一般 $\varepsilon_r \leqslant 10$），有的材料可做到 3.5 左右，高频特性优良，信号延迟时间可减少 33%以上；较好的温度特性，热传导性优于 PCB，较小的热膨胀系数可降低芯片与基板间的热应力，有利于芯片组装。

（3）采用低电阻率混合金属化材料和 Cu 形成电路布线图形，金属化微带方阻及微带插损很低，并且可以通过叠加不同介电常数和薄膜厚度的方式控制电容器的电容量与电感器特性，可混合模拟、数字、射频、光电、传感器电路技术，进一步实现多功能化。

（4）制作工艺一次烧结成型、印刷精度高，过程基板生瓷带可分别逐步检查，有利于提高生产效率，非常规形状集成封装的研制周期短。

表 4-6 所示为 LTCC、HTCC、FR-4、PTFE（聚四氟乙烯）等基板的性能比较，从表 4-6 中可以看出，LTCC 基板综合性能优秀。

表 4-6　LTCC、HTCC、FR-4、PTFE 等基板的性能比较

基　板	电 性 能	集成的无源元器件与功能	三 维 结 构	温 度 特 性	可 靠 性
LTCC	优	特优	特优	优	很高
HTCC	优	优	良	特优	很高
FR-4	良	良	良	良	高
PTFE	良	特优	良	良	高

2．低温共烧陶瓷基板材料

在基板材料中加入玻璃是实现 LTCC 技术的重要措施，陶瓷粉料的比例是决定材料物理性能与电性能的关键因素。为获得低介电常数的基板，必须选择低介电常数的玻璃和陶瓷，而且要求填充物在烧结时能与玻璃形成较好的浸润。目前采用的 LTCC 材料主要有硼硅酸玻璃/填充物质、玻璃/氧化铝系、玻璃/莫来石系等。某公司的硼硅酸玻璃陶瓷组分与介电常数如表 4-7 所示。

表 4-7　某公司的硼硅酸玻璃陶瓷组分与介电常数

材　料	陶 瓷 组 分					介电常数（1MHz）
	SiO_2	B_2O_3	Al_2O_3	MgO、CaO	其他	
1#/%	74	21	3	0	2	3.5
2#/%	74	17	3	1	5	3.8
3#/%	80	12	2	1	5	4.6

近年来研发的材料主要为微晶玻璃系和玻璃、陶瓷复合系两类，如 Al_2O_3-MgO-B_2O_3-P_2O_5 微晶玻璃系、硅酸盐与 Al_2O_3、SiO_2 玻璃陶瓷复合系、硼酸硅盐玻璃与 SiO_2 陶瓷复合系、高硅玻璃陶瓷复合系等基板材料。为降低玻璃/氧化铝系的介电常数，在氧化铝中加入比例约是 50 : 50 的低介电常数的玻璃。某公司产品中的玻璃成分如表 4-8 所示。

表 4-8　某公司产品中的玻璃成分

组　分	SiO_2	Al_2O_3	MgO	P_2O_5	B_2O_3
质量范围	50%～55%	18%～23%	18%～25%	0%～3%	0%～3%
作用	控制特性	控制特性	控制特性	成核剂，助烧	延缓结晶，助烧

LTCC 陶瓷粉料的制备多采用高温熔融法或化学制备法。高温熔融法将 Al_2O_3、PbO、MgO、$BaCO_3$、ZnO、TiO_2 等各种氧化物按比例配料、混合，在高温溶制炉中发生液相反应，通过淬火方法获得玻璃陶瓷粉料，经球磨或超声粉碎法即可制成烧结性良好的、粒度为 0.1～0.5μm 的高纯、超细、粒度均匀的粉料；化学制备法可获得高活性的玻璃陶瓷粉料，如采用化学制备法来制备硼硅酸玻璃粉料，与 SiO_2 称重配料共同作为 LTCC 陶瓷，SiO_2 起骨架作用，玻璃粉料填充 SiO_2 间隙，控制烧结温度为 850℃实现液相烧结。

3. 低温共烧陶瓷基板生瓷带

封装用 LTCC 基板的生瓷带大多采用流延成型方法制造。流延浆料（组分包括黏结剂、溶剂、增塑剂、润湿剂）的流变学行为（包含玻璃/陶瓷粉状态、黏结剂/增塑剂的化学特性、溶剂特性等）决定基板的最终质量。流延工艺的关键是设备、材料配方及对参数的控制。

从浆料经流延、金属布线到最后通过在 900℃以下进行共烧形成致密而完整的封装用基板或管壳，其烧结机理较为复杂，需用液相烧结理论进行分析。烧结工艺参数控制主要包含：加热速率和加热时间、保温时间、降温时间；加热过程中的玻璃结晶动力学变化和玻璃-陶瓷反应过程；基板烧结变形（膨胀、收缩）等。

不同介质材料层间在烧结温度、烧结致密化速率、烧结收缩率以及热膨胀率等方面的失配会导致共烧体产生很大的内应力，易产生层裂、翘曲和裂纹等缺陷。对细间距的互联或自动键合而言，即使收缩率控制在±0.2%，在 X 和 Y 方向上的累计误差也会导致难以对准基板上的焊盘等问题。不同介质烧结收缩率稳定性的控制、较低的热导率以及介质层间界面反应的控制也是需要解决的问题。此外，零收缩率流延带、在陶瓷中加入高热导率材料以降低介电常数以及在烧结好的 Al_2O_3、BeO、AlN 基板上贴一层或多层生瓷带后进行层压和烧结等都是有待进一步研发与改进的工艺技术问题。

目前国外厂家可供应多种介电常数小于 10 的系列化生瓷带，国内技术尚未达到 LTCC 陶瓷粉料批量生产的程度，无系列化 LTCC 基板生瓷带。

4. 低温共烧陶瓷基板的应用

LTCC 基板的设计方法比 HTCC、厚膜、薄膜技术更加灵活，低温烧结可以在厚膜工艺设备中进行，并综合了 HTCC 与厚膜技术的特点，可实现多层封装，集互联、无源元器件和封装于一体，提供了一种高密度、高可靠性、高性能及低成本的封装形式。LTCC 基板最显著的特点是能够使用介电常数小的陶瓷和良导体作为布线材料，从而减少电路损耗和信号传输延迟，因此应用广泛。

微波芯片组件采用 LTCC 技术，通过微波传输线（如微带线、带状线、共面波导）、逻辑控制线和电源线的混合信号设计，可将 MMIC 芯片与收/发模块组合在同一个 LTCC

三维微波传输结构电路中。LTCC 可设计出较宽的由微带线与带状线组成的微波传输带，通过叠层实现垂直微波互联。MMIC 芯片焊盘和 ASIC 芯片焊盘、低频控制信号线和电源线分别排布在上表层和中间层，在大功率 MMIC 芯片焊盘下设置散热通孔。这种三维微波传输结构在现代雷达系统、电子战系统、通信系统中的应用前景广阔。例如，某相控阵雷达 X 波段微波芯片组件采用 12 层 LTCC（厚度为 0.1mm 的 Ferro-A6 生坯材料）微波互联基板，其中微带线、接地面采用厚度为 0.2mm 的两层生坯片；带状线的两个接地面采用 10 层生坯片，间距为 1.0mm，控制逻辑线和电源线分布在两个接地面的 10 层生坯片中，最细线条为 0.1mm，线条精度为±0.025mm，微波传输插损为 $0.22dB{\cdot}mm^{-1}$；集成 10 余块 MMIC 芯片和 ASIC 芯片，数十个小型片式阻容元器件，采用共晶焊技术将芯片焊接到 LTCC 基板上，芯片焊透率超过 90%；采用金丝（带）键合技术实现芯片与 LTCC 基板互联，采用 AlSiC 外壳封装，制备的微波芯片组件体积和质量仅为常规微波电路组件的 1/4 左右。

在射频领域中，SiP 可以与倒装芯片、金属线焊、层叠式管芯、陶瓷衬底、BGA 封装或其他栅格阵列封装等技术组合封装各种芯片。与一般的 SiP 技术相比，应用在射频领域 SiP 的最为关键的技术是无源嵌入、基板、叠装裸芯片。LTCC 基板可嵌入更多、更复杂的陶瓷元器件，为射频领域 SiP 提供了一种更好的封装解决方案。芯片封装与 LTCC 技术相结合成为实现收/发模块小型化最有效的方法，在微功耗的无线局域网络（WLAN）收/发模块、通信网络组件、蓝牙收/发模块、天线开关模块中已大量使用。

采用一体化 LTCC 基板/外壳技术还能很容易地制造出 PGA、BGA 和 QFP 器件。PGA 一体化封装的陶瓷 MCM-C 典型工艺为：先采用开空腔技术，选用与 LTCC 基板相同材料和收缩率的生瓷制作窗框形封装腔壁多层瓷片；再将腔壁多层瓷片与基板多层瓷片叠压成一体后共烧，获得一体化的陶瓷基板/外壳；最后钎焊 PGA 外引线。该技术容易制作出系列化、通用的大腔体陶瓷 PGA 外壳，满足专用混合 IC、MCM 的需要。目前应用较多的一体化基板/外壳的外引线、细节距面阵 PGA，其引线区端子/面积比率可达 30 个/cm^2 以上。将 LTCC 基板与外壳腔臂一体化共烧后，采用置球工艺在 LTCC 基板底面的面阵 I/O 端子上制作出 BGA 焊球凸点端子，可形成一体化的基板/BGA 外壳，其正交面阵节距可制作成 1.27mm、1mm、0.653mm 的规格，引线区端子/面积比率可达 62 个/cm^2、100 个/cm^2、248 个/cm^2，能满足高密度集成的 MCM-C 封装需求。

在光电子元器件中，封装往往占其成本的 60%～90%，是降低成本的关键。LTCC 基板可满足下一代光电子元器件封装的需求。借助 LTCC 技术，可以将各种不同的 Si、GaAs、InP（磷化铟）材料制作出的新型光学有源、无源元器件与电子有源、无源元器件整合在同一封装中，可实现高性能、低成本的光电子封装，并有利于提高光电子元器件的集成度和应用可靠性。

4.2.3 高温共烧陶瓷基板工艺技术

1. 高温共烧陶瓷（HTCC）基板材料

HTCC 基板材料主要是以氧化铝、莫来石和氮化铝为主成分的陶瓷材料，导体浆料为钨、钼、锰等高熔点金属发热电阻浆料。LTCC 和 HTCC 的主要材料对比如表 4-9 所示。

表 4-9　LTCC 和 HTCC 的主要材料比较

	陶　　瓷		导　　体	
	材　　料	烧结温度/℃	材　　料	熔点/℃
LTCC	玻璃/陶瓷复合物 结晶玻璃 结晶玻璃/陶瓷复合物 液相烧结陶瓷	900～1000	铜	1083
			金	1063
			银	960
			银-钯	960～1555
			银-铂	960～1186
HTCC	氧化铝 莫来石 氮化铝	1600～1800	钼	2610
			钨	3410
			锰	1246～1500

（1）氧化铝基板。

氧化铝多层 HTCC 基板技术成熟、介质材料成本低、热导率和抗弯强度较高，其不足有以下几个方面。

① 介电常数高，降低信号传输速率。

② 导体电阻率高，信号传输损耗较大。

③ 热膨胀系数与硅相差较大，限制了它在巨型计算机上的应用。

（2）莫来石基板。

莫来石的介电常数为 7.3～7.5，氧化铝（96%）的介电常数为 9.4，因此莫来石的信号传输延迟比氧化铝小 17%左右。此外，莫来石的热膨胀系数与硅很接近，因此这种基板材料得到了快速发展。例如，日立、Shinko 等公司均开发了莫来石多层 HTCC 陶瓷基板，并且其产品具有良好的性能指标。不过，该基板的布线导体只能采用钨、镍、钼等，电阻率较高而且热导率较低（低于氧化铝基板）。

（3）氮化铝基板。

由于氮化铝热导率高，热膨胀系数与 Si、SiC 和 GaAs 等半导体材料相匹配，其介电常数和介质损耗均优于氧化铝，并且 AlN 硬度较高，因此氮化铝 HTCC 基板在严酷的环境条件下仍能很好地工作。该基板的不足有以下几个方面。

① 布线导体电阻率高，信号传输损耗较大。

② 烧结温度高，能耗较大。

③ 介电常数与 LTCC 介质材料相比更高。

④ 与钨、钼等导体共烧后，热导率下降。

氮化铝 HTCC 基板尽管有这些缺点，但总体而言，氮化铝 HTCC 基板比其他 HTCC 基板具有更多优势，在高 HTCC 陶瓷领域有很好的发展前途。

2．高温共烧陶瓷与低温共烧陶瓷工艺区别

HTCC 生产制造过程与 LTCC 非常相似，主要的不同点在于，HTCC 的陶瓷粉末中

未加入玻璃材质。因此，HTCC 需要在更高温度的环境中将多层叠压的基片共烧成一体，并且在这之前须进行排胶处理。在电路填充过程中，为避免过高的共烧温度导致填充浆料的氧化，选择熔点较高的钨、钼、锰等金属或贵金属。相比于 LTCC，HTCC 具有更高的机械强度、散热系数和化学稳定性，且材料来源广泛、成本低。该工艺一般用于对热稳定性、密封性和基体机械强度要求更高，高温条件下挥发性气体要求更少的封装领域。HTCC 的典型工艺流程包括粉体制备、流延、落料、通孔形成、丝网印刷、层积成型、烧结等，如图 4-16 所示。由于选用的材料不同而使得烧结温度不同，HTCC 一般在 1500℃以上的高温进行烧结，而 LTCC 烧结温度一般在 1000℃以下。HTCC 基板和 LTCC 基板的性能对比如表 4-10 所示。

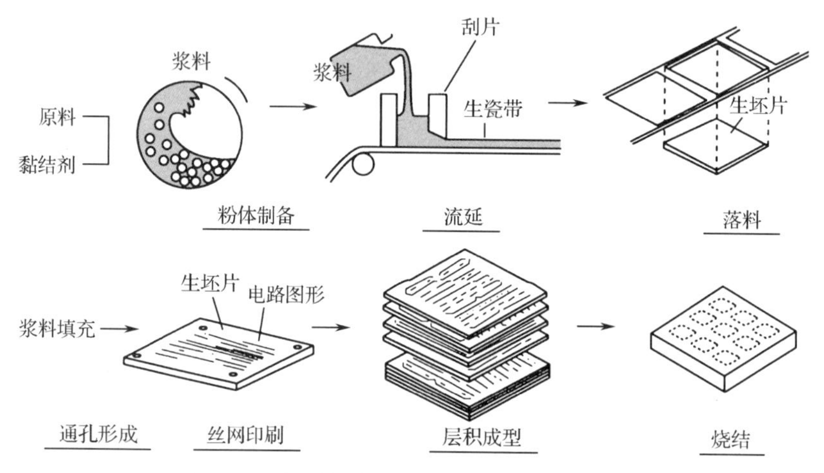

图 4-16　典型的多层陶瓷基板制造工艺流程

表 4-10　HTCC 基板和 LTCC 基板的性能对比

性能指标	HTCC 陶瓷	LTCC 陶瓷
材料	氧化铝、氮化铝、莫来石等	晶相陶瓷、氧化镁、二氧化硅、氧化铝等
烧结温度	1500～1800℃	850～900℃
导体材料	钨、钼、锰	金、银、铜、铂
导体薄层电阻	8～12mΩ/cm	3～20mΩ/cm
介电常数	8～10	5～8
电阻值	不适用	0～1Ω
烧结收缩率（x、y）	12%～18%	（12.0±0.1）%
烧结收缩率（z）	12%～18%	（17.0±0.1）%
线宽	100μm	100μm
通孔直径	125μm	125μm
金属层数	8 或 63 层	33 层
热导率	180～200W/(m·K)	2～6W/(m·K)

3. 高温共烧陶瓷基板的应用

因烧结温度高，HTCC 不能采用 Au、Ag、Cu 等低熔点金属材料，必须采用 W、Mo、

Mn 等难熔金属材料，这些材料电导率低，会造成信号延迟等缺陷，因此不适合作为高速或高频微组装电路的基板。但是，由于 HTCC 基板具有结构强度高、热导率高、化学稳定性好和布线密度高等优点，因此在大功率微组装电路中具有广泛的应用前景。

HTCC 陶瓷基板凭借其高介电性能、低损耗特性、接近硅片的热膨胀系数、高结构强度等特性，在高端封装材料领域中被广泛应用，如在射频滤波器（SAW、BAW）、射频 IC、光通信模块、图像传感器、非制冷焦平面热红外传感器、LDMOS、CMOS、MEMS 传感器等元器件中大量使用。

此外，由于 HTCC 陶瓷基板热导率高、结构强度好、物理化学性能稳定，被广泛用于高可靠性微电子集成电路、大功率微组装电路、车载大功率电路等领域。例如，HTCC 陶瓷发热片是一种新型高效环保节能陶瓷发热元器件，相比 PTC 陶瓷发热体，在相同加热效果的情况下节约 20%～30%电能。此外，其应用还包括小型温风取暖器、电吹风、烘干机、干衣机、暖气机、冷暖抽湿机、暖手器、干燥器、电热夹板、电熨斗、电烙铁、卷发烫发器、电子保温瓶、保温箱、保温柜、煤油汽化炉、电热炊具、座便陶瓷加热器、热水器、红外理疗仪、静脉注射液加热器、小型专用晶体元器件恒温槽、工业烘干设备、电热黏合器，以及水、油及酸碱液体等的加热元器件。图 4-17 所示为用 HTCC 制作的弧形发热片和圆形发热片。

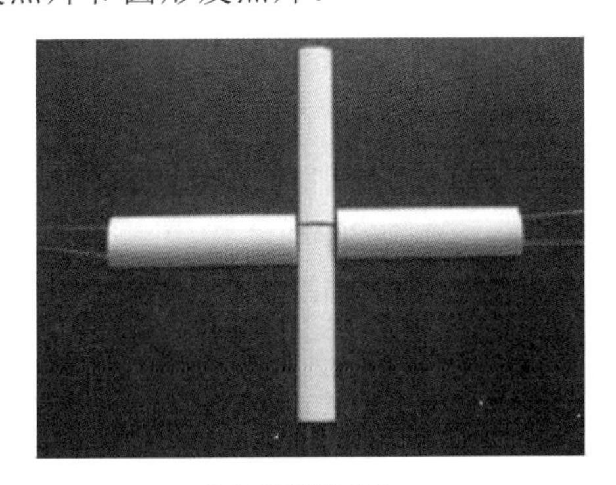

（a）弧形发热片

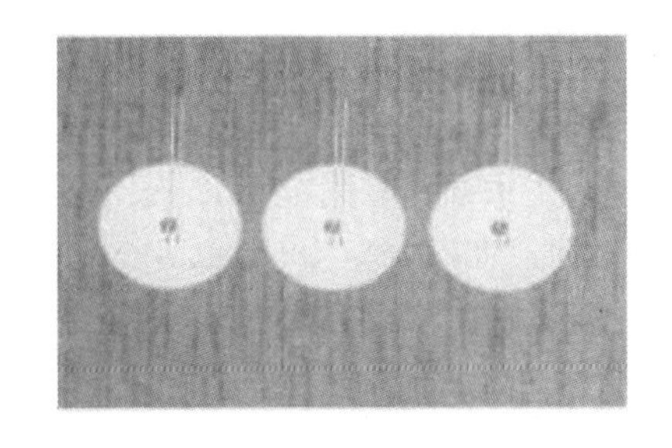

（b）圆形发热片

图 4-17 用 HTCC 制作的弧形发热片和圆形发热片

4.2.4 内埋芯片基板技术

1. 内埋互联技术及其发展

传统的电路互联技术是在各类基板上的金属化布线焊区上焊接 IC 芯片或元器件，即先布线后焊接，也称为先布线焊接互联技术。而内埋 IC 芯片互联技术是先将芯片埋置到基板或聚酰亚胺（PI）介质中，再统一进行金属布线，将 IC 芯片的焊区与布线金属自然相连。这种芯片焊区与基板焊区间的互联属于布线的一部分，互联已无任何“焊接”的痕迹。相对先布线焊接互联技术而言，内埋 IC 芯片互联技术也称为后布线技术。

无源元器件埋入基板中的起源可追溯到 20 世纪 70 年代 LTCC 多层基板的成功开发。

在此之前，采用 Al_2O_3 的多层共烧基板需要在 1500℃以上烧结，在如此高的烧结温度下难以实现无源元器件的共烧集成。而 LTCC 的烧结温度一般为 800～900℃，较低的烧结温度为厚膜电阻及厚膜电容预埋共烧集成提供了条件。这种内部埋入无源元器件的 LTCC 多层基板于 20 世纪 80 年代中期达到实用化。

20 世纪 80 年代后期，通过在钛酸钡等强磁性体生坯片上印刷电极，经叠层预压、一次烧结制作 C、R、L 等无源元器件。这种技术的开发成功，标志着对埋入元器件基板的开发迈入快速发展轨道。虽然上述方法实现了陶瓷系异种元器件的一体化，但由于 IC 元器件不能埋入基板内部，各元器件间不能全部由内部引线完成连接。随着 IC 芯片端子数的增加，基板中的布线会变得越来越复杂，因此，这种集成化方式最多能内埋 10 个无源元器件。

20 世纪 90 年代初，在内埋无源元器件的复合基板上，搭载 IC 元器件和不便于埋入基板内部的无源元器件构成模块化的产品问世。从本质上讲，这种产品的封装形式仍属于混合 IC（HIC）或 MCM 的范畴。不过，将 IC 芯片和元器件全部埋入在基板内部的三维系统集成封装形式正是从这里开始起步的。

在硅基板上，采用半导体工艺也可以形成 C、R、L 等无源元器件，由此制成了埋置无源元器件的芯片集成元器件（IPD）。日本 ST 微电子与富士通研究所开发的 IPD 实例，采用铁电体薄膜形成电容（5～500pF），采用扩散电阻形成电阻（1～100kΩ），采用螺旋导体形成电感，能在一个芯片中集成 30 个以上的无源元器件，还能根据需要在其中埋置三极管等有源元器件。这种埋置无源元器件的集成芯片产品，除了具有小型、薄型化的优点，在减少寄生电路参数及提高可靠性方面还具有良好效果。由于采用半导体微细加工技术，因此产品尺寸可以做得更小。

在陶瓷系基板中成功埋入元器件的基础上，人们开始研究在有机树脂系基板中埋入元器件，以实现三维集成化封装。在树脂系基板中埋入元器件可以大大缩短布线距离，其对高频、高速电路的优势与陶瓷系基板一样。特别是，由于树脂系基板中埋入元器件不需要高温烧结，不存在烧结收缩问题，而且集成之前可以对元器件进行调整检修，又适用于大型基板，在降低价格方面有很大潜力。目前，受埋入元器件种类、尺寸及性能参数等限制，其应用还有一定局限性，但在高频模块用基板和 BGA/CSP 等封装基板中已经得到应用。

在上述内埋基板及其互联技术的基础上，从基板中埋入无源元器件互联必然会向埋入无源、有源元器件的系统集成模块互联的趋势发展。而且可以预测，今后还将会出现新的内埋互联技术。同时，除了在基板中内埋有源、无源元器件，还将内埋光元器件、MEMS 元器件，以及量子元器件、生物元器件等新型元器件。

2. 内埋 IC 芯片方法

陶瓷基板、硅基板、树脂基板等均可以制作成内埋基板，其埋置 IC 芯片的基本方法有开槽埋置法和介质埋置法两类。

硅基板除了采用上述这两种方法，还可以利用半导体 IC 芯片制造工艺，先在硅基板内制作所需的各类有源、无源元器件，然后在这种内含元器件的硅基板上进行多层布线或埋置IC芯片，通过这种方法将进一步提高产品的集成度。

树脂基板埋置IC芯片一般是采用芯片电路板面朝上的方式将其埋于树脂中，仅使电极部分露出，并通过互联布线与其他元器件相连。这种方法利用薄膜导体形成微细图形，适用于芯片电极微细化和多端子化，并且能够大大缩短引线间距，特别适用于高频MCM。此外，该方法还能制成超薄型封装，采用同样的工艺可以将IC芯片按顺序在所定位置积层，从而可制得三维布置IC芯片的MCM结构。若进一步在层间埋入无源元器件，则可以制成埋入有源、无源元器件的三维MCM模块或基板。

3. 树脂基板内埋元器件方法

树脂基板内埋无源元器件方法可分为以下3种。

（1）使用树脂覆铜箔（Resin Coated Copper，RCC）或胶片将现有的LTCC电容或电阻直接压在基板的内层。

（2）将介电层制作成薄膜状直接压在基板或使用RCC、PP（聚丙烯）作为中心层或增层，在其中嵌入无源元器件。

（3）通过印刷或溅镀的方式将电阻制成元器件，然后将它们嵌入树脂基板中。

在有机树脂基板内形成埋置电容的基本方法有以下两种。

（1）采用介电体膜片形成埋置电容。首先将钛酸钡系及氧化钴系微粉末混入环氧树脂等绝缘性树脂中形成介电体复合材料膜片；然后在其两面所需要的部位利用铜箔形成电极；最后通过多层积层法形成埋置电容。

（2）采用浆料或溅射镀膜形成埋置电容。首先在铜箔或导电薄膜构成的下部电极上通过厚膜浆料印刷或薄膜溅射形成介电体膜；然后利用导电性浆料或薄膜在介电体膜表面形成上部电极；最后通过多层积层法形成埋置电容。

在有机树脂基板内形成埋置电阻的基本方法有以下两种。

（1）在树脂基板上印刷电阻浆料。首先形成铜箔电极；然后在铜箔电极上印刷碳/树脂浆料；最后经积层、蚀刻铜箔形成埋置电阻。

（2）在铜箔上电镀电阻膜或溅射电阻膜。首先在铜箔上全面溅射沉积CrNi、TiW薄膜等；然后贴覆绝缘树脂膜片并对铜箔蚀刻形成电阻；最后经积层、蚀刻铜箔形成埋置电阻。

由上述方法获得的电阻与埋入陶瓷系基板中的电阻不同。前者几乎适用于所有情况，电阻形成之后，可以边修边调阻值，从而获得高精度电阻。但是，由于其固化温度低，与陶瓷基元器件相比，在稳定性方面略差。为了获得稳定且数值分布较宽的电容、电阻埋置元器件，另一种方法是先在玻璃陶瓷低温共烧基板中高温烧成厚膜电容、电阻，然后将其埋入树脂系基板中。例如，首先在铜箔上印刷电容、电阻厚膜浆料，并将其置于氮气氛围中进行高温（800～900℃）烧结，然后在有元器件的一侧贴覆树脂基板，对铜箔蚀刻形成电容、电阻，并进行修整调节阻值，最后按通常的积层工艺实现多层化，制成埋入元器件的树脂系基板。采用这种方法制作的电容、电阻，由于是高温烧成的，介电常数可接近1000，无论在性能还是可靠性等方面均可达到陶瓷基板内部埋置的电容、电阻元器件水平。

4.3 PCB 制造技术

4.3.1 单面印制电路板制造工艺

单面印制电路板是指仅一面有导电图形的印制电路板，它一般使用酚醛基覆箔板制作，在各类消费类电子产品中广泛应用。其典型制造工艺流程如图 4-18 所示，其中的关键工艺简述如下。

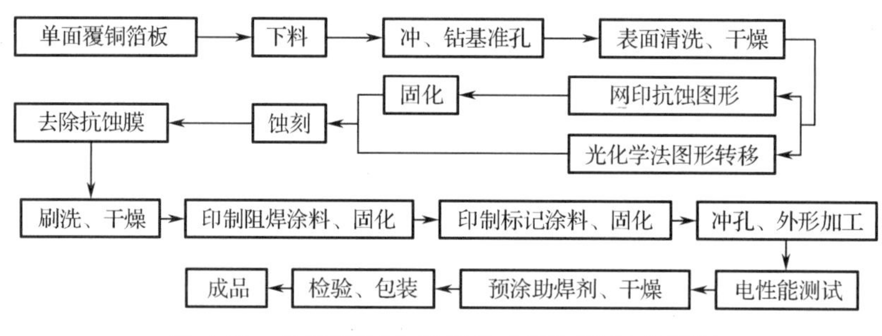

图 4-18 单面印制电路板的典型制造工艺流程

1. 照相底版

制备照相底版是印制电路板生产中的关键步骤，其质量直接影响最终产品的质量。现在一般用计算机辅助设计直接在光绘仪上绘制出照相底版。一块单面印制电路板一般有 3 种照相底图：导电图形底图；阻焊图形底图；标记字符底图。光绘仪在完成银盐底片的曝光后还需在暗室中冲洗加工才能得到照相底版，或者使用金属膜胶片直接成像制得照相底版。由于金属膜胶片对日光不敏感，不需要暗室冲洗，因此可以得到尺寸稳定性优良的照相底版，最小线宽可达 0.05mm，精度小于 2μm。

2. 丝网印刷

丝网印刷（简称网印）是单面印制电路板的关键工艺。它是使用专门的印料，在覆铜箔板上网印出线路图形、阻焊图形及字符标记图形。所使用的丝网印刷设备从最简单的手工操作的网印框架到高精度、上下料全自动化的网印生产线，包含不同的档次和不同的规格。网印的优点是工艺简单、成本低、生产效率高；缺点是精度较低。采用网印可生产 0.2～0.3mm 线宽的印制电路板，适合大批量生产。

网版制作是网印的关键工艺，网版由绷有丝网的网框和它上面的掩模图形组成。

（1）网框。网框多使用铝合金方形管材，为提高强度可增加加强筋。网框有固定式和自绷网式两种。固定式网框在绷网时需有绷网装置，用气动夹具将丝网先绷紧再将其机械固定或用黏合剂固定的方式使丝网固定在网框上；而自绷网网框自身配有绷网装置。

（2）丝网。丝网是网版的载体，要求其强度高、耐磨性好、吸水性小、耐化学药品性好、印料透过性好、网丝直径均匀、网孔大小一致、与掩模材料黏合性好等。PCB 生产中常用的丝网材料是 100～300 目的平织尼龙和涤纶丝网。网目数越高，透过的油墨量越小，印出的油墨层越薄，分辨率越高。高精度、高密度、细间距线路图形选用网目数较高、丝径较细、孔径较小的涤纶丝网。

（3）绷网。绷网是将丝网拉紧到一定张力状态下时固定至网框上，它是网版制作的关键工序。首先通过绷网机将丝网绷紧，然后使用黏合剂将绷紧的丝网黏结到清洁的网框上。

（4）制版。制版的方法有直接法、间接法和直接-间接法。直接法制版是将液态丝网感光胶直接刮涂到丝网上，然后经干燥、曝光、显影后制成网版，该方法适用于大批量生产，制作的网版清晰度适中、耐印次数高。间接法制版是先将成膜材料做出图形后再转移到丝网上，该方法制作的网版图形精度高、丝网图形易从网上去除、耐印次数少，适用于小批量、高精度印制电路板的生产。直接-间接法是在丝网上粘贴感光膜，同时涂覆液体感光胶，经曝光、显影制成网版图形。该方法综合了直接法和间接法二者的长处，制作的网版图形清晰度比直接法好，耐印性比间接法好。

3．蚀刻

用作 PCB 蚀刻的蚀刻液有三氯化铁蚀刻液、酸性氯化铜（$CuCl_2$）蚀刻液、碱性氯化铜蚀刻液、硫酸过氧化氢蚀刻液、过硫酸铵蚀刻液和铬酐硫酸蚀刻液等。蚀刻液必须能蚀刻铜而不损伤和破坏网印油墨。由于网印油墨通常能溶于碱性溶液，因此蚀刻时不能使用碱性蚀刻液。早期的蚀刻液大多使用三氯化铁蚀刻液，因为它价格便宜、蚀刻速率快、工艺稳定、操作简单；但由于其再生和回收困难，冲洗稀释后易产生黄褐色沉淀，污染严重，因此已被酸性氯化铜蚀刻液所替代。

酸性氯化铜蚀刻液的主要成分是氯化铜和盐酸，也可以通过在配方中加入氯化铵和氯化钠使得蚀刻液在较宽的溶铜量范围内具有更稳定且快速的蚀刻速率。蚀刻时，蚀刻液温度一般控制在 45～55℃范围内，氯化铜将板面上的铜氧化成一价铜离子（Cu^{+1}），本身还原成氯化亚铜（CuCl）。在蚀刻液中通入氯气、空气或过氧化氢等氧化剂，可使 Cu^{+1} 氧化成 Cu^{+2}，蚀刻液得到再生，其反应式为

$$Cu + CuCl_2 \rightarrow Cu_2Cl_2 \tag{4-1}$$

$$Cu_2Cl_2 + 2HCl + H_2O_2 \rightarrow 2CuCl_2 + 2H_2O \tag{4-2}$$

广泛使用的蚀刻设备是传送带式自动喷淋蚀刻机，它可以上下两面同时蚀刻，并带有自动分析补加蚀刻液装置，使蚀刻液自动连续再生，保持蚀刻速率恒定。

4．机械加工

机械加工包括覆铜箔板的下料、孔加工和外形加工。其加工方式有剪、冲、钻和铣。

（1）覆铜箔板下料。对于大批量生产，一般采用卧式或立式锯板机下料。其所用的圆锯片由超硬合金制成，需具备极高的耐磨性、耐热性和硬度。在小批量生产中，一般采用剪床剪切。

（2）孔加工。对于大批量生产，一般采用冲床冲孔。根据设计的冲模所需的冲裁力

及冲模尺寸，选择适合的冲床型号。在冲床吨位和模具制造许可的情况下，孔和外形加工可用同一副模具冲裁下来。孔数多而密的大面积单面印制电路板需使用多副冲孔模具分别冲孔。

（3）外形加工。对于大批量生产，一般使用外形落料模一次加工，该加工方式生产效率高、尺寸整齐、一致性好。在小批量生产及外形简单的情况下，可用剪床、小型切角和切槽冲裁模加工，这种加工方式精度较低，一般只能达到±0.2mm。对于小批量、形状复杂且精度要求高的单面印制电路板，可采用铣床（或数控铣床）加工。

5. 预涂助焊剂

单面印制电路板在丝网印刷阻焊油墨并经电气检测后的最后一道关键工序是预涂助焊剂。在单面印制电路板的存放过程中，铜导线表面受空气和湿气的影响易氧化变色，使可焊性变差。为了保护洁净的铜表面不受大气的氧化腐蚀，使成品板在规定的储存期内保持优良的可焊性，必须对单面印制电路板的铜表面预涂覆保护性的助焊剂。该助焊剂除了有助焊性，还具有防护性，但要求锡焊后易清洗去除。

在常用的各类助焊剂中，根据其在焊接后残留物的性质可以分为 3 类：腐蚀性、半腐蚀性和无腐蚀性助焊剂。对于单面印制电路板，预涂助焊剂一般选用无腐蚀性助焊剂。无腐蚀性助焊剂的主要成分为松香或活化后的松香。常用的助焊剂有氢化松香、201 焊剂、202 焊剂、消光焊剂、SD 焊剂。

由于纯松香助焊剂的活性较差、防护性不强，因此开发了合成树脂助焊剂。它以合成树脂作为成膜物质，包括改性酚醛树脂、环氧树脂、丙烯酸树脂、聚氨基甲酸酯树脂等。合成树脂助焊剂的使用通常是合成树脂和松香共用，还有加入有机酸、有机卤化物、胺类等活化物质以提高储存后的可焊性。

在双面组装印制电路板生产中，预涂助焊剂以替代裸铜覆阻焊膜（Solder Mask On Bare Copper，SMOBC）工艺而迎来了新发展，这种预涂助焊剂的主要成分是烷基苯并咪唑，得到的有机涂覆层称为 OSP。

单面印制电路板预涂助焊剂的涂覆工艺普遍采用滚涂机滚涂。在涂覆前，PCB 需经去油、酸洗清洁处理。

4.3.2 双面印制电路板制造工艺

双面印制电路板是指两面都有导电图形的印制电路板。它通常采用环氧玻璃布覆铜箔板制造，主要用于性能要求较高的通信电子设备、高级仪器仪表及电子计算机等。

双面 PCB 的制造分为工艺堵孔法、掩蔽孔法、工艺导线法、图形电镀-蚀刻法和 SMOBC 工艺。在 20 世纪六七十年代，双面印制电路板的制造主要采用图形电镀-蚀刻工艺。20 世纪 80 年代后期，SMOBC 工艺逐步替代图形电镀-蚀刻工艺。采用 SMOBC 工艺制成的印制电路板解决了细间距导线之间的焊料桥接短路问题，同时由于热风整平（Hot Air Soldering Level，HASL）中锡和铅的比例恒定，有更好的可焊性和储存性。因此，SMOBC 工艺至今已成为双面 PCB 制造的主流工艺，特别是制造高密度双面 PCB。

图形电镀-蚀刻和 SMOBC 的典型工艺流程分别如图 4-19 和图 4-20 所示。这两种制造工艺中有很多相同工序，以下综合介绍其中主要工艺技术。

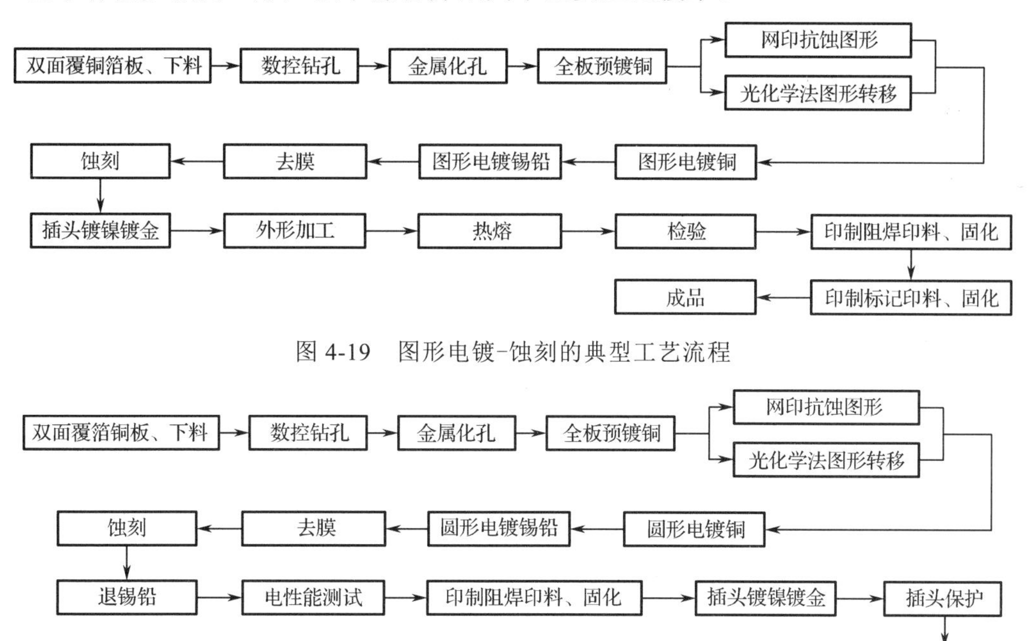

图 4-19　图形电镀-蚀刻的典型工艺流程

图 4-20　SMOBC 法的典型工艺流程

1. 数控钻孔

由于 SMT 的发展，印制电路板上大部分的镀覆孔（PTH）不再插装电子元器件，仅用作导通。为了提高组装密度，孔变得越来越小，故加工时常采用新一代的钻微小孔的数控钻床。该类数控钻床的钻速可达每分钟数十万转，可钻 ϕ0.1～ϕ0.5mm 的孔，钻头断了会自动停机、报警并自动测量钻头直径和更换钻头。钻孔过程可自动控制钻头与盖板间的距离和钻孔深度，因此可钻盲孔。

当印制电路板钻孔时，使用盖板及垫板可防止产生毛刺，提高钻孔质量，保证孔位精度。

钻孔工艺参数包括切削速度、进给速率和孔径等，需根据数控钻床、钻头、盖板、垫板和被钻材料等具体情况进行选择与确定。

2. 镀覆孔

镀覆孔也称为金属化孔，它是将整个孔壁镀覆金属，实现双面印制电路板的两面或多层印制电路板的内外层间的导电图形的电气连通。镀覆孔工艺传统上采用化学镀铜在孔壁沉积一薄层铜，然后电镀铜至规定厚度。现在已研究出一些新的镀覆孔工艺，如直接电镀工艺等。

1）化学镀铜

化学镀铜前必须进行活化处理。活化处理的作用是在绝缘基体上吸附一层具有催化能力的金属颗粒，使基体表面具有催化还原金属的能力，从而使化学镀铜反应在基体表面顺利进行。活化处理的方法通常有分步活化法、胶体钯活化法、胶体铜活化法等。最常用的活化处理液是酸基胶体钯活化液。

印制电路板化学镀铜一般使用以甲醛为还原剂的碱性镀铜溶液。它由硫酸铜、络合剂、甲醛、氢氧化钠和稳定剂等组成。对化学镀铜层性能和溶液操作影响最大的是络合剂和稳定剂。常用的络合剂有酒石酸钾钠、EDTA（乙二胺四乙酸）二钠盐、THPED（四羟丙基乙二胺）和 CDTA（苯基乙二胺四乙酸）等；常用稳定剂有 αα′-联吡啶、硫脲、2-巯基苯骈噻唑等。

2）电镀铜

化学镀铜层一般很薄，通常只有 1～2μm，为达到规定的厚度，还需电镀铜加厚。电镀铜的韧性比化学镀铜的韧性高。印制电路板电镀铜主要采用高分散酸性硫酸铜镀液，其主要成分为硫酸铜、硫酸、氯离子、添加剂。

3. 成像（图像转移）

印制电路板成像主要有两种方法：网印法图像转移和光化学法图像转移。网印法图像转移成本低，适用于大批量生产，但难以制作 0.2mm 以下的精细导线和细间距的双面印刷电路板。光化学法图像转移是利用光致抗蚀剂进行图像转移，它适用于制造分辨率高的图像。光致抗蚀剂主要有干膜光致抗蚀剂（简称干膜）和液态光致抗蚀剂（简称湿膜）两类。干膜可制作线宽及线间距为 0.1mm 以上的线路图形；湿膜可制作线宽及线间距为 0.05mm 以上的线路图形。20 世纪五六十年代广泛使用的是聚乙烯醇/重铬酸盐型液态光致抗蚀剂。1968 年美国杜邦（DuPont）公司推出干膜光致抗蚀剂后，在 20 世纪七八十年代干膜成像工艺就成为双面印制电路板成像的主导工艺。后来由于新型液态光致抗蚀剂的发展，它比干膜的分辨率高，且液态光致抗蚀剂的涂覆设备能够实现连续大规模生产，且成本相较于干膜便宜，因此液态光致抗蚀剂又有了新的发展趋势。

1）干膜成像

干膜成像的工艺流程为：贴膜前处理→贴膜→曝光→显影→修板→蚀刻或电镀→去膜。前处理用磨料尼龙辊刷板机或浮石粉刷板机进行刷板，然后使用贴膜机对经前处理的板材进行双面连续贴膜。贴膜的主要工艺参数为温度、压力和速度。经电镀或蚀刻后，干膜需去除。去膜一般用 4%～5%氢氧化钠溶液，在 40～60℃下于喷淋式去膜机中进行。

2）湿膜成像

湿膜成像工艺流程为：贴膜前处理→涂覆→预烘→曝光→显影→蚀刻或电镀→去膜。湿膜的涂覆方式分为网印、辊涂、幕帘涂覆和喷涂等。

4．图形电镀

双面印制电路板图形电镀包括电镀铜和电镀可焊合金。图形电镀铜与金属化孔电镀铜所用的电镀液相同，均为高分散酸性硫酸铜镀液。在图形电镀时，需准确测定电镀面积，它影响到电流密度的计算和成品板的铜镀层厚度。电镀面积可由 CAM 工作站计算或用图形面积积分仪测得，这两种方法都需考虑拼版的边框大小。当用图形面积积分仪测定电镀面积时，需对孔壁表面积进行补偿。

电镀可焊合金有两个作用：作为抗蚀保护层和作为成品板的可焊性镀层。传统工艺以锡铅合金作为可焊性镀层，对镀层中锡铅比例及合金的组织结构状态都有要求。由于63%的锡和 37%的铅具有最低共熔点，因此镀层中锡含量要求控制在 58%～68%的范围内。一般而言，要求印制导线表面上锡铅合金镀层最小厚度为 7.5μm，孔壁最小镀层厚度为 2.5μm。随着焊接合金无铅化的要求，锡铅合金正在逐渐被无铅焊接合金取代。

5．蚀刻

蚀刻是用化学或电化学方法去除基材上无用导电材料，形成印制图形的工艺。在用锡铅合金作为抗蚀层的图形电镀蚀刻法制造双面印制电路板时，不能使用酸性氯化铜蚀刻液，也不能使用三氯化铁蚀刻液，因为它们腐蚀锡铅合金。可以使用的蚀刻液有碱性氯化铜蚀刻液、硫酸过氧化氢蚀刻液、过硫酸铵蚀刻液和硫酸铬酸蚀刻液。其中使用最多的是碱性氯化铜蚀刻液。硫酸铬酸蚀刻液因铬酸有害健康，已不再使用。

蚀刻工艺中常出现的问题有侧蚀、镀层增宽以及镀层突沿等，如图 4-21 所示。侧蚀是因蚀刻而产生的导线边缘凹进或挖空现象，它和蚀刻液、设备以及工艺条件有关，侧蚀越小越好。采用薄铜箔可减小侧蚀值，有利于制造精细导线图形。镀层增宽是由于电镀加厚使导线一侧宽度超过生产照相底版宽度值。镀层突沿是镀层增宽和侧蚀之和，它不仅影响图形精度，而且极易断裂和掉落，造成电路短路。经热熔后可以消除镀层突沿。

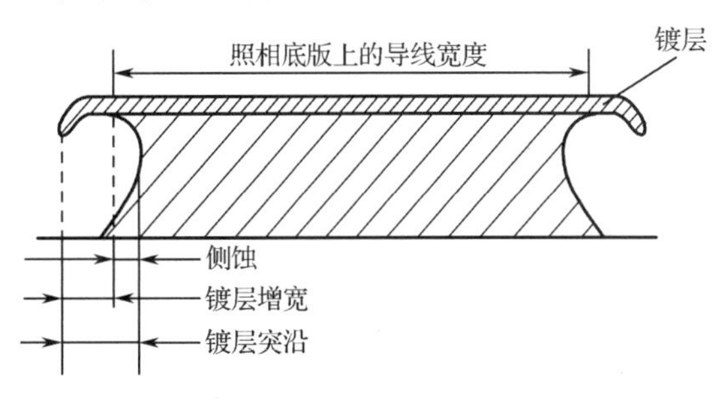

图 4-21　侧蚀、镀层增宽以及镀层突沿

蚀刻系数是蚀刻深度（导线厚度）与侧蚀的比值。生产者希望侧蚀小，特别是在制造细导线时。采用垂直喷射蚀刻方式，或者添加侧向保护剂可提高蚀刻系数。

6．镀金

镀金层具有优良的导电性、耐磨性、化学稳定性和可焊性，在表面组装印制电路板上也用作抗蚀、可焊和保护镀层。由于金价格很贵，为节约成本，尽量镀得较薄，尤其是全板镀金印制电路板，通常采用闪镀金或化学镀金，俗称镀“水金”，其厚度只有0.05μm左右。但插头部分的镀金层需较厚，按照不同的要求，厚度规定为0.5～2.5μm。如果在铜上直接镀金，由于镀金层薄，镀层有较多的针孔，在长期使用或存放过程中，通过针孔铜会被锈蚀；此外铜和金之间扩散生成IMC后容易使焊点变脆，造成焊接不可靠。因此，镀金前均需用镀镍层打底，镀镍层厚度一般控制在5～7μm。

插头镀镍镀金的工艺过程为：贴保护胶带→退锡铅→水洗→微蚀或刷洗→水洗→活化→水洗→镀镍→水洗→活化→水洗→镀金→水洗→干燥→去胶带→检验。其中贴压敏性保护胶带是为了保护印制电路板不需要镀镍镀金部分的导体不被退除锡铅和镀镍镀金。

镀金溶液有碱性氰化物镀液、无氰亚硫酸盐镀液、柠檬酸盐镀液等。印制电路板插头镀金普遍使用的是柠檬酸盐微氰镀金液。

7．热熔

热熔是图形电镀-蚀刻工艺生产双面印制电路板的主要工序。经热熔处理后的锡铅合金镀层，表面光亮无针孔，抗蚀性和可焊性均大幅度提高。

热熔的基本原理是把镀覆锡铅合金的印制电路板加热到锡铅合金熔点温度以上，使锡铅与基体铜形成IMC，同时改善锡铅合金镀层的结晶组织，使合金元素的分散更均匀、组织更致密。热熔的方法有高温液体浸渍热熔、喷射热熔、红外热熔等。常用的是甘油热熔（高温液体浸渍热熔）和红外热熔。

甘油热熔是将印制电路板浸入加热到220～230℃的热甘油液中5～10s。甘油热熔的优点是设备简易、可以手工操作、加热均匀；缺点是生产效率低、工作环境差。为减少因温度骤变可能引起的基材分层和翘曲变形，在甘油热熔过程中，应注意热熔前的预烘、热熔后的缓慢冷却、热熔夹具等因素的影响。

红外热熔是利用红外线的热效应使锡铅合金镀层加热、熔化的过程。红外热熔是在红外热熔机上进行的。红外热熔的优点是生产效率高、工作环境好；缺点是易局部过热，造成基材烧焦、分层、起泡。

4.3.3　多层印制电路板制造工艺

多层印制电路板是由交替的导电图形层及绝缘材料层压黏合而成的一种印制电路板。导电图形的层数在两层以上，层间的电气互联是通过金属化孔实现的。多层印制电路板一般用环氧玻璃布覆铜箔层压板，它是当前印制电路板中的主流产品，其制造工艺技术仍在进步发展之中。

1．多层印制电路板工艺流程

1）一般工艺流程

多层印制电路板的制造工艺是在镀覆孔双面印制电路板的工艺基础上发展起来的。其一般工艺流程是先将内层板的图形蚀刻好，经黑化处理后，按预定的设计加入半固化片进行叠层，上下表面各放一张铜箔（也可用薄 CCL），送进压机经加热加压后，得到已制备好内层图形的一块“双面 CCL”；然后按预先设计的定位系统进行数控钻孔，钻孔后要对孔壁进行凹蚀处理和去沾污处理；最后按照双面镀覆孔印制电路板的工艺进行。多层印制电路板一般工艺流程如图 4-22 所示。

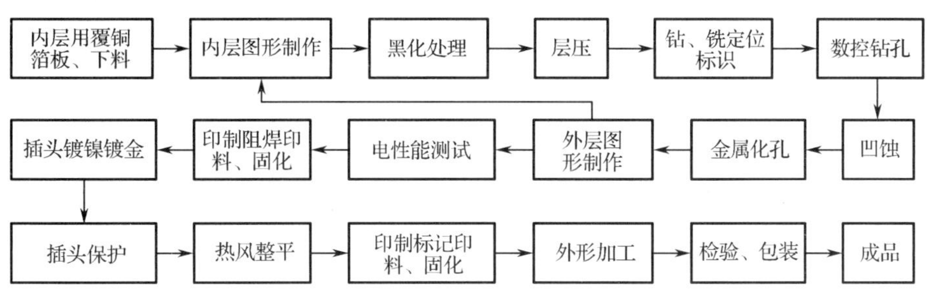

图 4-22　多层印制电路板一般工艺流程

对比一般多层印制电路板和双面印制电路板的生产工艺，它们有很大一部分是相同的。主要不同点是多层印制电路板增加了几个特有的工艺步骤：内层成像（图形制作）和黑化处理、层压、凹蚀和去沾污。这些特有的工艺将在后文叙述。同时，在大部分相同的工艺中，某些工艺参数、设备精度和复杂程度方面也有所不同。例如，多层印制电路板的内层金属化连接是多层印制电路板可靠性的决定性因素，对孔壁的质量要求比双面印制电路板更严，因此对钻孔的要求更高。在一般情况下，一个钻头在双面印制电路板上可钻 3000 个孔后更换，而在多层印制电路板上只钻 800～1000 个孔就要更换。另外，每次钻孔的叠板数、钻孔时钻头的转速和进给量都和双面印制电路板有所不同。多层印制电路板成品和半成品的检验也比双面印制电路板要严格与复杂得多。多层印制电路板由于结构复杂，常采用温度均匀的甘油热熔工艺，而不采用可能导致局部温升过高的红外热熔工艺。

2）原材料制备流程

多层印制电路板的原材料制备的 3 个阶段如图 4-23 所示。用纤维增强材料浸渍热固性树脂后固化至 B 阶段的片状材料，称为预浸材料。半固化片是具有一定黏结性能的预浸材料或其他胶膜材料，也称为黏结片、B 阶段黏结片等，用于多层印制电路板层间的黏结。刚性多层印制电路板广泛使用的玻璃纤维布预浸材料也可称为黏结片或半固化片。薄覆铜箔板和半固化片是多层印制电路板的专用材料。一般把厚度小于 0.8mm 的覆铜箔板称为薄覆铜箔板，其标称厚度不包括铜箔厚度；而大于 0.8mm 的覆铜箔板的厚度则包括铜箔厚度在内。薄覆铜箔板与一般覆铜箔板的性能要求大体相同，只是在厚度、尺寸稳定性、树脂含量等几个指标上更严格。

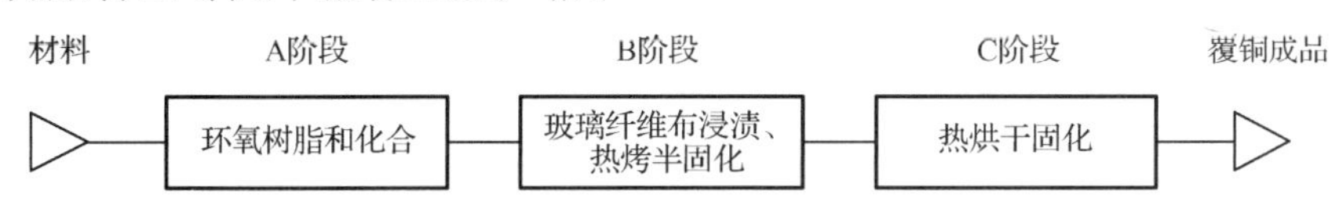

图 4-23　多层印制电路板的原材料制备的 3 个阶段

3）不同工艺流程

多层印制电路板的制造工艺有多种方法。其中主要有两种：一种是把阻焊膜直接覆盖在有锡铅合金层的电路图形上；另一种是 SMOBC 工艺。这两种工艺流程分别如图 4-24 和图 4-25 所示。其中图 4-25 的前面部分工序与图 4-24 相同。

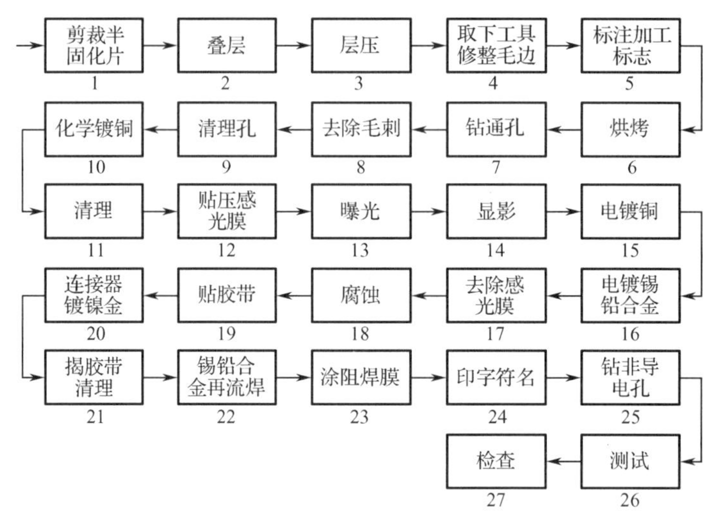

图 4-24　在锡铅合金层上涂阻焊膜的多层印制电路板工艺流程

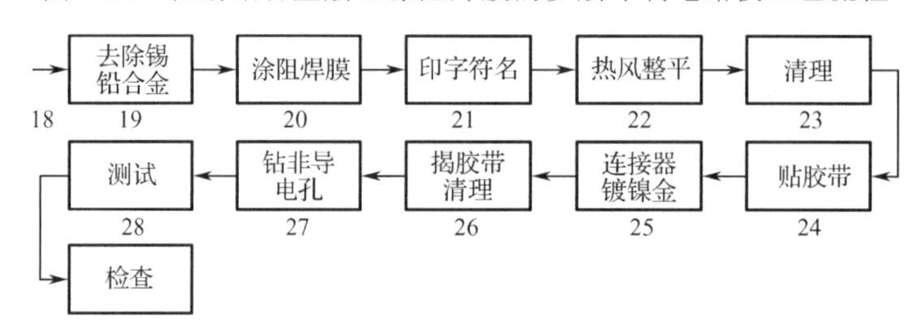

图 4-25　SMOBC 多层印制电路板工艺流程

2. 关键工艺

对多层印制电路板而言，其关键工艺包括内层成像和黑化处理、定位和层压以及去沾污 3 种。

1）内层成像和黑化处理

由于集成电路的互联布线密度大幅提高，用单面、双面印制电路板都难以实现，而用多层印制电路板则可以把电源线、接地线以及部分互联线放置在内层板上，由电镀通孔完成各层间的相互连接。内层成像的工艺流程如图 4-26 所示。

内层成像一般采用干膜成像，也可以采用湿膜成像。为了使内层板上的铜和半固化片有足够的结合强度，必须对铜进行氧化处理。由于处理后大多生成黑色的氧化铜，因此也称为黑化处理。如果氧化后主要生成红棕色的氧化亚铜，则称为棕化处理。棕化处理常用于耐高温的聚酰亚胺多层印制电路板内层板的氧化处理。常用的氧化处理液为碱性亚氯酸钠溶液，其主要成分为亚氯酸钠、氢氧化钠和磷酸三钠。

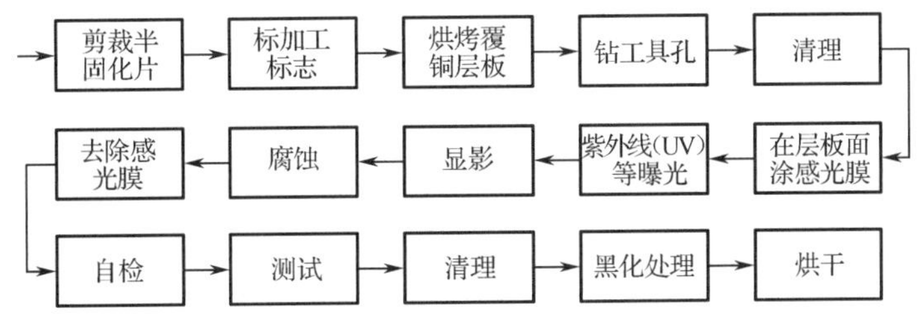

图 4-26 内层成像的工艺流程

2）定位和层压

多层印制电路板的布线密度高，而且有内层电路，故层压时必须保证各层钻孔位置都要对准。钻孔位置的定位方法有销钉定位和无销钉定位两种。层压前，首先需根据设计和工艺要求将内层板、半固化片、外层铜箔和离型膜进行叠层，然后在加温加压下固化成型。图 4-27 所示为 8 层板的叠层示意图。后来，人们推出了用电流直接通过叠层表面的铜箔进行加热的方法。此方法加热均匀、成本低、效率高、层压质量好。层压时，层压周期是影响层压质量的关键。一般而言，层压全过程包括预压、全压和保压冷却 3 个阶段。

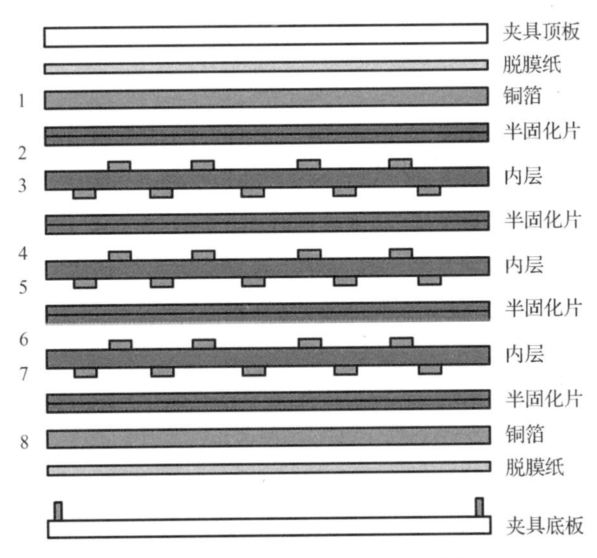

图 4-27 8 层板的叠层示意图

无销钉层压定位是现在较普遍采用的定位方法，特别是 4 层板的生产几乎都采用它。该方法中的层压模板不必有定位孔，工艺简单、设备投资少、材料利用率较高、成本低。以 4 层板为例，操作时在制作好图形的内层板上先钻出孔，层压前用耐高温胶带将其封住；层压后，在胶带处有明显的凸起迹象，洗去胶带上铜箔和固化的黏结片，剥去胶带，露出孔作钻孔用。这种方法不但可制作 4 层板，也可以制作 6~10 层板。

采用 X 光自动对位钻靶机，通过在多层印制电路板各内层上预设 2～3 个靶标，由强化优先注视法（OPL）视觉系统对其中两个靶标的中心位置和设计的标准点进行自动比较，对各层偏差进行优化处理，找到最佳位置，再优化钻出定位孔。如果靶标之间超出偏差值，就会自动拒绝钻孔。因此，可以提高制作精度。

3）去沾污

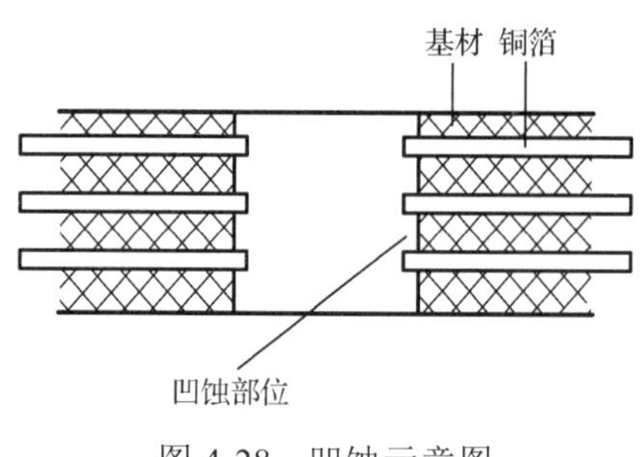

图 4-28 凹蚀示意图

多层印制电路板在化学镀铜前必须进行去沾污处理。为了充分暴露内层铜环表面，需要有控制地去除孔壁的环氧树脂和玻璃纤维布至规定深度，该工艺称为凹蚀，如图 4-28 所示。

去除环氧沾污一般有 4 种方法：浓硫酸法、铬酸法、碱性高锰酸钾法和等离子体法。前 3 种均为湿法处理工艺。由于硫酸和铬酸都是强氧化剂，操作时酸雾大、环境恶劣、三废处理费用高、铬酸毒性大，且两种酸都易侵蚀内层铜箔上的氧化层，产生“粉红圈”现象。另外，硫酸和铬酸的处理时间过长会使玻璃纤维布显露，树脂和玻璃纤维布间产生毛细管通路，使镀液侵入，造成绝缘破坏。因此硫酸法和铬酸法逐渐被碱性高锰酸钾法所替代。

等离子体去沾污是干法工艺，其设备投资费用高，并且由于是分批间歇操作，因此效率低、生产成本高。但等离子体不仅能腐蚀环氧树脂、聚酰亚胺，还能腐蚀玻璃纤维布，因此适用于某些特定场合，如在高档的刚性、挠性和刚挠性的聚酰亚胺多层印制电路板中应用。

4.3.4 PCB 可焊性涂层技术

铜（Cu）具有优良导电性和良好的物理性能，通常用于 PCB 的导电材料。然而，铜在含酸的潮湿空气中，其表面极易被氧化，从而失去铜本身所具备的优良可焊性。为保证 PCB 上的铜焊盘表面在焊接前不被氧化和污染，通过 PCB 可焊性涂层技术将具备优良可焊性的涂层涂（镀）覆至 PCB 上的铜表面，从而起到防止或延缓 PCB 的可焊性变差。据统计，70%的 PCB 使用故障来自焊点，主要原因有：①焊盘表面污染、氧化等引发焊接不完整、虚焊等；②金属元素之间的互扩散（如 Au-Cu 或 Sn-Cu）形成的 IMC 引发界面疏松、脆裂等。因此，PCB 的 Cu 焊盘表面必须采用可焊性保护层或可焊性阻挡层以减轻或避免故障的发生。

对于 PCB 焊盘上表面涂（镀）覆层主要有以下几个方面的要求。

（1）耐热性。主要考虑有机表面涂（镀）覆层的熔点和热分解（挥发）温度的性能，当它的熔点略低或接近焊料熔点，且热分解温度（≥350℃）远大于焊接和焊料熔点温度时，可防止铜焊盘表面发生氧化。而金属表面涂（镀）覆层不存在耐热性的问题。

（2）覆盖性。对有机可焊性涂（镀）覆层而言，在焊接前和焊接过程中需要完整覆盖在铜焊盘表面，只有当熔融焊料焊接到铜焊盘表面后才能分解挥发或漂浮在焊点表面。因此，要求有机可焊性涂（镀）覆层具有较小的表面张力、较高的分解温度以及较小的比重（应比熔融焊料小得多）。而金属表面涂（镀）覆层是在焊接时部分熔入焊料中或在阻挡层表面上进行连接的。

（3）残留物。通常是指有机可焊性涂（镀）覆层在焊接后残留在焊盘或焊点上的物质。这些残留物（如有机酸类或卤化物等）在焊接后会对 PCB 基材表面、金属层等产生腐蚀，需要在焊接后采取清洗措施加以去除。随着免清洗焊接技术的发展，焊接后的有机表面涂（镀）覆层的绝大部分残留物已经分解和挥发。

（4）环保性。在形成表面涂（镀）覆层的过程中产生的废水、废液应是易处理的，且成本低不污染环境。

PCB 可焊性涂层的质量取决于涂层本身的性质以及涂（镀）覆工艺。根据涂层的制造技术不同，PCB 可焊性涂层可以分为表面涂覆层和表面镀覆层两大类型。

1. 表面涂覆层

表面涂覆层是指通过物理或化学方法在铜焊盘表面涂覆上耐热且可焊的覆盖薄层。最早的涂覆层采用天然松香类、各种人工合成的类松香物（含各种各样助焊剂），后来发展为有机可焊性保护涂层（OSP）。这些涂覆层能够在焊接前与焊接中起到保护并形成无污染和无氧化的铜表面，从而与焊料直接连接。

1）有机可焊性保护涂层

有机可焊性保护涂层（OSP）是在洁净的裸铜表面通过化学方法生成一层有机薄膜，以防止铜表面被氧化。该方法具有涂层平整面好、与焊盘的铜之间不生成 IMC、润湿性好、允许焊料和铜直接焊接、低成本（可低于 HASL）等优点。生成的薄膜具有表面平整度好、防氧化、耐热冲击和耐湿性等特性，且该层薄膜在组装过程中的高温焊接时会分解露出裸露的铜，因此不存在残留物污染的问题。通常 OSP 的厚度为 0.2～0.5μm，如图 4-29 所示。

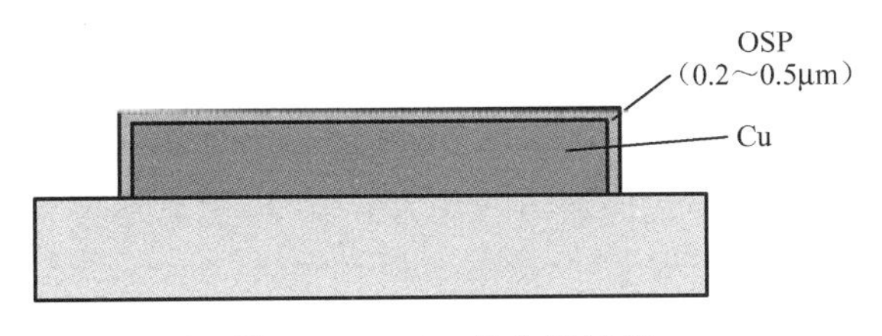

图 4-29 OSP 的典型结构

OSP 的材料包含三大类：松香类（Rosin）、活性树脂类（Active Resin）和唑类（Azole）。其中唑类 OSP 的使用最为广泛，且经历了 5 代的发展，分别为 BTA、IA、BIA、SBA 和 APA。

OSP 的工艺流程为：除油→二级水洗→微蚀→二级水洗→酸洗→去离子水（DI）洗→成膜风干→去离子水洗→干燥。

（1）除油：除油效果会影响成膜质量，若除油不良，则造成膜厚度不均匀。针对该问题，可以通过分析除油液浓度，将其控制在工艺范围内，或者及时更换除油液。

（2）微蚀：微蚀的目的是形成粗糙的铜面，便于成膜。一般将微蚀厚度控制在 1.0～1.5μm 比较合适。

（3）成膜：为防止成膜液遭到污染，在成膜前最好采用去离子水洗。成膜后也需要采用去离子水洗以防止膜层遭到破坏。在 OSP 工艺中，关键要控制好防氧化膜的厚度，比较合适的膜厚为 0.2～0.5μm。

OSP 工艺的不足在于：形成的保护膜极薄，易被划伤（或擦伤），需精心操作和运放；OSP 实际配方种类多，性能不一；在多次再流焊情况下，可焊性急剧下降。

2）热风整平

热风整平（HASL）技术是利用热风将 PCB 表面及孔内多余焊料去掉，并在焊盘上形成一层光亮、均匀、平滑的焊料涂覆层，以便在组装过程中实现可靠的焊接。

HASL 的主要工艺参数有焊料温度、浸焊时间、风力和印制电路板的夹角、风刀的间隙、热空气的温度、压力和流速、预热时间和温度、印制电路板提升速度等。焊料槽温度一般控制在 230～235℃，风刀温度控制在 176℃以上，浸焊时间控制在 5～8s，涂覆层厚度控制在 6～10μm。其工艺过程为：放板（贴镀金插头保护胶带）→HASL 前处理→HASL→HASL 后清洗→检查。

HASL 可以获得平滑、均匀、光亮的锡或锡铅涂层，其典型结构如图 4-30 所示。HASL 分为垂直和水平两种方式。垂直式的 HASL 由于钎料的自重和表面张力作用，焊盘涂层会出现上薄下厚的“锡垂”现象，但是焊盘平整度优于水平式；水平式的 HASL，焊料分布均匀、受热冲击小、板子不易翘曲。

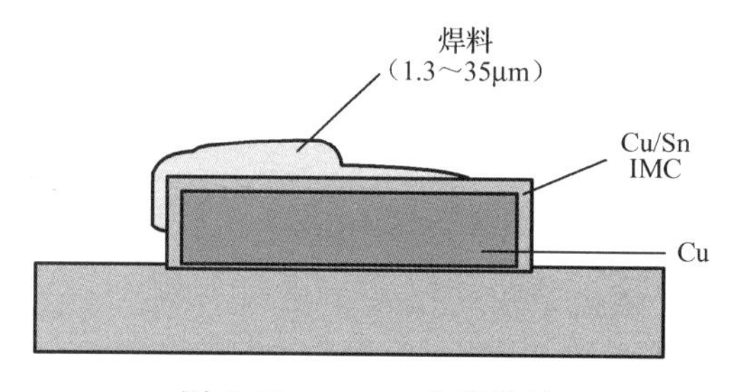

图 4-30　HASL 典型结构

HASL 的工艺虽然简单，但是想要通过 HASL 获得优良品质的 PCB 可焊性涂层需要精确控制工艺参数，这些工艺参数的设定值要根据 PCB 的外在条件及加工需求做出相应的调整。

HASL 具有如下优点。

（1）HASL 不改变焊料涂层的组成，获得的焊料涂层一致性好，可焊性优良。而电镀获得的锡-铅合金涂层，会随镀液中组分的变化，组成（铅锡比）发生变化。

（2）HASL 焊料涂层能完全覆盖导线侧边缘，避免在 PCB 上因腐蚀而出现断线。

（3）HASL 可通过调整风刀角度、印制电路板上升速度等工艺参数控制涂层厚度。

（4）基于 HASL 工艺生产出来的 PCB，通常不会有焊料桥接、阻焊膜起皱和脱落等现象。

HASL 的不足在于以下几点。

（1）进行 HASL 时，PCB 需要浸入焊料槽数秒，该过程将造成铜的熔融从而污染焊料槽。若 Cu 的浓度达 0.29%以上，则会导致焊料流动性变差，涂覆的焊料层呈半润湿状态，降低 PCB 的可焊性。

（2）HASL 的热冲击大，容易使 PCB 板材变形、起翘。热风吹熔融焊料时会形成波浪形，从而造成焊料涂覆层厚度不一致、焊盘共面性差，影响 SMT 的焊接质量，因此它不适用于高密度细间距的类型。

（3）HASL 属于高温工艺范畴，如果焊料温度过高、板子浸焊料时间太长或 PCB 前板面污染会导致阻焊层起泡、脱落和变色等问题。如果阻焊剂残余物污染焊点，有时会出现板面焊点露铜缺陷。

（4）针对纯锡 HASL，锡须的风险要进行相应的评估；对于锡铅 HASL，不适用于绿色环保的要求。

HASL 的质量要求为：外观均匀完整、无半润湿、无露铜等缺陷；阻焊层不起泡、脱落和变色；PCB 表面及孔内无异物；钎料厚度均匀，符合 IPC-6012 标准，且附着力不小于 2N/mm。

2．表面镀覆层

表面镀覆层是指通过电镀或化学镀的方法在铜焊盘表面形成耐热且可焊的金属覆盖薄层。最早的镀层主要为锡铅合金，其显著的优点是焊接时的熔点较低，可有效防止锡须的生成和铜的扩散，可提高耐蚀性。随着无铅化的要求，无铅镀层材料得到大力开发与应用，包括纯 Sn、Sn-Ag、Sn-Bi、Sn-Zn、Sn-In、Sn-Cu 等二元或三元合金可焊性镀层。

1）电镀可焊性镀层

电镀可焊性镀层技术就是利用电解原理在 PCB 的铜焊盘表面镀上一薄层其他金属或合金。在电镀时，所使用的镀层金属作为阳极，待镀金属作为阴极，镀层金属的阳离子在待镀工件表面被还原成镀层。为排除其他阳离子的干扰、保持镀层金属阳离子的浓度不变且使得镀层均匀、牢固，需要用含镀层金属的阳离了作为电镀液（简称镀液）。目前，电镀锡及锡合金可焊性镀层的镀液体系主要有硫酸镀锡、氟硼酸镀锡或锡合金、烷基磺酸盐镀锡或锡合金、中性镀锡或锡合金等。从镀层的外观来看，有光亮型和哑光型镀锡或镀锡合金工艺。

（1）锡或锡铅合金电镀层。

在 PCB 上电镀锡铅合金，根据镀液的 pH 值可分为碱性、酸性和中性（也称为弱酸性）体系。碱性光亮镀锡层由于电流效率低、可焊性和耐蚀性差等问题，在电子工艺中已被淘汰。而酸性、弱酸性以及中性镀锡或锡铅合金具有优良的可焊性和较低的接触电阻且耐蚀性能优于碱性镀锡，因此在电子电镀中应用较广。其中常用的工艺有硫酸盐镀锡工艺、氟硼酸盐镀锡或锡铅工艺、烷基磺酸盐镀锡或锡铅合金工艺以及中性（或弱酸性）镀锡或锡铅合金工艺。

（2）锡铋合金电镀层。

在酸性镀锡液中加入少量 $BiSO_4$，可获得铋（Bi）的质量分数低于 2%的锡铋合金电镀层，其可焊性优于纯锡电镀层。锡铋合金电镀层的性能与铋的质量分数相关，当铋的质量分数为 0.3%时，锡铋合金的零交时间比纯锡减少一半，且能有效防止锡须生长。当铋的质量分数为 58%时，锡铋合金的熔点可低至 138℃，这些低熔点的可焊性镀层对于温敏元器件较为适用。

（3）锡银合金电镀层。

锡银合金镀液中银的质量分数通常为1%～12%，也有20%甚至37%的。锡银合金电镀层外观为银白色，与基体的结合力优良，镀液的耐高温性和稳定性好，对于小型化、复杂化和多针化的PCB比较适用。银含量越高，越有利于电子接触件，但沉积速度降低、络合剂需求及成本增加且易出现银的置换析出、镀层中银含量及分布难以控制等问题。当银含量为3.5%时，锡银合金电镀层具有较好的综合性能。

（4）锡铟合金电镀层。

锡铟合金电镀层焊接性能优良，抗变色性及抗蚀性较好。锡铟合金镀液均镀能力和深镀能力较好、电流密度范围宽，适宜常温操作。但锡铟合金熔点低，只能用作低温焊接，且合金中铟含量高，成本高。

（5）锡铜合金电镀层。

由于锡铜合金的综合性能较好，锡铜合金电镀层是目前最有发展前途的可焊性镀层。其特点主要表现在：低毒、沉积速度快、可焊性好、成本较低且在波峰焊过程中不污染焊料，既适用于表面贴装的再流焊，也适用于插装型的波峰焊。当铜的质量分数为0.1%～0.2%时，锡铜合金电镀层具有最优的抗锡须生长能力，且在高温下也具备良好的可焊性。

除了上述合金电镀层，其他的锡基二元合金（锡-锌、锡-铈等）以及锡基三元合金（锡-铋-铟、锡-锌-铋等）均可作为可焊性镀层使用。

2）化学镀可焊性镀层

化学镀也称为化学浸镀，是一种依据氧化还原反应原理，在不需要通电的情况下利用强还原剂将金属离子还原成金属并沉积在材料表面形成致密镀层的方法。目前使用的PCB中主要采用的有化学镀镍磷（Ni-P）、ENIG、化学镍钯金（ENEPIG）、浸银（Im-Ag）、化学沉锡等。

（1）化学镀镍磷。化学镀镍磷工艺是利用强还原剂次亚磷酸盐的氧化，使镍离子还原成金属镍，并提供镀层磷原子形成镍磷合金镀层，其反应过程如下。

$$H_2PO_2^- + H_2O \xrightarrow{\text{催化}} HPO_3^{2-} + 2H\text{吸附} + H^+ \tag{4-3}$$

$$Ni^{2+} + 2H \xrightarrow{\text{供能}} Ni + 2H^+ \tag{4-4}$$

$$2H\text{吸附} \xrightarrow{\text{吸附}} H_2 \uparrow \tag{4-5}$$

$$H_2PO_2^- + H\text{吸附} \xrightarrow{\text{供能}} H_2O + OH^- + 2P \tag{4-6}$$

工艺流程为：试片→化学除油→水洗→除锌皮（1∶1HCl）→水洗→除锈→流动水洗→吹干→测厚→弱侵蚀→流动水洗→化学镀镍磷→冷水洗→吹干→测厚→干燥储存。

化学镀镍磷中的镀层厚度为10～50μm，硬度为HV550～1100（相当于HRC55～72），结合强度大于15kg/mm^2，耐腐蚀性能优于不锈钢。

（2）ENIG。ENIG因其工艺处理良好的共面性，广泛应用于细间距高密度组件的表面处理。ENIG工艺是先用化学镀和浸镀的方法在焊盘上分别沉积一层镍和金，通常焊盘金属为铜。根据IPC 4552标准，其中化学镀镍层厚度为1～8μm，化学镀金层（又称浸金、置换金）厚度为0.05～0.25μm，如图4-31所示。镀镍主要是为了防止焊盘金属铜向金层扩散，镀金主要是用于保持焊盘在后续工艺，如再流焊、波峰焊中的可焊性。ENIG 镀层既适合压焊又适合高温焊接。

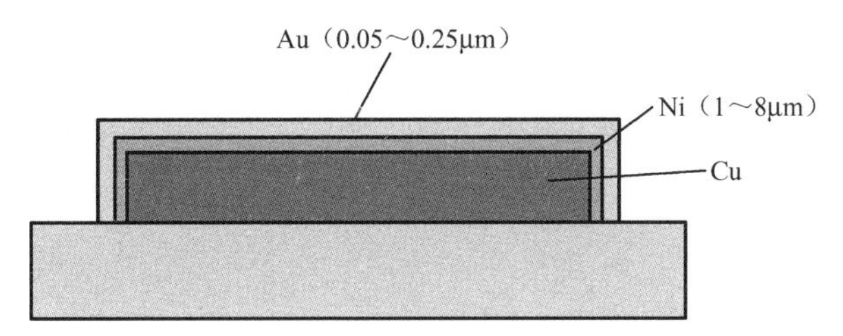

图 4-31　ENIG 镀层典型结构

ENIG 中的主要工艺如下。

① 前处理。通过磨板机或喷砂机去除铜表面的氧化物以及糙化铜表面，从而增加镍和金的附着力。

② 化镍生产线。该生产线的主要流程为：进板→除油→三水洗→酸洗→双水洗→微蚀→双水洗→预浸→活化→双水洗→化学镍→双水洗→化学金→金回收→双水洗→出板。

③ 后处理。通过水平清洗机进行后处理。

化学镀镍的含磷量对镀层可焊性和耐腐蚀性至关重要。磷含量过低或过高都会产生不利影响，一般以 7%～9%为宜。含磷太低，镀层耐腐蚀性差、易氧化且在腐蚀环境中由于镍/金的腐蚀原电池作用会对镍/金的镍表面层产生腐蚀，生成镍的黑膜（Ni_xO_y），这对可焊性和焊点的可靠性极为不利。当镍层中的磷含量较高时，镀层抗腐蚀性提高，但由于表面张力增大，焊盘的可焊性降低。ENIG 的质量要求为：金黄色、色泽不发白、发污、无氧化迹象、无细小凹凸斑点、无渗镀、漏镀。

（3）ENEPIG。ENEPIG 技术的工艺流程为：首先在铜表面沉积 3～6μm 的镍；然后在表面沉积 0.1～0.5μm 的钯（Pd）；最后在表面沉积 0.02～0.1μm 的金。钯层是为了防止浸金引起的腐蚀，并能产生一层理想的可键合金线表面。ENEPIG 可产生平整表面，其功能类似 ENIG，但由于钯层的存在，金属面适合金线键合。这种技术的主要限制是需要额外的钯处理成本，增加了制程步骤和管控项目。

（4）浸银工艺。浸银（Im-Ag）主要是根据化学电流原理，使铜表面上沉积一层薄银。基于银与铜之间的电极电位差，使铜与银离子能自发性地进行置换反应。银沉积在基底金属上的厚度为 0.1～0.65μm，其典型结构如图 4-32 所示。

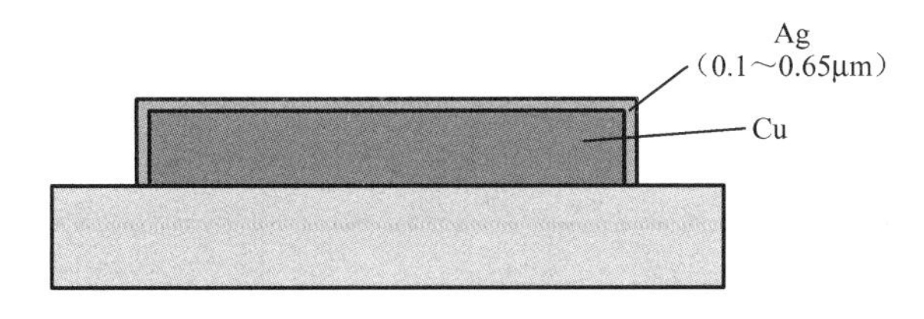

图 4-32　Im-Ag 镀层典型结构

一般浸银工艺可制作薄镀层（0.1～0.4μm），产生致密有机银层。浸银工艺为：入板→除油→溢流水洗×2→微蚀→溢流去离子水洗×2→预浸→沉银→溢流去离子水洗×3→

烘干→下板。

其主要工艺及作用如下。

① 除油：通过使用酸性除油剂以去除铜表面油脂、污染物、氧化物及纹印，其具有与阻燃绿油良好的相容性。在除油过程中，需对除油温度、时间、循环量、摇摆幅度大小进行严格控制。除油过程能有效地湿润清洁和活化铜表面，保证下步微蚀时铜表面形成均匀的微观粗糙表面。

② 水洗：水洗是为了清洁板面除油剂，防止除油剂污染微蚀液，同时把附着于板面界面的活性剂清洗干净。水洗采用两道逆流自来水清洗，减少耗水量。

③ 微蚀：主要是把铜表面均匀粗化形成微观铜表面，同时加强清洁板表面的作用，微蚀过程中的微蚀率大小会直接影响镀银厚度与外观质量。

④ 去离子水洗：采用两道逆流的去离子水洗，主要是彻底清洁板面残留的微蚀剂，防止微蚀剂污染沉银预浸槽。

⑤ 预浸：使用不含银的稀释的镀银溶液是将铜表面润湿增加活化，并适当补充镀银溶液，避免稀释镀银槽。

⑥ 沉银：沉银是本工艺的关键步骤，主要功能是在预处理过的清洁铜表面上通过置换反应沉积一层薄银，在沉银过程中，温度、时间、浓度、循环量、摇摆幅度大小直接影响到沉银分散性与均匀性。

⑦ 去离子水洗：采用 3 道逆流的去离子水洗，确保银表面清洁干净，无其他任何杂质离子污染，防止银变色影响外观。

⑧ 烘干：主要是把板表面水分及时烘干，烘干过程对风质、温度、时间加以控制，在热风吹干时，必须有空气过滤且必须清洁，以防污染银面。

浸银工艺可提供优于 HASL 的表面平整度，同时是无铅表面处理，经过 3 次回流还能保持一定的可焊性。该工艺主要受限于银离子迁移。由于银盐易溶于水，在湿气和偏压环境中存在风险。

（5）化学沉锡。化学沉锡是近年来无铅化过程中受重视的可焊性镀层。化学沉锡化学反应（用硫酸亚锡或氯化亚锡）所获得的锡层厚度为 0.1～1.5μm，可多次焊接，其典型结构如图 4-33 所示。该厚度与镀液中的亚锡离子浓度、温度及镀层疏孔程度等有关。

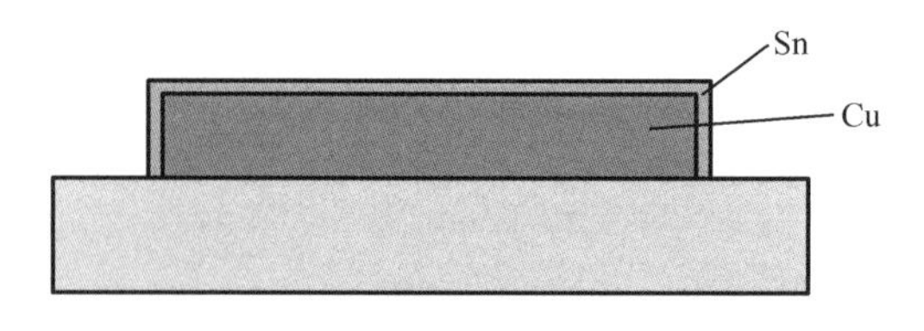

图 4-33　化学沉锡镀层典型结构

化学沉锡工艺类似于化学沉 Cu、Ni-Au 工艺，但比后两者简单，它不需要表面的活化处理，是一种置换反应，可以用下面反应式表示。

$$2Cu + Sn^{2+} \rightarrow 2Cu^{2+} + Sn \tag{4-7}$$

这一反应需要使用添加剂将 Cu/Cu^{+}电极电位与 Sn/Sn^{2+}电极电位发生改变，才能实

现 Sn^{2+}与 Cu 之间的置换反应。

化学沉锡有白锡和灰锡之分，白锡结晶精细，灰锡晶粒比较大。灰锡在锡与铜的界面处产生比较厚的 Cu-Sn 合金（Cu_3Sn 和 Cu_6Sn_5），而化学沉锡中的 Cu-Sn 合金层越厚，可焊性就越差，焊接时需要有高活性的助焊剂来活化表面。因此，白锡相比于灰锡具有更长的储存期，焊锡性能也更加稳定。

化学沉锡的工艺流程为：酸性除油（2～4min，30～45℃）→水洗（2min）→微蚀（0.5～1min，25～30℃）→水洗（2min）→预浸（1～2min，室温）→化学沉锡 I（1～2min，15～26℃）→化学沉锡 II（10～13min，60～65℃）→热水洗（2～4min，35～45℃）→水洗（1～2min）→轻磨（磨后表面光亮）。

改良后的化学沉锡技术可制备晶粒细致、无孔隙、厚度约为 1.0μm 的镀层，通常应用于背板产品的表面处理。化学沉锡工艺的不足在于镀层的使用寿命较低（低于 1 年），这是由于 Cu-Sn IMC 的持续生长，触及表面后导致产品失去可焊性，同时高温、高湿环境会加速该过程。

4.4 特种基板制造技术

4.4.1 绝缘金属基板制造工艺

1969 年日本三洋公司（SANYO）开发的绝缘金属基板是由金属基板层、绝缘层和覆铜电路层构成的，具有特殊的导磁性、优良的散热性、机械强度高、加工性能好等特点。绝缘金属基板按材质可分为绝缘铁基板、绝缘铜基板和绝缘铝基板等。

1. 绝缘铁基板

绝缘铁基板具有其他金属基板所不具备的电磁特性，并且尺寸稳定性好、价格低，主要分为以下三大类。

（1）不锈钢基板。它的绝缘层是高温烧制的厚膜玻璃，该类板的机械强度高于陶瓷基板，但热冲击和机械冲击性能较差。

（2）铁基板。以铁板为基板，有进行镀铝和镀锌处理的两类板，它们的绝缘层由环氧树脂、环氧玻璃布等组成，厚度为 40～150μm。

（3）以低碳钢板作为芯、外表为釉料的包覆型金属基板。该类基板质量大，耐腐蚀性和热传导性比铝、铜基板差。

2. 绝缘铜基板

绝缘铜基板具有高耗散性，接地连接性好。但该类基板质量大，且难以进行端面防氧化处理。

3. 绝缘铝基板

绝缘铝基板具有较好的散热性、尺寸稳定性及磁特性，可直接连接散热装置且热阻小、塑性好，能进行剪切冲击加工，同时与通用的电镀工艺、导带黏结工艺相容，是最理想的金属衬底材料之一。其结构和制造工艺流程分别如图 4-34 和图 4-35 所示。

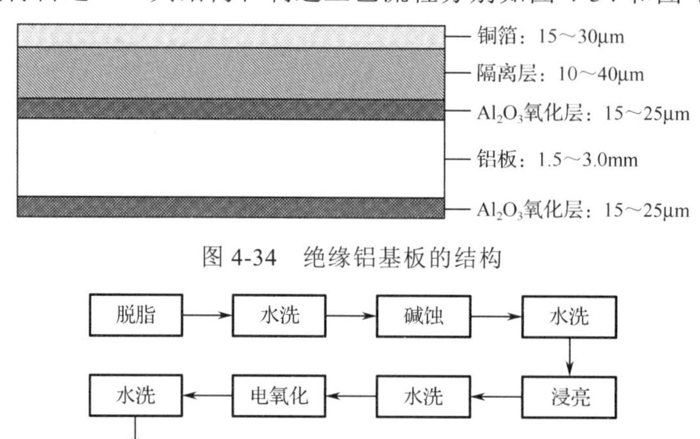

图 4-34　绝缘铝基板的结构

图 4-35　绝缘铝基板的工艺流程

1）去油

铝基板材表面在加工和运输过程中涂有油层保护，使用前必须将其清洗干净。清洗流程为：首先用汽油（一般用航空汽油）作为溶剂将油层溶解，然后用水溶性的清洗剂将油污除去，最后用流水冲其表面，使其表面干净，不挂水珠。

2）脱脂

经过去油处理过的铝基板材，表面尚有未除净的油脂。通过在 50℃的强碱氢氧化钠溶液中浸泡 5min，再用清水冲洗即可将残留的油脂去除。脱脂过程控制参数为 NaOH（20～30g/L）、温度（50℃±2℃）、时间（5min）。

3）碱蚀

作为基底材料的铝板表面应具有一定的粗糙度。由于铝基底材及其表面的氧化铝膜层均为两性材料，可利用酸性、碱性或复合碱性溶液体系对铝基底材料的腐蚀作用对其表面进行粗化处理。另外，粗化溶液中还需加入其他物质和助剂，其作用为：加快腐蚀速度；保证表面腐蚀均匀，生成均匀一致的粗化层；保证粗化溶液均匀、稳定、可靠，工艺要求为 NaOH［（55±5）g/L］、添加剂 A（10g/L）、温度（50℃±2℃）、时间（3～5min）。

4）化学抛光

由于铝基底材料中含有其他杂质金属，在粗化过程中易形成无机化合物黏附在基板表面，因此要对表面形成的无机化合物进行分析，并根据分析结果配制相适应的浸亮溶液。将粗化后的铝基板材置于浸亮溶液中一定的时间，从而使铝基板材表面干净发亮。浸亮工艺参数为 HNO_3 [（250±10）g/L]、温度（室温）、时间（1～4min）。

5）电氧化

常用的铝基板材阳极氧化方法有硫酸法、铬酸法、草酸法，其中硫酸法应用最为广泛。铝基板材在以硫酸为主的电解液中进行直流阳极氧化时，两极主要进行以下反应。

$$\text{阳极：}\ 2Al + 6OH^- - 6e = Al_2O_3 + 3H_2O;\ 6OH^- - 6e = 3H_2O + \frac{3}{2}O\uparrow \tag{4-8}$$

$$\text{阴极：}\ 2H^+ + 2e = H_2\uparrow \tag{4-9}$$

将表面粗化并浸亮的铝板作为阳极，铅板作为阴极，分别挂入以硫酸为主的电解液中，通入直流电，铝板表面即被氧化并形成多孔性氧化膜。在该电解液中还需加入一定量的特殊物质，如添加剂 B，可提高氧化膜的致密性；控制硫酸溶液的浓度、氧化时的电流密度、电压、时间、温度等，可以得到一定厚度的高阻化学转化膜。电氧化的具体工艺参数如表 4-11 所示。

表 4-11　电氧化的具体工艺参数

H_2SO_4	添加剂 B	膜厚	电流密度	电压	对极	温度	时间	电流性质
（150±10）g/L	25～35g/L	18～22μm	1～6A/cm²	10～30V	铅板	18～24℃	40～120min	直流

在电氧化阶段，除了使用上述阳极氧化法制备氧化膜，还可以通过微弧氧化法制备。微弧氧化法制备的氧化膜具有更好的耐磨性和耐腐蚀性。

6）后处理

阳极氧化结束后，样品用去离子水洗，然后自然风干。

4.4.2　金属芯基板制造工艺

金属芯基板是当今使用最为广泛的 PCB 之一，这类 PCB 广泛应用于各种工业电子设备。金属芯基板的基本结构包括电路层、铜层、介电层、金属芯层以及散热器；使用的基础材料是金属，常用的金属芯有铝基芯、铁基芯（包括硅钢板）以及铜基芯等。铝价格便宜，并且具有良好的散热和传热能力；铜具有比铝和不锈钢更好的散热能力，但价格昂贵；铁比铜和铝更坚硬，但热导率较低。因此，应根据金属芯基板的使用场合来确定金属芯的类型。

1. 金属芯基板的类型

根据金属芯的位置和走线层不同，金属芯基板可以分为以下 4 种基本类型。

（1）单层金属芯基板：即一侧具有单走线层的 PCB。

（2）双层金属芯基板：即在同一面上具有两个走线层的 PCB。

（3）双面金属芯基板：即这些 PCB 的每侧都有两个走线层。

（4）多层金属芯基板：即这些 PCB 每块板有两层以上。

2. 金属芯基板的应用

（1）LED 灯：聚光灯、大电流 PCB、大电流 LED、街道安全应用以及所有使用 LED 的应用。

（2）汽车：电力调节器、点火工具、交换转换器、可变光学系统以及用于电动汽车和混合动力汽车的电动机。

（3）电源设备：DC/DC 转换器、电压调节器、高密度电源转换和开关调节器。

（4）音频设备：平衡、输入输出、音频、电源和前置屏蔽放大器。

（5）其他电子设备：IC 阵列、半导体隔热板、IC 载体芯片、太阳能电池基板、散热器和半导体制冷设备。

（6）家用电器：平板显示器、电机控件。

（7）OA（办公自动化）设备：大型电子显示基板、热敏打印头和打印机驱动程序。

3. 金属芯基板的特点

（1）高热导率：由铝制成的金属芯基板具有出色的热导性，相比具有 FR-4 和 CEM-3 的 PCB 更高。

（2）良好的尺寸稳定性：与具有 FR-4 或 CEM-3 的 PCB 相比，金属芯基板表现出更好的尺寸稳定性。当金属芯基板加热至 30～150℃时，其尺寸扩展为 2.5%～3%。

（3）高热膨胀性：铝和铜的热膨胀系数比普通 FR-4 高，热导率为 0.8～3.0W/(m·K)。

4. 金属芯基板制造工艺

金属芯基板的制造工艺与传统 PCB 制造工艺的主要差别是在金属板（块、片等）的处理上：金属芯（包括碳素板）是导电体，必须绝缘地埋入介质层中；金属表面与介质层表面结合力差，通常会采用增加金属表面的结合面积（增加粗糙度或比表面积）来提高界面结合力。

1）金属芯“在制板”的制造及金属芯板的处理

由于金属芯材料是导电体，如果仅用于导热或防变形等，那么金属芯基材必须进行绝缘隔离孔的加工。同时，为了压入介质层内，必须进行表面处理（清洁处理、提高结合力处理等）。因此，金属芯“在制板”的制造先是钻（冲）孔形成绝缘隔离孔，然后进行表面清洁和提高结合力的表面处理。金属芯“在制板”是以金属（铝、因瓦、铜或碳素板等）薄板（厚度通常为 0.1～0.5mm）按 PCB 的在制板尺寸进行裁切和加工（如定位孔或定位标志等）的，然后进行“绝缘孔”和表面处理等，最后与 PCB 的在制板一起进行层压和后续加工工序形成金属芯基板。

（1）铝芯板的处理。金属铝芯 PCB 所采用的铝板为铝合金，根据 PCB 的导热性能、加工性能及其特性等要求，选择铝合金板材（从 1000 系列到 8000 系列或 9000 系列）及厚度；裁切成 PCB 在制板同样尺寸，然后钻（冲）孔形成绝缘隔离孔，为保证铜与导通孔隔离绝缘，孔径应比导通孔径大（≥0.5mm）；表面处理（阳极氧化处理）、清洁处理等，待用。

（2）铜芯板的处理。根据 PCB 的导热性能、加工性能及其特性等要求：选择合适的铜合金（紫铜、黄铜、青铜和白铜等）基板；钻（冲）孔形成绝缘隔离孔，孔径应比导通孔径大（≥0.5mm）；进行铜表面的棕化处理，待用。

（3）碳素板芯的处理。碳素板可分为三大类：耐炎质碳纤维板，是在低温（150～200℃）下处理得到的产品，可用于绝缘场合；碳素质纤维板，是在中等温度（500～600℃）下处理得到的产品，具有导电性；石墨质纤维板，是在高温度（≥1200℃）下处理得到的产品，具有导电性和耐高温性能。PCB 用的是碳素质纤维板，须进行绝缘隔离孔处理和清洁处理，待用。

（4）因瓦芯板的处理。由于因瓦（Invar，殷钢）与介质的结合力以及导热能力不足，一般采用以下措施：①电镀铜，即因瓦表面清洁、电镀镍（提高结合力），再电镀铜；②钻（冲）孔形成绝缘隔离孔，为保证铜与导通孔隔离绝缘，孔径应比导通孔径大（≥0.5mm）；③进行铜表面的棕化处理，待用。

2）绝缘层的形成处理方法

（1）喷涂法：首先将已经制作完成的金属芯基板上钻出稍大通孔，然后对裸露的金属表面进行粗化，最后进行喷涂绝缘涂料形成绝缘膜。

（2）电泳法：将需要绝缘涂层的金属芯基板放入某种液态导体中，并施加电压进行电解获得薄绝缘层，然后进行熔合或固化处理。

（3）液化法：在金属芯基板上进行涂覆树脂层处理时，以静电吸引的方式使粉状树脂体被吸附并融合形成绝缘层。

（4）模制法：在金属芯基板上预先钻出各种所需的孔（孔尺寸稍大些），在压合前或压合时将各孔填满树脂形成内层金属芯板，然后与各单面铜箔的基板或部分完工的 PCB 进行压制获得多层 PCB 的半成品，最后完成通孔层间的电气互联。该方法可制造出双面 PCB 以及金属芯多层 PCB。

3）金属芯基板的制造工艺流程

金属芯基板的制造工艺流程如图 4-36 所示。

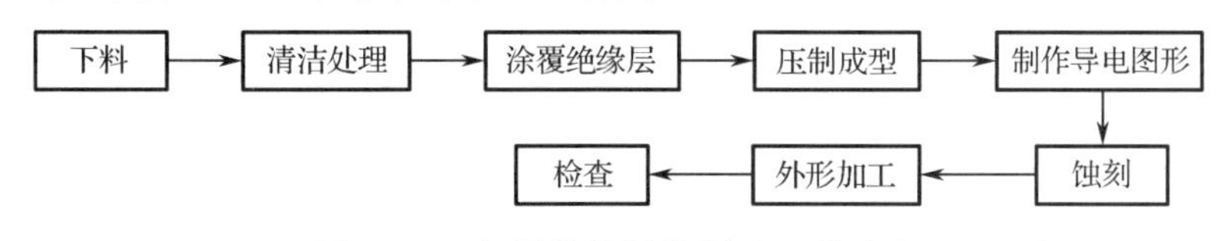

图 4-36　金属芯基板的制造工艺流程

（1）下料。对于基材通常有厚度要求，如铝基材厚度通常为 1～2mm；铜箔的厚度通常要考虑大电流通过和散热两个因素，选择略厚一点的铜箔材料比较合适，如果布线密度比较高，则适用比较薄的铜箔材料。

（2）清洁处理。首先将金属芯基板和铜箔表面进行清洁处理，以保持表面无油污、手印，以免影响绝缘层的结合强度。同时，要根据布线密度控制铝板孔径大小以及考虑加工性和压制后的翘曲度。

（3）涂覆绝缘层。采用喷涂法、电泳法等形成绝缘层，且必须确保绝缘层的黏结强度、树脂含量、流动度、挥发物的含量和胶化时间符合工艺标准。

（4）压制成型。压制时首先制定正确的压制工艺，确定压制工艺参数，如温度、压力、流胶量、时间等，严格按工艺要求进行控制。

（5）制作导电图形。按照光化学图形转移工艺进行。

（6）蚀刻。按工艺制定工艺程序进行蚀刻，并且蚀刻前需对裸露出来的金属进行保护。

（7）外形加工。通过铣削等方式对外形进行加工。

（8）检查。根据设计对产品质量的要求，可按照标准 IPC-AP600G（中文版）4.3.1 分类的质量要求进行检验或验收。

4.4.3　刚-挠印制电路板制造工艺

1．特点

挠性印制电路板是用挠性基材制成的印制电路板。刚-挠印制电路板是利用挠性基材并在不同区域与刚性基材结合而制成的印制电路板。在刚挠结合区，挠性基材和刚性基材上的导电图形通常都是互联的。图 4-37 所示为挠性印制电路板。

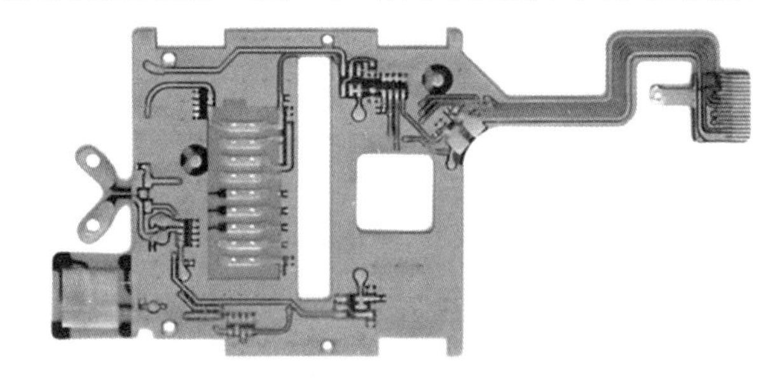

图 4-37　挠性印制电路板

使用挠性和刚-挠印制电路板可以连接不同平面间的电路，既可以折叠、卷缩、弯曲，也可以连接活动部件，实现三维布线。刚挠相结合还可以代替接插件，保证在振动、冲击、潮湿等恶劣环境下的高可靠性。另外，用挠性印制电路板还可以作为封装 LSI 芯片的基材（COB 封装的载片）、IC 卡和集成磁头等。近年来，挠性印制电路板是各印制电路板品种中发展速度最快的一个。

2．分类

（1）挠性印制电路板的分类。

挠性印制电路板可以根据导体的层数和结构进行分类。根据导体层数不同，挠性印制电路板可分为单面挠性印制电路板、双面挠性印制电路板和多层挠性印制电路板；根据有无覆盖层，挠性印制电路板可分为有覆盖层和无覆盖层两类，其中无覆盖层的挠性印制电路板一般较少使用。

双面和多层挠性印制电路板按有无金属化孔，又分为有金属化孔的和无金属化孔的两类。

（2）刚-挠印制电路板的分类。

刚-挠印制电路板按其结构可分为 5 种类型和两个类别。

5 种类型简述如下。

1 型板：有增强层的挠性单面印制电路板。

2 型板：有增强层的金属化孔双面印制电路板。

3 型板：有增强层的金属化孔多层印制电路板。

4 型板：有金属化孔的刚挠结合多层印制电路板。

5 型板：组合式刚-挠印制电路板。将刚性印制电路板与挠性印制电路板黏合成一个整体，无金属化孔连接，层数一般多于一层。

两个类别简述如下。

A 类：能在安装过程中经受挠曲。

B 类：能经受连续来回地弯曲，通常是单层导体的挠性印制电路板。

在 5 种类型中，4 型板（有金属化孔的刚挠结合多层印制电路板）结构最复杂、制造难度最大，特别是在一块型板上可由几个刚性段和几个挠性段交叉排列组成。

3. 材料

1）基材

常用的覆铜箔挠性基材有覆铜箔聚酯薄膜和覆铜箔聚酰亚胺薄膜两种。在高频电路中覆铜箔聚四氟乙烯薄膜使用较多。

覆铜箔聚酯薄膜的价格低、性能好，但耐热性差，不能耐受锡焊温度，常用来制造有覆盖层的单面挠性印制电路板，广泛应用于汽车仪表。

覆铜箔聚酰亚胺薄膜具有良好的力学性能、电性能，虽然价格较贵，但耐热性优良，广泛用于制造各种挠性印制电路板，特别是用来制造有金属化孔的双面挠性印制电路板、多层挠性印制电路板和刚-挠印制电路板。

2）覆盖膜

覆盖膜是用来覆盖保护不需要锡焊的挠性电路部分。在使用前，覆盖膜要预先冲孔或钻孔，露出印制电路板上的焊盘以便锡焊。覆盖膜一般都是通过热压成型的，如聚酰亚胺覆盖膜需在高温 1700℃左右、压力 1.4～2.8MPa 下压制 30～60min。聚酯覆盖膜是在 1200～1400℃下热压的，通过使用压敏胶可以在常温下接触成型。此外，采用具有挠曲特性的网印阻焊油墨代替覆盖膜可以降低成本，但防护性、电气绝缘性均不如塑料覆盖膜。

3）黏合剂膜

在压制挠性多层印制电路板或刚-挠多层印制电路板时，一般使用黏合剂膜进行层间连接，也可以使用半固化片进行层间连接。

4）增强板

在 1、2、3 型刚-挠印制电路板中，在挠性印制电路板的局部位置通常需要粘贴一块刚性板材对挠性薄膜起支撑加强作用，便于挠性印制电路板的连接、固定以及组装元器件。该刚性板材称为增强板。常用的增强板是刚性印制电路板层压板或刚性单面或双面印制电路板。

4．制造工艺与关键技术

1）工艺流程

挠性印制电路板和刚-挠多层印制电路板的典型工艺流程分别如图4-38和图4-39所示。

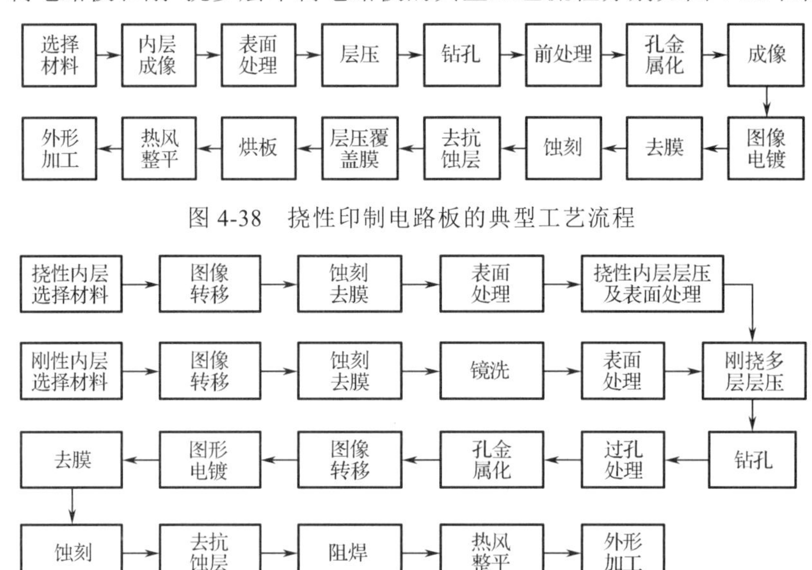

图4-38 挠性印制电路板的典型工艺流程

图4-39 刚-挠多层印制电路板的典型工艺流程

2）挠性内层前处理技术

挠性内层前处理的目的是去除板面上的污染物和氧化层，并使板面粗化，加大比表面积达到增加湿膜与覆铜箔层压板之间的结合力。因为挠性基材薄而软，在刷板时保证挠性内层平稳传动是成功刷板的关键。目前几乎所有刷板机的刷辊的转动方向和被刷板的传动方向一致，适用于刚性印制电路板；但对于挠性印制电路板，特别是挠曲性能十分优良的无黏结剂PI-覆铜板不适用。这是由于在挠性印制电路板尾端离开刷辊的瞬间，挠性印制电路板尾端会加速向前传动，从而造成挠性印制电路板的卷曲、褶皱甚至卡板。为此，需要将刷辊的转动方向和刷板的传动方向改为相反，这样才能够保证挠性内层的平稳传动刷板。另外，刷板过程中应合理调整刷板压力，最好使用前牵引板；刷板后应立即进行烘干，以防止铜表面再次氧化。

3）刚-挠印制电路板局部无黏结层技术

刚-挠印制电路板的突出特征是局部能够挠折，对其使用要求是必须具有优良的耐挠折性。通常，刚-挠印制电路板的弯曲部位的弯曲次数（弯曲角度小于90°）在大于200次的情况下就会发生断路现象。如果对弯曲部位局部采用无黏结层技术，使每个挠性内层的弯曲部位处于相对独立状态，这样相当于把弯曲部位的厚度减少了 2/3，可以大幅提高刚-挠印制电路板耐挠折性。采用该技术的刚-挠印制电路板的无故障弯曲次数比传统工艺提高 4 倍以上。局部无黏结层刚-挠印制电路板与传统刚-挠印制电路板的结构对比如图 4-40 所示。

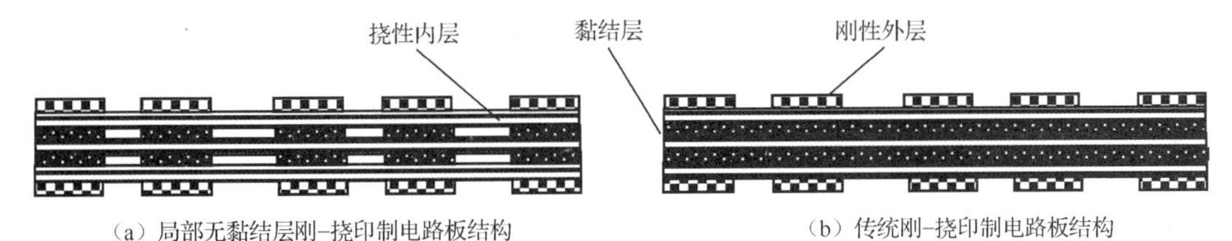

图 4-40　局部无黏结层刚-挠印制电路板与传统刚-挠印制电路板的结构对比

4）其他

挠性印制电路板由于基材薄而柔软，其加工工艺和设备与刚性印制电路板相比有所区别。例如，清洗和湿处理时尽可能无应力或低应力操作；显影和蚀刻时用专用托架支撑；表面清洗不宜用有磨料的尼龙刷辊等。聚酰亚胺双面和多层挠性印制电路板钻孔时易产生沾污，一般需降低钻速、增大进给量并采用铲形钻头。刚-挠多层印制电路板中已压好覆盖膜的挠性内层板贯穿全板，故压制时要保护好挠性部分。

另外，挠性印制电路板和刚性印制电路板生产的最大不同是挠性印制电路板可连续自动化生产，可以将覆铜箔基材成卷加工，如 IC 卡芯片封装用的挠性印制电路板即是通过连续自动生产线生产的。

4.4.4　异形基板制造工艺

随着电路板尺寸的不断缩小，PCB 中的功能越来越多，再加上时钟速度的提高，设计也变得愈加复杂。预想中完整的 PCB 通常是规整的矩形形状，但也有许多设计需要不规则的异形 PCB，如图 4-41 所示。

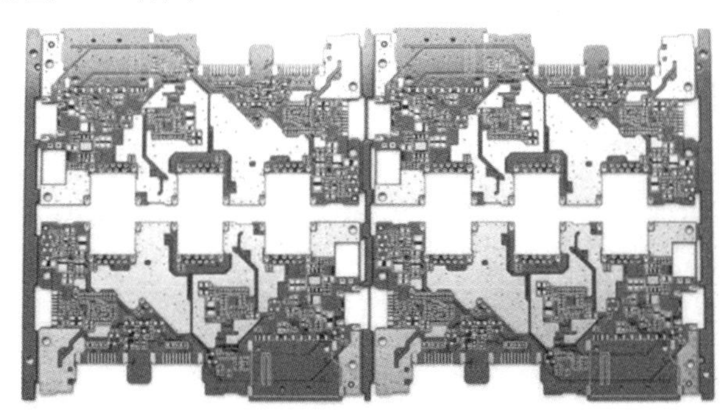

图 4-41　某产品中的异形 PCB

异形 PCB 的制造工艺与普通 PCB 的制造工艺基本相同，主要区别在于 PCB 的形状设计和成型工艺。异形 PCB 的加工工艺流程如图 4-42 所示。

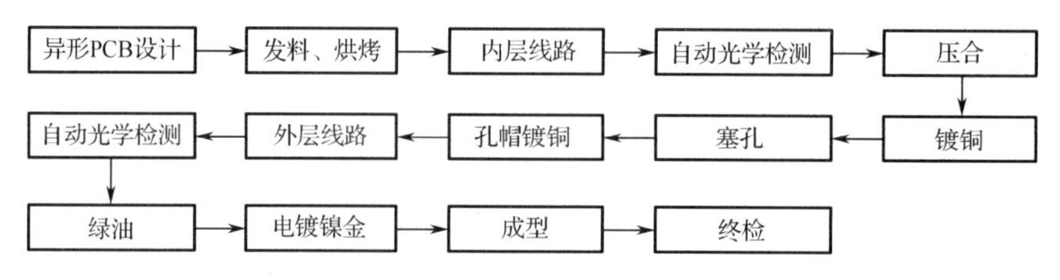

图 4-42　异形 PCB 的加工工艺流程

1．异形 PCB 设计

异形 PCB 可以先借助 CAD 或 CAXA 等软件设计出所需 PCB 的轮廓图，然后将设计好的 PCB 轮廓图导入 PCB 设计软件中生成 PCB 形状图，最后进行封装布局以及布线设计。由于异形 PCB 设计的好坏对电路板的性能有很大影响，在设计不规则时要遵循设计原则，如需要考虑高频线、低频线、差分线的布局，以及如何匹配信号阻抗、抗噪能力、散热和防止各种信号线之间的干扰等。此外，还要考虑各线路的电流大小、整个电路板的抗干扰能力、数字地与模拟地之间的隔离、高频电路的增强抗噪能力措施以及去耦电容位置等。

2．内层线路

内层线路的制作步骤如下。

（1）对来料进行预处理，去除板面上的附着物，并进行微蚀增加附着力。

（2）将干膜压合在铜板上。

（3）利用紫外线（UV）使感光膜中的光敏物质进行聚合反应，从而使设计图形通过底片转移到干膜上。

（4）利用显影液与未曝光干膜反应，将其去除。

（5）利用药水与铜反应，对未被干膜保护的铜面进行蚀刻，形成线路。

（6）将干膜去除，完成内层线路图形的制作。

3．压合工艺

压合工艺的流程为：前处理→棕化→叠合→压合→后处理。压合前后的对比如图 4-43 所示。

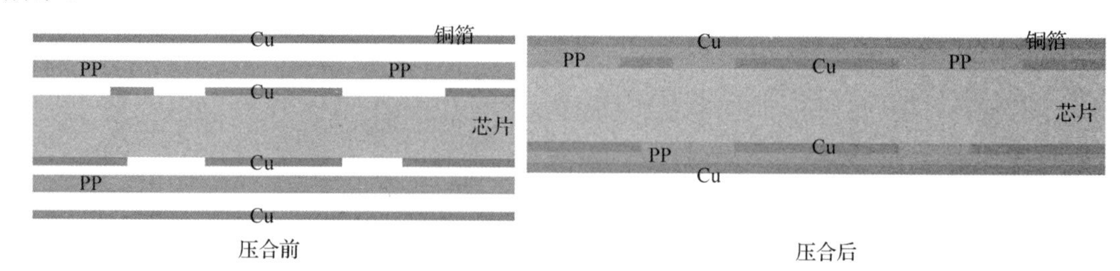

图 4-43　压合前后的对比

4．外层线路

外层线路的加工流程与内层线路相似，其主要工艺有减成法、半加成法和加成法。

（1）减成法（Subtractive）：先在覆铜板上电镀一层铜，将线路及导通孔保护起来，蚀刻掉不需要的铜皮，只留下线路及导通孔中的铜。

（2）半加成法（MSAP/SAP）：在预先处理的基材（覆铜）上，对外层线路工序中不需要电镀的区域进行保护，然后进行电镀。此工艺需要镀两次铜，因此称为半加成法。此外，根据有无基铜，可以将半加成法分为改良型半加成法和半加成法。

（3）加成法（AP）：在含光敏催化剂的绝缘基板上进行线路曝光，然后在曝光后的线路上进行选择性化学沉铜，从而得到完整的 PCB。

根据工艺需求，在同一款基板的制作中可以使用减成法、半加成法、加成法等混合工艺，如不同层使用不同的工艺，如图 4-44 所示。

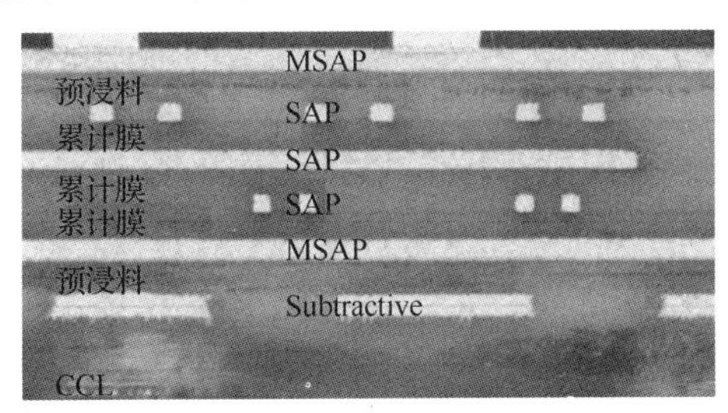

图 4-44　减成法、半加成法、加成法混合工艺制作外层线路

5．成型

基板的成型通常采用切割的方法实现，其工艺步骤如下。

（1）在基板上形成切割线，其中切割线围成的闭合区域即为所需的不规则图形。通过在基板上形成切割线，可提高基板切割的精度和效率。

（2）在切割线处形成槽线。若使用的基板较厚，直接沿切割线分割基板，切割时间较长，而预先在切割线处形成槽线，可以提高切割效率。槽线的形成可以使用激光切割机在基板上沿切割线进行切割，也可以采用干刻法或湿刻法，或者通过金刚石或其他硬质合金在基板上沿切割线进行切割。

（3）基板的分割。可以采用超声波对基板施加外力，从而沿着槽线分割基板。使用超声波分割基板能够对基板产生微小的破碎层的同时会对破碎表面进行加工，可以降低后续修角或磨边工艺的负荷。

基板制作完成后，需要进行电测试以排除开、短路异常，以及进行外观检测。

4.4.5　微波特种基板制造工艺

微波特种基板（微波印制电路板）是基于一定的微波基材，采用普通刚性印制电路板的加工方法制造出来的微波元器件，可将电源层、接地层、信号层、无源电路（如滤波器、耦合器等）集成在一块电路板上，使电路更加小型化、集成化，如图 4-45 所示。

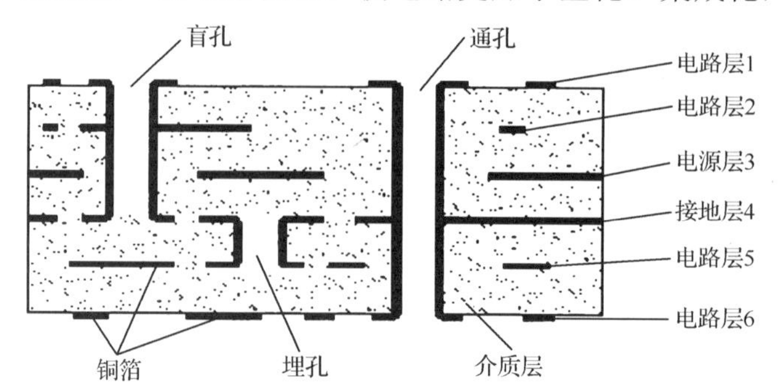

图 4-45　微波印制电路板的结构（6 层）

微波印制电路板的主要功能是用于卫星接收器、基地天线、微波传输、卫星通信、高速运行计算机等领域传输各类高频信号，具有以下特点。

（1）卓越的高频低损耗特性。

（2）严格的介电常数和厚度控制。

（3）极佳的电气和机械性能。

（4）极低的介电常数和热导率。

（5）与铜相匹配的热膨胀系数。

（6）低 z 轴膨胀。

（7）低逸气性，是空间应用的理想材料。

1．基板材料选择

为了达到高速传输，对微波印制电路板材料在电气特性上有明确的要求。为了提高传送速度，要实现传输信号的低损耗、低延迟，必须选用介电常数（ε_r）和介质损耗角正切（$\tan\delta$）小的基板材料。微波基板材料的介电常数为 1.15～10.2，有 100 余种。其中，比较常用的材料有改性的 FR-4、PPO、PI、PTFE 基复合材料等，它们的性能如表 4-12 所示。

表 4-12　常用微波基板材料的性能表

性　能		材　料					
		改性 FR-4	PPO	PI	A*	B*	TLC-32
ε_r（1MHz）		4.60	4.20	4.20	2.20	2.94	3.20
ε_r（10GHz）		4.50（1GHz）	—	4.00（1GHz）	2.20	2.94	3.20
$\tan\delta$（1MHz）		0.25	0.15	0.015	0.0007	—	—
$\tan\delta$（10GHz）		0.30（1GHz）	—	0.017（1GHz）	0.0009	0.0012	0.003
CTE（10^{-6}/℃）	x、y	17	16	17	31，48	16	9～12
	z	60	—	55	237	24	70
吸湿率/%		—	—	—	-125	+12	—
热导率/［W/(m·K)］		0.25	0.25	0.25	0.26	0.60	0.22

注：①表中参数随测试条件变化而变化；②A*（RT/duroid5880）、B*（RT/duroid6002）和 TLC-32 均是 PTFE 基复合材料。

对大多数军事及商业应用的微波和射频印制电路板及其组件而言，PTFE 基复合材料是微波特种基板材料的首选，因为它能提供优良的电气、机械及热性能，工作在小于 300℃的环境下不会发生软化、氧化或其他形式的分解。PTFE 基复合材料的一个最主要的缺点是成本高。通常纯 PTFE 材料比 FR-4 贵 100 倍，但其商用复合材料的成本只有标准 FR-4 的 4～5 倍，在高频应用方面具有很强的竞争力。因此，微波设计者经常选用 PTFE 基复合材料制造高频微波电路。

2. 制造工艺

微波印制电路板的制造工艺流程如图 4-46 所示。

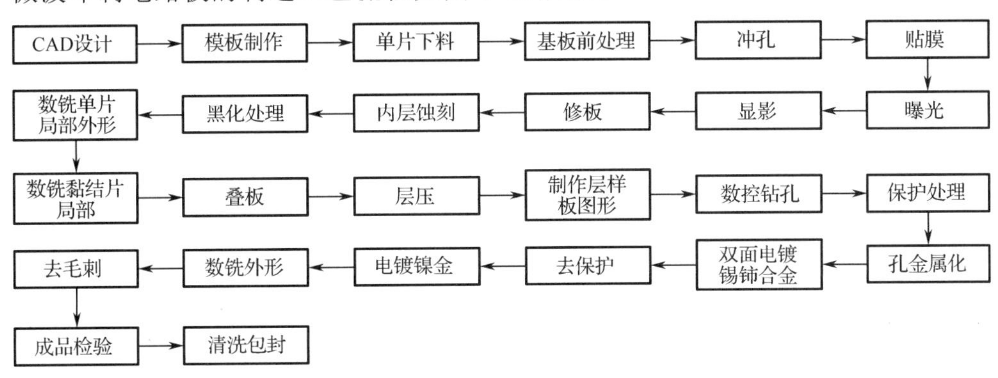

图 4-46　微波印制电路板的制造工艺流程

1）模板制作

鉴于微波多层印制电路板的特点，除了对层压后板的平整度有要求，对线宽精度和层间重合度的要求也比较高。因此，在模板制作时需要考虑以下几个方面：①根据现有 FR-4 多层印制电路板制作能力的现状，参照设计要求，对线宽进行干预，确保线宽精度符合图纸尺寸；②鉴于目前采用的是多层印制电路板制作的前定位系统，需根据制作成品板的尺寸，选取相应的模具对较小尺寸板加工，适当进行拼版处理，减少损失；③添加附联板图形，以便于进行层间重合度测量等品质控制。

模板光绘可采用 RP312-NT 光绘机。

2）内层蚀刻

采用酸性蚀刻机进行内层图像的蚀刻，并对图纸中有要求的线宽进行控制。按照设计要求蚀刻完成后，测量微带线条精度，检验精度是否合格。

3）数铣单片局部外形

鉴于露出内层微带线条的要求，必须在层压前采用数控铣床铣去外层单片的局部区域。进行数铣操作前，先在待加工板面制作图形，以便于实物编程，准确进行数铣加工。需要注意的是，铣下的部分要保存好，以便层压时垫回原处，保证层压板的平整度。

4）数铣黏结片

鉴于露出内层微带线条的要求，必须在层压前对所填黏结片的指定位置进行去除，否则一旦层压结束，就很难进行加工。采用数控铣床铣去黏结片局部区域的方法如下。

（1）利用多层印制电路板的前定位系统冲制单片的设备在黏结片上冲制出与单片一致的四槽定位孔。

（2）采用单片制作样板图形。

（3）将待铣的黏结片置于两张单片间，通过四槽定位孔定位后，利用数控铣床进行数铣加工。

5）层压

（1）叠板。将基板板材与黏结片交替叠置，为保证多层印制电路板层间重合精度，采用四槽定位销进行叠板。通过将热电偶探头置入待压板内层非图形区域，进行层压温度的控制。

（2）闭合。当压机处于较冷状态（通常低于 120℃）时，将上述排好并装模的板置于压机中央，闭合压机，同时调节液压系统使待压区域能获得所需的压力。在一般情况下，初始压力为 0.689MPa，随后全压压力升至 1.38MPa，以保证黏结片有适当的流动度。

（3）加温。将层压机的加热循环调整至 220℃。一般情况下，最大加热速率控制在使得上、下炉板的温度相差 1～5℃范围内。

（4）保温。通常情况下，在 220℃下保温 15min 以使黏结片处于熔融状态，并有足够的时间流动并润湿待粘表面。对于较厚的排板结构，保温时间有时需延长 30～45min。

（5）冷压。关闭加热系统，在保持压力的情况下冷却层压炉板，直至该炉板温度降至 120℃。解除压力，从层压机内取出含有层压炉板的模板。

6）数控钻孔

常用的微波介质板材如 RT/duroid6002 是基于 PTFE、高填充陶瓷粉颗粒和玻璃短纤维增强的合成物。其中陶瓷粉颗粒的填充可以使材料具有低热膨胀和优越的尺寸稳定性，但其也改变了对切削刀具的研磨性能。采用加工次数多的钻头，会明显降低钻孔质量，对于通过黏结片制造的多层印制电路板，由于钻头发热所造成的树脂沾污也必然会影响金属化孔质量。因此，对于目前常用的钻孔设备，其主轴转速一般控制在 15～60kr/min。

（1）钻头质量控制。在一般情况下，钻头切削 10～12in 介质层后，更换钻头进行加工，可保证孔壁的钻孔质量。即使对较薄的多层印制电路板，钻孔次数需严格控制在 500 次以下。若想获得更佳的钻孔质量，则最大钻孔数为 250 次。钻孔质量的好坏，可通过检查内层连接处的树脂沾污情况、钉头大小和孔位偏斜严重性来加以判断。

（2）钻床参数控制。切削量为 50～100mm/rev；表面速度为 90～180m/min；退钻速度为 13～15m/min。

（3）钻孔参数控制。

① 当表面速度一定时，不同孔径大小钻孔的主轴转速可通过以下公式进行计算。

$$\text{RPM} = 12 \times \text{SFM} \div (\pi \times \text{钻头直径}) \tag{4-10}$$

式中，RPM 为主轴转速；SFM 为表面速度。

② 下钻速度可通过下式计算。

下钻速度=主轴转速×切削量

7）保护处理

采用可剥胶，对内层露出的微带线引出部分进行保护，可采用手工涂覆。

8）孔金属化

对含有 PTFE 的微波基板材料，需使用钠萘溶液处理或等离子活化处理后再进行孔金属化。孔金属化可采用化学沉铜以及全板电镀的工艺。

9）去保护

将内层露出的微带线引出部分保护的可剥胶用手工方法去除，注意不能损伤微带线引出部分。

10）电镀镍金

为保证露出部分的可焊性和耐环境性，需对其进行电镀镍金操作，要求镍层厚度为 2.0μm、金层厚度为 1.3μm。

11）数铣外形

按图纸外形尺寸要求，进行数控铣加工。

3. 关键工艺分析

1）钻孔及孔金属化

对微波印制电路板而言，只要数控钻床的转速相对较高（一般主轴转速在 60kr/min 以上）以及具备相应的钻头，就可以获得孔径为 0.3mm 甚至 0.1mm 的孔。与普通印制电路板一样，PTFE 基印制电路板在机械打孔时也会在内层板的导体上及孔内产生树脂沾污，这些树脂沾污与高速钻孔时产生大量的热有关，若应用合理的钻孔参数，则可以大大减少沾污的出现。但要彻底除去这些树脂沾污，必须使用去氟化学腐蚀处理。

由于 PTFE 的表面能很低，难以亲水，因此其化学镀铜层的附着力差。PTFE 必须先用特殊的方法（如钠萘溶液腐蚀或等离子处理）进行处理，在其表面形成更多的活化孔壁、提高润湿性的亲水基团后再进行化学镀和电镀，这样才能获得满足使用要求的铜箔与孔壁间的附着力。

通孔金属化可以为不同面提供电气互联。在整板电镀铜工艺中，常用标准的 H_2SO_4/SO_4^{2-} 镀铜溶液加上合适的添加剂来电镀通孔。由于镀铜溶液的分散性限制及其在孔中产生的毛细现象导致厚径比（印制电路板厚度与孔径之比）大的通孔不能完全均匀金属化，因此要求金属化孔的厚径比通常≤4∶1。

2）内层板设计

（1）技术图纸。技术图纸除了提供微波印制电路板图的信息，还应包括所用材料的型号及厚度、镀涂种类、金属化的位置、孔径大小和孔数、关键线宽/间距尺寸的精度要求等技术状态。掩模片除了包含图形的线条、间距、焊盘等主要信息，还应包括其他必要的辅助信息，如电镀工艺连线、双面及多层印制电路板制作的对位符、外形铣切的定位符、所用材料的型号及厚度、产品或图纸的代号、版本号、设计者及设计日期等信息。

（2）线宽/间距的大小及公差。微波印制电路板的制作方法通常有整板电镀法和图形电镀法两种，且这两种方法能获得最小线宽和间距。在内层板的制作过程中，线宽和间距通常会出现偏差。例如，对于采用强制喷淋蚀刻方法制作的微波基板，侧蚀为50%～60%；对于采用常规方法制作的微波基板，由于其线宽和间距的侧蚀接近于1∶1，线宽和间距的增减值为所用铜箔厚度的两倍，因此为进一步优化电路图形，需要在设计上对关键的线宽和间距尺寸进行补偿。

3）表面处理

在微波印制电路板制作中，常用的表面处理方法有镀金、镀银、镀镍/金、置换银、镀锡/铅等。为满足焊线、安装各种组件及防止表面氧化，最常用的表面处理方法是镀金和镀镍/金。一般表面处理要求为：镀层表面均匀、光滑、粗糙度小。这是由于在粗糙度较大的表面导体上，电流只能经过波峰和波谷流动，同时静电荷会集中在波峰附近，而在波谷很少，因此会使电路的传输损耗增大、特性阻抗减小、传输时间增加，这对薄介质的微波基板将产生更大的影响。因此，表面处理的光滑和均匀是微波印制电路板获得良好电性能的重要因素。

4）外形铣切

外形铣切是微波印制电路板加工的重要一环。外形铣切的好坏直接影响电路装配的难易程度。微波印制电路板的外形大部分是异形，有时为了在板子上安装集成块或其他元器件还需铣出各种各样的槽孔。因此，铣切的外形必须光滑、无毛刺，精度一般为±（0.05～0.1）mm。为了满足这些要求，通常用数控铣床进行外形铣切。对于更高精度的铣切，还需使用定位销钉定位和上下热板固定的加工方法，以减小加工过程中电路片的移动。由于PTFE复合材料较软，一般使用较高的主轴转速（≥50kr/min）和较低的铣切速度（≤1.0m/min）以获得光滑的铣切边缘。铣切后，若沟槽内残留碎屑，则在不改变铣切程序和参数的情况下，需再重复进行一次。此外，用于上、下垫板铣切的铣刀不能用来铣电路片，以免引起电路片污染。优化和合理选用铣切参数（包括主轴转速、进刀速度、铣切速度等）可以减少铣切过程中产生的污物及毛刺。在铣电路片时，铣刀只能与电路片接触，不能与上、下垫板接触，因此铣电路片的铣刀最好远离上、下垫板边墙0.05mm以上。换言之，垫板外形尺寸要小于电路片尺寸0.1mm以上。

4．微波印制电路板制造的发展趋势

微波印制电路板的制造正向着基材多样化、设计要求高精度化、计算机控制化、高精度图形制造专业化、表面镀覆多样化、外形加工数控化和生产检验设备化的方向发展。

Chapter 5

第5章 PCB组装互联技术

本章在简要介绍PCB组装互联技术的方式与组装工艺流程的基础上，详细介绍表面组装工艺材料和表面组装工艺技术。

5.1 PCB组装互联技术的方式与组装工艺流程

5.1.1 PCB组装技术概述

PCB组装技术可分为THT和SMT，以及将二者结合使用的混合组装形式，如图5-1所示。它们的主要不同之处在于以下两方面。

（1）元器件类型不同：THT主要用于直插式元器件，而SMT则主要用于贴片式元器件。

（2）焊接方式不同：THT使用插针和电路板通孔连接，然后进行手工焊或波峰焊等方式焊接；SMT则是将元器件直接贴片焊接在电路板表面，通过再流焊等方式进行焊接。

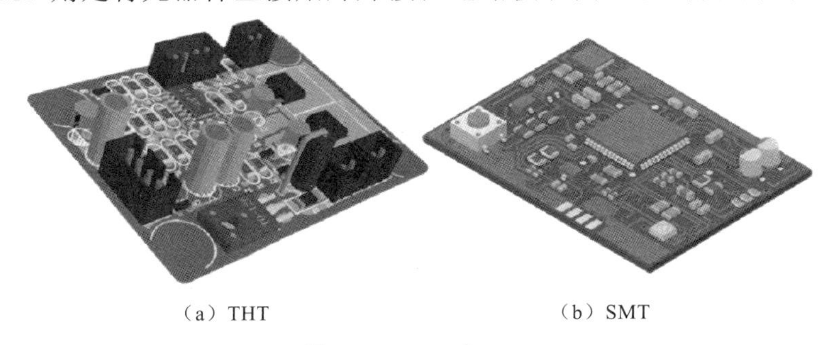

（a）THT　　（b）SMT

图5-1　THT和SMT

1．通孔插装技术

通孔插装技术是一种传统的电子组装技术，主要用于直插式元器件的组装。THT技术可以将元器件通过通孔安装到电路板上，并通过手工焊或机器焊接即波峰焊等技术进行焊接，成为一种可靠的连接方式。

通孔插装技术用到的主要设备有各种类型的元器件成型机、各种类型的元器件插装机、波峰焊机、压接机、绕接机等。

THT 技术的主要特点包括以下几个方面。

（1）元器件类型：THT 技术适用于插装式元器件，如电阻、电容、连接器等。

（2）安装方式：THT 元器件需要通过通孔安装到电路板上，因此需要进行线路布线和通孔操作。

（3）焊接方式：THT 元器件焊接方式包括手工焊和机器焊接两种方式。手工焊主要用于小批量和个性化生产，而机器焊接主要用于批量生产。目前，发展了选择性波峰焊等局部焊接技术。

（4）焊接材料：THT 元器件的焊接材料包括焊剂与焊料，焊料与焊剂分开独立使用。传统的波峰焊一般使用有铅焊料，即锡铅共晶焊料，随着无铅化的推进与普及，SAC 无铅焊料也越来越普遍。对于低端的电子产品，Sn-Cu 合金焊料也是低成本的选择。

（5）焊接质量：THT 焊接质量主要受到操作者的技术水平和质量控制的影响，因此需要进行质量控制和检测。

总体来说，THT 技术虽然在现代电子制造中逐渐被 SMT 技术所替代，但是由于一些特殊元器件的存在，THT 技术仍然具有一定的应用价值。

2．SMT 技术

SMT 技术是当前主流的 PCB 组装互联技术，主要用于表面贴装元器件的组装。与传统的 THT 技术不同，SMT 技术将元器件直接贴装在电路板表面上，通过回流焊（或再流焊）将元器件连接到电路板上，成为一种可靠的连接方式。

SMT 技术用到的主要设备有点胶机、焊膏印刷机、高速贴片机、多功能贴片机、再流焊机、自动光学检测（Automatic Optical Inspection，AOI）设备和离线式 X-Ray 设备等。

SMT 技术的主要特点包括以下几个方面。

（1）元器件类型：SMT 技术适用于 SMC/SMD，如芯片电阻、电容、二极管、晶体管、集成电路等。

（2）安装方式：SMT 元器件直接粘贴在电路板表面上，因此不需要进行钻孔操作，可以提高生产效率和降低生产成本。

（3）焊接方式：SMT 元器件焊接方式包括热风熔融焊接、再流焊和波峰焊等多种方式，其中热风熔融焊接和再流焊是常用的方式。

（4）焊接材料：SMT 元器件的焊接材料是焊膏，即焊料与助焊剂按照一定的配比混合而成的膏状混合物。当前使用的焊料多是 SAC 无铅焊料。

（5）焊接质量：SMT 焊接质量主要受到设备操作和焊接参数控制的影响，需要进行质量控制和检测。

总体来说，SMT 技术具有高效、高可靠性、高集成度等优点，已经成为现代电子制造中的主流技术之一。

SMT 组装工艺流程就是先将焊膏涂覆在 PCB 基板上，贴装元器件后通过再流焊加热熔化焊膏中的焊料而实现冶金连接的过程，其工艺流程及相应装备如图 5-2 所示，其中最核心的工序包括焊膏印刷、搭载 SMC/SMD 和再流焊。

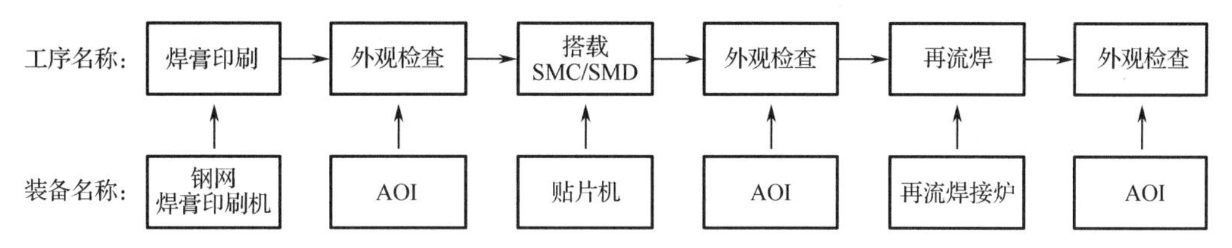

图 5-2　SMT 组装工艺流程及相应装备

5.1.2　SMT 组装方式与组装工艺流程

SMT 的组装方式与组装工艺流程主要取决于表面组装组件（SMA）的类型、使用的元器件种类和组装设备条件。典型 SMT 组装方式有全表面组装、双面混装和单面混装。

全表面组装是指 PCB 双面全部都是 SMC/SMD；单面混装是指 PCB 上既有 SMC/SMD，又有通孔插装元器件（THC），THC 在主面，SMC/SMD 可能在主面，也可能在辅面；双面混装是指双面都有 SMC/SMD，THC 在主面，也可能双面都有 THC。

根据组装产品的具体要求和组装设备的条件选择合适的组装方式，是高效、低成本组装生产的基础，也是 SMT 工艺设计的主要内容。合理的工艺流程是组装质量和效率的保障，表面组装方式确定之后，就可以根据需要和具体设备条件确定工艺流程了。不同的组装方式有不同的工艺流程，同一组装方式也可以有不同的工艺流程，这主要取决于所用元器件的类型、SMA 的组装质量要求，组装设备和组装生产线的条件，以及组装生产的实际条件等。

1．全表面组装工艺流程

全表面组装有单面表面组装和双面表面组装。单面表面组装采用单面板，双面表面组装采用双面板。

（1）单面表面组装工艺流程如图 5-3 所示。

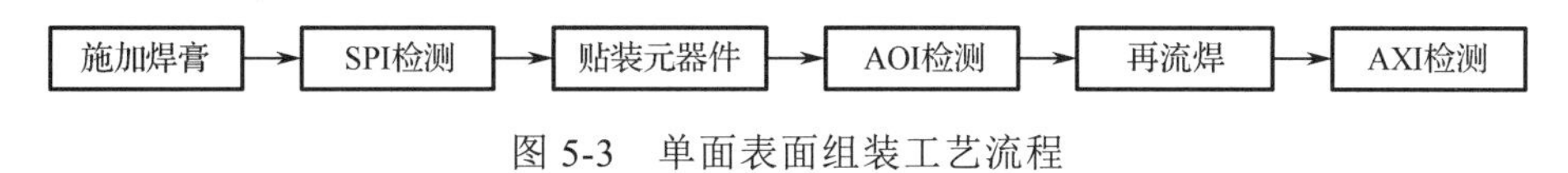

图 5-3　单面表面组装工艺流程

（2）双面表面组装工艺流程如图 5-4 所示。

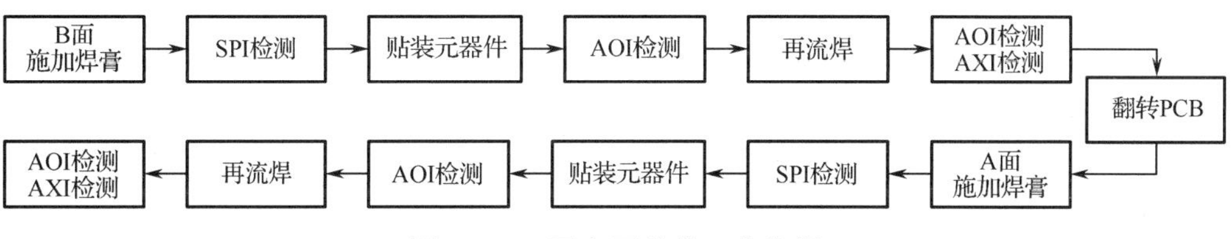

图 5-4　双面表面组装工艺流程

2. 表面组装和插装混装工艺流程

表面组装和插装混装工艺形式有单面混装、双面混装。

单面混装的通孔插装元器件在主面，SMC/SMD 有可能在主面，也有可能在辅面。当 SMC/SMD 在 A（主）面时，由于双面都需要焊接，因此必须采用双面板；当 SMC/SMD 在 B（辅）面时，由于焊接面在 B（辅）面，因此可以采用单面板。

双面混装是指双面都有 SMC/SMD，而通孔插装元器件一般在 A（主）面；有时双面都有通孔插装元器件。这是由于在高密度组装中，一些显示器、发光元器件、连接器、开关等需要安放在 B（辅）面，这种双面都有通孔插装元器件的混合组装板的组装工艺比较复杂，通常 B（辅）面的通孔插装元器件采用手工焊。

（1）单面混装工艺流程（SMD 和 THC 在 PCB 同一面）如图 5-5 所示。

图 5-5　单面混装工艺流程

（2）单面混装（SMD 和 THC 分别在 PCB 的两面）。

①手工插装工艺流程如图 5-6 所示。

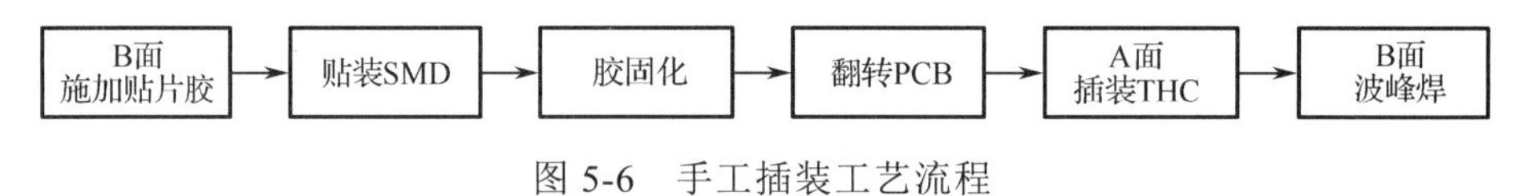

图 5-6　手工插装工艺流程

②自动插装工艺流程如图 5-7 所示。由于自动插装机插装 THC 后需要对引脚打弯，打弯时可能损坏已经贴装和胶固化的 SMD，因此需要先插装 THC，后贴装 SMD。

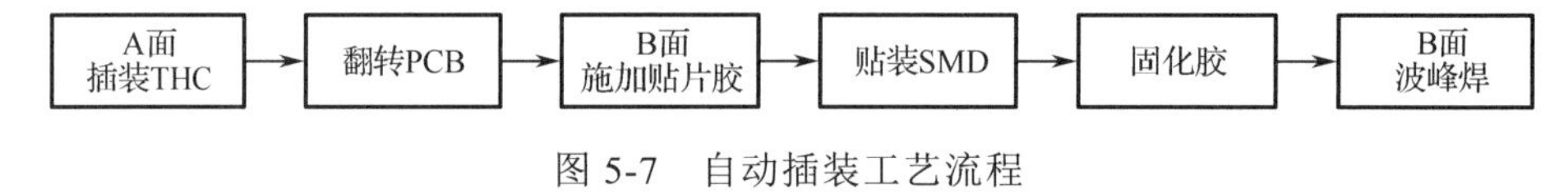

图 5-7　自动插装工艺流程

（3）双面混装工艺流程（THC 在 A 面，A、B 两面都有 SMD）如图 5-8 所示。

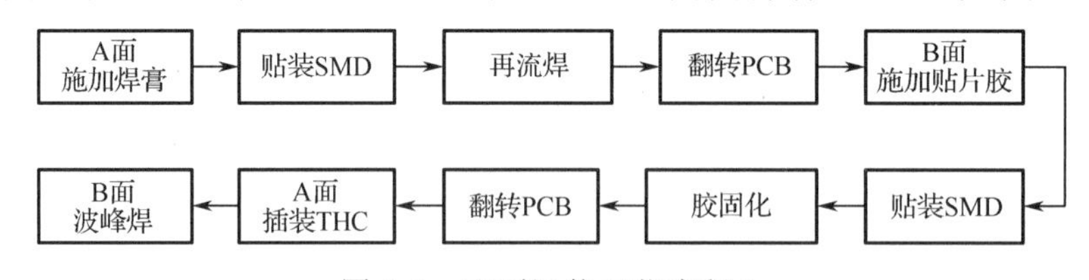

图 5-8　双面混装工艺流程 1

（4）双面混装工艺流程（A、B 两面都有 SMD 和 THC）如图 5-9 所示。

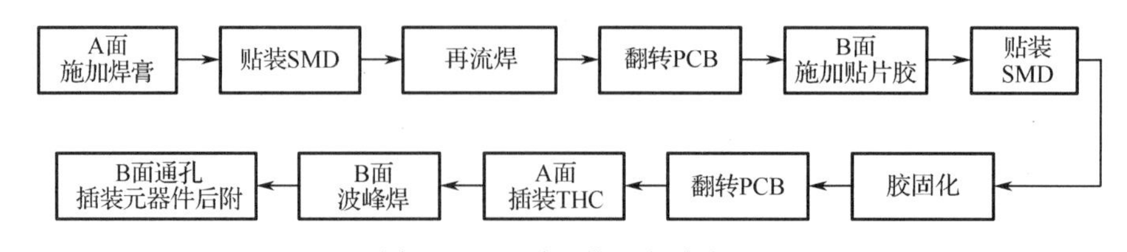

图 5-9　双面混装工艺流程 2

以上是传统的工艺流程。随着电子设备的多功能、小型化，表面组装板的组装形式也越来越复杂。近年来，SMT 工艺技术有了很大的发展、改进和创新。例如，通孔插装元器件再流焊工艺、选择性波峰焊的应用，尤其在双面混装工艺中采用双面回流，然后只对通孔插装元器件采用选择性波峰焊，这种工艺极大地提高了组装质量和生产效率。

3. 工艺流程的设计原则

确定工艺流程是工艺员的首要任务。工艺流程设计合理与否，直接影响组装质量、生产效率和制造成本。工艺流程的设计原则有：选择最简单、质量最优秀的工艺；选择自动化程度最高、劳动强度最小的工艺；选择工艺流程路线最短；选择工艺材料的种类最少；选择加工成本最低的工艺。

5.2 表面组装工艺材料

表面组装工艺材料主要包括焊料、助焊剂、焊膏、黏结剂和清洗剂等。

5.2.1 焊料

焊料，即焊料合金，是实现连接的材料，主要包括传统的 Sn-Pb 合金和以 SAC 为代表的无铅焊料合金。

电子产品焊接对焊料的整体要求主要考虑如下因素。

（1）物理性能：包括熔点温度、表面张力、导电性、导热性、比热容、热膨胀性和收缩特性等。

（2）工艺性能：包括润湿性、对基材与锡缸材料的溶解速率、与助焊剂的相互作用、保质期、IMC 形成和加工成型性等。

（3）机械性能：包括抗拉强度、抗蠕变强度、抗剪强度、抗疲劳强度、抗裂纹扩展率、微观结构老化、硬度、延展性和抗杂质污染引起的强度降低等。

（4）对使用性能的其他影响：包括耐腐蚀性、脆化、IMC 形成和分布等。

（5）商业因素：包括金属成本、合金粉末生产或线材形成的便利性、开发时间、专利许可及费用等。

（6）环境适应性：包括可回收性、低毒性等。

1. 锡铅焊料合金

锡铅焊料合金是一种常用的焊接材料，由锡和铅两种金属元素组成。锡铅焊料合金因其具有低熔点、良好的流动性和可靠的焊接性能而被广泛应用于电子元器件的焊接。金属锡与其他许多金属之间有良好的亲和力作用，因此借助低活性助焊剂即可达到良好的润湿。锡铅元素之间互溶性良好，并且合金本身不存在 IMC。锡铅焊料合金有较好的机械性能，通常纯净的锡和铅的抗拉强度分别为 15MPa 和 14MPa，而锡铅焊料合金的抗拉强度可达 40MPa 左右；锡和铅的剪切强度分别为 20MPa 和 14MPa。锡铅焊料合金的剪切强度可达 30～5MPa。焊接后，因生成极薄的 Cu_6Sn_5 合金层，所以强度还会进一步提高。同时，加入铅可降低熔点，并与锡形成熔点仅 183℃的共晶体。锡铅焊料合金的成分可以根据具体的应用需求进行调整，通常以百分比表示，如 60/40、63/37、50/50 等，分别表示锡和铅的含量。

1）锡铅合金相图

锡铅合金相图如图 5-10 所示。其中由 63%锡和 37%铅组成的焊锡被称为共晶焊锡，这种焊锡的熔点是 183℃。当锡的含量高于 63%时，熔化温度升高，强度降低；当锡的含量少于 10%时，焊接强度差，接头发脆，焊料润滑能力变差。从理论上讲，最理想的是共晶焊锡，在共晶温度下，焊锡由固体直接变成液体，无须经过半液体状态；共晶焊锡的熔化温度比非共晶焊锡的低，这样就减少了被焊接的元器件受损的机会，同时由于共晶焊锡由液体直接变成固体，也减少了虚焊现象。为避免由于温差导致的立碑效应，在实际工程应用中以准共晶（稍微偏离共晶成分）焊料为主。

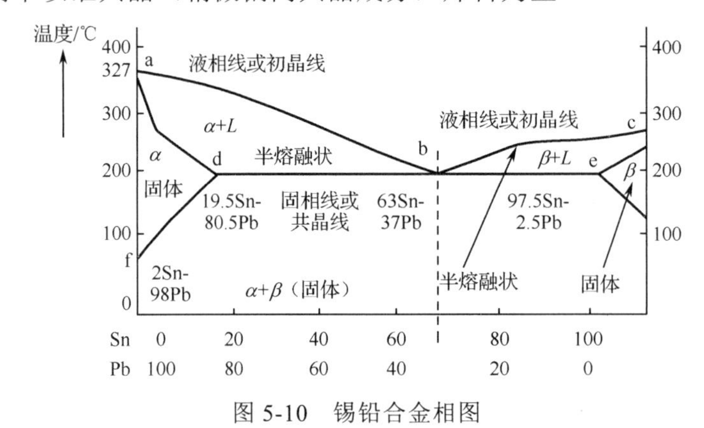

图 5-10 锡铅合金相图

2）锡铅焊料的优点

锡铅焊料的优点如下。

（1）低熔点。锡铅焊料的熔点较低，通常为 183～190℃，使得焊接过程更容易控制和操作。

（2）良好的流动性。锡铅焊料具有良好的流动性，可以在焊接接合部位均匀分布，填充焊接缝隙，形成坚固的焊缝。

（3）可靠的焊接性能。锡铅焊料具有良好的湿润性，能够与焊接材料充分接触，形成可靠的焊接。焊接接头具有较高的强度和可靠性。

（4）易于使用。锡铅焊料易于加热和熔融，适用于各种焊接工艺，如手工焊、波峰焊和再流焊等。

（5）成本低廉。与其他无铅焊料合金相比，锡铅矿产丰富，成本较低。

3）锡铅焊料的缺点

锡铅焊料的缺点如下。

（1）熔化过程中产生的有毒烟雾。加热时，铅焊料会产生氰化氢和一氧化碳等有毒气体。同时铅为重金属，对身体有害。如果处理不当，则这些气体可能会对生命造成严重威胁，必须有适当的通风系统。

（2）散热性能差。铅焊料的高耐热性使其难以即时消散焊接操作过程中产生的多余热量，因此，容易过热，对附近的电子设备造成损坏。

2．无铅焊料合金

1）无铅化背景

锡铅焊料中铅是一种重金属，除上述锡铅焊料会在熔化过程中产生有毒烟雾外，还会通过废弃的电子垃圾渗入地下水而进入人体，长期接触或吸入铅会对神经系统和血液系统产生伤害。出于对环境和人类健康的关注，随着电子废弃物的急剧增加，国际有关组织出台了一系列的电子信息产品污染防治法律法规。

欧盟议会及欧盟委员会于 2003 年 2 月 13 日在其《官方公报》上发布了《关于废旧电子电气设备指令》（简称《WEEE 指令》）和《关于在电子电气设备中限制使用某些有害物质指令》（简称《RoHS 指令》）。这是欧盟以决议形式颁布的，明确列出了在电子产品制造过程中限制使用的 6 种有毒有害物质，其中之一就是铅元素，RoHS 中对铅元素规定的上限浓度为 1000ppm。2015 年，为进一步完善以及便于实施等，欧盟发布了 RoHS2.0 修订指令（EU）。

为了应对废弃电子产品带来的环境问题和对人民生命健康的影响，推动电子制造和使用过程中的环境保护工作，我国出台了《电子信息产品污染防治管理办法》和《废旧家电及电子产品回收处理体系》。

我国出台的《电子信息产品污染防治管理办法》（以下简称《管理办法》）与欧盟出台的《RoHS 指令》的相同点如下。

（1）都是法律规范性文件。

（2）主要目的是实现对电子电气类产品中有毒有害物质的控制（禁止使用和减量化）。

（3）都涉及贸易活动（货物贸易）。

（4）限制和禁止使用的有毒有害物质是一样的，都是 6 种：铅、汞、镉、六价铬、多溴联苯（PBB）、多溴二苯醚（PBDE）。

我国出台的《电子信息产品污染防治管理办法》与欧盟出台的《RoHS 指令》的不同点如下。

（1）我国的《管理办法》无须转换成低一级的法律规范性文件就可以直接实施；欧盟的《RoHS 指令》无直接约束力，需要转换成欧盟成员国法律（法规）才可以实施。

（2）我国的《管理办法》调整对象为电子信息产品，欧盟的《RoHS 指令》调整对象为交流电不超过 1000V、直流电不超过 1500V 的电子电气设备；欧盟的《RoHS 指令》的调整范围和对象比我国的《管理办法》要更宽、更多。

（3）我国的《管理办法》对有毒有害物质控制的监督管理采用目录管理模式，目录以“穷举法”方式形成；欧盟的《RoHS 指令》将《WEEE 指令》中定义的各大类产品全部放入，然后对其中有毒有害物质控制技术尚不够成熟、经济上不可行产品采用“排除法”予以“豁免”。

（4）我国的《管理办法》于 2006 年 2 月 28 日颁布，2007 年 3 月 1 日开始实施，具体执行时间取决于相应产品的技术成熟时间；欧盟的《RoHS 指令》于 2003 年 2 月 13 日颁布，2004 年 8 月 13 日转换为欧盟成员国法律（法规），2006 年 7 月 1 日开始实施。所以，欧盟的《RoHS 指令》实施时间要比我国的《管理办法》早，欧盟限制与禁止使用有毒有害物质的时间也比我国早一些。

（5）我国的《管理办法》贯彻实施需要制定标准和目录，制定目录需要标准支撑；欧盟的《RoHS 指令》的贯彻只需要标准的支撑。

（6）我国的《管理办法》中对有毒有害物质的控制采取了“两步走”方式：第一步，在《管理办法》生效之日起，仅要求进入市场的电子信息产品以自我声明的方式披露相关的环保信息；第二步，对进入电子信息产品污染控制重点管理目录的产品实施严格监管，需要实现有毒有害物质的替代或达到限量标准的要求，然后要经过强制认证（3C 认证）才可以进入市场。欧盟的《RoHS 指令》对有毒有害物质的控制采取的是“自我声明”的方式，但欧盟的要求是“一步到位”，“自我声明”的前提是要企业做到有毒有害物质的达标。

2）无铅焊料概况

正是出于对环境保护与人民生命健康的要求，已经开始逐渐限制或禁止使用锡铅焊料，转而采用无铅焊料。无铅焊料是一种替代传统锡铅焊料的焊接材料，其主要成分不含铅。基于使用锡基焊料的长期积累，无铅焊料的主要成分是锡，通常与其他元素如银、铜、锑、锌、铋等构成的二元、三元甚至四元的共晶合金，以达到所需的焊接性能。

传统锡铅焊料的无铅替代品原则上应符合以下要求。

（1）熔点接近传统锡铅焊料的熔点，特别应该接近共晶锡铅焊料的熔点（183℃）。

（2）与基板材料或金属材料有较好的浸润能力。

（3）机械性能至少不低于锡铅焊料，抗疲劳性能好。

（4）与现有的液体助焊剂相匹配。

（5）加工性能好。

（6）以焊膏形式存在时有足够的使用寿命和使用性能。

（7）焊后缺陷率小。

（8）价格合适，供应充足。

（9）毒性小，不会对人和环境产生不利影响。

美国国家制造科学研究中心（NCMS）提出的无铅焊料性能的评价标准如表 5-1 所示。

表 5-1　NCMS 提出的无铅焊料性能的评价标准

性能参数	可接受水平
液相线温度	<225℃
熔化温度范围	<30℃

续表

性 能 参 数	可接受水平
润湿性（润湿称量法）	F_{max}>300μN，t_0<0.6s，$t_{2,3}$<1s
铺展面积	>85%的铜板面积
热机疲劳性能	>Sn-Pb 共晶相应值的 75%
CTE	<29ppm/℃
蠕变性能（室温下 167h 内导致失效所需的应力值）	>3.5MPa
延伸率（室温、单轴拉伸）	>10%

主要的无铅焊料合金包括 Sn-Ag-Cu 合金、Sn-Cu 合金、Sn-Ag 合金、Sn-Bi 合金等。焊料熔点温度对比如图 5-11 所示。

3）Sn-Ag-Cu 合金

Sn-Ag-Cu（简写 SAC）合金是目前使用最多的焊料成分之一，适量地加入铜元素可以降低液相线的温度，改善焊料合金的润湿性，在再流焊方面有广泛的应用。Sn-Ag-Cu 三元合金相图如图 5-12 所示，该合金相图截取了含 Sn 量较高而含 Cu、Ag 量较低的部分。SAC 没有精确的共晶点，共晶温度约为 217℃。相比于共晶温度，共晶的成分更难获得。这是由于在实际的结晶过程中必然出现的“过冷”现象，为精确测定共晶成分造成了不便。

美国国家标准技术研究所（NIST）对 SAC 共晶成分及熔点温度进行了研究，通过对 SAC 三元合金进行热力学计算获得初步的相图以预计可能出现的误差与问题，然后用冷热循环的方法测出精确的 SAC 成分。通过实验测量出来的 SAC 共晶成分为 Sn-（3.58±0.05）Ag-（0.96±0.04）Cu，熔点为（217.2±0.2）℃。在无铅化早期，不同国家推荐使用的 SAC 合金成分有所不同，日本倾向于 Sn-3Ag-0.5Cu（SAC305）和 Sn-3Ag-0.75Cu，美国倾向于 Sn-3.9Ag-0.6Cu，欧洲推荐使用 Sn-3.8Ag-0.7Cu。上述推荐的几种焊料性能对比如表 5-2 所示。整体而言，性能差别不大。

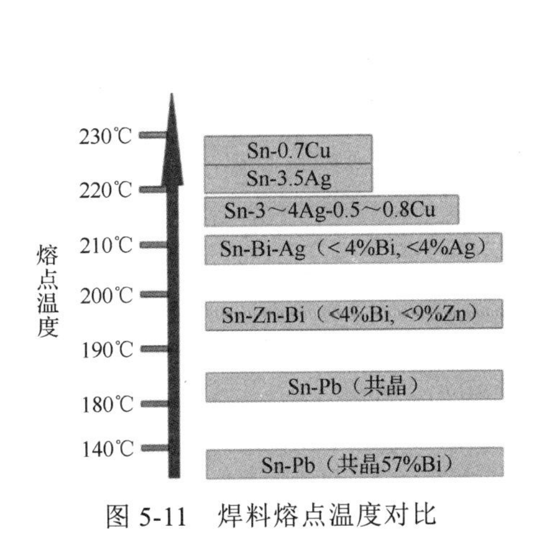

图 5-11　焊料熔点温度对比

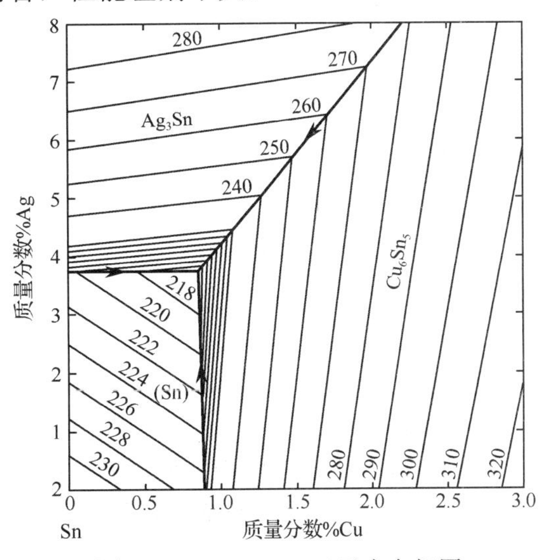

图 5-12　Sn-Ag-Cu 三元合金相图

表 5-2 推荐的 Sn-Ag-Cu 焊料性能对比

合 金	拉伸强度/MPa	延伸率/%	扩展率/%	熔化温度/℃
Sn-3.9Ag-0.6Cu（SAC396）	50.0	24.8	77.3	217～221
Sn-3.8Ag-0.7Cu（SAC387）	48.0	25.3	77.1	217～221
Sn-3Ag-0.5Cu（SAC305）	47.5	25.2	77.1	217～221

国际电子工业联接协会（IPC）为了响应业界对于最佳 SAC 焊料合金成分的诉求，开展了系统的实验研究，最后推荐 SAC305，主要是基于以下 3 点。

（1）可制造性方面：SAC305 远离共晶成分，产生立碑的概率低。

（2）可靠性方面：SAC305 远离共晶成分，产生板块状 Ag_3Sn 可能性小，潜在可靠性风险低。

（3）经济性方面：由于 Ag 是贵金属，SAC305 银含量低，因此成本低。

目前，可以通过添加第四种元素来改善 SAC 的性能，如 Ti、Zn、Bi 可以降低熔点、增强润湿性；Fe、Co 能够在室温下增强焊料的剪切性能；少量的 Sb 能细化组织、降低熔点、提高焊料的润湿性；在一定的温度下，添加少量的 Zn 能够抑制 Cu_3Sn 的生存，减少柯肯达尔空洞的形成，增加焊点的剪切强度等。

4）无铅焊料的优点及面临的挑战

无铅焊料的优点如下。

（1）环保安全：无铅焊料合金不含铅元素，使用它进行焊接可以减少对环境和人的损害。

（2）电气性能优良：与传统的铅焊料相比，无铅焊料具有更好的电性能。它可以提供更稳定和可靠的电气连接，减少电阻和信号损失，提高设备的电性能和可靠性。

（3）耐热性好：无铅焊料具有较好的耐热性能，能够在高温环境下保持稳定的焊接。这对于一些需要在高温条件下工作的电子设备具有重要意义。

（4）符合国际标准：由于越来越多的国家和地区禁止使用含铅焊料，使用无铅焊料可以确保产品符合国际标准。

（5）兼容性：无铅焊料的其他好处之一是它与现有制造工艺的兼容性。大多数 PCB 制造商可以很轻易地将使用有铅焊料转变为无铅焊料。

使用无铅焊料面临的挑战如下。

（1）焊接温度高，工艺窗口小。

（2）组装缺陷及可靠性问题。

（3）过渡时期的混合组装技术难题。

（4）元器件、PCB 可焊性镀层与无铅焊料的兼容性问题。

（5）检测与返修技术面临的挑战。

5.2.2　助焊剂

助焊剂是 SMT 焊接过程中不可缺少的辅料，对保证焊接质量起着关键的作用。在波峰焊中，助焊剂和合金焊料分开使用，而在再流焊中，助焊剂则作为焊膏的重要组成部分。

焊接效果的好坏，除了与焊接工艺、元器件和印制电路板的质量有关，助焊剂的选择也是十分重要的。性能良好的助焊剂应具有以下作用：①除去焊接表面的氧化物；②防止焊接时焊料和焊接表面的再氧化；③降低焊料的表面张力；④有利于热量传递到焊接区。

1．助焊剂的化学组成

传统的助焊剂通常以松香为基体。松香具有弱酸性和热熔流动性，并具有良好的绝缘性、耐湿性、无腐蚀性、无毒性和长期稳定性，是不可多得的助焊材料。目前在 SMT 中采用的大多是以松香为基体的活性助焊剂。由于松香随着品种、产地和生产工艺的不同，其化学组成和性能有较大的差异，因此对松香优选是保证助焊剂质量的关键。

通用的助焊剂还包括活性剂、成膜物质、添加剂和溶剂等成分。

（1）活性剂。

活性剂是为提高助焊能力而加入的活性物质，它对焊剂净化焊料和被焊件表面起主要作用。其活性是指它与焊料和被焊件表面氧化物等起化学反应的能力，也反映了清洁金属表面和增强润湿性的能力。若润湿性强，则助焊剂的扩展性高，可焊性就好。在助焊剂中，活性剂的添加量较少，通常为 1%～5%，若为含氯的化合物，则其氯含量应控制在 0.2%以下。虽然它的添加量少，但在焊接时起很大的作用。

活性剂分为无机活性剂和有机活性剂两种。无机活性剂包括氯化锌、氯化铵等。通常无机活性剂助焊性好，但作用时间长、腐蚀性大，不宜在电子装联中使用；有机活性剂包括有机酸及有机卤化物等。有机活性剂作用柔和、时间短、腐蚀性小、电气绝缘性能好，适宜在电子装联中使用。

（2）成膜物质。

加入成膜物质，能在焊接后形成一层紧密的有机膜，保护了焊点和基板，具有防腐蚀性和优良的电气绝缘性。常用的成膜物质有松香、酚醛树脂、丙烯酸树脂、氯乙烯树脂、聚氨酯等。一般加入量在 10%～20%，加入过多会影响扩展率，使助焊作用下降。在普通家电产品装联中，使用成膜物质，装联后的电器部件可不清洗，以降低成本，然而在精密电子装联中焊接后仍要清洗。

（3）添加剂。

添加剂是为适应工艺和工艺环境而加入的具有特殊物理与化学性能的物质。常用的添加剂有以下几种。

① 调节剂。为调节助焊剂的酸性而加入的材料，如三乙醇胺可调节助焊剂的酸度；在无机助焊剂中加入盐酸可抑制氧化锌生成。

② 消光剂。能使焊点消光，使操作者避免眼睛疲劳和视力衰退。一般加入无机卤化物、无机盐、有机酸及其金属盐类，如氯化锌、氯化锡、滑石、硬脂酸、硬脂酸铜、钙等。一般加入量约为 5%。

③ 缓蚀剂。加入缓蚀剂能保护印制电路板和元器件引线，既具有防潮、防霉、防腐蚀性能，又能保持优良的可焊性。用作缓蚀剂的物质大多是以含氮化合物为主体的有机物。

④ 光亮剂。能使焊点发光，可加入甘油、三乙醇胺等，一般加入量约为 1%。

⑤ 阻燃剂。为保证使用安全，提高抗燃性而加入的材料，如 2,3-二溴丙醇等。

（4）溶剂。

由于使用的助焊剂大多是液态的，因此必须将助焊剂的固体成分溶解在一定的溶剂里，使之成为均相溶剂。一般多采用异丙醇和乙醇作溶剂。

助焊剂的溶剂应具备以下条件：①对助焊剂中各种固体成分均具有良好的溶解性；②常温下挥发程度适中，在焊接温度下迅速挥发；③气味小，毒性小。

2．助焊剂的分类

（1）松香系列焊剂。

松香是最普通的助焊剂，其主要成分是松香酸及其同素异形体、有机多脂酸和碳氢化萜。在室温下，松香是硬的。松香型助焊剂分为无活性和活性两大类，如图 5-13 所示。

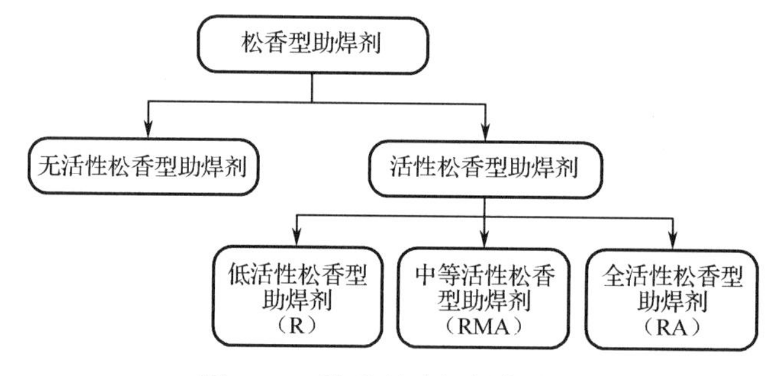

图 5-13　松香型助焊剂的分类

低活性松香型助焊剂的氯化物添加量很少，残留物腐蚀性较弱，一般不必清除残留物。中等活性松香型助焊剂由松香加活性剂组成，残留物腐蚀性比 R 型大，一般焊接后需清洗，若组装产品要求不高，焊接后也可不清洗。全活性松香型助焊剂与中等活性松香型助焊剂相似，也是松香加活性剂，但活性剂比例更高，活性更强，腐蚀性显著增强，焊接后必须清洗。RMA 型通常以液体形式用于波峰焊和以焊剂形式用于焊膏。RA 型广泛用于工业和消费类电子产品的制造，并常留存在产品的电子组件上，如收音机、TV 和电话机等。

（2）水溶性助焊剂。

水溶性助焊剂组分在水中的溶解度大、活性强、助焊性能好，焊接后残留物可用水清洗，所以称为水溶性助焊剂。水溶性助焊剂分为无机型和有机型两类。水溶性助焊剂的特性为：去氧化能力强，助焊性较强；焊接后残留物溶于水，且不污染环境；清洗后

PCB 满足洁净度要求，无腐蚀性，不降低电气绝缘性能；储存稳定，无毒性。

（3）免清洗助焊剂。

免清洗助焊剂是指焊接后只含微量无害助焊剂残留物，焊接后无须清洗的助焊剂。免清洗助焊剂的固体含量一般在 2%以下，最高不超过 5%，焊接后残留物极少，无腐蚀性，具有良好的稳定性，不清洗即能使产品满足长期使用的要求。

3．助焊剂的主要性能及检测指标

关于助焊剂的选型，用户大多数是依据焊点的质量来评估的。参考标准 ANSI/J-STD-004、GB/T9491、JIS Z3197 可知，助焊剂的评估关键点主要从以下 6 个方面进行。

（1）桥接缺陷率：桥接现象产生的原因很多，如 PCB 的传送方向、引脚密度、引脚材料特性等，关于助焊剂，主要是评估其覆盖性及阻焊能力。

（2）通孔透锡率：抛开设计原因，主要是评估助焊剂的润湿能力。

（3）焊盘上锡的饱满度：主要以评估焊料在焊盘上的覆盖面积及上锡量为依据。例如，IPC610 中规定 75%的焊盘覆盖率为最低要求。

（4）焊接后 PCB 表面洁净度：主要以评估焊接后板面助焊剂残余物的萃取液电阻率，GJB5807 对于三级电子的判据要求是离子残余物应不大于 1.56μg $NaCl/cm^2$。

（5）在线测试直通率：利用测试仪器对焊点进行测试，以此判断助焊剂残余物对测试是否有影响，一般影响应小于 5%，直通率与助焊剂的配方密切相关。

（6）助焊剂残留物表面绝缘电阻：绝缘电阻能说明生产中使用的材料和工艺的质量是否符合要求，GJB5807 要求表面绝缘电阻不小于 100MΩ。

5.2.3　焊膏

焊膏是由合金焊料粉和助焊剂按照一定比例均匀混合而成的浆料或膏状体。它是 SMT 工艺中不可缺少的焊接材料，广泛用于再流焊中。焊膏在常温下具有一定的黏性，可将电子元器件初粘在既定位置，在焊接温度下，随着溶剂和部分添加剂的挥发，将被焊元器件互联形成永久连接。

1．焊膏的化学组成

焊膏主要由合金焊料粉末和助焊剂组成。其中合金焊料粉末占总质量的 85%～90%，合金为前述的锡铅合金和以 SAC 为主的无铅合金等，助焊剂为前述的各类助焊剂，质量占比焊膏的 10%～15%。焊膏中焊料与助焊剂的体积百分比大致是 1∶1。

合金焊料粉末的形状、粒度和表面氧化程度对焊膏性能的影响很大。合金焊料粉末按形状分为无定形和球形两种。球形合金粉末的表面积小、氧化程度低、制成的焊膏具有良好的印刷性能。合金焊料粉末的粒度一般为 200～400 目。粒度越小，黏度越大；粒子过大，会使焊膏黏结性能变差；粒子太小，则因表面积增大，会使表面含氧量增高，也不宜采用。

2．焊膏的分类

焊膏的品种很多，通常可按以下性能分类。

（1）按合金焊料粉末的熔点分类：最常用的含铅焊膏熔点为178～183℃，随着所用金属种类和组成的不同，焊膏的熔点可提高至250℃以上，也可降至150℃以下，可根据焊接所需温度的不同选择不同熔点的焊膏。

（2）按焊剂的活性分类：参照IPC-SF-819标准，可分为无活性（R）、中等活性（RMA）和全活性（RA）3个等级，焊剂的活性太高也会引起腐蚀等问题，根据PCB和元器件的情况及清洗工艺要求进行选择。

（3）按焊膏的黏度分类：黏度的变化范围很大，通常为100～400Pa·s，最高可达1000Pa·s以上。依据施膏工艺手段的不同进行选择。

（4）按清洗方式分类：包含有机溶剂清洗、水清洗、半水清洗和免清洗等方式。从保护环境的角度考虑，水清洗、半水清洗和免清洗是未来发展的方向。

（5）按焊料合金球的大小分类：在实际的锡粉生产过程中，大部分锡粉都是用几层不同目数的筛子收集的，因为每层筛子的网目数不同，所以最终收集到的锡粉颗粒的粒径是一个范围值。锡膏的目数越大，锡膏中锡粉的粒径越小；反之，锡膏中锡粉的粒径越大。锡膏生产厂家在根据其网目数指标选择锡膏时，应根据PCB上焊点最小间距确定。如果焊点最小间距较大，则选择目数较小的锡膏；反之，则选择目数较大的锡膏，通常锡粉粒径的大小为SMT钢网开孔的1/5左右，常用的类型是Type3和Type4。

3．无铅焊膏物理特性的评估项目

无铅焊膏物理特性的评估项目、特征值及试验方法如表5-3所示。

表5-3　无铅焊膏物理特性的评估项目、特征值及试验方法

<table>
<tr><th colspan="2">评估项目</th><th colspan="2">特征值</th><th>试验方法</th></tr>
<tr><td colspan="2">水溶液阻抗/（Ω·m）</td><td colspan="2">1×10^{3}以上</td><td>IPC-TM-650</td></tr>
<tr><td colspan="2">助焊剂含量/%</td><td colspan="2">10.5±0.03</td><td>IPC-TM-650</td></tr>
<tr><td colspan="2">卤素含量/%</td><td colspan="2">0.07±0.02</td><td>IPC-TM-650</td></tr>
<tr><td colspan="2">铜镜腐蚀试验</td><td colspan="2">合格</td><td>IPC-TM-650</td></tr>
<tr><td colspan="2" rowspan="2">粉末形状及粒度/μm</td><td>型号1</td><td>型号2</td><td rowspan="2">IPC-TM-650</td></tr>
<tr><td>球形10～38</td><td>球形20～45</td></tr>
<tr><td colspan="2">熔点/℃</td><td colspan="2">216～221</td><td>IPC-TM-650</td></tr>
<tr><td colspan="2">助焊剂中氟化物试验</td><td colspan="2">不含氟化物</td><td>IPC-TM-650</td></tr>
<tr><td rowspan="2">绝缘阻抗/Ω</td><td>40℃，90%</td><td colspan="2">1×10^{12}以上</td><td rowspan="2">IPC-TM-650</td></tr>
<tr><td>85℃，85%</td><td colspan="2">5×10^{8}以上</td></tr>
<tr><td colspan="2">助焊剂残渣腐蚀性试验</td><td colspan="2">无腐蚀</td><td>IPC-TM-650</td></tr>
<tr><td colspan="2" rowspan="2">印刷性</td><td>型号1</td><td>型号2</td><td rowspan="2">IPC-TM-650</td></tr>
<tr><td>0.4mm间距</td><td>0.5mm间距</td></tr>
</table>

续表

评估项目		特征值	试验方法
黏度/（Pa·s）		180±20	IPC-TM-650
印刷性塌陷性		无 0.2mm 桥接	IPC-TM-650
加热性塌陷性		无 0.2mm 桥接	IPC-TM-650
黏着性	初期	1.0N 以上	IPC-TM-650
	24h 后	1.0N 以上	
润湿性		2 级（Cu 板）	IPC-TM-650
锡球试验	初期	1～3 级	IPC-TM-650
	24h 后	1～3 级	
回流后残余物黏着性		无黏着性	IPC-TM-650
迁移试验		无发生	IPC-TM-650

5.2.4　贴装胶

SMT 的工艺过程涉及多种黏结剂材料，如固定片式元器件的贴装胶、对线圈和部分元器件起定位作用的密封胶、临时黏结表面组装元器件的插件胶等，这些黏结剂主要是起黏结、定位或密封作用。此外，还有一些具有特殊性能的黏结剂，如导电胶，它能代替焊料在装联过程中起电气互联作用，以代替部分焊接。

在上述黏结剂中，对 SMT 工艺过程最重要的是贴装胶（贴片胶），它主要与波峰焊工艺相配合，在波峰焊前，把表面组装元器件暂时固定在印制电路板的相应焊盘图形上，以免波峰焊时引起元器件的偏移。

1．贴装胶的化学组成

表面组装贴装胶通常由基体树脂、固化剂和固化促进剂、增韧剂和填料组成。

（1）基体树脂。基体树脂是组成贴装胶的核心。一般用环氧树脂和丙烯酸酯类聚合物；或者用聚氨酯、聚酯、有机硅聚合物以及环氧树脂-丙烯酸酯类共聚物。

（2）固化剂和固化促进剂。常用的固化剂和固化促进剂为双氰胺、三氟化硼乙胺络合物、咪唑类衍生物、酰胺、三嗪和三元酸酰肼等。

（3）增韧剂。由于单纯的基体树脂固化后较脆，为弥补这一缺陷，需在配方中加入增韧剂。常用的增韧剂有邻苯二甲酸二丁酯、邻苯二甲酸二辛酯、液体丁腈橡胶和聚硫橡胶等。

（4）填料。加入填料后可提高贴装胶的电气绝缘性能和耐高温性能，还可使贴装胶获得合适的黏度和黏结强度等。常用的填料有硅微粉、碳酸钙、膨润土、白炭黑、硅藻土、钛白粉、铁红和炭黑等。

2．贴装胶的分类

（1）按基体材料分类，有环氧树脂和聚丙烯两大类。环氧树脂是使用年限最长的和用途最广的热固型、高黏度的贴装胶，常用双组分。聚丙烯贴装胶则常用单组分，由于它常用短时间紫外线固化，因此也属于热固型。

（2）按功能分类，有结构型、非结构型和密封型。结构型具有较高的机械强度，用来把两种材料永久地黏结在一起，并能在一定的荷重下使它们牢固地接合。非结构型用来暂时固定具有荷重较轻的物体，如把 SMD 黏结在 PCB 上，以便进行波峰焊。密封型用来黏结两种不受荷重的物体，用于缝隙填充、密封或封装等目的。前两种黏结剂在固化状态下是硬的，而密封型黏结剂通常是软的。

（3）按化学性质分类，有热固型、热塑型、弹性型和合成型。热固型黏结剂固化之后再加热也不会软化，不能重新建立黏结连接。热固型又可分单组分和双组分两类。所谓单组分，是指树脂和固化剂包装时已经混合。它使用方便，质量稳定，但要求存放在冷冻条件下，以免固化。双组分的树脂和固化剂分别包装，使用时才混合，但保存条件不苛刻。不过使用时的配比常常不准，影响性能。热固型可用于把 SMD 黏结在 PCB 上，主要有环氧树脂、氰基丙烯酸酯、聚丙烯和聚酯。

热塑型可以重新软化，重新形成新的黏结剂。它是单组分系统，因高温冷却而硬化或因溶剂蒸发而硬化。弹性型黏结剂是具有较大延伸率的材料，可由合成或天然聚合物用溶剂配制而成，呈乳状。例如，尿烷、硅树脂和天然橡胶等。合成黏结剂由热固型、热塑型和弹性型黏结剂组合配制而成。它利用了每种材料的最有用的性能，如环氧-尼龙、环氧聚硫化物和乙烯基-酚醛塑料等。

（4）按使用方法分类，有针式、注射式、丝网漏印等方式的贴装胶。

5.2.5 清洗剂

焊接和清洗是对电路组件的高可靠性具有深远影响的相互依赖的组装工艺。在 SMT 中，由于所用元器件体积小、贴装密度高、间距小，当助焊剂残留物或其他杂质存留在印制电路板表面或空隙时，会因离子污染或电路侵蚀而断路，必须及时清洗，才能提高可靠性，使产品性能符合要求。

1. 清洗剂的化学组成

从清洗剂的特点考虑，选择 CFC-113 和甲基氯仿作为清洗剂的主体材料比较适宜。但由于纯 CFC-113 和甲基氯仿在室温下尤其在高温条件下能与活泼金属反应，影响了使用和储存稳定性。为改善清洗效果，常常在 CFC-113 和甲基氯仿清洗剂中加入低级醇，如甲醇、乙醇等，但醇的加入会引起一些副作用：一方面，CFC-113 和甲基氯仿易于与醇反应，在有金属共存时更加显著；另一方面，低级醇中带入的水分还会引起水解反应，由此产生的 HCl 具有强腐蚀性。因此，在 CFC-113 和甲基氯仿中加入各类稳定剂显得十分重要。在 CFC-113 清洗剂中常用的稳定剂有乙醇酯、丙烯酸酯、硝基烷烃、缩水甘油、炔醇、N-甲基吗啉、环氧烷类化合物。

2. 清洗剂的分类

早期采用的清洗剂有乙醇、丙酮、三氯乙烯等。现在广泛应用的是以 CFC-113（三氟三氯乙烷）和甲基氯仿（1,1,1-三氯乙烷）为主体的两大类清洗剂。但它们对大气臭氧层有破坏作用，现已开发出 CFC 的替代产品，使用时应根据助焊剂的类型进行选择。CFC 清洗剂的脱脂效率高，对油脂、松香及其他树脂有较强的溶解能力，其表面张力小，具有较好的润湿性，对金属材料不腐蚀，不会损害元器件和标记，并且易挥发。半水洗溶剂被认为是最有希望替代 CFC 清洗剂的材料，而 HCFC（含氢氟氯）具有一定毒性。水清洗剂可用于采用水溶助焊剂的场合。

3. 清洗剂的特性

一般来说，一种性能良好的清洗剂应当具有以下特点。

（1）脱脂效率高。对油脂、松香及其他树脂有较强的溶解能力。

（2）表面张力小，具有较好的润湿性。

（3）对金属材料不腐蚀，对高分子材料不溶解、不溶胀，不会损害元器件和标记。

（4）易挥发。在室温下即能从印制电路板上去除。

（5）不燃、不爆、低毒性，利于安全操作，也不会对人体造成危害。

（6）残留量低，清洗剂本身不污染印制电路板。

（7）稳定性好，在清洗过程中不会发生化学或物理作用，并具有储存稳定性。

5.3 表面组装工艺技术

5.3.1 表面组装焊膏印刷工艺技术

焊膏印刷是保证 SMT 组装质量的关键工序之一。据有关统计，60%～70%的焊接质量问题来源于印刷工艺。

1. 施加焊膏的技术要求

施加焊膏的技术要求如下。

（1）施加的焊膏量均匀，一致性好。

（2）焊膏印刷位置和大小应与 PCB 上的焊盘相匹配。

（3）焊膏印刷过程中应避免出现偏移、重叠、漏印等问题。

（4）焊膏印刷后，应无严重塌陷，边缘整齐，PCB 表面无焊膏污染。

2. 施加焊膏的方法

施加焊膏有滴涂、丝网印刷、金属模板印刷和喷印 4 种方法。近年来又推出了非接触式焊膏喷印技术。其中金属模板（钢网）印刷是目前应用最普遍的方法。

（1）滴涂（注射）。自动滴涂机用于批量生产，但由于效率低且滴涂质量不容易控制，因此应用比较少；手工滴涂法用于新产品的研制阶段或极小批量生产，以及生产中修补、更换元器件等。

（2）丝网印刷。丝网印刷用的网板是指在金属或尼龙丝网表面涂覆感光胶膜，采用照相、感光、显影、坚膜的方法在金属或尼龙丝网表面制作漏印图形。由于每个漏印开口中所含的细丝数量不同，不能保证印刷量的一致性，而且印刷时刮刀容易损坏感光胶膜和丝网，使用寿命短，因此现在已经很少应用。

（3）金属模板印刷。金属模板是用不锈钢或铜等材料的薄板，采用化学腐蚀、激光切割、电铸等方法制成的。金属模板印刷用于多引线、细间距、高密度产品的大批量生产。由于金属模板印刷的质量比较好，使用寿命长，因此金属模板印刷是目前应用最广泛的方法。

（4）喷印。焊膏喷印技术为电路板组件的焊膏印刷提供了一个全新的方法。焊膏储藏在可更换的管状容器中，通过微型螺旋杆将焊膏定量输送到一个密封的压力舱，然后由一个压杆压出定量的焊膏微滴并高速喷射在焊盘上，在程序控制下实现焊盘上规定的焊膏堆积面积和高度。目前喷印焊膏技术在小批量试制板卡组装、高要求精密元器件印刷和差异化印刷要求方面应用较为广泛。

3. 印刷焊膏的原理

焊膏是触变流体，具有黏性。触变流体具有黏度随剪切速度（剪切力）的变化而变化的特性，焊膏印刷就是利用触变流体的特性实现的。当刮刀以一定的速度和角度向前移动时，会对焊膏产生一定的压力。一方面，推动焊膏在刮刀前滚动，产生向下的压力将焊膏压入模板开口；另一方面，焊膏的黏性摩擦力使焊膏在刮刀与网板交接（模板开口）处产生切变，切变力使焊膏的黏性下降，从而顺利地注入模板开口，当刮刀离开模板开口时，焊膏的黏度迅速恢复到原始状态。焊膏印刷的原理及示意图分别如图 5-14 和图 5-15 所示。

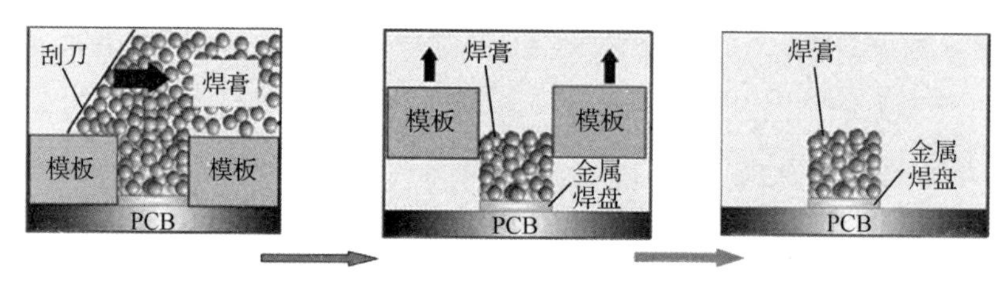

图 5-14　焊膏印刷原理

4. 焊膏印刷工艺流程

目前应用最多的是全自动印刷机金属模板焊膏印刷工艺，基本流程包括准备工作、工装（模板与刮刀）安装、定位与对准、设置印刷参数、添加焊膏、首件试印刷并检验、连续印刷等步骤。其印刷焊膏工艺流程如图 5-16 所示。

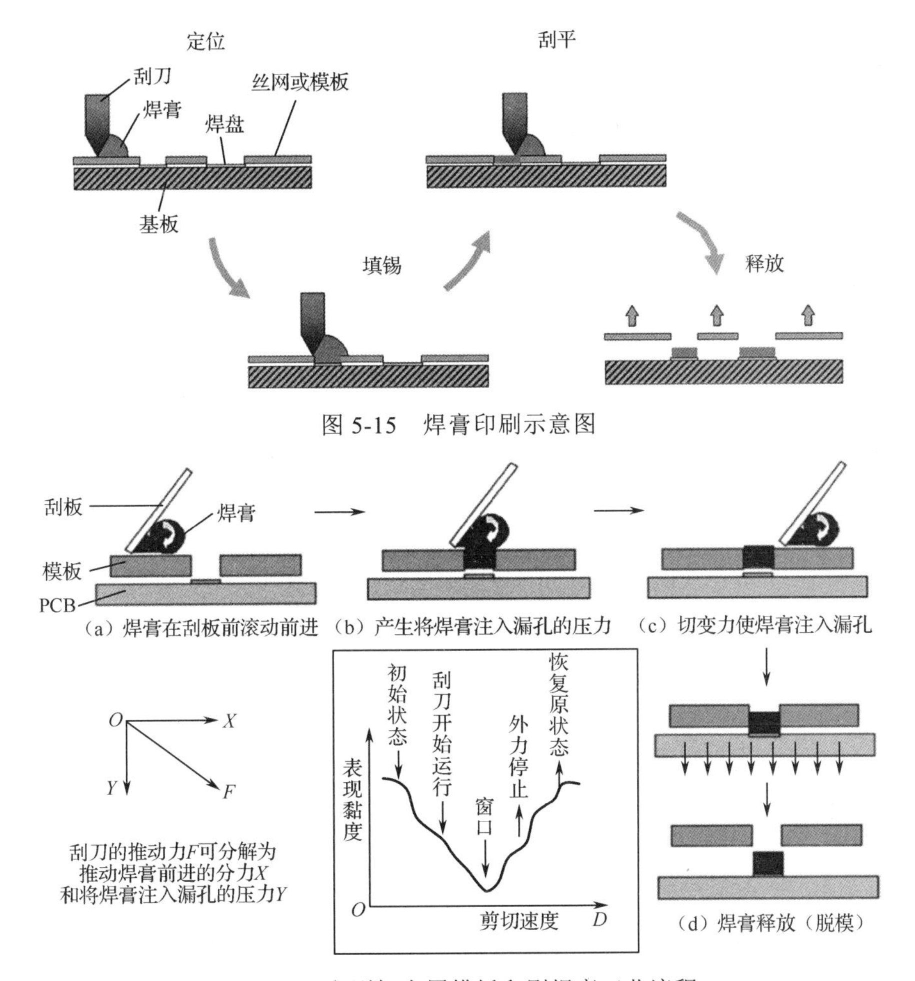

图 5-15　焊膏印刷示意图

图 5-16　印刷机金属模板印刷焊膏工艺流程

印刷前的工作包括准备焊膏、模板等，按产品工艺文件的规定选用焊膏，模板应完好无损，然后开机初始化。

（1）安装模板与刮刀。

① 应先安装模板，后安装刮刀。

② 选择与 PCB 印刷宽度相匹配（约长于 PCB 印刷宽度 20mm）的不锈钢刮刀，调节导流板的高度，使导流板的底面略高于刮刀的底面。

（2）PCB 定位与图形对准。

① 将 PCB 放在设定好轨道宽度的工作台上，传送到印刷位置进行夹紧。

② 图形对准是通过对工作台或对模板 X、Y、θ 的精细调整，使 PCB 的焊盘图形与模板开口图形完全重合。

（3）设置印刷参数，随不同印刷机的功能和配置有所不同，主要包括印刷速度、刮刀压力、模板分离速度、模板清洗模式与频率等。

① 印刷速度：通常设置为 15～40mm/s，对于高密度、细间距图形，速度相应慢一些。

② 刮刀压力：通常设置为 2～15kg/cm^2。

③ 模板分离速度：对于高密度、细间距图形，速度相应慢一些。

④ 模板清洗模式：通常设置为湿-真空吸-干。

⑤ 模板清洗频率：以保证印刷质量为准。

（4）添加焊膏。

① 首次添加焊膏。一方面，焊膏添加的位置应该在模板开口的后方，均匀地沿刮刀宽度方向布置；另一方面，焊膏量不宜过多添加，印刷过程中随时添加焊膏可减少焊膏长时间暴露在空气中因吸收水分或因溶剂挥发使焊膏黏度增加而影响印刷质量。

② 在印刷过程中补充焊膏时，必须在印刷周期结束时进行。

（5）首件试印刷并检验。

① 按照印刷机的操作步骤进行首件试印刷。

② 印刷完毕后，检查首件印刷质量。

③ 首件印刷检验确认。

在首件印刷检验合格之后，即可进行连续印刷生产。

5. 影响印刷质量的主要因素

如前所述，焊膏印刷是获得高质量焊接的关键环节，影响印刷质量的设计与工艺因素较多，如焊膏特性、模板设计与制造质量、刮刀材料、印刷工艺参数与印刷机性能、焊盘设计等。

1）焊膏特性

（1）焊膏黏度和黏着力。

焊膏黏度和黏着力（黏性）是影响印刷质量的重要参数。黏度太大，对焊膏的滚动、填充、脱模都不利，印出的焊膏图形残缺不全；黏度太小，容易产生塌边，影响印刷的分辨率，甚至造成相邻焊膏图形的粘连。焊膏的黏着力不够，印刷时焊膏在模板上不易滚动，不能产生向下的压力，焊膏不能完全填满模板开孔，造成焊膏沉积量不足；焊膏的黏着力太大，则会使焊膏挂在模板孔壁上而不能全部漏印在焊盘上。

（2）焊膏中合金粉末颗粒形状与尺寸。

球形颗粒印刷性好，表面积小，含氧量低，有利于提高焊接质量。一般合金粉末颗粒直径约为模板开口宽度的 1/5。高密度、细间距的产品，由于模板开口尺寸小，应采用小颗粒合金粉末，否则会影响印刷性和脱模性。合金粉末颗粒直径的选择原则一般应遵循所谓的三球、五球定律：合金颗粒最大直径<模板最小开口宽度的 1/5，确保焊膏印刷最小宽度方向不少于 3 个焊球，模板厚度（垂直）方向，合金颗粒最大直径<模板厚度的 1/3，即确保焊膏印刷厚度方向至少 3 个焊球。

（3）触变指数和塌陷度。

触变指数高，塌陷度小，印刷后焊膏图形好；反之，塌陷度大，印刷后易造成焊膏图形桥接。

2）模板设计与制造质量

模板开口形状与尺寸、模板制造方法与粗糙度，以及模板开口方向和刮刀移动方向都会影响焊膏印刷的填充与脱模性能，甚至模板的材料和加工工艺也会影响印刷质量。

（1）模板开口形状与尺寸。

根据 IPC7525 标准，影响焊膏填充与脱模性能的关键参数是模板开口的宽厚比和面积比，如图 5-17 所示。

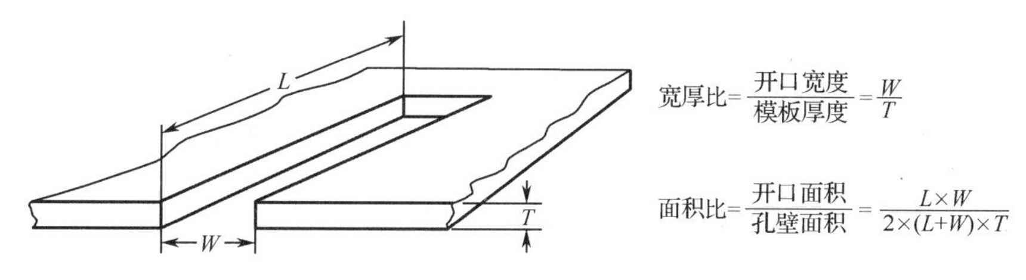

图 5-17 模板厚度与开口尺寸基本要求示意图

通用要求如下。

① 在传统锡铅条件下，宽厚比>1.5，面积比>0.66。

② 在无铅条件下，宽厚比>1.6，面积比>0.71。

此外，模板开口的形状也是影响脱模的重要因素。一般而言，矩形开口比方形和圆形开口具有更好的脱模效率。为了有利于完整释放焊膏，开口设计成具有一定锥度（喇叭口向下）的形状；反之，喇叭口向上，印刷后不利于焊膏释放，脱模时焊膏被开口四周的倒角带起，造成焊膏图形不完整等印刷缺陷，如图 5-18 所示。

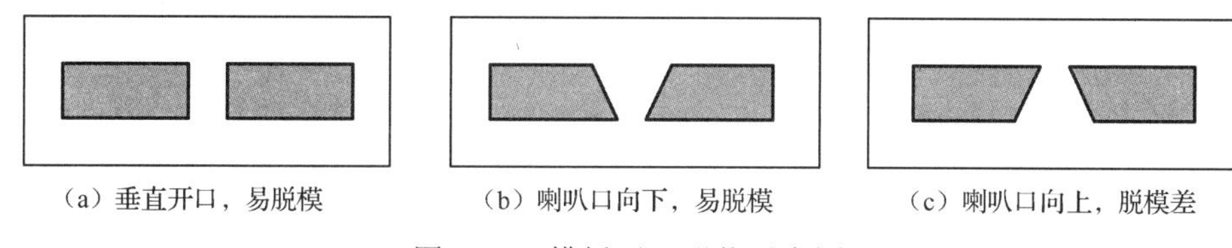

（a）垂直开口，易脱模　（b）喇叭口向下，易脱模　（c）喇叭口向上，脱模差

图 5-18 模板开口形状示意图

（2）模板制造方法与粗糙度。

模板的制造主要有 3 种基本方法：化学蚀刻、激光加工与电铸，三者的加工特点与性能对比如表 5-4 所示。

表 5-4 模板制造方法的加工特点与性能对比

方法	位置精度	孔粗糙度	开口锥度	最小开孔	板厚范围	厚度误差	材料硬度	开口的最小宽度	模板的最大选用厚度
化学蚀刻	±25μm	3～4μm	N	0.25mm	≤0.25mm	3～5μm	HV420	$W \geqslant 1.5T$	$T \leqslant W/1.6$
激光加工	±15μm	3～4μm	Y	0.10mm	≤0.50mm	3～5μm	HV420	$W \geqslant 0.5T$	$T \leqslant W/1.4$
电铸	±25μm	1～2μm	Y	0.15mm	≤0.20mm	8～10μm	HV500	$W \geqslant 0.8T$	$T \leqslant W/1.3$

由于化学蚀刻的各向同性效应，使得模板开口呈现中间凸出的形状，如图 5-19 所示，这不利于焊膏的完整填充与脱模。开口内壁光滑，焊膏容易脱模；开口内壁粗糙，影响焊膏释放。因此，对于激光加工，由于热效应明显使得加工表面质量相对粗糙，脱模时

可能出现拉尖或毛刺的情况，因此，往往在激光加工之后辅助电抛光，改善开口内壁的粗糙度。电铸成型质量最好，但是加工时间与成本最高，实际较少使用。此外，如果模板表面过于光滑，反而不利于焊膏滚动起来进而完整填充模板开口，所以，必要时对模板表面进行一定的粗化处理。

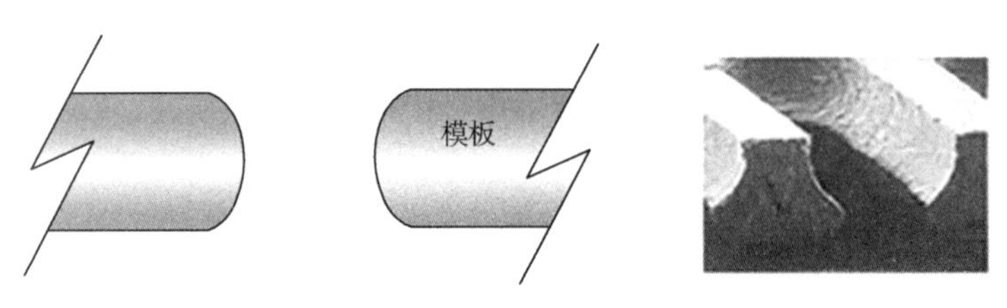

图 5-19　化学蚀刻模板开口形状示意图

（3）模板开口方向和刮刀移动方向。

对于 QFP 这类的四边形元器件，总会出现刮刀移动方向与模板开口垂直的情形，因刮刀通过的时间短，焊膏难以完整填充模板开口，导致焊膏量不足，如图 5-20 所示。为改善该情形，可以通过加大垂直方向的模板开口尺寸或采用 45°角印刷法予以解决。

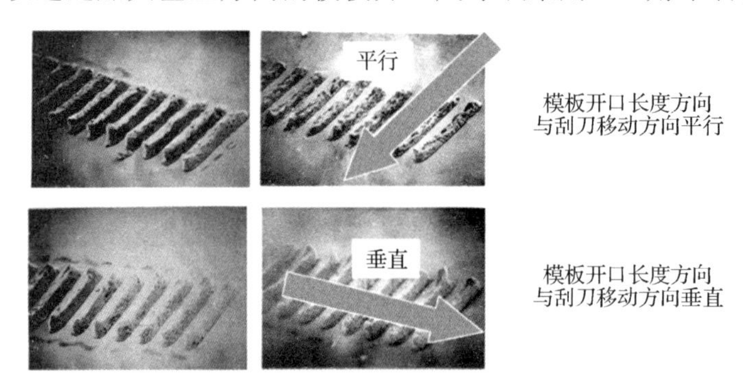

图 5-20　模板开口方向和刮刀移动方向示意图

3）刮刀材料

刮刀材料有橡胶（聚氨酯）和金属两大类。橡胶刮刀应选择适当的硬度，否则当印刷压力过大或刮刀材料硬度过小时，由于橡胶的弹性变形使得刮刀嵌入金属模板较大的开口中，“挖”出开口中的焊膏，造成焊膏图形凹陷，如图 5-21（a）所示。

金属刮刀印刷的焊膏图形表面比较平整，漏印的焊膏量一致性比较好，适宜各种间距、密度的印刷，且使用寿命长，应用广泛，如图 5-21（b）所示。

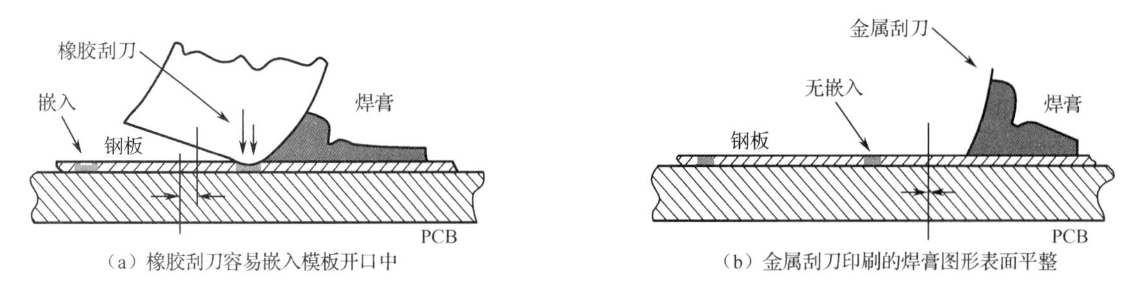

图 5-21　橡胶刮刀与金属刮刀的印刷状态

4）印刷参数与印刷机性能

对于批量生产，一般均由全自动印刷机来完成。因此，印刷机本身的精度与性能就非常关键，如印刷机的运动控制定位精度、图形对准精度、重复定位精度等。在设备性能保障的前提下，印刷参数设置成为印刷质量的关键。印刷参数主要包括前述的印刷速度、刮刀压力、印刷间隙、脱模速度、清洗方式与频率等。

（1）印刷速度。印刷速度一般设置为 15～40mm/s，由于刮刀速度与焊膏的黏度成反比关系，因此有高密度、细间距图形时，适当降低速度，否则速度过快，刮刀经过模板开口的时间太短，焊膏无法完全填充模板开口导致焊膏印刷量不足。

（2）刮刀压力。刮刀压力一般设置为 20～147N/cm^2。刮刀压力也是影响印刷质量的重要因素。刮刀压力太小，一方面，可能由于压力不足使得焊膏填充不完整，造成漏印或焊膏量不足；另一方面，刮刀压力过小，会因刮不干净使得模板表面残留少量焊膏，容易造成图形粘连等印刷缺陷。刮刀压力过大，既可能会因为压力太大磨损模板，也可能会降低刮刀使用寿命，还可能会减薄印刷的焊膏厚度。理想的刮刀压力应该保障模板与 PCB 无间隙、焊膏从模板表面刮干净的情况下，越小越好。

（3）脱模速度。脱模速度是指模板与 PCB 的分离速度，推荐的脱模速度如表 5-5 所示。应适当调节分离速度：在一定的速度范围内，脱模速度越快，焊膏与模板分离越干净利索；当分离速度过大时，模板与 PCB 间变成负压，使部分焊膏粘在模板底面和开口壁上，如图 5-22 所示；如果脱模速度太慢，由于不够“干脆”而导致焊膏黏附在模板开口壁上，形成“狗耳朵”图形。

表 5-5　推荐脱模速度

引 脚 间 距	推荐脱模速度
<0.3mm	0.1～0.5mm/s
0.4～0.5mm	0.3～1.0mm/s
0.5～0.65mm	0.5～1.0mm/s
>0.65mm	0.8～2.0mm/s

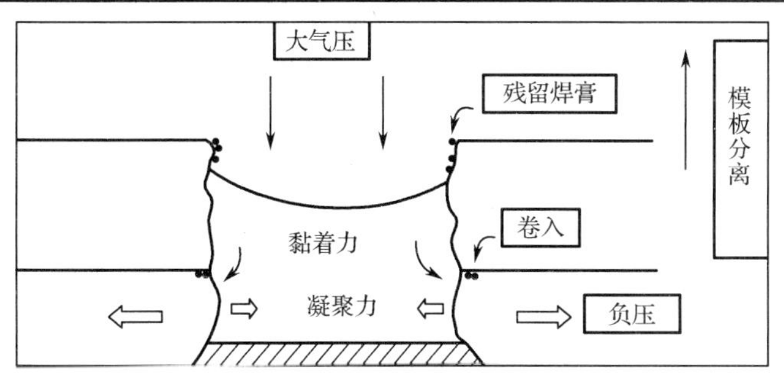

图 5-22　模板与 PCB 分离速度示意图

5）焊盘设计

焊盘设计并不直接影响焊膏印刷性能，但是对于焊点的成型有一定的影响。对整体而言，焊盘尺寸与模板开口尺寸基本是在 1∶1～1∶1.1。一般而言，无铅与有铅的焊盘设计基本一致。由于无铅焊膏的润湿性与铺展能力略差于传统有铅焊膏，对于矩形焊盘，焊接后常常出现焊料在四角未能完全覆盖焊盘，影响长期可靠性，因此对于可焊性略差的 Im-Ag 与 OSP 可焊性涂层的 PCB，可以考虑圆角过渡。对于 Im-Sn 与 ENIG，基本不予考虑。过渡阶段的 BGA、CSP 采用 SMD 焊盘设计减少“孔洞”；BGA、CSP 采用 SMD 焊盘设计有利于排气，减少气孔的产生，如图 5-23 所示；过渡时期双面焊（A 面再流焊，B 面波峰焊）时，A 面的大元器件也可采用 SMD 焊盘设计，可减轻焊点剥离现象，但可能转换为焊盘剥离；为了减少气孔，BGA、CSP 焊盘上的过孔应采用盲孔技术，采用铜填充，并要求与焊盘表面平齐。

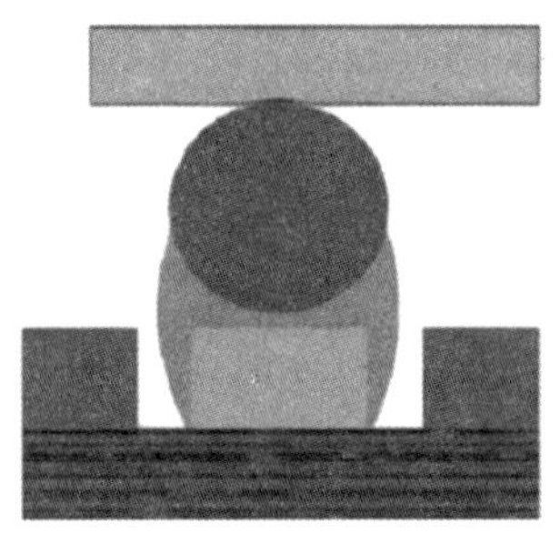

（a）不利于排气

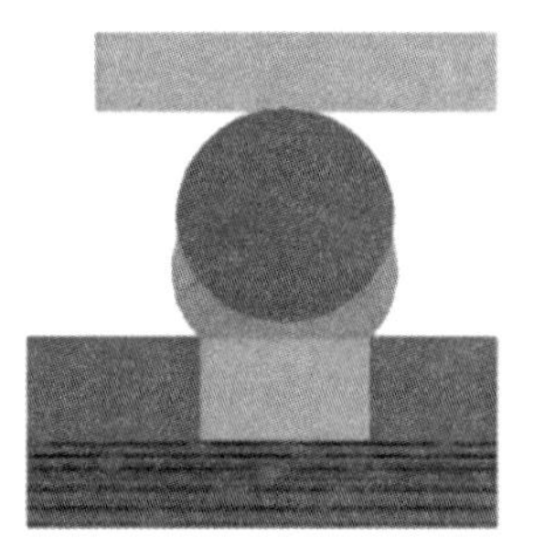

（b）利于排气

图 5-23　不利于排气和利于排气的焊盘设计

5.3.2　黏结剂涂覆工艺技术

1．黏结剂涂覆方法

黏结剂的作用是：在混合组装中把 SMC/SMD 暂时固定在 PCB 的焊盘图形上，以便随后的焊接等工艺操作得以顺利进行；在双面表面组装情况下，辅助固定 SMD，以防翻板和工艺操作中出现振动时导致 SMD 掉落。因此，在上述组装方式贴装表面组装元器件前，需要在 PCB 的设定焊盘位置上涂覆黏结剂。黏结剂的涂覆质量不仅影响组装工艺过程的效率和质量，还会影响表面组装组件的性能和可靠性，黏结剂涂覆技术是表面组装工艺技术的重要组成部分。

黏结剂的涂覆可采用分配器点涂（也称注射器点涂）技术、针式转印技术和丝网（或模板）印刷技术。分配器点涂是将黏结剂一滴一滴地点涂在 PCB 贴装 SMC/SMD 的部位上；针式转印技术一般是同时成组地将黏结剂转印到 PCB 贴装 SMC/SMD 的所有部位上；丝网印刷技术与焊膏印刷技术类似，是采用印刷机将一定数量的黏结剂通过丝网（或模板）印刷到 PCB 贴装 SMC/SMD 的所有部位上。涂覆黏结剂采用的方法不同，对黏结剂的性能要求也不同。因此，适用于分配器点涂的黏结剂不一定适用于针式转印技术涂覆，反之亦然。表 5-6 列出了黏结剂不同涂覆方式的特点比较。

表 5-6 黏结剂不同涂覆方式的特点比较

	针式转印	分配器点涂	丝网印刷
特点	适用于大批量生产； 所有胶点一次成型； 基板设计改变要求针板设计有相应改变； 胶液暴露在空气中； 对黏结剂黏度控制要求严格； 只适用于表面平整的电路板； 欲改变胶点的尺寸比较困难	灵活性大； 通过压力的大小及施压时间来调整点胶量因而胶量调整方便； 胶液不与空气接触； 工艺调整速度慢，程序更换复杂； 对设备维护要求高； 速度慢，效率不高； 胶点的大小与形状一致	所有胶点一次操作完成； 可印刷双胶点和特殊形状胶点； 网板的清洁对印刷效果影响很大； 胶液暴露在空气中，对外界环境温湿度要求较高； 只适用于平整表面； 模板调整裕度小； 元器件种类受限制，主要用于片式矩阵元器件及 MELF 元器件； 位置准确、涂覆均匀，效率高
速度	300000 点/h	20000～40000 点/h	15～30s/块
胶点尺寸	针头的直径； 黏结剂的黏度	胶嘴针孔的内径、涂覆压力、时间、温度、“止动”高度	模板开孔的形状与大小、模板厚度、黏结剂的黏度
黏结剂的要求	不吸潮； 黏度范围为 0.3～1.2Pa·s	形状及高度稳定； 黏度范围为 0.05～5Pa·s	不吸潮； 黏度范围为 0.2～1.5Pa·s

针式转印技术是在单一品种的大批量生产中可采用的传统黏结剂涂覆技术，一般采用黏结剂自动针式机进行，丝网印刷技术与焊膏印刷工艺相似。

2．黏结剂分配器点涂技术

1）分配器点涂技术的基本原理

黏结剂涂覆工艺中采用的最普遍的是分配器点涂技术。分配器点涂是预先将黏结剂灌入分配器中，在点涂时，从分配器上容腔口施加压缩空气或用旋转机械泵加压，迫使黏结剂从分配器下方空心针头中排出并脱离针头，滴到 PCB 要求的位置上，从而实现黏结剂的涂覆。其基本原理如图 5-24 所示。由于分配器点涂方法的基本原理是气压注射，因此该方法也称为注射式点胶或加压注射点胶法。

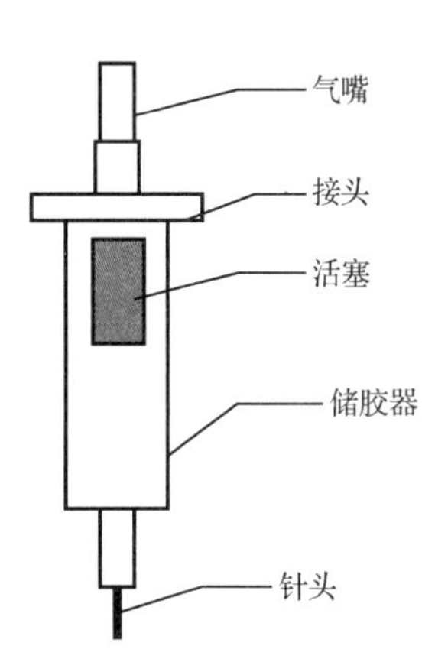

图 5-24 分配器点涂技术的基本原理

采用分配器点涂技术进行黏结剂点涂时，气压、针头内径、温度和时间是其重要工艺参数，这些参数控制着黏结剂用量的多少、胶点的尺寸与大小以及胶点的状态。气压和时间合理调整，可以减少黏结剂（胶滴）脱离针头不顺利的拉丝现象。而黏度大的黏结剂易形成拉丝，黏度过低又会导致黏结剂量太大，甚至发生漏胶现象。

自动点胶机能够精确调整黏结剂用量和点涂位置的精度，按照程序控制一个或多个带有管状针头的点胶器在 PCB 表面快速移动、精确定位，并自动进行点胶作业。为此，自动点胶机也是 SMT 生产线的主要组成设备。另外，黏结剂的流变特性与温度有关，所以点涂时需使黏结剂处于恒温状态。自动点胶机一般都配有黏结剂恒温装置。

分配器点涂技术的特点是适应性强，特别适合多品种产品场合的黏结剂涂覆；易于控制，可方便地改变黏结剂用量以适应大小不同元器件的要求；而且由于贴装胶处于密封状态，其黏结性能和涂覆工艺都比较稳定。

2）分配器点涂技术的方法

根据施压方式不同，常用分配器点涂技术有以下 3 种方法。

（1）时间压力法。时间压力法最早用于 SMT，它是通过控制时间和气压来获得预定的胶量和胶点直径的，通常涂覆量随压力及时间的增加而增大。因为有可使用一次性针筒且不需要清洗的特点而获得广泛使用，其设备投资也相对较少。该方法的不足之处在于涂覆速度较慢，对微型元器件的小胶量涂覆一致性差，甚至难以实现。

（2）阿基米德螺栓法。阿基米德螺栓法使用旋转泵技术进行涂覆，重复精度高，适应性强，可用于涂覆性能最恶劣的黏结剂。相比时间压力法，该方法需要更多的清洗，设备投资较大。

（3）活塞正置换泵法。活塞正置换泵法采用一闭环点胶机，依靠匹配的活塞及汽缸进行工作，由汽缸的体积决定涂胶量，可获得一致的胶量和形状，通常情况下速度快于前两种方法。但该方法的清洗时间大于时间压力法，设备投资也较大。

3. 点胶工艺

点胶工艺是通过点胶机来实现的。点胶机有手动、半自动、全自动和高速、低速等类型。目前，在 SMT 组装系统或 SMT 生产线中配置的点胶机一般均为全自动高速点胶机。点胶机的基本功能为：采用注射点涂技术，将定量的黏结剂准确、快速地涂覆到 PCB 的各个指定位置上。全自动点胶机可完成包含 PCB 自动传送与定位在内的一系列自动工艺流程，如图 5-25 所示。

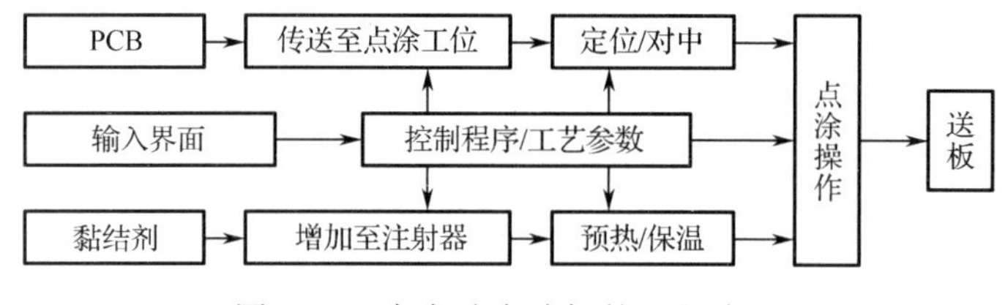

图 5-25　全自动点胶机的工艺流程

（1）在线接收控制程序或调用系统已存储控制程序。

（2）将 PCB 自动传送到待涂覆位置，并用光学自动检测系统进行精确定位。

（3）黏结剂的自动补给和预热及维持恒温。

（4）点胶高度自动测试与自动调节。

（5）按控制程序自动完成点胶头快速移动和注射点涂等黏结剂涂覆系列动作。

（6）将涂覆完毕的 PCB 自动送出。

在点胶过程中，黏结剂和点胶机可调整或设置主要工艺参数，如表 5-7 所示。

表 5-7　点胶主要工艺参数

贴片胶参数	点胶机参数
黏度	针头与 PCB 的距离
温度的稳定性	针头的内径
流变性（触变性）	胶点的直径与高度
胶内是否有气泡	等待/延滞时间
黏附性（湿强度）	*Z* 轴的恢复高度
胶质均匀性	时间和压力

4. 贴装胶固化

贴装胶的品种不同，固化方式也不一样。常用的固化方式有两种：热固化和光固化。环氧树脂贴装胶的固化方式以热固化为主，丙烯酸类贴片胶的固化方式以光固化为主。

与环氧树脂固化机理不同，丙烯酸类贴装胶是通过加入过氧化合物，在光和热的作用下实现固化的，固化速度快、质量高。在生产中，通常是再流焊炉配备 2～3kW 的紫外线灯管，距已施加贴装胶并贴装好 SMD 的 PCB 上方 10cm 的高度，10～15s 即可完成光固化；同时，在炉内继续保持 140～150℃的温度约 1min，完成彻底固化。光固化应注意阴影效应，即光照射不到的地方是不能固化的。

5.3.3　表面贴装通用工艺技术

1. 贴装元器件的工艺要求

贴装元器件时应按照组装板装配图和明细表的要求，准确地将元器件逐个放到 PCB 规定的目标位置上。贴装一般采用贴装机（也称贴片机）自动进行，也可借助辅助设备进行人工或半自动化贴装。无论用什么方法进行贴装，都需要保证以下几点：①确定的元器件来源位置；②合适的元器件拾取和释放方法；③元器件在 PCB 指定位置上的精确定位；④元器件在 PCB 指定位置上的可靠黏结和固定。具体的贴装工艺要求包括以下几个方面。

（1）贴装了正确的元器件：包括元器件的类型、型号、标称值和极性等完全符合要求，既不能贴错位置，也不能贴反极性。

（2）贴装的元器件完好无损：即要求贴装过程不能对元器件造成任何损伤，如元器件划伤、引脚变形等。

（3）贴装元器件的平面位置精度要保障：尽管由于再流焊时有自对中效应允许元器件贴装有一定的位置偏差，但要求元器件端头或引脚与焊盘图形整体对齐、居中。对不同引脚类型的元器件，具体要求如下。

① 片式元器件：无引脚片式元器件自对中效应比较好，贴装时元器件宽度方向有 1/2 以上搭接，在焊盘上长度方向只要搭接到相应的焊盘并接触焊膏图形即可，如图 5-26

(a)所示，但如果其中一个端头没有搭接到焊盘上或没有接触到焊膏图形，如图 5-26(b)所示，再流焊时就会产生移位或立碑。

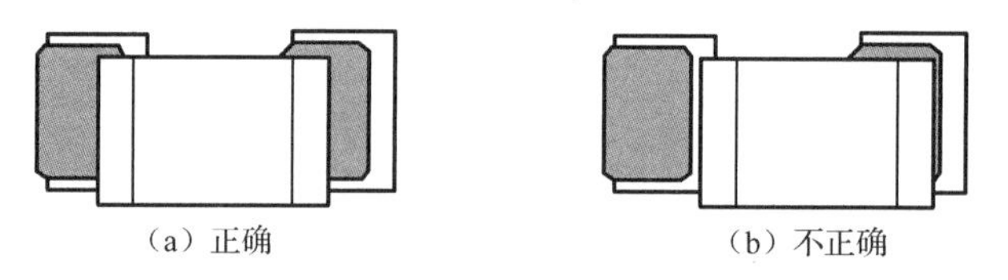

图 5-26 片式元器件贴装位置要求示意图

② 翼形与 J 形引脚元器件：对于 QFP、PLCC 等元器件，其自对中效应比较差，仅接受较小的贴装偏移量，要求引脚宽度方向与焊盘的搭接尺寸不低于 3/4，在引脚长度方向上，引脚跟部与趾部（引脚底面）均在焊盘上，如图 5-27 所示。

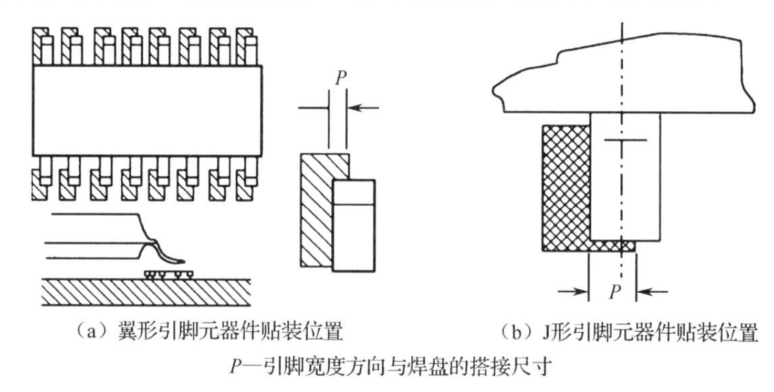

图 5-27 翼形与 J 形引脚元器件的贴装位置要求示意图

③ BGA 类球形引脚元器件：由于 BGA、CSP 等球形引脚元器件自对中效应非常好，焊球与焊盘的偏移量不高于焊球直径一半即可，如图 5-28 所示。

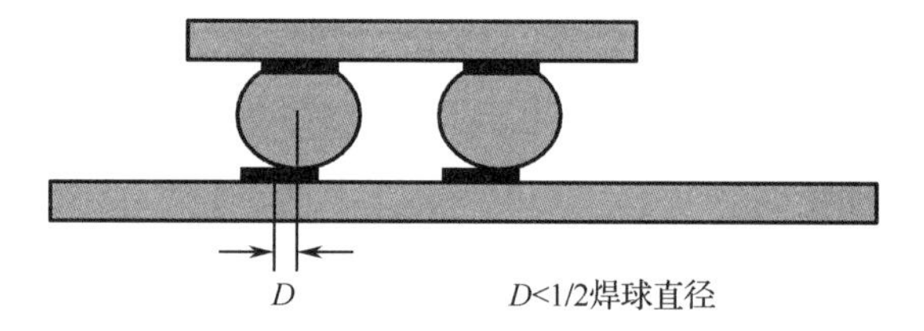

图 5-28 BGA、CSP 等球形引脚元器件贴装位置要求示意图

元器件贴装高度合适，既要保证引脚有一定的浸入焊膏量，又不排挤出焊膏造成焊膏偏移太大，更不能完全排挤焊膏造成焊膏图形失真。这本质上是元器件释放高度控制，如果 Z 轴高度过高释放元器件，重则造成焊膏坍塌，引起焊膏图形破坏，轻则使元器件焊端或引脚没有压入焊膏，浮在焊膏图形表面，焊膏粘不住元器件，在传送、贴片和再流焊时容易产生位置移动；如果 Z 轴高度过低，则焊膏挤出量过多，容易造成焊膏粘连，再流焊时容易产生桥接，同时由于焊膏中合金颗粒滑动、造成位置偏移，严重时会损坏元器件。正确的 Z 轴高度要求元器件底面与 PCB 焊盘上表面之间的距离约等于焊膏中最大合金颗粒的直径。

2. 表面贴装工艺流程

对批量生产而言，均是采用全自动贴片机来完成元器件贴装的。表面贴装工艺的一般工艺流程如图5-29所示。

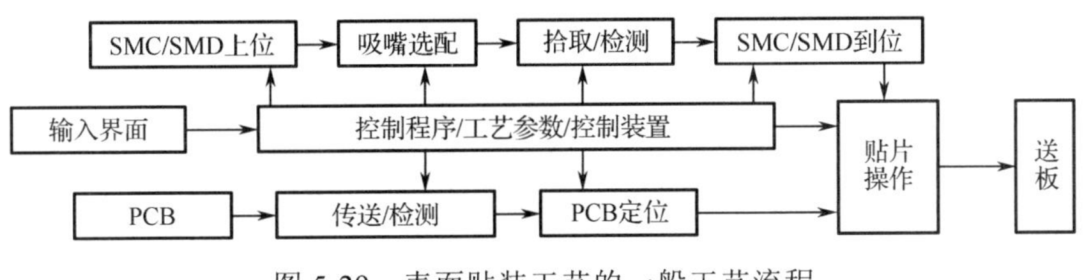

图5-29 表面贴装工艺的一般工艺流程

1）贴装前准备

贴装前的准备工作也是非常重要的，主要包括物料（PCB、元器件）和设备的准备工作。首先严格按照贴装明细表领料并进行核对，对已受潮的PCB或元器件进行相应的去潮处理；其次是开机前的核查，确保气源及气压合理、导轨、贴装头、吸嘴库、托盘架等贴装工作区间内无任何障碍与干涉物；最后按照元器件的规格及类型选择适合的供料器，并正确安装元器件。

2）编程

贴装机是计算机控制的自动化生产设备。贴装之前必须编制贴装程序。贴装程序由拾片程序和贴片程序两部分组成。拾片程序告诉机器拾片位置、元器件的类型、元器件的包装等拾片信息。贴片程序告诉机器元器件贴装的位置、角度、高度等信息。

编程的方法有离线编程和在线编程两种。

（1）离线编程。离线编程是指利用离线编程软件和PCB的CAD设计文件在计算机上进行编制贴片程序的工作。离线编程可以节省在线编程时间，从而可以减少贴装机的停机时间，提高设备的利用率。离线编程软件一般由两部分组成：CAD转换软件和自动编程并优化软件。

离线编程的步骤：PCB程序数据编辑→自动编程优化并编辑→将数据输入设备→在贴装机上对优化好的产品程序进行编辑→校对检查并备份贴装程序。

PCB程序数据编辑有3种方法：CAD转换、贴装机自学编程产生的坐标文件、利用扫描仪产生元器件的坐标数据。其中CAD转换最简便、最准确。

自动编程优化并编辑的操作步骤：打开程序文件→输入PCB数据→建立元器件库→自动编程优化并编辑。

① 建立元器件库：输入该元器件的元器件名称、包装类型、所需要的料架类型、供料器类型、元器件供料的角度、采用几号吸嘴等参数，并在元器件库中保存。

② 自动编程优化并编辑：在上述基础之上，按照自动编程优化软件的操作方法进行自动编程优化，然后还要对程序中某些不合理处进行适当的编辑。

校对检查并备份贴片程序：在逐一校对程序中每一步的元器件、供料器、摄像头等相关信息并确认正确之后即可备份程序，输入贴片机进行生产。

（2）在线编程。在线编程又称为自学编程、自教编程，它是在贴装机上人工输入拾片程序和贴片程序的过程。

拾片程序完全由人工编制并输入，即在拾片程序表中逐一输入每一类型元器件的名称、坐标值、供料器号（位置）、供料器规格、元器件包装形式（如编带、管装、托盘、散件）、预警数量、有效性等。

贴片程序是通过教学摄像机对 PCB 上每个贴片元器件贴装位置的精确摄像，自动计算元器件中心坐标（贴装位置），包括：基准标志（含局部基准标志），元器件的名称、型号、规格、位号及具体坐标值（X、Y 和转角 θ），拾片方式（单一或并行、是否跳步）等逐一记录到贴片程序表中，然后通过人工优化编辑而成的。

3）安装供料器

安装供料器是将装好元器件的供料器安装到贴装机的料站上。安装供料器的要求如下。

（1）按照拾片程序表将各种元器件的供料器安装到贴装机的对应料站上，如果装错位置，则将造成错贴元器件。

（2）安装供料器时必须按照要求安装到位（位置精度），在一般情况下，设备会予以智能保障，因为如果没有安装到位，不仅指示灯不亮，而且会有报警信号。

安装完毕后，必须逐一核验，确保正确无误后才能进行试贴和生产。

4）首件试贴与检验、调整完善、连续生产与检验

在上述准备完成之后，可以进行首件贴装及检验。首件检验非常重要，只有首件贴装的元器件规格、型号、极性方向完全正确，而且首件贴装位置完全符合贴装位置精度要求的情况下，才可以进行连续的批量生产。在首件贴装出现元器件错误、位置精度未达标、贴片故障（如拾片失败、丢片多）等情形时，相应地修改程序、调整基准点、故障排查等，再次贴片验证，直至完全合格之后才进入批量生产。

5.3.4 焊接工艺技术

1．电气互联焊接技术概述

1）钎焊的基本原理

钎焊是采用比焊件（被焊接金属，或称为母材）熔点低的金属材料作为钎料，将焊件和钎料加热到高于钎料熔点、低于母材熔化温度，利用液态钎料润湿母材、填充接头间隙，并与焊件表面相互扩散、实现连接焊件的方法。合格的焊点必须满足：①电性能；②机械连接强度。

焊接的基本机理过程如图 5-30 所示，要使焊点具有一定的连接强度，必须在焊料与被焊金属之间生成 IMC，只是简单的物理连接是虚焊，是没有强度的结合。从图 5-30 中可以看出，经过高于熔点温度一定时间的焊接后，在 Sn 系焊料与 Cu 引脚、Cu 焊盘之间生成了结合层——Cu_6Sn_5 和 Cu_3Sn IMC 层。焊点的机械强度与 IMC 的厚度、致密

度和显微状态有关。如果没有 IMC，焊料只是堆在焊料与铜之间，没有连接强度；如果 IMC 太多（厚）或严重粗大化，由于 IMC 是硬脆性材料，其可靠性也非常低，如图 5-30（d）所示。对于实际焊点，无法用肉眼判断焊点内部的微观结构和 IMC 厚度。学习焊接理论，就是为了运用焊接理论正确设置再流焊温度曲线，以获得合格且可靠的优良焊点。

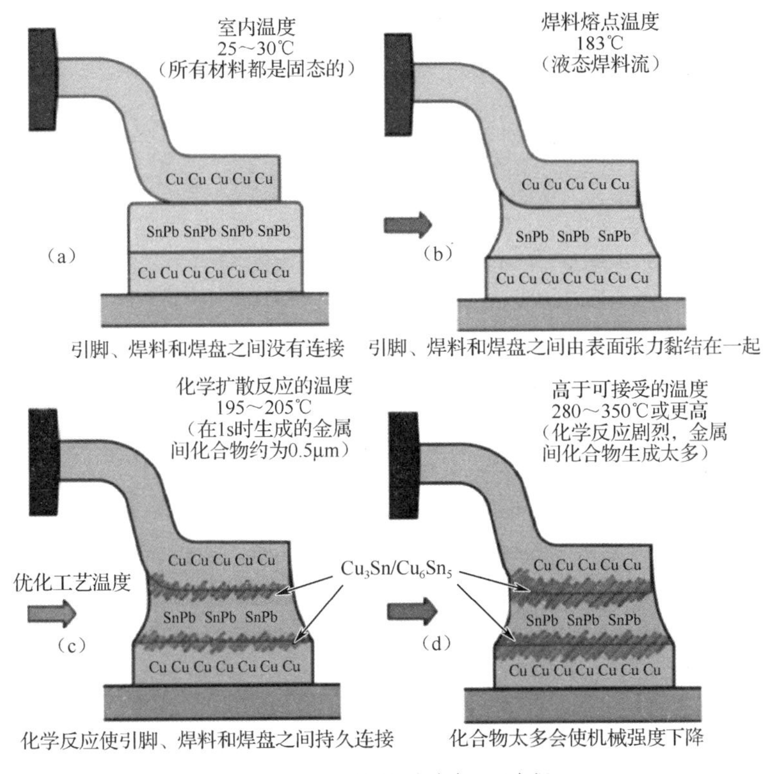

图 5-30 焊接的基本机理过程

钎焊的特点如下。

（1）钎料熔点低于焊件熔点。

（2）加热到钎料熔化，润湿焊件。

（3）焊接过程焊件不熔化。

（4）为了清除金属表面的氧化层，焊接过程需要加助焊剂。

（5）焊接过程可逆，能够解焊，可以返修。

钎焊过程如下。

（1）表面清洁：钎焊只能在清洁的金属表面进行。表面清洁的作用是清理焊件的被焊界面，把界面的氧化膜及附着的污物清除干净。表面清洁是在加热过程中、钎料熔化前，通过助焊剂的活化作用使其与焊件表面氧化膜起反应后完成的。

（2）扩散反应：在表面清洁后，加热到钎料熔点温度之上，钎料熔融并顺利地在 PCB 可焊区铺展，这样才能在很短的时间内完成润湿、扩散、溶解、形成合金层，因此加热到熔点之上是钎焊的必要条件。对大多数合金而言，较理想的钎焊温度是加热到钎料液相线以上 15～70℃。

2）SMT 焊接工艺方法与特点

焊接是使焊料合金和要结合的金属表面之间形成合金层的一种连接技术。焊接质量取决于所用的焊接方法、材料、工艺和焊接设备。表面组装采用软钎焊技术，它将SMC/SMD 焊接到 PCB 的焊盘图形上，使元器件与 PCB 电路之间建立可靠的电气和机械连接，从而实现具有一定可靠性的电路功能。这种焊接技术的主要工艺特点是：用焊剂将要焊接的金属表面洗净（去除氧化物等），使之对焊料具有良好的润湿性；供给熔融焊料润湿金属表面；在焊料和被焊金属间形成 IMC。

实现电气互联的自动化批量软钎焊技术主要有波峰焊和再流焊。在一般情况下，波峰焊用于混合组装方式，再流焊用于全表面组装方式。波峰焊是 THT 中使用的传统焊接工艺技术，根据波峰的形状不同分为单波峰焊、双波峰焊等形式。根据提供热源的方式不同，再流焊有传导、对流、红外、激光、气相等方式。表 5-8 比较了在 SMT 中使用的各种焊接方法及其特点。波峰焊和再流焊之间的基本区别在于热源与钎料的供给方式不同。在波峰焊中，钎料波峰有两个作用：一是供热；二是提供钎料。在再流焊中，热是由再流焊炉自身的加热机理决定的，焊膏首先是由专用的设备以确定的量涂覆的。波峰焊技术与再流焊技术是 PCB 上进行大批量焊接元器件的主要方式。

表 5-8　在 SMT 中使用的各种焊接方法及其特点

焊接方法		初始投资	操作费用	生产量	温度稳定性	适应性				
						温度曲线	双面装配	工装适应性	温度敏感元器件	焊接误差率
再流焊	传导	低	低	中高	好	极好	不能	差	影响小	很低
	对流	高	高	高	好	缓慢	不能	好	有损坏危险	很低
	红外	低	低	中	取决于吸收	尚可	能	好	要求屏蔽	低
	激光	高	中	低	要求精确控制	要求试验	能	很好	极好	低
	气相	中高	高	中高	极好	（a）	能	很好	有损坏危险	中等
波峰焊		高	高	高	好	难建立	（b）	不好	有损坏危险	高

注：（a）改变温度困难；（b）一面插装普通元器件，SMC 装在另一面。

由于 SMC/SMD 的微型化和 SMA 的高密度化，SMA 上元器件之间和元器件与 PCB 之间的间隔很小，因此表面组装元器件的焊接与传统引线插装元器件的焊接相比，主要有以下几个特点：①元器件本身受热冲击大；②要求形成微细化的焊接；③由于表面组装元器件的电极或引线的形状、结构和材料种类繁多，因此要求能对各种类型的电极或引线进行焊接；④要求表面组装元器件与 PCB 上焊盘图形的接合强度和可靠性高。

相较于 THT，SMT 对焊接技术提出了更高的要求。这并不意味着获得高可靠性的 SMA 是难以实现的；相反，只要对 SMA 进行正确设计和执行严格的组装工艺，其中包括严格的焊接工艺，SMA 的可靠性甚至会比通孔插装组件的可靠性高。关键在于根据不同情况正确选择焊接技术、方法和设备，严格控制焊接工艺。

2. 波峰焊工艺技术

波峰焊是利用波峰焊机内的机械泵或电磁泵，将熔融钎料压向波峰喷嘴，形成一股平稳的钎料波峰，并源源不断地从喷嘴中溢出，然后装有元器件的PCB以直线平面运动的方式通过钎料波峰面而完成焊接的一种成组焊接工艺技术，如图5-31所示。

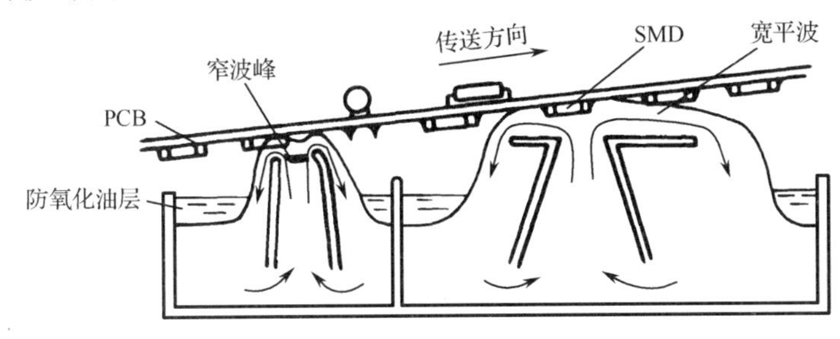

图5-31 波峰焊工艺过程

波峰焊是由早期的热浸焊接（Hot Dip Soldering）技术发展而来的。波峰焊的波峰形式有单波峰和双波峰，双波峰的波形又可分为λ、T、Ω和O旋转波4种。按波形个数又可分为单波峰、双波峰、三波峰和复合波峰4种。

波峰焊工艺流程如图5-32所示。

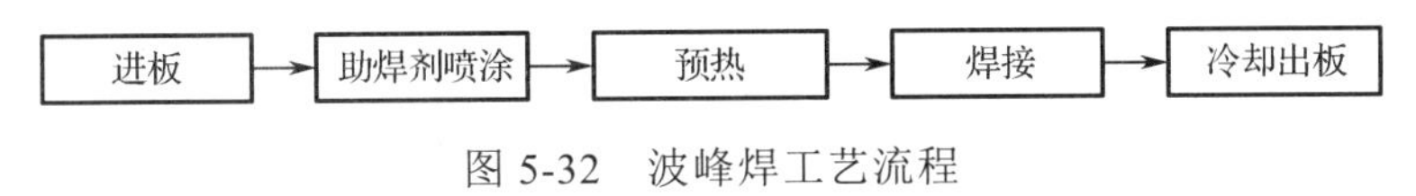

图5-32 波峰焊工艺流程

1）进板

进板提供稳定而无干扰的PCB传送。在波峰焊中，进板是一个非常重要的环节，进板时需要注意以下4个事项。

（1）确保基板的准确定位：在进板前，要确保基板的位置准确，以免导致焊接位置偏移或错位。

（2）控制进板速度：进板速度要适中，过快或过慢都会影响焊接质量。进板过快可能导致焊锡波峰无法完全覆盖焊接区域，进板过慢可能导致焊锡波峰过度延展，影响焊接效果。

（3）控制进板角度：进板时，要注意控制进板的角度，使基板与焊锡波峰的接触面积最大化，以确保焊接质量。

（4）确保基板表面干净：在进板前，要确保基板表面干净，无尘、无油污等杂质。

2）助焊剂喷涂

在波峰焊中助焊剂起到了清洁、防氧化、降低表面张力、提高热传导和填充等多种作用，能够提高焊接质量和可靠性。为增强可焊性，需要均匀地在整个PCB上涂覆适量助焊剂。助焊剂的涂覆主要有发泡式、波峰式、喷雾式、刷涂式、浸入式等5种方法。

现在的波峰焊机大多使用喷雾式。其工作原理是：利用高速压缩空气产生的负压将助焊剂吸取，并通过特制喷口气雾化完成涂覆。该方法具有适用于绝大部分的助焊剂、良好的重复性能、喷雾量的可控性较强、可以处理较长的引脚等优势，但是也有通孔渗透能力较弱、助焊剂用量较大（不能回收）、设备需经常清理、工艺框限较小、涂覆厚度受助焊剂密度的影响较深等不足。发泡式工作原理是利用压缩空气，将助焊剂通过发泡管，形成均匀的泡沫，涂覆在 PCB 上，利用泡沫的爆裂形成助焊剂覆膜。该方法有发泡高度容易调整、板速和停留时间工艺范围大、不易过量、可以处理通孔等优点，其中发泡管为特殊材料制成，管壁布满穿透毛细孔。泡沫的直径一般要求为 1mm，基本等同于常见的焊盘大小。如果泡沫的直径过小，易使覆膜增厚，影响焊接效果；如果泡沫的直径过大，泡沫爆裂后易产生环形空穴，使覆膜分布不均匀。波峰焊适用于所有助焊剂，可以处理通孔，也可以处理较长的引脚，处理高密度板的能力较强，但是该方法需经常添加助焊剂，涂覆助焊剂时涂覆层较厚（量多），容易有助焊剂渗透到元器件的底部或内部，且波峰高度调整较难。

3）预热

预热的主要目的与作用主要有以下 3 个方面。

（1）提供助焊剂所需的活动温度。

（2）减少热冲击和因加热太快引起的问题。

（3）将助焊剂中的稀释成分（乙醇、丙酮、二乙醚等）挥发。

预热不完整将导致助焊剂在焊接区蒸发，导致焊锡稳定性下降、蒸气引发不良的热传导、蒸气造成小气孔、喷锡造成焊球或焊丝等问题。

决定预热设置的因素主要包括助焊剂的比热和蒸发温度、PCB 的材料与设计（厚度、热容量等）、助焊剂的量（潜热）、焊接材料的种类和厚度、焊接接头的形状和尺寸、环境温度以及焊接工艺要求等。根据这些因素，可以确定适当的预热温度和时间，以保证焊接质量。预热主要有两种方法：热风对流预热和辐射预热。热风对流预热通过热风将焊接区域加热至一定温度，热风可以通过燃烧燃料产生，也可以通过电加热产生。该方法适用于对焊接区域进行均匀加热的情况，可以提高焊接质量和效率。它常用于大型工件的焊接预热。辐射预热通过辐射热源（如电加热板、红外线灯等）向焊接区域发射热辐射，使其加热。辐射预热适用于对焊接区域进行局部加热的情况，可以提高焊接区域的温度，并减少热量传递到其他区域。它常用于小型工件或需要局部加热的焊接。

4）焊接

焊接是将元器件上所需的接点焊接，在进行焊接时需要合理设定焊接参数，控制焊接温度、波峰高度和焊接速度，同时注意焊接通孔设计和安全防护，以确保焊接质量和操作安全。

波峰焊是一种通过将焊接材料（如焊锡丝）熔化形成波峰，然后将焊接材料和焊接区域接触完成焊接的技术。波峰焊通常在焊接区域下方放置一个波峰，焊接材料从波峰上流过，与焊接区域接触并完成焊接。根据波峰不同，其中的 T 形波波峰焊适用于批量生产，可以高效地焊接电路板上的元器件。热风焊接是一种通过将焊接材料（如焊锡膏）

涂覆在焊接区域上，然后使用热风吹熔焊锡膏，使其与焊接区域接触并完成焊接的技术。热风焊接常用于焊接电路板上的焊盘或插针，可以提供良好的焊接质量和可靠性。该方法能消除桥接等多余焊锡的问题，但可能会造成焊球等问题，且耗电量大，需要注意的工艺参数较多。

5）冷却出板

波峰焊冷却出板是指在波峰焊完成后，将焊接部位进行冷却处理，主要作用是迅速降低焊接区域的温度，避免过热导致焊接变形、裂纹等缺陷的产生，促使焊接区域的组织迅速冷却，使焊缝和母材的组织稳定，提高焊接接头的强度和耐久性，促使焊接区域迅速冷却，减少氢气的扩散和聚集，从而降低氢脆的风险，快速冷却焊接区域，缩短焊接周期，提高生产效率，在进行波峰焊冷却出板时，需要根据具体情况合理安排冷却时间和冷却介质，选择适当的冷却方式，并采取必要的防护措施，以确保焊接接头的质量和性能。此外，要注意冷却时间、冷却介质、冷却方式、防护措施和检查焊接质量等问题。

3. 再流焊工艺技术

1）再流焊技术的特征

再流焊是预先在 PCB 焊接部位（焊盘）施放适量和适当形式的焊料，然后贴放表面组装元器件，经固化（在采用焊膏时）后，再利用外部热源使焊料再次流动达到焊接目的的一种成组或逐点焊接工艺。再流焊技术能完全满足各类表面组装元器件对焊接的要求，因为它能根据不同的加热方法使焊料再流焊，实现可靠的焊接。

与波峰焊技术相比，再流焊技术具有以下一些特征。

（1）它不同于波峰焊将元器件直接浸渍在熔融的焊料中，因此元器件受到的热冲击小。但由于其加热方法不同，有时会施加给元器件较大的热应力。

（2）仅在需要部位施放焊料，能控制焊料施放量，能更好地控制桥接等缺陷的产生。

（3）当元器件贴放位置有一定偏离时，由于熔融焊料表面张力的作用，只要焊料施放位置正确，就能自动校正偏离，使元器件固定在正常位置。

（4）可以采用局部加热热源，从而可在同一基板上，采用不同焊接工艺进行焊接。

（5）焊料中一般不会混入不纯物。在使用焊膏时，能正确地保持焊料的组成。

在再流焊中，将焊料施放在焊接部位的主要方法包括焊膏法、预敷焊料法和预成型焊料。焊膏法即前述的印刷焊膏的方式，是再流焊中最常用的施放焊料的方法。

2）再流焊工艺的加热方法与类型

在 PCB 焊盘图形上和元器件电极或引线上预敷焊料的熔化再流焊有多种加热方法，如表 5-9 所示，主要有放射性热传递（红外）、对流性热传递（热风、液体）、热传导方式（热板）三种。这些方法各有其优缺点，在表面组装中应根据实际情况灵活选择使用。红外、气相（气体潜热）、热风和热板等加热方法都属于 SMA 的整体加热方法；加热工具（如热棒）、红外、激光和热风等加热方法属于局部加热方法。SMA 的整体加热可以使贴装在 PCB 上的元器件同时成组焊接，产量高。但是，PCB 和元器件不需要焊接的部位也被加热，从而有产生热应力的危险，可能使 SMA 出现可靠性问题。局部加热是只选择必要的部位进行加热，而不焊接的其他元器件和被焊接的元器件的非焊接部位不被加热，避免了产生热应力的危险，但是产量低。

表 5-9　再流焊的主要加热方法

加热方法	原理	优点	缺点
红外	吸收红外线热辐射加热	连续，同时成组焊接； 加热效果很好，温度可调范围宽； 减少了焊料飞溅、虚焊及桥焊	材料不同，温度控制困难
气相	利用惰性溶剂的蒸气凝聚时放出的气体潜热加热	加热均匀，热冲击小； 升温快； 温度控制准确； 同时成组焊接； 可在无氧环境下焊接	设备和介质费用高； 容易出现吊桥和芯吸现象
热风	高温加热的空气在炉内循环加热	加热均匀； 温度控制容易	易产生氧化； 强风使元器件有移位的危险
激光	利用激光的热能加热	集光性很好，适用于高精度焊接； 非接触加热； 用光纤传送	CO_2 激光在焊接面上反射率大； 设备昂贵
热板	利用热板的热传导加热	基板的热传导可缓解急剧的热冲击； 设备结构简单、价格便宜	受基板的热传导性影响； 不适用于大型基板、大元器件； 温度分布不均匀

相应地，按照加热方法进行分类，再流焊技术主要包括：气相再流焊、红外再流焊、热风炉再流焊、热板加热再流焊、红外光束再流焊、激光再流焊和工具加热再流焊等类型。目前主流的是强制热风再流焊。

3）再流焊工艺

再流焊工艺是通过再流焊温度曲线的设置与控制来实现的。再流焊温度曲线是指 SMA 通过回流炉时，SMA 上某一点的温度随时间变化的曲线。温度曲线提供了一种直观的方法，来分析某个元器件在整个再流焊过程中的温度变化情况。这对于获得最佳的可焊性，避免由于超温而对元器件造成损坏，以及保证焊接质量都非常有用。

一个典型的温度曲线如图 5-33 所示。它分为预热、保温（也称为活性）、回流和冷却 4 个阶段。

（1）预热阶段：该区域的目的是把室温的 PCB 尽快加热，以达到第二个特定目标，但升温速率要控制在适当范围内，如果过快，就会产生热冲击，电路板和元器件都可能受损；如果过慢，那么溶剂挥发不充分，影响焊接质量。由于加热速度较快，在温区的后段 SMA 内的温差较大。为防止热冲击对元器件的损伤，一般规定最大速率为 4℃/s。然而，通常升温速率设定为 1～3℃/s。典型的升温速率为 2℃/s。

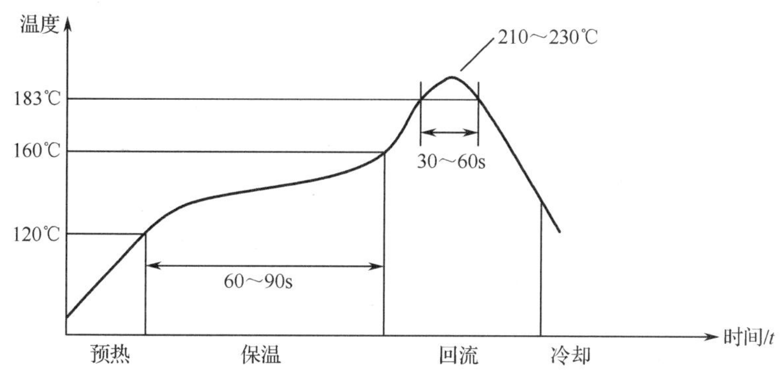

图 5-33　典型的温度曲线

（2）保温阶段：指温度从 120～160℃升至焊膏熔点的区域。保温阶段的主要目的是使 SMA 内各元器件的温度趋于稳定，尽量减少温差。在这个区域里给予足够的时间使较大元器件的温度赶上较小元器件的温度，并保证焊膏中的助焊剂得到充分挥发。到保温阶段结束，焊盘、焊球及元器件引脚上的氧化物被除去，整个电路板的温度达到平衡。应注意的是，SMA 上所有元器件在这一阶段结束时应具有相同的温度，否则进入回流阶段将会因为各部分温度不均产生各种不良焊接现象。

（3）回流阶段：在这一区域里加热器的温度设置得最高，使组件的温度快速上升至峰值温度。在回流阶段其焊接峰值温度视所用焊膏的不同而不同，一般推荐的峰值温度高于焊膏熔点温度 20～40℃。对于熔点为 183℃的 63Sn-37Pb 焊膏和熔点为 179℃的 62Sn-36Pb-2Ag 焊膏，峰值温度一般为 210～230℃，再流焊时间不要过长，以防对 SMA 造成不良影响。理想的温度曲线是超过焊锡熔点的“尖端区”覆盖的体积最小。

（4）冷却阶段：这一阶段中焊膏内的铅锡粉末已经熔化并充分润湿被连接表面，应该用尽可能快的速度来进行冷却，这样将有助于得到明亮的焊点并有好的外形和低的接触角度。缓慢冷却易导致焊点内部的晶粒生长过大，并增加焊点表面的氧化反应，从而产生灰暗毛糙的焊点。在极端的情形下，它能引起沾锡不良和减弱焊点结合力。冷却阶段的降温速率一般为 3～10℃/s，冷却至 75℃即可。

4．无铅再流焊温度曲线

无铅焊接是一种替代传统铅基焊料的焊接技术，主要是为了减少对环境和人体健康的潜在危害。出于对环境和人体健康的考虑，越来越多的行业和国家倾向于使用无铅焊接工艺，以减少对环境和人体健康的危害。但是，在某些特定的应用领域中，有铅焊接仍然被使用，因为它在可靠性和耐久性方面具有一定的优势。图 5-34 是无铅再流焊温度曲线。

无铅焊接使用的是不含铅或铅含量极低的焊锡合金，通常以 Sn 为主要成分，配合其他合金元素如 Ag、Cu、Sb 等。这些无铅焊锡合金的熔点较高，流动性较差，焊接过程中可能会产生较大的热应力，增加焊点的脆性和疲劳性，所以需要更高的焊接温度和更精细的焊接工艺参数。在焊接过程中它们主要有以下几点区别。

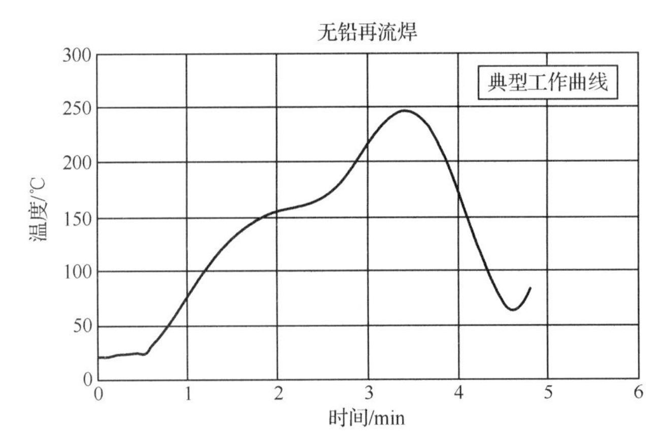

图 5-34　无铅再流焊温度曲线

（1）预热阶段：预热阶段的温度最高可达到 150℃，同时为了使整个 PCB 温度均匀，减小 PCB 及不同元器件的温差ΔT，无铅焊接需要缓慢升温和充分预热。

（2）保温阶段：无铅焊接的升温速率要比有铅高很多，在 12～41s，要完成从 150℃升到 217℃，在该阶段，由于无铅合金流动性差，不好升温，会导致一些焊盘、引脚氧化以及焊接不良的问题。助焊剂浸润区对扩散、溶解形成良好结合层有极其重要的作用，助焊剂的活化温度是确定助焊剂浸润区的温度和时间的关键参数。助焊剂有活性才能对熔融的焊料产生去氧化、降低黏度和表面张力、增加流动性、提高浸润性，使钎料熔化时就能迅速铺展开等作用，还要在助焊剂浸润区完成焊件（焊盘和元器件焊端）金属表面氧层清洗。一般要求助焊剂的熔化（活性化）温度在焊料合金熔点前 5～6s。由于无铅合金的熔点高，因此必须专门配置耐高温的、适合无铅合金的助焊剂；同样，设置无铅焊接温度曲线时，必须考虑助焊剂的活性温度范围。

（3）回流阶段：由于这一阶段的温度较高，会有 IMC 产生，峰值温度越高，IMC 生长速度越快；液相区时间越长，IMC 越多。由于无铅焊接温度高，IMC 的生长速度比有铅焊接快，为了避免生成太多的 IMC，应尽量采用低峰值温度、峰值时间和最短的液相时间。注意，在设置峰值温度时，应该考虑基板和元器件的耐温强度。

（4）冷却阶段：对于无铅焊接，尤其对于非共晶系无铅钎料，冷却速率对焊点外观影响尤为明显。对焊点来说，要想形成的结晶颗粒最小、结构最致密，就要快速冷却凝固，这样也有利于提高焊点强度、有利于非共晶系无铅钎料在凝固过程中减少塑性时间范围。所以选择冷却速率高和冷却区域长的设备，有利于保证焊接质量和保护操作人员。一般要求 PCB 在出口处的温度低于 60℃。

5. 3 种典型无铅焊接温度曲线

1）适用于简单产品的三角形温度曲线

对于简单产品，由于 PCB 相对容易加热、元器件与印制电路板材料的温度比较接近，PCB 表面温差ΔT较小，因此可以使用三角形温度曲线，如图 5-35 所示。

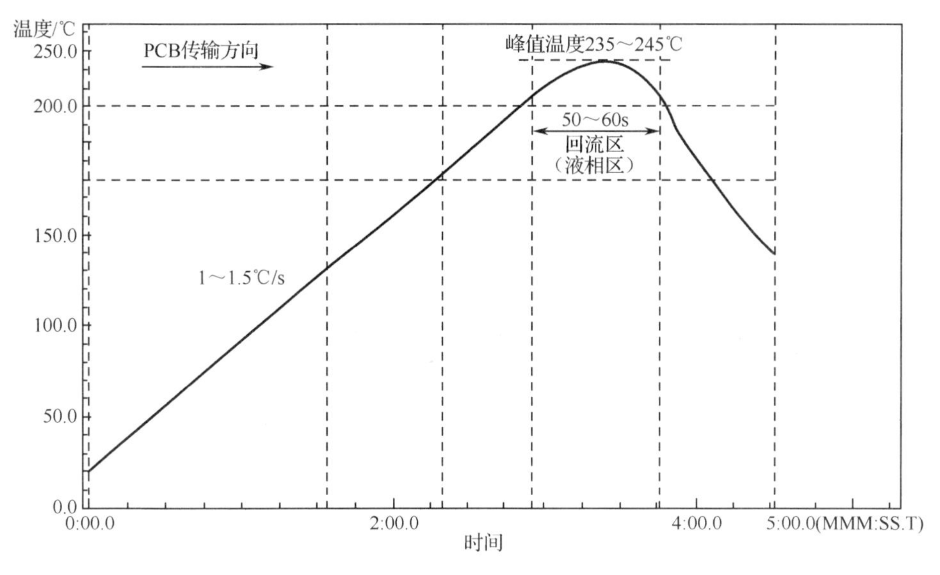

图 5-35　三角形温度曲线

当焊膏有适当配方时，三角形温度曲线将得到更光亮的焊点。但助焊剂活化时间和温度必须适应无铅焊膏的较高熔化温度。三角形温度曲线的升温速率是整体控制的，一般为 1～1.5℃/s，与传统的升温-保温-峰值温度曲线比较，能量成本较低。通常不推荐这种曲线。

2）推荐的升温-保温-峰值温度曲线

升温-保温-峰值温度曲线又称为帐篷形曲线。图 5-36 是推荐的升温-保温-峰值温度曲线。图中曲线 1 是 63Sn-37Pb 焊膏的温度曲线，曲线 2 是无铅 Sn-Ag-Cu 焊膏的温度曲线。

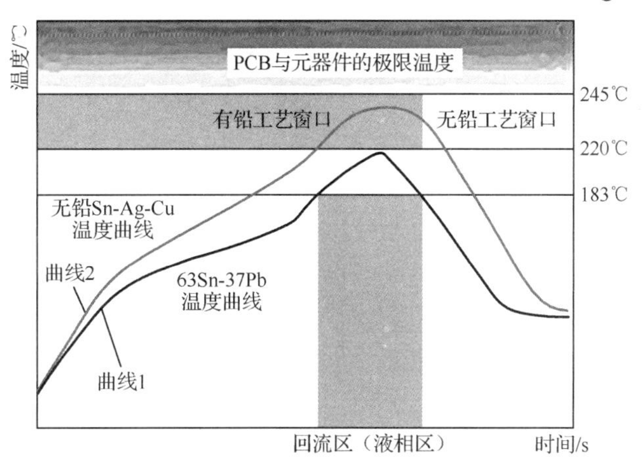

图 5-36　推荐的升温-保温-峰值温度曲线

从图 5-36 中可以看出，元器件和传统 FR-4 印制电路板的极限温度为 245℃，无铅焊接的工艺窗口比 63Sn-37Pb 窄得多。因此无铅焊接更需要通过缓慢升温、充分预热 PCB、降低 PCB 表面温差ΔT，使 PCB 表面温度均匀，从而实现较低的峰值温度（235～245℃），避免损坏元器件和 FR-4 基材 PCB。

升温-保温-峰值温度曲线的要求如下。

（1）升温速率应限制在 0.5～1℃/s 或 4℃/s 以下，这取决于焊膏和元器件。

（2）焊膏中助焊剂成分的配方应符合温度曲线，保温温度过高会降低焊膏的性能。

（3）第二个温度上升斜率在峰值区入口，典型的斜率为 3℃/s。

（4）液相线以上时间要求 50～60s，峰值温度为 235～245℃。

（5）冷却区，为了防止焊点结晶颗粒长大，防止产生偏析，要求焊点快速降温，但应特别注意减小应力。例如，陶瓷片状电容的最大冷却速率为-4～-2℃/s。

3）低峰值温度曲线

所谓低峰值温度曲线，就是首先通过缓慢升温和充分预热，降低 PCB 表面温差ΔT；在回流区，大元器件和大热容量位置一般都滞后小元器件到达峰值温度。图 5-37 是低峰值温度（230～240℃）曲线。在图 5-37 中，实线为小元器件的温度曲线，虚线为大元器件的温度曲线。当小元器件到达峰值温度时保持低峰值温度、较宽峰值时间，让小元器件等候大元器件；等大元器件也到达峰值温度并保持几秒钟，再降温。通过这种措施可预防损坏元器件。

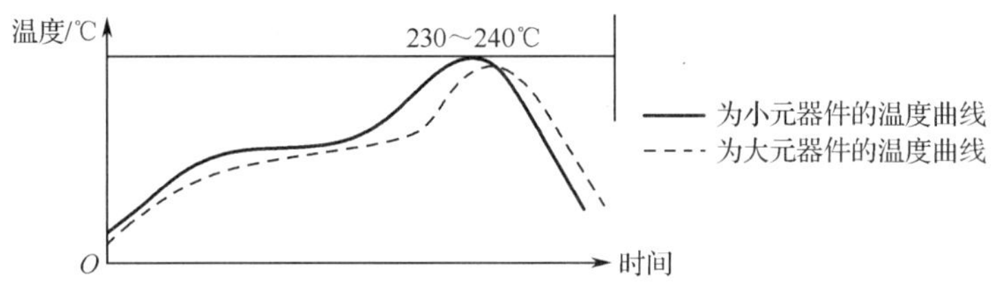

图 5-37　低峰值温度（230～240℃）曲线

低峰值温度（230～240℃）接近 63Sn-37Pb 的峰值温度，因此损坏元器件风险小、能耗少；但对 PCB 的布局、热设计、再流焊工艺曲线的调整、工艺控制，以及对设备横向温度均匀性的要求比较高。低峰值温度曲线不是对所有产品都适用的，实际生产中一定要根据 PCB、元器件、焊膏等的具体情况设置温度曲线，复杂的板可能需要 260℃。

焊接过程中涉及润湿、黏度、毛细管现象、热传导、扩散、溶解等物理反应，助焊剂分解、氧化、还原等化学反应，还涉及冶金学、合金层、金相、老化等，是很复杂的过程。在 SMT 工艺中，必须运用焊接理论正确设置再流焊温度曲线。同时，要掌握正确的工艺方法，并通过工艺控制，尽量使 SMT 实现通过印刷焊膏、贴装元器件，最后从再流焊炉出来的 SMA 合格率实现零（无）缺陷或接近零缺陷的再流焊质量，同时要求所有的焊点达到一定的机械强度，只有这样的产品才能实现高质量、高可靠性。

6. 常见的再流焊缺陷、原因分析及预防和解决措施

1）常见的再流焊缺陷

再流焊缺陷主要分为两大类：一类与冶金现象有关，包括冷焊、半润湿、不润湿、过多的 IMC；另一类与异常的焊点有关，包括焊料量不足、桥接、锡球、锡珠、偏移、芯吸、空洞、立碑等。

（1）冷焊。冷焊是指有不完全再流焊现象的焊点，通常表现为：颗粒状焊点、焊点形状不规则或焊料合金不完全熔融，如图5-38所示。

焊膏未熔融如果发生在特定部位，可能的原因有元器件热容量过大、吸热多、温升速度较慢；未熔融焊料如果发生在任意地方，可能的原因有焊膏异常（如焊膏密封状态、保管温度、使用期限等有关问题）、未用完的焊膏重复使用等。

一般而言，产生冷焊的原因有：回流阶段加热不充分；冷却阶段焊点发生扰动；助焊剂能力不够；焊料合金质量不合格。

（2）半润湿。半润湿是指焊膏熔化时焊料浸润焊盘表面后发生收缩，焊料只覆盖焊盘部分区域，焊料形状不规则，如图5-39所示。

产生半润湿的原因有：焊盘可焊性不良或不均匀；焊盘可焊性退化；回流温度曲线不合理；元器件引脚或PCB焊盘氧化或污染；元器件与熔融焊料接触时，焊膏在高温作用下的出气现象严重。

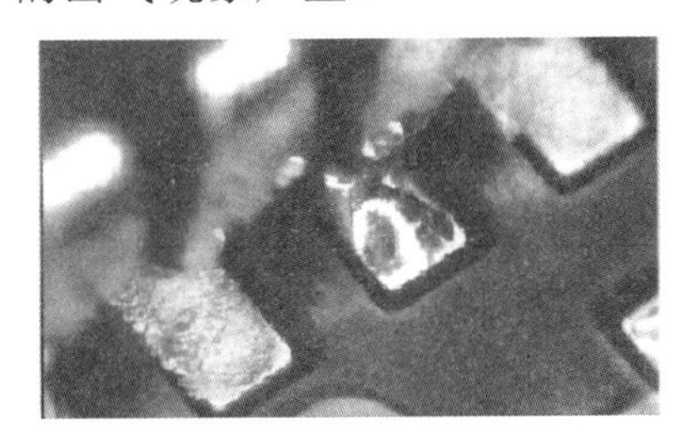

图5-38 冷焊

图5-39 半润湿

（3）不润湿。不润湿是指焊盘或元器件引脚上焊料的覆盖面积少于预期焊料覆盖面积，如图5-40所示。它通常是由时间和温度比率不当造成的。焊膏内的活化剂大部分为有机酸，有机酸随时间和温度的上升而退化。如果温度曲线太长或温度设置不当，焊盘或引脚的润湿性极可能受到损害。

产生不润湿的原因有：焊膏湿润性差；焊料合金质量不良；助焊剂活性不良；回流温度曲线不合适；焊盘或元器件引脚氧化或污染。

（4）过多的IMC。IMC是指在焊盘与熔融焊料或引脚与熔融焊料之间形成的新的金相组织，它不是固液体，被称为中间相位或IMC。

影响IMC的因素有：焊接过程中时间、温度的设置；焊盘、引脚金属性能及焊料合金的成分。

减少过厚的IMC形成的方法有：在较低的温度和较短的时间下完成焊接；锡铅比例适当的焊料；采用阻挡层金属，如镍。

（5）焊料量不足。焊料量不足通常是因为印刷的焊膏偏少或润湿不良。焊膏印刷量偏少与焊膏的性能有关，也与印刷机设定的参数紧密联系。另外，相关的因素还有：模板开口是否被堵塞；开口内壁光洁度、PCB板面光洁度、刮刀的硬度、印刷压力与速度是否适合；焊膏的滚动情况（印刷时要求焊膏滚动）；焊料合金颗粒大小；焊膏黏度等。如果焊料量不足是由润湿性造成的，那么提高润湿性以增加焊料量。

（6）桥接。桥接是指在不应当连接的地方连接了，如图5-41所示。发生桥接的原因主要包括焊料过多和引脚间距太小。

如果发生桥接，首先可能是在焊接之前焊膏已桥接，形成焊膏桥接的原因有焊膏过多、贴装压力过大、冷塌；其次就是由于温度曲线的参数设置不合理。对于细间距元器件尤其是翼形引脚的元器件很容易发生桥接。

减少或消除桥接的方法有：使用较薄的模板、交错的孔图案，或者减小开口尺寸；减少贴装压力；使用峰值温度较低、升温速率较慢的温度曲线；使用润湿速率较慢、溶剂含量较低的助焊剂。

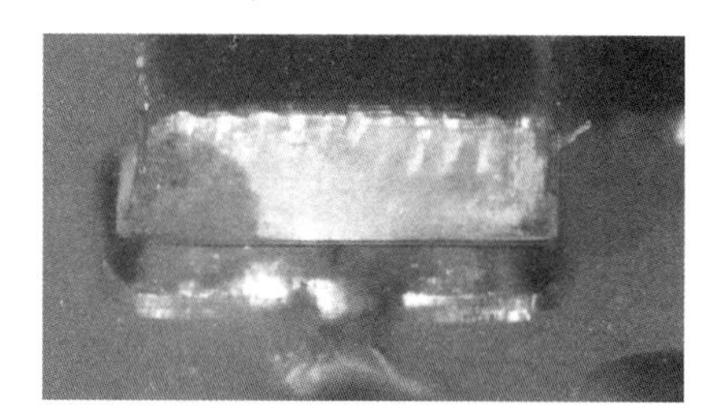

图 5-40　不润湿

图 5-41　桥接

（7）锡球。锡球是指在再流焊过程中，熔融焊料离开了主要的焊接场所，凝固后不向主要焊接场所聚集而形成不同尺寸的小球状颗粒的焊球，如图 5-42 所示。

产生锡球的原因有：印刷后太久未过炉，焊膏发生氧化；焊膏中溶剂的沸腾而引起焊球飞散。

减少或消除锡球的方法可以从工艺与材料两方面入手。

工艺方面：①提高焊盘和引脚的可焊性；②残留在模板上的焊膏不能再度使用；③适当减少焊膏湿度；④避免焊接时间太长或太短，降低升温速率；⑤印刷要严格对准；⑥减小模板开口的尺寸；⑦使用惰性气体保护。

材料方面：①助焊剂的助焊活性、能力充分；②减少焊膏的氧化物、污染物含量；③提高焊膏金属含量；④调整助焊剂的成分，减少焊接过程中的飞溅物。

（8）锡珠。锡珠是指尺寸较大的锡球，它主要存在于片式电阻或电容的金属端周围。锡球是由焊剂的挥发作用超过焊膏的内聚力造成的，如图 5-43 所示。焊剂挥发导致大量孤立焊膏的产生，从而形成锡珠。减少或消除锡珠的方法同样可以从工艺与材料两方面入手。

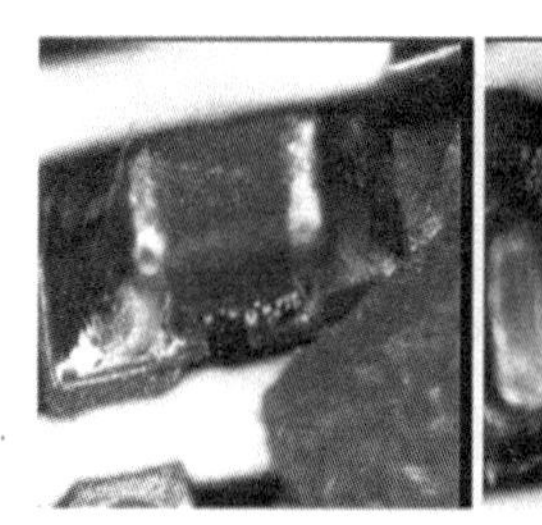

图 5-42　锡球

图 5-43　锡珠

工艺方面：①减少模板厚度、开口的尺寸；②改善开口的形状，减少模板下面的焊膏；③降低预热温度以及升温速率；④减少贴装压力；⑤调整温度曲线。

材料方面：①使用较少塌陷（冷塌、热塌）焊膏；②提高焊膏金属含量；③降低焊膏的氧化物；④使用较低活化温度的助焊剂。

（9）偏移。偏移是指元器件两端表面张力不平衡或其他原因造成的不处于焊盘对中位置并且偏移量超过可接受的范围，如图 5-44 所示。

产生偏移的原因有：元器件两端焊盘设计不对称；元器件金属端宽度或面积太小；引脚可焊性不良；元器件贴偏。

减少或消除偏移的方法有工艺与设计和材料两方面。

工艺与设计方面：①提高贴装精度；②减少温升速率，尽量避免使用气相再流焊；③增加焊盘的宽度和面积；④元器件两端焊盘设计均匀，增加元器件宽度和金属层的面积；⑤减少焊膏厚度。

材料方面：①使用出气较少的助焊剂；②使用润湿速率较低的助焊剂。

（10）芯吸。芯吸也称为抽芯，是指熔融焊料从焊盘开始沿引脚向上爬行，使得焊盘上只有少量甚至完全没有焊料，如图 5-45 所示。

芯吸产生的原因主要是引脚热导率过大，温升比焊盘快，以致熔融焊料优先润湿引脚，可采用充分预热或底部加热的方法，减少芯吸的发生。

通常的解决办法有工艺与设计和材料两方面。

工艺与设计方面：①使用的底部加热；②提高元器件引脚共面性；③适当增加相对引脚的焊盘间距；④正确设计焊盘的尺寸；⑤选择合适的加热方式。

材料方面：①使用较高黏度的焊膏；②使用较慢润湿速率、较高活化温度的助焊剂。

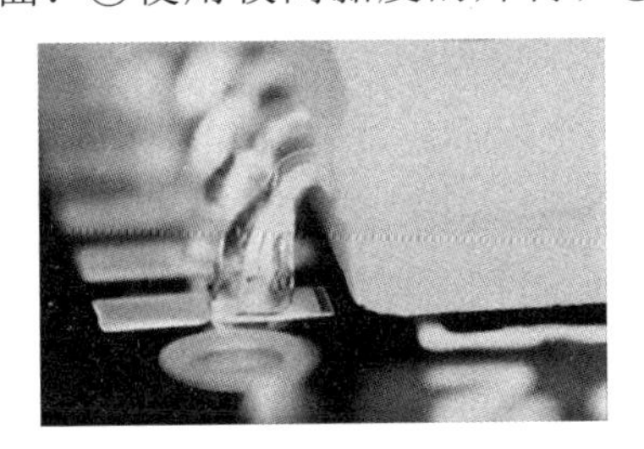

图 5-44　偏移

图 5-45　芯吸

（11）空洞。空洞是指焊接后焊点内部的孔洞，如图 5-46 所示。

产生空洞的原因有：焊膏凝固时收缩；焊接时，有气体排放；焊剂的包覆；峰值温度不够；升温阶段升温速率过高。此外，焊膏的组成与空洞密切相关，随着助焊剂活性的增加，空洞率随之减少。

减少空洞的方法有：提高引脚、焊盘可焊性；使用活性较高的助焊剂；减少焊膏的氧化；降低预热温升速率从而促进助焊；设置合适的峰值温度以及保持时间。

（12）立碑。立碑是指元器件的一端抬起，站立在另一端上，立碑也被称为“曼哈顿”现象，如图 5-47 所示。从原理上讲，立碑是由元器件两端润湿力不平衡大于元器件重力时引起的。

产生润湿力不平衡的原因有：SMC/SMD 两端焊料熔融时间不一致，焊盘面积、焊膏印刷量以及贴片不精确等造成两端不对称而导致两端所受表面张力不平衡；采用气相再流焊时，容易产生浮力作用而导致片式元器件直立。

减少或消除立碑的方法有工艺与设计和材料两方面。

工艺与设计方面：①尽量采用圆形焊盘；②减少热量分布不均匀；③减少引脚、焊盘的污染和氧化；④减少模板厚度、焊膏厚度；⑤提高元器件贴装精度；⑥降低升温速率；⑦提高印刷精度。

材料方面：采用润湿速率、出气速率较慢的助焊剂。

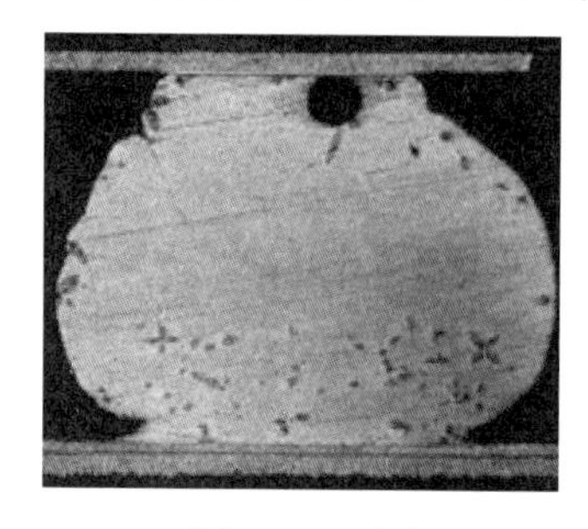

图 5-46　空洞

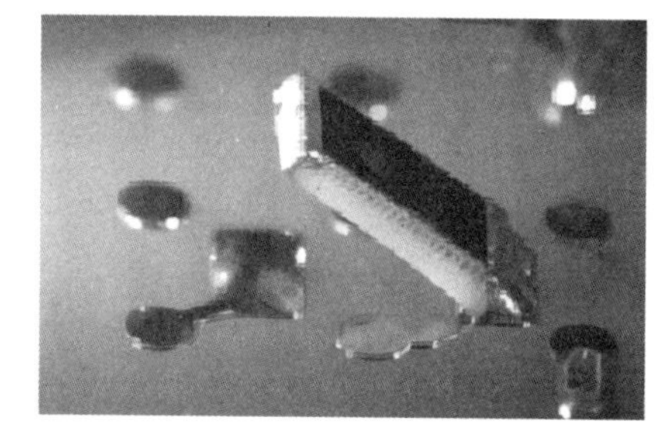

图 5-47　立碑

2）再流焊缺陷检查清单

（1）锡珠检查清单。

① 预热阶段的升温速率是否太快？

② 回流阶段的升温速率是否太快？

③ 为了避免锡珠，是否减少了模板开口的尺寸或专门设计了模板开口？

④ 焊膏中是否有防止锡珠产生的添加成分？

⑤ 贴装的压力是否太高？

⑥ 生产车间中的温度是否太高或湿度是否太大？

⑦ 检查其他印刷参数。

（2）锡球检查清单。

① 预热阶段，升温速率是否太快？

② 保温区的时间是否够长？

③ 是否有氮气保护装置？

④ 贴装的压力是否太高？

⑤ 是否减少了模板开口的尺寸？

⑥ 印刷机是否对中？

⑦ 阻焊膜的位置是否正确？

⑧ 焊膏的储藏寿命是否合适？

⑨ 焊膏在空气中暴露的时间是否太长？

⑩ 生产车间中的温度是否太高或湿度是否太大？

⑪ 检查其他印刷参数。

（3）立碑检查清单。

① 回流阶段的升温速率是否太快？

② 元器件金属化端可焊性是否良好？
③ PCB 可焊性是否良好？
④ 阻焊膜是否已破坏？
⑤ 贴装的压力是否太低？
⑥ 焊膏合金粉末尺寸是否正确？
⑦ 焊膏合金是否是标准共晶成分？
⑧ 焊膏的质量是否合格？

（4）桥接检查清单。

① 预热阶段，升温速率是否太快？
② 是否有氮气保护装置？
③ 是否减少了模板开口的尺寸？
④ 模板是否太厚？
⑤ 焊盘宽度是否大于引脚间距的 1/2？
⑥ 检测焊膏的坍塌性是否合格？
⑦ 检查其他印刷参数。

（5）不润湿或半润湿检查清单。

① 回流区的温度是否正确？
② 冷却速率是否太高？
③ 是否有氮气保护装置？
④ 元器件的可焊性是否良好？
⑤ PCB 的可焊性是否良好？
⑥ 阻焊膜是否已损坏？
⑦ 焊膏的质量是否合格？

（6）空洞检查清单。

① 回流阶段的升温速率是否太快？
② 保温区的时间是否太短？
③ 回流区的温度是否太高？
④ 焊膏的触变性是否改变？

（7）偏移检查清单。

① 贴装的压力是否太低？
② 贴装加速度是否太高？
③ 贴装精度是否足够？
④ 焊膏黏性是否足够？
⑤ 焊膏在空气中暴露的时间是否太长？

（8）开焊检查清单。

① 贴装的压力是否太低？
② 焊盘共面性是否良好？
③ 元器件金属端或引脚共面性是否良好？

④ 元器件可焊性是否良好？
⑤ PCB 可焊性是否良好？
⑥ 预热阶段，升温速率是否太大？
（9）元器件损坏检查清单。
① 预热阶段，升温速率是否太大？
② 保温区的时间是否太短？
③ 回流区的温度是否太高？
④ 冷却速率是否正确？
⑤ 评价 SMT 设备的封装材料和填充材料。
⑥ 测定焊膏在翼形和 J 形引脚的弯曲半径上的填充是否减少了引脚的柔性。
⑦ 采用加速应力测试评价长期可靠性（热循环、动力循环等）。
⑧ 减少基板在操作、安装、分板、电气测试等工艺过程中的变形。
⑨ 减少刚性封装材料的残余应力。
⑩ 优化元器件的操作过程，以防止 Chip-Outs 和锋利的碎片，破碎的边缘。
⑪ 外加薄铜层来增加环氧/玻璃基板的硬度，从而减少中心轴的弯曲。
⑫ 焊盘尺寸和焊膏体积应相匹配，以确保获得满意的焊料填充。
⑬ 采用加速应力测试（冲击、振动等）评价长期可靠性。
（10）过多的 IMC 检查清单。
① 峰值温度是否太高？
② 预热阶段是否升温太快？
③ 再流焊时间是否太长？
④ 保温时间是否太短？
⑤ 冷却速率是否正确？
（11）焊剂飞溅检查清单。
① 预热阶段，升温速率是否太快？
② 回流阶段的升温速率是否太快？
③ 回流区的温度设置是否正确？
④ 生产车间中的温度是否太高或湿度是否太大？
⑤ 焊膏的质量是否合格？
（12）残留物过多检查清单。
① 温度曲线时间是否足够长？
② 是否减少了模板开口的尺寸？
③ 是否采用了正确的焊膏？
④ 焊膏的质量是否合格？

5.3.5 清洗工艺技术

清洗是指利用物理作用、化学反应的方法去除再流焊、波峰焊和手工焊后残留在表面组装板表面的助焊剂残留物及组装工艺过程中造成的污染物、杂质的工序。清洗一般分为溶剂清洗、水清洗和超声波清洗。溶剂清洗又可分为批量式溶剂清洗和连续式溶剂清洗；水清洗又可分为半水洗和水洗。

1. 清洗的原理

无论采用溶剂清洗还是水清洗，都要经过表面润湿、溶解、乳化作用、皂化作用等，通过施加不同方式的机械力将污染物从组装板表面剥离下来，然后漂洗或冲洗干净，最后干燥，SMT 中的清洗工艺主要通过物理作用和化学反应的方法，去除焊接过程中产生的残留物、金属氧化物和污染物，以保证焊接点的可靠性、电气性能和外观质量。清洗工艺的具体方法和参数需要根据焊接材料、焊接剂、污染物的特性和要求来确定。清洗工艺主要包括以下 3 个方面。

（1）去除焊接剂残留物。在 SMT 过程中，通常使用焊接剂来促进焊接过程中的熔化和润湿。焊接剂在高温下会分解和氧化，产生气体和固体残留物。这些残留物可能会导致电气短路、漏电和腐蚀等问题。清洗工艺可以通过物理作用和化学反应的方法去除这些焊接剂残留物，以保证焊接点的可靠性和电气性能。

（2）去除金属氧化物。在 SMT 过程中，电子元器件的引脚和 PCB 表面的焊盘容易与空气中的氧气发生反应，形成金属氧化物。这些氧化物会降低焊接点的可靠性和电气性能。清洗工艺可以通过化学溶解或物理摩擦的方法去除金属氧化物，使焊接点表面得到清洁和活化。

（3）去除污染物。在 SMT 过程中，还可能会产生其他污染物，如焊锡球、焊锡颗粒、油脂、灰尘等。这些污染物会影响焊接点的可靠性和外观质量。清洗工艺可以通过物理冲洗、溶解或过滤的方法去除这些污染物，使焊接点得到清洁和无污染。

2. 溶剂清洗

（1）批量式溶剂清洗。批量式溶剂清洗技术适用于清洗 SMA，其清洗系统有许多类型。最基本的有环形批量式系统、偏置批量式系统、双槽批量式系统和三槽批量式系统 4 种，如图 5-48 所示。这些溶剂清洗系统都采用溶剂蒸气清洗技术，所以也称为蒸气脱脂机。

它们都设置了溶剂蒸馏部分，并按规定的顺序完成蒸馏周期，一般周期为：加热器煮沸溶剂产生蒸气→蒸气在冷凝蛇形管处形成液体→液体流入水分离器，去除水分→去除水分的溶剂流入蒸馏容器中，液体送至喷淋泵开始喷淋→管道内的溶液回流到煮沸槽。

在批量式溶剂清洗过程中应注意以下几点。

① 在煮沸槽中应放入充足的溶剂，使溶剂始终维持在饱和蒸气区，以促进均匀迅速地蒸发，及时清除清洗后煮沸槽中的剩余物。

② 在煮沸槽中设置有清洗工作台，以支撑清洗负载；要使污染的溶剂在工作台水平架下始终保持安全水平，以便使装清洗负载的筐子在上升和下降时，不会将污染的溶剂带进另一个溶剂槽中。

③ 冷凝溶剂储存器中也要放入充足的溶剂并维持在一定水平，这样才能使溶剂顺利

流入煮沸槽中。

④ 当设备开启后，应有充足的时间（通常最少15min）形成饱和蒸气区，并及时查看，确保冷凝蛇形管达到操作手册中规定的冷却温度，然后才能开始清洗操作。

⑤ 根据清洗时液体的使用量，定期更换煮沸槽中的溶剂。

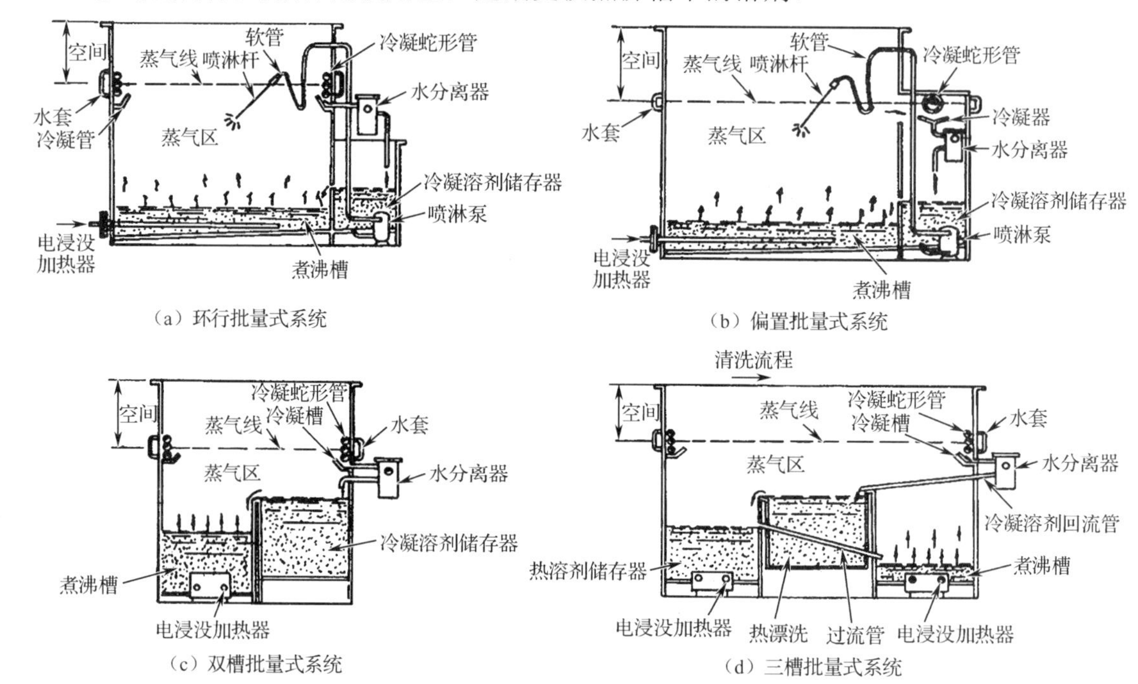

（a）环行批量式系统

（b）偏置批量式系统

（c）双槽批量式系统

（d）三槽批量式系统

图 5-48　4 种批量式清洗系统

（2）连续式溶剂清洗。连续式溶剂清洗机通常由一个很长的蒸气室组成，内部有几个小蒸气室，以适应溶剂的阶式布置、溶剂煮沸、喷淋和溶剂储存，有时还会把组件浸没在煮沸的溶剂中。连续式溶剂清洗技术适用范围广泛，对量小或量大的 SMA 清洗都适用，其清洗效率高。

连续式溶剂清洗的一般流程：把需要清洗的元器件放在连续式传送机构上，根据 SMA 的类型，设置不同的速度运行，水平通过蒸气室。溶剂蒸馏和凝聚周期都在机内进行，清洗程序、清洗原理与批量式溶剂清洗类似，只是清洗程序是在连续式的结构中进行的。采用连续式溶剂清洗技术清洗 SMA 的关键是选择满意的溶剂和最佳的清洗周期。清洗周期由连续式溶剂清洗的不同设计来决定。连续式溶剂清洗机按清洗周期主要有以下 3 种类型。

① 蒸气—喷淋—蒸气。该周期是连续式溶剂清洗机中普遍采用的清洗周期，如图 5-49 所示。

元器件需要先进入蒸气区，然后进入喷淋区（在喷淋区从底部和顶部进行上下喷淋），最后通过蒸气区排除溶剂。

② 喷淋—浸没煮沸—喷淋。采用这类清洗周期的连续式溶剂清洗机主要用于难清洗的 SMA，待清洗的元器件先进行倾斜喷淋，然后浸没在煮沸的溶剂中，再倾斜喷淋，最后排除溶剂。

③ 喷淋-带喷淋的浸没煮沸-喷淋。采用这类清洗周期的连续式溶剂清洗机与第二类周期的连续式溶剂清洗机类似，只是在煮沸溶剂上面附加了溶剂喷淋。

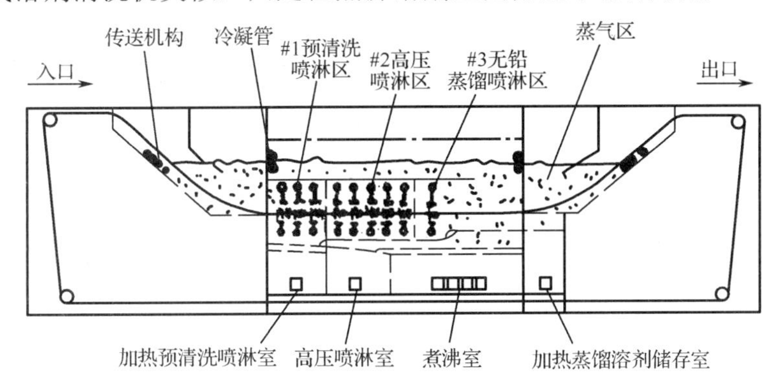

图 5-49　采用蒸气-喷淋-蒸气周期的连续式溶剂清洗机示意图

3. 水清洗

（1）半水清洗。半水清洗属于水清洗范畴，所不同的是清洗时加入可分离型的溶剂。半水清洗是清洗溶剂与水形成乳化液，洗后待废液静止，将溶剂从水中分离出来。

半水清洗先用半水清洗溶剂清洗焊接好的 SMA，再用去离子水漂洗。图 5-50 是采用萜烯溶剂的半水清洗工艺流程，如图 5-50 所示。

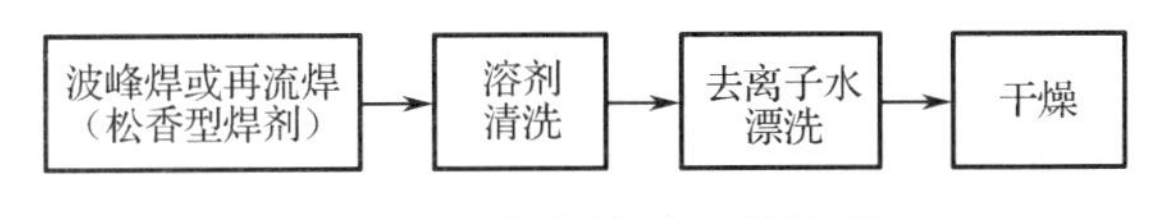

图 5-50　半水清洗工艺流程

为了提高清洗的效果，可以将 SMA 浸没在萜烯溶剂中，然后对其进行喷射清洗，这样提供了有效的机械搅拌和清洗压力，获得了更好的清洗效果。此外，也可以在萜烯溶剂中采用超声波作为机械振动源进行超声波清洗，加入超声波的萜烯溶剂清洗获得了更加满意的清洗效果。萜烯溶剂的缺点是燃点低，针对这一缺点，可以采用氮气保护萜烯清洗系统。

萜烯等半水清洗溶剂对电路组件存在轻微的副作用，所以在溶剂清洗后必须使用去离子水漂洗，去除半水清洗过程中残留在电路组件上的液体。去离子水漂洗可以采用流动的去离子水漂洗，也可以采用蒸气喷淋漂洗。具体选择哪种方式，应根据需要选用不同的半水清洗溶剂和相应的工艺与设备。不论采用哪种清洗溶剂和工艺，废渣和废水的处理是半水清洗中的一个重要环节，要使排放物符合环保的规定要求。

（2）水清洗。常用的两种类型水清洗技术工艺流程如图 5-51 所示。

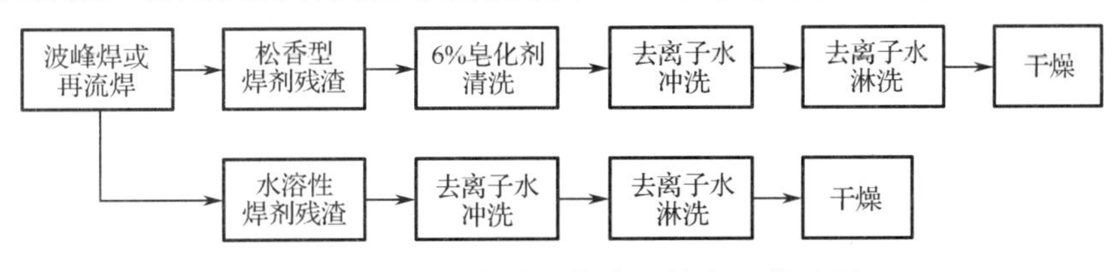

图 5-51　两种类型的水清洗技术工艺流程

一种是采用皂化剂的水溶液，在 60～70℃的温度下，皂化剂和松香型焊剂残渣反应，形成可溶于水的脂肪酸盐（皂），然后用连续的水漂洗去除皂化反应产物；另一种是不采用皂化剂的水清洗工艺，用于清洗采用非松香型水溶性焊剂焊接的 PCB 组件。在采用这种工艺时，常加入适当中和剂，以便更有效地去除可溶于水的焊剂残渣和其他污染物。对于复杂程度不同的 PCB 元器件可采用不同的水洗工艺，结构简单的通孔 PCB 元器件可采用简单水洗工艺。

简单水洗工艺流程主要有预冲洗、循环冲洗、循环漂洗、最终漂洗和干燥等五部分，如图 5-52 所示。结构复杂的大批量 PCB 元器件可采用连续式水洗系统，如图 5-53 所示。其工艺流程与简单水洗系统是类似的。所不同的是连续式水洗系统增加了强力冲洗和漂洗；采用了闭环水流系统，实现了水的循环处理和再使用，比普通水洗系统节省了水和热能；设计了进水处理器，它不仅用来处理新水，还对来自预冲洗槽的水再处理和再使用。进水处理包括水的软化和去离子，通过这种处理去除来自水系统和预冲洗槽水中的离子污染物，其中包括钙和镁离子。

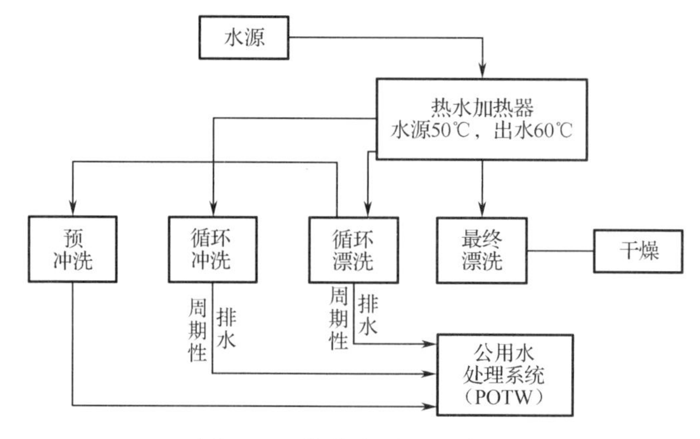

图 5-52　简单水洗工艺流程

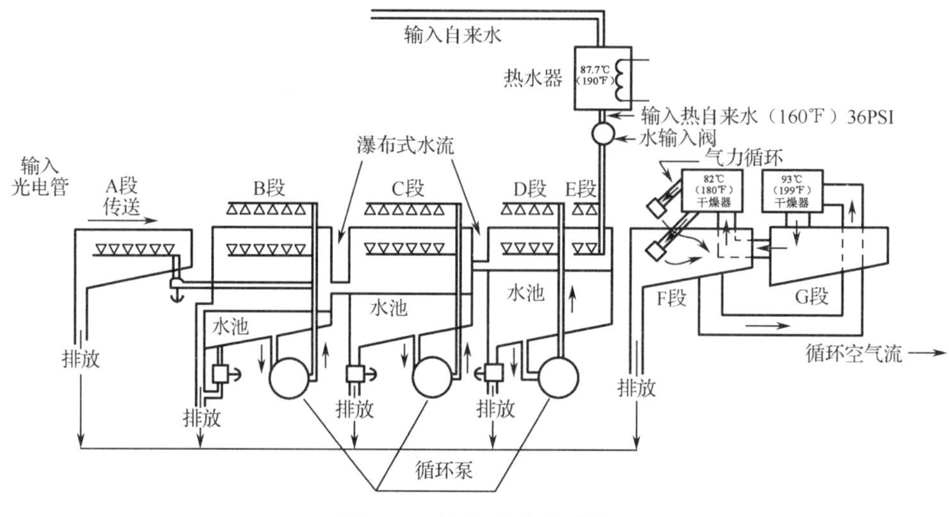

图 5-53　连续式水洗系统

水洗系统的注意事项：首先为了成功地进行水洗，需要非常纯净的水源；其次清洗水的温度，一般要求清洗用水的温度为 54～74℃；最后要注意的是公用水处理，清洗电路板组件排放的污水必须按照环保要求，按规定处理到符合排放水的指标。

4．超声波清洗

超声波清洗的原理是清洗剂在超声波的作用下产生孔穴作用和扩散作用。产生孔穴时会产生很强的冲击力，使黏附在被清洗物表面的污染物游离下来；超声波的振动，使清洗剂液体粒子产生扩散作用，加速清洗剂对污染物的溶解速度。

超声波清洗的主要优点：①清洗的效果好，清洁力度大；②清洗速度快，能够明显提高生产效率；③在清洗的过程中不会损坏被清洗物的外表；④超声波清洗整个流程中人手对溶剂接触不多，操作时相对比较安全；⑤清洗可以很全面，能够清洗其他方法达不到的部位，如对于不能拆卸的一些配件缝隙处，也能够清洗；⑥节省溶剂、热能、工作面积、人力等。

总体来说，超声波能够清洗元器件底部、元器件之间及细小间隙中的污染物，适合高密度、细间距表面组装板及污染较严重 SMA 的焊后清洗。由于超声波的振动会产生较大的冲击力，且具有一定的穿透能力，可能会穿透封装材料进入元器件内部，从而损坏 IC 的内部连接，因此军工产品一般不推荐使用。

5.3.6　SMT 检测技术

1．检测技术基本内容

组装好的 SMA，需要 100%检验。高密度板用 2～5 倍放大镜或在 3～20 倍立体显微镜下检验。装有静电敏感元器件的组装板，检验人员必须戴防静电腕带，在防静电工作台上检验。检验时，轻拿轻放，待检验或完成检验的表面组装板应码放在防静电箱、架上，并要有标识。

（1）外观检验质量要求。

① 元器件应完好无损，标记清楚。

② 通孔插装元器件要端正，扭曲、倾斜等不能超过允许范围。

③ PCB 和元器件表面要洁净，无超标的锡珠和其他污物。

④ 元器件的安装位置、型号、标称值和特征标记等应与装配图相符。

⑤ 焊点润湿良好，焊点要完整、连续、圆滑，焊料要适中，焊点位置应在规定范围内，不能有脱焊、吊桥、虚焊、桥接、漏焊等不良焊点。

⑥ 焊点允许有孔洞，但其直径不得大于焊点尺寸的 1/5，一个焊点上不能超过两孔洞。

（2）SMC/SMD 的焊点质量标准（一般都按照 IPC-A-610 标准执行）。

良好焊点的定义：在设计要求的使用环境、方式及寿命期内，保持电气性能和机械强度的焊点。图 5-54

图 5-54　优良焊点

所示为优良焊点。

优良焊点的外观条件如下。

① 焊点的润湿性好。

② 焊料量适中，避免过多或过少。

③ 焊点表面完整、连续平滑。

④ 无针孔和空洞。

⑤ 元器件焊端或引脚在焊盘上的位置偏差符合规定要求。

⑥ 焊接后 SMC/SMD 无损坏、端头电极无脱落。

优良焊点的内部条件如下。

① 优良的焊点必须形成适当的 IMC（结合层）。

② 没有开裂和裂纹。

2. 目视检测

借助或不借助光学镜片进行的目视检测是最经济的检测方法，也是曾经应用最为广泛的方法。操作员将目视检测结果与工艺要求的焊点标准进行比较，得出焊点合格或不合格的结论。目视检测主要存在以下局限性：①速度慢，实现 100%的检测难以跟上当前 SMT 生产线的节拍；②主观性强，检测的结果会因人而异；③一致性不高，不确定因素较大；④对操作员个人技能、经验要求较高；⑤仅能检测焊点外在缺陷。

由于目视检测的上述不足，它在当前 SMT 组装线上很少作为主要的焊接质量检测手段，多数用于返修/返工的辅助工具、缺陷确认等。随着元器件的微型化、细间距化和组装密度的进一步提升，直接的目视检测越来越困难，甚至不可能，如当前的 0201 以及处于研发阶段的 01005 无法用肉眼判断其焊接质量状况。因此，大多目视检测需要各种光学放大镜或专用的光学仪器，比较典型的包括德国 ERSA 公司的 MICROSCOPE、OK 公司的 VPI 以及美国科视达（QUESTAR）等公司的相关产品。值得注意的是，一方面，德国 ERSA 公司的 MICROSCOPE 与 OK 公司的 VPI 不仅可以完成常规的 SMT 焊点质量检测，而且可以在一定程度上观测 BGA 等面阵列元器件隐藏的焊点，这是直接的目视检测所无法完成的；另一方面，仪器配置了测量功能，甚至视频功能，从而使其在工艺研发、缺陷诊断中得以推广应用，如美国科视达公司的产品在该方面做得较好，当然价格也更高。

3. 自动检测

最常见的焊点质量自动检测包括 AOI（自动光学检测）与自动 X 射线检测，比较少见的包括激光/红外检测、声显微成像检测等。与目视检测相比，采用仪器自动检测具有以下优势。

（1）速度快，与 SMT 生产速率匹配，实现高效自动化的组装与检测。

（2）一致性高，有效减少人为因素，提高检验效率。

（3）自动 X 射线检测等不仅可以检测外部缺陷，还可以检测焊点内部缺陷。

当然，自动检测不足之处在于一次性投资设备昂贵，对单个检测设备而言，其检测能力有较大限制。

1）AOI

AOI是指当自动检测时，机器通过摄像头自动扫描PCB，采集图像，将测试焊点的参数与数据库中的合格参数进行比较，经过图像处理，检查出组装板上的各种缺陷，并通过显示器或自动标志将缺陷显示或标示出来，供维修人员修整。

AOI在SMT中的作用：代替人工目视检验，并检查人工目视检验无法检查的小型化、高密度的产品；节省人工目视检验的工作量，降低人工成本。

AOI的软件技术具有过程控制能力，已成为有效的过程控制工具。AOI能够产生两种类型的过程控制信息：一是定量的信息，如元器件偏移的测量等；二是定性信息，可通过直接报告全部装配过程的缺陷信息来判断制造过程的系统缺陷。AOI具有强大的统计功能，能直接统计出浓度数据，还能直接生成控制图。可将AOI放置在印刷后、焊接前、焊接后的不同位置进行过程跟踪。实施最终品质控制，统一评判标准，保证组装质量的稳定性。

总体来说，AOI检测各类焊点的外观质量比较成熟，应用比较广泛，可以检测桥接、偏移、立碑、焊料量不足等常见焊接缺陷。但目前该检测方法依然存在以下不足。

（1）难以检测BGA等面阵列类元器件的隐藏焊点的质量状况。

（2）对焊点内部缺陷无能为力。

（3）完整的焊点3D信息比较难以获得，即使能获得，速度也较慢；同时建立3D的接受准则比较困难。

（4）各类不同的元器件材料对于光源的吸收率、反射率、颜色以及表面纹理相差很大，一次性完成满足所有要求的设置比较困难。

2）自动X射线检测

自动X射线检测是近几年兴起的一种新型检测技术。自动X射线检测主要用于BGA、CSP、FC、QFN（方形扁平无引脚封装）等焊点在元器件底部，用肉眼和AOI不能检测的，以及PCB、元器件封装、连接器、焊点的内部损伤检测。

X射线焊点图像分析需将软件与工艺结合，与IPC-A-610D验收标准结合。为了正确评估和判断焊接缺陷，要了解BGA、CSP元器件主要的焊接缺陷，以及这些缺陷的产生原因；了解BGA、CSP元器件焊点检测标准；还要正确使用自动X射线检测的图形分析软件。BGA元器件的主要焊接缺陷有空洞、脱焊、桥接、焊球内部裂纹、焊接界面的裂纹、焊点扰动，以及由于焊接温度过低造成的冷焊、锡球熔化不完全、焊球与PCB焊盘不对准、球窝等。

（1）空洞。空洞是由在BGA元器件加热期间焊料中的助焊剂、活化剂与金属表面氧化物反应时产生的气体和气体在加热过程中膨胀所导致的。理想的情况是焊点内无空洞。但空洞并不可怕，只要空洞不在焊接界面，电气性能就可能会满足要求，但机械强度会受到影响。

（2）脱焊（开路）。脱焊（开路）是不允许、不可接受的。脱焊（开路）产生的主要原因有：焊膏未能充分熔化；PCB或PBGA元器件的塑料基板变形；金属化孔设计在焊盘上，回流时液体焊料从孔中流出；印刷缺陷（漏印或少印）。

（3）桥接和短路。桥接和短路也是不可接受的。其产生原因有：焊膏量过多或印刷焊膏图形粘连；贴片后手工拨正时，焊膏滑动；焊接温度过高，液相时间太长，焊球过度塌陷，使相邻焊盘的焊料连在一起；焊盘设计间距过细；还可能由于 PBGA 元器件的塑料基板吸潮，焊接时在高温下水蒸气膨胀引起焊盘起翘，使相邻焊点桥接。

（4）冷焊、锡球熔化不完全。冷焊、锡球熔化不完全是由焊接温度过低造成的，也是不可接受的。

（5）焊点扰动。焊点扰动是焊点冷却凝固时由于 PCB 振动，或由于加热过程中 PCB 膨胀变形，冷却凝固时 PCB 收缩变形应力造成的，无铅焊点表面粗糙不属于焊点扰动。

（6）焊球与 PCB 焊盘不对准。焊球与 PCB 焊盘不对准产生的原因：一是由于贴片偏移过大；二是焊接温度过低，焊接过程中没有到达使焊球完成二次下沉的温度，没有完成自定位效应就结束了焊接。在这种情况下，贴片造成的偏移量不能被纠正，造成焊球与 PCB 焊盘不对准，看上去焊球的形状是扭曲的。

自动 X 射线检测与 AOI 相比，其最大的优势在于可以检测焊点的内部缺陷，自然可以应用于 BGA 等面阵列元器件隐藏焊点的检测。此外，还可以应用与元器件本身相关内部缺陷的检测。但自动 X 射线检测尚未完全成熟，目前比较先进的 3D-X 射线分层检测技术在实际应用时依然存在一定的局限性，如内部微裂纹的检测。3D-X 射线分层检测技术采用扫描束 X 射线分层照相技术，其工作原理如图 5-55 所示。

普通 X 射线影像分析只能提供二维图像信息，对于遮蔽部分难以进行分析。而扫描束 X 射线分层照相技术能获得三维影像信息，且可消除遮蔽阴影。它与计算机图像处理技术相结合能对 PCB 内层和 SMA 上的焊点进行高分辨率的检测，特别适用于 BGA/CSP 等封装元器件下的隐蔽焊点的检测。通过焊点的三维影像可测出焊点的三维尺寸、焊锡量和焊料的润湿状况，准确客观地确定焊点缺陷。此外，它还能对印制电路板金属化通孔的质量进行非破坏性检测。这种检测技术也可用于焊接过程的质量控制，特别适用于复杂 SMA 的焊接质量检测。

3）激光/红外检测技术

图 5-56 所示为红外成像检测示例。激光/红外检测技术的基本原理为：由激光发生器发出特定波长的激光，经透镜聚光后由光纤传导至检测透镜，聚焦后射向焊点。焊点处受激光热量的照射，一部分能量被焊点吸收，另一部分被散射出来，由红外表面温度计测出其温度数值，通过计算机与标准板做成的焊点温度升降曲线进行对比分析，来判断缺陷的类型。

激光/红外检测技术的优点是：检测准确率高，检测的一致性和可靠性好；检测能力强，各类缺陷检测率可达 95%～100%，利用计算机技术能对焊接缺陷进行统计分析，便于监控。其不足之处在于检测速度相对较慢，每秒钟约检测 20 个焊点，价格昂贵，而且对焊点有热效应。典型的产品如美国 Vanzetti 红外与计算机系统公司研制成的 LI6000 系列以及 LI7000、LI7210 智能型激光焊接——检测系统。

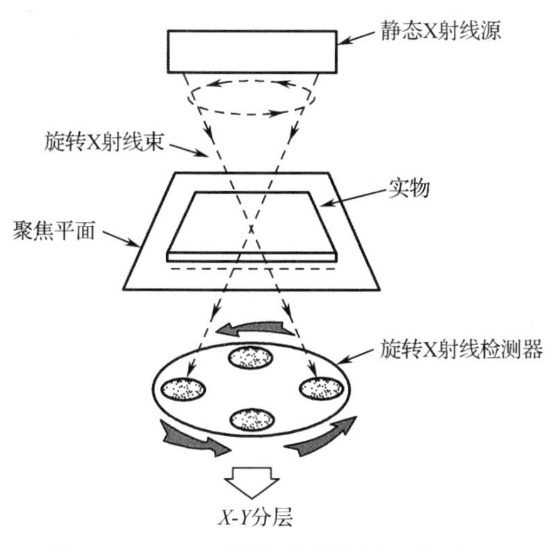

图 5-55　3D-X 射线分层检测工作原理

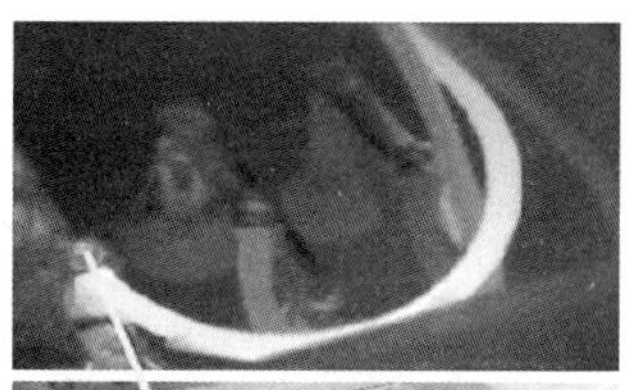
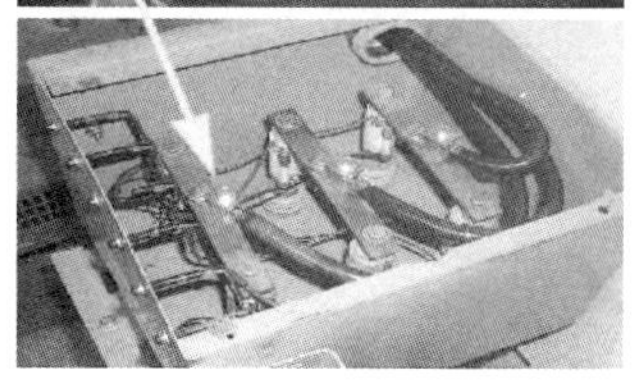

图 5-56　红外成像检测示例

Chapter 6

第6章 SMT组装系统

本章在介绍SMT组装系统的定义、特点、组成与分类的基本概念基础之上，重点阐述SMT组装系统的核心设备，包括焊膏印刷机与点胶机、贴片机、再流焊炉与波峰焊机、检测设备以及清洗设备等，进而介绍智能组装系统的体系架构及典型案例。

6.1 SMT组装系统概述

6.1.1 板级组装系统的基本概念

1. SMT组装系统的定义

电子（产品）组装系统是包含市场分析、产品设计、工艺规划、组装制造、检验出厂、产品销售和售后服务等各个环节的组装制造全过程，及其所涉及的硬件、软件和人员所组成的一个将各种电子元器件、机电元器件、电路基板以及机械结构件等制造资源进行合理的设计、互联、安装、调试，使其转变为适用的电子产品或半成品（小至电子元器件、集成电路、微电子组件，大至家电、通信、雷达、计算机等产品）的有机整体。

当下最典型的电子（产品）组装系统是SMT组装系统。SMT组装系统是指用于SMT技术的自动化生产线，通常由多个自动化设备和工作站组成，用于完成元器件的自动上料、焊膏印刷、贴片和自动焊接等工序并最终生产出符合要求的电子产品的一套自动化生产线。在SMT及其产品的发展历程中，并存有全表面组装、表面组装与插装混合组装以及PCB单面（或双面）组装等多种产品组装形式。

2. SMT组装系统的特点

SMT组装系统实质上是SMA这一特定产品的装配制造生产系统。它具有一般制造系统和生产系统的特征，同时又有现代电子产品制造系统的特殊性。这种特殊性主要体现在以下几个方面。

（1）组装系统及其组成设备是先进制造技术、光机电一体化技术、计算机控制技术等新兴科学技术的综合体，发展历史短、技术进步速度快、科技含量高。

（2）组装系统及其组成设备的自动化程度高、组装精度高、生产效率高、组成成本高、使用环境与条件要求高、维护成本高。

（3）组装产品的规格类型多、组装质量要求高、返修难度大，组装工艺过程的调试、检测、控制要求高且难度大。

（4）组装材料的品种多，备料、存储与传输过程要求高。

（5）对组装系统及其组成设备的操作与管理人员的技术要求高等。

此外，相较于传统的 DIP 组装技术，SMT 组装系统具有以下优点。

（1）高效性：SMT 组装系统能高效地自动化贴装电子元器件，节省了大量的人力和时间成本。

（2）精确性：SMT 组装系统采用高精度的图像识别技术和机械臂控制技术，能够将电子元器件精确地放置到 PCB 上。

（3）灵活性：SMT 组装系统具有较高的灵活性和可编程性，能够适应不同类型的电子元器件和 PCB，可以根据需要进行快速切换和调整。

（4）体积小：由于 SMT 组装技术采用的是表面贴装技术，因此元器件的尺寸更小，整体电路板更加紧凑，适用于小型电子设备的制造。

（5）节省成本：SMT 组装系统能够实现高效生产，降低制造成本，同时减少废品率，提高产品质量。

总之，SMT 组装系统是一种高效、精确、灵活、节省成本的电子制造技术，适合应用于大批量 SMA 产品的表面组装，对电子制造业的发展有着重要的推动作用。

6.1.2 SMT 组装系统的组成与分类

1. SMT 组装系统的组成

广义的 SMT 组装系统是指使用 SMT 技术进行电子组装的系统，如图 6-1 所示，包括整个 SMT 生产线所需的人员（含管理人员和技术人员等）、生产现场环境（涉及温度、湿度和防静电等）、生产管理系统（主要指主控计算机及外围设备等软硬件设备）、表面组装设备［包括焊膏丝网印刷机、焊胶（黏结剂）点胶机、SMC/SMD 贴装机、再流焊/固化炉、清洗机、光学检测仪、上板机、下板机、翻板机］等。这些设备通常是通过自动化控制系统进行协调和控制的，可以实现电子元器件的快速、高效和自动化装配以及对电子元器件的清洗和检测。

狭义的 SMT 组装系统是指完成从焊膏印刷到焊接表面组装的一整套 SMT 工艺生产线系统，主要包括自动供料机、印刷机、贴片机和再流焊接炉等。

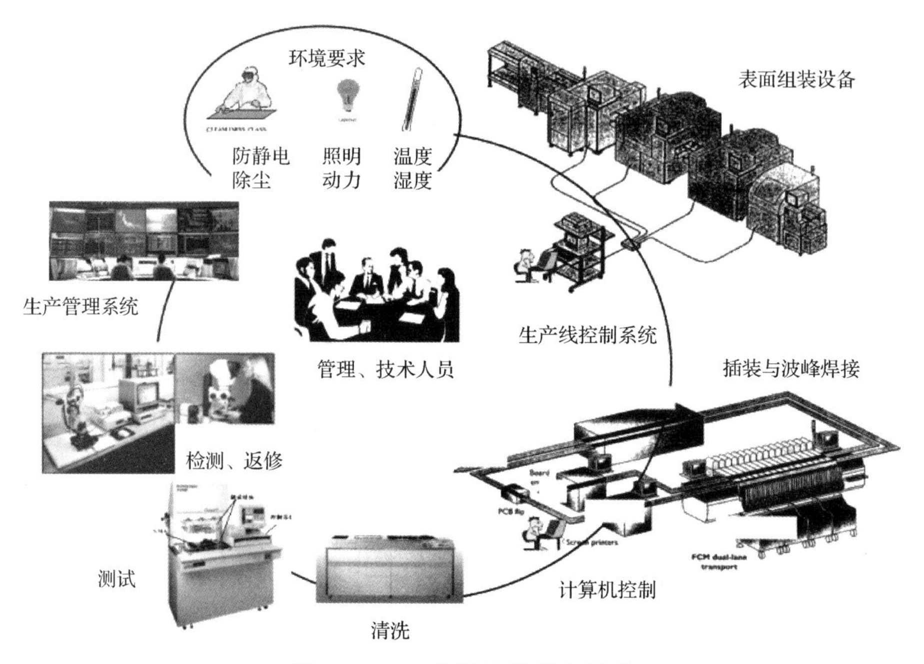

图 6-1　SMT 组装系统基本组成

2. SMT 组装系统的分类

SMT 组装方式及其工艺流程主要取决于组装元器件的类型和组装的设备条件。狭义的 SMT 组装系统大体上可分为单面表面组装系统、单面混装系统、双面表面组装系统和双面混装系统 4 种类型。

1）单面表面组装系统

单面表面组装系统是一种用于 PCB 单面贴装电子元器件的组装系统，图 6-2 所示为配备有 AOI 检测设备的 SMT 单面表面组装系统。

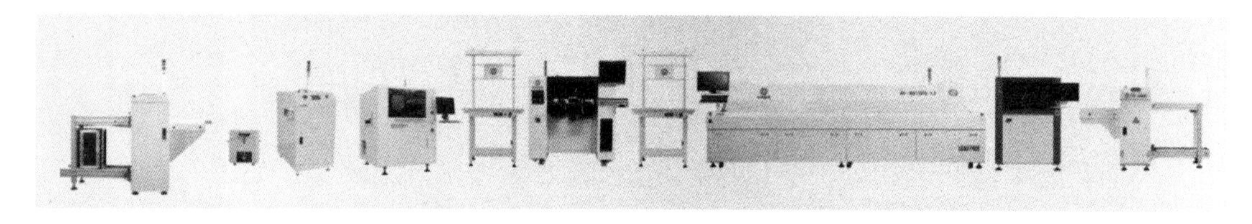

图 6-2　配有 AOI 检测设备的 SMT 单面表面组装系统

单面表面组装的核心工艺流程主要包括来料检测、涂覆焊膏（点贴片胶）、贴片、烘干（固化）、再流焊、清洗、检测、返修等工序环节，如图 6-3 所示。

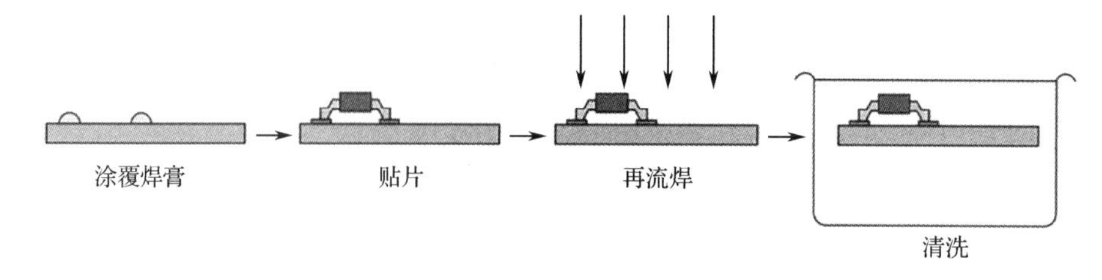

图 6-3　单面表面组装工艺主要流程（部分）

2）单面混装系统

与单面表面组装系统不同的是，单面混装系统是用于 PCB 单面既贴装又插装电子元器件的组装系统，其工艺主要流程如图 6-4 所示，包括来料检测、涂覆焊膏（点贴片胶）、贴片、烘干（固化）、再流焊、插件、波峰焊、清洗、检测、返修等。

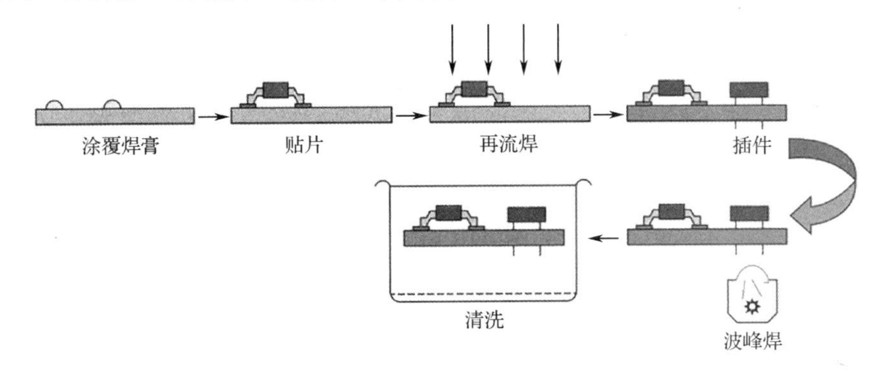

图 6-4　单面混装工艺主要流程（部分）

3）双面表面组装系统

双面表面组装系统是指在 PCB 两面进行全表面贴装的组装系统，其工艺主要流程如图 6-5 所示，包括来料检测、PCB 的 A 面涂覆焊膏（点贴片胶）、贴片、烘干（固化）、A 面再流焊、清洗、翻板、PCB 的 B 面涂覆焊膏（点贴片胶）、贴片、烘干、B 面再流焊、清洗、检测、返修等。

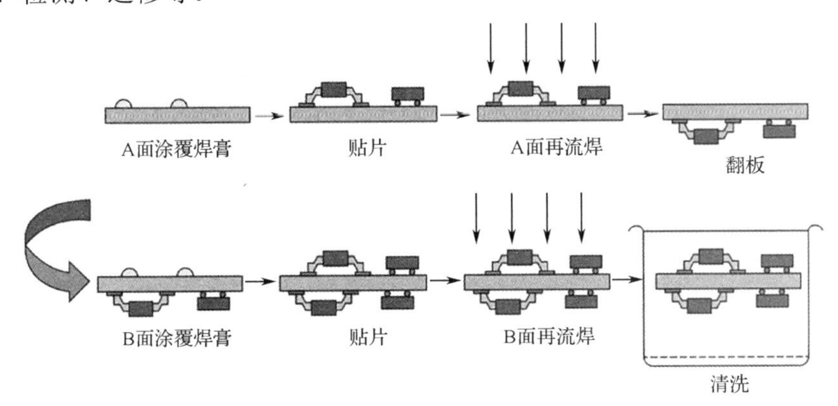

图 6-5　双面表面组装工艺主要流程（部分）

4）双面混装系统

双面混装系统是指在 PCB 两面既有贴装元器件也有插装元器件的组装系统，既可以是一面全表面组装另一面全插装或混装，也可以是两面均为混装的情形。图 6-6 所示为双面混装工艺主要流程，主要包括来料检测、PCB 的 A 面涂覆焊膏、贴片、烘干、再流焊、插件、引脚打弯、翻板、PCB 的 B 面涂覆焊膏、贴片、固化、翻板、波峰焊、清洗、检测、返修等。

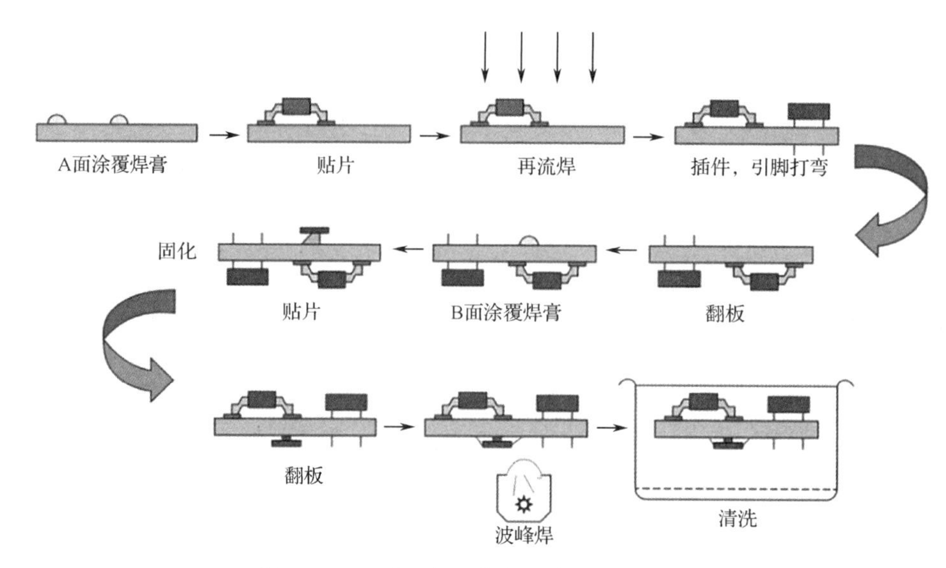

图 6-6　双面混装工艺主要流程（部分）

6.1.3　广义 SMT 组装系统生产现场管理

SMT 生产现场管理是 SMT 生产过程中一项非常重要而具体的工作。SMT 生产线中使用的设备都是高精度的机电一体化设备，要求在一定的生产方式和条件下，按一定的原则、标准、程序和方法，科学地计划、组织、协调和控制各项工艺工作的过程。SMT 组装系统的生产现场管理包含内容较多，主要包括 SMT 生产车间的环境管理（温度、湿度控制及防静电等）、SMT 生产线设备管理和维护、物料管理与调度、质量管理系统等。

1．SMT 组装系统生产环境管理

SMT 组装系统生产环境控制主要包括温度、空气清洁度、相对湿度、洁净度、光照防护、防静电等，其最佳控制范围分别如下。

（1）温度：温度范围为 15～35℃，印刷工作间环境温度为 23℃±3℃，但有专用冰箱存放焊锡膏、贴片胶时可扩大温度范围。

（2）空气清洁度：车间空气清洁度为 10^5 级。在空调环境下，要有一定的新风量，尽量将 CO_2 含量控制在 1000ppm 以下，CO 含量控制在 10ppm 以下，以保证人体健康。

（3）相对湿度：45%～70%RH。

（4）洁净度：0.5μm≤粒径≤5.0μm，2.5×10^4≤含尘浓度≤3.5×10^5（粒/m^2）。

（5）光照防护：有窗户的工作场所需安装窗帘，防止日光直射设备（SMT 生产设备基本上都配置有光电传感器，强烈的光线会使机器误动作）。在车间内合理布置照明，理想的照度为 800～1200Lx，最低不能低于 300Lx，在测试、返修等工作区安装局部照明。

（6）防静电：SMT 生产线中 ESD（静电放电）会对电子产品造成突发性损伤或潜在性损伤，其中 90%的静电损伤不能通过仪器检测，而是在用户使用过程中逐渐显现的。因此，SMT 生产现场必须配备静电安全工作台，进入车间的人员必须穿戴防静电工作服，

生产线上用的传送带和传动轴应安装防静电接地的电刷和支杆，生产场所的入口处应安装防静电测试台，以预防 ESD 现象发生。

2．SMT 生产线设备管理与维护

降低设备故障率，减少停机损失，最有效的方法是加强设备管理水平，制定设备操作规程和维护保养的管理办法以及责任制。

SMT 工艺路线中需确定每台设备单元的工艺参数、数据要求、标准和曲线，并由工艺检查人员按规定的频次定时监督检查，杜绝设备参数乱动、乱调等不良状况。

按照设备规定的内容制定日保养、周保养、月保养、半年及一年保养和维修管理办法，详细规定不同阶段进行保养的部位，保养操作的方法以及需要达到的保养目的和效果。

要求设备操作人员掌握设备操作的基本技能，考核合格才能上岗工作并严格按规程进行操作，工作中对设备运行过程勤观察、勤判断，发现异常现象及时上报。

3．物料管理和调度

物料管理需要对生产过程中用到的材料加强检查和仓库管理，通常可采用以下管理方法。

（1）看板管理：将物料号、数量、进库日期等物料信息整理成表格的形式，制成看板立于货架端面，方便物料调度。

（2）储位管理：货架不同的区域放置不同物料，物料的存放需定区、定架、定位。

（3）FIFO（先进先出）管理：先进仓的物料先出库投入使用，生产月份不同的产品用不同的颜色标识。

（4）区域管理：不同的区域用不同颜色表示，作为不同物料的标识。

（5）不良品管理：不良品可由品管人员确认后贴拒收标签，隔离放置，处理后放入不良品仓库。

SMT 生产车间的物料管理主要采用智慧物流管理方法，是基于对数据的采集、处理和分析实现物料的智能化管理。第一，通过物联网技术，将传感器、射频识别等设备与物流系统连接，实现对物流环节的实时监测和数据采集；第二，通过数据处理和分析，得出物流过程中的瓶颈和优化方案，从而实现智能化管理，进而提高物流效率并降低物流成本。

4．质量管理系统

SMT 产品质量管理系统功能主要包含以下内容。

（1）产品设计质量验证：包括产品设计标准、规范的验证和产品技术指标验证等。

（2）物料的质量检测与控制：包括对基板、元器件、印刷钢网、焊膏材料等物料的质量和性能（如可焊性）的检测与控制等。

（3）工序及生产质量控制：包括工序质量控制文件的编制，新工艺试验，工序能力分析，工艺、工装质量等相关参数修正，现场质检人员资格认可、检测，质量计量仪器

设备控制等。

（4）产品质量统计、分析与评价：包括统计物料和产品的各种情况，考核和分析指标完成情况，分析质量波动原因，准确、按时打印各类质量报表，掌握变化动态，研究预测质量发展趋势，并进行合理性评价或采取修正措施等。

（5）检验与测试：包括对工序的检验和在线测试，以及质量信息的反馈处理等。

（6）质量成本管理：包括对质量成本的核算、分析、预测和控制，还需对质量管理系统进行有效性的分析和调整，对质量保证体系进行优化。

SMT 生产现场的质量管理系统是一种基于物联网、人工智能、大数据等技术的智能化质量管理系统。该系统通过物联网技术实现设备状态、工艺参数、质量数据等信息的实时采集和传输，通过大数据分析和人工智能技术实现对生产数据的挖掘和分析，识别质量问题，为生产调度和质量控制提供决策支持，实现 SMT 生产现场的智能化品质管理。

6.2 SMT 组装系统设备

6.2.1 焊膏印刷机与点胶机

焊膏印刷机是专门用来进行焊膏印刷的印刷器械；点胶机主要用于滴涂贴片胶或 CSP 底部填充，也可用于分配、滴涂焊膏。

1．焊膏印刷机

1）焊膏印刷机的分类

SMT 焊膏印刷机根据自动化程度不同，可分为手动焊膏印刷机（手刮台）、半自动焊膏印刷机和全自动焊膏印刷机 3 种。

（1）手动焊膏印刷机。

手动焊膏印刷机也称为手刮台，如图 6-7 所示。手动焊膏印刷机定位精度低，劳动强度大，印刷效果一致性差，只适合应用在大间距元器件以及对产品质量要求不高的场合。

（2）半自动焊膏印刷机。

半自动焊膏印刷机与手动焊膏印刷机相比，刮刀的运动控制、钢网的升降等动作是自动完成的，印刷压力、印刷速度等工艺参数的一致性较手动焊膏印刷机有较大提高。半自动焊膏印刷机通常应用在产品相对较简单、产能不大的场合。

（3）全自动焊膏印刷机。

全自动焊膏印刷机的所有印刷动作，包括单板进出、PCB 和钢网的对位、PCB 和钢网的贴合、刮刀的运动、PCB 和钢网的脱模等均按照事先设定的程序自动完成。其对位精度高、一致性好，可以适应高密度电子封装技术的发展趋势，以及 QFP、SOP、BGA、CSP 等细间距产品的焊膏印刷工艺。

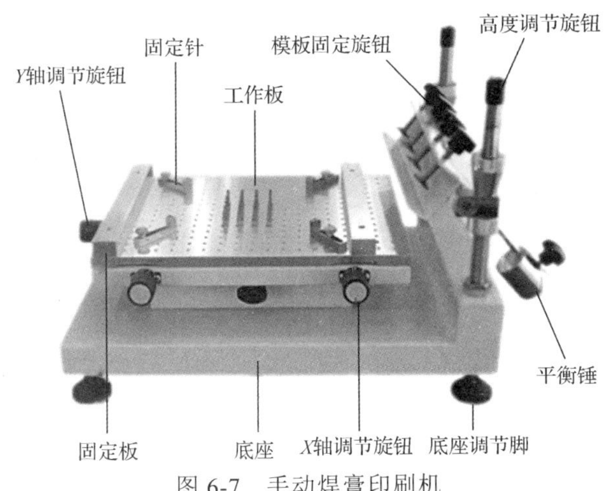

图 6-7　手动焊膏印刷机

2）焊膏印刷机的主要技术指标

（1）印刷精度：一般要求达到±0.025mm。

（2）重复精度：一般要求达到±0.01mm。

（3）印刷速度：根据产量要求确定，约为 25mm/s。

3）全自动焊膏印刷机的组成

全自动焊膏印刷机主要由机械与电气两大部分组成。

（1）机械部分。

机械部分由 PCB 运输系统、网板夹持和位置装置、PCB 定位和支撑装置、视觉系统、刮刀系统、自动网板清洗装置、可升降的底座平台等组成。

① PCB 运输系统。

组成：包括运输导轨、运输带轮及皮带、步进电机、停板装置、导轨调宽装置等，如图 6-8 所示。

功能：对 PCB 进板/出板的运输、停板位置及导轨宽度进行自动调节以适应不同尺寸的 PCB 基板。

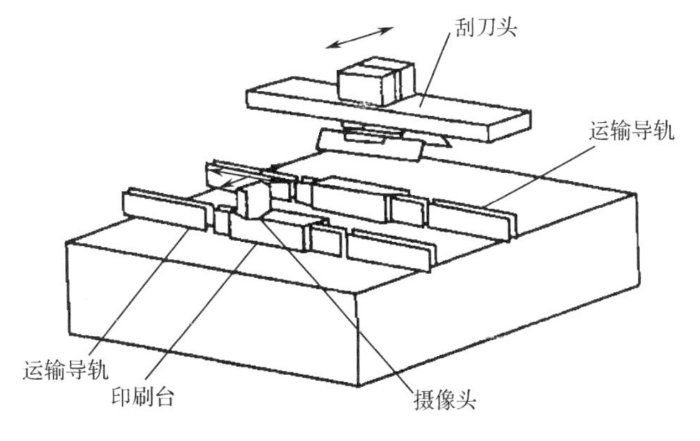

图 6-8　PCB 运输系统的实物图和结构（部分）

② 网板夹持和位置调整装置。

组成：由汽缸、导轨、滑块及加工件等组成，钢网支座可左右移动，以适用于不同尺寸的钢网，如图 6-9 所示。

功能：网板夹持的宽度可调，并可对钢网位置固定、夹紧。

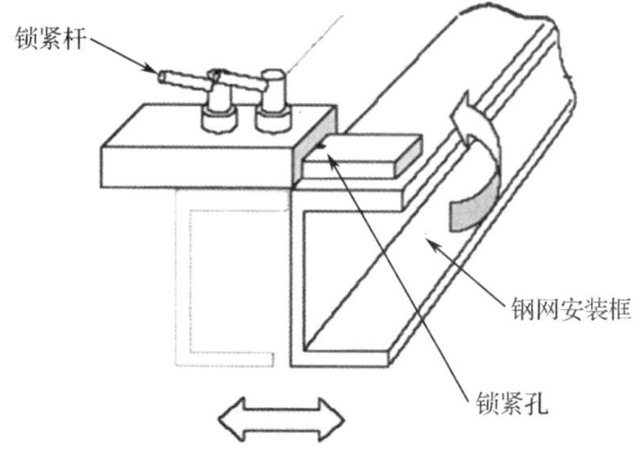

图 6-9　网板夹持和位置调整装置实物图和结构（部分）

③ PCB 的定位和支撑装置。

组成：包括 Z 轴夹片组件、Y 轴侧夹组件、磁性顶针、软顶针、气动（电动）顶针、真空顶针、一体化工装等，如图 6-10 所示。

功能：固定 PCB 的位置，防止 PCB 在视觉识别、上升和印刷过程中产生位移。印刷过程中在 PCB 的底部给其以支撑，保证印刷过程中 PCB 和钢网的紧密贴合。

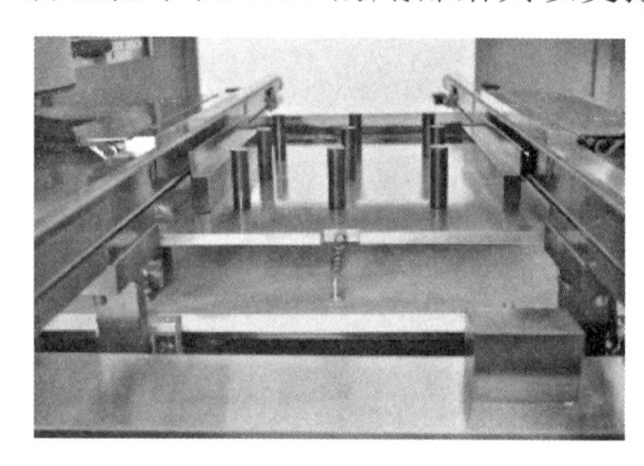

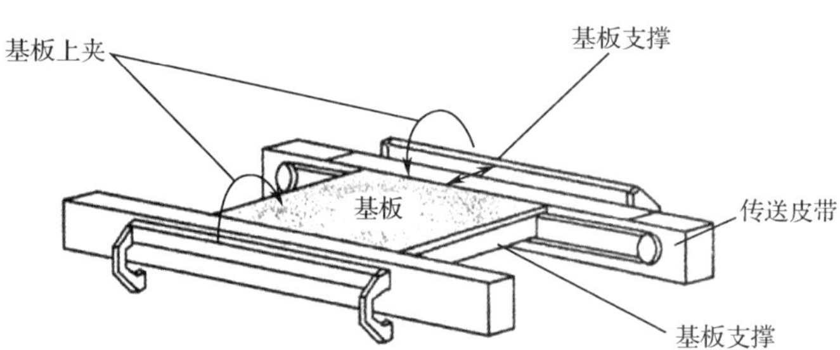

图 6-10　PCB 的定位和支撑装置实物图和结构（部分）

④ 视觉系统。

组成：包括 CCD 的运动部分、CCD 的摄像装置（摄像头、光源）以及高分辨率显示器等，由视觉系统软件进行控制，如图 6-11 所示。

功能：采用先进的图像视觉识别系统、高精度的相机，精确地采集 PCB 与钢网模板偏差信息。

⑤ 刮刀系统。

组成：包括印刷头（刮刀升降行程调节装置、刮刀片安装部分）、刮刀横梁、刮刀驱动部分（步进电机）和刮刀等，如图 6-12 所示。

功能：将焊膏精度更高、更均匀地挂入钢网模具中。

图 6-11　视觉系统

图 6-12　刮刀系统

⑥自动网板清洗装置。

组成：包括真空管、真空泵、清洗液存储和喷洒装置、卷纸装置、升降汽缸等。自动网板清洗装置被安装在视觉系统后面，通过视觉系统决定清洗行程，自动清洗网板底面，如图 6-13 所示。

功能：具有干式、湿式、真空 3 种方式组合的清洗方式，彻底清除网板孔中的残留焊膏，保证印刷质量。

⑦ 可升降的底座平台。

组成：包括升降底座、升降丝杠、伺服电机、升降导轨、阻尼减震器等。

功能：通过底座的上升和下降，使得 PCB 停留在不同的高度上。

（2）电气部分。

电气部分主要由电源供给模块、中央控制计算机（工控机）、运动控制模块、执行部件、检测系统组成。

① 核心部件。如图 6-14 所示为各核心部件的安装位置，电源供给模块为各电气系统、运动部件、感应器提供不同的电源；工控机相当于人的大脑，接收和处理各种信息，并对各运动控制器和各运动部件发出动作指令；运动控制模块内集成了各种运动部件所需的运动控制卡，驱动各种执行机构进行动作。

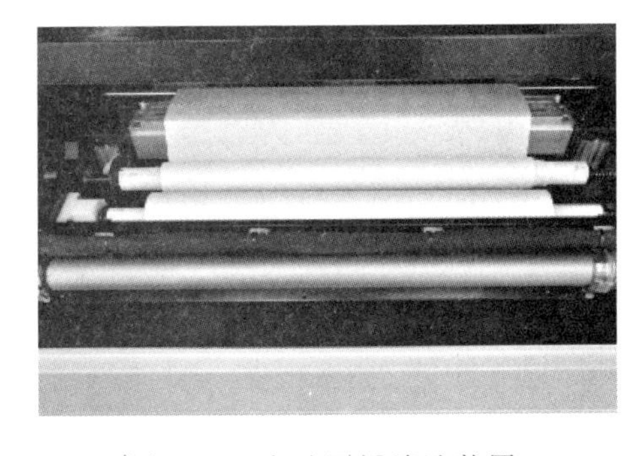

图 6-13　自动网板清洗装置

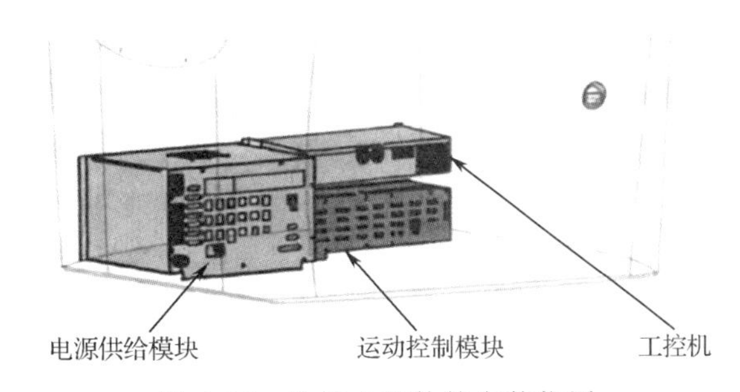

图 6-14　各核心部件的安装位置

②执行部件。执行部件包括各种电机和汽缸，使用的电机分为伺服电机、步进电机、直流电机等，各种电机的特点如表 6-1 所示。

表 6-1　各种电机的特点

电 机 类 型	特　点
CAN 伺服电机	卓越的位置精度（由于有码盘）、高速、大扭矩，包括 CAN 编码器和解码器及整个驱动电路
步进电机	良好的位置精度，不能用于高速和大扭矩的情况
直流轨道电机	速度可控，大扭矩
简单的直流电机	设计简单，不适合高精度的速度控制和位置控制

③ 检测系统。检测系统由各种传感器组成，这些传感器可以感应包括位置、压力、气压、温度、湿度等各种信息，通过这些反馈信息，工控机可以了解当前印刷机的状态，并根据这些状态信息下达下一步的指令。

4）焊膏印刷机的发展方向

焊膏印刷机一直向着高密度、高精度、多功能的方向发展。为了配合 SMT 产品灵活、多变、小批量、高混合业务订单的需求，半自动焊膏印刷机也可以提供全自动视觉对位、二维检验、自动清洗模板底部等全自动焊膏印刷机中的功能选件。全自动焊膏印刷机除了具有 CCD 自动视觉识别功能，还可以增加其他功能选件。

传统印刷头的印刷方式为开放式印刷，而印刷过程中的焊膏长时间暴露在开放环境下是引起印刷缺陷的重要原因。因此，发展了封闭式印刷技术。由于封闭式印刷过程易产生大量摩擦热，这使得封闭式印刷技术刚开始发展得并不顺利，随着密闭式印刷头技术的不断改进和提高，封闭式的焊膏印刷技术也逐渐得到了广泛应用。这些新技术可以满足免清洗、无铅焊接、高密度、高速度印刷的要求，此外，现有的机型还可以用到晶圆凸点的印刷工艺、助焊剂涂覆、植球、黏结剂灌封和基板凸起等场合。

随着面板技术的广泛应用，焊膏印刷机的底部支撑工具也越来越受到重视，尽管现在的印刷设备普遍采用多个顶针进行多点支撑，但仍然出现印刷不良的现象。通过可调板支撑，即使用一个固定在模具上可伸缩的平面支撑，也能灵活适应电路板底部的形状，可以有效地进行 PCB 支撑，实现高质量印刷。

印刷过程中实现稳定的压力控制。印刷时刮刀施加在 PCB 上的压力对印刷质量影响非常大，在现有设备的焊膏印刷过程中经常出现印刷偏差。新型焊膏印刷设备采用闭环控制技术，则可以控制印刷过程中的刮刀压力，使压力平稳。

2. 点胶机

1）点胶机/点胶头的分类

点胶机/点胶头的分类可以按照自动化程度、分配泵的不同进行分类。

（1）按照自动化程度分类。

按照自动化程度，点胶机可分为手动点胶机、半自动点胶机和全自动点胶机。

① 手动点胶机：主要应用于小批量多品种的产品生产，便于人工作业，能精准地控制出胶时间，配合适当的外力作用即可立即点胶，图 6-15 所示为某型号手动点胶机实物图。

② 半自动点胶机：部分动作（如需加工部件的放置、取出等）是手动进行的，部件是由工装进行定位而不是由光学定位系统进行定位的，一般适用于时间-压力点胶法且位置精度要求不高的加工场合，图 6-16 所示为某型号半自动点胶机实物图。

③ 全自动点胶机：一种精准、快速及稳定点胶的自动化设备，通过机械取代人力，可以提高点胶质量，为用户降低成本，图 6-17 所示为某型号全自动点胶机实物图。

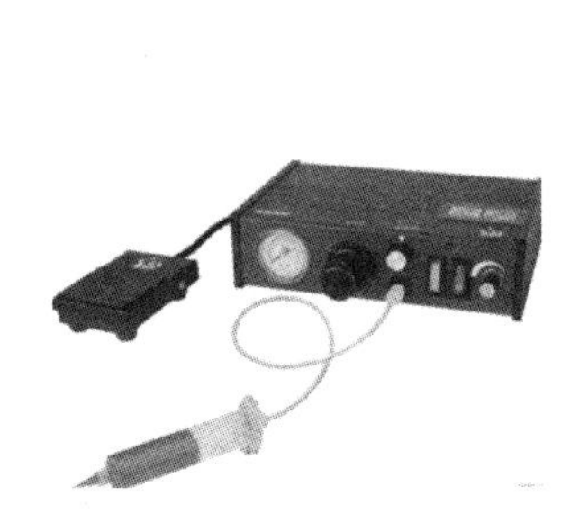

图 6-15　手动点胶机实物图

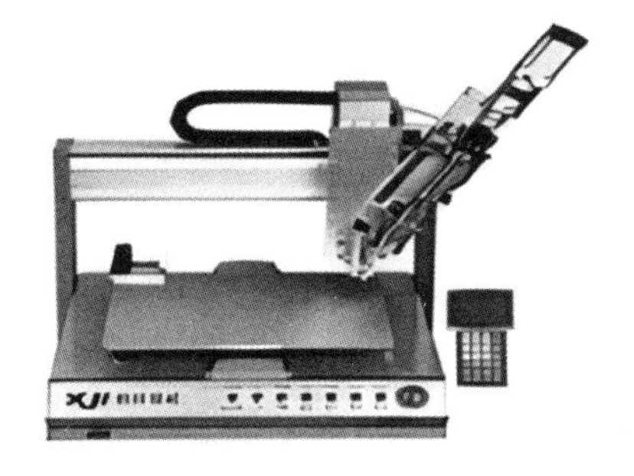

图 6-16　半自动点胶机实物图

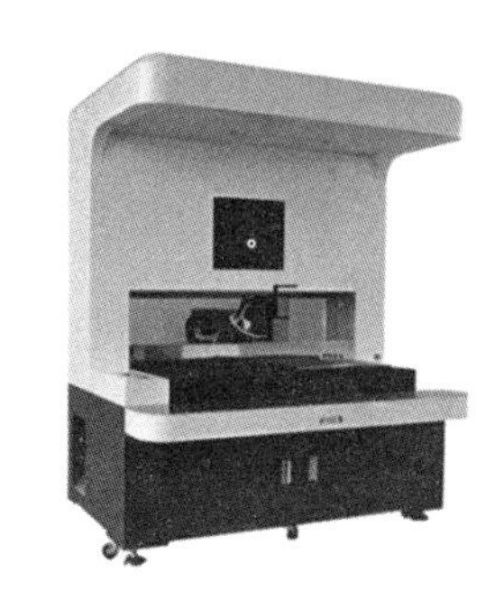

图 6-17　全自动点胶机实物图

（2）按照分配泵的不同分类。

按照分配泵的不同，点胶头分为时间/压力式、螺旋泵式、活塞泵式和喷射泵式 4 种，如图 6-18 所示。

① 时间/压力式点胶头：灵活性好、控制方便、操作简单、可靠，针头、针管易清洗，但速度受黏度影响大，高速滴涂和小胶点滴涂的一致性较差。

② 螺旋泵式点胶头：灵活性强，适合滴涂各种贴片胶，对贴片胶中的空气不太敏感，但对黏度的变化敏感，滴涂速度对胶点一致性有一定影响。

③ 活塞泵式点胶头：高速滴涂时的胶点一致性好，能滴涂大胶点；清洗复杂，对贴片胶中的空气敏感。

④ 喷射泵式点胶头：非接触式点胶头，具备滴涂速度快、对板的翘曲和高度的变化不敏感等特点；但滴涂大胶点速度慢且需要多次喷射，清洗复杂。

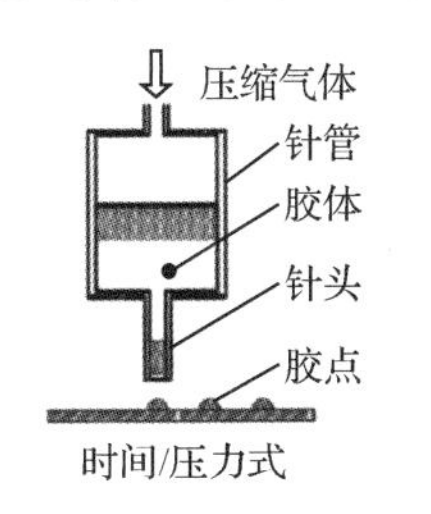

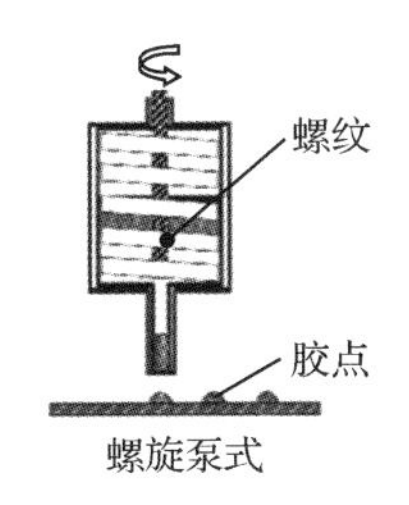

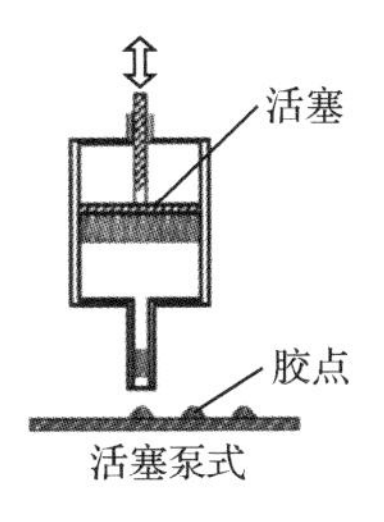

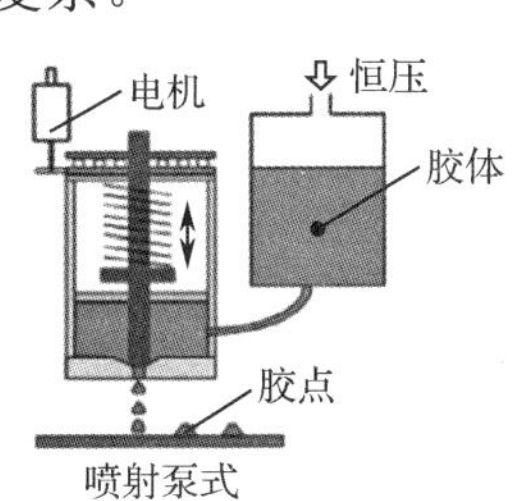

图 6-18　不同类型的点胶头

不同类型的点胶机通常会配备不同的阀来控制胶水的流量和启停。常用的几种阀的特性比较如表 6-2 所示。

表 6-2　常用的几种阀的特性比较

阀的形式	速　度	控制精度	成　本
时间压力阀	慢	较低	低

续表

阀的形式	速　度	控制精度	成　本
螺旋阀	较慢	较高	较低
线性正相位移阀	较快	高	高
喷射阀	最快	高	高

2）点胶机的组成

小元器件及细间距引脚的高密度集成使得电子组装设备性能面临更严峻的挑战。一台功能完善的点胶机，通常包括以下几个部分。

（1）点胶头与针嘴。

点胶头是点胶机的基础和核心，其在上文中已做了较详细的论述；针嘴的结构、内外径的大小以及离基板的距离等因素会直接影响胶点的大小、高度和形状。其中，针嘴与 PCB 之间的距离是影响胶点外形质量的重要参数：针嘴与 PCB 的距离太近，会导致针嘴被污染；太远则会出现“拉丝”等问题（见图 6-19）。针嘴与 PCB 的距离应根据针嘴的直径、胶点大小以及胶料的物理特性进行调节，调节的范围为针嘴直径的 3/10～1。

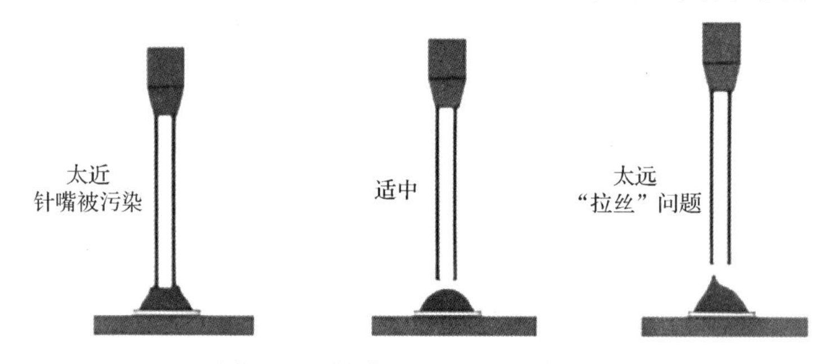

图 6-19　针嘴到 PCB 的距离控制

针嘴的结构是另一个影响胶点形状和质量的重要因素。针嘴的内部结构设计要确保胶料能在针嘴内部顺利流动；针嘴的外形设计（往往进行削边处理）需要降低针嘴的表面张力以得到良好的胶点外形。针嘴的内部结构和外形分别如图 6-20 和图 6-21 所示。

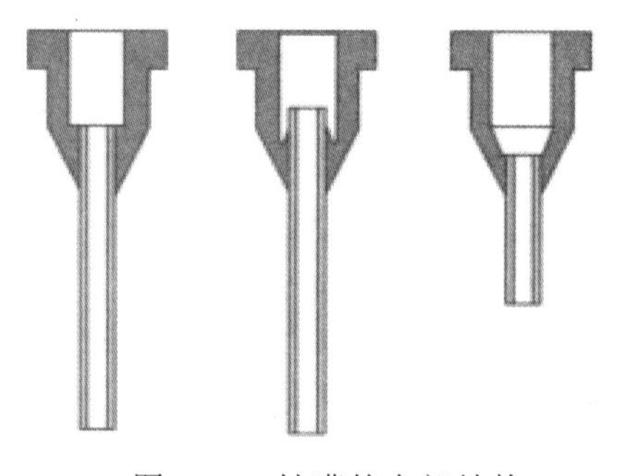

图 6-20　针嘴的内部结构

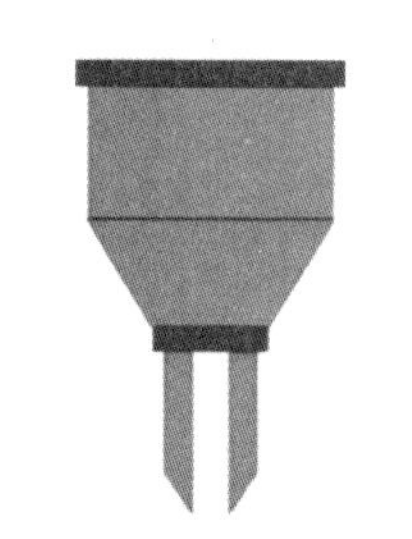

图 6-21　针嘴的外形

（2）平台与机架。

平台是为了保证胶点在 *X*、*Y*、*Z* 方向的位置精度；机架是为了给胶点提供稳定的位置精度。

（3）软件控制。

全自动点胶机通常是由一个多任务软件系统进行实时编程和控制的，其功能主要有：通过闭环反馈确认点胶过程；提供材料、阀和形状库的软件；通过主机实现各设备间的通信；记录生产数据；为使用者提供密码保护以及简化用户界面。

6.2.2　贴片机

贴片机就是按照事先编制好的程序将元器件从包装中取出并贴装到印制板相应位置上的设备。SMT 生产线的贴装功能和生产能力主要取决于贴片机的功能与贴片速度。

1．贴片机的分类

贴片机的分类大致有以下几种方法。

（1）按贴片速度不同，可分为中速贴片机、高速贴片机、超高速贴片机、多功能贴片机（主要贴一些不规则元器件）。

（2）按贴装方式不同，可分为顺序式贴片机、同时式贴片机、同时在线式贴片机。

（3）按工作原理不同，可分为动臂式贴片机、复合式贴片机、转塔式贴片机、平行系统贴片机。

（4）按自动化程度不同，可分为手动、半自动、全自动（机电一体化）贴片机。

SMT 贴片机初期只有动臂式拱架型和转塔型，随着 SMC/SMD 的封装尺寸越来越小，新的封装类型不断涌现，贴片机也有了很大的改进和发展。目前全球贴片机的型号包含动臂式拱架型、转塔型、动臂与转盘的复合型、平行式贴片型等。

1）动臂式拱架型贴片机

动臂式拱架型贴片机的元器件送料器和 PCB 基板是固定的，贴装头（安装有多个真空吸料嘴）在送料器与 PCB 基板之间来回移动，将元器件从送料器中取出，经过对元器件位置与方向的调整后贴放于 PCB 基板上。动臂式拱架型贴片机的贴装头安装在沿 *X*/*Y* 坐标移动的拱架型横梁上，如图 6-22 所示，其工作原理如图 6-23 所示。

图 6-22　动臂式拱架型贴片机的贴装头

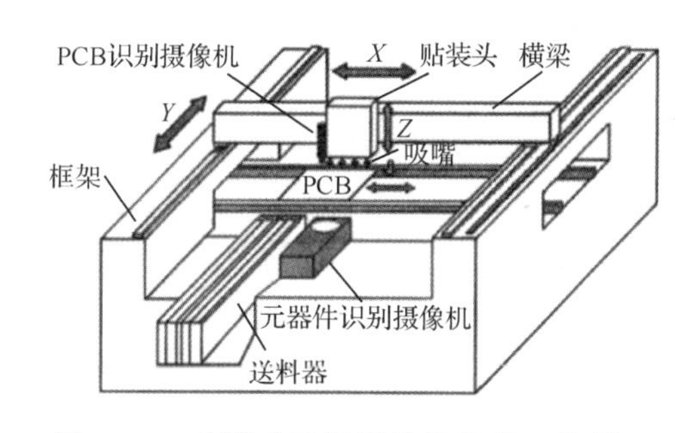

图 6-23　动臂式拱架型贴片机的工作原理

PCB 固定式结构的机器在贴片过程中，不会影响先贴装元器件的加速度，也不会引发元器件出现移位等问题，因此具有较好的贴装精度。这种结构适用于高精度多功能贴装机。

2）转塔型贴片机

转塔型贴片机的元器件送料器安装在一个单坐标移动的料车上，PCB 置于一个沿 *X*/*Y* 坐标系统移动的工作台上，贴装头安装在一个转塔上。工作时，料车将元器件送料器移动到取料位置，贴装头上的真空吸料嘴在取料位置拾取元器件，经转塔转动将元器件位置与方向调整至贴装位置（与取料位置成 180°），然后贴放于 PCB 上。

转塔型贴片机有水平旋转、垂直旋转和 45°旋转 3 种。转塔型贴片机的贴装头安装在旋转的圆盘上，且一个圆盘可安装多个贴装头，如图 6-24 所示，其工作原理如图 6-25 所示。

图 6-24　转塔型贴片机的贴装头

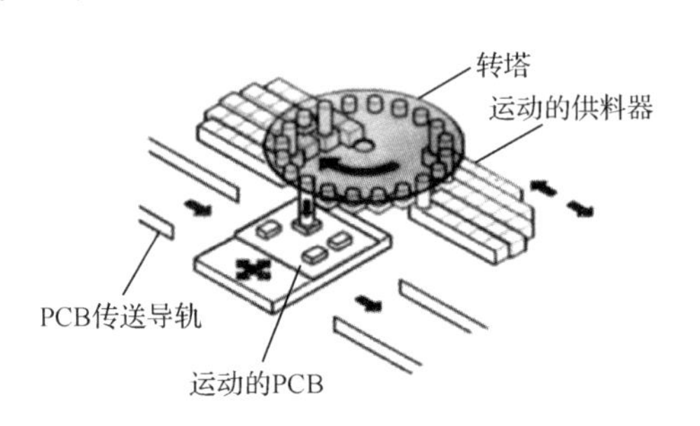

图 6-25　转塔型贴片机的工作原理

3）动臂与转盘的复合型贴片机

动臂与转盘的复合型贴片机是由动臂型贴片机发展而来的，它集合了转塔型和动臂式拱架型的特点，在动臂上安装有转盘，贴装头安装在转盘上，如图 6-26 所示。由于复合型贴片机可通过增加动臂数量来提高速度，因此具有较大的灵活性。当贴片机安装有 4 个旋转头，贴装速度可达 5 万片/时以上，其工作原理如图 6-27 所示。

图 6-26　动臂与转盘的复合型贴片机的贴装头

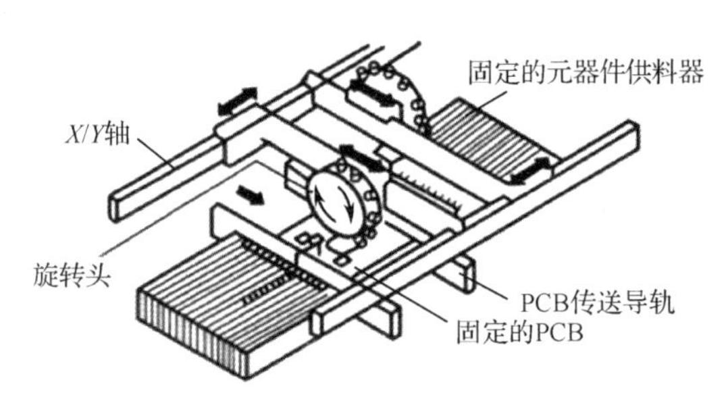

图 6-27　动臂与转盘的复合型贴片机的工作原理

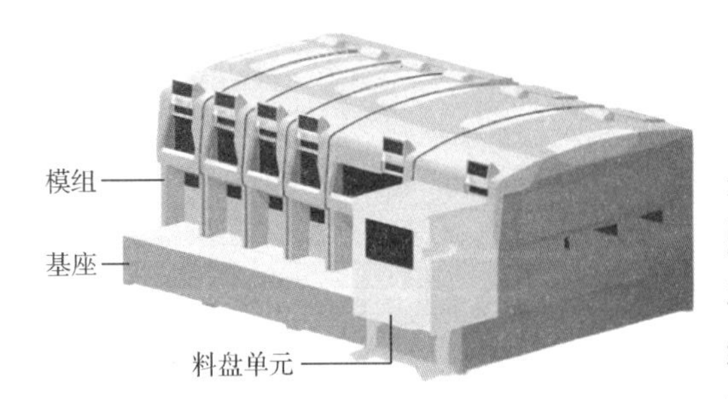

图 6-28　平行式贴片型贴片机

4）平行式贴片型贴片机

如图 6-28 所示，这一贴装系统以多个贴装头为基础，每个贴装头都由精细的进料器送料。贴装头平行运作，同时执行拾取、元器件排列和贴装任务。此类型机器的优点是可以大幅度缩短贴装周期，能够为大批量、高复杂性的电路组装提供高柔性化以及可扩展性的生产。其平行系统由一系列小型独立贴装机组成，它们有各自的定位系统、摄像系统，若干个带式送料器能为多块电路板分区贴装。

2．贴片机的基本组成

贴片机主要由机架、贴装头的 *X*/*Y* 轴定位传输装置、图像处理系统、送料器、贴装头、吸嘴、传感器等部件组成。其基本组成示例如图 6-29 所示。

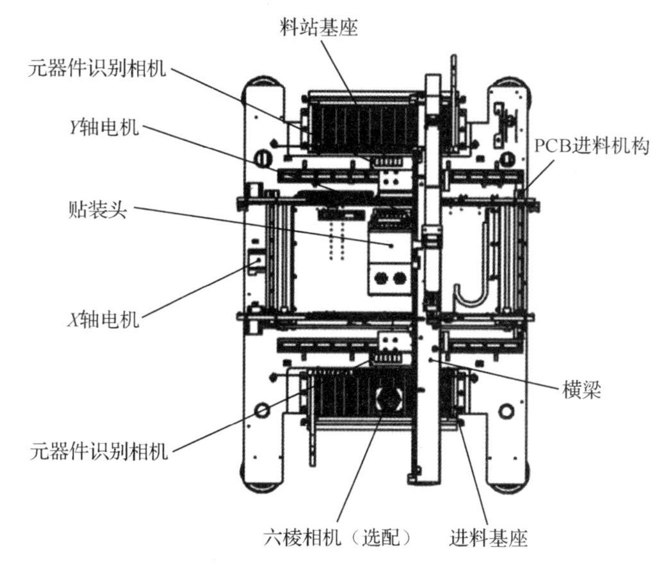

图 6-29 贴片机的基本组成示例

1）机架

机架是用来安装和支撑贴片机的部件。机架的结构主要有钢板烧焊式和整体铸造式两种。为实现高速度、高精度的贴片工艺，要求贴片机的机架具有重、稳、水平度高、振动小等性能。由于铸铁件质量大、耐振动、有利于保证贴装精度等优点，目前的机架趋向采用整体铸铁件。

2）贴装头的 *X*/*Y* 轴定位传输装置

贴装头的 *X*/*Y* 轴定位传输装置是贴片机的关键机构，也是评估贴片机精度的主要指标，它包括 *X*/*Y* 传动机构和 *X*/*Y* 伺服系统。该定位传输装置常见的工作方式有两种：一种是支撑贴装头，即贴装头安装在 *X* 导轨上，*X* 导轨沿 *Y* 方向运动从而实现在 *X*、*Y* 方向贴片的全过程，这类结构在通用型贴片机（泛用机）中多见；另一种是支撑 PCB 承载平台并实现 PCB 在 *X*、*Y* 方向移动，依靠送料器的水平移动和 PCB 承载平面的运动完成贴片过程，这类结构常见于转塔型贴片机中。

3）图像处理系统

贴装头拾取元器件后，CCD 摄像机对元器件成像并转化成数字图像信号；通过计算分析得到元器件的几何尺寸和几何中心，并将其与控制程序中的数据进行比较，计算出吸嘴中心与元器件中心的误差（ΔX、ΔY 和 $\Delta\theta$），并及时反馈至控制系统进行修正，以确保元器件引脚与 PCB 焊盘重合。

4）送料器

目前，贴片机所使用的送料器大致可分为四类：带式送料器、管式送料器、托盘送料器和散料盒式送料器。

（1）带式送料器。

带式送料器用于编带包装的各种元器件，其规格通常有 8mm、12mm、16mm、24mm、32mm、44mm、56mm 和 72mm。根据驱动同步齿轮的动力不同可将带式送料器分为气动式和电动式两种类型。传统的带式送料器以气动式居多，其结构简单、可靠性高、响应速度快，通常用于对物料要求不高、输送距离较短的场合；电动式送料器具有更小的振动、噪声以及更高的控制精度，适用于对物料要求较高、输送距离较长的场合。图 6-30 所示为带式送料器实物图及其拾取部分放大图。

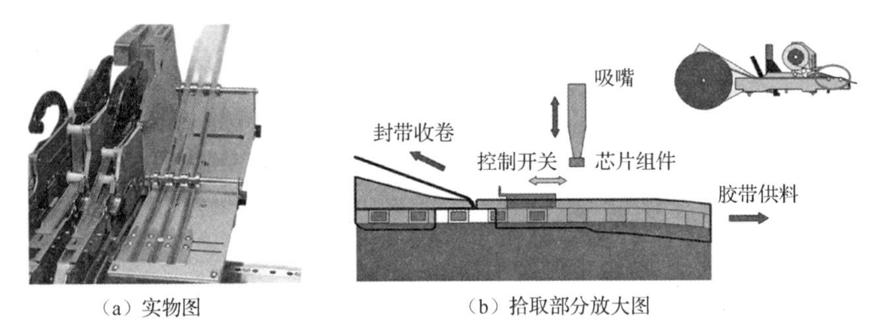

（a）实物图　　（b）拾取部分放大图

图 6-30　带式送料器实物图及其拾取部分放大图

（2）管式送料器。

管式送料器主要由振动台、定位板等部件组成，是把管子内装有的元器件按照顺序送到吸嘴位置，以供贴片机吸嘴吸取。管式送料器通常采用加电的方式来产生机械振动，驱动元器件缓慢地移动至窗口位置，并通过调节料架振幅来控制进料的速度。由于管式送料器需要逐管送料，该上料方式在 SMT 加工厂中需要大量人工操作，且容易产生差错，因此一般只用于小批量生产。

（3）托盘送料器。

托盘送料器主要用于 QFP、BGA、CSP 等元器件，这种送料方式便于运输，不容易损坏细间距引脚的共面性。按照自动化程度不同，托盘送料器可分为手动换盘式、半自动换盘式和自动换盘式 3 种。按照结构不同，托盘送料器可分为单盘式和多盘式两种，其中，单盘式送料器续料频繁，影响生产效率，一般只适用于小批量生产；而多盘式送料器克服了单盘式的上述缺点，目前被广泛使用。

（4）散料盒式送料器。

散料盒式送料器又称为振动式送料器，其工作方式是将元器件自由地装入成型的塑料盒或袋内，然后通过振动式送料器或送料管把元器件依次送入贴片机。这种方式通常用于金属电极无引线封装（Metal Electrode Leadless Face，MELF）元器件和小外形半导件元器件的送料，且只适用于无极性矩形和柱形元器件，对于极性元器件不适用。

5）贴装头

贴装头是贴片机上最复杂、最关键的部件，是贴片机的心脏。它相当于机械手，用来拾取和贴放元器件。贴装头有单臂单头、单臂多头，多臂单头、多臂多头、水平旋转贴装头、垂直旋转贴装头、45°旋转贴装头等形式。

6）吸嘴

贴片机对元器件的拾取和放置一般通过两种方式实现：一种是机械抓取，另一种是真空吸取。随着元器件尺寸越来越小、厚度越来越薄，机械抓取的方式应用越来越少，几乎所有的贴片机都采用真空吸取元器件的方式。

在贴片机中，真空吸取元器件是通过吸嘴完成的。贴片机吸嘴主要利用真空的吸附作用对元器件进行吸取，再通过吹气将吸附在吸嘴上的元器件放置在电路板的坐标位置上。

由于元器件大小及形状相差很大，一般贴片机都配备多种吸嘴。图6-31所示为各种不同的吸嘴，这些吸嘴存放在吸嘴盒中，当进行贴装工作时，贴装头根据控制计算机指令选取相应的吸嘴，并在完成贴装任务后将其放回吸嘴盒中。

图6-31 各种不同的吸嘴

7）传感器

目前，贴片机中都装有多种传感器，可进行元器件电气性能检查，并时刻监视机器的正常运转。常见的传感器有压力传感器、负压传感器和位置传感器等。一般而言，传感器运用越多，贴片机的智能化水平越高。

3．贴片机的发展方向

随着科技的进步和电子行业的蓬勃发展，SMT贴片机已成为电子产品制造过程中的关键设备，它在保证产品质量和生产效率方面发挥着重要作用。随着市场需求的不断变化，SMT贴片机的发展方向和趋势也在不断演变。

1）高速化与高精度化

在当前市场中，消费者对电子产品的需求呈现出多样化、个性化和智能化的趋势，这导致电子元器件越来越小、间距越来越细，对贴片设备的速度和精度要求越来越高。未来，SMT贴片机将在保持高速度的同时，进一步提高贴片精度，以满足微型化、超高密度的电子产品制造需求。

2）智能化与自动化

随着人工智能技术和工业互联网的发展，SMT 贴片机正在逐步实现智能化和自动化。未来的 SMT 贴片机将具备自主学习、自主判断和自主优化的能力。通过数据挖掘和机器学习，贴片机将能够自动识别元器件的特性，自动调整贴片参数，提高生产效率和产品质量。此外，SMT 贴片机将实现与其他生产设备的无缝连接，形成智能制造系统；通过实时数据传输和远程监控，生产过程将实现全程自动化，大大降低人工成本和生产周期。

3）模块化与灵活化

随着电子产品更新换代速度的加快，对 SMT 贴片机的生产灵活性要求也在提高。未来的 SMT 贴片机将采用模块化设计，使其具备更强的适应性和扩展性。用户可以根据生产需求灵活选择不同的模块，以实现多种产品的快速切换和生产。同时，SMT 贴片机将实现软硬件的升级和兼容，减少因设备更新换代而带来的投资成本。此外，SMT 在贴片机中采用更加人性化的操作界面和故障诊断系统，使操作更简便，维护更容易。

4）节能与环保

节能与环保是全球性的问题，在未来的发展中，SMT 贴片机将更加注重绿色生产和节能减排。通过采用先进的节能设计和材料（如高效驱动系统、低能耗制冷技术等），SMT 贴片机将实现更低的能耗和更小的环境影响。同时，SMT 贴片机将采用可回收材料和环保设计，降低产品在寿命周期内对环境的影响。此外，贴片机制造商也将在设备研发、生产和运输等环节实施严格的环保管理，以实现绿色制造和可持续发展。

5）系统集成与一体化

随着智能制造和工业互联网技术的应用，SMT 贴片机将向系统集成和一体化方向发展。未来的贴片机将整合多种功能于一体，实现焊接、检测、分拣等多个环节的一体化生产，从而大幅提高生产效率、降低生产成本、简化生产流程。此外，SMT 贴片机将通过云计算和大数据技术，实现设备数据的实时分析和远程监控，这将有助于提高设备的运行效率，降低故障率，提升设备维护和管理水平。

6.2.3 再流焊炉与波峰焊机

1. 再流焊炉

再流焊炉是焊接 SMC/SMD 的设备，是一个包含入口和出口且能够进行温度控制的炉膛。将焊锡膏印刷以及元器件贴片后的 PCB 从再流焊炉的入口放入，经过炉中预热区、恒温区、焊接区和冷却区 4 个不同的温度区间，即可完成元器件与 PCB 之间的焊接，如图 6-32 所示。再流焊炉主要包括红外炉、热风炉、红外加热风炉、气相焊炉等，目前主流的是强制式全热风炉。

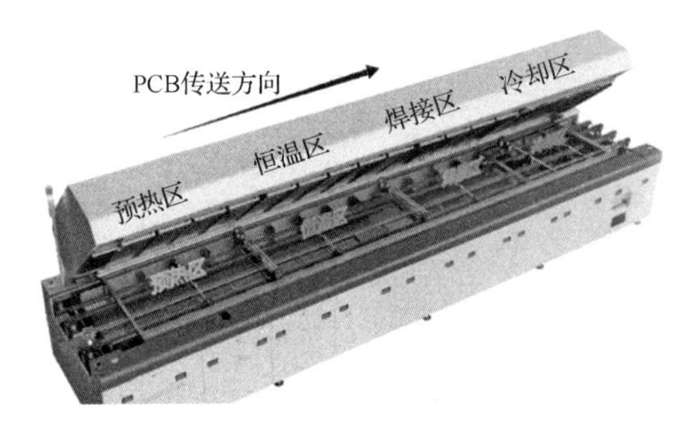

图 6-32　PCB 经过再流焊炉的炉膛示意图

1）再流焊炉的分类

再流焊炉种类很多，根据再流焊的加热范围不同，可分为对 PCB 整体加热和对 PCB 局部加热两大类。对 PCB 整体加热的设备有箱式再流焊炉、流水式再流焊炉、热板传导再流焊炉、红外线辐射加热再流焊炉、全热风再流焊炉、气相加热再流焊炉等。箱式再流焊炉适合实验室和小批量生产；流水式再流焊炉适合批量生产。对 PCB 局部加热的设备有热丝流再流焊炉、热气流再流焊炉、激光加热再流焊炉、感应再流焊炉、聚焦红外再流焊炉等，局部加热设备主要用于返修和个别元器件的特殊焊接。

下面介绍一些常用的再流焊的工作原理，包括热板传导再流焊、红外线辐射加热再流焊、热风对流加热再流焊与红外热风再流焊、气相加热再流焊、激光加热再流焊等。

（1）热板传导再流焊。

利用热板进行热传导加热的再流焊称为热板传导再流焊，也称热传导再流焊，是应用最早的再流焊方法，其工作流程如图 6-33 所示。发热元器件为块形板，置于传送带下方，传送带由导热性能良好的材料制成。待焊接电路板置于传送带上，热量先传至电路板，再传至焊膏与 SMC/SMD。热板传导加热法的作业顺序一般为预热→再流→冷却，在再流区焊膏受热熔化，进行 SMC/SMD 与电路板的焊接。

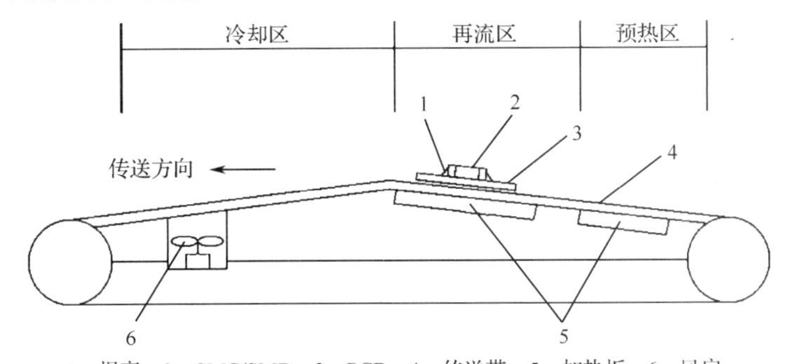

图 6-33　热板传导再流焊工作流程

（2）红外线辐射加热再流焊。

红外线辐射加热再流焊一般采用隧道加热炉，热源以红外线辐射为主。整个加热炉包含几段（预热、再流和冷却）温区分别进行温度控制，再流区温度一般为 230～240℃，时间为 5～10s。该方法适用于流水线大批量生产，其工作流程如图 6-34 所示。

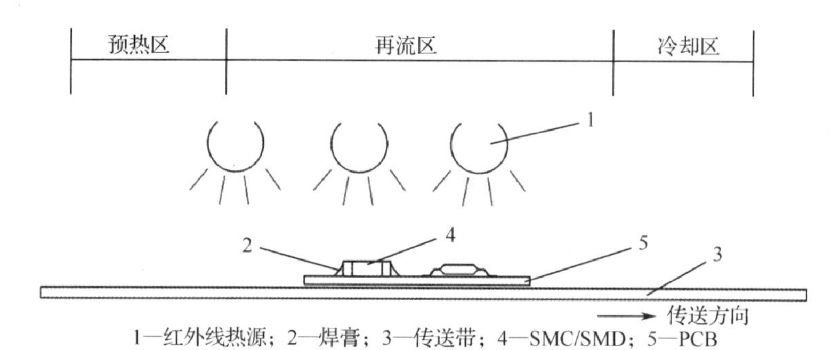

图 6-34　红外线辐射加热再流焊工作流程

（3）热风对流加热再流焊与红外热风再流焊。

如图 6-35 所示，热风对流法是利用加热器与风扇使炉膛内空气不断加热并进行对流循环，虽然炉中部分热量是通过辐射和传导方式进行传热的，但主要的传热方式为对流传热。热风对流加热再流焊可以将再流区间分成若干个温区分别进行温度控制，以获得合适的温度曲线，具有加热均匀、温度稳定的特点；必要时可向炉中通入氮气，以减少焊接过程中的氧化作用。

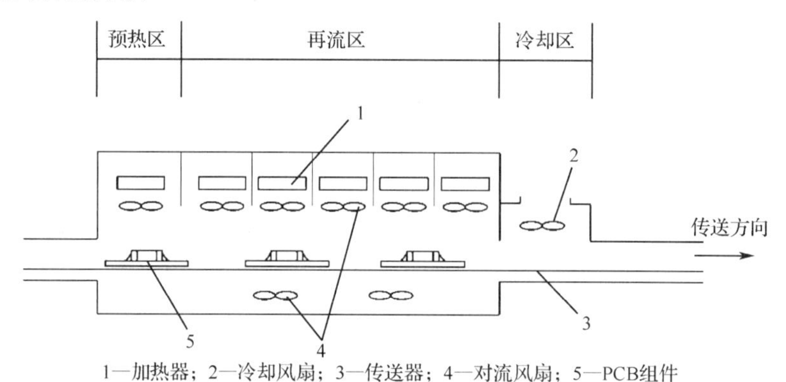

图 6-35　热风对流加热再流焊工作流程

红外热风再流焊是按一定热量比例和空间分布，同时混合采用红外线辐射和热风循环对流的方式进行加热的，也称为热风对流红外线辐射再流焊。该方式具有如下优点。

① 焊接温度-时间曲线的可调性高，缩小了设定温度曲线与实际控制温度之间的差异，使焊接能有效地按设定温度曲线进行。

② 温度均匀、稳定，克服吸热差异及荫屏效应等不良现象。

③ 基板表面与元器件之间温差小，不同的元器件都可以在均匀的温度下进行焊接。

④ 可用于高密度组装。

⑤ 具有较高的生产能力和较低的操作成本。

因此，红外热风再流焊是 SMT 大批量生产中的主要焊接方式。

（4）气相加热再流焊。

气相加热再流焊是利用氟氯烷系溶剂（典型牌号为 FC-70）饱和蒸气的气化潜热进行加热的一种再流焊，其原理如图 6-36 所示。待焊接 PCB 放置在充满饱和蒸气的氛围中，蒸气与 SMC/SMD 接触时发生冷凝，并放出气化潜热使焊膏熔融再流。

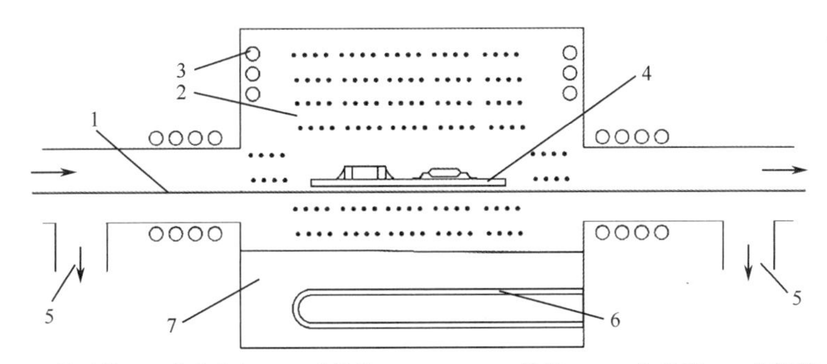

1—传送带；2—饱和蒸气；3—冷凝管；4—PCB；5—排气口；6—加热管；7—氟溶液

图 6-36　气相加热再流焊工作流程

（5）激光加热再流焊。

激光加热再流焊利用光学系统将激光束聚集并形成一个能量高度集中的局部加热区（焊接区），然后通过熔融焊料实现焊接过程。由于激光焊接能在很短的时间内把较大能量集中到极小的表面，加热过程呈现高度局部化，能够大幅降低热敏元器件所受到的热冲击，且不产生热应力，同时还能细化焊接接头的晶粒组织。激光加热再流焊适用于热敏元器件、封装组件以及贵重基板的焊接，其原理如图 6-37 所示。

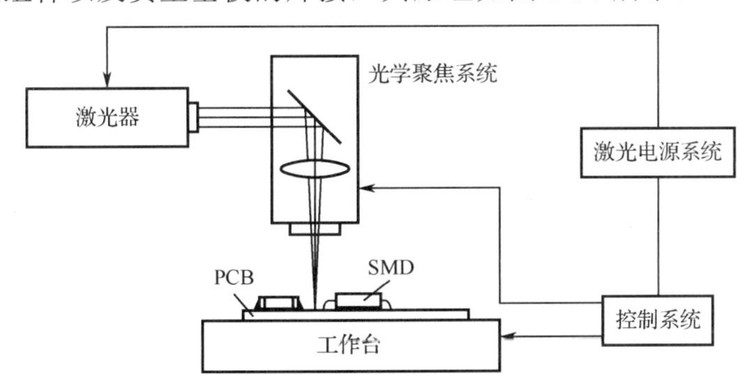

图 6-37　激光加热再流焊原理

2）再流焊炉的组成

再流焊炉的组成主要包括外部的计算机控制系统和炉体两部分。炉体由上下两个密封箱体以及中间的传送轨道组成。全热风再流焊炉的炉内总体结构如图 6-38 所示。某系统组成包括计算机控制系统、加热系统、冷却系统、助焊剂回收系统、PCB 传送系统、氮气系统和电气系统等，各部分的功能具体介绍如下。

（1）计算机控制系统：再流焊炉的中枢，其选用部件的质量、操作方式和操作的灵活性及所具有的功能直接影响设备的使用。

（2）加热系统：对 PCB 进行加热，使其从常温加热至锡膏熔融。全热风再流焊炉的加热系统主要包括电机、加热管、风轮、整流板、热风喷嘴等。

（3）冷却系统：使 PCB 的温度冷却到焊料的固相温度以下，使焊点凝固。冷却系统决定了焊点的结晶形态和内部组织，对焊接质量、焊点外观及焊点可靠性有很大的影响，所以要严格控制冷却速度。

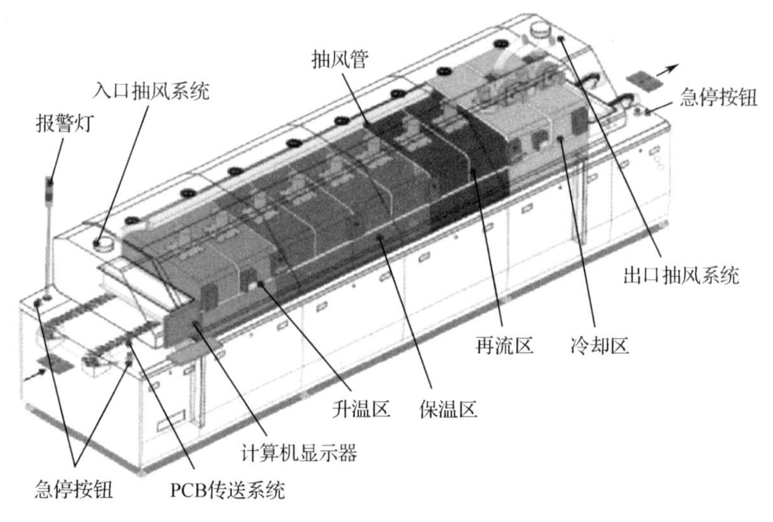

图 6-38　全热风再流焊炉的炉内总体结构

（4）助焊剂回收系统：在无铅制程中，较高的焊接温度会导致助焊剂大量挥发，这些挥发的助焊剂若得不到有效处理，对机器和 PCB 均会造成污染，严重时会导致产品报废。另外，在焊接过程中还会产生大量水蒸气、有毒气体和灰尘，它们主要来自 PCB。因此，在设备中必须增加助焊剂和焊接废物的回收装置，通常还会有抽风过滤装置配合进行炉内气体循环和废气排放。

（5）PCB 传送系统：将 PCB 从再流焊炉的入口按一定的传输速度输送到出口的传动装置。常见的再流焊炉传送系统的传送方式主要有 3 种：链条式、网带式和链条-网带式；

（6）氮气系统：为了防止氧化并增加润湿性，往往需要在焊接过程中通入氮气进行保护，一般要求炉内氧气浓度在 1000ppm 以下。使用氮气保护有益于焊接工艺和焊接质量的改善，但也增加了成本，因此在保证焊接质量的同时应减小氮气的消耗。

（7）电气系统：再流焊炉的电气系统是设备中所有机械式和电气式元器件的总称，它受控于计算机控制系统。典型的元器件有继电器、空气开关等。

3）再流焊炉的发展方向

再流焊炉正向着高效率、多功能、智能化的方向发展，其中包含具有独特多喷口气流控制的再流焊炉、带氮气保护的再流焊炉、带局部强制冷却的再流焊炉、可以监测元器件温度的再流焊炉、带有双路输送装置的再流焊炉，以及带中心支撑装置的再流焊炉等。

2．波峰焊机

波峰焊机是利用机械泵或电磁泵使熔融的液态焊锡锅表面形成循环流动的焊锡波，通过焊锡波峰与 PCB 焊接面接触并产生相对运动以实现群焊的焊接设备。

1）波峰焊机的种类

波峰焊机的种类大致可分为以下几种。

（1）根据泵的形式不同，可分为机械泵波峰焊机和电磁泵波峰焊机。其中，机械泵波峰焊机又分为单波峰焊机和双波峰焊机。单波峰焊机适用于纯通孔插装元器件组装板焊接；双波峰焊机和电磁泵波峰焊机适用于通孔插装元器件与 SMC/SMD 混装焊接。双波峰焊机的设计主要针对 SMT 波峰焊中所存在的阴影效应和气囊遮蔽效应，随着 SMT 的普及，此类机型已经成为用户的首选机型。

（2）根据锡锅尺寸与组装板尺寸大小不同，可分为微型机、小型机、中型机和大型机。微型机设计的应用对象主要是科研院所、学校等研发部门，这类机型的波峰宽度通常不大于 200mm，钎料槽容量不大于 50kg；小型机的应用对象是中、小批量生产单位及科研部门，它一般都采用直线式传送方式，效率较高，波峰宽度通常小于 300mm，钎料槽具有中等容量（单波峰机型通常小于 150kg、双波峰机型通常小于 200kg），操作系统比微型机复杂，外形也比微型机大，可以是台式的也可以是落地式的；中型机的应用对象是中、大批量生产单位和企业，其机型较大，整体布局都采用机柜式结构，波峰宽度通常大于 300mm，钎料槽容量大于 200kg（单波峰机）或 250kg（双波峰机），最大可达 700kg；大型机的设计主要是针对一些高级用户需要，其充分运用现代科技手段和波峰焊技术的最新成果，追求功能的完善、性能的先进、控制的智能化及系统的现代化，此类设备价格昂贵、维修复杂、焊接质量好、效率高、产能大，因此适用于大批量生产。

（3）根据焊接工艺不同，可分为一次焊接系统和二次焊接系统。一次焊接系统通常又分为爪式和框架式两种结构，框架式一次焊接系统的基本组成框图如图 6-39 所示。二次焊接系统又称为顺序焊接系统（In Line Soldering System），适合长插工艺，从线体布置上可区分为环形式和直线式两种，环形式二次焊接系统最早出现于美国 RCA 的产品中，与直线式二次焊接系统相比，具有结构紧凑、占地面积小等优点，其典型的工艺流程如图 6-40 所示。

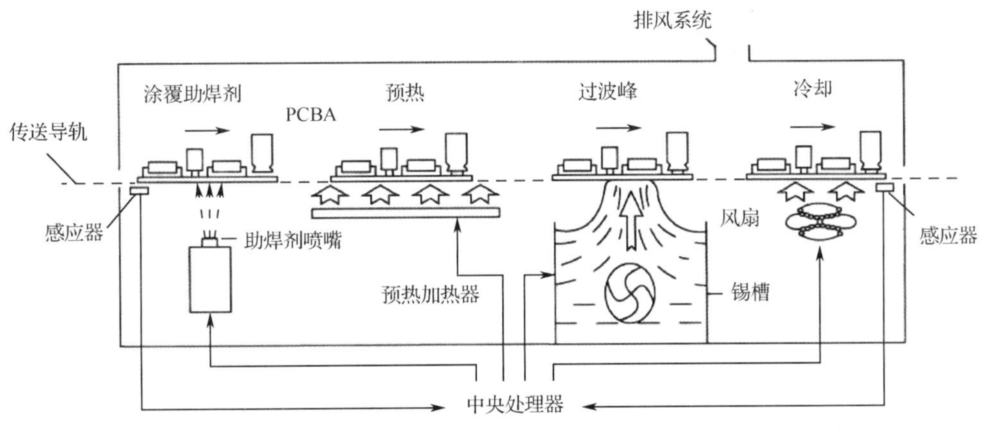

图 6-39 框架式一次焊接系统的基本组成框图

2）波峰焊机的基本组成

波峰焊机主要组成部分包括钎料波峰发生器、助焊剂涂覆系统、氮气保护装置、预热系统，以及 PCB 夹送、传输系统和冷却系统等。

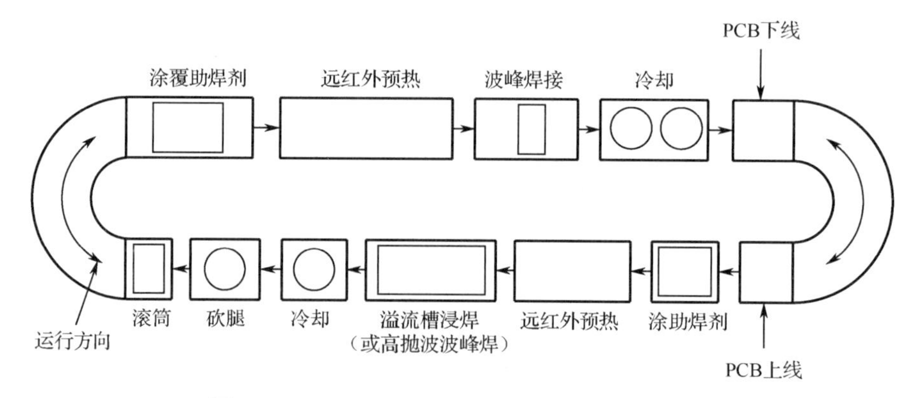

图 6-40　环形式二次焊接系统典型的工艺流程

（1）钎料波峰发生器。

钎料波峰发生器是产生波峰焊工艺所要求的特定钎料波峰的装置。它是决定波峰焊质量的核心，也是整个系统最具特征的核心部件，更是衡量波峰焊系统性能优劣的重要判断依据。钎料波峰发生器主要有两类：机械泵式和电磁泵式。机械泵式又分为离心泵式、螺旋泵式和齿轮泵式 3 种类型；电磁泵式又分为传导式（包括直流式和单相交流式）、感应式（包括单相交流式和三相交流式）。

目前使用的波峰焊设备中所采用的钎料波峰发生器的分类如图 6-41 所示。

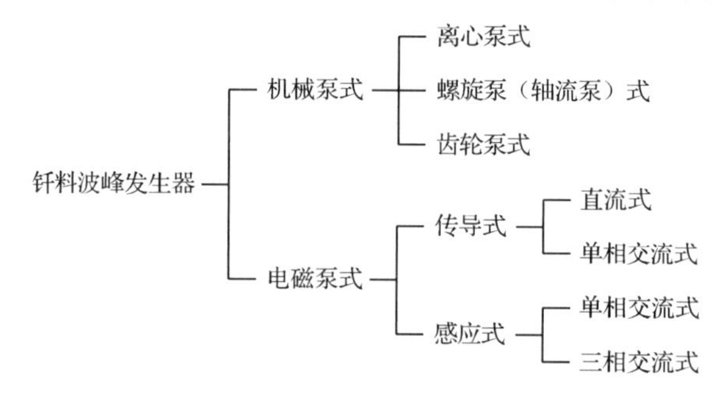

图 6-41　钎料波峰发生器的分类

焊料波峰的形状是由喷嘴的外形设计决定的，其对焊接质量有很大影响。国内外有几十种波形设计，如弧形波、双向平波、不对称双向平波、Z 形波、T 形波、λ 波、Ω 波、空心波等。常见的波峰结构有 λ 波、T 形波、Ω 波、空心波，如图 6-42 所示。适合 SMT 波峰焊的波形有 Ω 波、空心波，以及由一个扰动、振动的紊流波与一个平滑波组成的双波峰。

（2）助焊剂涂覆系统。

助焊剂涂覆方式主要有刷涂式、发泡式、波峰式、浸入式及喷雾式等，这些涂覆方式的原理如图 6-43 所示。目前大多采用喷雾式，这种方式的助焊剂是密闭在容器内的，因此不会挥发、吸收空气中的水分，以及被污染等，助焊剂成分能保持不变。不同类型的助焊剂涂覆装置如图 6-44 所示。

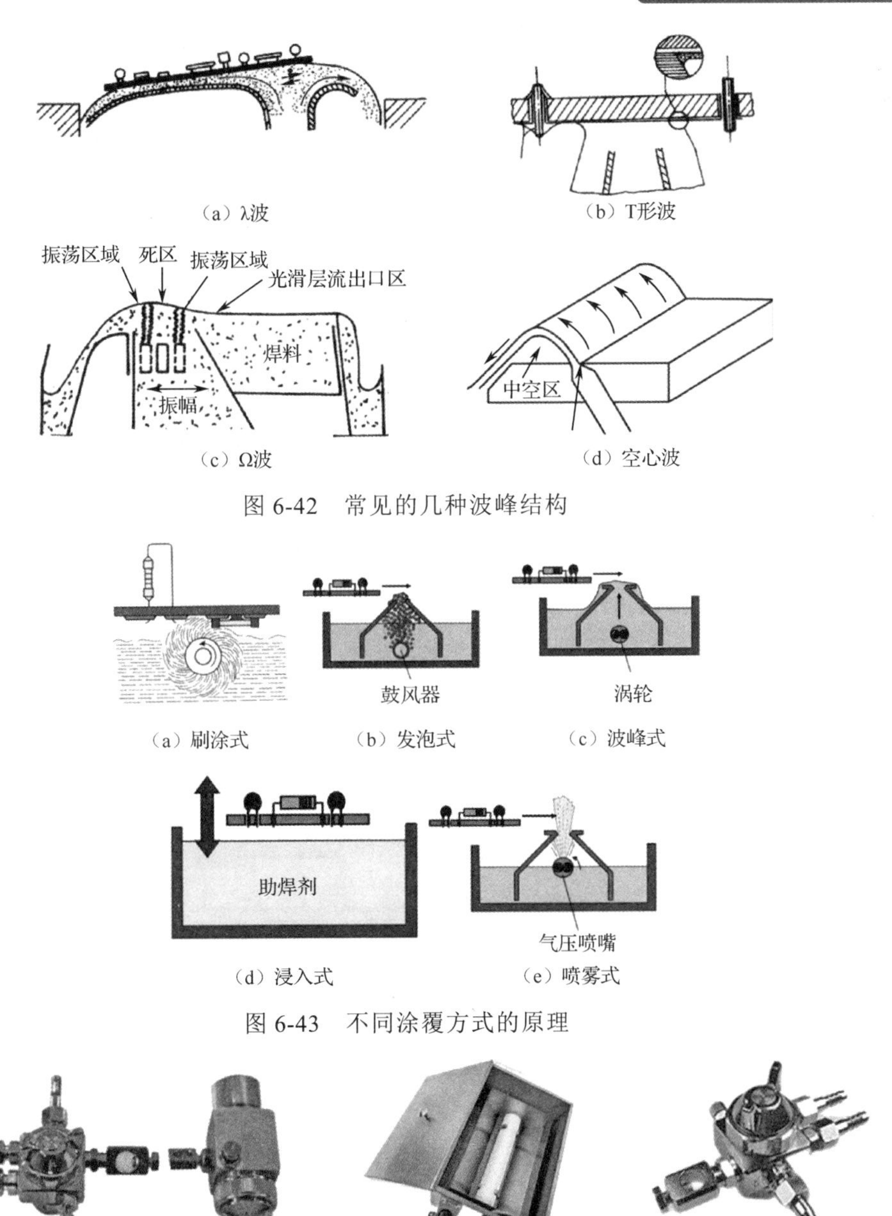

（a）λ波　（b）T形波

（c）Ω波　（d）空心波

图 6-42　常见的几种波峰结构

（a）刷涂式　（b）发泡式　（c）波峰式

（d）浸入式　（e）喷雾式

图 6-43　不同涂覆方式的原理

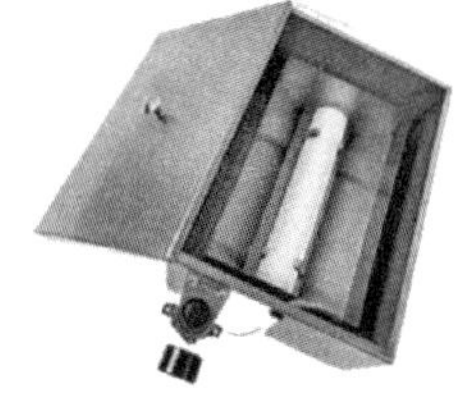

（a）助焊剂喷雾系统　（b）发泡助焊剂槽　（c）助焊剂喷嘴

图 6-44　不同类型的助焊剂涂覆装置

（3）氮气保护装置。

氮气保护装置为焊接提供一种氮气氛围，主要用于高可靠性产品和无铅产品，可以减少高温氧化、锡渣并提高焊点浸润性。但为了减少成本，此装置通常不被使用。

（4）预热系统。

在波峰焊设备系统中所用的预热系统，根据热源传递方式的不同，可分为辐射式和容积（热风）式两种。在工业应用中，通常采取扬长避短的办法，将两种基本预热方式的各自优点加以综合而发展出容积（热风）-辐射组合的方式。

（5）PCB 夹送、传输系统。

对 PCB 夹送、传输系统的主要技术要求是：传动平稳、无振动和抖动现象、噪声低、机械特性好、抗腐蚀、耐高温、不变形；传送速度在一定范围内（一般为 0～3m/min）连续可调，速度波动量应小于 10%；传送角度在 3°～7°范围内可调；PCB 夹持爪化学稳定性好，在助焊剂和高温下不熔蚀、不沾锡、弹性好、夹持力稳定，装卸 PCB 方便，宽度易调节。

PCB 传送机构主要有爪式夹送器、机械手夹持和框架式夹送器三种。爪式夹送器和机械手夹持是将 PCB 置于夹持爪上，夹持爪直接安装在驱动链条上并在传输导轨上运行；框架式夹送器是将 PCB 固定在框架上，然后将框架安放在链式夹送器或钢带式夹送器上进行传送。

（6）冷却系统。

冷却系统主要有风冷式和水冷式两种。

3）选择性波峰焊

选择性波峰焊与波峰焊基本相似，主要由助焊剂喷涂、预热及焊接 3 部分组成，其焊接流程如图 6-45 所示。该项焊接技术有效弥补了波峰焊工艺的技术缺陷，实现了对通孔元器件的科学高效处理。

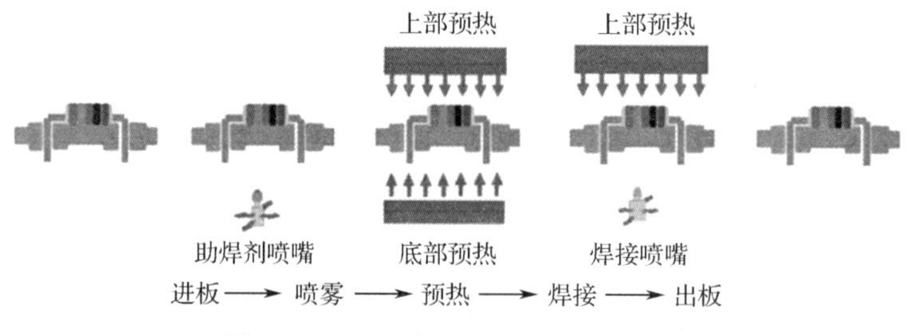

图 6-45　选择性波峰焊的焊接流程

选择性波峰焊工艺针对性较强，可以根据不同的通孔元器件选择相应的喷涂助焊剂，确保了喷涂效果。同时，该技术预热性能较好，在实际焊接过程中，技术人员可以结合焊接对象对焊接温度的要求，灵活调整加热管道输出功率及加热管道的使用数量，形成多种预热组合方案，确保焊接温度符合实际的焊接需求。此外，在保证整体焊接质量的同时，可以有效控制焊接残渣的产生，达到控制焊接能耗的目的。

选择性波峰焊只是针对所需要焊接的点进行助焊剂的选择性喷涂，因此 PCB 的清洁度可大幅提高，同时离子污染大幅降低。如果助焊剂中的 Na^+离子和 Cl^-离子残留在电路板上，时间一长就会与空气中的水分子结合形成盐从而腐蚀电路板和焊点，最终造成焊点开路。因此，传统的生产方式往往需要对焊接完的电路板进行清洗，而选择性波峰焊则从根本上解决了这一问题。

4）波峰焊机的发展方向

（1）过程控制计算机化：使整机可靠性大幅提高、操作维修简便、人机界面友好。

（2）向环保方向发展：目前出现了超声喷雾和氮气保护等机型。

（3）焊料波峰动力技术方面的发展：随着感应电磁泵技术理论研究的深入和应用技

术的完善，将逐渐替代机械泵技术，成为未来焊料波峰动力技术的主流。

（4）采用曲线渐变导轨和机械手可变倾角来调整 PCB 进入波峰的倾角，提高焊接质量。

（5）采用惰性气体（如氮气）保护技术，避免焊料高温氧化。

6.2.4　检测设备

随着 SMT 制造技术的发展，相应的检测技术也得到飞速的发展。初期主要是人工目视检测和接触式检测。人工目视检测主要是通过运用放大镜、双目显微镜、三维旋转显微镜等仪器对关键工序质量监测点（如焊点）进行放大观测来判断工艺质量；接触式检测包含功能测试和在线测试，其基本原理是通过测试专门设计的与关键元器件相连的测试点的电性能来间接判断工艺质量。随着元器件尺寸不断减小、BGA/CSP 等元器件的大量应用以及组装密度的不断升高，传统采用针床进行的在线测试面临越来越多的挑战，而自动化、智能化的发展趋势，推动了自动化的非接触式测试技术的发展，如自动光学检测（Automatic Optic Inspection，AOI）和自动 X 射线检测成为现代 SMT 领域常用的测试技术。

1. AOI 设备

AOI 设备根据其检测原理可分为激光 AOI 和 CCD 镜头式 AOI 两类。

激光 AOI 的优点是可以准确地检测出焊膏厚度、元器件高度及焊锡高度等，其缺点是技术处理较为困难，编程极为复杂，检测速度也比较慢。另外，由于 PCB 再流焊后经常发生翘曲变形，激光 AOI 往往会产生误判，因此目前使用较少。AOI 设备大多使用 CCD 镜头式，CCD 镜头式 AOI 具有低噪声和高灵敏度，同时 CCD 采样得到的图像可以进行数字二值化处理，相对于激光 AOI 来说技术处理较为简单，成为 AOI 设备使用的主要方式。从应用角度进行分类，AOI 分为台式和在线式两种。台式多为半自动的，需要手动放板和手动开启检测；在线式为全自动的，既可以单机测试也可以连线测试，多品种、小批量生产时一般不用连线测试。

1）自动光学检测的基本原理

SMT 中应用 AOI 技术的形式多种多样，但其基本原理相同：即先用光学手段获取被测物图像；然后利用软件对图像进行处理，使其数字化并提取特征值；最后对特征值进行比较、分析，判断被测物是否符合预设的工艺要求。换言之，AOI 检测物体的过程模拟人眼检测，将人工检测物体自动化、智能化，其基本工作原理如图 6-46 所示。

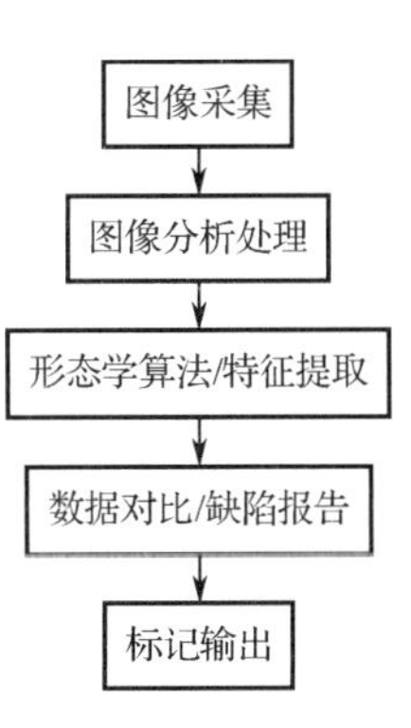

图 6-46　AOI 的基本工作原理

AOI 针对不同的元器件有着不同的规则，最常用的规则是标准图像，即事先给某个元器件指定一个标准图像，如果被检测的元器件图像和标准图像相似，则认为该元器件合格；如果相似度较低，则认为不合格。在专业的图像处理技术中，我们把这种规则称为图像比对，或者是模板匹配。另外，还有一些特定的规则，如IC之间是否发生短路的检测，它并非通过指定一个标准图像进行匹配，而是通过某种算法计算两个IC之间是否有连接物，判断IC是否有桥接现象。

2）自动光学检测的图像采集

自动光学检测是通过光源对目标进行照射，CCD相机对图像进行采集。图像处理的软硬件对采集的图像进行分析和处理，最终根据一定的判断规则给出判断的结果。因此，作为输入的图像采集显得非常重要，而图像采集的质量与光源和相机密切相关。

（1）光源。

人眼需要在一定的照明条件下才能看清楚事物，AOI也是如此，并且AOI的光源系统有更多的作用，例如：

① 照亮目标，提高目标亮度；

② 形成最有利于图像处理的成像效果；

③ 克服环境光干扰，保证图像的稳定性；

④ 用作测量的工具或参照。

目前，AOI设备中常用的光源类型有LED、卤素灯（光纤光源）、高频荧光灯等。当前国内AOI供应商在AOI设备上使用较多的是彩色同轴碗状光源，其优点是图像比较清晰、容易辨别。而国外AOI设备厂商使用较多的是单色同轴碗状光源，其优点是图像比较逼真。图6-47展示了几种典型的AOI照明光源。

图6-47　典型的AOI照明光源

（2）相机。

AOI图像的采集一般都是通过CCD相机（见图6-48）完成的，为了得到更加完善的图像信息，很多AOI设备配置多个相机，可以从多角度观察同一个元器件或焊点。虽然配置多个相机能够使得到的信息更准确、判断更精准，但也大幅提高了硬件成本和软件的数据处理量，对成本和效率都有一定的影响。

图6-48　CCD相机

图像质量的好坏，主要看图像边缘是否清晰，具体操作如下。

① 将感兴趣部分和其他部分的灰度值差异加大。

② 尽量消隐不感兴趣部分。

③ 提高信噪比，利于图像处理。

④ 减少因材质、照射角度对成像的影响。

上述这些信息跟相机的分辨率和放大倍数都有直接的关系。

3）图像的处理

通过 CCD 相机获取的图像要经过图像处理（根据像素分布、亮度和颜色等信息转化为我们需要的数字信号）。经过图像处理得到的数字信号将通过某种数学计算方法得到一个标准的误差阈值，然后将每个被测试图像的误差阈值与系统中已修正好的标准阈值进行比较，如果误差阈值小于标准阈值，那么该图像通过检测（合格）；否则检测不通过（不合格）。

目前有两种主流的判定方法：设计规则检验法和图形识别法。设计规则检验法是按照一些给定的规则检测图形来进行判断的，它可以从算法上保证被检验图形的正确性。采用这种方法的相应 AOI 设备具有制造容易、检测速度快和占用存储空间小的优点，但该方法确定边界能力较差，需要设计特定方法来确定边界位置。

图形识别法通过将 AOI 系统中存储的数字化图像与实际检测图像比较，从而获得检测结果。该方法的检测精度取决于标准图像、分辨率和所用检测程序，可实现较高的检测精度，但采集数据量要求大、数据实时处理要求高。

4）自动光学检测的应用及有待改进的问题

（1）AOI 的应用。

① AOI 放置在印刷后：可对焊膏的印刷质量做工序检查；可检查焊膏量过多或过少、焊膏图形的位置有无偏移、焊膏图形之间有无桥接、拉尖以及焊膏图形有无漏印等。

② AOI 放置在贴装机后、焊接前：可检查元器件贴错、元器件移位、元器件贴反（如电阻翻面）、元器件侧立、元器件丢失、极性错误、贴装压力过大造成焊膏图形之间桥接等。

③ AOI 放置在再流焊炉后：可检查元器件贴错、元器件移位、元器件贴反（如电阻翻面）、元器件丢失、极性错误、焊点润湿度、焊锡量过多或过少、漏焊、虚焊、桥接、元器件翘起（立碑）等。

（2）AOI 有待改进的问题。

① AOI 只能做外观检查，不能完全替代在线检测（In Circuit Testing，ICT）。

② 无法对 BGA、CSP、FC 等不可见的焊点进行检查。

③ 对 PLCC 需要采用侧面的 CCD 才能较准确地检查。

④ 分辨率较低的 AOI 不能做 OCR 字符识别检查。

2．自动 X 射线检测设备

X 射线对不同物质的穿透率不同，X 射线检测就是利用 X 射线不能透过焊料的原理对组装板进行焊后检测。X 射线检测属于非破坏性检测，主要用在位于元器件底部的焊点检测，如肉眼和 AOI 都不能检测的 BGA、CSP、FC、QFN、双排 QFN、DFN 等焊点，以及 PCB、元器件封装、连接器、焊点的内部损伤等检测。

1）X 射线图像检测原理

X 射线由一个微焦点 X 射线管产生，穿过管壳内的一个铍窗，并投射到试验样品上。样品对 X 射线的吸收率或透射率取决于样品所包含材料的成分和比例。穿过样品的 X 射线轰击到 X 射线敏感板上的磷涂层，并激发出光子，这些光子随后被摄像机探测到，然后对该信号进行处理放大并由计算机进一步分析或观察。

各种材料对 X 射线的不透明度系数不同，处理后的灰度图像能够显示被检测物体的密度或材料厚度的差异。

2）X 射线检测设备的种类

X 射线检测设备按照自动化程度，可分为人工手动 X 射线检测和自动 X 射线检测两种方式；按照 X 射线技术，可分为透射式 X 射线检测系统和截面式 X 射线检测系统。

（1）透射式 X 射线检测系统。

透射式 X 射线检测系统是早期的 X 射线检测设备所配备的系统，适用于单面贴装 BGA 元器件的板以及 SOJ、PLCC 元器件的检测，缺点是不能区分垂直重叠的焊点，因此检测双面板和多层板时，缺陷判断比较困难。

（2）截面式 X 射线检测系统。

截面分层法（或称三维 X 射线）是一个用于隔离印制电路板组装（Printed Circuit Board Assembly，PCBA）内水平面的技术，该系统可以做分层断面检测，相当于工业 CT（计算机断层扫描）。截面 X 射线检测系统设计了一个聚焦断层剖面，分层的 X 光束以某个角度穿过板，并与 Z 轴同步旋转镜头形成 0.2～0.4mm 厚的稳定的聚焦平面。在成像的过程中，感应器和光源均绕同一个轴转动，系统根据得到的图像，可以定量计算出空洞、裂纹的尺寸，也可以计算焊锡量、查找可能引起短路的锡桥等缺陷，这些测量都可显示焊点的品质。

3）X 射线焊点图像分析

X 射线透视图能够定量地显示出焊点的厚度、形状及质量的密度分布。根据 X 射线检测到的厚度、形状及质量的密度分布指标和图像，结合强大的图像分析软件，可以分析和判断焊点的焊接质量，如桥接、开焊、锡量不足、锡过量、对位不良、空洞、焊锡珠、元器件或引脚丢失、裂纹等焊接缺陷。

另外，X 射线的分辨率对设备的性能和检测缺陷的能力有较大影响，不同应用对 X 射线检测系统最小分辨率的要求如表 6-3 所示。

表 6-3　不同应用对 X 射线检测系统最小分辨率的要求

应　用	对 X 射线检测系统最小分辨率的要求/μm
整体缺陷检查	50
一般 PCB 检查与质量控制、BGA 检查	10
高密度窄间距焊点、μBGA、FC 检查，PCB 缺陷分析与工艺控制	5
键合裂纹检查，微电路缺陷检查	1

4）ICT 与 X 射线组合检测

虽然 X 射线检测设备能够检测人眼看不见的缺陷，但是它不能检测电路上的问题，不能检测二极管、三极管和集成电路的存在与方向，也不能测量单个电阻器、电容器、电感器的数值。针对高密度、高可靠性产品的需要，目前推出了 ICT 与 X 射线结合使用的检测方法，通过 ICT 补偿 X 射线检测的不足。航空航天、医疗、汽车电子等高可靠性领域也越来越多地选择 X 射线检测设备，并采取 ICT 与 X 射线结合的测试策略来确保连接的可靠性。

3．ICT 设备

ICT 是通过对在线元器件的电性能及电气连接进行测试来检测生产制造缺陷及元器件不良的一种标准测试手段。它主要检测在线的单个元器件及各电路网络的开路、短路情况，具有操作简单、快捷迅速、故障定位准确等特点。对于大批量生产的场合，ICT 仍是目前最常用、最经济的测试方法之一。

ICT 设备分为针床式和飞针式两种类型。

1）针床式 ICT 设备

针床式 ICT 设备可检测的故障覆盖率高，检测速度快，效率高，但对每种单板需制作专用的针床夹具。针床式 ICT 设备适用于一般密度组装、大批量的产品。

针床式 ICT 设备（见图 6-49）具有较高的测试覆盖率和分辨率，可测试光电耦合器、电位器、接插件等元器件，以及挠性电路板、线材及焊接元器件等。另外，与市场上其他主流 ICT 机型的治具（针床，见图 6-50）和程序均能自由兼容和转换。

探针的直径有 1.27mm（50mil）、1.91mm（75mil）、2.54mm（100mil）等，头型有尖、平、棱、冠、圆、簇等，如图 6-51 所示。

图 6-49　针床式 ICT 设备

图 6-50　针床

2）飞针式 ICT 设备

飞针式 ICT 设备有 2 个和 4 个测试头的配置，测试时如同贴装机一样，根据事先编好的程序进行自动测试。其优点是能够测试的最小间距为 0.2mm，测试精度高于针床式 ICT 设备，且无须制作针床夹具，程序开发时间短；缺点是设备的成本比较高，测试时间比较长（100～200ms），因此飞针式 ICT 设备更适用于多品种、中小批量和较高密度组装板的测试。正在进行测试的飞针式 ICT 设备如图 6-52 所示。

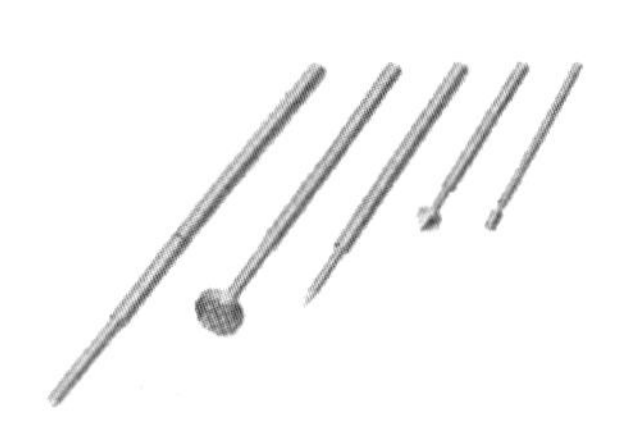

图 6-51　探针

图 6-52　测试中的飞针式 ICT 设备

4．功能测试设备

功能测试设备用于表面组装板的电功能测试和检验。功能测试就是将表面组装板或表面组装板上的被测单元作为一个功能体，对其输入电信号，然后按照功能体的设计要求检测输出信号。大多数功能测试设备都有诊断程序，可以鉴别和确定故障，但功能测试设备价格都比较高昂。最简单的功能测试是将表面组装板连接到该设备相应的电路上进行通电，看设备能否正常运行，这种方法简单、投资少，但不能自动诊断故障。

6.2.5　清洗设备

清洗设备主要用于组装板的焊后清洗、模板清洗和印刷焊膏的返工清洗。焊后清洗设备主要有超声清洗设备、气相清洗设备和水清洗设备，模板清洗和印刷焊膏的返工清洗设备主要有超声清洗设备。

1．超声清洗设备

超声清洗设备既可用于溶剂清洗，也可用于水清洗。它是利用超声波使清洗液体产生孔穴作用、扩散作用及振动作用，对工件进行清洗的设备。超声清洗设备的清洗效率比较高，清洗液可以进入被清洗工件最细小的间隙中，因此可以清洗元器件底部、元器件之间及细小间隙中的污染物。

超声清洗设备有常温和加热、单槽和多槽之分，小批量及一般清洁度要求的产品可采用单槽式超声清洗设备；大批量及高清洁度要求的产品可采用多槽式并带有加热功能的超声清洗设备。

2．气相清洗设备

气相清洗设备是溶剂清洗设备，它是利用溶剂蒸气不断地蒸发和冷凝，使被清洗工件不断“出汗”并带出污染物的原理进行清洗的。气相清洗设备由超声波发生器、制冷压缩机组、清洗槽组成。清洗过程为：热浸洗→超声洗→蒸气洗→喷淋洗→冷冻干燥。

气相清洗设备有单槽式和多槽式两种结构。使用单槽式清洗设备清洗时，被清洗工件先在清洗槽底部加热浸泡和超声清洗，然后提升到浸泡超声槽与冷凝管之间进行气相清洗，最后用干净的清洗溶剂喷淋。多槽式清洗设备的清洗槽依次是热浸泡槽→超声波清洗槽→漂洗槽→蒸馏槽。清洗时，被清洗工件从第一个槽向最后一个槽横向移动，再将被清洗工件提上来用干净的清洗溶剂喷淋，最后快速冷冻干燥。气相清洗设备一般都需要配置自动补液装置和溶剂回收装置，小批量清洗一般采用单、双槽式，大批量采用多槽式。

3．水清洗设备

水清洗设备适用于水清洗和半水清洗工艺。它利用水作为清洗剂（或在水中加入一定量的乳化剂或皂化剂），在乳化作用或皂化作用及施加搅拌、喷洗或超声等不同的机械方式下进行清洗的设备。水清洗设备有立柜式和流水式两种。

立柜式（批次式）水清洗设备如同洗碗机，需要编制清洗程序，完成表面润湿、溶解、乳化、皂化、洗涤、漂洗、喷淋清洗过程，然后将清洁的组装板放到烘箱中烘干。立柜式水清洗设备适用于多品种、中小批量的军工、研发企业的电子组装板焊后清洗。

流水式水清洗设备由2～4个清洗槽组成，在每个清洗槽中分别完成表面润湿、溶解、乳化、皂化、洗涤、漂洗、喷淋清洗过程，然后烘干，适用于大批量清洗。

水清洗设备投资大，占地面积大，耗电、耗水多，还要配置价格昂贵的纯水（去离子水）制造设备以及进行废水处理。

6.2.6 其他辅助设备

生产线上的辅助设备很多，例如，用于去除工作环境中助焊剂挥发物等有害性气体的烟雾净化系统、用于存储焊膏和贴片胶等物料的冰箱、用于搅拌焊膏并使焊膏温度升至室温的焊膏搅拌机、用于存储需要防潮保存的SMD的干燥储存箱、用于已受潮SMD去潮处理的烘箱以及焊膏黏度测试仪、焊膏厚度测试仪、防静电设施和测量仪器、足够的防静电周转箱和物流小车、供料器料架等，如果产品中有拼版，还应配置用于切割PCB的割板机等。总之，生产线辅助设备和物料也要根据产品的具体情况进行配置。

6.3 智能组装系统

6.3.1 智能制造概述

智能制造是新一代信息技术与先进制造技术的深度融合，服务于产品全寿命周期，可以有效降低企业制造成本、提升生产效率及产品品质的新型生产模式。

智能制造系统是一种由智能机器和人类专家共同组成的人机一体化智能系统，智能包含知识和智力，知识是智能的基础，智力是获取并运用知识的一种能力。在整个智能制造过程中，通过人与机器之间的交流，将现阶段的制造自动化进行智能化和集成化的升级，最大化地给机器赋予人的思维模式，再由机器自行分析、推理、判断、构思和决策，实现更高级的制造自动化。人与智能机器合作共事，去扩大、延伸和部分取代人类专家在制造过程中的脑力劳动，将制造自动化的概念更新扩展至柔性化、智能化和高度集成化。

智能制造是对产品、设备、生产、管理和服务的智能化升级，是将传统的人或者机器的行为通过网络形式连通，应用专业软件实现整个企业的人、机、料、法的智能化应用，整合生产资源，减少流通环节的所有浪费，提高实体制造的效率。

6.3.2　智能组装系统体系架构

1．智能制造技术体系

具体地说，智能制造是制造技术、数字技术、智能技术及新一代信息技术交叉融合，面向产品全寿命周期的具有信息感知、优化决策、执行控制功能，旨在高效、优质、清洁、安全地制造产品、服务用户的一种制造模式。智能制造涵盖智能制造技术、智能制造装备、智能制造系统和智能制造服务及其衍生出的各种智能制造产品。

2．SMT 智能制造系统

SMT 智能制造系统是智能制造技术在 SMT 制造系统中应用而形成的、以 SMT 产品为特定制造对象的电子产品智能制造系统。它以 SMT 制造系统的基本组成、数字化制造技术和计算机集成制造技术等为基础，将电子产品传统制造技术、人工智能科学、计算机技术与科学、网络技术、信息管理技术等有机集成，融入生产环境感知与自适应、生产质量智能检测与控制、物料系统智能仓储与调配、系统内外部智能协调与协同等智能制造技术而形成的一种新型的 SMT 产品制造系统。

广义的 SMT 智能制造系统是一个以客户需求为目的，以客观物质手段为工具，采用具有智能制造技术特征的有效方法，也是一个将产品由概念设计转化为最终物质产品并投放市场的数字化制造过程。它包括市场调研与预测、产品设计、工艺设计、生产加工、质量保证、生产过程管理、营销、售后等产品全寿命周期内一系列相互联系的活动，是完成 SMT 产品数字化制造的全寿命周期所有的生产活动全过程的总称，具有一般智能制造系统的技术共性。SMT 智能制造系统的基础技术体系、主要支撑技术体系以及系统构架分别如图 6-53～图 6-55 所示。

在 SMT 制造系统中，需要优先开展研究的关键技术主要有以下几方面。

1）SMT 产品物料系统智能仓储与调配技术

SMT 产品物料系统是一种将信息技术与自动化控制技术高度融合，并针对现行 SMT 行业物料仓储管理模式进行深度优化的智能化系统。它首先通过网络技术、无线射频识别和智能仓储系统进行 SMT 产品物料的智能存放；然后根据 SMT 产品 BOM（物料清单）表，利用智能机械手自动筛选出符合条件的物料；接着通过智能物料运输装置进行

SMT 产品物料的自动上下料；最后进行物流管理的市场对接。其中，涉及的主要技术包括智能物料仓储技术、基于智能仓库的 SMT 物料存取与分拣技术、立体仓库及其空间存储技术等。

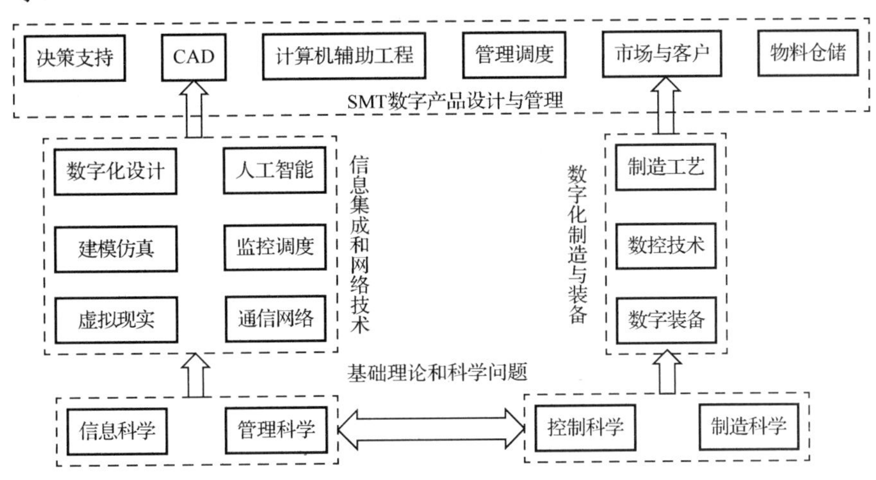

图 6-53　SMT 智能制造系统基础技术体系

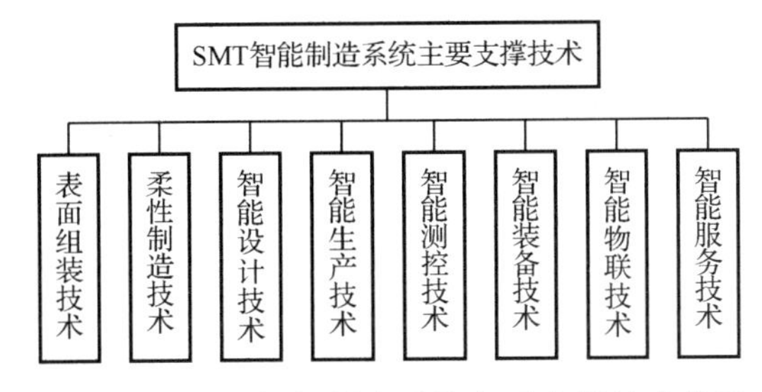

图 6-54　SMT 智能制造系统主要支撑技术体系

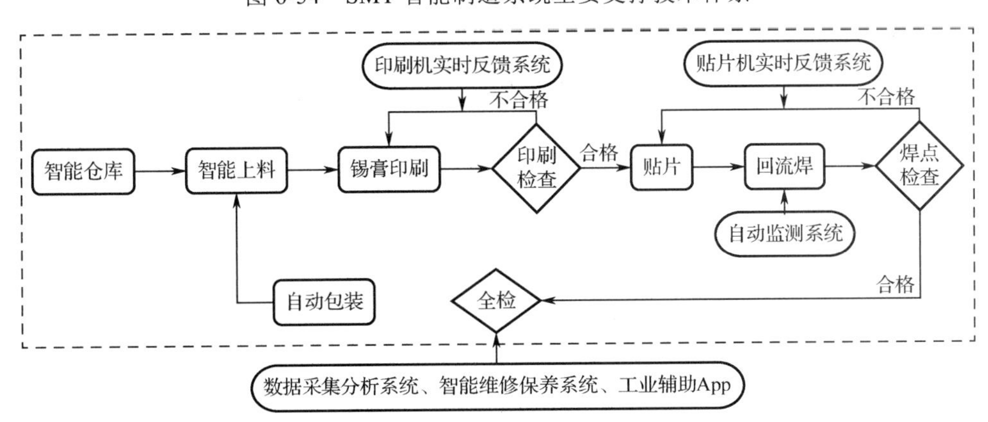

图 6-55　SMT 智能制造系统架构

2）SMT 产品组装质量自动检测与智能鉴别技术

目前在 SMT 生产线或组装系统的生产中，一般采用在线检测为主、人工（或借助光学仪器）检测为辅的方式进行组装质量检测和统计分析。该检测方式难以形成实时质量反馈信息，难以达到实时高质量控制，难以适应现代电子产品、现代军事电子装备多品种、变批量的生产要求和不断深化的微型化、高可靠性要求。SMT 产品组装质量自动检测具有实时检测、智能判断以及工艺参数修正等功能，能够实现产品质量的自动实时检测、智能分析，以及工艺数据的实时调控。其中，涉及的主要技术包括智能技术、基于光学或电磁检测技术的 SMT 生产过程智能检测技术，以及实时质量控制技术。

3）SMT 制造环境智能感应与自适应技术

细间距 SMT 产品的微组装和精细组装系统对生产环境（空气、湿度、温度、动力源、设备动态性能等）质量很敏感，因此需要具备自适应调节能力。SMT 制造环境智能感应与自适应技术是指利用传感技术和智能控制技术，对 SMT 制造系统的生产环境质量进行实时检测、分析和自动调节，目的是消除影响产品质量的动态变化因素，确保生产环境良好状态的稳定性，从而保证产品质量的稳定性。为了实现 SMT 制造环境的智能感应与自适应控制，首先，需要解决由制造系统外部因素引起的制造环境变化的智能感应与自适应问题；其次，需要逐步分析制造系统中关键设备性能的动态变化（如由于振动、热、磨损引起的设备运动精度变化）等内部因素引起的系统性能参数变化；最后，通过实时智能感知与自适应调整这些参数实现制造系统的制造环境和生产设备的自诊断与自适应控制。

4）基于物联网的 SMT 产品智能制造综合信息管理系统

SMT 生产线及其设备具有很高的自动化程度，要求生产车间或系统要有与之相适应的自动化物料管理与执行系统；SMT 制造系统效率高、产品类型多，要求其具有产品变化快速适应、调节能力，外联信息与物联系统快速沟通、协调能力等。针对传统 SMT 产品制造企业生产信息管理模式存在的诸多不足，基于物联网的 SMT 产品智能制造综合信息管理系统能够将 SMT 制造系统管理与企业（车间）管理和供应链管理结合起来；利用优化与集成、射频识别、数据库、无线网络，以及制造物联与嵌入式等技术，将制造系统内部不同制造单元之间（SMT 生产线、插装流水线等）的信息进行有效集成，将企业不同部门之间的不同数据进行统一管理分配；通过对制造过程供应链智能管理模式和各制造单元负荷均衡调度的智能控制，提升制造企业和制造系统对市场的快速响应能力、设备和资源的利用率、系统综合协调能力，实现生产管理智能化和产品服务智能化。

6.3.3 智能组装系统典型案例简介

智能制造系统针对不同企业的需求逐步完善并形成具有各自特点的专用系统。其中，具有代表性的是中国电子科技集团公司第十四研究所的复杂电子设备智能制造系统，以及海能达通信股份有限公司的海能达数字化工厂。

1. 复杂电子设备智能制造系统

中国电子科技集团公司第十四研究所（以下简称十四所）是国内复杂电子设备研发和制造的企业，在国内处于引领者地位。在产品创新发展过程中，十四所向数字化转型：

“十五”期间，开展建设了以无纸化、数字化和信息化为特征的信息化研究所；“十二五”期间，建成以“四精益一共享”框架为核心的精益研究所。目前，十四所正在向“全数字、全互联、全智能”的智慧研究所迈进，其信息化建设历程如图 6-56 所示。

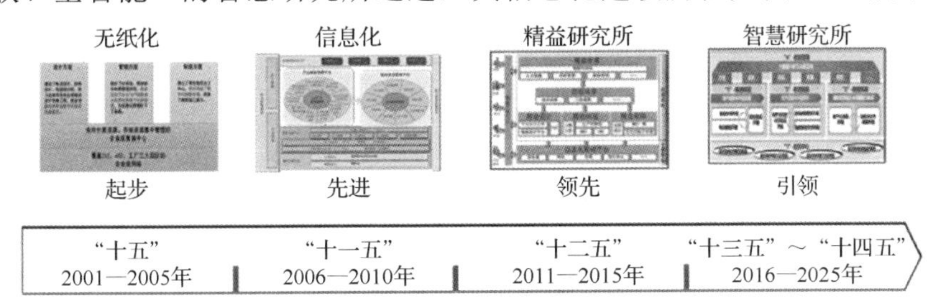

图 6-56　十四所信息化建设历程

随着新一代复杂电子设备向轻薄化、一体化、高集成、高机动、高可靠性的方向进一步发展，系统集成度和复杂度不断提高，致使生产工艺越来越复杂、对装配精度和可靠性要求越来越高，同时产品的交付周期也越来越短。传统的研制生产方式存在的问题越来越突出，主要表现为以下几个方面。

（1）制造技术方面：资源和计划调度依赖人工经验，计划排程精细化程度不够，动态响应能力不强，车间管理效能不高，无法满足高精度高集成装配、生产过程智能化管控需求。

（2）产能提升方面：传统的生产作业高度依赖人工，工艺设备配置率低，自动化水平低，装配生产效率不高，迫切需要持续加强电子设备的生产能力建设。

（3）质量提升方面：传统的质量数据以人工记录为主，数据采集率低、孤岛现象严重，数据集成分析能力弱，迫切需要持续提升质量管控的信息化、智能化水平，适应新时代电子设备全寿命周期质量管控要求。

1）智能制造系统的体系架构

十四所构建了设备-控制-运营集成的三层次统一架构智能车间，形成车间三维看板系统、制造运营管理系统、物流管理系统、数据采集与监控系统，包括总装总调智能车间、电装智能车间、微组装智能车间等。智能车间统一建设架构如图 6-57 所示。

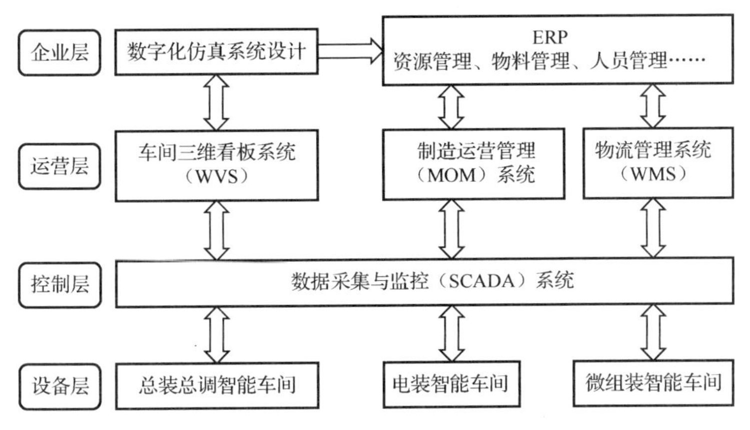

图 6-57　智能车间统一建设架构

在产品全生产周期的横向端，通过制造运营管理系统对接三维工艺设计和企业资源计划等系统进行信息的前后贯通，为设计优化、智能验证和智能保障提供实时准确的制造加工信息。

在生产制造的纵向端，通过生产控制指令和生产过程信息的上传下达，实现“任务-订单-工单-执行”的逐层分解及自动作业，完成智能车间生产数据的内部循环。

2）智能制造系统的核心技术

（1）面向车间运营的数据端到端集成技术。

复杂电子设备车间应用系统接口多、业务流程交叉、端到端数据贯通难度大。应用IDEF0（功能建模的集成定义）图分层分级梳理车间集成管控平台功能以及相应的输入、输出、控制机制，形成生产计划、车间作业、资源管理、过程执行、数据采集、数据管理六类功能模型，全面、直观地表达车间信息系统建设需求，有效指导智能车间集成管控系统设计与开发。

（2）基于动态资源约束的自动排产与调度技术。

通过装配机器人和自动化工装的产能负荷矩阵，建立订单-工序-工位-设备的多级任务管控机制；开发面向混线生产的自动调度算法，解决研批混线的问题，实现生产任务与设备、物料等资源的优化匹配与安排；实时提取资源使用状态数据和已有任务执行状态数据，建立紧急插单、设备故障等生产扰动约束模型，开发基于工序移动、追加、插入、撤销等多行为的动态调度算法，快速调整与优化受影响的工位和设备，实现对车间现场作业的动态指导。

（3）多属性数据动态感知与融合处理技术。

对“人、机、料、法、环、测”全要素数据进行系统分类梳理，通过基于MID（一种用于提取指定位置的字符串函数）命令串的力矩装配系统集成、基于Socket（一种用于实现网络通信的编程接口或套接字）的机器人实时通信、基于中间件的PLC（可编程逻辑控制器）集成、基于MQTT（消息队列遥测传输协议）的外部系统订阅服务等多技术路线数据采集方案，实现装配力矩、天线位姿、电性能、设备运行状态等多属性数据实时动态采集，为生产分析与优化提供决策基础。

（4）基于多传感器数据融合的高精度高柔性自动装配控制技术。

针对T/R（发射器/接收器）组件、天线单元等核心构件数量多、精度高、工况复杂的装配需求，通过部署机械臂、力控传感器、视觉系统等软硬件系统，构建位置坐标、力矩参数等实时采集、传递、分析和反馈的控制闭环，实现装配质量在线检测；采用抗干扰的自适应视觉定位算法、基于迭代修正的重复精度控制算法，可以解决大面积批量零部件重复装配定位难、精度低等问题。

3）智能制造系统的应用

（1）信息系统建设情况。

为了满足复杂电子设备车间集成化、精细化管控的要求，十四所设计了“1+4”（1个门户+4大系统）的集成管控平台开发架构。该架构能够通过一个门户协调信息和指令的流动，在向上接收生产计划、产品数据的同时可以向下监控脉动生产线运行状态，实现了企业级计划、车间级执行和现场级控制的全流程数据闭环。

① 智能车间集成管控平台。复杂电子设备的智能车间集成管控平台（见图 6-58）采用模块化构建方法，以制造运营管理（MOM）系统为运营核心、数据采集与监控（SCADA）系统为数据基础、物流管理系统（WMS）为资源中枢、可视化监控系统（VDS）为决策支撑，通过统一的数据交换协议和数据接口，对四大信息系统进行数据集成和交互，实现智能车间生产过程的端到端数据贯通。

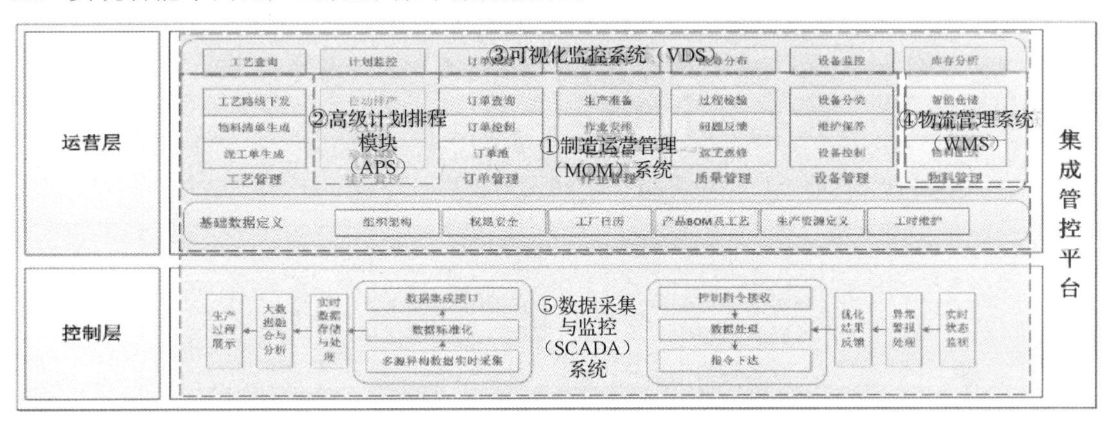

图 6-58 复杂电子设备的智能车间集成管控平台系统组成

② 建立面向统一需求的 MOM 系统，提升生产过程管控能力。十四所搭建了一套能适应多种生产管理模式的 MOM 系统，具备计划管理、质量管理、物料管理等功能。该系统通过对作业计划排程与执行、跨部门跨地域物料拉动、生产全过程质量控制等信息集成管控，打通各类车间的信息壁垒，实现了复杂电子设备有序、协调、可控的混线生产组织，从而大幅提升了生产管控能力，缩短了生产周期。

③ 建立实时数据驱动的三维 VDS 系统，实现智能车间透明化管控。十四所自主设计并开发实时数据驱动的 VDS 系统具备整体态势分析、设备运行状态监控、场地资源状态展示等功能，以生产活动为主线，实时获取 MOM 系统、SCADA 系统、WMS 的生产计划、过程执行、设备状态、工艺参数、物料齐套等信息，实时展示车间从“车间-产线-单元”三级的整体态势，全面提升智能车间管控能力。

④ 建立 WMS，实现物料仓储和配送的统一数字化管控。基于整机工艺流程，十四所自主研制的 WMS 具备资源管理、出入库管理、配送管理等功能；应用电子标签、扫码枪、二维码等物联网手段，可以对数十万种物料、上万个货位的自主编码和身份快速识别；通过 WMS 与其他系统的数据链路的连通，建立了基于工位、工序任务的拉动式齐套模式，大幅缩短物料等待时间，保证电子设备按时交付。

⑤ 建立统一标准的 SCADA 系统，实现生产过程可控、质量可追溯。十四所自主开发的基于统一数据标准的 SCADA 系统具备数据采集与处理、设备运行监控等功能；通过车间基础网络环境和统一交换协议接口，向上接收 MOM 系统工装作业计划，向下在线采集设备运行状态、工艺参数等数据，并对产品装配关键工艺参数实施过程统计分析，实现了“计划-物料-资源-执行”四位一体作业的生产数据全闭环。

（2）智能生产线建设情况。

对复杂电子设备制造业务类型分类（见图 6-59）及产品生产对象聚类分析，打造了微组装、电装、总装总调等核心制造业务的全层级智能车间，实现了装配调试过程的全覆盖。

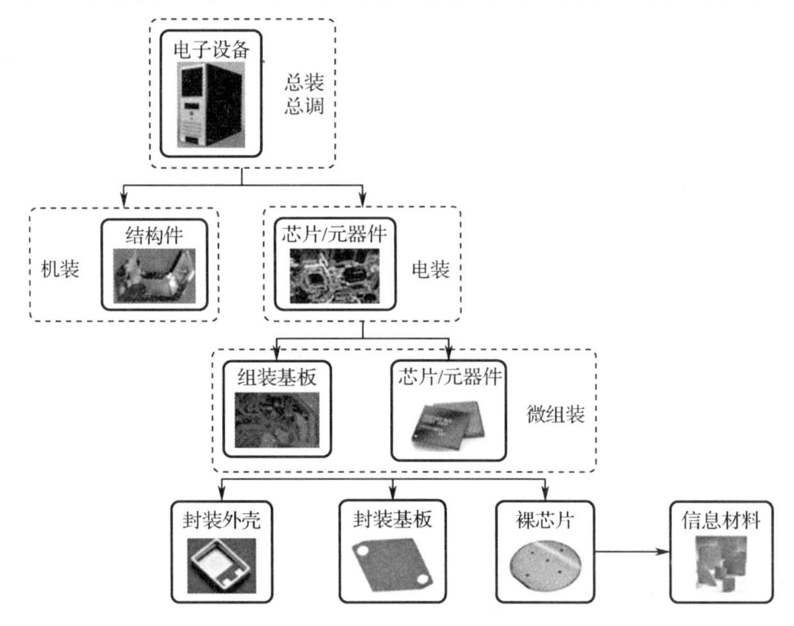

图 6-59　电子装备制造类型分类

① 构建变批量共线制造的微波组件生产线，实现全流程数字化、智能化管控。微波组件是复杂电子设备的基本组成单元，也是复杂电子设备中核心的模块。微组装车间共有数百台设备，面向多种工艺类型、可动态组合形成数十条柔性生产线，通过现场实时智能排程与调度、物料精准配送、制造自动执行、性能自主诊断、工艺智能决策和车间运行监控，满足微波组件多品种、变批量、柔性混线生产需求。

② 构建人机协同作业的电装生产线，实现部件敏捷化生产。电装车间负责雷达部件和模块的集成装配，根据产品形态和批量的不同，优化人机协同配比，建立全自动生产、人机协作生产、智能装配生产三类工作模式，使生产系统更加柔性、灵活有效。针对大批量、规模化、工艺和流程相对单一的部件产品，采用智能化自动生产线（见图 6-60）代替手工操作，形成稳定持续的自动化装配单元，生产效率提升 10 倍以上；对于结构复杂、数量较少的电子设备采用细胞单元的方式组织生产，建立由核心技能人员、智能化工具工装、数据采集与监控系统组成的智能装配单元（见图 6-61），提升装配效率和质量。

图 6-60　智能化自动生产线

图 6-61　智能装配单元

③ 构建脉动式柔性装调一体化总装生产线，实现高效、透明、优质生产总装车间开展复杂电子设备整机装配和系统联试。针对多品种、小批量、变节拍的柔性生产需求，按照“产品聚类分析、工艺流程再造、车间布局优化、产线装备升级”的思路，通过构建不同类型的脉动式柔性装调一体化总装生产线（见图 6-62），解决了多品种小批量、机电液混装、装调一体化等难题；通过自主开发螺接装配机器人、气浮拼接设备、自动翻转设备等 20 余型自动化设备，实现了多型号产品不同结构天线阵面的精准拼接以及不同规格阵面模块的智能装配，生产效率提升 35%以上、产能提升 2 倍以上。

图 6-62　脉动式柔性装调一体化总装生产线

2．海能达数字化工厂

海能达通信股份有限公司（以下简称“海能达”）是业内知名的专业通信及解决方案提供商，致力于为全球客户提供通信安全保障。海能达于 1993 年成立以来，一直以“精益制造”为核心理念，经历了从手动、半自动到离散工序的全自动演变，并在这一阶段的后期逐步采用信息化手段管理关键工序。海能达作为全球的专网通信解决方案及设备提供商，用户对专网产品在定制化、交付周期、可靠性等方面有着很高的要求；面对近些年很多工厂处于招工难、艰难维持的窘境，海能达主动求变，积极响应国家政策引导，开始向智能制造转型。

海能达数字化工厂使用的软硬件是通过内部自主研发与外部引进相结合的方式获得的。例如，海能达制造执行系统（MES）是公司长达十年自主研发的成果，现如今已形成专门针对制造执行系统开发和维护的专业团队，如图 6-63 所示；海能达的企业资源计划（ERP）软件系统是通过对 Oracle 的企业资源计划软件系统进行二次开发最终形成现在的版本；此外，海能达和西门子合作开发了产品寿命周期管理（Product Lifecycle Management，PLM）系统。海能达的智能制造解决方案如图 6-64 所示。

1）信息化和自动化

信息化是指用 PLM、ERP、MES、WMS、SCADA、生产运营管理（POM）等信息化系统和技术，对企业的各个环节进行集成和优化，从而实现信息高效流动和管理，信息化生产车间如图 6-65 所示。自动化是通过用机械手臂等自动化设备和技术代替人从事繁重、重复的体力劳动，从而实现生产过程的自动化和智能化，自动化生产车间如图 6-66 所示；用自动化代替人的体力劳动以及用信息化代替人的脑力劳动，能够使从事简单重复工作的员工数量大幅减少；自动化与信息化的高度互补、协同、融合，可以实现“自主组织”的智能制造系统；通过对工厂工作人员的结构调整，在人员数量减少的情况下，提升他们的专业素质，可以让更多的人去设计、维护和升级智能制造系统。

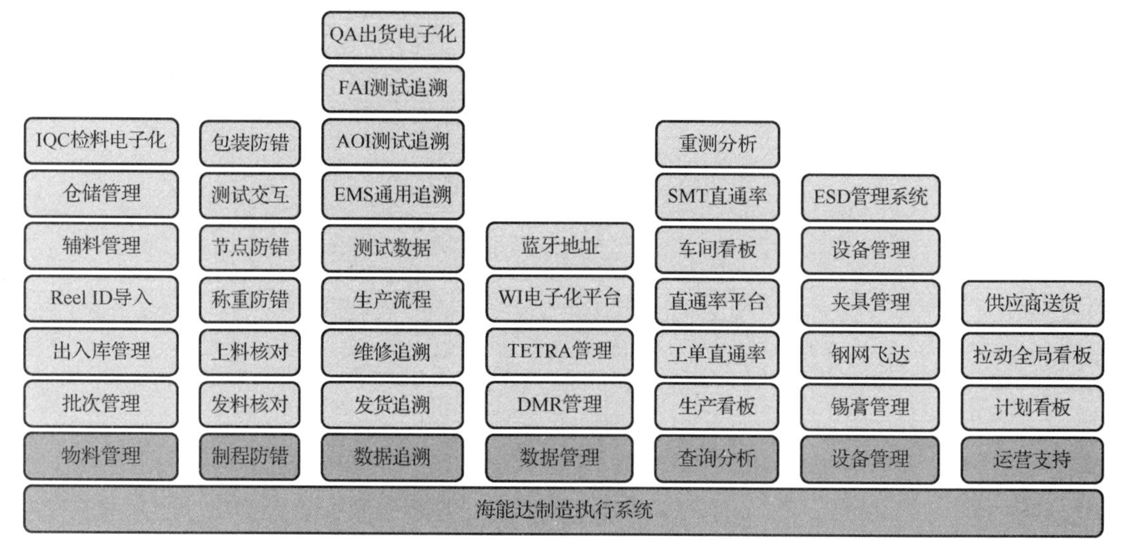

图 6-63　海能达制造执行系统

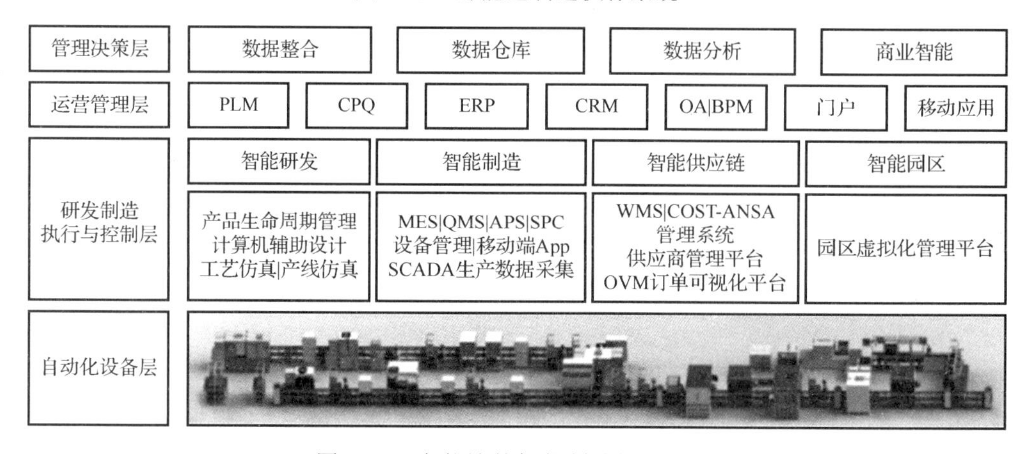

图 6-64　海能达的智能制造解决方案

2）研发制造的协同

为满足所有的研发人员内部协同、研发进度和制造流程协同，需要用系统来进行同步，通过数据库、标准化、模块化的方案设计，实现平台化、协同化、实时化、标准化和数字化。在软件、硬件研发过程中使用 PLM 系统提供结构化工艺解决方案，提升研发制造协同能力，PLM 系统如图 6-67 所示。

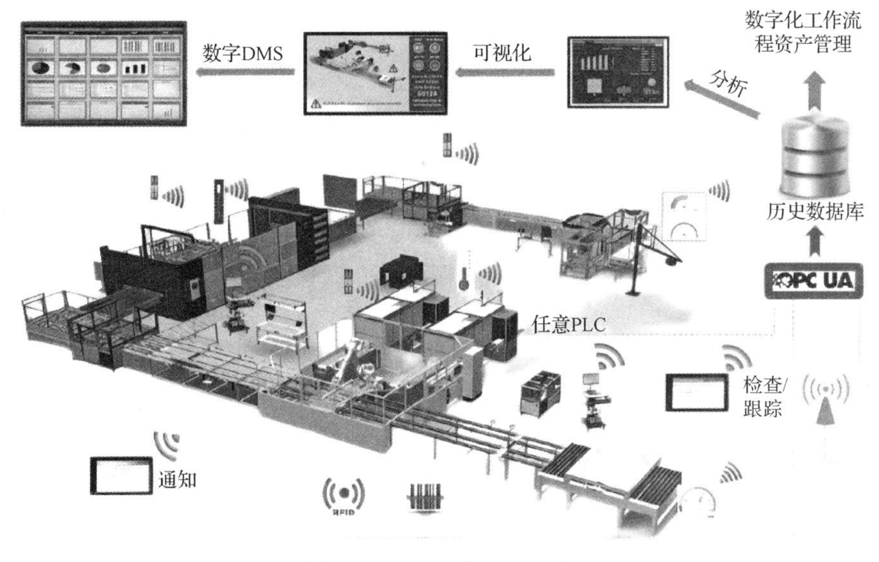

图 6-65　信息化生产车间

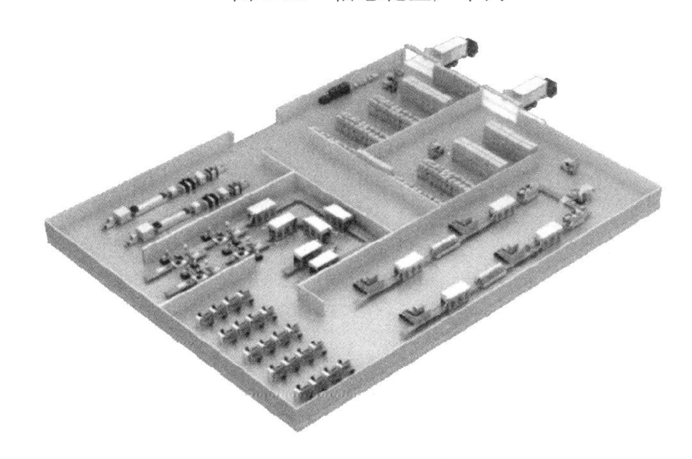

图 6-66　自动化生产车间

3）制造执行系统

海能达在重构制造执行系统时，主要分为以下五个层级。

（1）L1：单元控制。该层级主要针对设备与电气，涉及条码机、射频识别机、机械手臂和电气系统等。

（2）L2：产线控制。该层级是指对产线进行逻辑控制与数据收集，涉及 SCADA 系统等。

（3）L3：工厂管理。该层级包括追溯、品质、控制、仓储等环节，会用到制造执行系统。

（4）L4：公司管理。该层级包括研发、产品、人力资源、客户等方面，会用到 ERP/PLM。

（5）L5：集团管理。该层级是指公司的战略管理、分析决策及最终决策。

此外，海能达的产品制造过程是可视化的，在相应的终端都可以查看，全面展示来料检验、SMT&组装&测试、包装发货等全流程的工作情况，如图 6-68 所示。

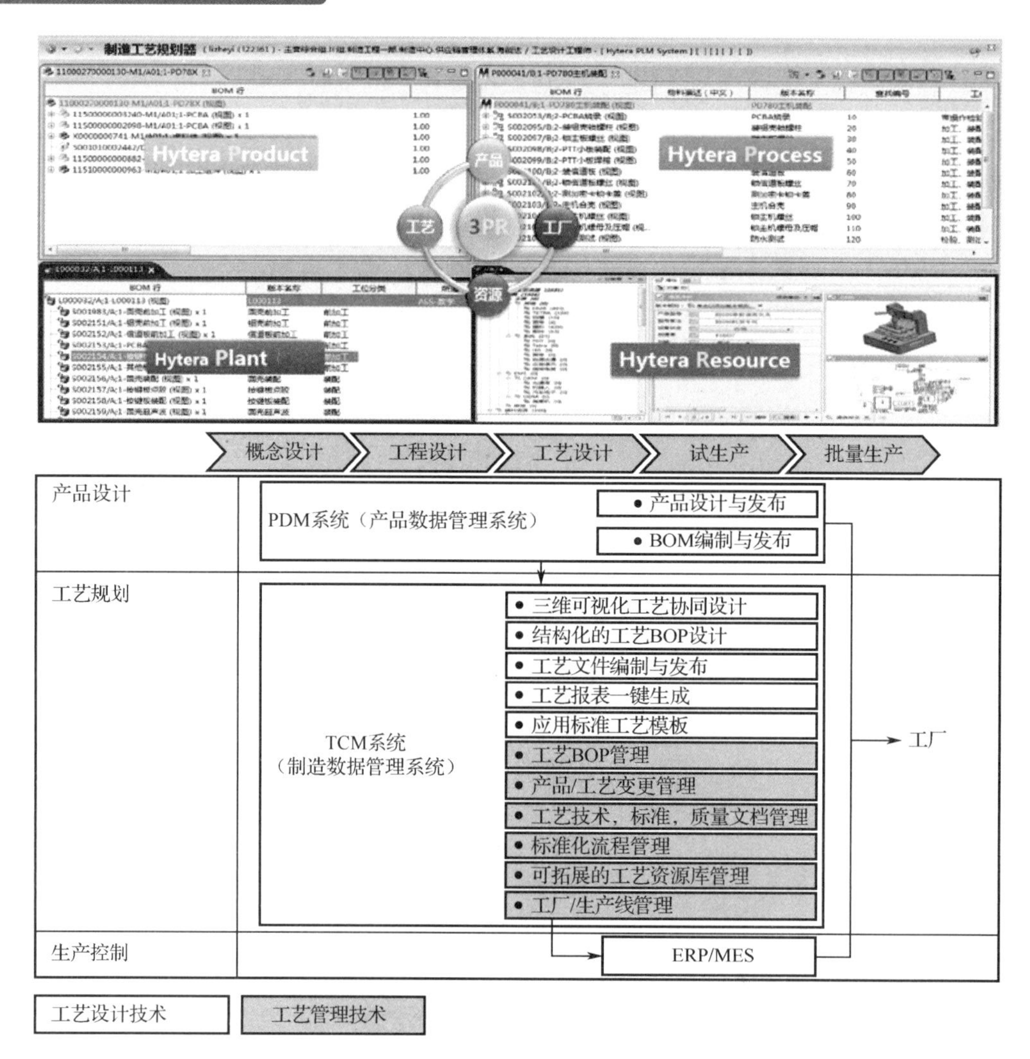

图 6-67　PLM 系统

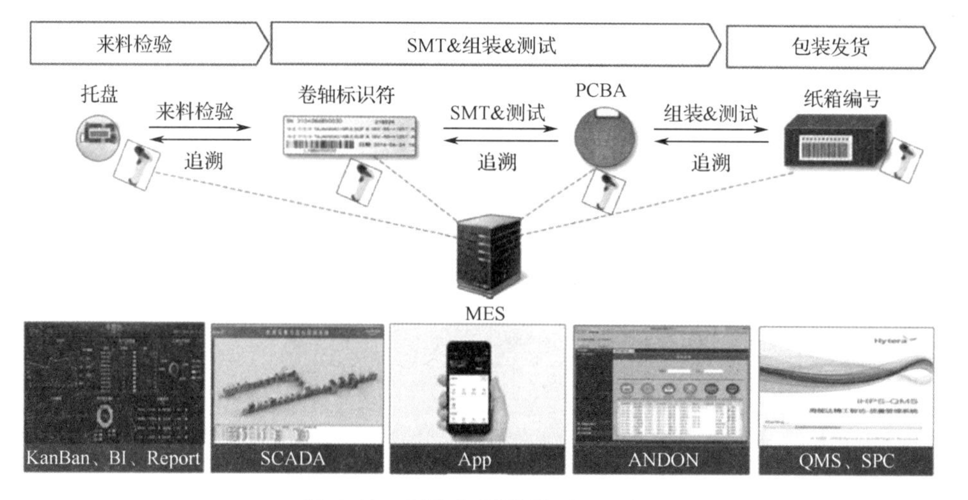

图 6-68　制造执行系统（MES）

海能达自行研发的订单可视化履行系统（OVM 系统）如图 6-69 所示，包含销售、订单、生产、仓储、物流等协同平台，能对运营管理驾驶舱数据实时汇总，并对园区车辆进行管理和引导。此外，OVM 系统还可以通过集成到手机中进行远程监测。从自动化测试设备、工厂智慧物流及仓储系统到智能仓储物流解决方案以及 App 等，海能达都可自主研发。

柔性生产线是制造系统的基层单位，是指生产对象按照一定的工艺路线，顺序地通过各个工作站，并按一定的生产速度，重复连续地完成作业，实现原材料到产品的物理转换。目前，海能达的柔性生产线已有手持机自动化装配测试生产线、座充自动化装配测试生产线、系统单元自动化装配测试生产线、PCBA 自动化测试生产线及手持机自动化测试包装生产线等，如图 6-70 所示。对自动化装配设备而言，柔性生产线用于将产品的若干零部件通过装配、卡扣、螺纹连接、黏结、铆合、焊接等方式组合到一起，得到符合预定的尺寸精度及功能的成品或半成品。

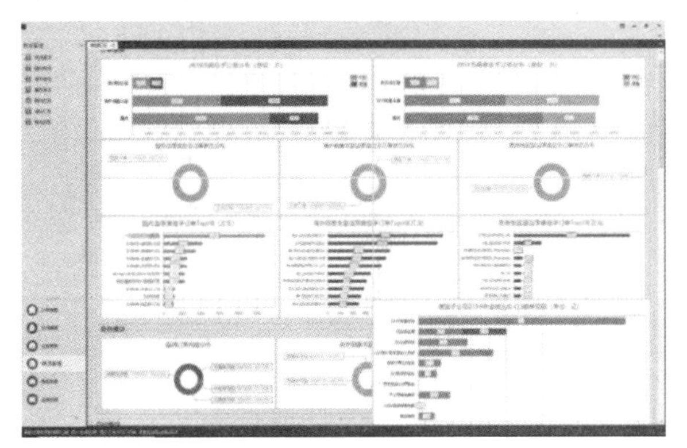

图 6-69　OVM 系统

图 6-70　柔性生产线

自动化装配设备能够实现自动点胶、自动黏结/贴标、自动锁付、自动焊锡的全流程，大大缩短了工艺周期，是智能制造的关键一环，如图 6-71 所示。

自动化测试设备可完成信号调制及测试、视觉检测、音频检测、接触交互测试、程序下载及核对，可以让测试形成统一的流程与规范以及输出并分析测试结果，如图 6-72 所示。

图 6-71　自动化装配设备

图 6-72　自动化测试设备

在完善信息化管理和自动化的基础上，通过流程与生产管理方式的优化，海能达数字工厂相比改造前有了很大的改善：自动化率提升到 45%，生产周期减少了 20%，人工减少了 20%，生产效率增加了 30%。

Chapter 7

第 7 章 整机互联技术

整机互联是电子产品实现的最后一环，也是电子产品实现的重要一环。本章在简要说明整机互联的基本概念与主要内容的基础上，重点阐述了整机结构设计、整机线缆互联工艺技术、整机互联电磁兼容控制技术与整机互联三维自动布线技术等。

7.1 整机互联技术及其主要内容

7.1.1 整机与整机互联的概念

1. 电子设备组装级与整机的概念

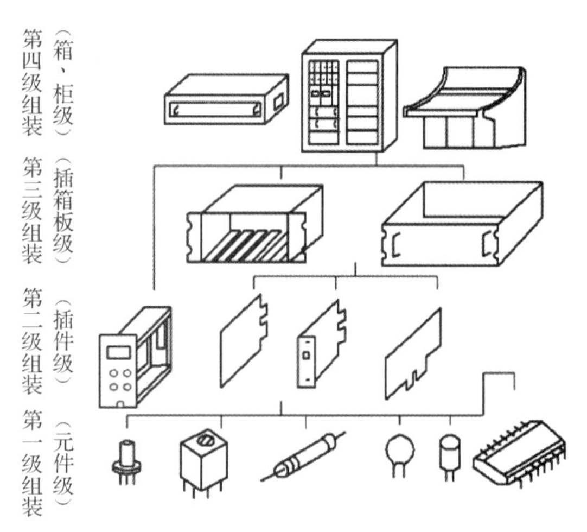

图 7-1 传统电子设备组装级区分方法

电子设备是由单个元器件、机电器件及结构组成的具有一定功能的部件，至最后组成完整电子产品的过程，一般将其称为组装或装联。在组装过程中，可以根据组装单元的内容、尺寸和复杂程度的不同，将电子设备的组装分成不同等级，称为电子设备组装级。

传统电子设备组装级区分方法如图 7-1 所示。

第一级组装一般称元件级，这里的“元件”泛指通用电路元器件、分立元器件、集成电路组件等，元件级是最低的、不可分割的结构等级。第二级组装一般称插件级，用于组装和互联第一级组装的元器件，如装有元器件的 PCB 组件或插件等。第三级组装一般称底板级或插箱板级，用于组装和互联第二级组装的插件或印制电路组件。第四级组装一般称箱、柜级或整机级，它主要通过导线、电缆及连接器等互联第二级、第三级组装，并以电源馈电构成可独立使用的仪器、设备或子系统。对于更高层次的组装，如采用传输线进行多个子系统、多个设备的互联，则称为系统级组装。而“装联”一词一般只用于特指第四级及其以上的整机级/系统级组装。

随着集成电路技术的高速发展，由微型电路构成的现代电子设备系统，其整机系统的构成层次也发生了一定的变化，如图 7-2 所示。

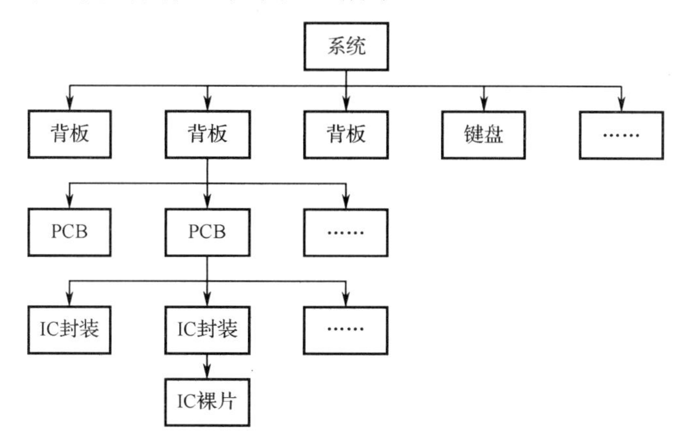

图 7-2　现代电子整机系统的构成层次

封装芯片级别：将 IC 裸片经过不同封装工艺后形成 IC 芯片。

PCB 级别：将各种芯片及元器件焊接形成具有一定功能的组件。

背板级别：背板通常具有多个插槽和连接器，用于插入和连接各种模块、卡片和其他组件。

系统级别：是整机系统中的最高级别层次，包含了整个电子系统的功能。

2．整机的基本装联结构及其含义

整机是指箱、柜级的电子产品，它可以是具备完整功能、独立应用的电子仪器、设备，也可以是具有独立功能的子系统或分系统，以它为基础可以“装联”成更高级别的电子整机系统。

整机一般以箱、柜为结构主体，用插箱、插件及线缆（导线及电缆）等装联而成。现代微电子设备整机系统的结构组成，与分立的基础元器件时代的结构组成相比发生了巨大的变化，在各构成单位、分系统和整机系统的尺寸、安装密度等方面的变化尤其突出。安装结构大致分为以下 4 个层次。

（1）第一个层次是 PCB 和背板的板级组装：即在 PCB 上将被安装的元器件及部件进行机械位置固定和相互间的电气互联，通常将其称为 PCBA（PCB 组装件）。背板安装是以 PCBA 为对象的安装，它通常由若干 PCBA 共同构成具有特定功能的复杂回路组合体。

（2）第二个层次是机架的构成：机架由 PCBA 的安装母板（机架的后背板）和若干 PCBA 等共同构成。

（3）第三个层次是以机架组合为对象的机柜式安装：机柜式安装是机架的复合安装，也是 PCB 基板安装的最终阶段。

（4）第四个层次是整机系统安装：整机系统安装是将各机柜、电源装置、连接电缆及操作台等组装成一个大系统。

图 7-3 展示了几种机柜形式电子整机的装联结构局部图。电子整机品种、型号繁多，其结构组成各异，不一定包含完整的各组装级。例如，只有插箱而没有单元结构插件，或只有单元结构插件而无插箱的机柜形式电子整机都很常见；而以多个机箱或机柜独立组装后再以有线或无线的形式组成的更高级别的整机系统，在大中型雷达、发射系统、测控系统、程控装置等设备系统中也经常被采用。

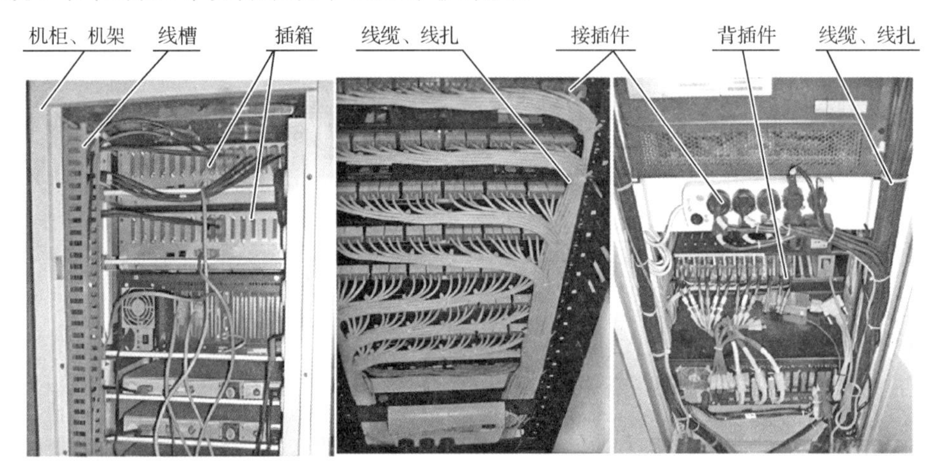

图 7-3　几种机柜形式电子整机的装联结构局部图

3．整机互联技术的概念

电子设备装联技术或电子整机/系统装联技术的传统定义为：将数量众多的电子元器件、金属或非金属零部件、紧固件及各种规格的导线，按设计文件规定的技术要求装配连接成整件或整机的电子产品制造工艺技术。电子整机/系统互联技术（简称整机互联技术）是在整机/系统装联技术这一传统概念的基础上，融入电气互联技术新概念后形成的对电子整机/系统装联技术的新定义。

因此，整机互联技术是指在电、磁、光、静电、温度、湿度、振动、速度、辐射等已知或未知因素构成的环境中，将数量众多的电子元器件、金属或非金属零部件、紧固件及各种规格的导线，装配连接成整件或整机/系统的电气装联制造技术以及相关设计技术，它是电气互联技术的重要组成部分，是面向电子整机/系统的电气互联技术，包含了机箱机柜结构及其电路模块布局与相关工艺技术、线缆布线设计与工艺技术、接插件及其连接技术、电磁兼容设计、热设计、机电性能综合设计与工艺技术等丰富的技术内容。

7.1.2　整机互联技术主要内容

整机互联是将机箱、机柜、线缆、电路模块或插件、接插连接件、紧固件等，通过合理的结构布局设计、布线设计、电磁兼容设计、热设计、连接可靠性设计和组装工艺技术，组成整机或整机系统。与整机互联直接相关的主要技术内容如下。

1. 整机组装结构设计

整机组装结构设计也称为总体设计，它根据产品技术要求和使用要求，对整机互联从结构组成的科学性、可靠性角度进行系统构思，并对各分系统和功能性单元提出设计要求和规划，包含：①机柜、机箱、插入件及其他附件的结构形式和装配方式；②电气传输或控制过程中，声、光、电或机械的调节和控制所必需的各种传动装置、组件和执行元器件的布局和装配方式；③元器件、组件及整机的温度控制设计；④防腐、防潮、防霉、振动与冲击隔离、屏蔽与接地、接插与连接及其环境防护设计。通过对上述各项进行合理的结构布局和总体规划，以确定相互之间的连接形式和结构尺寸等。

2. 整机线缆互联与布线工艺技术

整机线缆互联技术以导线、电缆为主要电气互联件，辅以母板互联、接插互联、无线互联等形式，将多个部件或模块互联组合成能完成一定功能实体的装联制造过程，其主要应用范围是插件单元之间、机箱和机箱之间、机箱和机柜之间及阵面与多个模块之间的电气互联。它包括了线缆布线设计、线束制作、线束安装、线缆端接等技术。

线缆布线设计是指在电子整机的三维空间中，在机箱机柜内或机箱机柜之间的线缆布局和走线设计，以及相关的线缆选择、连接、固定和加固方式选择与设计，与布线相关的电磁兼容分析与设计、热分析与设计。布线工艺技术是指上述线缆布线设计内容的具体实施工艺方法、手段和规范等。线缆布线设计及其工艺技术是整机互联的关键技术，直接关系到整机互联信号的通断和传输可靠性，是整机互联技术的重要研究内容之一。

3. 电磁兼容设计及其加固技术

电磁兼容设计是整机互联设计中必须采用的基本技术，也是电子整机这一机电结合产品设计制造区别于机械类产品设计制造的标志性技术之一。

电磁兼容（Electromagnetic Compatibility，EMC）也称为电磁兼容性，是电子设备或系统的主要性能之一。它是指电子元器件、设备或系统在所处的电磁环境中良好运行，并不对其所在环境产生任何难以承受的电磁干扰（Electromagnetic Interference，EMI）的能力。电磁兼容设计就是要使电子设备或系统有高的抗扰度与电磁敏感度（Electromagnetic Susceptibility，EMS），实现设备或系统内无相互电磁干扰、兼容运行，对外能抗御电磁干扰和不产生电磁干扰。

电子整机互联中的电磁兼容设计包含诸如元器件、电路模块、线缆、结构的合理布局，必要的电磁屏蔽、接地措施等。传统上将电磁屏蔽、接地等电磁兼容技术称为电子设备的（电磁兼容）加固技术。

4．热设计及其加固技术

热设计也是整机互联设计中必须采用的基本技术。电子整机热设计的目的是在工作环境和自然环境中，对电子元器件、组件以及整机的温升进行控制，使其可控并使整机在允许的温度范围内运行。对于在一定功率状态下或恶劣环境条件下运行的电子整机，热设计是必需的。尤其是高密度组装、高功率密度的整机，其热设计更为重要。

温升控制的基本方法有自然冷却、强迫风冷、强迫液冷等，也有蒸发冷却、温差电制冷、热管传热等多种温升控制形式。传统上也将各种温升控制技术称为电子设备的（热）加固技术。

5．振动设计及其加固技术

电子整机在装联、搬运、工作过程中受到振动是不可避免的，尤其是车辆、船舰、航空航天器承载的电子整机，其受到振动的程度还会相当大，振动设计及其加固技术必不可缺。

抗振动设计及其加固技术简称抗振加固技术，除了整机机械结构体的抗振和加固措施外，整机互联工艺技术中需要重点关注的抗振加固内容有：各类可装卸插箱、插件的锁紧结构及其可靠性；各类可插、拔的接插件接插紧密性及其固定结构与可靠性；各类固定型接点的牢固性和可靠性；各类线缆夹持、扣扎结构的牢固性和可靠性等。

6．电路连接工艺及其可靠性技术

电路连接工艺技术包含印制电路连接、线缆连接、背板及其互联等工艺技术，连接的主要技术方法有接插件连接和焊接。其可靠性技术主要是连接的接触可靠性、焊接的焊点可靠性技术，包含连接和焊接工艺可靠性设计。

电子整机中存在着大量的固定、半固定及活动的电气连接点，这些连接点的接触可靠性对整机或系统的可靠性有很大的影响，必须正确地设计、选择其连接工艺和方法。例如，固定连接的钎焊、压接或熔接等焊接方法的选择，活动连接的各种接插、开关件的合理选用或设计等。

恶劣的工作环境条件会引起电子整机中的接插连接材料发生腐蚀、老化、霉烂、性能显著下降等，应根据设备所处环境条件的性质、影响因素的种类、作用强度的大小来确定接插连接件的相应防护措施或防护结构，选择耐腐蚀材料或表面保护层，或者研究其抗腐蚀方法。

7．整机调试与综合测试技术

所谓整机调试技术，是指根据设计要求，按照调试工艺对电子整机的性能和功能进行调整与测试，使之达到或超过预定的各项技术指标。电子整机装联只是将元器件、零件、部件按照设计图纸的要求连接起来，但由于每个元器件的参数具有一定的离散性，机械零、部件加工有一定的公差和装配过程中产生的各种分布误差等的影响，一般不能

立即使整机正常工作，必须通过调试才能使其功能和性能指标达到规定的要求。因此，对于电子整机的生产，调试是必不可少的重要工序。

整机互联是电子整机设计、制造的重要环节，为此，其工艺及其质量与整机调试技术密切相关，一方面其质量直接影响调试工作量，另一方面通过调试能及时发现工艺缺陷并予以修正和调整。在传统的整机线缆手工布线/扎线/连接工艺中，往往有不少空间干扰、电磁干扰、接插不良等问题是在调试过程中发现和纠正的，这对新产品而言更是如此。

综合测试技术是指对有必要进行振动、高低温、高湿度、盐雾、离心、真空等状态下的单项或多项技术性能进行测试和试验的整机测试技术，通常称为可靠性测试或加速寿命试验，其目的是检测电子整机在特殊工作环境中的可靠性。

整机调试和综合测试技术是对电子整机设计、制造、装配和互联技术的总检查、总测试技术，设计、制造、装配和互联质量越高，调试的直通率越高，测试的数据越理想。它们既是保证和实现电子整机功能、性能和质量的重要工序，也是发现电子整机设计及工艺缺陷或不足的重要环节，整机调试和综合测试工作还能为不断提高电子整机的性能和品质积累精确的、可靠的技术数据。

7.2 整机结构设计

7.2.1 整机结构设计的基本原则

电子产品的整机结构是指能够将电子元器件及机械零部件按照合理的方式连接为整体的基础结构。电子产品的整机结构设计则是根据电路设计提供的资料和数据，结合电子产品的性能要求、技术条件等，合理布置元器件，使之组成部件或电路单元，同时进行机械设计和防护设计，将各零部件或电路单元互联。设计和制造电子产品，除满足工作性能要求外，还必须满足加工制造要求。

整机结构设计的目的是使产品的结构形态与产品的功能相统一、与使用要求相统一、与由电子产品组成的工作环境相统一，并适合人的生理和心理特性等，以满足用户的要求。

整机结构设计是指对电子设备的整体结构进行设计。整机结构设计的目标是确保电子产品的稳定性、可靠性、安全性和美观性，同时考虑生产成本和制造工艺等因素。电子产品的整机结构设计是一个复杂的系统工程，在考虑设计的合理性的同时，还要考虑各种设计要素的整体性。一般应遵循以下基本原则。

（1）功能性原则。整机结构设计必须满足产品的功能要求，保证产品的性能和可靠性。

（2）结构合理性原则。整机结构设计必须符合机械原理和力学原理，保证整机在使用过程中的稳定性、可靠性和安全性。

（3）可制造性原则。整机结构设计必须考虑产品的可制造性，包括制造工艺、材料选择、生产成本等因素。

（4）模块化设计原则。整机结构设计应该采用模块化设计，方便维修、更换和升级。

（5）人体工程学原则。整机结构设计必须考虑用户的使用体验，包括舒适性、安全性、易用性、美观性等因素。

（6）环保原则。整机结构设计必须考虑产品的环保性，包括材料的环保性、能源的节约等因素。

7.2.2 整机结构设计内容及顺序要求

根据产品的技术指标和使用条件，整机结构设计应包括分机（或单元）划分、总体布局、整机各部分主要尺寸确定、整机防护措施的选择和设计、整机机械结构设计、整机机电连接设计等。进行整机结构设计时，可以按如图 7-4 所示顺序进行，具体内容如下。

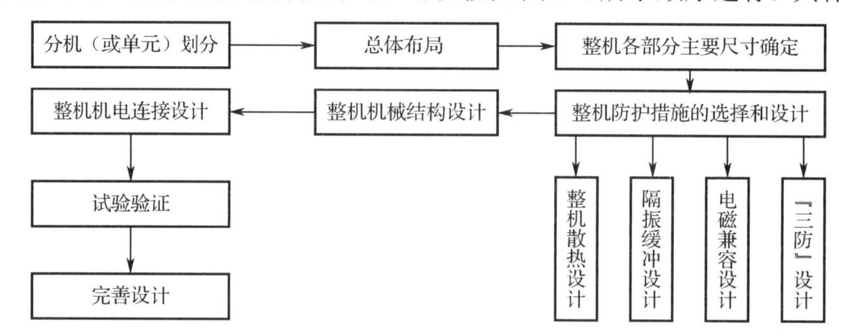

图 7-4 整机结构设计流程

1. 分机（或单元）划分

首先根据产品的电路原理图和方框图，将产品划分为几个分机或单元。在划分分机（或单元）时，通常应满足以下要求。

（1）功能合理、分工明确：分机或单元的划分应该合理，能够满足整机的功能、性能、制造和维修等方面的要求；同时每个分机或单元的功能和任务应该明确，避免功能重叠或缺失。

（2）连接可靠：分机或单元之间的连接应该可靠，能够承受整机的工作负荷和振动等影响。

（3）制造、维修便捷：每个分机或单元应该能够独立制造、独立维修，且制造和维修工艺简单、可控、可靠。

2. 总体布局

在分机（或单元）划分的基础上进行总体布局。总体布局时，一般应满足以下要求。

（1）布局合理：各个部件之间的距离、位置、方向等应该考虑到整机的使用和维护方便性；在不影响整机功能和使用的前提下，整机的体积尽可能小，同时考虑通风散热。

（2）稳定性和安全性：整机的布局应该考虑到机体的稳定性，以防止整机在使用过程中的晃动或倾斜；确保使用过程中的安全性，防止对人造成伤害。

（3）可维护性和美观性：整机布局应考虑维护的方便性，使得整机中各单元便于维护和更换；此外整机的外观应看起来整洁、美观。

3. 整机各部分主要尺寸确定

整机各部分的主要尺寸根据设计需求和规格确定，并进行设计和优化，以满足功能需求、用户体验、空间限制和组件接口等要求，具体包含以下内容和要求。

（1）功能需求：首先确定整机的功能需求，包括所需的各种功能和性能指标。

（2）用户体验：考虑到用户的使用体验，尺寸的确定应该符合人体工程学原理和人机交互的要求。

（3）空间限制：根据整机所处的环境和应用场景，需要考虑空间限制。例如，如果是嵌入式系统，那么尺寸应适应特定的安装空间；如果是移动设备，那么需要考虑便携性和手持舒适性。

（4）组件和接口尺寸：各个组件和接口的尺寸也会影响整机的尺寸。例如，处理器、内存模块、硬盘等组件的尺寸需要考虑它们在整机中的布局和堆叠方式，以及连接器的尺寸和布局。

（5）散热和电源需求：根据整机的功耗和散热需求，需要考虑散热器和风扇的尺寸与布局，以及电源模块的尺寸。

在确定整机各部分的主要尺寸时，需要进行综合考虑，通常要求尽可能做到通用化、系列化，并尽可能选用统一尺寸的插箱或模块单元。

4. 整机防护措施的选择和设计

整机防护设计包括整机散热设计、隔振缓冲设计、电磁兼容设计和“三防”设计等，具体设计要求如下。

（1）整机散热设计：在进行具体的设计前，应根据产品的功率、组装密度、工作环境温度和产品所允许的温升（或最高工作温度）等选择合适的散热器面积和散热片数量。在保证产品正常升温的条件下，散热系统要求简单可靠，系统本身所消耗的功率要小，工作时不会或很少给产品带来附加的振动和噪声等。

（2）隔振缓冲设计：主要是根据机械环境条件确定相应的隔振缓冲措施并布置减振器。

（3）电磁兼容设计：主要是进行屏蔽设计和采取其他防干扰措施，合理布局布线及合理设计馈线和接地。

（4）“三防”设计：指根据工作环境条件合理选择“三防”材料和防护手段（包括结构防护、工艺防护等），其中主要为产品机箱的密封设计。

5．整机机械结构设计

整机机械结构设计是指将电子元器件、电路板、电源、显示器、按键、外壳等组合在一起形成一个完整的电子产品的过程，具体内容包括以下几个方面。

（1）机箱/机柜设计：机箱/机柜是整机的外部壳体，用于保护内部组件并提供物理支撑和固定。在机箱/机柜设计中，需要考虑外形尺寸、材料选择、通风散热、防尘防水等因素；还需要设计合适的面板、开孔、通风孔、接口位置等，以便用户能够方便地操作和连接外部设备。

（2）插箱/模块单元设计：整机通常由多个插箱/模块单元组成，每个插箱/模块单元负责不同的功能。在设计插箱/模块单元时，需要考虑内部组件的布局、连接方式、热管理、电源供应等。同时，需要设计合适的插槽或接口，以便模块之间能够方便地插拔和连接。

（3）操作控制和维修结构设计：操作控制和维修结构设计是为了方便用户对整机进行操作、控制和维修，包括设计合适的按钮、开关、显示器、控制面板等，使用户可以轻松地操作和监控整机的状态。同时，还需要设计易于拆卸的部件和连接方式以及可调节的支架、手柄、螺孔等，以便维修人员进行维修和更换组件。

在整机机械结构设计时，需要充分考虑用户需求、制造可行性、标准和规范要求，以及可持续性和环境友好性等因素。同时，进行设计验证和测试，以确保整机的机械结构能够满足设计要求和性能指标。

6．整机机电连接设计

电子整机机电连接设计是指将电子元器件、机械部件、电气元器件等连接在一起，形成一个完整电子系统的过程。整机机电连接设计的关键在于合理确定连接形式和选择连接件。

在整机结构设计时，首先要选定连接形式，然后考虑整机走线，并确定连接点位置和连接件的型号、尺寸。整机机电连接可分为电气连接和机械连接。

（1）电气连接：电气连接包括两种方式，电缆连接和接插件连接。电缆连接的质量较高，工作可靠，分机抽出后电路仍然接通，便于带电测试检修；接插件连接的结构较简单，机箱（机柜）紧凑，但可靠性较低。

（2）机械连接：机械连接包括紧固、导向和定位位置。在整机结构设计时，要选定连接结构的形式和尺寸，做到连接可靠、装卸方便。

7.2.3 整机结构设计的工艺性要求

整机结构设计的工艺性是指在设计电子整机结构时，需要考虑制造工艺的可行性和实际情况，以便在保证整机质量和性能的同时能够顺利地完成制造和组装，具体涉及机电连接接口设计、布局设计和组装结构设计。

1. 机电连接接口设计

机电连接接口设计工艺要求涉及整机内部机械连接和电气连接设计的可实施性和可靠性，具体包括机械件的安装固定、电气连接方式的选择、电缆的设计与安装等。

机电连接接口设计的工艺性要求如下。

（1）可靠性和稳定性：连接接口的设计要求保证电气连接的可靠性和稳定性，具体包括确保良好的电气接触，减少接触电阻和信号干扰，以及防止松动或断开等现象。同时还应具备足够的机械强度和耐久性。

（2）适应性和兼容性：连接接口的设计要求考虑不同组件和设备的适应性和兼容性。它应该能够连接不同类型的设备、模块或线缆，并确保正常的信号传输和电源供应。

（3）快速连接和插拔：主要确保连接接口的快速插拔性能，具体包括设计合适的引导结构和插拔力度，以便用户能够轻松地进行连接和断开操作。同时，要确保在插拔过程中不会对接口和设备产生不必要的损坏或故障。

（4）维护和维修便捷性：连接接口的设计要求便于维护和维修，包括设计可拆卸或可更换的接口部件、提供足够的访问空间和标识，以便维修人员能够快速识别、更换和修复连接接口。

（5）标准符合性：连接接口的设计要求遵守相关的行业标准和规范，包括电气连接的标准化接口设计，以确保连接接口的互操作性和兼容性。

2. 布局设计

电子产品设计应重点考虑结构总体布局设计，确定所有分机（或单元）的安装位置和方式，进而确定接口位置和连接方式，最终确定自制零部件、外购零部件的形状、尺寸及安装方式。

布局设计的工艺性要求如下。

（1）总体布局时尽量按照整机方框的顺序排列各组成单元，布局应该合理，能够满足产品的功能要求和美观要求，同时也要考虑各单元的散热和防护问题。

（2）总体布局时要注意质量分布应均衡，注意各组成单元的尺寸协调和机电协调，同时有利于抑制和减少干扰。

（3）考虑线缆和线束的路径与布局，设计合适的导向槽、固定夹具和标识，以便组装工人能够清晰地辨认和正确安装线缆与线束。此外，合理安排线缆长度，避免过长或过短，以便装配过程中的连接和调整。

（4）总体布局时应考虑减振缓冲方面的要求，同时有利于维修、调整、测试和装配，在条件允许情况下布局密度不宜过大。

3. 组装结构设计

目前，电子产品的组装结构多采用整机、分机、电路单元或整件、PCB 或组件等分级组装结构形式，其组装结构形式和组装工艺一致。这种分级组装结构不仅在电路上具有一定的独立性，而且在结构和工艺上也具有相对独立性。组装结构设计工艺性的原则和要求如下。

（1）可拆卸和可组装性：整机组装结构应具备可拆卸和可组装的特性，以方便生产制造和维修。设计时应考虑模块化组件、连接方式的可靠性和易用性，以便迅速拆卸和安装所需的组件。

（2）紧固件和连接方式：选择适当的紧固件（包括螺钉、螺母、螺栓、卡扣、卡槽等）和连接方式，以确保组装的稳固性和可靠性。对于重要的连接点，可能需要使用防松动装置或锁紧机来增加连接的稳定性。

（3）导向和对位结构：整机组装结构应设计有导向和对位结构，以确保组件的正确对位和安装。这可以通过引导销、定位孔、凸缘、楔形结构等实现。良好的导向和对位结构能够提高组装效率和组装准确性。

（4）线缆管理和布线通道：考虑电子设备内部的线缆和布线需求，设计合适的线缆管理和布线通道结构，包括电缆夹持装置、导管、槽道、走线槽等，以使布线整齐、易于维护和管理。

（5）防震和防振设计：针对电子设备可能遇到的震动和振动环境，设计适当的防震和防振结构，包括防震垫、减震支撑结构、减震悬挂装置等，以保护内部组件免受外部振动的干扰。

7.3 整机线缆互联工艺技术

7.3.1 整机线缆布线设计

1. 整机线缆布线设计概述及其主要内容

在电子整机内，各接插件之间的电信号主要由线缆连接，众多的线缆在三维空间中会产生干涉；线缆传输的信号频率和幅度强弱各异，信号通过线缆在它周围空间产生的电磁场会对其他线缆产生干扰等问题，都需要通过科学的设计和合理的布线予以解决。

线缆布线设计要保证布线位置与结构的合理，实现整机内单元、部件之间的可靠电连接，从而达到电性能设计指标。整机线缆布线设计过程是一个包括机械设计和电气设计在内的并行循环过程，整机结构模型是线缆布线的外部空间，是进行线缆布线路径规划的依据和约束条件，设计结果是依据整机结构图、电路原理图而产生的整机线缆布线接线图（钉板图）和相关工艺文件。图 7-5 所示为线缆布线钉板图例。

整机线缆布线设计的主要内容包括以下 5 点。

（1）线缆在整机三维空间中的布线、走线路径设计。

（2）整机三维空间中的线缆互联系统电磁场分布分析与电磁兼容设计。

（3）整机三维空间中的线缆互联系统热场分布分析与散热设计。

（4）线缆的线束组合方式，连接、固定结构形式及其位置，长度和转弯半径等内容的设计。

（5）线缆的连接、固定机械强度和线缆电气连接可靠性设计。

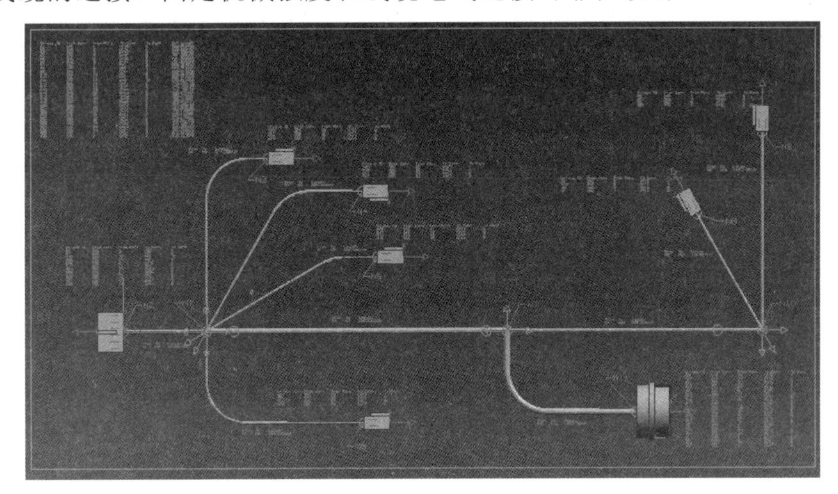

图 7-5　线缆布线钉板图例

2．整机线缆布线设计方法与原则

简单的整机线缆布线设计可借鉴经验人工进行，复杂整机的线缆布线设计一般需借助布线软件自动进行，或者计算机辅助设计与人工设计结合进行。目前 UG、CATIA、Pro/E 等通用软件已配有相应的线缆布线模块，可以较好地解决电缆、线束结构设计、走线路径设计方面的一般问题，并能根据电流/电压等传输信号参数选择线缆规格型号，根据单元接口关系选择连接线缆的终端形式（端子型号规格、连接器型号等）。

3．线缆设计

整机互联线缆一般选用标准件，也可以根据机电性能要求和工艺设计要求进行二次工艺设计，尤其是对于多线组合形成非标准线束时（见图 7-6），其优化组合、排布等设计工作是线缆布线电磁兼容、电性能可靠性设计的重要内容。

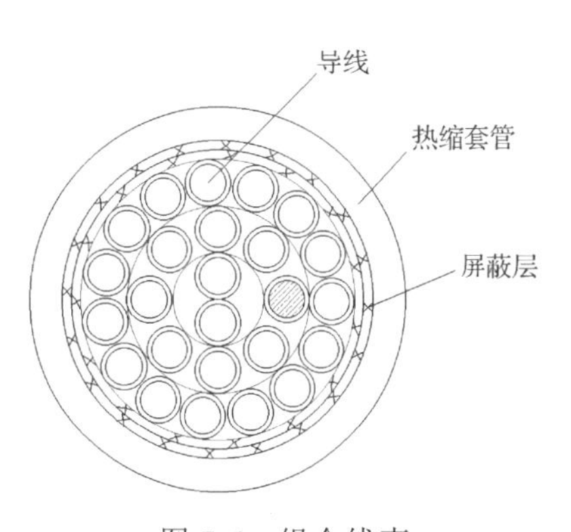

图 7-6　组合线束

组合线束优化设计内容包含基于电磁兼容、热分析与设计，通过计算机对线束分层绞合布局进行优选，选出线束分层绞合最佳排布，并对线束分叉点、线束绞合方法、线束屏蔽进行工艺设计，以实现组合线束模块化集成。

7.3.2　整机线缆布线工艺

整机线缆布线设计就是对机箱中各种无线电零部件之间进行电连接布线设计，为生产提供工艺性设计文件，保证布线位置与结构的合理性，实现整个机箱内元器件组合之间的电连接并满足整机的电性能指标。因此，要尽可能排除各种干扰，有效合理地利用机箱内宝贵的空间进行布线。布线设计除了符合布线原则，还要从美学的角度尽量使布线均匀、美观。

1．整机线缆布线设计的原则

整机线缆布线设计的原则主要包括以下几方面内容。

（1）走线方面。整机中的所有连线都应遵循走短线的原则，同时布线要尽可能减小电流回路的面积。数字信号的回流不能流入到模拟信号的地线上。此外，防止线束中由屏蔽线与主地线之间无意构成的地回路。

（2）不同类型信号线的处理。按照导线传送信号的类型、频率、功率，分类捆扎线束，以防止线间耦合串扰。直流电路导线和控制电路导线应分开，并放在各自的线束内。数字信号线与电源线、控制线分开布放。电源线、信号线、控制线、高电平线、低电平线要隔离。辐射干扰较大的导线应加以屏蔽。

（3）抗干扰方面。对用来传送信号的扁平电缆，采用“地-信号-地-信号-地”的排列方式，这样不仅能有效抑制干扰，也可明显提高抗干扰能力。对敏感性的导线，应远离电源、变压器和其他高功率元器件布线束。

（4）电缆的处理。不能把高电平能量的同轴电缆和非屏蔽电缆或低电平信号屏蔽电缆放在同一个线束内。对于机箱外部的电缆，确保屏蔽层与屏蔽机箱之间的低阻抗搭接。

（5）接地方面。音频高电平信号线用双绞线或屏蔽线在信号源端接地。音频低电平低阻抗输出线必须用屏蔽线，屏蔽体在接收端单点接地。高频和前后沿小于 5μs 的脉冲信号线用多点接地，并应使用屏蔽线。

2．接线图的构成与布局

根据《电气技术用文件的编制　第 1 部分：规则》（GB/T 6988.1—2008），接线图是描述电子元器件、零部件、组装件的相对位置及这些元器件的引出端子和连接关系的简图，也包含连接导线和线缆的敷设路径信息。接线图是重要的电路设计文件，应包括设计图主体即接线面的展开视图、表明项目之间连接关系的接线表、明细栏以及技术要求等。

接线图可依据组装结构装配图采用“位置布局法”，即近似地按照零部件、元器件在整机中的实际位置。图 7-7 所示为位置布局接线图示例。

图 7-7 中主要包含各电路单元、零部件和引出端子等在整机中的位置。在对一台电子设备的整机进行布线时，应尽量选择能够完整表达接线关系的视图作为主视图，其余用向视图或局部放大图进行表达。

接线图中零部件引出端子连接导线上的标号是线号，即线束图中每根导线的编号，编号是以“接线表”为依据产生的；此外，接线图中还会有一些数字指示该元器件在接线图的相关明细栏中的名称、代号或其需要说明的要素。

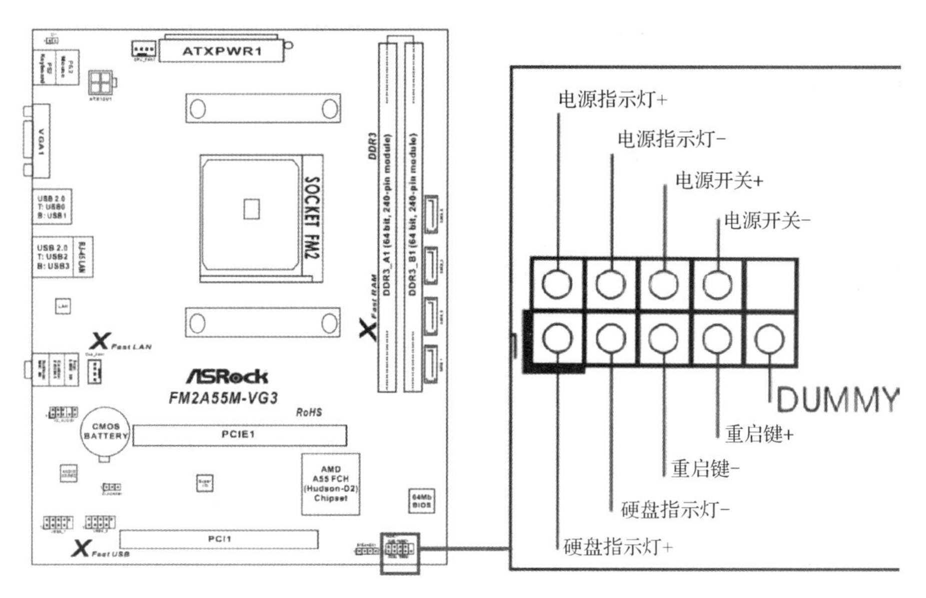

图 7-7　位置布局接线图示例

3．整机线缆布线工艺

1）整机线缆布线工艺方法

整机线缆布线有单线布线和线束布线两大类工艺方法。单线布线方法根据实物位置现场将导线进行连接，可根据实际空间自由布线，操作灵活（见图 7-8）。线束布线方法是一种模块化方法（见图 7-9），它可将线束零件化，可对布线的错误、断线、短路、电磁兼容先做检查，从而达到减少差错、布线整齐、布线一致性好、装配效率高、易于维修、信号传输性能好的效果。所以，整机线缆布线工艺中大多采用线束布线方法。

图 7-8　单线布线

图 7-9　线束布线

2）线束图的设计

线束图是由整机内已经安装好的元器件、零部件，以及电路设计师提供的电路图和接线表为依据设计而成的。线束图中主要表明线束与机箱内各元器件或单元间的连接部位、接线端子的标记、线头、连接器的形状及位置等。因此，图纸内除了“线束”，没有任何元器件和零部件。设计好的线束图，再配上接线表、扎线工艺卡就构成一份用于整机扎线的工艺资料。图 7-10 所示为用立体的方式表示的立体线束图。

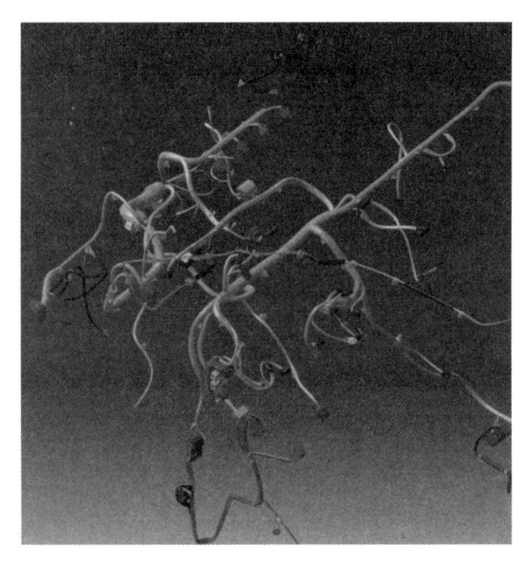

图 7-10　立体线束图

4. 线缆互联工艺技术

线缆互联工艺技术主要包括线缆与连接器的连接技术、线缆与端子的压接技术、导线与接线端的绕接技术、导线对接技术。电连接器是实现线缆互联的桥梁，由固定端电连接器［阴接触件（简称插座）］与自由端电连接器［阳接触件（简称插头）］组成。端接方式是指电连接器的接触对与电线或电缆的连接方式。合理选择端接方式和正确使用端接技术，是使用和选择连接器的一个重要方面。常用的端接方式包括焊接、压接、绕接和刺破连接等。

（1）焊接。焊接最常见的是锡焊，锡焊连接最重要的是焊锡料与被焊接表面之间应形成金属的连续性。因此对连接器来说，重要的是可焊性。连接器焊接端常见的镀层是锡合金、银及金。

（2）压接。压接是为使金属在规定的限度内压缩和位移并将导线连接到接触对上的一种技术。这种连接类似于冷焊连接，能得到较好的机械强度和电连续性，它能承受恶劣的环境条件。压接是永久性连接，只能使用一次。

（3）绕接。绕接是将导线直接缠绕在带棱角的接触件绕接柱上。绕接时，导线在张力受到控制的情况下进行缠绕，压入并固定在接触件绕接柱的棱角处，以形成气密性接触。绕接导线有几个要求：导线直径的标称值应在 0.25～1.0mm 范围内；导线直径不大于 0.5mm 时，导体材料的延伸率不小于 15%；导线直径大于 0.5mm 时，导体材料的延伸率不小于 20%。

（4）刺破连接。刺破连接又称为绝缘位移连接，是美国在 20 世纪 60 年代发明的一种新颖端接技术，具有可靠性高、成本低、使用方便等特点，目前已广泛应用于各种印制板的连接器中。它适用于带状电缆的连接。

（5）螺钉连接。螺钉连接是采用螺钉式接线端子的连接方式，要注意允许连接导线的最大与最小截面与不同规格螺钉允许的最大拧紧力矩。

按外形结构分类，线缆连接器主要有圆形和矩形两大类。常用的圆形连接器和矩形连接器端接形式和应用特点分别如表7-1和表7-2所示。在连接器的端接形式上，由于压接具有更小的接触电阻、更高的连接强度且耐高温，在条件允许的情况下，应作为首选方式。其次可采用焊接方式。在高可靠性产品中，不推荐选用绕接和刺破连接。

表7-1　常用的圆形连接器端接形式和应用特点

型　号	接触件端接形式	应用特点
XC系列	压接	压接卡口式快速连接器，适用温度范围为-55～200℃，主要用于线束连接
XCE系列	焊接	在XC型接点排列基础上，保持各项电气性能不变，压缩孔位间距在同等芯数的情况下比XC型体积更小，质量更轻
CXCH系列	焊接	XC派生系列，插头、插座均为焊接系列
XCD系列	焊接	可承受最大300A电流，多用于电源连接
MIL3899 I系列 GJB599 I系列	压接	I系列，卡口式快速连接，体积小，质量轻，接触密度高，结合面密封，防斜插。多用于航空航天产品
MIL3899 III系列	压接	III系列，螺钉快速连接，体积小，质量轻，接触密度高，结合面密封，防斜插。用于航空航天产品
XKE	压接	XKE型连接器为压接式连接器。它适用于-55～150℃环境温度，并适用于机载航空电子设备线束连接

表7-2　常用的矩形连接器端接形式和应用特点

型　号	接触件端接形式	应用特点
Y34	焊接 压接	采用柔性插针，接点密度高，采用螺纹锁紧方式，用于电子整机内部连接
J18	焊接	微矩形连接器，用于印制电路板上的端接，常用于地面、机载产品的电路连接
J16	压接 焊接	双腔外壳系列连接器，采用模块组合式结构，接触件与导线连接形式有压接和焊接两种形式。压接的接触件排列W2、8、W8、26、32W2、32W4、40、40W1、45、47、57、67、106和焊接的接触件排列1YP、C2、1Y12、8、10Y3、57、67等19种。常用于电子组合机柜和机箱之间的连接
J30	压接	矩形压接式连接器，插针为绞制麻花针，接点密度高，产品体积小，尾部采用环氧胶端封，提高导线与插针（孔）连接强度
J24	压接	与J30结构相同，不同处为J24系列连接器体积比J30的大
D系列矩形插头	焊接	用于地面电子产品机柜内组件的交流、直流电路连接
PDS-×××-R	焊接、绕接	用于印制板电路的连接。插头与印制电路板采用焊接，插座与导线连接形式有焊接和绕接方式。插头以侧面定位固定

导线对接技术用于线束的分叉或并线转接，它将两根或两根以上的电线进行永久性连接（见图7-11）。其连接结构形式为：内层采用带有可终止中段金属套筒形成“死接头”，然后在“死接头”的外层套装带热熔胶密封环的热缩套管。其接线方式为：压接金属套筒连接导体（剥开屏蔽或绝缘层），带热熔胶密封环的热缩套管连接线缆的外绝缘层，用风枪加热使热熔胶融化将热缩管和绝缘层进行完好连接。

实际应用中常用多芯电缆和单轴电缆，其组装工艺流程为：按图纸要求确认导线、电缆长度，根据设计要求将导线、电缆制成线束，将插头与电缆或导线焊接装配，装配后附件或在插头（尾部）灌封，最后将线缆标牌热缩在电缆上。

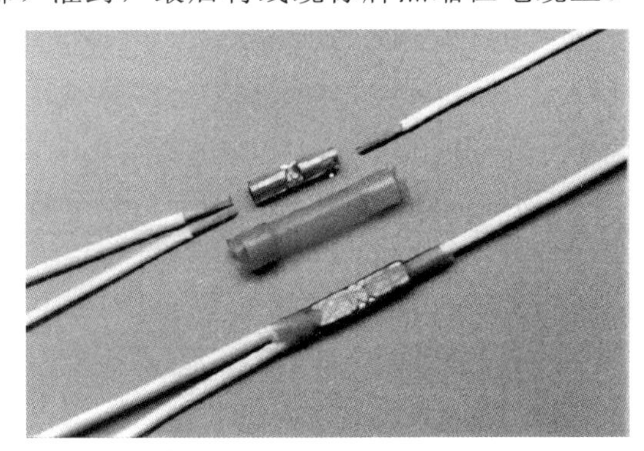

图 7-11　导线对接示意图

7.3.3　其他互联技术

1. 挠性电路板连接技术

随着电子设备的轻薄化、微型化和多功能化，基板之间的信号线增多，连接数增加，导致基板之间连接难度增大，解决该问题的一个办法就是采用高密度挠性（柔性）电路板（Flexible Printed Circuit，FPC）进行无线缆连接。此种连接方法减少了接点的电阻问题，可以有效地应用于高速信号的电子设备中。图 7-12 所示为用柔性 PCB 代替线缆进行电连接的案例。

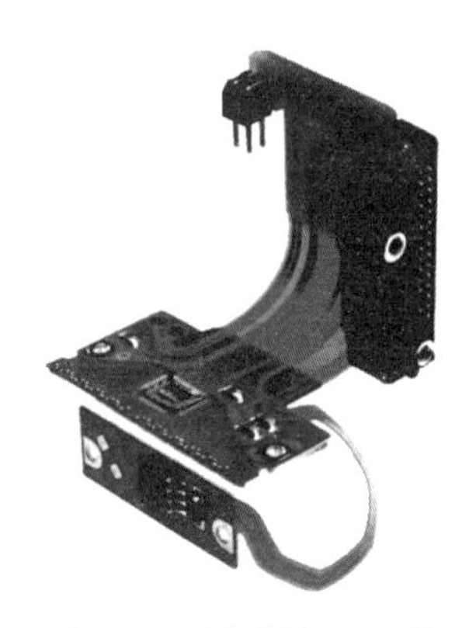

图 7-12　用柔性 PCB 代替线缆进行电连接的案例

挠性电路板主要以聚酰亚胺为基材制成，具有高可靠性。与一般的刚性玻璃环氧树脂比较，聚酰亚胺具有低介质常数和低介质损失角正切等优良性能。

刚-挠性基板的连接技术作为模块之间的无线缆连接技术，既可以用于板级组装，也可以用于电子产品的整机和系统级之间的无线缆连接。

2. 背板连接技术

背板连接技术主要用于连接背板和其他电子组件、接口模块、电源模块等。背板连接技术通常涉及电气连接、机械固定和信号传输等方面。背板连接器是连接母板与子板的连接器，是大型通信设备、超高性能服务器和巨型计算机、工业计算机、高端存储设备常用的一类连接器。常见的背板技术包括螺柱连接、插件连接、焊接和通过弹性连接器连接等。图 7-13 所示是某款服务器的背板。

背板连接技术的选择取决于具体的应用需求，包括连接稳定性、信号传输性能、机械可靠性、插拔次数等因素。在实际设计中，需要根据背板的特点、所连接的组件和系统要求来选择最合适的背板连接技术。

图 7-13　某款服务器的背板

7.4 整机互联电磁兼容控制技术

7.4.1 电磁兼容概述

1. 电磁兼容基本概念

随着电子、电气设备的数量和种类增加，以及它们向小型化、数字化、高速化和网络化的方向发展，电磁能量的产生和传播也相应增加，可能会对其他设备、系统和生物体产生影响。电磁干扰是指电磁能量干扰了设备、系统或电路的正常运行，这种干扰可能是由设备本身产生的，也可能是由外部电磁场引起的。电磁干扰的来源包括电磁波辐射、电磁感应、电磁耦合等。电磁干扰有可能使电子、电气设备和系统的工作性能偏离预期的指标或使工作性能出现不希望的偏差，即工作性能发生“降级”，甚至还可能使电气、电子设备和系统失灵，或导致寿命缩短，或使电气、电了设备和系统的效能发生不允许的永久性下降。

电磁兼容（EMC）是电子、电气设备或系统的重要技术性能。国家标准 GB/T 18655—2018 中对电磁兼容所下的定义为：电子设备或系统在规定的电磁环境条件下，能够以预定的功能水平正常工作，同时不产生电磁干扰，也不对其他设备、系统或人类、动物、植物等产生不可接受的影响。此标准对电磁兼容给出了明确的定义，强调了设备或系统在特定的电磁环境下应满足其预定的功能水平，同时不产生干扰或对其他方面产生不可接受的影响。这有助于确保设备在电磁环境中的正常工作，减少干扰和风险，并提高设备的可靠性和安全性。

电磁兼容包括两个方面的要求：一方面是电子、电气设备或系统在正常运行过程中对所在环境产生的电磁干扰不能超过一定限值，即电磁干扰（EMI）；另一方面是上述设备对所在环境中存在的电磁干扰具有一定程度的抗扰度，即 EMS。

从整体上说，电磁兼容问题具有明显的系统性特点，涉及系统内部和外部的电磁环境，各个设备和组件之间的相互作用，以及系统的复杂性和设计集成等方面。为了确保整个系统的电磁兼容，需要综合考虑这些因素，并采取适当的措施和方法进行分析、设计和管理。只有这样，才能保证电子设备/系统在全寿命期间满足电磁兼容要求。

2. 电磁干扰及三要素

电磁兼容是相对电磁干扰而言的。当电磁发射源产生的电磁场信号对其周围环境中的装置、设备或系统（包括有生命和无生命系统）产生有害影响时，则将该电磁信号称为电磁干扰信号，简称电磁干扰。可见，电磁干扰是有害信号，也称为电磁噪声。

如图 7-14 所示，电磁干扰的形成必须同时具备三要素：由电磁干扰源发出的电磁能量，经过某种耦合通道传输至敏感设备，导致敏感设备出现某种形式的响应并产生负面效果。这一作用过程及其效果，称为电磁干扰效应。

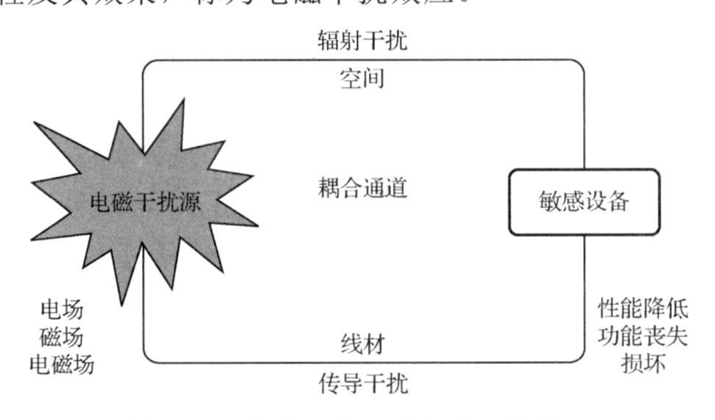

图 7-14 电磁干扰三要素及干扰原理

形成电磁干扰时，电磁干扰源、耦合通道、敏感设备三要素缺一不可。能产生巨大电磁能量的干扰源，如大功率雷达、核爆炸、雷电放电等，未必能形成电磁干扰，只能说它们是潜在的电磁干扰源。同样，对电磁能量比较敏感的设备，如计算机、信息处理设备、通信接收器等，也未必一定受到干扰，因此它们是潜在的电磁敏感设备。

3. 电磁兼容控制技术

广义的电磁兼容控制技术包括抑制干扰源的发射和提高干扰接收器的敏感度。由图 7-14 电磁干扰三要素及干扰原理可知，电磁干扰的主要方式是传导干扰、辐射干扰、共阻抗耦合、感应耦合。根据电磁干扰的方式采用相应对策，如传导干扰采取滤波、辐射干扰采用屏蔽和接地等措施进行控制，以此来切断干扰的传输途径。

电磁兼容控制是一项系统工程，在设备、系统的设计、研制、生产、使用与维护的各个阶段都必须充分考虑和认真实施电磁兼容控制技术。整机装联中涉及的电磁兼容控制主要是传输通道的抑制，同样包括滤波、屏蔽、接地，同时还包括搭接和合理布线等内容，具体包含以下几个方面。

（1）分离敏感信号和干扰源：将敏感信号线和干扰源线（如高功率线或高频线）尽量分离布线，减少相互之间的干扰。

（2）使用屏蔽：对于敏感信号线，可以使用屏蔽线缆或屏蔽罩来阻挡外界的电磁干扰。

（3）地线布线：合理布置地线，确保各个电路的地连接短而直，降低电磁干扰的可能性。

（4）减少回路面积：减小信号回路的面积，可以降低电磁辐射和敏感信号的受干扰程度。

（5）使用滤波器：在敏感信号线和干扰源之间添加合适的滤波器，可以抑制高频噪声和电磁干扰。

（6）路径规划和布线优化：通过合理的路径规划和布线优化，减少信号线和干扰源之间的交叉和重叠。避免平行线和直角交叉，以减少相互之间的电磁耦合。

（7）良好的接地设计：建立良好的接地系统，包括主接地点和分布接地点。合理布置接地线，降低接地阻抗，提高系统的抗干扰能力。

（8）阻抗匹配：在信号传输线上采取合适的阻抗匹配措施，以最大限度地减少信号的反射和干扰。

7.4.2 电磁兼容中的接地技术

接地技术是任何电子、电气设备或系统正常工作时必须采取的重要技术，是抑制电磁干扰、保障设备或系统电磁兼容、提高设备或系统可靠性的重要技术措施。接地是最有效地抑制干扰源的方法，可以解决 50%左右的电磁兼容问题。

1．接地的概念、分类及要求

1）接地的概念及分类

在电路或系统中，所谓的“地”，通常被定义为该电路或系统的零电位参考点，即电压为零的参考点。这个参考点可以是实际的地面（建筑物的地面），也可以是设备的外壳或其他金属部件。

在电路制造工艺中，接“地”是将电路、设备或系统连接到一个作为参考电位点或参考电位面的良导体的技术行为，接“地”的目的是使电路、设备或系统与“地”之间建立低阻抗通路。通常，电路、用电设备按其作用可分为安全接地和信号接地。

安全接地是采取低阻抗的导体将用电设备的外壳连接到大地上，使操作人员不会因设备外壳漏电或静电放电而发生触电危险。因此，接地电阻的阻值越小越好。安全接地包括设备安全接地、接零保护接地和防雷接地。

信号接地是为了保证信号具有稳定的基准电位而设置的接地。信号接地又分为单点接地、多点接地、混合接地和浮点接地。

2）接地要求

接地系统的设计和实施需要考虑电阻、稳定性、安全性、电磁兼容、分层和符合标准等要求，具体如下。

（1）电阻：接地系统应具有低电阻，以确保电流可以有效地流入地面。低电阻接地可以减小接地电位差，提供良好的电流回路，确保接地系统的有效性。

（2）稳定性：接地系统应具有良好的稳定性，以保持接地电阻的稳定和一致性。这意味着在不同的环境条件下，接地系统的性能和效果应保持一致，不受外界因素的影响。

（3）安全性：接地系统应满足安全要求，以确保人身安全和设备的过电压保护。合适的接地设计可以降低漏电和触电的风险，能够对电击和过电压的保护。

（4）电磁兼容：接地系统应具备良好的电磁兼容，以减少电磁干扰和互相干扰。适当的接地设计可以对电磁干扰屏蔽，并减少系统中的互相干扰。

（5）适当的分层：接地系统通常需要根据不同的功能和要求进行分层。例如，保护接地和信号接地可能需要不同的接地电路和分离点，以确保功能的独立和互不干扰。

（6）符合标准：接地系统设计应符合适用的标准和规范。这些标准可能包括国家、行业或特定设备的标准，以确保接地系统的可靠性和合规性。

2．搭接

在电子产品的装联过程中，从一个设备机箱到另一个设备机箱、从设备机箱到接地平面、信号回路与地回路之间、电源回路与地回路之间、屏蔽层与地回路之间、接地平面与连接大地的地网或地桩之间，都要进行搭接。

1）搭接的概念及分类

搭接的目的是建立良好的接地连接，以实现电磁兼容、电气安全性、信号完整性和便于排除故障等方面的要求。良好搭接可以保护人身安全，避免电源与设备外壳偶然短路时形成的电击伤害等。

搭接有两种基本方式：直接搭接和间接搭接。直接搭接是将两裸金属或导电性很好的金属的特定表面直接接触，建立一条导电良好的电气通路。直接搭接的连接电阻取决于搭接金属表面接触面积、接触压力、接触表面的杂质和接触表面硬度等因素。间接搭接则是利用中间过渡导体（搭接条或搭接片）把需要搭接的两金属连接在一起。

直接搭接的性能优于间接搭接。搭接条在高频时呈现很大的阻抗，因此，高频时多采用直接搭接。在设备需要移动或抗机械冲击时，则需要用间接搭接。

2）搭接的要求及方法

为了使接头的阻抗最小化，需要减小设备外壳到地的距离，或者减小搭接条的长度与宽度的比，尽可能使搭接条的电容与电感比值高，具体要求如下。

（1）搭接金属表面之间要紧密接触。

（2）尽可能采用相同的金属进行搭接。不同金属搭接时，尽量选择同组别或相邻组别中的金属，以免发生明显腐蚀现象。

（3）搭接条（片）应尽量短、粗、直，以保证搭接阻抗低。

搭接的方法通常包括永久性搭接和半永久性搭接。永久性搭接主要是焊接，这种方式搭接电阻小、性能稳定。半永久搭接主要是压力搭接，这种搭接方式存在一定的搭接电阻，搭接性能的稳定性较差，但搭接方式灵活且可分开。除此之外还有导电黏结，这种搭接方式简单但机械性能、导电性能较差。

在整机互联中考虑搭接的可靠性，应首选永久性的搭接方法。

7.4.3　整机互联接地技术

1．整机装联中的接地形式

在整机/单元装联中，通常有单点接地、多点接地、混合接地和浮点接地。

1）单点接地

单点接地是指在一个线路中，只有一个物理点被定义为参考点，所有的电流回路都与该点相连接。在单点接地系统中，所有电气设备、电源、信号线等都共享接地点，形成一个共同的电位参考点。

单点接地在结构上有两种形式：一种是共用地线串联一点接地；另一种是独立地线并联一点接地。

（1）共用地线串联一点接地。在该种接地方式中，每个设备的地线通过连接器或终端连接到共用地线上。共用地线可以是一根导线或一组导线，它们通过串联，最终与地面或地点接地。通过将所有设备的地线连接在一起，确保它们具有相同的地位参考，并减少电位差和地回路干扰。此种接地的优点是简化了接地系统的布线和维护，减少了接地导线的数量和长度。然而，接地过程中也需要注意一些问题，如确保接地导线足够粗厚，以满足电流要求，并避免电流过载和过热。

图 7-15 所示为共用地线串联一点接地示例，各个电路的接地引线比较短、电阻相对小，所以这种接地方式可用于设备机柜中的接地。

（2）独立地线并联一点接地。在该种接地方式中，多个设备的地线分别独立引出，并在某点上进行并联接地。通过并联独立地线，可以确保每个设备都具有相同的地位参考，并减少电位差和地回路干扰。图 7-16 所示为独立地线并联一点接地示例。在这种接地方式中，各电路的地电位只与本电路的电流及地线阻抗有关，不受其他电路的影响。

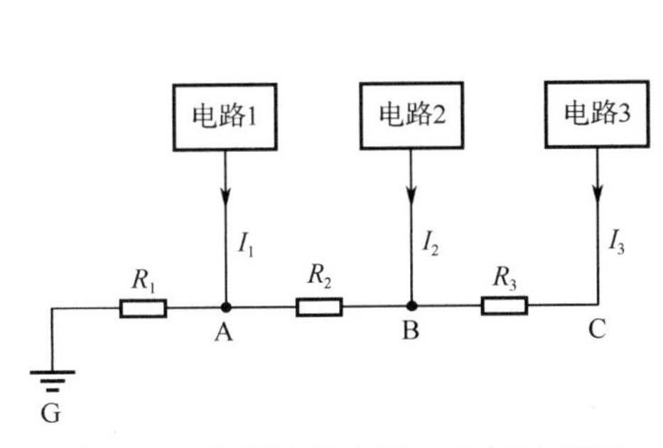

图 7-15　共用地线串联一点接地示例

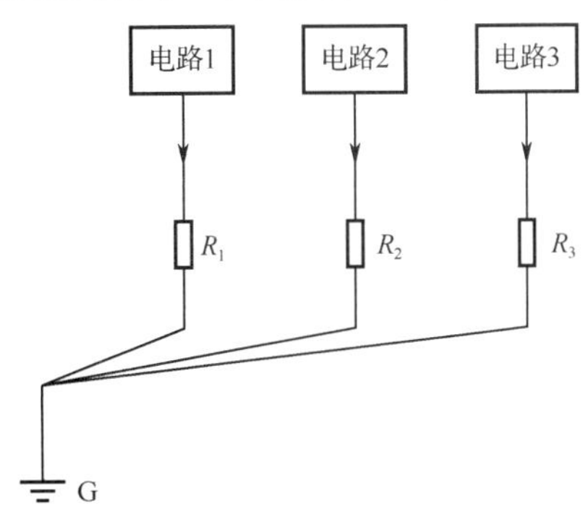

图 7-16　独立地线并联一点接地示例

在独立地线并联一点接地方式中，由于各个电路分别采用独立地线接地，需多根地线，因此地线长度较长、阻抗较大，而且会造成各地线相互间的耦合，且随着频率增加，地线阻抗、地线间的电感及电容耦合都会增大。此种接地方式不适用于高频情况。

2）多点接地

多点接地是指在某个系统中，各个接地点都直接接到距离最近的低电阻地线上，因此接地引线的长度最短、地线阻抗小，具体示例如图 7-17 所示。此处的接地平面，可以是设备的底板，也可以是贯通整个系统的地导线，还可以是设备的结构框架等。在导线截面积相同的情况下，为了减小地线阻抗，常用矩形截面导体制成接地导体带。

多点接地的优点是电路构成比单点接地简单，通过将不同电流回路的接地点分开，可以减少电流回路之间的相互干扰，是高频信号电路的唯一实用的接地方式。

3）混合接地

混合接地结合了不同类型的接地方式，以满足特定系统或设备的要求。混合接地的目的是在不同的接地需求之间找到平衡，以获得最佳的电气性能和可靠性。如果电路工作频带很宽，低频时需要单点接地，高频时又需要多点接地，则采取混合接地的方法，将需要高频接地的电路、设备使用串联电容器把它们和地平面连接起来，如图 7-18 所示。

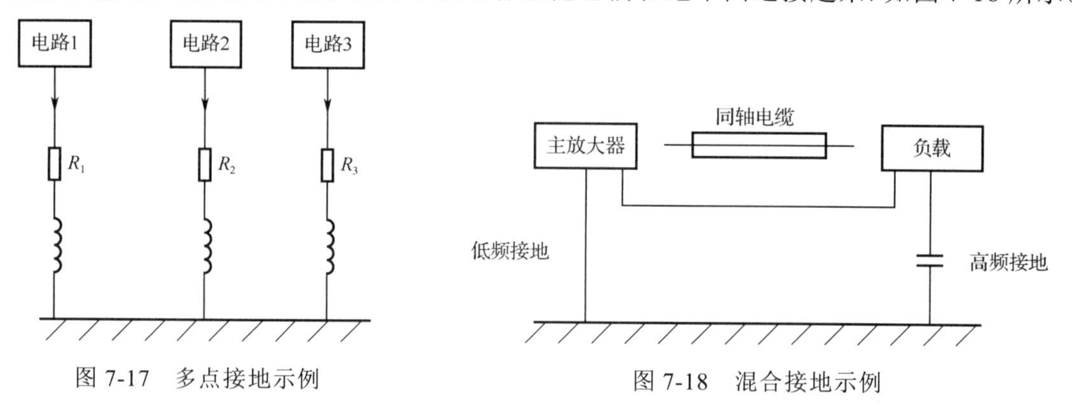

图 7-17　多点接地示例

图 7-18　混合接地示例

从图 7-18 中可以看到，在低频时，电容的阻抗较大，故电路为单点接地方式，但在高频时，电容的阻抗较低，故电路为多点接地方式，因此混合接地方式适用于工作在宽频带的电路。

4）浮点接地

浮点接地是指设备的悬浮地，即设备中的地线在电气上与参考地及其他导体是绝缘的。浮点接地示例如图 7-19 所示。浮点接地的目的是将电路或设备与公共地或可能引起环流的公共导线隔离开，以避免安全接地回路中存在的干扰电流影响信号接地回路，这对消除电磁干扰有一定的好处。

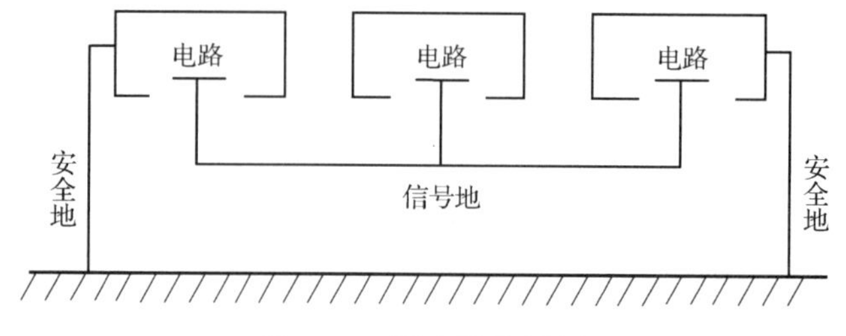

图 7-19　浮点接地示例

由于很难做到理想浮地。这种接地方式的缺点是设备不与大地直接相连，容易产生静电积累现象。因此，除了在低频情况下，为防止结构地、安全地中的干扰地电流骚扰信号接地系统，一般不采用浮点接地的方式。

一般来说，频率在1MHz以下，采用单点接地方式；频率高于10MHz，采用多点接地方式；频率在1～10MHz之间，采用混合接地方式。实际上，用电设备的情况比较复杂，很难通过某种简单的接地方式解决问题，因此混合接地应用更为普遍。

2. 几种典型的地

1）信号地

信号地主要是用于连接各种类型的信号线（包括数字信号线、模拟信号线、传感器信号线等）和传输信号的地。

2）数字地

数字地是用于连接数字电路和数字信号的地。在数字电路中，使用二进制信号进行数据处理和传输。数字地通常用于连接数字电源、数字信号线，以及数字部分的电路和组件。

3）模拟地

模拟地是用于连接模拟电路和模拟信号的地。在工程实践中，模拟信号地要与数字信号地严格隔离并分别设置，这样才能避免数字信号流经模拟地导致模拟信号噪声。

4）功率地

功率地是用于连接功率电路和功率信号的地。在电子系统中，功率地用于连接功率源、功率电路和负载，以提供电源供应和支持功率传输。功率地主要承载大电流和功率，因此需要具备较低的电阻和电感，以确保稳定的电源供应和有效的功率传输。

5）机械地

机械地是指将设备的金属外壳或机械结构与地面或接地系统连接在一起的地。机械地的主要作用是提供机械结构的稳定性、安全性和电气连接。

6）基准地

基准地是电子系统中作为参考点的地，它是信号地、功率地、机械地总的汇入点。基准地在电子系统中起着重要的作用，确保各个电路和信号在统一的参考电平下运行，以实现准确的信号传输和可靠的系统性能。

3. 整机中的地回路干扰问题

1）地回路干扰的认识

地回路干扰是指在电子系统中出现的一种干扰现象，它由不同接地点之间的电位差引起。当两个或多个设备通过不同的“地”进行接地连接时，可能会形成一个闭合的回路，导致电流在回路中流动，引发干扰问题。

地回路干扰的主要表现如下。

（1）噪声干扰：地回路中的电流流动会引发电磁感应，导致噪声信号的产生和传播。这些噪声信号可以通过电源线、信号线或接地线进入其他设备或电路，导致噪声干扰，影响系统的性能和信号质量。

（2）爆音和杂音：地回路干扰可能会导致音频系统中的爆音或杂音。当不同音频设备通过不同地点进行接地连接时，地回路中的电流流动会引起磁场耦合，产生爆音或杂音，影响音频信号的清晰度和品质。

（3）信号失真：地回路干扰可能导致信号失真。当信号线与地回路存在电位差时，信号线会受到电流的影响，导致信号失真、波形变形或抖动现象，从而影响系统的数据传输和信号准确性。

（4）触摸感应：地回路干扰还可能引发触摸感应问题。当触摸界面与不同地点的设备接地连接时，地回路中的电流流动会导致触摸界面产生误触、抖动或不准确的触摸响应。

2）整机中几个接地点的选择

装联电子设备时地回路的干扰与接地点的位置、接地点的个数直接相关，因此恰当地选择接地点的位置和个数可以抑制干扰。接地点的选择有以下几点建议。

（1）单点接地。采用单点接地的方式，即将所有设备的接地点连接到一个共同的接地点。这样可以消除不同接地点之间的电位差，避免形成闭合的地回路。

（2）多级电路接地点的选择。当有多级电路需要考虑接地问题时，电子设备中的低电平级电路是最容易受到干扰的电路。因此，多级电路接地点应该选择在低电平级电路的输入端。

（3）均衡信号传输。采用均衡信号传输可以减小地回路干扰的影响。均衡信号传输是通过同时传输正向和反向的信号来减少干扰的影响，常用于音频和视频传输。

（4）消除电位差。确保设备之间的地势差尽可能小，具体措施包括：选择相同的接地点或接地系统、减小接地线的长度、使用低阻抗的接地线等。

7.4.4 整机装联中的接地工艺

电子装联中机箱通电后产生故障的原因除了虚焊，往往就是地线的干扰。因此接好地是最重要、最有效地减小干扰的措施之一。

1．主地线的概念及其处理

所谓主地线，是指在整机装联中采用较粗的裸镀银导线将整机/单元中所有元器件、零部件连接在一起的导线。主地线的主要功能包括以下 3 个方面。

（1）电气安全接地：主地线用于将设备的金属外壳或机械结构与地面或接地系统连接在一起，以提供电气安全接地路径。它能够将设备的故障电流引导到地面，保护人员和设备的安全。

（2）共享地点：主地线将各个设备的接地点连接在一起，形成一个共享的地点。这样可以确保各个设备之间的电位一致，减少地势差和地回路干扰的影响。

（3）地参考点：主地线还用作整个电力系统或电子设备的地电位参考点。各个电路和信号可以以主地线为参考进行测量和比较，实现统一的地电位参考。

主地线的设计和安装需要遵循电气安全标准和规范。它应具备足够的导电能力，以满足设备的接地要求，并保证低阻抗的接地连接。此外，主地线应避免与其他干扰源或高电流线路靠近，以减少干扰和电磁耦合的影响。

整机装配前必须首先处理主地线，主要有以下注意事项。

（1）选择合适的主地线：选择有足够导电能力的主地线，以满足整机的接地要求。主地线应具有低电阻和低阻抗，以确保良好的接地效果。

（2）清洁和防腐处理：在装配前，应对主地线进行清洁和防腐处理。清除主地线表面的杂质和氧化物，确保接地点的良好接触。

（3）连接主地线：根据设计规划，将各个设备的接地点连接到主地线上。使用适当的接地连接器、螺栓或焊接等方式进行可靠的连接。

（4）检查和测试：在装配完成后，进行主地线的检查和测试。使用适当的测试工具和方法，检测主地线的电阻、接触和连通性等，确保接地效果符合要求。

2．分支地线的概念及其处理

分支地线是针对整机的主地线而言的，是从主地线或母线上分离出来的一条接地线路，用于连接特定设备或子系统的接地点。它常用于复杂电子系统中，以满足特定设备或子系统的接地需求。处理分支地线时，有以下几方面需要考虑。

（1）独立地点：为分支地线选择独立的接地点，避免与其他设备或子系统共享接地点。这样可以减少地位差和地回路干扰的影响，确保分支地线的电位稳定性。

（2）导线选择：选择适当规格的导线作为分支地线，以满足电流承载能力和接地要求。导线应具备足够的导电能力和良好的接地连接。

（3）电气安全和保护：确保分支地线与主地线或母线之间的连接可靠且安全。采取适当的绝缘和保护措施，避免分支地线受到外界环境或其他电路的破坏。

（4）测试和验证：在安装完成后，进行分支地线的测试和验证。使用合适的测试工具和方法，检测分支地线的电阻、接触和连通性，确保接地效果符合要求。

图7-20展示了某个分机单元中的主地线、分支地线的连接示意。图中“分支地线”不正确的连接方式中将插座内的分支地线串联后接主地线，单元电路将受到干扰，导致电路无法正常工作。

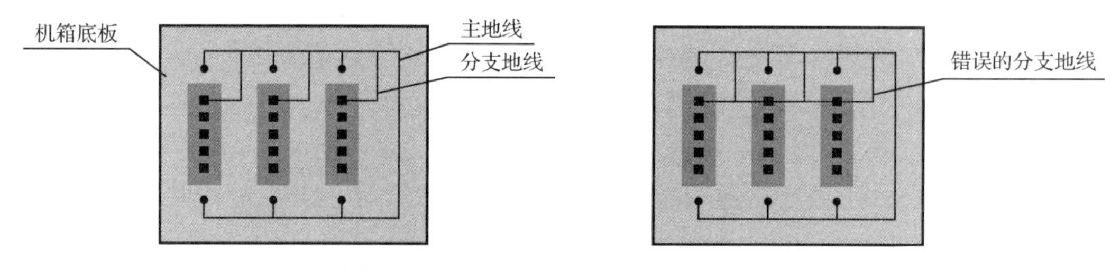

图 7-20　主地线、分支地线的连接示意

3．整机/模块中接地的归纳

在整机的接地技术中原则上应遵循以下几点。

（1）地线设计。地线应尽可能直、短、粗，以降低电阻和电感。使用粗直径的导线，并确保良好的接地连接，减小地线的电阻。地线的长度应尽量短，以减少电流回路中的电感影响。

（2）公共参考地。在整机中选择一个公共参考地点，通常位于大负载电流电路附近。这有助于减小接地点之间的电位差，并提供一个统一的地参考点。

（3）信号地和电源地的隔离。为了避免互相干扰，信号线、信号线屏蔽体和电源地应该彼此隔离，并且只能有一个公共接地点。这样可以避免不同地回路之间的干扰和回路的形成。

（4）数字电路的接地。在数字电路的机箱中，应尽量将信号地和模拟地远接主地。这是因为数字电路中的高频噪声和开关电流会对模拟信号产生干扰，因此需要隔离这两个地回路。

（5）大突变电流和低电平信号的隔离。对于产生大突变电流的电路和低电平信号电路，它们的地回路应该互相隔离，并与其他地回路隔离。这是为了避免突变电流对低电平信号产生干扰，并减少地回路的干扰。

7.5　整机互联三维自动布线技术

7.5.1　三维自动布线技术

1．计算机辅助三维布线技术

线缆三维布线技术（3D Routing Technology）是指三维空间里终端器、接插件或接线柱之间的导线、电缆的连接技术。按是否应用 CAD 方法及 CAD 三维布线软件，可以将三维布线技术分为传统手工布线技术和计算机辅助布线技术。

传统手工布线技术是由装配者根据人工绘制的布线图，或按实物图样下线和制作线缆，然后将需要连接的各终端组件用线缆连接起来的方式。这种布线方式处于以经验为主的阶段，布线速度慢、可靠性差，无法对电磁干扰和热效应等情况进行分析、检测和有效控制，一台电子整机布线及完成相应的技术文件所需时间长，极大地制约了电子整机的快速研制和性能可靠性。

计算机辅助三维布线技术是指利用计算机辅助设计技术和方法进行自动布线，与之相应的是计算机辅助三维自动布线软件，它可以根据布线任务，模拟电子整机布线工艺，实现的主要功能：接线表、元器件表的导入、编辑和自动转换等内容的布线预准备；电子整机三维模型读取、弯角设置、线材设置、线缆电气参数设置等内容的布线预设值；主干路径编辑与自动生成、布线文件读取、刚性线缆自动布线、柔性线缆自动布线，线缆路径编辑等内容的自动布线；空间干涉检测、电磁干扰检测等内容的布线分析；生成钉板图、下线表和线缆绑扎方式等内容的布线后处理等。它可以快速、准确、科学地完成电子整机模型的三维布线设计及其工程实施。

2. 三维布线设计的发展与现状

早期的布线设计软件包括 CATIA、Pro/E（Greo）、UG NX 等，主要是代替 CAD 软件或线扎的手工绘制。对于复杂的电子线束设计，目前有专业的线束设计软件，如 Mentor Graphics Capital、Zuken E3.series 和 Eplan Harness proD2.5 等。上述软件大多可以实现电子线束创建、路径规划等功能。此外，Mentor Graphics Capital 还可以实现导线长度匹配和信号完整性分析。

近年来，随着计算机技术的进一步发展，以及为了适应电子产品装配越来越复杂的情况，整机虚拟装配和计算机辅助工艺设计（Computer Aided Process Planning，CAPP）技术得以迅速发展。

1）整机虚拟装配技术

整机虚拟装配技术是近十几年兴起的虚拟制造技术的重要方向之一，从产品装配的视角出发，以提高全寿命周期的产品及其相关过程设计的质量为目标，综合利用计算机技术、虚拟现实技术、计算机建模与仿真技术、信息技术等，建立一个具有较强真实感的虚拟环境。典型的软件如 PTC Creo，其中包含了专门用于布线的模块。该模块可以帮助设计人员在整机设计过程中进行三维布线，模拟线缆的实际布置走向，并构建全数字化的虚拟样机。进行布线设计时，在设计人员定义线缆的起点和终点并指定线缆的走向、弯曲半径和其他参数后，该软件可以进行线缆路径规划并模拟线缆的物理特性。

PTC Creo 还提供了二次开发的功能和工具，使用户能够根据自己的需求进行定制和扩展。PTC Creo 的二次开发主要依靠其软件开发工具包提供的一系列的 API（应用程序接口）和工具。图 7-21 所示为贵州大学某研究团队基于 PTC Creo 开发的虚拟布线系统。

整机互联中的虚拟装配技术主要包括两部分内容，一部分是组件的安装，另一部分是线缆的布线。组件的安装与传统的机器安装中的虚拟装配概念一致；而利用数字化制造技术，在虚拟环境下进行线缆的布线设计，则可以在一定程度上解决传统布线方法所带来的诸多不便。

整机虚拟装配技术的优势在于能够提前发现和解决装配过程中的问题，减少实际装配中的错误和调整次数，提高产品的质量和效率。它可以节约时间和成本，减少物理样机的制作，同时提供了一种可视化和交互式的装配验证方式，方便工程师和设计团队的协作与沟通。

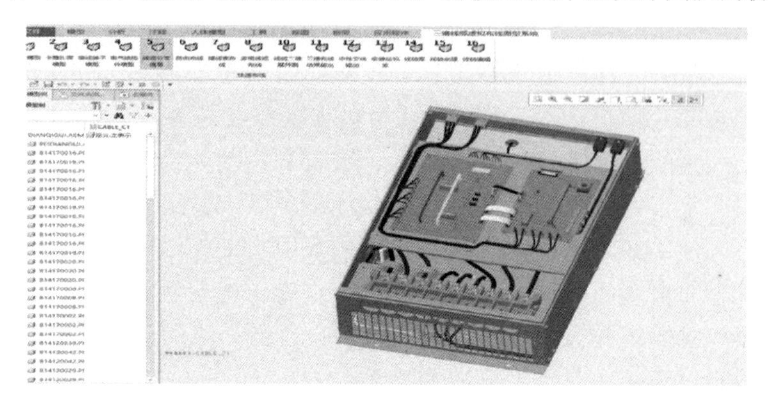

图 7-21　某虚拟布线系统

2）计算机辅助工艺设计技术

电子产品的复杂性和装配精密性的要求，使得电子装联工艺设计的难度较大，CAPP 通过搭建工艺管理平台，将工艺信息化，提升了工艺设计和管理效率。目前国内做得比较有特色的 CAPP 软件主要有：西安星天外软件的星云 CAPP（西北工大），武汉开目（华中科大）和山大华天（山东大学）的相关产品，此外国外的西门子和达索公司也有相关产品。

随着 3D CAD 设计软件的逐渐普及应用，使用 3D 装配 CAPP 技术势在必行，只有这样才可以满足提升装配设计效率、提高装配质量控制能力和缩短装配周期的需求。

以武汉开目的 KM3DAST 为例，软件可以直接导入三维 CAD 线缆模型，并在 3DAST 中进行线缆的二次编辑，再通过线缆工艺设计以及敷设仿真来完成线缆工艺过程表达，实现三维可视化的线缆工艺快速设计，其界面如图 7-22 所示。通过专业的装配工艺设计软件，借助先进的技术手段来规划、仿真和验证产品的装配设计过程，指导现场生产，可以解决传统工艺设计中主要依赖于人的装配经验和知识，以及设计效率低、优化程度低等问题。

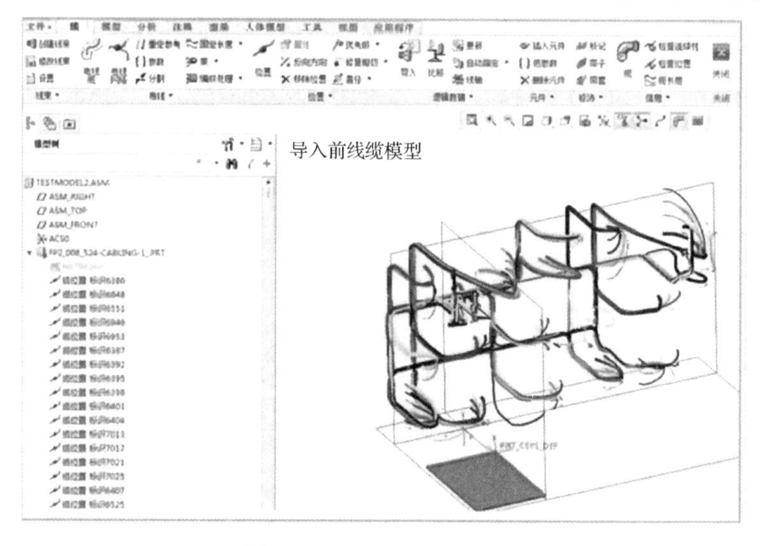

图 7-22　KM3DAST 界面

7.5.2 三维布线系统的设计要求和流程

三维布线的核心是研究布线技术和三维电磁场仿真建模技术，解决频率和幅值各异的电信号通过电线电缆时，在线缆周围产生的电磁场对其产生交叉干扰和立体干扰的问题。

1. 三维布线的设计要求

（1）完整性：按照接线表要求，线缆的连通率达 100%。
（2）快速性：克服手工、半自动等布线方式速度慢的问题，实现布线的快速性。
（3）灵活性：具有多种布线路径可自动灵活选择的特点。
（4）自动性：能依据接线要求，自动完成布线任务。
（5）科学性：方法科学、结果优化，能融合多种电磁兼容性分析功能。
（6）工程性：适用面宽、可扩展，能够生成指导布线的标准化工程应用文件和数据。
（7）操作性：具有良好的操作界面和接口功能。

2. 三维布线软件设计流程

图 7-23 所示为一典型三维布线软件设计流程。该三维布线软件主要设计思路为：利用计算机辅助设计和仿真解决整机快速布线及线缆走线的干扰问题，在研究对象走线空间三维数字建模的基础上，以三维布线知识库为支撑，综合考虑布线路径最短与减少电磁干扰问题，进行整机布线的人机交互设计，形成工程应用所需的线缆连接的相关工程文件与信息。最后以对布线结果进行分析比较的方法，以及运用线缆测试仪器和电磁兼容测试设备对布线结果进行检测的方法，验证布线的质量。

3. 三维布线建模方法

从产品设计到制造的整个过程中，尤其在产品设计的初步阶段，产品的几何形状和尺寸不可避免地要反复修改、协调和优化。采用参数化设计的思想，即利用数值驱动零件和部件的特征尺寸，在进行产品设计时，只需要添加带有参数的多组数组即可，若要进行重新设计，只需要修改部分参数即可。

基于实体特征的实体建模方法（Solid Modeling）是三维布线建模常用的方法，在理论上有助于统一 CAD、CAE、CAM 各应用模块的模型表达，使 CAD/CAE/CAM 的一体化成为可能。

三维参数化建模方法可以利用通用 CAD 软件进行，或者基于通用 CAD 软件进行二次开发。由于 UG 通用 CAD 软件具有一个无缝集成的产品开发环境、提供丰富的客户需要的开放式接口、有较强大的布线功能等特点，因此可以利用 UG 的三维建模功能、布线功能和 UG OPEN API 相关函数进行二次开发来实现基于 UG 的三维参数化建模。

UG 的三维建模方法也是基于特征的实体建模方法，是在参数化建模方法的基础上采用了所谓“变量化技术”的设计建模方法，对参数化建模技术进行了改进。它保留了参数化技术的主要优点，同时增加了新的功能，使设计建模过程更加灵活，可提高设计效率。

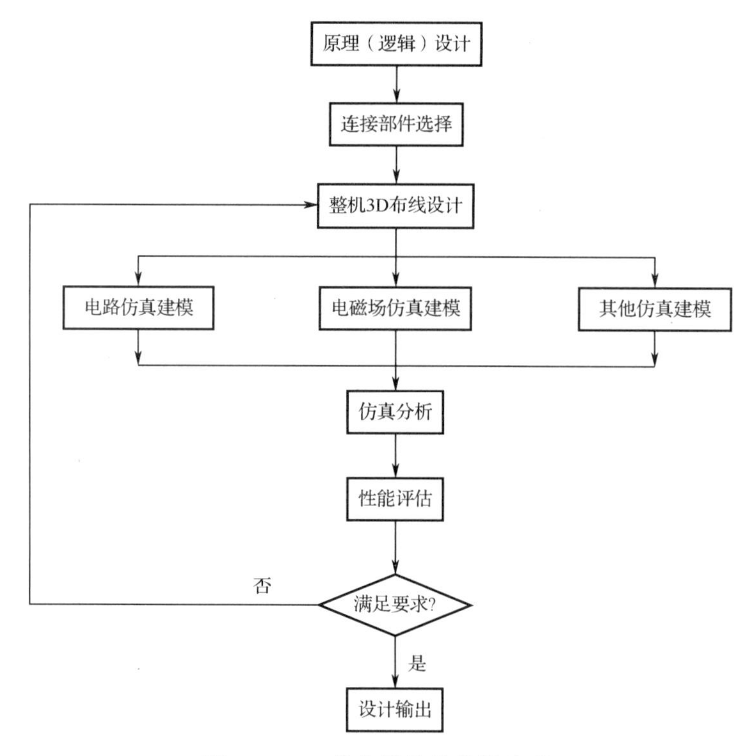

图 7-23　三维布线软件设计流程

4．电子整机三维参数化建模

电子整机模型包括整机机柜三维模型和整机机箱三维模型，在建立模型时，以能完整体现线缆走线空间和走线约束为原则，需要进行一些简化处理，减少模型总装配件的数据量。

本例中，模型使用 UG II 的建模功能，为零件建立一个面体，给面体赋予一个装配名称，再把各接插件加入这个装配名称中，做总装配时，选择此装配名称载入。对外部附件（如接插件）做了简化，在考虑了将对线路敷设可能造成的影响，以及保证整机布线、定位准确性的前提下，对复杂外形用简单特征代替。

图 7-24 所示为三维参数化建模方法形成的机柜、机箱、接插件三维 CAD 模型图例。

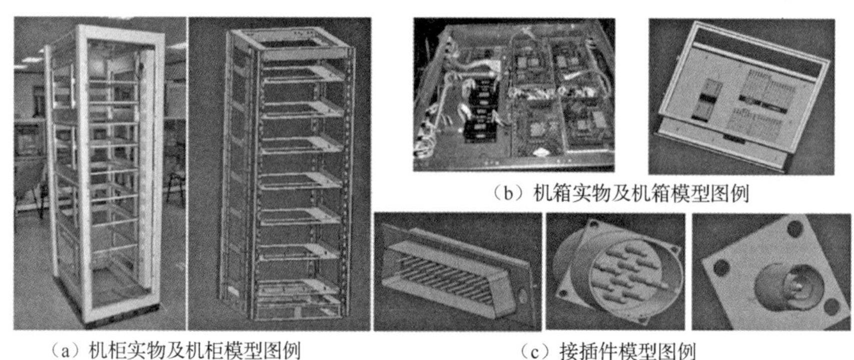

（a）机柜实物及机柜模型图例

（b）机箱实物及机箱模型图例

（c）接插件模型图例

图 7-24　三维 CAD 模型图例

Chapter 8

第8章 电气互联新技术

电气互联技术在不断地丰富与发展，本章主要介绍光电互联、射频与微波封装、微系统与微机电系统封装、3D增材制造技术及其在电气互联技术中的应用等新技术新工艺。

8.1 光电互联技术

8.1.1 光电互联技术概述

1. 基本概念

光电（Optoelectronic，OE）技术是由光子技术和电子技术相互融合而成的新兴技术，是未来信息产业的核心技术，是21世纪最尖端的科学技术之一。光电技术以光信号的产生、传输、处理和接收为核心，涵盖了新材料（新型发光感光材料、非线性光学材料、衬底材料、传输材料及人工材料的微结构等）、微加工和微机电、元器件和系统集成等一系列从基础到应用的各个领域。它的兴起和发展使得原有电子学技术（包括通信技术、计算机技术、测量技术、微电子技术等）的许多领域得到革新。在此基础上发展起来的光电互联技术以其特有的优势，已成为该领域一个重要的研究方向。

光电互联技术是指通过光信号传输，把光源、互联通道、接收器等组成部分连成一体，彼此间交换信息的一种高效的光和电混合互联技术，是电气互联技术中典型的多学科、综合性工程技术。伴随着数据的处理、存储和传输得到飞速发展，电信号的频率已经从兆赫兹（MHz）时代发展到吉赫兹（GHz）时代，传统的基于铜导体的电信号互联技术的局限性逐渐显现出来，大带宽的短距互联的发展出现了瓶颈。因此，为了扩展VLSIC的功能以及改善现有电互联的缺陷，有必要发展新的互联技术、改进现有的互联方式。

与电互联相比，光互联有以下特点：光互联的传输速率与互联通道无关；多路光信号在空间内独立传播，彼此间互不干扰；光信号可以在三维空间中自由传播；光信号可以通过空间光调制器适当改变；光信号较容易转变成电信号。此外，光电互联具有高速率、大容量、低功耗、抗干扰、高并行传输能力、大带宽等优点，并且没有 RC 及时钟畸变问题。为解决电互联技术的缺陷，光互联应运而生。表 8-1 展示了电互联与光互联的特性对比。以光互联方法取代电互联方法无疑是电气互联技术的重大改革之一。从性能上看，最好的互联网络拓扑结构是全光互联网络，但目前全光互联的实现比较困难，这主要出于光子难以控制，光学器件制造技术和光电 PCB 技术难度大、价格高以及工艺不成熟等原因。因此，在今后一段时间里，互联网络仍将以电互联为主、光互联为辅的方向发展，即采用光和电混合互联网络——光电互联网络。

表 8-1　电互联与光互联的特性对比

比较内容	电互联	光互联
能耗	能量消耗高	较小衰减和分散，长传导距离、能量消耗低
电磁干扰（EMI）	互联密度受到 EMI 的限制和影响	互联密度不受 EMI 影响
芯片布线	布线不易更改	布线易更改
传输速率	与传输距离成反比，Gbit/s 量级	与传输距离依赖度不高，Tbit/s 量级
通信协议	协议与布线相关	协议与布线无关
容量	小	大

2. 光电互联的原理

光电互联是将电信号经过光学器件转换为相应的光信号，并通过一定方式的耦合传输给光探测器，再转换为电信号。光电互联中存在着电-光-电的转换过程。

光电转换器件的主要原理是物质的光电效应，即物质在一定频率的光照射下释放出光电子的现象。当光照射金属、金属氧化物或半导体材料的表面时，会被这些材料内的电子所吸收，如果光子的能量足够大，则吸收光子后的电子可以挣脱原子核的束缚而逸出材料表面，这种电子称为光电子，这种现象称为光电子发射，又称为外光电效应。有些物体在受到光照射时，其内部原子释放电子，但电子仍留在物体内部，使物体的导电性增加，这种现象称为内光电效应。

在光电半导体中，能参与导电的自由电子和空穴统称为载流子。单位体积内的载流子数称为载流子浓度。在本征半导体中，自由电子浓度 ni 等于空穴浓度 pi，载流子浓度即为 ni 或 pi。本征半导体的导电性与载流子浓度 ni 密切相关。ni 越大，导电性越高。ni 随温度的升高而增加，随禁带宽度的增加而减小。根据需要在本征半导体中掺入少量杂质形成 P 型或 N 型半导体，载流子增多，导电性增强。半导体在热平衡态下载流子浓度是恒定的，但如果外界条件发生变化，如受光照、外电场作用等，载流子浓度就会随之发生变化。半导体材料吸收光子能量而转换成电能是光电转换器件工作的基础。半导体对光吸收的条件是入射光子的能量至少要等于材料的禁带宽度，即

$$h\nu \geqslant E_g \text{或} hc/\lambda \geqslant E_g \tag{8-1}$$

式中：h 为普朗克常数（6.63×10^{-34}J·s）；ν 为光子频率；c 为光速；λ 为光的波长；E_g 为禁带宽能量。ν_c 为截止频率（$\nu_c=E_g/h$），其对应的波长称为截止波长 λ_c。只有当入射光子

的频率大于 ν_c 或波长小于 λ_c 时，光子才能被材料吸收并激发出自由载流子。

3．光电互联的基本方式

1）光互联

光互联主要采用的方式有波导互联和自由空间光互联。波导互联采用光纤或波导管传送光信号，这与电互联方式下电信号通过信号线传送类似。它们的区别在于光纤或波导管内可以采用波分复用等方式并行地传送多路光信号，在完成不同的通信连接的同时，可以用光过滤器等一些光学器件进行路由选择。在波导互联中，波分复用的光总线、HORN 等模型常被用于互联结构模型。而波导传输方式的不足在于它需要为光信号提供物理通路（这些物理通路可以是集成到基板上的光纤或波导），导致互联密度低、灵活性差、相邻波导之间出现串音，从而产生严重的耦合丢失现象。

与波导互联不同，自由空间光互联基于自由空间传播信号（一般指真空），透射和光的衍射板是为自由空间光互联提供通信信道的两个典型光学器件。自由空间光互联方式非常适用于芯片与芯片、板与板之间的互联，这是由于自由空间光互联能充分利用光的空间带宽和并行性且不产生相互干扰（因为光可在空间中彼此穿越互相不干扰）。更重要的是，它不受限于物理通道，可灵活地构成各种拓扑结构的互联网络，具有很强的可重构性。此外，自由空间光互联方式可以根据源节点到目的节点的通信模式是否随源节点空间位置的不同而存在的差异（称为“空间可变性”）进行分类，分为空间可变光互联和空间不可变光互联，如图 8-1 所示。自由空间光互联具有功耗小、信号失真度小、结构简单、易于集成等特点。

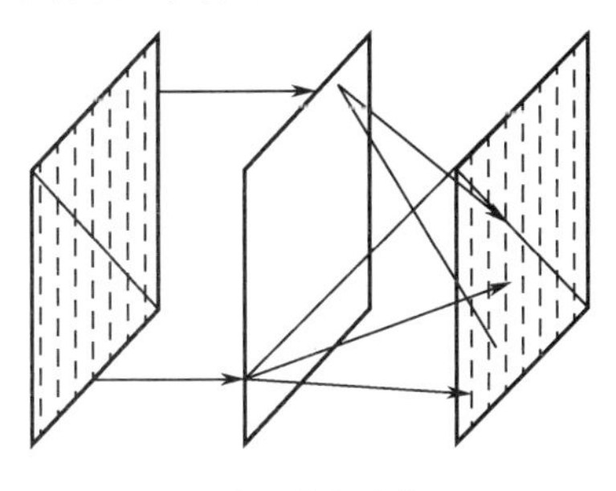

（a）空间可变光互联

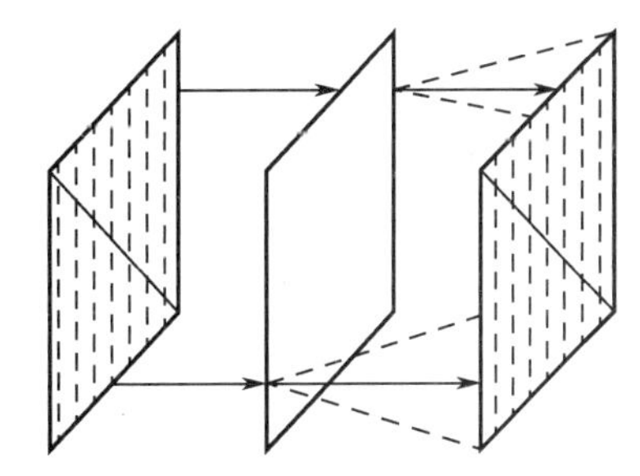

（b）空间不可变光互联

图 8-1　自由空间光互联方式

美国、日本、欧洲等发达国家和地区在过去的几十年中投入了大量的人力、物力和财力进行光与光互联技术的研究，取得了显著的成绩。目前，基于带状光纤、集成光波导的互联技术已经成熟，并已进入市场；自由空间光互联技术已在实验室中大量采用。已有多种光互联试验原型机问世，如日本 NTT 的 COSINE 系列试验光互联计算机等；灵巧像素阵列等多种光互联器件已投入使用，如美国 Tera Connect 公司提供的传输速率为 120Gbit/s 的光互联模块“T48Terminator Series”；而光互联器件与 VLSI 电子器件的单块集成工艺也有了合适的解决方案，光互联技术已在并行计算机系统中发挥重要作用。

2）光电互联

光电互联电路由电路层和光路层组成。光路层采用光纤或光波导传输介质代替铜互联导线，完全嵌入刚性或挠性印制电路板中，实现系统内部板间、组件、芯片之间的高速、大容量信息传输；电路层主要集成激光器、探测器及相应的驱动放大电路等。电信号输入激光驱动芯片被调制为高速光信号，与光路层耦合后传输至光电探测器和跨阻放大器，最终转换为电信号。

光电互联的基本方式有 3 种：方式一如图 8-2 所示，它是以光纤作为光路进行连接的；方式二如图 8-3 所示，它常应用于 MEMS（微机电系统）中，通过光镜反射光信号，经过光电转换器进行光信号与电信号的转换；方式三如图 8-4 所示，它通过基板与光纤的组合电互联方式，更加立体化，增加了光电互联的密度。

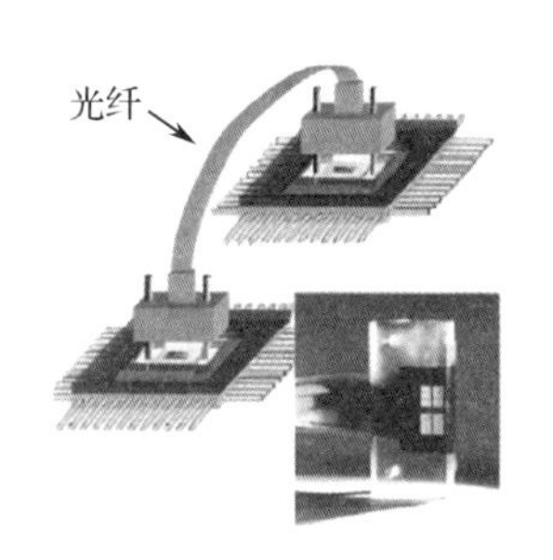

图 8-2　光电互联方式一

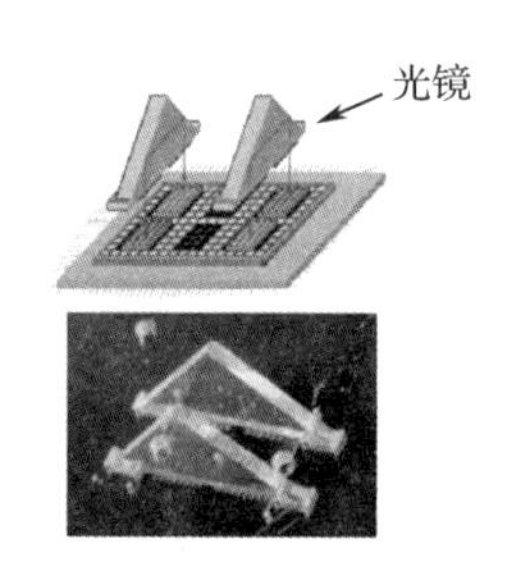

图 8-3　光电互联方式二

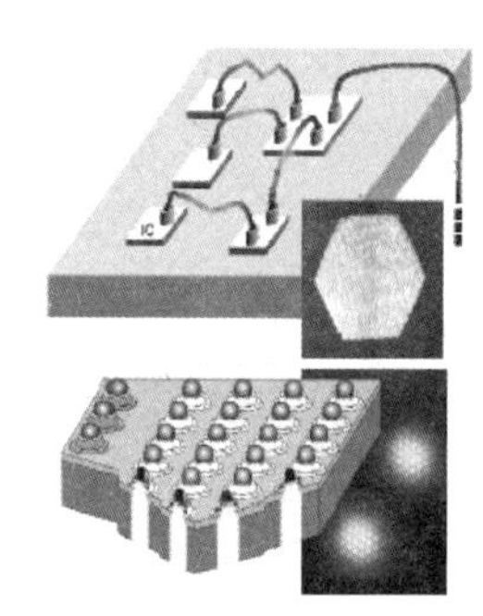

图 8-4　光电互联方式三

8.1.2　光电互联封装技术

1. 光电子器件封装概述

光电子器件是光学器件和电子电路相结合的一类器件，一般可将光电子器件分为有源器件和无源器件。有源器件包括光源、光电检测器和光放大器以及由这些器件组成的各种模块，产品有发光二极管、激光器、光电二极管、光纤放大器、半导体激光放大器等。无源器件包括连接器、光耦合器、光衰减器、光隔离器、光开关和波分复用器、光纤光缆等。此外，还有光电集成电路（Optoelectronic Integrated Circuit，OEIC）器件和光子集成电路（Photonic Integrated Circuit，PIC）器件。

光电子器件封装就是将这些光电子器件以及构成光通路的互联与电子封装集成起来，形成一个新的模块。这个模块可以看成是一个特殊的多芯片模块，其 I/O 数很少、芯片尺寸很小，但其中包含光电路基板、光电子器件、光波导、光纤、光连接器等，如图 8-5 所示。光电子器件封装可以分为芯片 IC 级封装、器件封装、板级或组件封装、模块封装、子系统或系统级组装等封装级别。光电子器件封装、组件和模块封装是其中最常见的封装形式。

在高速光电子器件的研制过程中，从芯片设计阶段就必须考虑器件的整体设计，并把器件的封装设计视为器件设计的重要组成部分。用于大容量高速率光通信的半导体光电子器件主要有激光器、光调制器、光探测器等，其中光调制器主要是电吸收调制器并与作为光源的分布式反馈（Distributed Feedback，DFB）激光器集成在一起。当前，光电子器件的响应速度已经成为大容量、大带宽光网络的瓶颈，迫切需要研究半导体光电子器件测试分析方法和封装设计。一项好的封装设计能够将光电子芯片的性能充分体现出来，将封装寄生参数的影响降到最低，一项完美的封装设计不但不会降低光电子器件的性能，反而在其封装过程中，通过封装寄生参数与光电子器件芯片的寄生参数相互补偿，使得器件的性能有所提高，这是封装设计的终极目标。

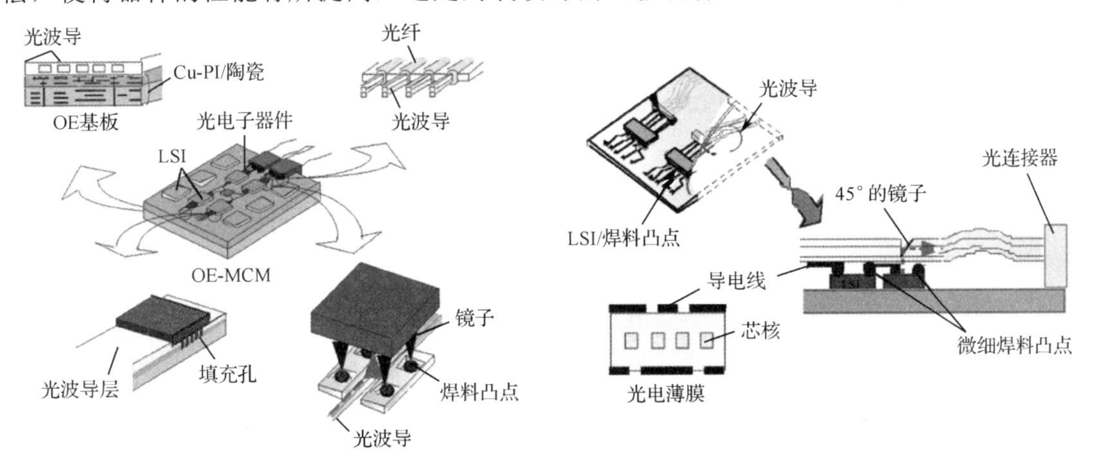

图 8-5 光电组件/模块结构组成

2. 光电子器件封装技术

当今时代信息技术发展迅猛，带动高速光电了器件的飞速发展，用于高速率、大容量光通信的光电子器件主要有高速半导体激光器、高速光调制器、高速光探测器等。下面主要介绍这 3 类光电子器件的封装技术。

1）高速半导体激光器封装设计

作为光通信领域最为重要的一环，半导体激光器的封装类型历经多年发展。半导体激光器封装技术是从微电子封装技术发展而来的，因此很多封装都可以看到微电子封装技术的痕迹。高速半导体激光器的常见封装形式有两种：TO（Transistor Outline）封装和蝶形封装。TO 封装工艺简单、成本低，广泛应用于传输速率为 2.5Gbit/s 以下的发光二极管、激光二极管（Laser Diode，LD）和光接收器件与组件的封装；蝶形封装因形状而得名，适用于 10Gbit/s 以上的高速器件封装，最后发展为发送光学子装配（TOSA）、接收光学子装配（ROSA）、双向光学子装配（BOSA）等封装形式，同样适用于 10Gbit/s 以上的高速器件封装。

图 8-6 TO 封装结构

TO 封装管壳内部空间小，而且只有 4 个引脚，不能安装半导体制冷器，如图 8-6 所示。近年来，随着激光器阈值的降低，无制冷

TO 封装激光器获得了越来越广泛的应用，如在短距离通信和背板间连接中的应用。

TO 封装激光器一般应用于低速率、短距离的光传输系统。对于高速率、长距离的传输系统，如果采用直接调制式的 DFB 激光器作为光源，则需要使用热敏电阻和制冷器组成的温控电路来保证激光器工作在比较稳定的温度与状态下。TO 封装管壳由于内部空间和引脚数目有限，难以满足 DFB 激光器的封装需求，因此体积稍大一些、带制冷器的蝶形封装管壳成为理想的选择。蝶形封装管壳共有 14 个引脚引出线，其外形近似于蝴蝶，因此被称为蝶形封装，如图 8-7 所示。

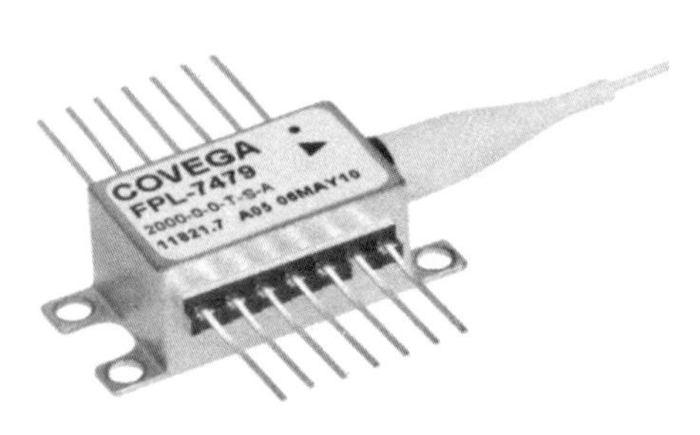

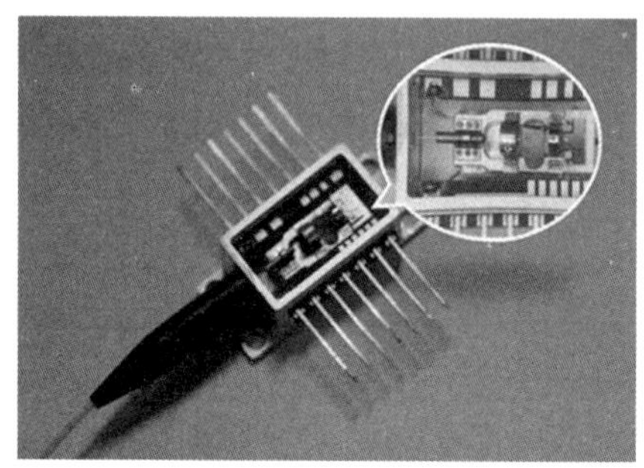

图 8-7　蝶形封装结构

2）高速半导体激光器封装设计发展瓶颈

高速半导体激光器技术挑战是高速光电子器件的共性关键技术挑战。提高光电转换效率需要考虑两个问题：第一个问题是激光器结构尺度与寄生参数的矛盾突出，激光器越大，发光功率越高，寄生参数（如寄生电阻、寄生电容等）也越大，导致响应速度不够快；第二个问题是要考虑不同材料功能微结构及制造工艺的兼容性。

3）潜在的解决方案

（1）综合性能优化。为实现激光器高效的电注入，采用硅作为载体的高速激光器一体化封装电路设计方案，同时实现低损耗电连接和高效散热双重功能，提高激光器的调制速率，也降低器件成本。为达到激光器高效的电光转换，国内有研究团队通过光波导模场分布的解析解，提出模场匹配的器件结构设计方案，从而提高电光转换效率。

（2）本征动态特性优化。激光器本征动态特性优化可解决激光器芯片本征特性参数精确提取的难题，提出激光器动态 *P-I* 特性的概念，并给出相应的测试方法，建立激光器综合性能优化设计方法。动态 *P-I* 特性曲线从理论上解决了工作参数优选的问题，有利于改善高频响应特性。

（3）三维封装技术。针对光子集成器件内部空间狭小、微波匹配电路（电容、电感、电阻等）排布困难、金丝跳线异常复杂、封装工艺难度大导致的成品率低等问题，提出光子集成芯片三维封装技术，突破微波电路的二维设计局限，解决光子集成芯片匹配电路尺寸受限的难题。

（4）耦合腔激光器。天地一体化网络需要高速窄线宽激光器，要求高效的电信号注入，高效的电光转换，以及光谱的调控与稳定。但是传统激光器的结构方案不能同时有效调控载流子动态和稳态的变化过程，难以缓解矛盾。分布式反馈激光器（集成谐振腔）

具有可高速调制、结构稳定的优势，但线宽过宽（2MHz）；而外腔激光器（复合谐振腔）结构不稳定，不能高速调制，但是具有窄线宽（100kHz）的优点。因此，有研究团队提出结合两种方案的优势，采取弱反馈复合腔激光器的结构方案，融合分布式反馈激光器和外腔激光器的优势，通过功能集成，可同时实现窄线宽和高速调制功能。

4）高速光调制器封装设计——$LiNbO_3$ 光波导调制器

调制器与激光器对比，二者的工作原理不同，应用条件不同，输入阻抗也有很大差异，因此在器件的封装设计中所要考虑的因素也不尽相同。如图 8-8 所示，在高速光通信中，$LiNbO_3$（铌酸锂）光波导调制器是非常重要的高速光调制器，该器件在小信号功率测试中扮演着非常重要的角色。基于 Mach-Zehnder 干涉仪结构的半导体光调制器，在光波导和电极设计、阻抗匹配、器件封装等方面都与 $LiNbO_3$ 光波导调制器非常类似或相同。

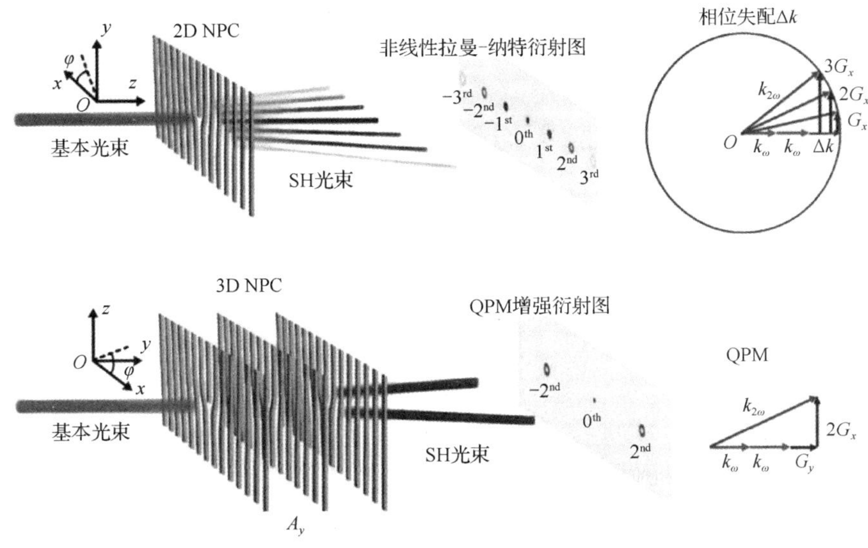

图 8-8　$LiNbO_3$ 光波导调制器的原理

在 $LiNbO_3$ 晶体中加上电场，将引起 $LiNbO_3$ 晶体折射率的变化，这就是晶体的电光效应。$LiNbO_3$ 光波导调制器就是利用晶体的电光效应制成的。$LiNbO_3$ 晶体在 3 个轴向都有电光效应，c 轴方向电光效应最强。因此，设计 $LiNbO_3$ 光波导调制器时，要尽可能利用其 c 轴方向的电光效应，使电场与光波导模式交叠积分尽可能大。

5）高速光探测器封装设计

光探测器封装的基本特征就是提供到达探测器芯片的光和电的连接通路。图 8-9 所示为基于超短沟道石墨烯的光电探测器的结构。其中，光的连接只有一种，即光的入射；电的连接则包括信号的输出和偏置电压。此外，封装还提供一个良好的电、热、光及与大气隔绝的环境。一般而言，这些要求没有激光器封装那么严格。但是，由于探测的电信号可能非常弱，因此在封装中还必须尽可能降低噪声影响。

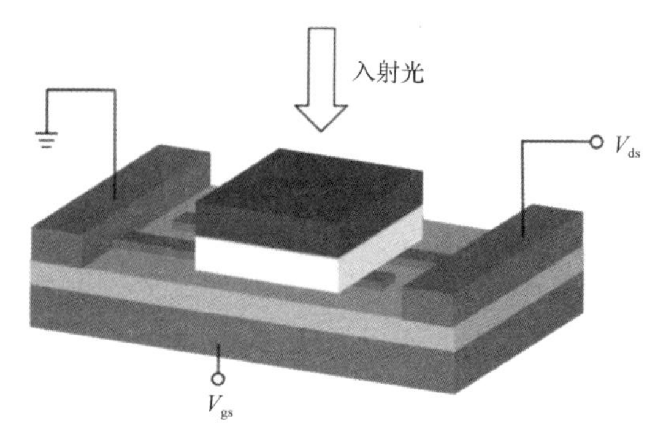

图 8-9　基于超短沟道石墨烯的光电探测器的结构

高速光探测器封装对电路布局的要求有以下几个方面。

（1）电路的输入/输出端尽量靠近电路板边缘，便于和管壳连接。

（2）大功率电路和其他电路分开，便于采取散热措施。

（3）高增益、低电流的放大电路和易产生噪声的电路分开，减少电路内部的噪声干扰和串扰现象。封装后的光探测器可以分解为本征光探测器、芯片寄生网络和封装寄生网络三部分。后两部分均为纯电网络，而本征光探测器部分只与有源区光电转换相关。

3. 光电子器件封装六大技术趋势

1）技术趋势一：实现非气密性封装

由于光组件的成本占光模块成本的60%以上，而光芯片成本降低的空间已越来越小，因此选择降低封装成本以达到降低光组件成本的目的。在保证光模块性能及可靠性的同时，推动封装技术从比较昂贵的气密性封装走向低成本的非气密性封装成为关键。非气密性封装需要在保证光器件自身非气密性的前提下，同时进行光组件设计的优化、封装材料及工艺的改进等。其中以光器件（特别是激光器）的非气密性封装为最大挑战。近年来，行业内已有公司公开宣称自己的激光器可以实现非气密性封装，不再需要昂贵的气密性封装，激光器模块的成本大大降低。

2）技术趋势二：混合集成技术成为现实

混合集成技术通常是指将不同材料集成在一起。此外，也有将部分自由空间光学和部分集成光学的构造称为混合集成。在多通道、高速率、低功耗需求的驱动下，要求相同容积的光模块所能提供的数据传输量越大越好，所以光子集成技术逐渐成为现实。光子集成技术的意义比较广泛，如基于硅基的集成（平面光波导混合集成、硅光等）、基于磷化铟的集成等。典型的混合集成是将有源光器件（激光器、探测器等）集成到具有光路连接或其他一些无源功能（分、合波器等）的基板上（平面光波导、硅光等）。混合集成技术可以将光组件做得很好，顺应光模块小型化趋势。

3）技术趋势三：倒装焊技术趋于成熟

倒装焊是从IC封装产业发展而来的一种高密度芯片互联技术。通过金-金焊或共晶焊将光芯片直接倒装焊到基板上，比金线键合的高频效果更优（距离短、电阻小等）。另外，对激光器来说，由于有源区靠近焊点，激光器产生的热比较容易从焊点传到基板上，对于提高激光器在高温时的效率有很大帮助。由于倒装焊是 IC 封装产业的成熟技术，已经有很多种用于 IC 封装的商用自动倒装焊机。光组件因为需要光路耦合，所以对精度要求很高。近几年，光组件加工用高精度倒装焊机十分亮眼，许多情况下已经实现了无源对光，极大地提高了生产率。因为倒装焊机具有高精度、高效率和高品质等特点，倒装焊技术已经成为数据中心光模块业界的一种重要工艺。

4）技术趋势四：大量采用板上芯片技术

板上芯片（COB）技术就是通过胶贴片工艺（Epoxy Die Bonding）先将芯片或光组件固定在 PCB 上，然后采用引线键合进行电气连接，最后顶部滴灌胶封。这种非气密性封装工艺的好处是可以自动化。例如，光组件通过倒装焊等混合集成后，可以看作是一个“集成芯片”，然后采用 COB 技术将其固定在 PCB 上。目前 COB 技术已经得到大量运用，特别是在短距离数据通信中使用 VCSEL（垂直腔面发射激光器）阵列的情况。此外，集成度高的硅光也可以使用 COB 技术来进行封装。

5）技术趋势五：硅光技术的应用

硅光技术的走向将会是光电集成，也就是将目前分离光电转换（光模块）变成光电集成中的局部光电转换，更进一步推动系统的集成化。不可否认，硅光技术可以实现很多功能，但目前比较耀眼的还是硅调制器。

6）技术趋势六：板载光学的应用

如果 OEIC 是终极的光电集成方案，板载光学就是介于 OEIC 和光模块之间的一项过渡技术。板载光学将光电转换功能从面板搬到主板处理器或关联电芯片旁，不仅节省了空间、提高了互联密度，还减少了高频信号的走线距离，从而降低了功耗。板载光学最开始主要是集中在采用 VCSEL 阵列的短距离多模光纤中，而最近也有在采用硅光技术的单模光纤中的方案。除了单纯光电转换功能的构成，还有将光电转换功能和关联电芯片封装在一起的形式（Co-Package）。板载光学虽然具有高密度的优点，但制造、安装与维护成本较高，目前多是应用在超级计算机领域中。相信随着技术的发展及市场的需要，板载光学也会逐渐进入到数据中心光互联领域中。

8.2 射频与微波封装技术

8.2.1 射频与微波概述

1. 射频概述

20 世纪初，伽利尔摩·马可尼在加拿大纽芬兰的圣约翰斯市收到了一条从英国康沃尔郡的波尔图发送的无线电信息——以摩尔斯电码中的 3 个点表示的字母 S，这条穿越大西洋的信息开启了无线通信的革命。之后，射频无线通信技术被广泛用于各个行业。频率一般指的是某事件在单位时间内重复发生的次数。在射频信号的背景下，波的频率一般指电磁波的振荡频率，电磁波的频段划分如图 8-10 所示。射频（Radio Frequency，RF）指的是可以辐射到空间的电磁频率，频率范围为 300kHz～300GHz，此频段的电磁波通常用于无线通信、定位及传感技术。射频的频段划分如图 8-11 所示。表 8-2 列出了射频的波长范围及其应用。

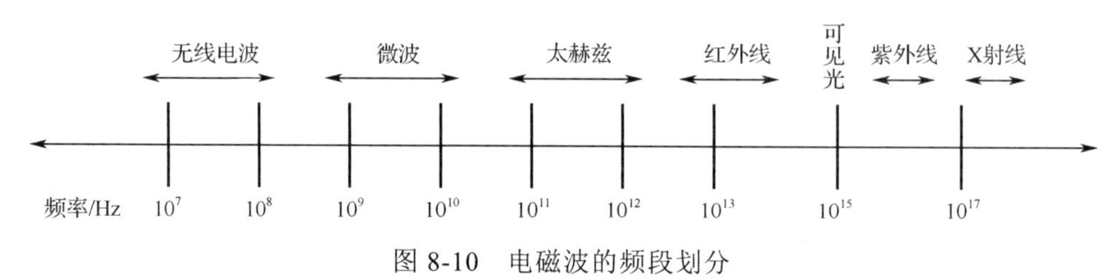

图 8-10　电磁波的频段划分

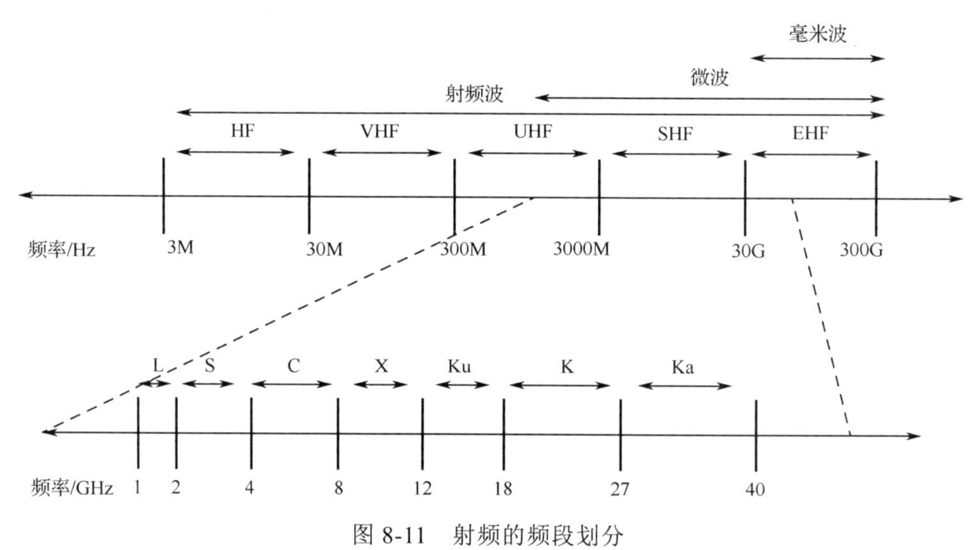

图 8-11　射频的频段划分

表 8-2　射频的波长范围及其应用

名　称	波 长 范 围	应　用
高频（HF）	10～100m	电话、电报
甚高频（VHF）	1～10m	电视、调频广播
特高频（UHF）	10～100cm	电视、卫星通信、蜂窝通信
超高频（SHF）	1～10cm	雷达、微波链路
极高频毫米波	0.1～1cm	雷达、军事应用
太赫兹	0.1～1mm	太赫兹成像
L 波段	150～300mm	全球定位系统
S 波段	75～150mm	无线局域网（Wi-Fi）
C 波段	37.5～75mm	开放式卫星通信、卫星电视、Wi-Fi
X 波段	25～37.5mm	陆基雷达、导航
Ku 波段	16.67～25mm	卫星通信

续表

名 称	波 长 范 围	应 用
K 波段	11.11～16.67mm	卫星通信
Ka 波段	7.5～11.11mm	卫星通信系统、雷达

随着 5G 通信的发展，射频系统的复杂度越来越高，系统内部集成的无源元器件和有源元器件的数量呈几何级增长，射频系统的小型化集成变得尤为重要。射频系统通常包括基带、射频和天线三部分。其中，基带部分用于处理物理层中的所有通信算法；射频部分则包括发射通道和接收通道。当发射信号时，射频部分将基带信号转换成射频信号，通过天线发射信号；当接收信号时，则通过天线接收信号，射频部分将接收的射频信号转换成基带信号。

目前射频系统主要有 SoC 和 SiP 两种集成方式。但事实证明，将数字、模拟及射频功能整合到单一硅片上，也就是在 SoC 中集成不同制造工艺的元器件，会出现工艺不兼容的状况，而且在射频系统中容易出现信号传输、电磁干扰和电磁屏蔽、系统散热等问题，无法真正实现射频系统的异质集成。尽管半导体行业持续取得重大进展，但是对于包含多功能元器件的高度复杂的系统，选择采用芯片级封装仍需付出极大的成本。

SiP 是在一个模块内提供一个完整的系统，形成一个功能性组件，执行诸如电路板集成过程中标准元器件的功能。对比 SoC，SiP 模块可以通过不同方式进行整合，如堆叠式芯片技术，或将各种芯片整合到同一基板上，或将芯片嵌入基板中等，具有其独特的优势。SiP 的发展正好弥补了 SoC 技术的不足，不仅可以减小系统体积、提高系统性能，还具有灵活的设计方案、系统的异质集成、较短的开发周期等优势。相比于普通封装，射频系统封装更加注重元器件封装后的散热、射频信号传输、电磁屏蔽等能力。为实现更高的射频系统封装能力，现已开发出多种射频系统封装结构。

2. 微波概述

微波是指频率在 300MHz～300GHz 范围内的电磁波；毫米波是指频率在 30～300GHz 频域（波长为 1～10mm）的电磁波；太赫兹（THz）波是指频率在 0.1～10THz（波长为 3000～30μm）范围内的电磁波，其长波段与毫米波相重合，短波段与红外光相重合。作为电子学中的一个分支，使用 1GHz 以上频率的微波技术问世已有半个多世纪，它具有发展迅速、应用广泛的特点。微波电路及其元器件的发展基本上遵循低频电路的历程，从 IC 和 LSIC 发展到线宽达亚微米量级的 VLSIC，继而有了数十层的 MuIC 产品和速率达 Gbit/s 量级的超高速集成电路（VHSIC），以及基于 MuIC、VHSIC 等技术而形成的 MCM，至今已经发展到具有 3D 封装和 MEMS 形式的产品。

分别于 20 世纪 60 年代和 70 年代出现的混合微波集成电路（HMIC）与单片微波集成电路（MMIC），自 20 世纪 80 年代以来已被广泛应用，并从单功能电路发展到多功能组件（如 T/R 模块等），使微波工业经历了一次革命。20 世纪 90 年代研制成可用于毫米波段的 MMIC，并随即出现了单片微波与毫米波集成电路（MIMIC）、190GHz 磷化铟高电子迁移率晶体管（InP HEMT）、MMIC 低噪声放大器以及 95GHz InP HEMT MMIC 功率放大器等产品。

近些年，随着微波电子技术、元器件技术、材料科学、计算机辅助设计等科学技术的快速进步，微波电路集成与封装新技术也在不断涌现。例如，将激光二极管、光探测器、调制器等光固态元器件与场效应晶体管（FET）、HEMT 等集成在同一块芯片上制成的光-微波单片集成电路（OMMIC）、多层微波集成电路和三维微波集成电路（包括 MuMIC、3DMIC、MuMMIC 和 3DMMIC）、低损耗传输线和屏蔽膜片微带电路、多芯片微波模块以及微波电路的 MEMS 等各种形式的微波电路产品已得到开发和应用。

8.2.2 微波封装技术

1. 3D/多层单片微波集成电路

日本 NTT 实验室提出的 3DMMIC 技术为现阶段微波互联元器件发展中的典型技术，其主要技术内容包含薄膜多层技术和母片 3DMMIC 技术。母片 3DMMIC 技术是在原有 3DMMIC 技术上的有效扩展，该技术提供了一种半自定义 MMIC，从而减少了多功能 MMIC 的开发时间。

表 8-3 总结了当前的薄膜多层 IC 技术状况。该技术主要有两个发展趋势：一个是小型化和高集成化；另一个是在标准硅晶圆上集成高品质因数 Q 的片上电感器（或者低损无源电路）。这两个发展趋势的目标都是以低廉的成本获得高性能的微波/射频集成电路。薄膜多层 IC 技术把无源元器件和导体硅晶圆分离开来，从而可以制造更高频率的硅集成电路。以 GaAs 和 Si 为衬底的 PI 母片 3DMMIC 技术，可用于超高频（S-band）和甚高频（V-band）；另一种 BCB 3DMMIC 技术，可以大大减少研制周期，并且由于其制造温度低，工艺时间短，可应用于 InP 元器件。薄膜多层 IC 技术非常有效地实现了 MMIC 的小型化和高集成化，大幅度降低了成本，在实现经济高效 MMIC 方面，具有巨大的潜能。

表 8-3 薄膜多层 IC 技术状况

公司	薄膜材料	总厚度	层数	金属	基底	应用器件
NTT	聚酰亚胺	10μm	4	Au, Al	GaAs, Si	MESFET, PHEMT, BJT
	BCB	10μm	4	Au	GaAs	MESFET
	PBO	20μm	1	Cu	Si	CMOS
TI/Triquint	聚酰亚胺	25μm	1	Au	GaAs	PHEMT
TOSHIBA	BCB	10μm	1	Au	GaAs	PHEMT
Matsushita	SiO_2	9μm	1	Au, Al-Si-Cu	Si	
	BCB	26μm	1	Au	Si，玻璃	
NEC	聚酰亚胺+SiON	6μm	1	Al	Si	MOSFET
UCLA	聚酰亚胺	27μm	2	Ti-Al	Si	
HRL	BCB	13μm	1	Au, Al-Cu	Si	SiGe HBT (IBM)
	聚酰亚胺	13μm	1	Au, Al-Cu	Si	SiGe HBT (IBM)
IBM	聚酰亚胺	15μm	1	Al-Cu	Si	SiGe HBT
	SiO_2	10.2μm	4	Al-Cu	Si	BiCMOS
	SiO_2	5.8μm	3	Al-Cu	Si	SiGe HBT

续表

公　　司	薄膜材料	总厚度	层数	金属	基底	应用器件
SAMSUNG	聚酰亚胺	10μm	1	Al	Si	BiCMOS
King's college London	聚酰亚胺	6μm	3	Al	Si	
Carleton Univ	聚酰亚胺	10μm	1	Cu	Si	

NTT 公司的母片 3DMMIC 技术提供了类似门阵列 LSI 的半自定义 MMIC，从而有效地减少了 MMIC 的研发周期。图 8-12 所示为母片 3DMMIC 的基本结构。在半导体衬底上形成晶体管、电阻和 MIM 电容的低电极，并构成阵列用来形成母片 MMIC 的引脚图形。这种引脚图形称为控制阵列。第二级接地金属在钝化薄膜上形成，并选择性地覆盖大部分晶圆表面。4 层 PI 薄膜和铜堆叠在第二级接地金属结构上形成三维无源结构。因为接地金属覆盖了闲置元器件和旁路电容，这样就可以在足够的空间中建立三维传输线。

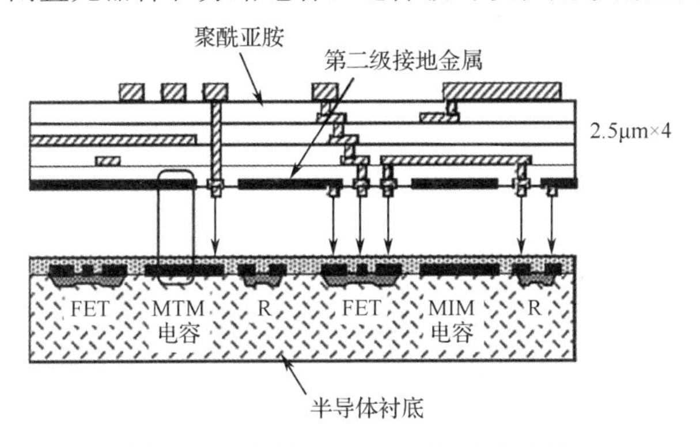

图 8-12　母片 3DMMIC 的基本结构

这种结构具有以下几种先进的特性。

一是微型传输线和堆叠结构大大减少了电路面积。

二是构成的多层全面耦合器在一个小范围内提供了紧密的宽带耦合。这种耦合器可以用于制造小型化无源电路，如积分、混频和非线性变频电路，通常这些电路可以大范围取代传统二维结构的电路。

三是由于其简单的电路设计和狭窄的导线宽度且 PI 薄膜厚度很薄，电路的寄生损失可以不予考虑。相邻线段间的距离是导带线与传输线接地层距离的 3 倍，这个宽度已足够消除耦合效应，而且每个微通孔的电感也可以忽略。

传统的 MMIC 设计需要经历从布线图到设计原理图的不断迭代，以获得最小的芯片面积。而 3DMMIC 设计是从电路原理设计直接流向布线图，这使得放大器以及混频器之类的每个功能模块都可以比较容易地集成到一个多功能 MMIC 芯片上。图 8-13 所示为控制阵列的俯视图，图 8-14 所示为单元设计图。从图 8-13 和图 8-14 中可以看出，采用控制阵列可以在一个晶圆上开发出不同集成度的单功能、多功能电路。

使用上述控制阵列，可以设计出降频变换器、放大器以及混频器。放大器和混频器是 MMIC 的最小形式，由于它们放置在同一个沉积图形上（同一单元），每个电路（如降频变换器）可以像一个组件存储在一个功能模块库中，从而容易被其他的多功能 MMIC

集成。这是母片 3DMMIC 技术最重大的革新。图 8-15 所示为降频变换器模块的结构简图及原型缩影照片。它包括一个二阶本振频率放大器、一个射频前置放大器和一个单端混频器。

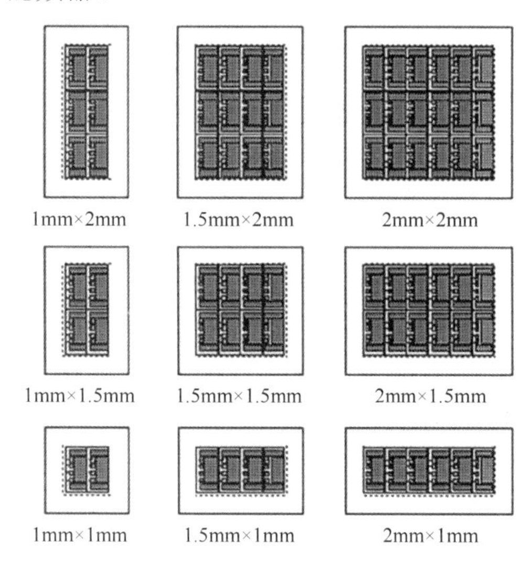

图 8-13　控制阵列的俯视图

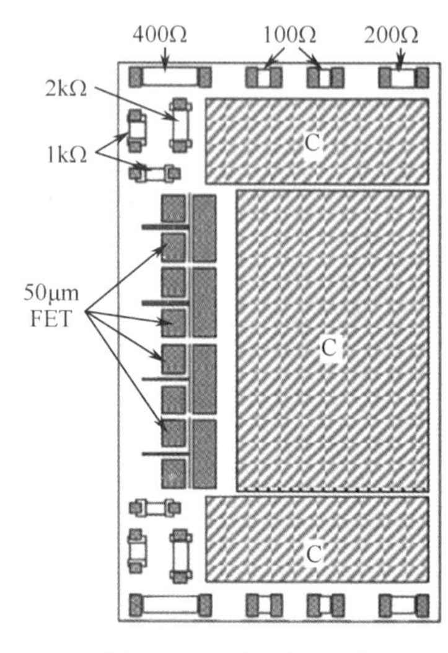

图 8-14　单元设计图

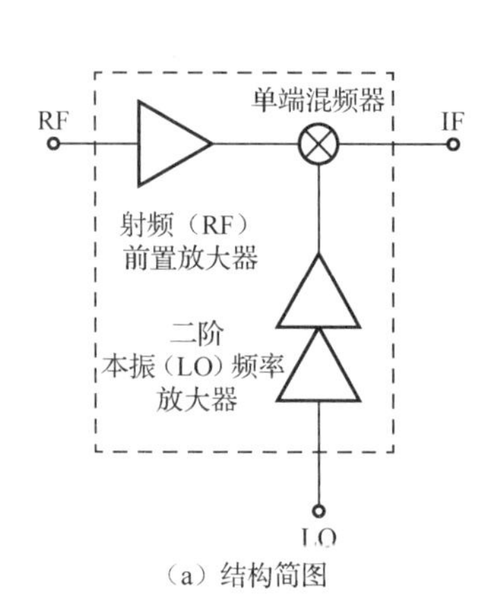

（a）结构简图

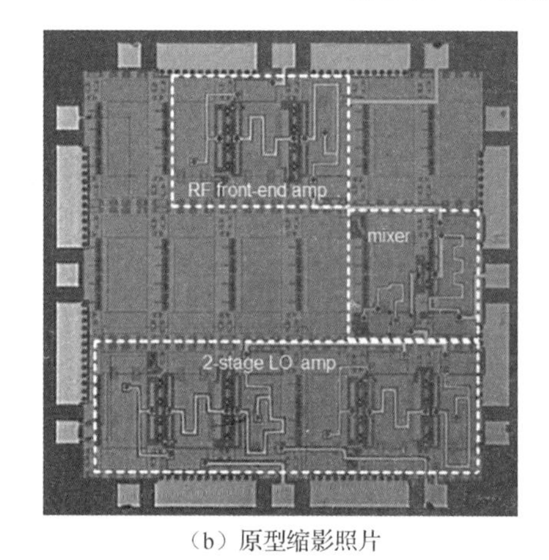

（b）原型缩影照片

图 8-15　降频变换器模块的结构简图及原型缩影照片

放大器和混频器将一个小控制阵列设计在一个 2mm×2mm 的控制阵列上。如图 8-15（b）所示，由于在母片阵列中有多余的单元，可以方便地增加更多的功能到芯片上。在既定模块上设计降频变换器的过程很快，只需要 1～2 周的时间，比传统方法快数倍。通过使用既定的单一功能电路以及预制的母片晶元，高集成度的多功能 MMIC 生产将简易快捷。

图 8-16 所示为采用 3D/MuMMIC 工艺的 MMIC 开发方法示意图。该方法把 MMIC 的制造工艺分为器件工艺和金属图案形成工艺两部分，制造者可分别致力于各自特定工艺，设计者则可以挑选最适合的器件和 3D/MuMMIC 工艺去满足用户的要求，从而减少了工艺损失风险，并在设计者选择设备和制作模式时提供了灵活性。采用 3D/MuMMIC 技术可以大大减少射频参数等关键参数的变化，是获得低成本、高质量微波/毫米波

MMIC 以及器件的最有效途径。图 8-17 所示为采用该方法制造的甚高频平衡倍频器和全频低噪声放大器实例。

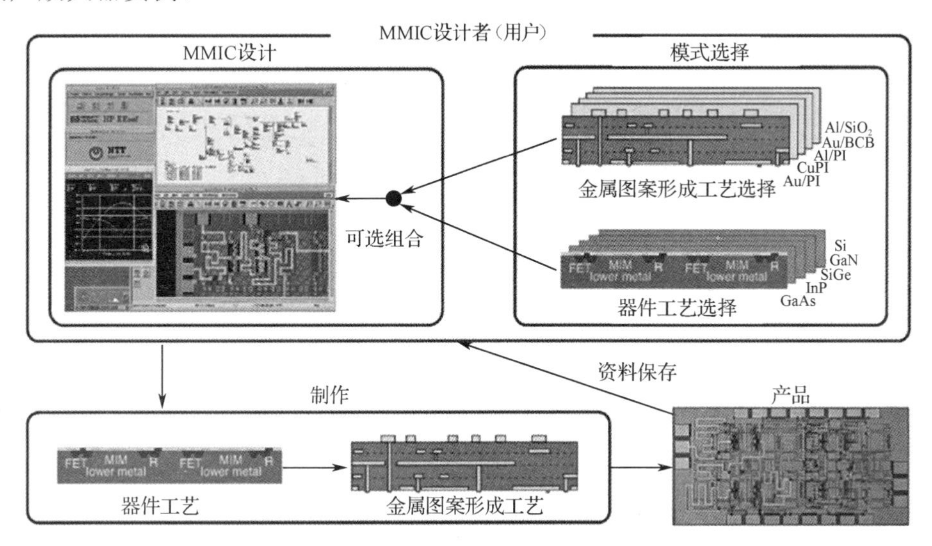

图 8-16　采用 3D/MuMMIC 工艺的 MMIC 开发方法示意图

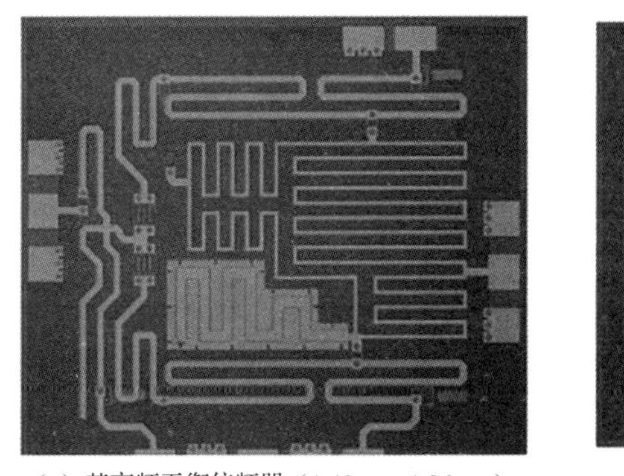

（a）甚高频平衡倍频器（1.43mm×1.26mm）

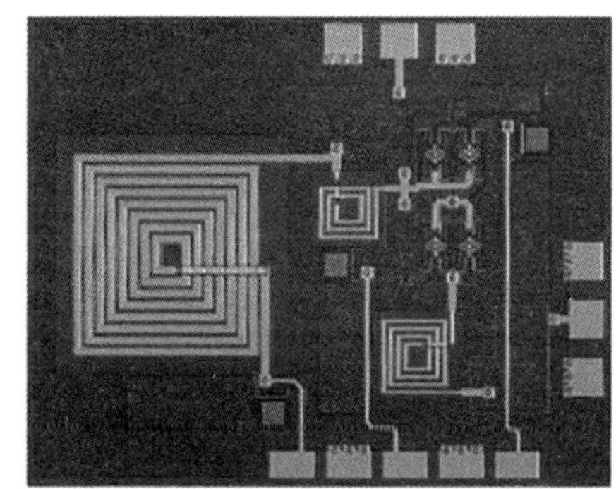

（b）全频低噪声放大器（1.52mm×1.17mm）

图 8-17　采用 3D/MuMMIC 方法的应用实例

2．多芯片微波模块

多芯片微波模块将多片具有独立功能，或者可在电路中完成较强功能的芯片组成一个模块，是一种广义的 3DMMIC。以工艺区分有沉积多芯片模块（MCM-D）和叠层多芯片模块（MCM-L）两种基本形式。MCM-D 制造过程是通过 MMIC 工艺（如外延生长、沉积、蚀刻等）完成的；MCM-L 则是将已制成的芯片（包括 GaAs、Si 衬底或陶瓷衬底）通过独立制作的垂直结构 MCM-V 连接等特定工艺形成多功能模块，实现 3D 微封装。

1）多层单片微波集成电路组成的多芯片组件

多层单片微波集成电路（MuMMIC）组成的 MCM 基本制作方法为：首先设计并制作微波电路使之叠层；然后用树脂塑模并切割成型和金属化；最后通过激光制成直流通路及微波连接。如图 8-18（a）所示，实现不同微波电路叠层间的宽带、垂直互联结构的 MCM-V 是一种屏蔽带 90°垂直结构的共面波导。据测试，这种结构在 35GHz 以下工作性能良好。图 8-18（b）所示为采用该方案实现的 Ku 波段 4 层叠层 3D 模块，上 3 层均为 MMIC 芯片，分别为两个低电平放大器和 MMIC 压控衰减器，第 4 层为 DC 偏置用的表面安装了电容与电阻，图中使用了 MCM-V 互联。

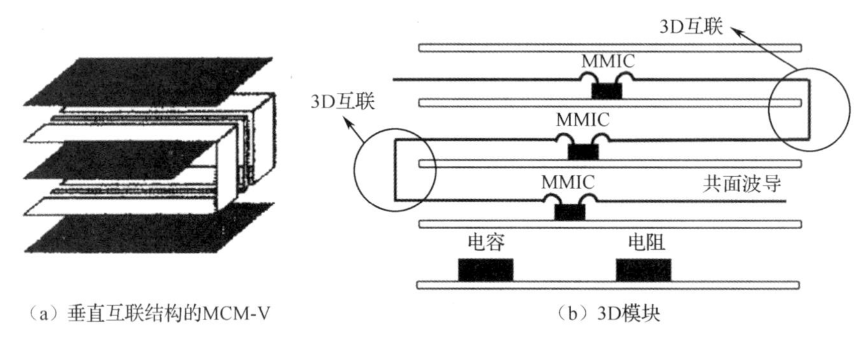

（a）垂直互联结构的MCM-V　　（b）3D模块

图 8-18　MuMMIC 组成的 MCM 结构例图

2）低温共烧结与金属化技术

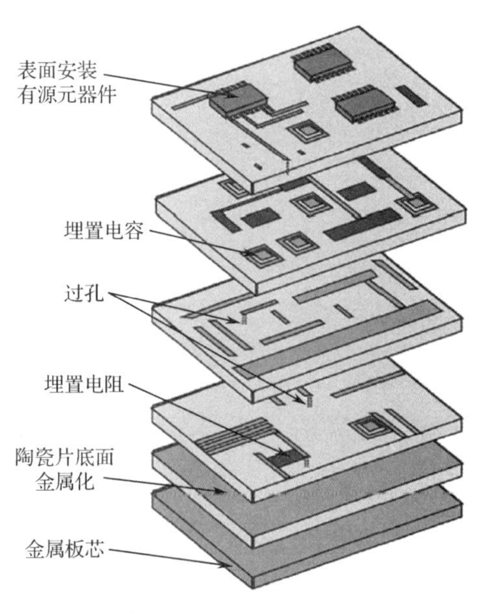

图 8-19　由 5 层陶瓷片构成的 MCM

低温共烧结与金属化（LTCC-M）技术是一种在金属衬底上采用厚膜技术与低温共烧结相结合制作 3D 电路的方法，具有制作成本低的特点。图 8-19 所示为由 5 层陶瓷片构成的 MCM。

各层预先安装好元器件，上面 4 层都有预先制作的供垂直连接用的金属化通孔；自上而下第 3 层是厚膜技术制作的纵、横连线；第 5 层陶瓷片底面金属化；叠层的陶瓷片置于金属板芯，在每层适当位置涂绝缘或导电的黏合剂，在垂直通孔中插入低熔点合金丝，然后整体热压低温共烧结成型，构成一模块。烧结温度足以使各片间较牢固连接，垂直通孔互联良好，又不致破坏原来的 MIC 电路。该技术的最大优点是：最终结构在陶瓷片 *xy* 平面可以达到小于 0.1%的收缩率，*z* 方向收缩率虽然较大，但是均匀性好。最终体积虽然比 MuMMIC 结构大，但属于可接受范围（图 8-19 示例结构尺寸为 25mm×20mm×3mm），且造价低，易于生产。该结构可实现直流电源至高速数字逻辑电路、模拟电路（包括中频电路）、射频/微波元器件、天线微波电路的全集成。在该结构的基础上，还可以在金属板芯的两侧分别烧结陶瓷电路板，射频元器件、部件（包括贴片天线）置于顶部，低频、直流及控制电路置于底部，实现工作频率达毫米波段收发（分系统）的全集成。

3）高温共烧结技术

近年来，适用于毫米波段电路制作的高温共烧结工艺技术应用得越来越多。图 8-20

所示为一个典型的多功能 HTCC-MCM 结构。它是工作于 V 波段（60GHz）的 MCM，由 4 层金属化电路层（厚度均为 1.05mm）和 3 层氮化铝（AlN）组成。AlN 介于电路层之间，每层面积均为（21×16）mm^2。最上层电路层为发射组件，包含 X 波段、Ka 波段和 V 波段放大器（均为 MMIC）、X 波段压控振荡器、X 波段到 Ka 波段的三倍频器以及 Ka 波段到 V 波段的谐波混频器等。第 3 层电路层为接收组件，包含 V 波段低噪声放大器、镜频抑制分谐波平衡混频器和中频放大器等。第 2 层为射频接地、隔离、屏蔽收/发层。每层电路的连接点均引于该层边缘，通过边缘局部较高温度烧结，获得可靠的 I/O 连接。图 8-20 所示模块中包含 V 波段金属腔体、波导以及波导-微带过渡，腔体、波导均由 AlN 高温共烧结、内壁金属化形成。

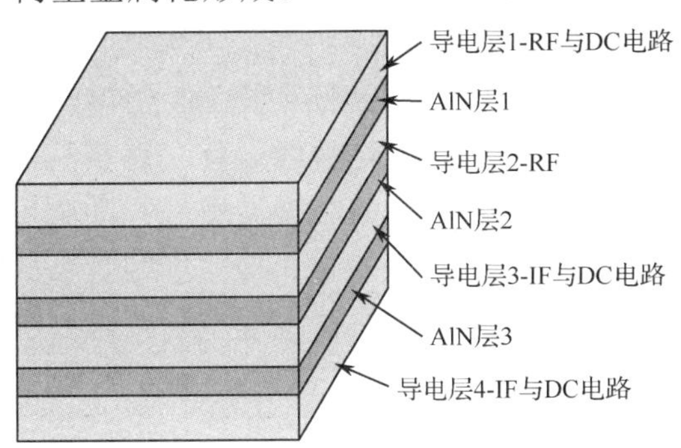

图 8-20　典型的多功能 HTCC-MCM 结构

3．微波 MEMS 器件

未来的射频与微波系统将更加复杂，同时要求更加灵活、体积小、质量轻和功耗低。能够实现上述功能的最有效途径是与现今集成电路和 MMIC 相兼容的平面制造工艺技术——MEMS。微波 MEMS 是微波电路互联与制造技术中的一个新亮点，近些年国外已对其在微波和毫米波系统中的应用进行了研究。它可实现多种形式的低损耗开关、阻抗调配、多种可调元器件［如滤波器（见图 8-21）］乃至可变型 V 天线、微波接收系统等，并具有传统元器件或系统无法比拟的优点；其设计一般采用全波仿真软件。

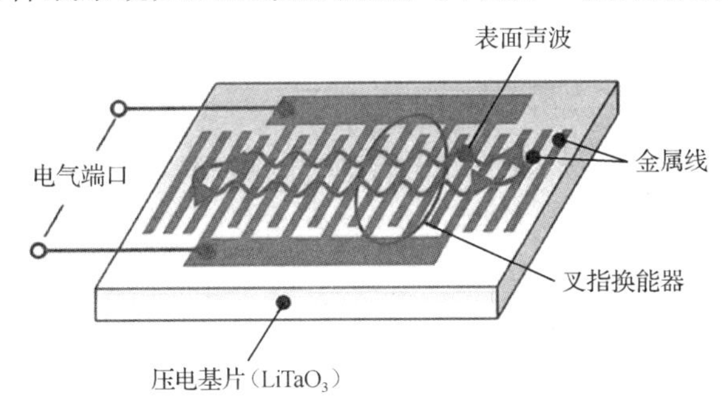

图 8-21　MEMS 滤波器

用于射频与微波领域最成熟的 MEMS 器件是 MEMS 开关，与传统的半导体开关相比，射频 MEMS 开关具有优良的高频特性以及质量轻、尺寸小、功耗低等优点，且其制作工艺和传统的 CMOS 工艺兼容。射频 MEMS 开关大多采用静电吸合达到形状变化，自 20 世纪 90 年代以来，已有静电悬臂梁式、旋转传输线式、膜结构式、螺旋形悬臂式、形状记忆合金和单刀多掷开关结构等多种形式的射频 MEMS 开关被开发与应用。执行机构包括静电力、压电、热变形磁力吸合、双金属片等。MEMS 开关作为基本元器件，可形成其他类型的元器件，如可调滤波器、开关式衰减器、变形天线元、移相器、多工器以及组成其他电路与系统等。

图 8-22 所示为 Hughes 实验室（HUL）研制的单刀单掷（SPST）并联悬臂梁开关的结构。其悬臂梁一端固定，另一端下面沉积有用于通/断微波信号的金属层。悬臂梁上面覆盖的金属层使其构成电容器的上电极。在外加电压作用下，上、下极板间产生的静电力使悬臂梁变形并接通信号线。图 8-23 所示为膜开关结构。金属膜直接制作在共面波导上，当无直流控制电压时，金属膜对微波信号（开关）的导通无影响。当施加直流控制电压时，静电吸引力使金属膜变形向微波信号线偏移，直至与信号线上的绝缘层接触。这时金属膜与信号线之间的耦合电容很大，使微波信号几乎全反射，从而达到断开微波信号的效果。膜开关属于电容接触式开关，它无接触电阻且不会增加开关插入损耗，开关过程也无直接接触摩擦力，与上述悬臂梁开关等电阻接触式开关比较，有更好的微波开关效果。

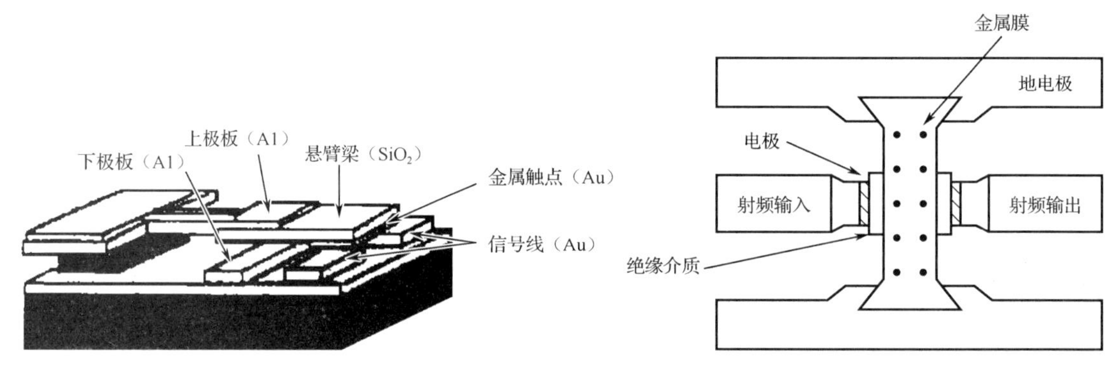

图 8-22　单刀单掷并联悬臂梁开关的结构　　图 8-23　膜开关结构

在 100MHz～30GHz 频率范围内，硅微加工工艺制作射频 MEMS 开关的插入损耗可小于 1dB，且该工艺与硅制造和 GaAs 制造工艺兼容，可实现较低的制造成本。硅微加工开关结构的优点是仅需很低的电源电压且具有很高的使用寿命，开关速度可达 0.1～1μs 且直流电压低于 3V。该类元器件集成到陶瓷或玻璃纤维基片上形成的无源电路具有低互联损耗和低寄生参量的特点。

与传统的场效应管或 PIN 二极管半导体开关相比，射频 MEMS 开关具有极低的串联电阻和很低的执行功率损耗。此外，因射频 MEMS 开关无半导体结效应，应用于无线通信中能明显降低互调失真。射频 MEMS 开关与 MESFET 及 PIN 二极管的半导体开关参数性能对比如表 8-4 所示。

表 8-4　射频 MEMS 开关与 MESFET 及 PIN 二极管的半导体开关参数性能对比

参　　数	射频 MEMS 开关	PIN 二极管	MESFET
串联电阻/Ω	<0.5～1	1.0	3～5
1GHz 时的隔离度/dB	>40	40	20～40
1GHz 时的损耗/dB	0.1	0.5～1.0	0.5～1.0
控制电压/V	3～30	3～5	8
控制电流/A	<10	10	<10
开关速度	ns 级	ns 级	ns 级
IP3/dBm	>66	30～45	40～60
1dB 压缩点/dBm	>33	25～30	20～35

4．天线封装技术

天线是无线系统中的重要部件，有分离和集成两种形式。分离天线已得到了普遍应用，集成天线也已逐渐发展起来。集成天线包括片上天线（AoC）和封装天线（AiP）两大类型。片上天线技术通过半导体材料和工艺将天线与其他电路集成在同一芯片上。考虑到成本和性能，片上天线技术更适用于太赫兹频段。封装天线技术是通过封装材料和工艺将天线集成在携带芯片的封装结构内。封装天线技术很好地兼顾了天线性能、成本及体积，是近年来天线技术获得重大成就的代表，因而深受广大芯片及封装制造商的青睐。如今几乎所有的 60GHz 无线通信和手势雷达芯片都采用了封装天线技术。图 8-24 显示了 iPhone 12（2020）中的 5G 毫米波封装天线，是集成多个阵列天线、波束形成电路和各种射频组件的封装天线模块。除此之外，封装天线技术在 79GHz 汽车雷达，94GHz 相控阵天线，122GHz、145GHz 和 160GHz 的传感器，以及 300GHz 的无线连接芯片中都有应用。毋庸置疑，封装天线技术也将会为 5G 毫米波移动通信系统提供很好的天线解决方案。

封装天线主要有 LTCC、HDI 及 FOWLP 3 种工艺路线。

LTCC 工艺是由 IBM 公司于 20 世纪 70 年代初为其大型计算机芯片封装而开发的，后来经过多家公司历经几十年的发展，目前该工艺已经十分成熟，中国有多家公司及研究所提供 LTCC 加工服务。

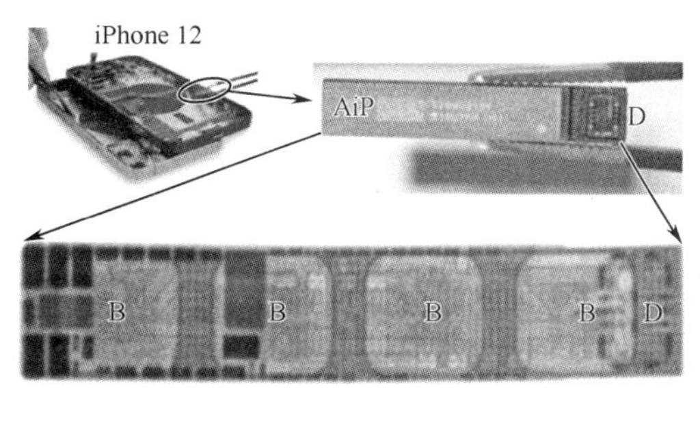

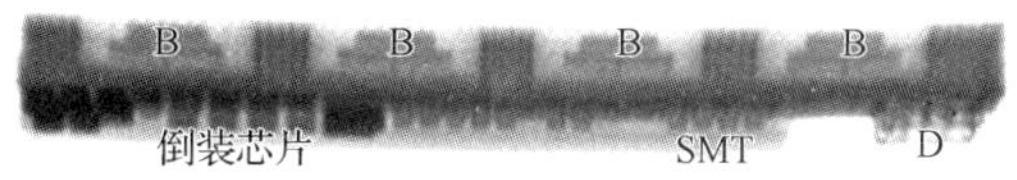

图 8-24　在 iPhone 12 中的封装天线

HDI 工艺已被许多公司用于开发毫米波封装天线。图 8-25 所示为 IBM 公司基于 HDI 工艺为毫米波 5G 通信系统开发的封装天线结构剖面图。它由 1 个核心层与上下对称的各 5 个介质层及 6 个金属层相互叠加构成，厚度为 1.61mm。此外，LG 与高通公司也分别发表了它们基于 HDI 工艺的封装天线。LG 公司的封装天线由 1 个核心层与上下对称的各 4 个介质层及 4 个金属层相互叠加构成，厚度为 0.8mm。高通公司的封装天线由 1 个核心层与上下对称的各3个介质层及4个金属层相互叠加构成，厚度略小于1.1mm。

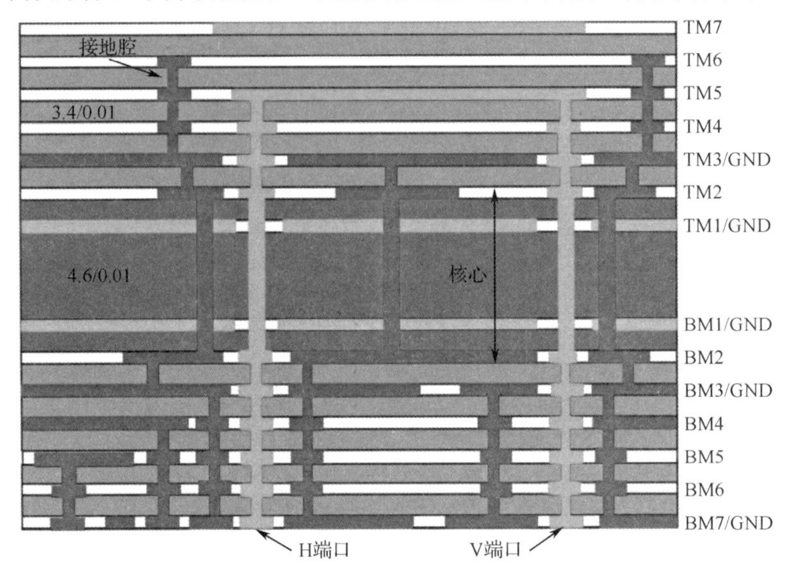

图8-25　IBM公司基于HDI工艺的封装天线结构剖面图

FOWLP工艺不同于LTCC工艺或HDI工艺，它不再需要叠层基片，而是用模塑化合物重新配置金属与介质层代替。FOWLP工艺最早是由德国英飞凌公司研发的，被称为嵌入式WLP工艺。谷歌公司的60GHz手势雷达第1版及第2版的芯片都采用了基于eWLB工艺设计的封装天线。显然，由于eWLB工艺仅有1层金属，因此其不利于封装天线设计。为了使FOWLP工艺适用于封装天线设计，台积电开发出的InFO封装天线技术在模塑化合物上面增加了一层金属，如图8-26所示。微带天线辐射片由模塑化合物上面增加的一层金属实现，微带天线地、馈线及耦合槽则在RDL金属层中实现。

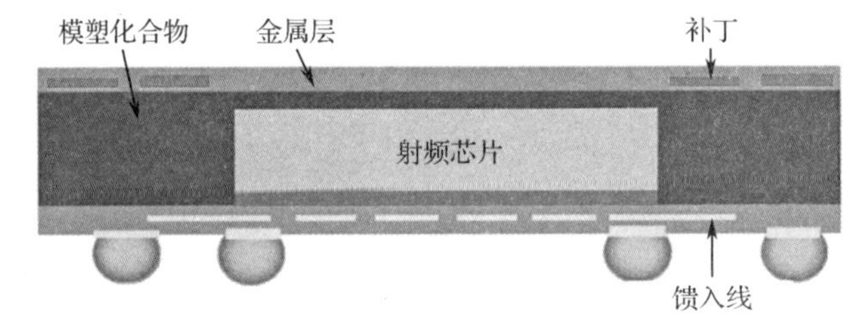

图8-26　InFO封装天线结构剖面图

5. 技术发展趋势

晶体管的发明、香农信息理论的发展以及蜂窝系统概念的开发，为价格低廉的智能手机、平板电脑、无线健康和环境传感器，以及智能家用电器铺平了道路。据估计，在未来10年中，将有数百亿个这样的系统通过GPS、WLAN、全球移动通信系统和蓝牙等多种射频通信标准进行无线连接。射频封装技术是无线通信领域的重要技术之一，随着无线通信技术的不断发展和广泛应用，射频封装技术也在不断发展和创新。未来射频封装技术的发展趋势主要包括以下3个方面。

1）采用异质集成的封装系统

若将多种无线标准集成到手机、手表和其他可穿戴电子设备中，则需要将大量元器件（包括天线、匹配网络、放大器、双工器、巴伦滤波器、开关、振荡器以及传感器和数字芯片等）集成到一个微小的结构中。由于这些不同的元器件难以集成在一个芯片上，传统上均是将这些元器件分开制造，然后组装在一个板上，这必然会增加系统的功率并限制其性能。而通过异质集成可以很好地解决这一问题。异质集成是指将不同材料的芯片、元器件和工艺集成在一起，以实现更高的性能和功能。在射频封装系统中，采用异质集成可以将不同材料的芯片和元器件组合在一起，以实现更高的功率、更高的频率和更高的带宽。其中，异质集成的实现技术包括晶片堆叠技术、SoP、Chiplet、SiP 等，这些技术将为射频封装技术带来更多的创新和突破。

2）采用玻璃基板

射频封装基板从 LTCC 到有机层压板，现正朝着玻璃基板的方向发展。玻璃基板具有低介电常数、低介电损耗和优良的热稳定性等特点，可以有效地提高射频封装系统的性能和可靠性。采用玻璃基板可以实现更高的频率和更低的噪声系数，同时可以提高系统的集成度和紧凑性。

3）采用 3D 封装技术

3D 封装技术是指将多个芯片和元器件堆叠在一起，并采用纵向连接方式进行封装的技术。与传统的水平封装技术相比，3D 封装技术可以实现更高的集成度、更低的功耗和更高的性能。在射频封装系统中，采用 3D 封装技术可以实现更高的频率和更高的功率，同时可以减小系统的体积和质量。

8.3 微系统与微机电系统封装技术

8.3.1 微系统与微机电系统封装技术概述

1. 微机电系统概述

微机电系统（MEMS）是由微型机械、电子和计算机技术组成并基于集成电路制造工艺制造的一类元器件。这类系统器件是把一些微传感器、微执行器、数字信号处理器、控制电路和通孔信号等组成一个装置或元器件，同时具有信号处理能力、对外部世界的感知功能和执行能力。因此，MEMS 是一个集成元器件，其包括微传感器、微执行器和微型电子设备，可用于测量、控制和处理物理量、化学量和生物量等。图 8-27 所示为 MEMS 与外界的相互作用。由于这种传感器的输入信号比较微小，因此需要利用某种方式将这一部分信号进行放大等处理。微执行器将电信号转化为运动控制信号以实现机构运动，其中采用 MEMS 的微执行器有微型泵、微型阀等。

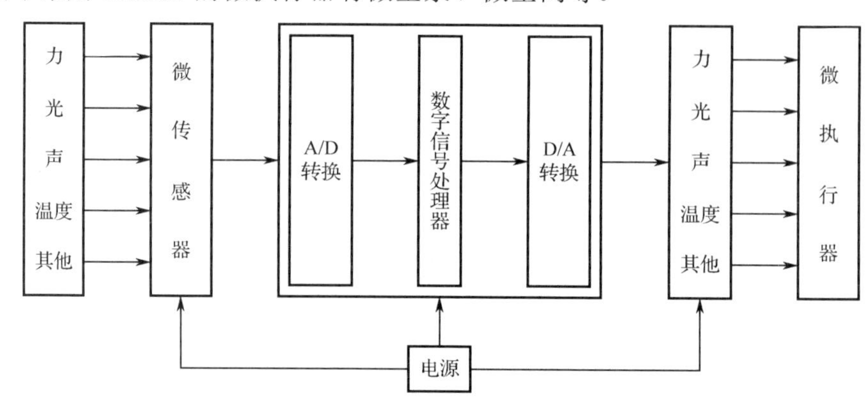

图 8-27　MEMS 与外界的相互作用

MEMS 技术始于 20 世纪 60 年代，1962 年第一个硅微压力传感器问世，其后开发出尺寸为 50～500μm 的齿轮、气动涡轮、连接件等微机构。1988 年，由美国加州大学伯克利分校首先制造出的微小静电驱动电机，这是作为微机械时代开始的标志。1989 年，美国国家科学基金会（NSF）举办的微机械加工技术讨论会向美国政府第一次正式提出该技术。自从该技术提出至今一直受世界各个发达国家的广泛重视，被认为是一项面向 21 世纪可以广泛应用的新兴技术。目前 MEMS 正从实验室探索走向产业化轨道。近些年，MEMS 技术已经在汽车、医疗、通信及其他消费类电子中获得了应用。尤其在航空、航天、军事领域中的应用，备受各国关注。目前应用的 MEMS 产品主要有加速/减速计、分光光度计、压力传感器、流体传感器、惯性陀螺仪、医用微型泵和微型阀、轻型数字投影仪用微镜面模块、打印机墨盒用微型喷墨模块等。

2．微机电系统的特点

MEMS 技术是一个典型的多学科交叉技术，同时拥有了集成电路（IC）的优点，也集合了多个领域尖端发展的成果，其特点如下。

（1）性能优良：制作 MEMS 的主要材料是单晶 Si、SiO_2、SiN 等，Si 具有良好的机械性能和电气性能，拥有和铁相当的强度硬度、杨氏模量，类似于 Al 的密度以及拥有几乎接近于 Mo 和 W 的热导率。

（2）微型化：MEMS 的尺寸通常只有微米或纳米级别，可以制造出非常小的结构和元器件。

（3）低功耗：MEMS 的功耗通常很低，可以在电池供电的情况下长时间工作。

（4）集成度高：MEMS 可以实现将多种不同功能的微传感器或微执行器集合成一体，从而实现多种不同的功能，甚至可以把多种元器件集合到一起进而形成更多、更复杂的微系统。将原本的 MEMS 的微传感器和微执行器加上集成电路进行集合可以制造出更多具有更高可靠性和稳定性的 MEMS。

（5）成本低：通过利用硅微加工工艺技术，在一块硅片上同时制造出多个机械部件或完整的 MEMS，实现批量生产，大大降低了成本。

（6）多学科的交叉：MEMS 涉及微机械学、微电子学、自动控制、信息科学、物理、化学、生物以及材料等多个学科的交叉，有些学科也是促进 MEMS 进一步发展强有力的探索工具。

（7）多功能：可以通过改变微传感器的种类和转换电路进而实现将多种能量进行转换、传输等功能的响应，包括力、热、声、电及化学、生物能等。

（8）可扩展性强：MEMS 的结构和功能可以根据需要进行调整与改进，具有很强的可扩展性。

MEMS 制造技术是在 IC 制造技术的基础上发展起来的，如体微机械加工工艺、表面微机械加工工艺和微机械组装技术等。然而，在材料、结构、工艺、功能和接口等方面，MEMS 制造技术与 IC 制造技术仍然存在一定的差异，因此难以将 IC 制造技术直接移植到 MEMS 制造技术中，从而使得 MEMS 器件在制作过程中会出现许多方面的问题。

3. 微机电系统封装技术

微机电系统（MEMS）封装技术是指将制造好的 MEMS 器件封装起来，目的是给元器件提供可以实现良好的电气连接、机械支撑以及与传感器更好的适应，并起到保护元器件、提高元器件的可靠性和稳定性的作用。通常而言，MEMS 封装技术包括以下几个步骤。

（1）清洗：将 MEMS 器件表面清洗干净，以去除任何污垢和杂质。

（2）封装材料选择：选择合适的封装材料，如环氧树脂、硅胶、玻璃和陶瓷等。

（3）封装设计：根据元器件的尺寸、形状和功能要求，设计合适的封装结构和尺寸。

（4）封装制造：使用微加工技术和封装工艺将元器件封装在封装结构中，并连接元器件和外部引脚。

（5）封装测试：对封装后的元器件进行测试，如电学测试、机械测试和环境测试等。

MEMS 产品的应用需求往往决定了对于 MEMS 的封装需求和技术。例如，对进行气体浓度测量的 MEMS 器件来说，封装时需要留有开口；对于测量惯性力、转速的 MEMS 器件可以完全密封；对于高温环境下的 MEMS 器件，需要选择具有高温稳定性的封装材料和结构；对于高精度的 MEMS 传感器，需要设计尺寸一致、机械强度高、温度稳定的封装结构。此外，在选择和设计封装技术时，还需要考虑成本、制造工艺和可靠性等因素。下面介绍几种主要的 MEMS 封装技术。

1）陶瓷封装

传统 MEMS 陶瓷封装是由一个基底和一个顶盖组成的，如图 8-28 所示。通过黏合式芯片粘贴（Adhesive Die Attach）将一个或多个芯片粘贴至基底，并通过引线键合实现芯片与基底的机械和电气互联。然后，使用顶盖进行密封。其中，引线键合工艺也可采用倒装焊工艺来代替。典型的用于 MEMS 陶瓷封装的材料有 Al_2O_3、AlN、BeO 以及

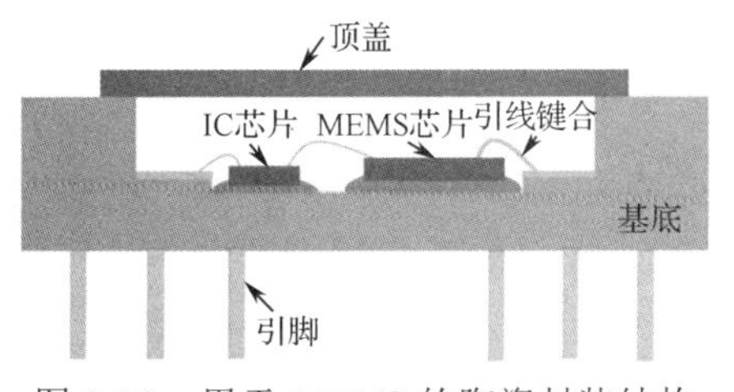

图 8-28　用于 MEMS 的陶瓷封装结构

SiC 等。顶盖通常由玻璃、金属、陶瓷或塑料制成，材料的选择取决于应用场合。图 8-29 展示了梳状驱动 MEMS 继电器的针栅阵列（PGA）陶瓷封装。

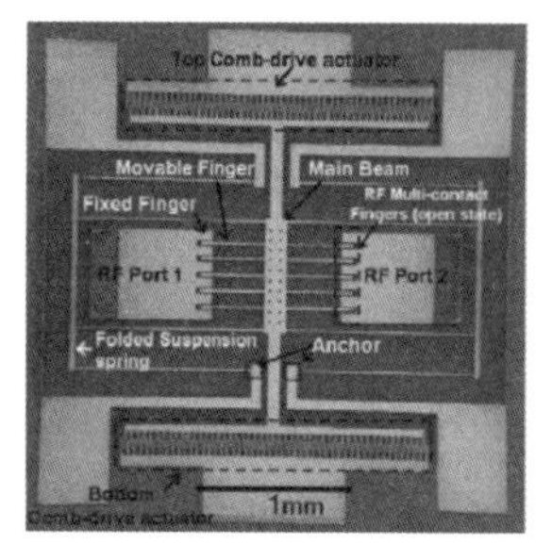

（a）单个梳状驱动MEMS继电器

（b）具有9个MEMS（3×3阵列）芯片的引线键合封装

（c）使用顶盖将基底密封

图 8-29　梳状驱动 MEMS 继电器的 PGA 陶瓷封装

2）金属封装

MEMS 金属封装具有坚固且封装简单的特点，如 TO 封装、LCC 封装等，但其应用产品的数量有限。此外，MEMS 金属封装成本高，它要求 10 级的封装环境以避免封装内出现破坏性的污染。该封装技术主要被广泛用于第一代 MEMS 产品。例如，Motorola 公司开发的 MEMS 压力传感器，采用了金属封装技术，该产品主要适用于汽车领域。目前，大多数金属封装已被低成本的塑料封装取代。

3）塑料封装

MEMS 塑料封装（简称塑封）是一种新型的封装技术，相较于传统的金属封装，它具有更低的成本、更轻的质量、更好的可塑性等优点。晶圆级封盖（Wafer-Level Capping）技术是一种 MEMS 塑封技术。图 8-30 展示了带有预制空腔的玻璃帽可以通过阳极键合与 MEMS 器件的硅片键合，该玻璃帽对整个塑封过程中的 MEMS 器件起到保护作用。除了玻璃帽，还可以使用金属封盖、多晶硅封装以及聚合物或金属帽。塑封对低成本应用而言，毫无疑问是最有竞争力的选择。然而，塑封元器件难以在恶劣的环境中应用，对机械应力敏感的元器件，由于热膨胀系数不匹配等原因，也不宜采用塑封。

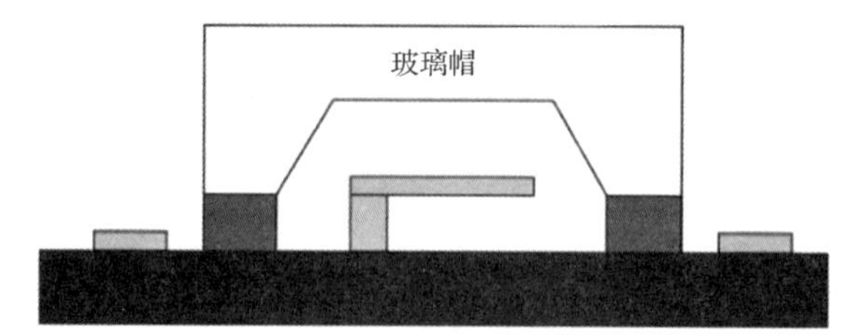

图 8-30　晶圆级封盖使用玻璃帽保护塑封过程中的 MEMS

4）单芯片封装

单芯片封装是指将 MEMS 传感器、MEMS 执行器等集成在一个芯片上，并采用封装技术将其封装成单个元器件。其具有尺寸小、功耗低、成本低等优点，适用于一些小型化、低功耗的应用场合。其缺点是如果 MEMS 封装或制造产量低，则整体生产成本将快速增长。目前，有两种单芯片封装技术用于商业系统，即 MEMS-first 和 MEMS-last。

（1）MEMS-first：也称为 MEMS-on-Top，是先将 MEMS 芯片封装在基板上，再将其他元器件（如 IC 芯片）封装在 MEMS 芯片之上，如图 8-31 所示。MEMS-first 封装的优点是可以最大限度地保持 MEMS 芯片的性能和精度，因为 MEMS 芯片在封装过程中不会遭受其他元器件的影响。此外，MEMS-first 封装可以大大减小元器件的尺寸，提高元器件的集成度和可靠性。

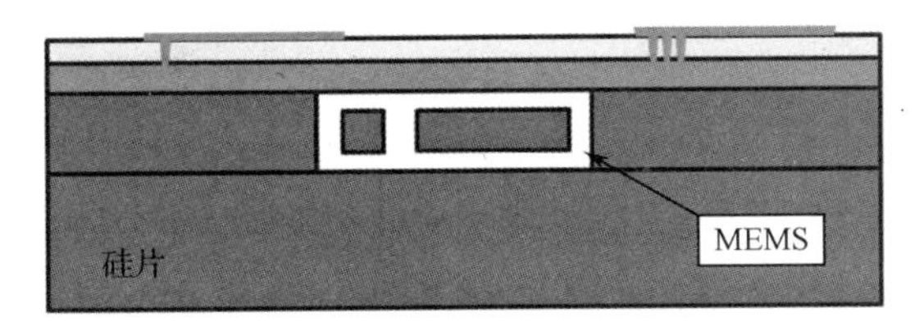

图 8-31　MEMS-first 封装

（2）MEMS-last：也称为 MEMS-in-the-middle，是将 MEMS 芯片封装在其他元器件（如 IC 芯片）之间，成为整个芯片的一部分，如图 8-32 所示。MEMS-last 封装的优点是可以将 MEMS 芯片与其他元器件集成在一起，形成更为复杂的芯片系统，提高元器件的集成度和可靠性。此外，MEMS-last 封装可以采用标准的封装工艺和设备，降低封装成本。

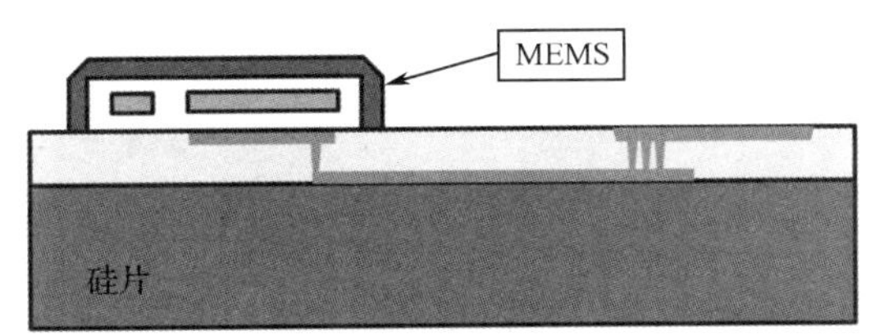

图 8-32　MEMS-last 封装

5）多芯片封装

多芯片封装是一种由两个或两个以上芯片封装在一个基板上面，组成一个电子系统或子系统。这个组装方式为 MEMS 封装提供了一个新的集成方法，即在同一基板上集成不同功能的芯片。根据基板和芯片之间互联方法的不同，多芯片封装有多种不同的形式。多芯片封装能够降低信号的延迟，提高其系统整体性能。

6）晶圆级封装

晶圆级封装（WLP）是一种采用整个硅片进行封装的技术。WLP 技术既有保护芯片的作用，还可以防止在切割过程中芯片受到硅粉的污染。对于 MEMS 器件，由于结构的原因，要防止水和硅粉造成的破坏，因此通常会在芯片设计的同时进行芯片的保护设计，常见的是晶圆级盖帽。由于 WLP 是对硅整体进行的工作，因此与单芯片封装相比，这样的封装方式具有低成本、高效率等优点。同时，对于芯片的保护也更好，避免很多后序工序对芯片的影响。

目前，TSV 技术也已经应用到 MEMS 封装中，通过在硅片中制造通孔，可以直接接触封装内的 MEMS 器件，而无须在芯片表面埋入导体。同时，它消除了 MEMS 器件的引线键合。图 8-33 展示了 TSV 与 WLP 相结合的封装技术，其可以减少超过 20%的封装尺寸。

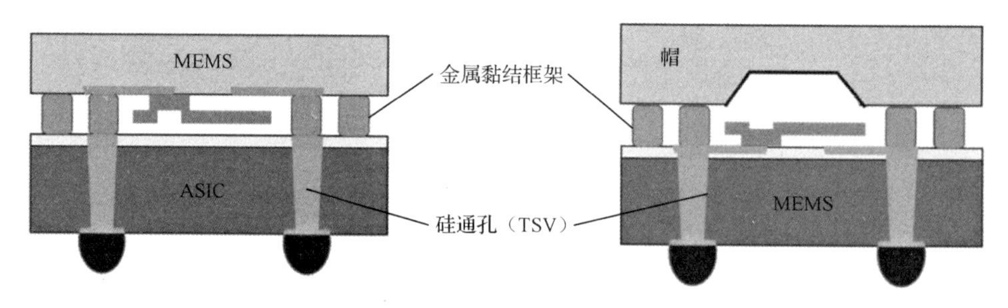

图 8-33　TSV 与 WLP 相结合的封装技术

7）倒装焊封装

倒装焊封装是一种将芯片与基板直接安装在一起的技术，相比于引线键合和载带自动键合技术，倒装焊封装技术是芯片面朝下的，芯片上的焊区直接和基板焊区互联，由于造成互联线非常短，因此互联产生的杂散电容、互联电阻和互联电感均要小一些，已经广泛应用于 MEMS 封装中。图 8-34 所示为压力传感器倒装焊封装。

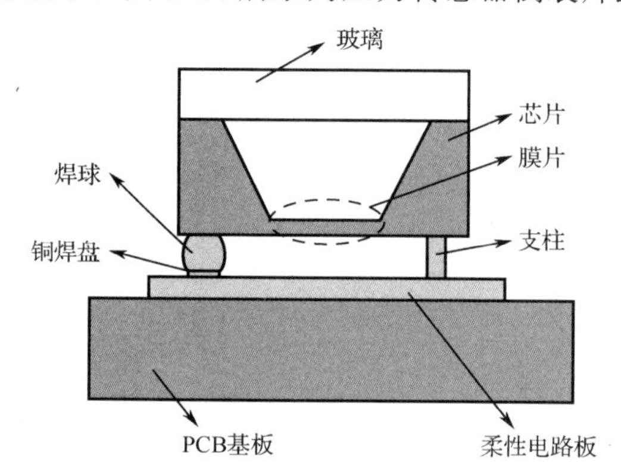

图 8-34　压力传感器倒装焊封装

8）真空封装

MEMS 器件或系统的主要功能单元和传感器中会存在一些运动单元，这是 MEMS 器件的典型特征。为了防止因为空气阻力产生的测量精度问题，所以发展了真空封装以减少空气阻尼的影响。真空封装通常分为两类。一类是 MEMS 器件级真空封装，这种封装通常是先将单个芯片密封，从硅片上面分离出来，再进行一系列的封装工序，其工艺流程如图 8-35 所示。一般会采用焊接的方法将芯片密封于金属或陶瓷的外壳内部。另一类是圆片级真空封装，其封装通常在超净间里完成，这大大地提高了成品率，同时可以为后续的器件级封装降低难度。这部分通常以硅圆片为单位进行封装操作，完成芯片和封装之间的连接等所有封装的所有工序，这种方法可以节省成本。常见的方法有阳极键合、Au-Si 共晶键合等。

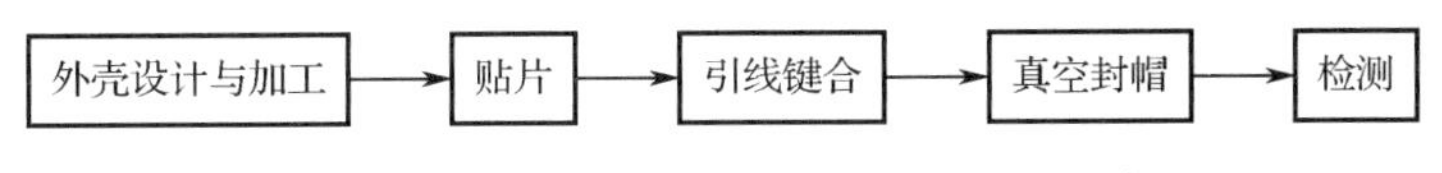

图 8-35　MEMS 器件级真空封装的工艺流程

4．微机电系统封装技术的功能及特点

对元器件进行封装通常是为了对元器件进行保护，封装的根本目的在于以最小的尺寸、最轻的质量、最低的价格和尽可能简单的结构服务于具有特定功能的一组元器件。封装必须提供元器件与外部系统的接口。总体来说，MEMS 封装的主要功能有以下几点。

1）环境问题

MEMS 器件的运行环境通常会存在一些杂质，如果不进行封装保护，就会因环境因素如温度、湿度及化学毒性等问题导致元器件的可靠性降低，甚至引起元器件失效，所以在设计封装时，必须考虑在非友好环境下如何保护 MEMS 芯片等核心元器件、延长元器件的使用寿命。例如，用于检测气体成分的化学传感器，长期被置于化学毒性环境中，对芯片的腐蚀作用极大，需要采用钝化等措施，确保芯片的正常使用。

2）接口问题

MEMS 需要通过接口功能来实现与外部环境进行数据、信息和能量的交换。在 MEMS 中，常见的接口有生物医学接口、光学接口、机械接口、微流体接口等，接口是 MEMS 封装必须解决的关键技术问题，直接决定元器件或系统功能能否实现。对生物医学接口来说，要求系统封装与人体系统生物兼容，在使用中能抵抗化学腐蚀，对周围细胞组织无损害，具有一定的使用寿命。

3）机械支撑

MEMS 器件是一种易损的元器件，因此需要利用机械支撑对元器件进行保护，在运输、存储和工作时，避免热和机械冲击、振动、高的加速度、灰尘和其他物理损坏。

4）散热通道

对于高功率元器件，在对元器件进行信号放大时会散发大量的热量，因此在设计的过程中需要充分地考虑热量带来的影响，过多的热量有可能导致元器件失效。所以，随着 MEMS 器件越来越复杂，要更加关注在封装过程中的散热问题，完成热量的散出。

5）降低应力

在元器件中，用三维加工技术制造微米或纳米尺度的零件或部件，如悬臂梁、微镜、深槽、扇片等，比较脆弱，因此应降低 MEMS 封装时产生的应力。

鉴于上述原因，MEMS 封装技术的特点和要求主要有以下几方面。

（1）MEMS 器件是在一块硅片（或其他材料）上高度集成的多功能元器件与系统，其中不仅要实现电气互联，还要实现机械、热、光、流体等之间的连接，因此它涉及多介质之间的互联技术。

（2）由于 MEMS 需要感知外部世界，因此对封装技术而言，需要提供媒体通道让芯片敏感区与外界媒体交互作用。例如，液体压力传感器，需要相应的流体通道；对微光机电系统（Micro-Optic-Electro-Mechanical-System，MOEMS）而言，则需要光通道。这使得 MEMS 封装同时面临两方面的问题：一是如何保证芯片敏感区与外界媒体充分交互作用，并保护芯片敏感区不因其与媒体的交互作用而导致性能恶化，能保持其性能稳定；二是需要保护芯片的其他区域。

（3）由于 MEMS 工作在各种不同的环境，如强振动、酸性物质、盐水以及其他化学物质或有机溶剂等，因此要求封装结构与封装材料能承受各种复杂的工作环境，并保持稳定的性能，同时不能带来传感测量噪声。

（4）由于 MEMS 器件是集成的多功能元器件，对工作环境有相应的要求，如温度、湿度以及大气压力等。例如，MEMS 的典型应用之一“加速度测量仪”一般要求在可控的接近大气压力的干燥大气中运行；而陀螺仪则需要真空环境。而且，上述两个应用都对温度敏感，因此，通常要在其中封装温度传感器以便于测量和控制其温度。对于具有自由活动的机械结构的 MEMS 器件，对封装要求则更高。

（5）MEMS 封装工艺参数引起的 MEMS 可靠性问题比较突出与严重，如封装热应力、封装残余应力、封装过程对芯片的污染、封装除气等问题。因此，对封装工艺参数必须加以严格控制与要求。

（6）MEMS 制造工艺的多样性、结构的复杂性以及应用环境的多变性，使得 MEMS 封装技术难以像 IC 封装技术一样可实现规范化与标准化、采用统一的封装形式与封装工艺。

综上所述，对于 MEMS 封装问题，除了需要考虑微系统和高密度封装所面临的多层互联、散热问题、可靠性问题、可测试性问题等，还必须考虑上述各项内容，将 MEMS 芯片、元器件、封装与工作环境作为一个交互作用的系统来进行设计。

MEMS 封装等级一般分为：芯片级、器件级和系统级。芯片级封装的主要目的是保护芯片或其他核心元器件避免塑性变形或破裂，保护系统信号转换电路，对部分元器件提供必要的电和机械隔离等；器件级封装需要包含适当的信号调节和处理，该级封装的最大挑战就是接口问题，SiP 主要是对芯片和核心元器件以及主要的信号处理电路的封装。

5．微机电系统产品及其分类

MEMS 产品是指利用 MEMS 技术制造的微型机械系统产品。它由微型机械结构、微型电子元器件以及微型电子电路组成，具有小尺寸、高精度、高灵敏度以及低功耗等特点。根据不同的应用领域和功能，MEMS 产品可以分为 MEMS 传感器、MEMS 麦克风（传声器）、MEMS 执行器、MEMS 能量转换器以及 MEMS 光学器件等。在上述 MEMS 产品中，传感器是最重要的一类元器件，是 MEMS 技术的核心应用之一，也是 MEMS 技术最早得到商业化应用的领域之一。虽然 MEMS 麦克风、MEMS 执行器等元器件也有广泛应用，但相对于 MEMS 传感器，它们的市场规模和应用领域相对较小。因此，下面将重点对 MEMS 传感器进行叙述。

1）MEMS 传感器

MEMS 传感器是一种微型化的传感器，其利用 MEMS 技术制造，能够将机械、光学、热学、电学等物理量转换为电信号输出，从而实现对物理量的测量、检测和控制。MEMS 传感器作为获取信息的关键器件，在推动各种传感设备小型化方面发挥着巨大作用，如智能手机、健身手环、打印机、汽车、无人机和 VR/AR 耳机等，并逐渐取代传统的机械传感器。按照 MEMS 传感器的原理不同，可将其分为 MEMS 物理传感器和 MEMS 化学传感器，如表 8-5 所示。按照 MEMS 传感器的应用不同，可将其划分为 MEMS 加速度传感器、MEMS 陀螺仪传感器、MEMS 磁传感器、MEMS 压力传感器、MEMS 环境传感器以及 MEMS 生物传感器等。

表 8-5　MEMS 传感器主要类别

MEMS 传感器	MEMS 物理传感器	力学	陀螺仪、重力、压力、惯性
		电学	电场、电场强度、电流
		磁学	磁通传感器、磁场强度
		热学	热导率、温度、热流
		光学	红外、可见光、激光
		声学	超声波、噪声、麦克风
	MEMS 化学传感器	气体	汽车氧气、大气监控、可燃气体
		湿度	空气、土壤
		离子	氢离子浓度
		生理	生物浓度、触觉
		生化	血糖、活细胞、蛋白质

（1）MEMS 加速度传感器。

MEMS 加速度传感器（也称为 MEMS 加速度计）是一种利用 MEMS 技术制造，用于测量物体在空间中加速度的传感器。其主要工作原理是当物体加速度发生变化时，微小的质量块和弹簧结构，受到惯性力的作用而发生位移，通过检测这种位移可以得到物体加速度的大小和方向，如图 8-36 所示。常见的 MEMS 加速度传感器包括压阻式、电容式、压电式以及谐振式，其中电容式 MEMS 加速度传感器由于精度高、技术成熟、环境适应性强，因此应用最为广泛。

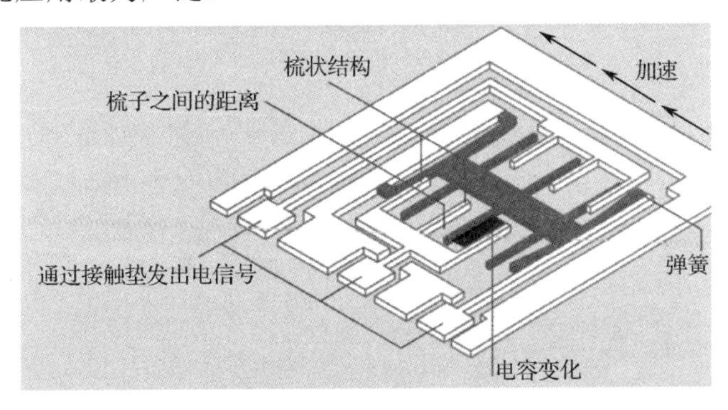

图 8-36　MEMS 加速度传感器的工作原理

MEMS 加速度传感器广泛应用于汽车安全控制系统、智能手机、电子游戏手柄等领域。在汽车安全控制系统中，MEMS 加速度传感器可以检测车辆的加速度、制动力和转向力等信息，从而实现车辆的稳定控制和安全驾驶。在智能手机中，MEMS 加速度传感器可以检测手机的倾斜和摇晃等动作，从而实现屏幕自动旋转、游戏操作等功能。例如，苹果的 TWS 产品中使用了 MEMS 加速度传感器，使其具有更多便捷的功能，如从充电盒中取出的动作可以让它发送自动连接蓝牙的指令，而从耳朵上取下耳机就会发送暂停播放的指令，如图 8-37 所示。

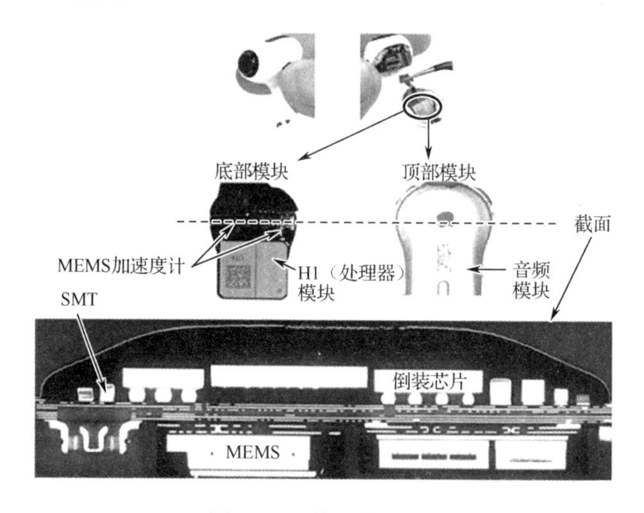

图 8-37　苹果的 TWS

（2）MEMS 陀螺仪传感器。

MEMS 陀螺仪传感器（也称为 MEMS 陀螺仪）是一种利用科里奥利力原理（旋转物体在径向运动时受到切向力），基于 MEMS 技术制造用于测量物体角速度和角位移的器件，如图 8-38 所示。当物体发生角速度变化时，元器件中的振动结构会产生微小的振动，通过检测这种振动可以得到物体的角速度和角位移。MEMS 陀螺仪广泛应用于飞行器、导航系统、智能手机等领域。在飞行器中，MEMS 陀螺仪可以检测飞行器的姿态和角速度等信息，从而实现飞行器的稳定控制和导航定位。在智能手机中，MEMS 陀螺仪可以检测手机的旋转和倾斜等动作，从而实现屏幕自动旋转、游戏操作等功能。

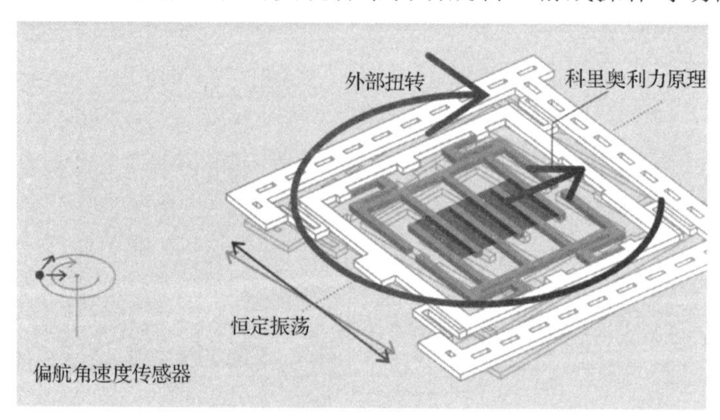

图 8-38　MEMS 陀螺仪的工作原理

（3）MEMS 磁传感器。

MEMS 磁传感器（也称为 MEMS 磁力计）是一种利用 MEMS 技术制造的传感器，主要用于测量物体的磁场强度和磁场方向。其主要工作原理是利用微小的磁场感应器和电路，当物体在磁场中运动时，磁场感应器会受到磁场的作用而产生电信号，通过检测这种电信号可以得到物体的磁场强度和方向。此外，MEMS 磁传感器也可以根据其他外界因素（如电流、应力应变、温度、光等）导致的敏感元器件的磁性能变化，来检测这些外界因素的变化。MEMS 磁传感器主要分为四大类：霍尔效应传感器、各向异性磁阻传感器、巨磁阻传感器和隧道磁阻传感器。其中，隧道磁阻传感器是第四代磁传感技术，其基于纳米薄膜技术和半导体制造工艺，通过探测磁场信息来精确测量电流、位置、方向转动、角度等物理参数。MEMS 磁传感器广泛应用于导航系统、智能手机、电子指南针等领域。在导航系统中，MEMS 磁传感器可以检测地球磁场的方向和强度，从而实现导航定位和方向控制。在智能手机中，MEMS 磁传感器可以检测手机的方向和倾斜等动作，从而实现指南针、地图定位等功能。图 8-39 所示为我国 MEMS 传感器龙头企业美新半导体股份有限公司生产的一款 AMR 三轴磁传感器，尺寸仅为 3mm×3mm×1mm。

图 8-39　美新半导体股份有限公司生产的 AMR 三轴磁传感器

（4）MEMS 压力传感器。

压力传感器主要用于检测压力，按量程可分为低压压力传感器、中压压力传感器和高压压力传感器。MEMS 压力传感器属于低压压力传感器，其核心结构为一层薄膜元器件，在受到压力时发生变形并导致材料的电性能（电阻、电容）改变，从而通过这些变化来计算受到的压力，其结构如图 8-40 所示。

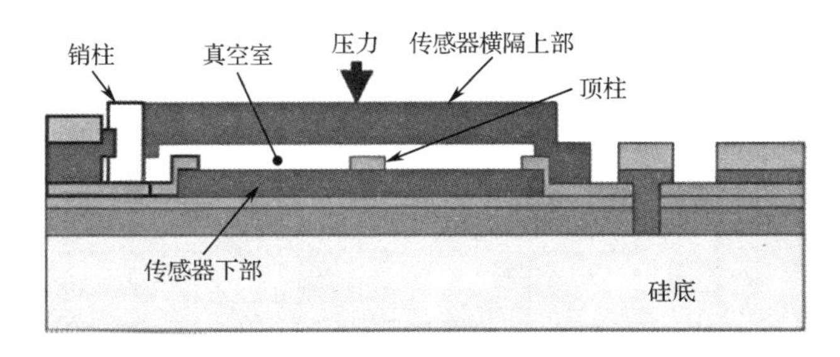

图 8-40　MEMS 压力传感器的结构

根据不同的测量原理和结构特点，MEMS 压力传感器可以分为压电式 MEMS 压力传感器、电容式 MEMS 压力传感器、电阻式 MEMS 压力传感器以及压阻式 MEMS 压力传感器。图 8-41 所示为电阻式 MEMS 压力传感器的工作原理。

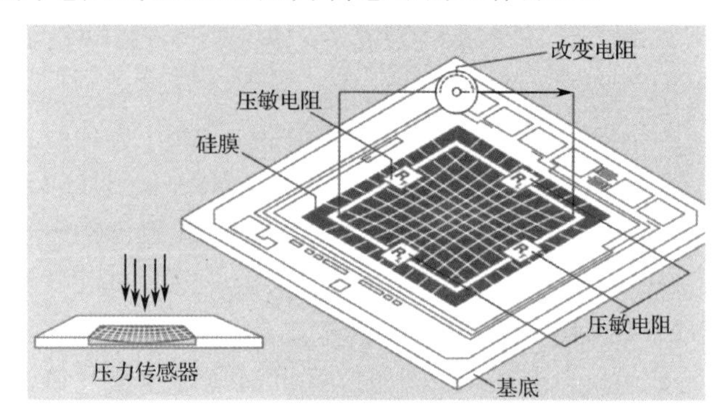

图 8-41　电阻式 MEMS 压力传感器的工作原理

（5）MEMS 环境传感器。

MEMS 环境传感器主要包括温度、湿度和气体传感器。MEMS 温度传感器广泛应用于智能家居、医疗、工业自动化等领域；MEMS 湿度传感器已广泛应用于工控、气象、农业、矿山探测等行业；MEMS 气体传感器的工作原理多种多样，包含电化学、光学、电学、热学等，主要用于检测目标气体的成分和浓度。

（6）MEMS 生物传感器。

MEMS 生物传感器目前处于开发的早期阶段，是一种利用生物分子检测生物反应信息的装置，被列为新世纪医学检测 5 项技术之一。MEMS 生物传感器主要分为 MEMS 生物分子传感器、MEMS 细胞传感器以及 MEMS 组织传感器等。未来，MEMS 生物传感器将在医药、食品工业、环境监测等领域中拥有广阔的发展空间。

2）MEMS 麦克风

MEMS 麦克风属于 MEMS 声学传感器的范畴，并且也是利用 MEMS 技术制造的。然而，MEMS 麦克风与其他传感器的工作原理不同，传感器通常是通过测量物理量变化来检测和测量的，而 MEMS 麦克风则是通过将声波转换为电信号来实现对声音的检测和测量的。因此，MEMS 麦克风并未归类于 MEMS 传感器中。图 8-42 所示为典型的 MEMS 麦克风结构及产品示意图。

MEMS 麦克风广泛应用于消费电子、汽车、医疗等领域。今天几乎每部智能手机都至少使用一个 MEMS 麦克风，高端智能手机甚至使用 3 个 MEMS 麦克风来进行语音捕捉、噪声消除和语音识别。根据 MEMS 麦克风的结构特点及工作原理的不同，可以分为以下几类。

（1）压电式 MEMS 麦克风。

压电式 MEMS 麦克风是一种利用压电效应工作的麦克风，它采用压电陶瓷材料作为振动膜，当声波作用于振动膜时，压电材料会产生电荷，从而将声波转化为电信号。压电式 MEMS 麦克风具有灵敏度高、频率响应宽等优点，被广泛应用于手机、笔记本电脑、数码相机等消费电子产品中。

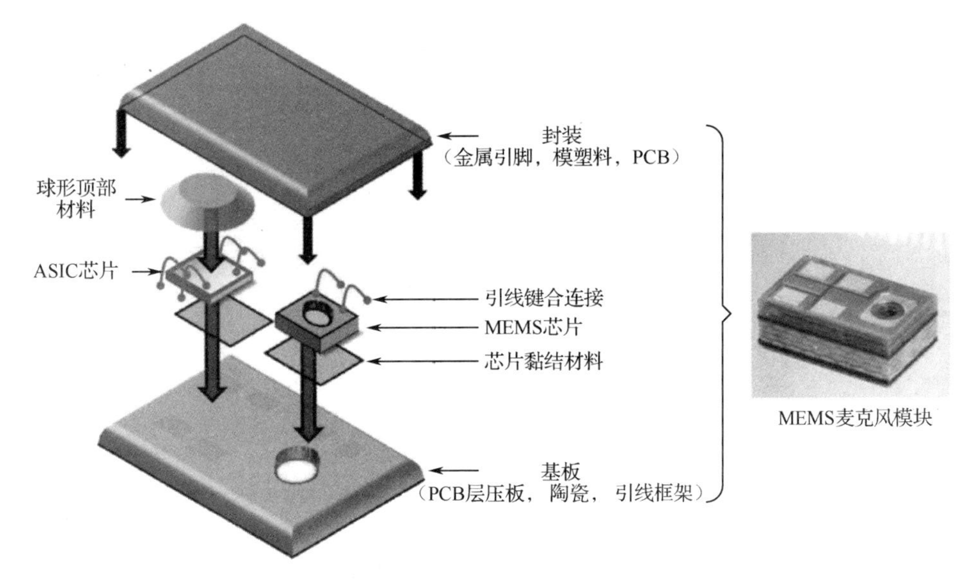

图 8-42 典型的 MEMS 麦克风结构及产品示意图

（2）电容式 MEMS 麦克风。

电容式 MEMS 麦克风是一种利用电容效应工作的麦克风，它采用金属振膜和电容板之间的电容变化来检测声波的振动。电容式 MEMS 麦克风具有体积小、功耗低、灵敏度高等优点，被广泛应用于手机、智能音箱、智能手表等消费电子产品中。

（3）激光干涉式 MEMS 麦克风。

激光干涉式 MEMS 麦克风是一种利用激光干涉效应工作的麦克风，它采用激光干涉测量技术来检测声波的振动。激光干涉式 MEMS 麦克风具有高精度、高灵敏度等优点，被广泛应用于声学研究、安防监控等领域。

（4）MEMS 阵列麦克风。

MEMS 阵列麦克风是一种采用多个 MEMS 麦克风组成的阵列，通过对不同位置的声波信号进行采集和处理，可以实现声源定位、噪声抑制等功能。MEMS 阵列麦克风被广泛应用于会议语音、语音识别、智能音箱等领域。

3）MEMS 执行器

MEMS 执行器是一种微型执行器，利用 MEMS 技术制造而成，用于实现微小尺寸、高精度、低功耗的运动控制。它可以将电、热、压力等各种形式的能量转化为机械运动，实现微小尺寸的机械操作。其中，典型产品包括 MEMS 微流控系统、MEMS 喷墨打印头以及 DMD（数字微镜器件）等。

（1）MEMS 微流控系统。

MEMS 微流控系统是通过微型通道、微型阀门、微型泵等组件，实现对微小尺寸的流体样品进行精确的控制和分析。在生物医学诊断领域中，MEMS 微流控系统针对微量流体的分离和检测具有高精度与高敏感度的优势，且样品消耗少、检测速度快、操作简便、多功能集成、体积小以及便于携带。MEMS 微流控系统的制作主要材料包括硅、玻璃、石英、高聚物、陶瓷以及纸等，属于纯粹的机械结构。MEMS 微流控芯片是 MEMS

微流控系统的核心组成部分，其结构示例如图 8-43 所示。

图 8-43　MEMS 微流控芯片的结构示例

MEMS 微流控芯片又被称为“芯片实验室”，其在一个很小的玻璃道上进行生物化学反应，利用芯片和传感器分别进行计算与传递信号，对于基因测序等多方面领域具有广阔的应用前景。

（2）MEMS 喷墨打印头。

MEMS 喷墨打印头与 MEMS 微流控系统是同一类型，均属于 MEMS 微流控领域的应用。二者的区别在于，MEMS 微流控系统主要用在生物检测上，而 MEMS 喷墨打印头则用于打印机控制油墨的喷吐。简言之，MEMS 喷墨打印头的作用是挤出墨汁，其原理有通过压电薄膜振动的方式（压电式）以及加热气泡的方式（热气泡式）两种。基于这两种方式的 MEMS 喷墨技术形成了打印机的两大阵营，即以爱普生、Brother 为代表的 MEMS 压电打印技术和以惠普、佳能为代表的热气泡式打印技术。图 8-44 所示为典型的 MEMS 压电式喷墨打印头结构。

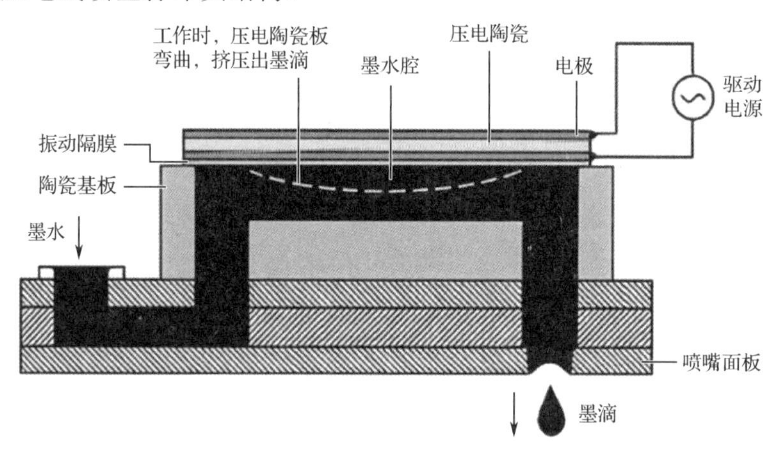

图 8-44　典型的 MEMS 压电式喷墨打印头结构

（3）数字微镜器件。

数字微镜器件（DMD）是光学 MEMS 的重要类别，主要应用于数字光处理领域。DMD 技术是通过数字信息控制数十万到上百万个微小的反射镜，将不同数量的光线投射出去。每个微镜的面积只有（16×16）μm^2，微镜按矩阵行列排布，每个微镜可以在二进制 0/1 数字信号的控制下做±10°的角度翻转。目前，DMD 主要生产商为美国的德州仪器公司（Texas Instruments，TI）。

4）其他 MEMS 产品

除了上述的 MEMS 传感器、MEMS 麦克风以及 MEMS 执行器，MEMS 产品还包含 MEMS 能量转换器以及 MEMS 光学器件等。其中，MEMS 能量转换器是利用 MEMS 技术制造的微型能量转换器，可以将机械能、热能、光能等形式的能量转换为电能或其他形式的能量。MEMS 能量转换器是 MEMS 技术在能量转换领域的应用之一，具有微小尺寸、高效率、低功耗等优点，被广泛应用于无线传感器网络、可穿戴设备、生物医学等领域。MEMS 光学器件是通过微型化的设计和制造实现高精度、高灵敏度、高可靠性的光学功能。其主要包括微型透镜、微型光栅、微型偏振器等，被广泛应用于光通信、光学传感、光学成像等领域。

6. MEMS 产品的应用

MEMS 产品的应用历史可以追溯到 20 世纪 60 年代，当时美国贝尔实验室研究人员首次提出 MEMS 的概念；在 20 世纪 70 年代初期，MEMS 技术主要应用于军事领域，如惯性导航系统和空气动力学传感器等；到了 20 世纪 80 年代，MEMS 产品逐渐应用于民用领域，如加速度计、压力传感器、陀螺仪等，这些产品应用于汽车工业、医疗保健、消费电子产品等领域；进入 21 世纪，MEMS 技术得到了更广泛的应用，出现了许多新的 MEMS 产品，如 MEMS 麦克风、MEMS 传感器等。随着技术的不断进步，MEMS 产品的应用领域也越来越广泛，成为各个领域中不可或缺的重要组成部分。

1）汽车工业中的应用

在汽车工业中应用的 MEMS 产品主要以 MEMS 传感器为主，如 MEMS 加速度计、压力传感器、惯性导航系统等已被广泛用于汽车工业以实现车辆稳定性控制、空气动力学性能测试等功能。在智能汽车时代，主动安全技术成为一个新兴的关注领域，需要对现有的主动安全系统进行改进，如侧翻和稳定控制，这需要 MEMS 加速度传感器和角速度传感器来感知车身姿势。自动驾驶技术的兴起进一步推动 MEMS 传感器进入汽车工业。GPS 接收器虽然可以计算汽车的位置和速度，但在 GPS 信号较差的地方（地下车库、隧道），当信号受到干扰时，会影响汽车的导航，这对自动驾驶来说是一个致命的缺陷。使用 MEMS 陀螺仪与加速度计获取速度和位置（角速度和角位置），能够将车辆的任何细微运动和倾斜姿态转换为数字信号并通过总线传输到车载计算机中。这得益于硅体微加工、晶圆键合等技术的发展，即使在极快的车速下，MEMS 的精度和响应速度也能适应。

在高端汽车中，使用 25～40 个 MEMS 传感器。汽车越好，使用的 MEMS 就越多，如 BMW740i 中有 70 多个 MEMS 传感器。MEMS 传感器可以满足恶劣的汽车环境、高可靠性、高准确度和低成本的要求，其应用方向和市场需求包括车辆防抱死制动系统、电子车身稳定程序、电控悬架、电子驻车制动、坡道起步辅助、胎压监测、发动机防抖、车辆倾角测量和车载心跳检测等。目前，压力传感器、加速度计、陀螺仪和流量传感器共占汽车 MEMS 系统的 99%。

2）消费电子产品中的应用

在消费电子产品中，各类 MEMS 产品均得到了广泛应用。例如，MEMS 加速度计和陀螺仪被用于智能手机，实现了屏幕旋转和姿态感知等功能；MEMS 麦克风用于智能音箱、智能家居等消费电子产品中，实现了语音控制和语音交互等功能；MEMS 振动电机广泛应用于手机、手表、游戏手柄等产品中，实现了振动提示和游戏反馈等功能；MEMS 振动发电器可以用于智能手表、智能手机等产品中，以实现自动充电和节能功能；MEMS 光学传感器可以用于智能手机、智能手表等产品中，以实现光线感应和环境亮度调节等功能。

此外，MEMS 产品在可穿戴电子产品中的要求是使系统实现小型化、低功耗、高性能和多功能集成。其中，最成功的组件案例是惯性传感器和 MEMS 麦克风。许多知名厂商，包括谷歌、苹果、微软等，都将这两个组件集成到自己的可穿戴电子产品中，成为自己的产品。此外，Apple Watch 和小米手环内部使用了 MEMS 加速度计、陀螺仪、心率传感器等可用于监测人们的运动和心率。

3）医疗保健中的应用

在医疗保健中应用的 MEMS 产品主要以 MEMS 传感器、MEMS 麦克风以及 MEMS 执行器为主。例如，MEMS 血压传感器、血糖传感器、心率监测器等可以用于疾病诊断、治疗与监测；MEMS 麦克风可以用于听力辅助器、心脏听诊器等医疗设备中；MEMS 微泵可以用于药物输送和注射器中以实现精准的药物控制与注射。在胎儿心率检测方面，VTI 公司基于 MEMS 加速度传感器提出了一种无创胎心检测方法，研制出了一种简单易学、直观准确的介于胎心听诊器和多普勒胎儿监护仪之间的临床诊断与孕妇自检的医疗辅助仪器。

4）通信领域中的应用

在通信领域中应用的 MEMS 产品主要以 MEMS 光学器件以及 MEMS 麦克风为主。例如，MEMS 光调制器可以应用于光纤通信系统的光调制解调器中，实现光信号的传输和处理；MEMS 光传感器可以应用于光纤传感器中，实现对光纤中的光信号进行检验和测量；MEMS 微镜可以应用于医疗成像中以实现对细胞和组织的高分辨率成像。此外，MEMS 麦克风广泛应用于手机、耳机、语音识别等领域，实现了高质量的语音通信和语音识别功能。例如，苹果公司的 iPhone 手机就采用了 MEMS 麦克风，实现了高质量的语音通信功能；其他一些智能手机以及智能家居产品中也使用了 MEMS 麦克风，实现了噪声抑制以及语音控制等功能。

5）工业自动化中的应用

在工业自动化中应用的 MEMS 产品主要以 MEMS 传感器和 MEMS 执行器为主。MEMS 技术使得传感器小型化、智能化，在智能工业时代具有巨大潜力。例如，MEMS

温湿度传感器可用于检测环境条件，MEMS 加速度计可用于监测工业设备的振动和转速；高精度的 MEMS 陀螺仪可以为工业机器人的导航和旋转提供精确的位置信息；MEMS 电动阀门、MEMS 微型电机等可以用于工业自动化中，以实现自动化控制和执行功能。

6）能源领域中的应用

在能源领域中应用的 MEMS 产品主要以 MEMS 能量转换器为主，其广泛应用于能源的收集、转换以及储存。例如，MEMS 振动发电器应用于无线传感器网络中，实现了对环境中的机械能进行收集，为无线传感器提供了电源，提高了能源利用效率；MEMS 光电转换器应用于太阳能电池中，将光能转换为电能，为电子设备提供电源，实现了能源的可持续利用；MEMS 微型超级电容器应用于电子设备中，实现对能量的快速存储和释放，提高电子设备的运行效率。由于 MEMS 技术的不断发展，MEMS 能量转换器的性能将不断提升、应用领域也将不断扩大，从而推动能源技术的发展。

7. 未来发展趋势

MEMS 技术于 20 世纪 90 年代进入商业化时代，正显示强大生命力的发展势头。随着 MEMS 技术的飞速发展，它的应用将更加广泛，但 MEMS 封装形式取决于很多因素，如它的类别和用途等。总体上 MEMS 封装未来发展趋势如下。

（1）MEMS 封装会在很大程度上借鉴和引用微电子封装技术和经验开发出合适的封装形式，这是降低成本的一个有效途径。

（2）微小型化是 MEMS 封装发展的趋势，如 CSP（芯片级封装）体积小、可容纳的引脚多、电性能和散热性能好、成本较低，CSP 能和 SMD 工艺兼容使系统小型化。

（3）MEMS 封装会向着集成化、标准化和低成本方向发展。PLCC 采用的工艺相对比较简单、比较成熟，MEMS 的发展将使封装可批量生产，缩短进入市场时间。

8.3.2　微光机电系统封装技术

1. 微光机电系统封装概述

微光机电系统（MOEMS）是一种新兴技术，目前已成为全球最热门的技术之一。MOEMS 是利用光子系统的 MEMS，内含微机械光调制器、微机械光学开关、IC 及其他构件，并利用了 MEMS 技术的小型化、多重性、微电子性，实现了光器件与电器件的无缝集成。MOEMS 是 MEMS 微加工技术结合微光学技术发展而来的一种高集成度、高精度、高性能的微系统。MOEMS 是将微机械、微电子、微光学及纳米光学、生物化学和高通量信息处理等各类技术整合的一种新型有机体，MOEMS 与 MEMS 一样都属于多学科的深度交叉，一般应用在光通信、数字图像处理、自适应光学以及工业维护等领域。目前 MOEMS 可以借助 MEMS 比较成熟的工艺实现大批量生产，主要成本包括芯片、装配和封装。MOEMS 可通过精确的驱动和控制，使微光学器件实现一定程度或范围的动态变化，这种动态变化包括光波波幅或峰位的移动、瞬态的延迟、衍射、反射、吸收及其他物理现象的改变。MOEMS 将各种 MEMS 结构元器件与光学、半导体、光学探测器件等结合在一起，可以制作出更好的产品。

20 世纪末，MOEMS 得到快速发展，研究内容包括宽带宽光通信、远距离通信、数据通信、数据传输和处理、传感器、显示系统、扫描系统和成像系统等。到目前为止，人们已经注意到网络信息越来越多，网络信息量和传输速率将会受到影响，开始不断研究新一代远距离通信 MOEMS。

2. 封装要求

MOEMS 封装要求是：抗机械和热冲击、抗振动和抗化学性及长寿命，包括晶片和晶片黏附厚度、晶片切割、管芯固定芯片贴装工艺、热控制、应力隔离、气密封装、检测和调整。

（1）晶片和晶片黏附厚度：该晶片黏附一般相当厚（1mm 以上），但如今标准 IC 的封装市场正朝多维发展，这对封装技术提出了重大挑战，这是因为不能采用某些传统的组装设备，也没有标准化的工具。

（2）晶片切割：晶片切割工艺是最大的问题。采用黏结带手工操作，水流和振动会破坏微小的表面微机械结构。另外，在牺牲层腐蚀之前进行切割则会增加成本。由于 MOEMS 第一级封装不必与周围环境接触，所以可解决这个问题。

（3）热控制：由于热波动可引起性能不稳定，并且热膨胀系数材料的不同可导致光不同轴，因此要求在芯片和管壳中进行热控制。可采用热调节器一类的散热器进行制冷，以保持恒温。芯片贴装是采用焊料或具有高热导率的填充环氧树脂的材料。

（4）应力隔离：MOEMS 器件中机械或热产生的应力与其工作原理有关。一般认为功能问题和失配损耗产生的应力问题会降低可靠性与工作性能，常常由连接硅芯片与管壳的黏结剂或环氧树脂的缓慢收缩引起。

（5）气密封装：常采用气密封装，以增加 MOEMS 器件的长期可靠性。一般抽真空或充入惰性气体，以防潮气、水汽和污染物进入管壳内或侵蚀环境。必须采用金属、陶瓷、硅或毫米级厚度的玻璃制作气密管壳，在电和光互联时要确保气密封接。

（6）检测和调整：由于制造工艺中存在小的偏差，必须检测 MOEMS 器件，以满足所需的技术指标。调整方法有：一是采用激光微调电阻器或激光烧蚀的方法；二是采用电子补偿方法。

3. 微光机电系统的特点

MOEMS 的交叉技术是以微机械、微电子及光学技术为基础的，也是 MEMS 研究中的热门分支领域之一，还是研究新型功率光器件的一条新的路线。MOEMS 是将 MEMS 与微光学器件、光波导器件、半导体激光器、光电检测器件等集成在一起，形成的一种全新的功能部件或系统。它主要有以下几个特点。

1）成本低

MOEMS 的加工可以与 MEMS 一样实现大批量生产。MOEMS 的成本包括芯片本身和装配、封装的成本，而大规模的批量生产将使其降到很低的程度。

2）体积小

MOEMS 与 MEMS 一样，体积非常小。MOEMS 的尺寸小至几微米，大到毫米，但是其响应速度在 100ns～1s 范围内。其可动结构通常由静电制动，其结构可以做到相当复杂，规模可以包括 $1 \sim 10^6$ 个元器件。

3）精度高

MOEMS 可以对入射光形成较为复杂的操作，甚至可以实现光运算和信号处理，这是区别于传统的物理光学的关键，是可以通过精确的驱动和控制使微光学器件实现一定程度或范围的动作。

4．微光机电系统封装技术

MOEMS 采用 WLP 是降低成本的一个更好的途径，并且是一种主流的封装方法。先将芯片基板和盖帽基片键合在一起，形成一个保护 MOEMS 器件的密封腔体，这样可以大大地节省运输成本，同时提高了封装可靠性，不受后续工序的影响，如图 8-45 所示。

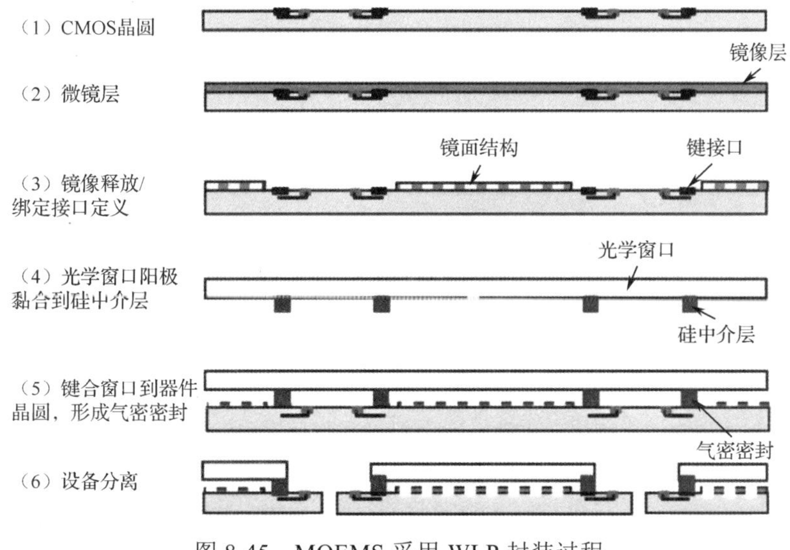

图 8-45　MOEMS 采用 WLP 封装过程

5．微光机电系统主要产品

1）活塞式微反射镜

目前最有用途的 MOEMS 器件是静电作用的柔性活塞式微反射镜阵列，这种元器件适合平面微机械工艺制作，并且易于通过牺牲层释放做成平板电容，每个单元的上层金属膜形成反射镜，下层为可以选址的电极，如图 8-46 所示。它可以用来实现波前失真的修正，以补偿图像大气传输扰动或修正空间信号，可用于前视光学系统图像补偿、红外激光修正。

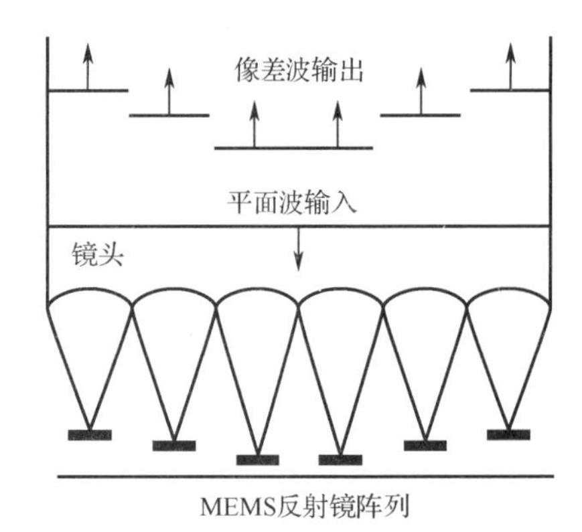

图 8-46　光束波前修正补偿示意图

2）投影仪

投影仪已经在人们的生活中应用得十分广泛。LCD 光阀已经成为过去，现在更多的人比较喜欢使用更轻、更小、更亮的投影仪。目前 TI 公司出产的投影仪已经达到最轻、最亮、最小，就是因为使用了 MOEMS 芯片。可以看出，MOEMS 可以帮助我们来实现轻且小的目标。TI 的 MOEMS 是使用微小的方形反射镜阵列构成的，可以更好地控制，如图 8-47 所示。

3）光学扫描器

光学扫描器已成功实现了商业应用，由有铰链的反射镜片附着在热动作器阵列上组成，侧向热动作器由一个窄条多晶硅热臂与一个宽条多晶硅冷臂组成，当有电流时，电流密度较大的热臂较冷臂膨胀大，从而发生朝向冷臂的弧线形位移（微型扫描反射镜见图 8-48）。光学扫描器可用于大视角激光探测、激光引信系统的光扫描发射模块，接收模块。

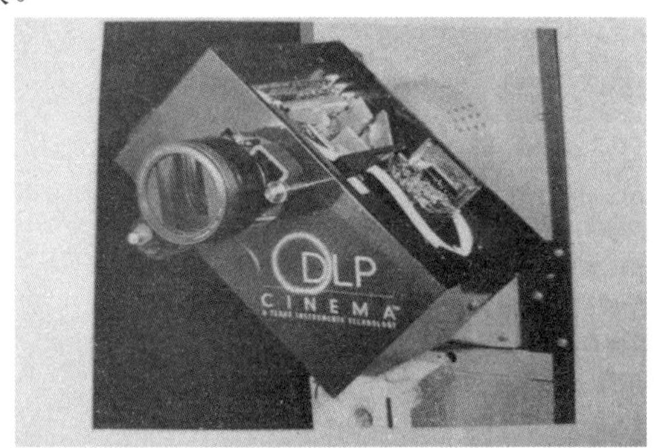

图 8-47　TI 的数字电影投影仪

图 8-48　微型扫描反射镜

4）传感器

集成光学和微机械技术，产生微光电子机械新器件，以及提供新的传感应用的集成潜力。能够直接在衬底上混合集成激光器和探测器、光纤和硅基波导之间有效耦合，以及能够在同一芯片上与其他光元器件（如透镜、波束分光器等）和微机械振动片、悬臂梁等相结合。

6. 未来发展

（1）未来发展是多学科交叉理论和方法的研究，尤其是在微系统机械、电、光等的耦合理论研究。目前主要是依赖经验。

（2）智能 MOEMS 的设计和实现包括：研制低能耗、大应变量、高稳定性和长寿命的制动器材料；耐高温、低成本、易与基体材料融合的光传感器；可植入基体材料中的高性能微电子器件。

8.4 3D 增材制造技术及其在电气互联技术中的应用

8.4.1 3D 增材制造技术概述

3D 增材制造技术也称为 3D 打印技术，是一种基于离散/堆积原理，通过在层层堆积的材料中逐层打印出所需的三维物体的制造技术。该技术是相对于传统的机加工等“减材制造”技术而言的。它利用计算机将成型零件的 3D 模型切成一系列一定厚度的“薄片”，通过 3D 打印设备自下而上地制造出每层“薄片”，并最终叠加成型三维的实体零件。这种制造技术无须传统的刀具或模具，可以实现传统工艺难以或无法加工的复杂结构的制造，并且可以有效简化生产工序，缩短制造周期。与传统的制造技术相比，3D 增材制造技术具有以下特点。

（1）自由度高：3D 增材制造技术可以根据任何可逆可建模的物体打印出其与原型一模一样的结构形态，因此可以满足各种形态和复杂度的要求。

（2）生产效率高：3D 增材制造技术将传统制造中的减量变为加量，并且可以同时制造多件产品，因此大大提高了生产效率，降低了生产成本。

（3）跨越限制：3D 增材制造技术可以大大降低传统制造技术的限制，如加工难度大、工艺复杂、型号繁多等。

根据 3D 增材制造所用材料的状态及成型方法，3D 增材制造技术可以分为熔融沉积成型（FDM）、光固化立体成型（SLA）、分层实体制造（LOM）、电子束选区熔化（EBSM）、激光选区熔化（SLM）、金属激光熔融沉积（LDMD）、电子束熔丝沉积成型。

1．熔融沉积成型

熔融沉积成型（FDM）技术是以丝状的聚乳酸（PLA）、丙烯腈-丁二烯-苯乙烯（ABS）共聚物等热塑性材料为原料，通过加工头的加热挤压，在计算机的控制下逐层堆积，最终得到成型的立体零件。这种技术是目前最常见的 3D 增材制造技术，技术成熟度高、成本较低，可以进行彩色打印。

2．光固化立体成型

光固化立体成型（SLA）技术是利用紫外激光逐层扫描液态的光敏聚合物（如丙烯酸树脂、环氧树脂等），实现液态材料的固化，逐渐堆积成型的技术。这种技术可以制作结构复杂的零件，零件精度以及材料的利用率高，其缺点是能用于成型的材料种类少，工艺成本高。

3．分层实体制造

分层实体制造（LOM）技术以薄片材料为原料，如纸、金属箔、塑料薄膜等，在材料表面涂覆热熔胶，再根据每层截面的形状进行切割粘贴，实现零件的立体成型。这种技术速度较快，可以成型大尺寸的零件，但是材料浪费严重，表面质量差。

4．电子束选区熔化

电子束选区熔化（EBSM）技术是在真空环境下利用电子束将材料熔化，然后通过控制电子束的位置和射束参数，将所需的结构逐层打印出来。在 EBSM 技术中，电子枪的电子束被聚焦到微米级别的小区域，然后熔化材料形成一层；随着工作台的上升，重复此过程形成完整零件。由于电子束具有高能量和高速度，因此可以在大多数金属材料上快速熔化、熔合和沉积。该技术的优点是成型速度快、制造精度高（最小尺寸可达 10μm 级别）、可以形成极其复杂的几何形状和薄壁结构以及性能优良的金属零件，并且不受材料类型的限制。其不足之处在于成型尺寸受到粉末床和真空室的限制。

5．激光选区熔化

激光选区熔化（SLM）技术的原理与电子束选区熔化技术相似，也是一种基于粉末床的铺粉成型技术，只是热源由电子束换成了激光。通过这种技术同样可以成型结构复杂、性能优异、表面质量良好的金属零件，但目前这种技术无法成型大尺寸的零件。

6．金属激光熔融沉积

金属激光熔融沉积（LDMD）技术以激光束为热源，通过自动送粉装置将金属粉末同步、精确地送入激光在成型表面上所形成的熔池中。随着激光斑点的移动，粉末不断地送入熔池中熔化，然后凝固，最终得到所需要的形状。这种成型工艺可以成型大尺寸的金属零件，但是无法成型结构非常复杂的零件。

7．电子束熔丝沉积成型

电子束熔丝沉积成型技术又称为电子束自由成型制造（EBF）技术，即在真空环境中，以电子束为热源，金属丝材为成型材料，通过送丝装置将金属丝送入熔池并按设定轨迹运动，直到制造出目标零件或毛坯。这种方法效率高，成型零件内部质量好，但是成型精度及表面质量差，且不适用于塑性较差的材料。

以上是目前 3D 打印常见的工艺方法，根据各自的工艺特点在不同的领域中有不同的应用，但是这些工艺都是基于离散/堆积的原理，实现零件从无到有的过程。

8.4.2 3D 增材制造技术在 PCB 制造中的应用

1．喷墨 3D 打印技术

喷墨 3D 打印技术由 Sachs E 等人于 1992 年提出，它根据喷墨打印机原理，从喷嘴喷射出材料微滴，按一定路径逐层固化成型。其方法是，先根据实体 3D 扫描（或设计）得到的 3D-CAD 模型，按照一定方法将该模型分割为一系列单元，通常是在 Z 轴方向将其分截成一定厚度的二维薄层，由程序控制产生喷射指令，逐层喷射固化堆砌墨层后，得到所需的三维实体物件。

喷墨 3D 打印技术具有如下优点：成型速度快（是其他工艺的 6 倍以上）；设备操作简单、适合办公室环境；可实现彩色、多相实体结构成型。其缺点是：需要专门研发用于喷射的流体（墨水）。其技术形式主要有两种，即黏结成型 3D 打印和光固化 3D 打印。这种打印方式之所以在电子产品制造中有广泛的应用前景，是因为它的成型材料范围比较广泛［可以是陶瓷（如氧化铝、氧化锆、硅酸锆、碳化硅）、金属、塑料、石膏、淀粉或复合材料等］，材料种类范围覆盖电子产品基板到芯片的制造需求。

目前该技术的研究在国内外都非常活跃。来自以色列新创公司 Nano Dimension 的 Dragon Fly 2020 3D 打印机近年在美国亮相，该设备能制作出面积为 20cm×20cm、厚度约为 3mm、线迹宽度仅为 80μm 的多层 PCB（见图 8-49）；依据层数不同，所需时间为 3～20h。美国哈佛大学研发出能制作 PCB 的 3D 打印机 Voxel 8，不过该设备并非使用喷墨，而是采用牙膏状材料，以挤压成型的方式制作 PCB。

中国科学院沈阳自动化研究所也已经自主设计研发出高精度的喷墨打印设备（见图 8-50），该设备由高精度喷印控制系统、工业喷墨头、基板及高速伺服运动控制系统组成。工业喷墨头包含 512 个喷孔，高精度喷印控制系统能够实时调节压电驱动波形的脉冲宽度和电压幅值，实现金属化墨水喷射液滴尺寸和速度的一致性。

图 8-49　3D 打印机制作的小型多层 PCB

图 8-50　沈阳自动化研究所研发的打印设备

加拿大 Voltera 公司推出了一款 PCB 印刷工具 V-One，通过这款工具，用户只要有蚀刻剂和透明塑胶，就可以很方便地制作 PCB。这款打印工具不仅能在纸上印刷单层电路，还实现了在行业标准基板（FR-4）上印刷双层电路，同时控制了设备的尺寸和成本。华中科技大学的但斌等人运用自主搭建的导电银浆挤出式 3D 打印机，成功打印出满足电性能要求的电子电路，如图 8-51 所示。中国科学院理化技术研究所开发采用普通喷墨打印机在常温下利用液态金属 3D 打印电路技术，“墨水”就是液态金属，电路直接打印在承载体上。这种打印方式可以在包括纸张、塑料、玻璃、橡胶、棉布甚至是树叶等任何表面上通过液态金属喷墨的方式打印出电子电路。

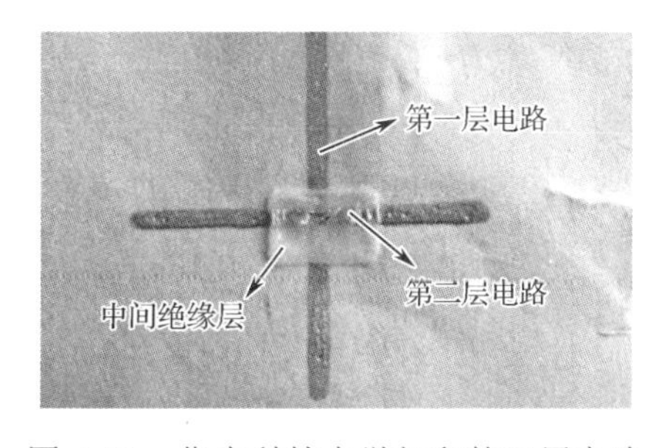

图 8-51　华中科技大学打印的双层电路

2. 喷墨打印多层 PCB 工艺

1）喷墨打印导线层工艺

传统丝网印刷技术因其接触式印刷工艺难以提高金属导线的精度和高宽比。采用喷墨打印的形式，能够打印出高“高宽比”的导线。Abbel 等人将不同沸点和蒸发率梯度的材料制作成低黏度墨水，采用喷墨打印方法将其打印到 OCP 涂层的基板上，通过调节基板加热温度获得银导线固化宽度及高宽比，在单层打印情况下获得的导线宽度低至 20μm，高度为 8μm。Lee 等人将纳米银墨水打印到玻璃基板上，通过亲水化及疏水化表面改性调节基板温度和打印层数等对银导线的表面形貌进行研究，发现导线层表面质量与基板温度、打印层数有直接的关系；同时他们探讨了通过调节打印工艺进一步得到高“高宽比”的导线层的方法。中国科学院沈阳自动化研究所的张磊等人对不同的基板进行预热处理，发现在 160℃的基板上面打印超过 20 层的银浆墨水，可以得到表面均匀光滑的导线，且当烧结温度提高至 160～200℃时，纳米银粒子结合形成致密的网状结构，导电能力得到极大提升（见图 8-52）。

图 8-52　3D 打印导线三维形貌图

Chou K S 等人提出的用银浆材料打印 PCB 的一般工艺步骤如图 8-53 所示。首先通过 CAD 软件设计出需要的图形，其次通过打印设备将导电银浆挤出或喷涂在基底上形成一层电子电路，再次进行红外加热固化处理将银墨水水分完全挥发，最后形成具有致密网状结构、良好导电性能的一层电路。在该基础上，可以利用不同的打印材料，进行多层 PCB 打印。

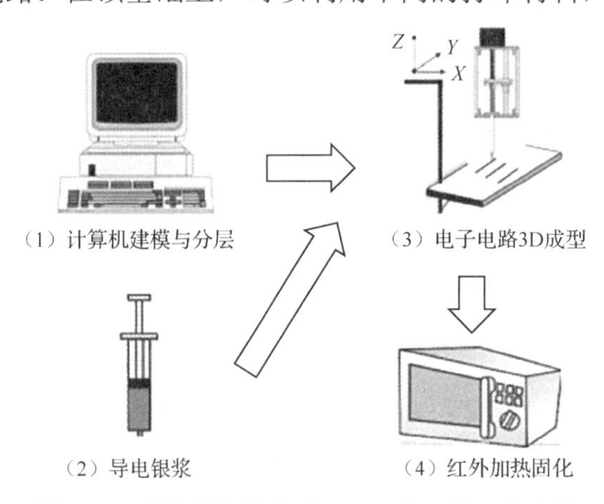

图 8-53　用银浆材料打印 PCB 的一般工艺步骤

2）绝缘层打印工艺

通常选择树脂为 PCB 绝缘层材料，目前在 3D 打印中运用的绝缘材料有聚乳酸（PLA）、聚酰亚胺等，打印质量评价指标主要为绝缘层的电阻率和上下两层电路之间是否有导电银浆的渗透等。华中科技大学的高玉乐等人采用 PLA 打印绝缘层，通过控制中间 PLA 绝缘层的厚度，测试不同厚度的上下两层电路之间的电阻，实验确认了绝缘层厚度在 0.18～0.48mm 交叉处的电路并未发生短路现象，即上下两层电路之间没有发生导电银浆渗透或渗透量极少。同时发现，绝缘层厚度不可过大，否则会造成绝缘层边缘与电路接触的交界处容易出现断裂现象。

Fan Zhang 等人通过实验证明，当丙烯酸树脂（PAA）墨滴间隙在 20～40μm 之间、固化温度在 100℃以上时可以形成聚酰亚胺面。当温度为 160℃时，聚酰亚胺的转换率可以达到很高的水平。实验还表明：在打印过程中，聚酰亚胺层的许多部分都会形成高低不平的表面，这是由于墨水在固化过程中的物理特性造成的，这会给下一次交叉打印导线时造成很大的困难，为此需要改善打印工艺。为了得到平整的绝缘层，Fan Zhang 等人在打印的过程中采取渗透打印的方式。通过实验，得出当每印刷一层墨水时，第二层印刷渗透 30%，在固化条件相同的前提下，可以得到更平整的表面（见图 8-54）。在打印固化完成一层绝缘层制作后，绝缘层成为新的基板表面，对此表面进行预热，然后打印新的导线层，重复以上打印工艺过程，就可以得到多层 PCB。

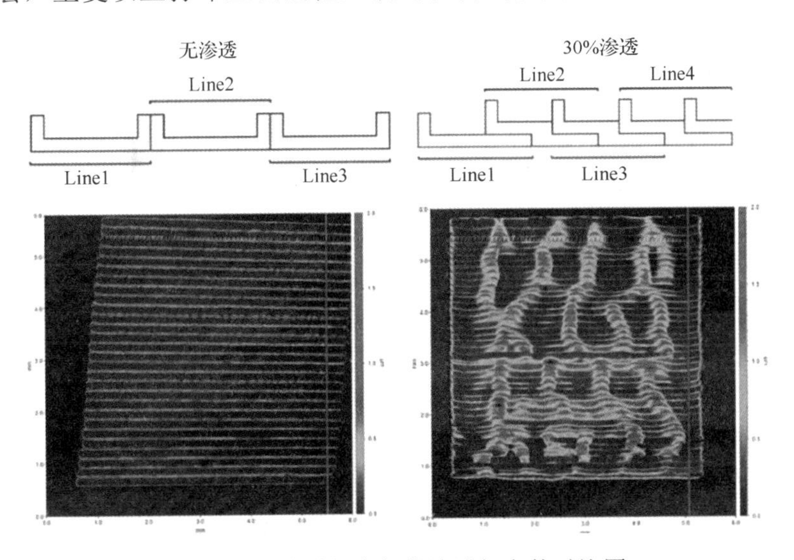

图 8-54　渗透打印与非渗透打印的对比图

8.4.3　3D 增材制造技术在电子组件制造中的应用

1．3D 打印刚性电子元器件

与其他领域只关注成型结构不同，微电子元器件的 3D 打印更加关注功能，需要具有理想电学特性的可打印导电材料。目前，3D 打印技术在刚性电子元器件加工领域中的应用主要以基于挤出原理的 3D 打印技术为主。然而，常规的挤出 3D 打印技术不能满足实际的科研和应用需求，因此研究人员通常需对现有的挤出打印工艺进行调整和优化。例如，Liu 等人提出一种低温墨水直写（Direct Ink Writing，DIW）打印技术，实现了多孔 $LiFePO_4$ 锂离子电池电极的 3D 制造。该技术在打印过程中能够较好地保持打印件的形状和机械完整性，并且可有效提高打印电极的孔隙率。在无线射频电子应用方面，Zhou 等人采用 DIW 技术打印纳米银墨水，同时构建了平面内和平面外的无源射频结构，制成各种电子元器件（包括天线、电感、谐振网络和传输线路）。为了展示这些射频结构在有源射频电子电路中的应用，他们还将其与离散晶体管结合，制作了自维持振荡器和提供射频参考的同步振荡器阵列，以及由振荡器时钟控制的无线发射器，如图 8-55 所示。图中 $V_{supply1}$ 为输入电压 1，$V_{supply2}$ 为输入电压 2。Gubanova 等人将 DIW 打印技术与互补金属氧化物半导体（COMS）技术进行结合，提出了一种基于离子敏感场效应晶体管的生物传感器。

（a）玻璃上的射频发射器

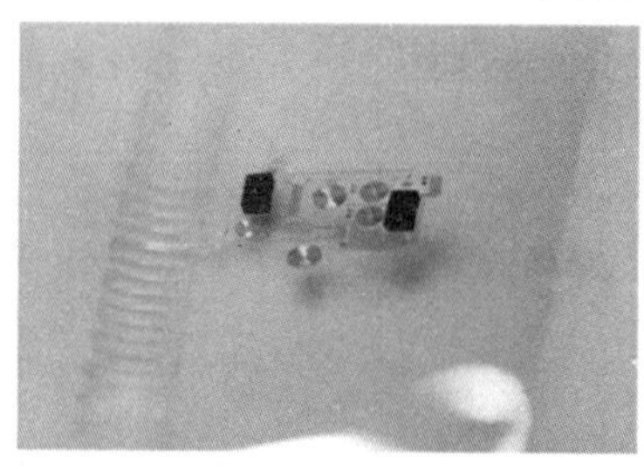

（b）聚酰亚胺上的射频发射机

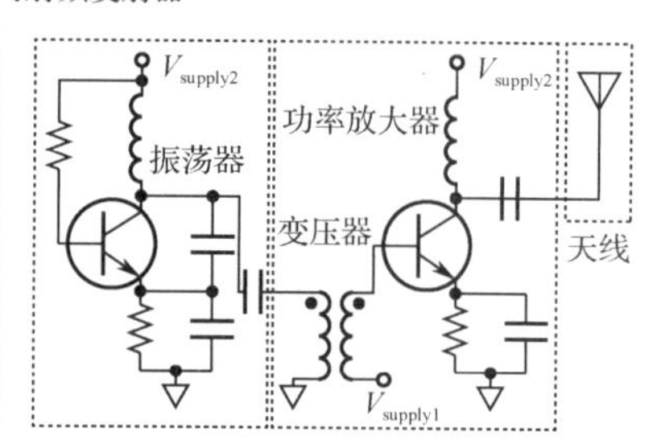

（c）射频发射机电路

图 8-55　由振荡器时钟控制的无线发射器

除上述DIW打印技术，研究人员还积极探索和开发微电子元器件的其他3D打印技术。例如，Espalin 等人以热塑性聚合物代替光固化聚合物的挤出工艺为基础，结合其他技术开发了一种基于 FDM 技术的材料挤出系统，弥补了传统的 FDM 技术在表面光洁度、特征尺寸和孔隙率等方面的不足。为了尽量减少导电油墨的使用，他们开发了一种新的热嵌入技术，在 FDM 打印结束时将铜线浸入热塑性介质结构中（见图 8-56），打印件的导电性因而得到极大改善，力学性能也在很大程度上得到提高。Flowers 等人还通过对两种不同材料同时进行 3D 打印来制造各种电感器和电容器，可通过改变元器件的材料和几何形状调整其性能。采用这种方法将打印的电容器、电感器和电阻器结合，形成一种完全 3D 打印的性能优越的高通滤波器。为了能够替代 DIW 打印技术中的导电材料，Wu 等人提出了一种利用液态金属填充 3D 打印空通道结构加工微电子元器件的方法。这种打印方法使包括电阻器、电感器、电容器等微电子元器件的制造更加方便，也使具有无源传感功能的电感器-电容器谐振槽路的集成电路制造更加可靠。然而，由于通道内银纳米颗粒堆积密度低，而且固化过程缓慢、效率低下，使这种方法得到的填充液态金属导电性下降。

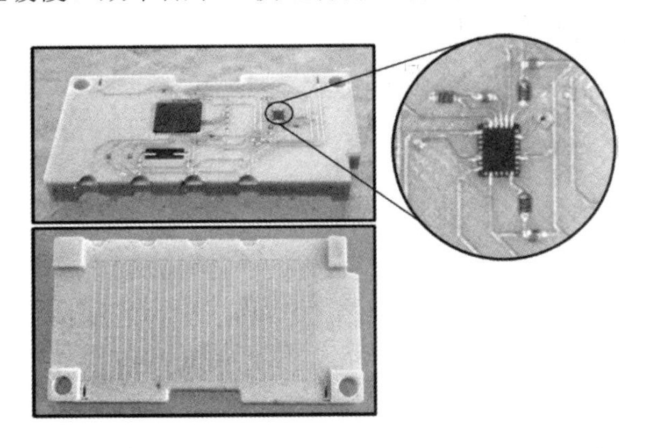

图 8-56　基于 FDM 打印技术制造的 CubeSat 模块

为了满足复杂电子系统的制造，组合多种打印方法是一种有效途径。通常利用常规的 3D 打印技术加工整个系统的基底结构，并在打印过程中根据需要在指定位置放入商业化的电子元器件，再利用 DIW 技术打印出连接导线形成整个电子系统。例如，研究人员通过将 FDM 打印技术和导电油墨 DIW 打印技术结合，制造出各类 3D 打印的天线和微波设备。图 8-57 所示为打印在 3D 基底上的小曲线形偶极天线。

图 8-57　打印在 3D 基底上的小曲线形偶极天线

一些研究团队还结合 SLA 成型技术和 DIW 打印技术，在打印过程中嵌入电子元器件，制造出各种微电子系统（包括运动传感器和计时器电路）。Castillo 等人将导电油墨 DIW 技术与 SLA 技术相结合，制作了一种由微处理器控制的三维加速度传感器系统。这些微电子元器件被集成到一个头盔形状的衬底中，用于检测头部创伤性损伤，还可以对士兵或运动员的健康状况进行实时监测。此外，Wicker 等人通过结合 SLA 打印技术和 DIW 打印技术，开发了一套用于三维电子结构的混合制造系统。需要说明的是，目前用于 SLA 成型技术的光固化材料容易受到风化、老化、尺寸变化和紫外线照射剂量等影响，因此可能会导致上述基于 SLA-DIW 组合打印的微电子元器件可靠性下降。

2．3D 打印柔性电子元器件

不同于传统的刚性电子元器件，柔性电子元器件将金属导线和电子元器件附着于柔性基材，具有更大的灵活性，能够在一定程度上适应不同的工作环境，满足设备的形变要求。如今，许多新兴的电子和光电子元器件都需要柔性的、可伸缩的、跨越式的微电极。为此，Ahn 等人采用全方位的 DIW 技术，在半导体、塑料和玻璃基板上打印最小宽度约为 2μm 的银微电极。所打印的微电极能够承受反复弯曲且能拉伸到较大的应变水平，同时其导电性并没有受到太大的影响。Adams 等人将全方位 DIW 技术扩展应用在凹凸柔性基片上制作导电天线，并且可以迅速调整设备大小、工作频率和封装设计等特性，以提供较强的机械健壮性。随着人们对智能可穿戴健康监测设备的需求逐渐增加，研究人员在基于 3D 打印技术的柔性传感器开发方面也取得了一些进展。例如，Zhou 等人采用同轴挤出 3D 打印技术，将镓铟合金液体金属和硅橡胶同时挤出，制作了一种新型的多功能柔性电感传感器，得到的螺线管形传感器可方便地安装在手指上，并且能够准确检测不同程度的拉伸和弯曲变形。Muth 等人提出一种嵌入式 3D 打印方法，将导电油墨挤压到液体光聚合物储层中，通过调整油墨、储层和填料的流变特性，制造出具有机械健壮性和可伸缩特性的柔性应变传感器。这种方法为人机界面、可穿戴电子产品、软体机器人等领域的功能设备开发提供了新的途径。

研究人员还指出，3D 打印的挤出过程本身是可以调整的，如可以从一个喷嘴同时打印多种材料。例如，Frutiger 等人采用基于挤出原理的多核打印方法，制作了在静态和动态工作条件下都具有高精确和无滞后性的电容式软体应变传感器，这些可定制的传感器可以很容易地与纺织品进行集成，并可在可穿戴电子产品、人机界面和软体机器人等领域得到特殊的应用。除上述这些基于挤出原理的 3D 打印技术外，研究人员还尝试采用一些其他 3D 打印方法来制造微电子电路。例如，Odent 等人开发出与光固化工艺兼容的弹性导电离子复合水凝胶，利用 SLA 打印技术快速实现高分辨率的 3D 打印，得到具有良好弹性变形性和导电性的柔性导体（见图 8-58）。Ghoshal 等人还提出了一种用于复合纳米材料导电体的数字光处理（DLP）打印技术，实现了具有导电和非导电区域的多种材料打印，包括由多壁碳纳米管（MWCNT）组成的导电结构、空心电容传感器、电激活形状记忆复合材料以及可拉伸电路等复合导电结构。

（a）变形前

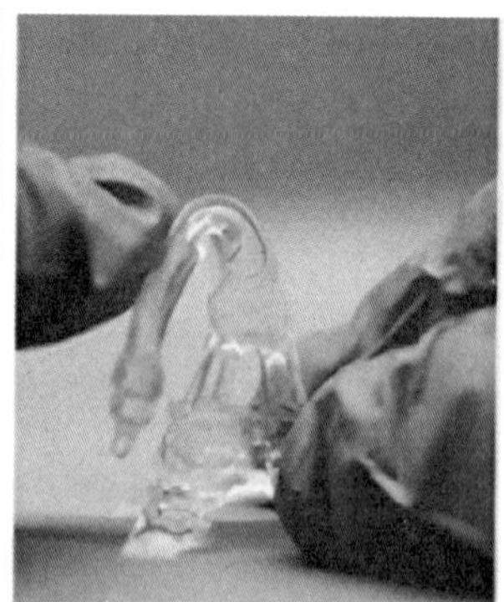

（b）变形过程

（c）变形后恢复

图 8-58　基于 SLA 技术的柔性导体

3. 3D 打印半导体与其他电子元器件

除绝缘聚合物和金属导体外，3D 打印技术还可以利用半导体、磁体和压电材料来构建具有不同功能的其他微电子结构，即 3D 打印技术在微电子领域中的应用不局限于打印导电电极和连接导线。例如，Kong 等人利用 3D 打印技术制造量子点 LED，这种 LED 由半导体无机纳米颗粒、弹性矩阵、用于电荷传输的有机聚合物、金属导体以及 UV 透明基材 5 种不同材料交织而成，这表明 3D 打印技术在多材料复合结构加工方面具有突出的能力。将功能性电子元器件和生物组织进行三维交织，可以创造出比人类器官功能更加强大的仿生器官。

受限于工艺和材料，常规的二维电子设备无法与生物学进行无缝的多维整合，为此，Mannoor 等人将 3D 打印技术与纳米电子功能、生物学巧妙结合，利用 DIW 打印技术打印出充满细胞的水凝胶基质和缠绕的导电银纳米聚合物以创建仿生耳朵。打印得到的仿生耳朵（见图 8-59）可以感知增强的无线电频率，并且互补的左耳和右耳可以接收立体声音乐。Sun 等人利用 DIW 打印技术将 $Li_4Ti_5O_{12}$ 和 $LiFePO_4$ 材料打印形成高深宽比的相邻结构，分别作为锂离子微电池正极和负极的材料，形成的微电池在自主供电的微电子和生物医学元器件中具有潜在的应用前景。研究人员还将 3D 打印技术拓展应用到微电子领域中的各种复合材料结构制造方面，如利用 3D 打印技术制造出各种包含石墨烯、SiO_2、ZnO、$BaTiO_3$、ZrO_2 和氧化石墨烯（GO）等材料的电子结构。

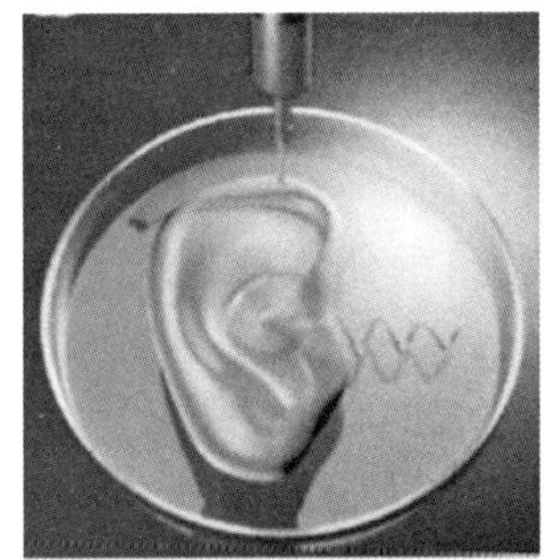

（a）3D打印后即刻生成的仿生耳朵

（b）3D打印后在体外培养过程中的仿生耳朵

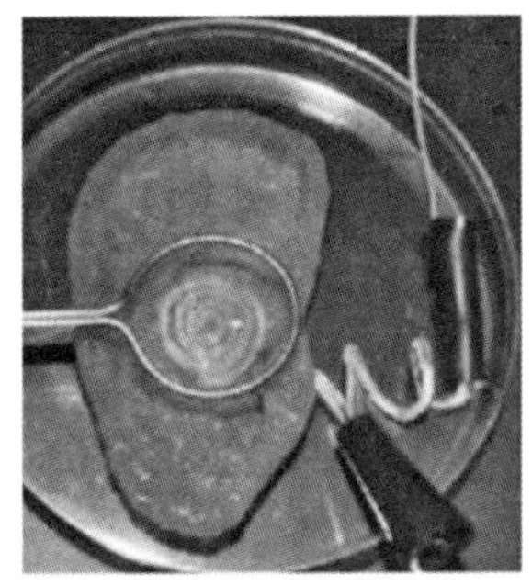

（c）用于表征仿生耳朵的实验装置

图 8-59　结合 3D 打印技术、电子学和生物学打印的仿生耳朵

8.4.4　3D 增材制造技术在结构功能一体化组件中的应用

3D 打印一体化结构是增材制造中的一种具有代表性的结构。3D 打印一体化结构设计可以实现产品"瘦身"，减少部件数量和功能与结构的集成，它是一种以增材制造技术为主导的主动设计思维方式。在设计之初，以考虑产品的功能性为主，而不用花费过多的精力去考虑结构装配的问题，遵循这种方法，可以为产品的开发提供创新性的思路。3D 打印技术可以实现复杂部件的一体化制造，这为零部件设计带来了优化的空间，设计者可以尝试对原本需要通过多个组件装配的复杂部件进行一体化设计。这种方式不仅实现了零件的整体化结构、避免原始多个零件组合时存在的连接结构（法兰、焊缝等），还帮助设计者突破束缚实现功能最优化设计。

在应用中，设计工程师会遇到很多挑战，存在的痛点包括如何获得最优的结构形状以及如何将最优的结构形状与最优的产品性能相结合来设计等。尤其是针对 3D 打印的技术特点，设计工程师需要突破以往通过铸造、压铸、机械加工制造所带来的对自身思维的束缚，重新考虑如何利用 3D 打印技术以增材制造的思维去设计，这个过程是充满挑战和无限可能性的。突破传统设计思维的限制是一个需要用户与 3D 打印企业长期共同努力的过程。除此之外，增材制造软件的应用也是推动增材制造思维的力量。

增材制造技术在结构功能一体化组件中的应用，可以从以下几个方面开展。

（1）在电子设备行业中样件的快速生产。在与竞争对手竞标的过程中，产品样件模型及功能的及时展示是取得成功的关键因素。面对时间紧迫的项目，增材制造可以快速地生产出样件。同时，由于加工快速，在有限的时间内可进行多轮试制，这样就可提高产品的质量，给予竞标产品强大的技术支持。

（2）开发设计新的结构。通过增材制造的自由度，可以实现更加复杂的结构设计，如轻量化结构、复杂内部结构等，从而实现结构和功能的一体化。目前设计的结构要兼顾机加工生产水平，如计算机机箱出水孔的设计、风冷机箱风道的设计和一些特殊结构的结构件设计等。用增材制造技术生产任何复杂结构的零件，将对电子设备结构研制过程中的新产品和新技术的研发带来巨大的促进作用。

（3）提高设备的整体性能。目前，电子设备中的机箱和机柜主要采用焊接或螺钉连接，并且通常由多个零件拼接而成，这使得产品的强度和电磁兼容性均有所下降。增材制造可将多个零件组成的部件直接生产为一个零件，直接增加结构的强度和电磁兼容性。

（4）新材料的使用。目前，电子设备结构的主要材料是铝合金，然而面对越来越高的减重以及性能要求，铝合金结构件已经达到一个极限。而增材制造技术不受零件材料的限制，将对电子设备结构领域中的新材料应用带来一个新的方向。

参考文献

[1] 哈珀 C A．电子组装制造：芯片、电路板、封装及元器件[M]．贾松良，蔡坚，王豫明，等译．北京：科学出版社，2005．

[2] 哈珀 C A．电子封装材料与工艺[M]．沈单身，贾松良，译．北京：化学工业出版社，2006．

[3] 菲利普 E．盖瑞 L T．多芯片组件技术手册[M]．王传声，等译．北京：电子工业出版社，2006．

[4] 拉奥 R T．微系统封装基础[M]．黄庆安，唐洁影，译．南京：东南大学出版社，2005．

[5] 拉奥 R T．微电子封装手册[M]．贾松良，等译．北京：电子工业出版社，2001．

[6] 范赞特 P．芯片制造——半导体工艺制程实用教程（第六版）[M]．韩郑生，译．北京：电子工业出版社，2015．

[7] 拉奥 R T．器件和系统封装技术与应用（原书第 2 版）[M]．李晨，王传声，杜云飞，等译．北京：机械工业出版社，2021．

[8] 吴兆华，周德俭．电路模块表面组装技术[M]．北京：人民邮电出版社，2008．

[9] 周德俭．SMT 组装质量检测与控制[M]．北京：国防工业出版社，2006．

[10] 周德俭，吴兆华，李春泉．SMT 组装系统[M]．北京：国防工业出版社，2004．

[11] 吴兆华，周德俭．表面组装技术基础[M]．北京：国防工业出版社，2002．

[12] 周德俭，吴兆华．表面组装工艺技术[M]．北京：国防工业出版社，2002．

[13] 周德俭．电子制造中的电气互联技术[M]．北京：电子工业出版社，2010．

[14] 张秀竹，邓来信．电子装配工艺[M]．北京：人民邮电出版社，2014．

[15] 商世广，金蕾，赵萍，等．集成电路制造与封装基础[M]．北京：科学出版社，2018．

[16] 冯武卫，李鹏鹏，郑雄胜．超声引线键合质量检测与控制技术[M]．武汉：华中科技大学出版社，2018．

[17] 薛松柏，何鹏．微电子焊接技术[M]．北京：机械工业出版社，2012．

[18] 娄文忠，孙运强．微机电系统集成与封装技术基础[M]．北京：机械工业出版社，2007．

[19] 吴懿平，丁汉，吴丰顺．电子制造技术基础[M]．北京：机械工业出版社，2005．

[20] 郎为民，稽英华．表面组装技术（SMT）及其应用[M]．北京：机械工业出版社，2007．

[21] 贾新章，郝跃．微电子技术概论[M]．北京：国防工业出版社，1995．

[22] 包兴，胡明．电子器件导论[M]．北京：北京理工大学出版社，2001．

[23] 娄文忠，冯跃，牛兰杰，等．高动态微系统与 MEMS 引信技术[M]．北京：国防工业出版社，2016．

[24] 罗道军，贺光辉，邹雅冰．电子组装工艺可靠性技术与案例研究[M]．2 版．北京：电子工业出版社，2022．

[25] 杨发顺．集成电路芯片制造[M]．北京：清华大学出版社，2018．

[26] 周旭．印制电路板设计制造技术[M]．北京：中国电力出版社，2012．
[27] 田文超，刘焕玲，张大兴．电子封装结构设计[M]．西安：西安电子科技大学出版社，2017．
[28] 张柯柯，涂益民．特种先进连接方法[M]．哈尔滨：哈尔滨工业大学出版社，2008．
[29] 邵小桃．电磁兼容与 PCB 设计[M]．北京：清华大学出版社，2009．
[30] 田民波，林金堵，祝大同．高密度封装基板[M]．北京：清华大学出版社，2003．
[31] 王天曦，王豫明．电子组装先进工艺[M]．北京：电子工业出版社，2013．
[32] 张怀武．现代印制电路原理与工艺[M]．北京：机械工业出版社，2010．
[33] 张立鼎．先进电子制造技术[M]．北京：国防工业出版社，2000．
[34] 郭勇，许弋，刘豫东．EDA 技术基础[M]．北京：机械工业出版社，2001．
[35] 金玉丰，王志平，陈兢．微系统封装技术概论[M]．北京：科学出版社，2006．
[36] 张为民．中国军工电子工艺技术体系[M]．北京：电子工业出版社，2017．
[37] 吕道强，汪正平．先进封装材料[M]．北京：机械工业出版社，2012．
[38] 李国良，刘帆．微电子器件封装与测试技术[M]．北京：清华大学出版社，2018．
[39] 王开建．微电子器件封装制造技术[M]．北京：电子工业出版社，2012．
[40] 杜长华，陈方．电子微连接技术与材料[M]．北京：机械工业出版社，2008．
[41] 赵兴科．现代焊接与连接技术[M]．北京：冶金工业出版社，2016．
[42] 何为．印制电路与印制电子先进技术[M]．北京：科学出版社，2016．
[43] 李可为．集成电路芯片封装技术[M]．2 版．北京：电子工业出版社，2013．
[44] 金玉丰，陈兢，缪旻．微米纳米器件封装技术[M]．北京：国防工业出版社，2012．
[45] 廖芳．电子产品生产工艺与管理[M]．北京：电子工业出版社，2007．
[46] 杜中一．SMT 表面组装技术[M]．北京：电子工业出版社，2012．
[47] 李建保，周益春．新材料科学及其实用技术[M]．北京：清华大学出版社，2004．
[48] 卢静．集成电路芯片制造实用技术[M]．北京：机械工业出版社，2011．
[49] 王阳元．绿色微纳电子学[M]．北京：科学出版社，2010．
[50] 王阳元．集成电路工业全书[M]．北京：电子工业出版社，1993．
[51] 张增照，潘勇．电子产品可靠性预计（电子可靠性工程技术实践丛书）[M]．北京：科学出版社，2011．
[52] 蔡建军．电子产品工艺与标准化[M]．北京：北京理工大学出版社，2008．
[53] 恩云飞，来萍，李少平．电子元器件失效分析技术[M]．北京：电子工业出版社，2015．
[54] 谢平．PCB 设计与加工[M]．北京：北京理工大学出版社，2017．
[55] 杨邦朝，张经国．多芯片组件（MCM）技术及其应用[M]．成都：电子科技大学出版社，2001．
[56] 黄永定．SMT 技术基础与设备[M]．北京：电子工业出版社，2007．
[57] 陈强．电子产品设计与制作[M]．北京：电子工业出版社，2015．
[58] 吕乃康，樊百昌．厚膜混合集成电路[M]．西安：西安交通大学出版社，1990．
[59] 雷振亚．微波工程导论[M]．北京：科学出版社，2010．

[60] 樊融融．现代电子装联高密度安装及微焊接技术[M]．北京：电子工业出版社，2015.
[61] 王文利，闫焉服．电子组装工艺可靠性[M]．北京：电子工业出版社，2011.
[62] 樊融融．现代电子装联工艺规范及标准体系[M]．北京：电子工业出版社，2015.
[63] 屠振密．绿色环保电镀技术[M]．北京：化学工业出版社，2013.
[64] 王玉，王世堉．现代电子装联对元器件及印制板的要求[M]．北京：电子工业出版社，2016.
[65] 辜信实．印制电路用覆铜箔层压板[M]．北京：化学工业出版社，2013.
[66] 姜培安，鲁永宝，暴杰．印制电路板的设计与制造[M]．北京：电子工业出版社，2012.
[67] 孙磊，段书选．现代电子装联常用工艺装备及其应用[M]．北京：电子工业出版社，2016.
[68] 顾霭云，罗道军，王瑞庭．表面组装技术（SMT）通用工艺与无铅工艺实施[M]．北京：电子工业出版社，2008.
[69] 欧宙锋．电子产品制造工艺基础[M]．西安：西安电子科技大学出版社，2014.
[70] 余国兴．现代电子装联工艺基础[M]．西安：西安电子科技大学出版社，2007.
[71] 曹白杨．电子产品工艺设计基础[M]．北京：电子工业出版社，2016.
[72] 史建卫，温粤晖．现代电子装联软钎焊接技术[M]．北京：电子工业出版社，2016.
[73] 刘哲，付红志．现代电子装联工艺学[M]．北京：电子工业出版社，2016.
[74] 王昊，李昕，郑凤翼．通用电子元器件的选用与检测[M]．北京：电子工业出版社，2006.
[75] 何丽梅，马莹莹．表面贴装技术[M]．北京：电子工业出版社，2016.
[76] 刘新，王万刚．SMT 工艺[M]．北京：机械工业出版社，2016.
[77] 殷侠．电子产品生产与检验[M]．重庆：重庆大学出版社，2010.
[78] 李长河，丁玉成．先进制造工艺技术[M]．北京：科学出版社，2011.
[79] 何赛灵．微纳光子集成[M]．北京：科学出版社，2010.
[80] 徐宝强．微波电子线路[M]．北京：科学出版社，2006.
[81] 张文栋，熊继军．微光机电系统（MOEMS）[M]．北京：机械工业出版社，2006.
[82] 石庚辰，郝一龙．微机电系统技术基础[M]．北京：电力出版社，2006.
[83] 杨刚．物联网与微纳电子技术[M]．西安：西安电子科技大学出版社，2014.
[84] 刘玉岭，檀柏梅，张楷亮．微电子技术工程：材料、工艺与测试[M]．北京：电子工业出版社，2004.
[85] 娄利飞．微机电系统与设计[M]．北京：电子工业出版社，2010.
[86] 杨平．微电子设备与器件封装加固技术[M]．北京：国防工业出版社，2005.
[87] 周润景，袁伟亭．Cadence 高速电路板设计与仿真[M]．北京：电子工业出版社，2006.
[88] 李晓虹．现代电子工艺[M]．西安：西安电子科技大学出版社，2015.
[89] 杨海祥．电子整机产品制造技术[M]．北京：机械工业出版社，2005.
[90] 袁晓明，李捷明．电子线路安装与工艺[M]．北京：化学工业出版社，2009.
[91] 宋欣．光传输技术及应用[M]．北京：清华大学出版社，2012.

[92] 区健昌．电子设备的电磁兼容性设计[M]．北京：电子工业出版社，2003.
[93] 杨克俊．电磁兼容原理与设计技术[M]．北京：人民邮电出版社，2011.
[94] 陈正浩．高可靠性电子装备 PCBA 设计缺陷案例分析及可制造性设计[M]．北京：电子工业出版社，2018.
[95] 贾忠中．SMT 核心工艺解析与案例分析[M]．4 版．北京：电子工业出版社，2020.
[96] 唐和明，赖逸少，汪正平．先进倒装芯片封装技术[M]．北京：化学工业出版社，2017.
[97] 祝宁华．光电子器件微波封装和测试[M]．2 版．北京：科学出版社，2011.
[98] 王谦，胡杨，谭琳，等．集成电路先进封装材料[M]．北京：电子工业出版社，2021.
[99] 梁新夫．集成电路系统级封装[M]．北京：电子工业出版社，2021.
[100] 何丽梅，程钢，王玲．SMT 工艺与 PCB 制造[M]．北京：电子工业出版社，2013.
[101] 沈敏，唐志凌．SMT 制造工艺实训教程[M]．北京：机械工业出版社，2017.
[102] 杜中一．表面组装技术（SMT）[M]．北京：化学工业出版社，2021.
[103] 李晓麟．现代电子装联整机工艺技术[M]．北京：电子工业出版社，2022.
[104] 周玉刚，张荣．微电子封装技术[M]．北京：清华大学出版社，2023.
[105] 樊融融．微波与光波融合的新一代微电子装备制造技术[M]．北京：电子工业出版社，2021.
[106] 林定皓．电路板组装技术与应用[M]．北京：科学出版社，2019.
[107] 潘开林，李鹏，宁叶香，等．微机电系统封装技术[J]．微细加工技术，2008, 1:1-5.
[108] 周德俭，吴兆华．光电互联技术及其发展[J]．桂林电子科技大学学报，2011, 31(4): 259-265.
[109] 王洪鹏，沙于兵，王志华．Chiplet 背景下的接口技术与标准化[J]．微纳电子与智能制造，2022, 4(2): 13-21.
[110] 李乐琪，刘新阳，庞健．Chiplet 关键技术与挑战[J]．中兴通讯技术，2022, 28(5): 57-62.
[111] 何骁，周波，沈江华，等．国内印制电路板产品失效现状与改进[J]．印制电路信息，2023, 31(4): 55-60.
[112] 黄天，甘贵生，刘聪，等．电子封装低温互连技术研究进展[J]．中国有色金属学报，2023, 33(4): 1144-1178.
[113] 陈明祥，刘文明，刘胜．MEMS 局部加热封装技术与应用[J]．半导体技术，2010, 35(11): 1049-1053.
[114] 赵少伟，张婧亮，韩春．基于SMT技术的组装新工艺探讨[J]．电子工艺技术，2016(4): 191-195.
[115] 李欣燕，李秀林，丁荣峥．倒装焊器件的密封技术[J]．电子与封装，2010, 10(9): 1-4.
[116] 宗飞，王志杰，徐艳博，等．电子制造中的引线键合工艺[J]．电子与封装，2013, 1: 1-8.
[117] 张丽丽，孙树峰，王茜，等．激光微纳连接技术研究进展[J]．激光与光电子学进展，2022, 59(3): 1-18.

[118] 吕强，尤明懿，陈贺贤，等. CCGA 封装特性及其在航天产品中的应用[J]. 电子工艺技术，2014, 35(4): 222-226.
[119] 王振宇，成立，高平，等. 先进的芯片尺寸封装（CSP）技术及其发展前景[J]. 半导体技术，2003, 28(12): 39-43.
[120] 申九林，马书英，郑凤霞，等. 基于硅基扇出（eSiFO）技术的先进指纹传感器晶圆级封装工艺开发[J]. 电子与封装，2023, 23(3): 103-113.
[121] 王方成，刘强，李金辉，等. 临时键合技术在晶圆级封装领域的研究进展[J]. 电子与封装，2023, 23(3): 32-40.
[122] 程浩，陈明祥，罗小兵，等. 电子封装陶瓷基板[J]. 现代技术陶瓷，2019, 40(4): 265-292.
[123] 林金堵. 金属芯印制板——高导热化印制板（2）[J]. 印制电路信息，2018, 26(7): 46-51.
[124] 周德俭. 电子产品先进制造中的电气互联技术发展新动态[J]. 中国电子科学研究院学报，2013, 8(6): 563-567.
[125] LIU D X, ZHANG Y P. Antenna-in-Package Technology and Applications[M]. Hoboken: John Wiley & Sons, 2021.
[126] TU K N, CHEN H M. Electronic Packaging Science and Technology[M]. Hoboken: John Wiley & Sons, 2021.
[127] LAU J H. Heterogeneous Integrations[M]. Berlin: Springer, 2019.
[128] LAU J H. Fan-Out Wafer-Level Packaging[M]. Berlin: Springer, 2018.
[129] LAU J H, Lee N C. Assembly and Reliability of Lead-Free Solder Joints[M]. Berlin: Springer, 2020.
[130] LAU J H. Semiconductor Advanced Packaging[M]. Berlin: Springer, 2021.
[131] LAU J H. Chiplet Design and Heterogeneous Integration Packaging[M]. Berlin: Springer, 2023.
[132] LAU J H, LEE C K, PREMACHANDRAN C S, et al. Advanced MEMS Packaging[M]. New York: McGraw-Hill, 2010.
[133] PRASAD R. Surface Mount Technology: Principles and Practice[M]. Berlin: Springer Science & Business Media, 2013.
[134] LIU S, LIU Y. Modeling and Simulation for Microelectronic Packaging Assembly: Manufacturing, Reliability and Testing[M]. Hoboken: John Wiley & Sons, 2011.
[135] MARCOUX P. Fine Pitch Surface Mount Technology: Quality, Design, and Manufacturing Techniques[M]. Berlin: Springer Science & Business Media, 2013.
[136] LEE J R, AZIZ M S A, ISHAK M H H, et al. A Review on Numerical Approach of Reflow Soldering Process for Copper Pillar Technology[J]. The International Journal of Advanced Manufacturing Technology, 2022, 121(7): 4325-4353.
[137] LAU J H, FELLOW L. Recent Advances and Trends in Advanced Packaging[J]. IEEE Transactions on Components, Packaging and Manufacturing Technology, 2022, 12(2): 228-252.